高等学校教材

药物分离纯化技术

冯淑华　林　强　主编

化学工业出版社

·北京·

内 容 提 要

本书介绍了药物研究、开发和生产中常用的分离纯化技术的原理、工艺、特点和应用，系统地介绍了药物的液液萃取技术、浸取分离技术、超临界流体萃取分离技术、双水相萃取技术、制备色谱分离技术、大孔吸附树脂分离技术、分子印迹技术、离子交换分离技术、分子蒸馏技术、膜分离技术、喷雾干燥和真空冷冻干燥技术等内容。内容全面、简练，层次清晰，涵盖了化学合成药、生物药、植物药的分离纯化。本书的特点是以大量实例说明各种分离技术在医药领域的应用，具有较强的专业性和实用性。

本书可供作高等院校药学、制药工程、药物制剂等相关专业的本科生和研究生的教材，也可供从事制药、生物、化工等相关领域工作的科技人员阅读和参考。

图书在版编目（CIP）数据

药物分离纯化技术/冯淑华，林强主编.—北京：化学工业出版社，2009.4（2024.1重印）

高等学校教材

ISBN 978-7-122-04968-1

Ⅰ.药… Ⅱ.①冯…②林… Ⅲ.①药物-分离-高等学校-教材②药物-提纯-高等学校-教材 Ⅳ.TQ460.6

中国版本图书馆 CIP 数据核字（2009）第 030427 号

责任编辑：梁静丽　杨燕玲　李植峰　　文字编辑：周　倜

责任校对：顾淑云　　装帧设计：关　飞

出版发行：化学工业出版社（北京市东城区青年湖南街 13 号　邮政编码 100011）

印　　装：北京科印技术咨询服务有限公司数码印刷分部

787mm×1092mm　1/16　印张 18½　字数 490 千字　2024 年 1 月北京第 1 版第 9 次印刷

购书咨询：010-64518888　　售后服务：010-64518899

网　　址：http://www.cip.com.cn

凡购买本书，如有缺损质量问题，本社销售中心负责调换。

定　　价：48.00 元

《药物分离纯化技术》编写人员名单

主　　编　冯淑华　林　强

副 主 编　周　晶

编写人员（按汉语拼音排序）

程艳玲　冯淑华　韩永萍　胡　荣　霍　清　李可意

林　强　刘红梅　乔　卫　尹寿玉　周　晶

前言

药物是用于预防、治疗、诊断人的疾病，有目的地调节人的生理机能的物质。药品是一种特殊的商品，只有合格产品，不允许有残次品。要求必须安全、有效，其保障条件是药品的质量。用于临床的药品达到一定的纯度是质量的基本要求。

药物成分或存在于化学反应产生的混合物中，或存在于植物、中药或生物体内的复杂体系中，而药物分离纯化技术就是利用存在于混合体系中的药物成分与共存的其他成分在理化性质和生物特性等方面的差异进行分离纯化，也就是说将某种或某类物质从复杂的混合物中分离出来，以相对纯的形式存在，以达到临床用药的要求。

在现代分离科学中，面临最困难的课题之一是对复杂体系样品的分析。可以说，没有一种方法能圆满地独立完成复杂体系的分离，必须采用多种分离方法，并对提供的各种数据、信息进行综合分析，才能获得样品中各组分的结构与成分信息。这种“复杂体系”，不仅是指样品组分的多样性，而且还可能包含完全不同体系的物质共存于一个样品中，如有机化合物与无机物共存一体，高分子、大分子与小分子化合物共存一体，生命物质与非生命物质共存一体，常量、微量与痕量组分共存一体等。而人们最感兴趣的组分又可能是共混体系中的微量、痕量组分，如长春花中的长春碱和长春新碱在原植物中含量分别为十万分之四和百万分之一，红豆杉中的紫杉醇其含量为十万分之一。不同含量、不同性质的组分，要求不同的分离方法和分离过程。

随着生产技术和科学技术的发展，处理的混合物种类日益增多，对分离技术提出了越来越高的要求（产品纯度高）。分离物料的量，有的越来越大（生产的大型化），有的越来越小（各种生化制品的发展），特别是随着各种天然资源被不断开采利用，人们的研究对象从有效物质含量较高的资源已越来越深入到从含量较少的资源中去分离、提取有用物质。所有这些，促进了分离技术的不断发展，旧的分离方法不断改进完善，新的分离方法不断出现。

药物分离是以广泛的物质为对象，依据不同原理而进行分离的技术，而且根据不同规模、不同目的，分离技术的实施也有所区别。因此要把涉及这样大范围的问题进行归纳分类是极为困难的。本书介绍的分离方法是根据药物来源特点，以实验室规模的分离技术为主，对其工艺过程与生产规模的分离技术不作重点介绍。本书主要介绍的分离技术包括药物的液液萃取与浸取、超临界流体萃取、双水相萃取、制备色谱分离、大孔吸附树脂分离、分子印迹、离子交换、分子蒸馏、膜分离、喷雾干燥及真空冷冻干燥技术等。在学习了如上分离技术的基础上，达到可根据被分离对象的性质从众多的分离方法中选择最佳的分离方案的目的。

本书由冯淑华教授、林强教授主编，周晶教授为副主编，全书由冯淑华统稿。第一、二、十章由冯淑华编写，第三章由周晶编写，第四章和第十二章由刘红梅编写，第五章由霍清编写，第六章由李可意编写，第七章由乔卫编写，第八章由程艳玲、冯淑华编写，第九章由尹寿玉、乔卫编写，第十一章由林强、韩永萍编写，胡荣教授参加了部分章节的编写。

本书各章介绍了分离技术原理、特点、影响因素和应用，并以大量实例说明各种分离技术在医药领域的应用，具有很强的实用性。

本书可供药学、制药工程、药物制剂等相关专业师生使用，也可作为研究生教材使用，还可作为从事医药相关领域的科技工作者的参考书。

本书在编写过程中，参考了专家学者的有关教材和文献资料，在此表示特别感谢。

尽管我们做了较大的努力，但是由于分离技术的不断发展，又由于编者知识和经验有限，书中疏漏和不足在所难免，敬请广大师生和读者批评指正，提出宝贵意见。

编者

2009 年 1 月　于北京

目　录

第一章 绪 论

第一节 药物分离纯化技术的研究内容及重要性

一、分离纯化的研究内容和意义

分离纯化过程就是通过物理、化学或生物等手段，或将这些方法结合，将某混合物系分离纯化成两个或多个组成彼此不同的产物的过程。通俗地讲，就是将某种或某类物质从复杂的混合物中分离出来，通过提纯技术使其以相对纯的形式存在。实际上分离纯化只是一个相对的概念，人们不可能将一种物质百分之百地分离纯化。例如电子行业使用的高纯硅，纯度为99.9999%，尽管已经很纯了，但是仍然含有0.0001%的杂质。

被分离纯化的混合物可以是原料、反应产物、中间体、天然产物、生物下游产物或废物料等。如中药、生物活性物质、植物活性成分的分离纯化等，要将这些混合物分离，必须采用一定的手段。在工业中通过适当的技术手段与装备，耗费一定的能量来实现混合物的分离过程，研究实现这一分离纯化过程的科学技术称为分离纯化技术。通常，分离纯化过程贯穿在整个生产工艺过程中，是获得最终产品的重要手段，且分离纯化设备和分离费用在总费用中占有相当大的比重。所以，对于药物的研究和生产，分离纯化方法的选择和优化、新型分离设备的研制开发具有极重要的意义。

分离纯化技术在工业、农业、医药、食品等生产中具有重要作用，与人们的日常生活息息相关。例如从矿石中冶炼各种金属，从海水中提取食盐和制造淡水，工业废水的处理，中药有效成分及保健成分的提取，从发酵液中分离提取各种抗生素、食用酒精、味精等，都离不开分离纯化技术。同时，由于采用了有效的分离技术，能够提纯和分离较纯的物质，分离技术也在不断地促进其他学科的发展。如由于各种色谱技术、超离心技术和电泳技术的发展和应用，使生物化学等生命科学得到了迅猛的发展。同时由于人类成功分离、破译了生物的遗传密码，促进了遗传工程的发展。另外，随着现代工业和科学技术的发展，产品的质量要求不断提高，对分离技术的要求也越来越高，从而也促进了分离纯化技术的不断提高。产品质量的提高，主要借助于分离纯化技术的进步和应用范围的扩大，这就促使分离纯化过程的效率和选择性都得到了明显的提高。例如应用现代分离技术可以把人和水稻等生物的遗传物质提取出来，并且能将基因准确地定位。

随着现代工业趋向于大型化生产，对现有有限资源的大量消耗以及造成的日益严重的环境污染，使得全球都面临着资源的综合利用及废水、废气和废渣的治理问题。而解决这些问题，离不开有效的分离纯化技术。

二、药物分离纯化的重要性

药物是用于预防、治疗、诊断人类疾病，有目的地调节人的生理机能的物质，包括中药材及其制剂、化学原料药及其制剂、抗生素、生化药品、放射性药品、生物制品等。药品是一种特殊的商品，只有合格产品，不允许有残次品，要求必须安全、有效，保证药品的质量。用于临床的药品达到一定的纯度要求是质量的基本保障。

自然界存在的天然活性成分、化学反应生产的药物、生物发酵和生物技术产品的原始产物，几乎都是混合物，通常需要应用分离纯化技术处理才能获得各种纯度的中间产品或终产品。因此，天然活性成分、药物、生物产品的分离、提取、精制是生物化学和制药工业的重要组成部分。

我国的中草药，每味药内含有多种成分，这些成分中发挥治疗作用的往往是其中的某些成分或某一类成分，而其他成分称为无效成分或有毒成分。例如从植物长春花中提取的化学成分长春碱（vinblastine，VLB）和长春新碱（vincristine）是抗癌的有效成分，目前在我国已经生产和临床使用。这两个生物碱在原植物中含量分别为十万分之四和百万分之一。其中长春新碱用来治疗小儿白血病，每周只注射 1mg 的剂量（即相当于 2kg 原植物）。若将 2kg 长春花原料做成粗制剂给病人注射是很困难的，并且毒性大而疗效差，现在提取有效成分后降低了毒性，提高了有效成分的浓度，增强了疗效。又如紫杉醇是红豆杉树皮中的成分，其含量为十万分之一，主要用于晚期或转移性乳腺癌、局部晚期或转移性非小细胞肺癌的治疗，每三周注射一次，剂量为 175mg/m^2 体表面积，需要进行提纯后才能以较小的剂量发挥更好的疗效。

在制药企业中，分离过程的装备和能量消耗占主要地位。例如在化学药品生产中，分离过程的投资占总投资的 50%～90%，各种生物药品分离纯化的费用占整个生产费用的 80%～90%，化学合成药物分离成本是反应成本的 2～3 倍，抗生素类药物的分离纯化费用是发酵部分的 3～4 倍。可见药物分离技术直接影响着药品的成本，制约着药品工业化的进程。

药品实际生产中所用到的原料的多样化，使其在生产中遇到的混合物种类多种多样，其性质千差万别，分离的要求各不相同，这就需要采用不同的分离方法，有时还需要综合利用几种分离方法才能更经济、更有效地达到预期的分离要求。因此，对于从事医药产品生产和科技开发的工程技术人员来说，需要了解更多的分离方法，以便对于不同的混合物，不同的分离要求，考虑采用适当的分离方法。除了对一些常规的分离技术，如蒸馏、吸收、萃取、结晶等过程不断地改进和发展，同时更需要各具特色的新分离技术的发展，如膜分离技术、超临界流体萃取技术、分子蒸馏技术、色谱技术等。

医药产品的大型化生产的发展，产生了大量的废气、废水和废渣，对这些“三废”的处理不但涉及物料的综合利用，还关系到环境污染和生态平衡，需要利用分离手段加以处理，符合国家对“三废”排放的要求。

总之在药品研究和生产过程中，从原料到下游产品，直至后续的过程都必须有分离技术作保证。

第二节　分离纯化的原理与方法

一、分离纯化的原理

1. 分离纯化系统的组成

原料、产物、分离剂、分离装置组成了分离纯化系统。分离纯化过程可以用图 1-1 表示。

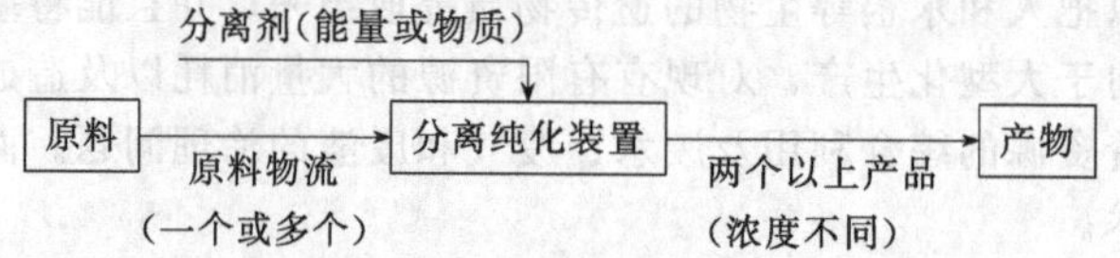

图 1-1　分离纯化过程示意

原料：即为待分离的混合物，可以是单相或多相体系，其中至少含有两个组分。

产物：分离纯化后的产物可以是一种或多种，彼此不同。

分离剂：加入到分离器中的使分离得以实现的能量或物质，也可以是两者并用，如蒸汽、冷却水、吸收剂、萃取剂、机械功、电能等。如蒸发过程，原料是液体，分离剂是热能。

分离装置：使分离过程得以实施的必要的物质设备，可以是某个特定的装置，也可以指原料到产物的整个流程。

在分离纯化时，常利用物质的物化和生物学性质将其进行分离纯化，见表1-1。

表1-1 可用于分离纯化的性质[2]

性质		参数
物理性质	力学性质	密度、表面张力、摩擦力、尺寸、质量
	热力学性质	熔点、沸点、临界点、转变点、蒸气压、溶解度、分配系数、吸附平衡
	电磁性质	电导率、介电常数、迁移率、电荷、磁化率
	输送性质	扩散系数、分子飞行速度
化学性质	热力学性质	反应平衡常数、化学吸附平衡常数、解离常数、电离电位
	反应速度性质	反应速度常数
生物学性质		生物学亲和性、生物学吸附平衡、生物学反应速率常数

2. 药物分离的特点[1]

① 药物的品种繁多，结构复杂，不同来源的药物性质差别较大，采用的分离技术原理和方法亦多种多样。

② 以天然形式存在的药物，或生物来源的药物通常含量较低，杂质的量远远大于有效成分的量。例如长春花中的抗肿瘤成分长春碱在植物中的含量为十万分之四。分离过程需要多种方法联合应用，使有效成分的含量不断提高。

③ 药物中很多品种特别是天然成分和生物活性物质具有稳定性差、易分解、易变性等特点，在选择分离方法时需考虑被分离物质的性质，采用适当的分离方法和条件，以保证产品的稳定性。

④ 从药物研究到药品生产，分离在量上的差别很大，小到以鉴定、含量测定的10^{-6}g级，大到生产的吨级的纯化。

⑤ 药品的质量要求高，必须达到国家标准，生产环境需要达到一定的洁净度，防止环境对产品的污染。

药物分离之所以能进行，是因为混合物中待分离的组分之间，其在物理、化学、生物学等方面的性质，至少有一个存在着差异。

二、分离纯化方法的分类

几乎所有的分离纯化技术都是以研究组分在两相之间的分布为基础的，因此状态（相）的变化常常用来达到分离的目的。例如沉淀分离就是利用欲分离物质从液相进入固相而进行分离的方法。溶剂萃取则是利用物质在两个不相混溶的液相之间的转移来达到分离纯化的目的。所以绝大多数分离方法都涉及第二相。而第二相可以是在分离过程中形成的，也可以是外加的。如蒸发、沉淀、结晶、包合物等，是在分离纯化过程中欲分离组分自身形成第二相；而另一些分离方法，如色谱法、溶剂萃取、电泳、电渗析等，第二相是在分离纯化过程中人为地加入的。因此可按下列分类法分类。

（一）按分离纯化过程中初始相与第二相的状态进行分类

见表1-2。

（二）按分离纯化过程的原理分类

可以分为机械分离和传质分离两大类。

1. 机械分离

利用机械力，在分离装置中简单地将两相混合物相互分离的过程，分离对象为两相混合物，相间无物质传递。其目的只是简单地将各相加以分离纯化，例如，过滤、沉降、离心分离、旋风分离、中药材的风选、清洗除尘等（见表1-3）。

表 1-2 按分离纯化过程中初始相与第二相的状态进行分类

初始相	第二相		
	气态	液态	固态
气态	热扩散	气液色谱	气固色谱
液态	蒸馏、挥发 — — —	溶剂萃取 液液色谱 渗析 超滤	液固色谱 沉淀 电解沉淀 结晶
固态	升华	选择性溶解	—

表 1-3 机械分离过程

名称	原料	分离剂	产品	原理	实例
过滤	L+S	压力	L+S	颗粒尺寸>过滤介质孔	中药材提取后过滤除渣
筛分	S+S	重力	S	颗粒尺寸>过滤介质孔	中药材的筛分
沉降	L+S	重力	L+S	密度差	不溶性产品回收
离心分离	L+S	离心力	L+S	密度差	生物细胞碎片分离
旋风分离	G+S(L)	流动惯性	G+S(L)	密度差	喷雾干燥产品气固分离

注：L 表示液态；S 表示固态；G 表示气态。

2. 传质分离

传质分离的原料可以是均相体系，也可以是非均相体系，多数情况下为均相，第二相是由于分离剂的加入而产生的。其特点是有质量传递现象发生，如在萃取过程中，第二相即是加入的萃取剂。传质分离的特点是在相间有物质的传递现象产生。

工业上常用的传质分离过程又可分为两大类，即平衡分离过程和速率分离过程（见表 1-4)。

表 1-4 传质分离过程

类别	名称	原料	分离剂	产 品	原 理	实 例
平衡分离过程	蒸发	液体	热能	液体＋气体	蒸气压不同	中药提取液浓缩成浸膏
	蒸馏	液体	热能	液体＋气体	蒸气压不同	液体药物成分的分离
	吸收	气体	非挥发性液体	液体＋气体	溶解度不同	从天然气中除去 CO_2 和 H_2S
	萃取	液体	不互溶液体	两种液体	溶解度不同	从发酵液中萃取抗生素
	结晶	液体	冷或热	固体＋液体	溶解度不同	盐结晶的析出
	吸附	液体或气体	固体吸附剂	固体＋液体或气体	吸附能力不同	从中药提取液中吸附分离有效成分
	离子交换	液体	固体树脂	液体＋固体树脂	电荷差异和吸附差异	从发酵液中分离氨基酸，纯净水的制备
	干燥/冻干	含湿固体	热能	固体＋蒸汽	蒸气压差异	冻干粉针剂的制备
	浸取	固体	液体	固体＋液体	溶解度不同	从植物中提取有效成分
	凝胶	液体	固体凝胶	液体＋固体凝胶	分子大小不同	不同分子量多糖分子的分离、蛋白质分离
速率分离过程	电渗析	液体	电场、离子交换膜	液体	电位差、膜孔差异	纯净水制备
	电泳	液体	电场	液体	胶体在电场作用下迁移速率差异	蛋白质分离
	反渗透	液体	压力和膜	液体	渗透压	海水脱盐
	超滤	液体(含高分子物质)	压力和膜	液体	压力差、分子大小差异	药液的除菌、除热原

(1) 平衡分离过程　该过程借助分离媒介（如热能、溶剂或吸附剂）使均相混合物系统变成两相系统，再以混合物中各组分在处于相平衡的两相中不等同的分配为依据而实现分离。如精馏、萃取（浸取、超临界液体萃取）、吸附、结晶、升华、离子交换等。

(2) 速率分离过程　速率分离过程是在某种推动力（浓度差、压力差、温度差、电位差等）的作用下，有时在选择性透过膜的配合下，利用各组分扩散速率的差异实现组分的分离。这类过程所处理的原料和产品通常属于同一相态，仅有组成上的差别。例如膜过滤（微滤、超滤、反渗透、渗析和电渗析等）。

在物理学领域中，力、电、磁、热等学科的理论都与分离科学密切相关，如利用重力和压力原理的沉降、离心、过滤等分离方法，利用电磁原理的电泳、电渗析、电解、磁选等分离方法，利用分子的热力学性质的汽化、升华、蒸馏等分离方法，利用分子的动力学性质的扩散分离、渗透与反渗透分离等方法。

在化学领域中，有利用分子的物性、分子量与分子体积、分子之间的相互作用原理等创建的萃取、溶解、沉淀、溶剂化、重结晶等分离方法，利用物质分子间相互作用力的热力学与动力学性质差异而创建的现代色谱技术等。色谱法集分离和分析于一体，且具有简便、快速、微量的特点，成为分离复杂混合物的理想方法之一，是分离科学中最活跃和最有成效的研究领域。如气固（吸附）色谱法、气液（分配）色谱法、液固（吸附）色谱法、液液（分配）色谱法、离子交换色谱法、凝胶色谱法，薄层色谱法、超临界流体色谱法及毛细管电泳等是构成现代色谱科学的主要形式。依据被分离物质的性质，选择合适的方法进行分离。

第三节　分离纯化方法选择的标准及其评价

一、分离纯化方法选择的标准[3,4]

一个分离纯化方法的选择与确定除了要考虑分离对象的性质外，还有很多因素需要考虑，如分析和制备条件、现有的实验条件（如仪器和设备）及操作者的经验等，因此是一项综合性的工作。

表 1-5 列出了医药研究和生产中常用的分离纯化方法，根据待分离纯化样品的特点、分析方法的要求，选择分离纯化方法的主要准则可分为六项，每一项准则分为 A、B 两类。其中前四项是与样品本身性质有关的，后两项是对分析方法的要求。X 表示该种分离纯化方法适用于 A、B 两类准则。

表 1-5　主要分离纯化方法的分类和六项准则

准则			分离纯化方法											
序号	A	B	LLE	D	GC	LSC	LLC	LEC	GPC	PC	E	DL	P	IC
第一项	亲水的	疏水的	X	B	B	B	B	A	X	X	A	A	A	X
第二项	离子的	非离子的	X	B	B	B	B	A	B	X	A	X	A	B
第三项	挥发的	非挥发的	B	A	A	B	B	B	B	B	B	B	B	X
第四项	简单的	复杂的	A	A	B	B	B	B	B	A	A	A	A	A
第五项	定量的	定性的	A	B	A	A	A	A	A	B	B	B	A	A
第六项	分析的	制备的	X	B	A	A	A	A	A	A	A	B	X	B

注：LLE—液液萃取；D—蒸馏；GC—气相色谱；LSC—液固色谱；LLC—液液色谱；LEC—离子交换色谱；GPC—凝胶渗透色谱；PC—平板色谱；E—电泳；DL—渗析；P—沉淀；IC—包合物。

表 1-5 中第一项和第二项准则对应于亲水/疏水和离子/非离子，这两项性质是相互关联的。

除少数分离纯化方法外（表中X项），多数方法只适用其中一类，或者适合于离子型、亲水型分离对象，或者适用于非离子型、疏水型分离对象，不能同时适用于两者。第三项对应的是挥发性，蒸馏和气相色谱较适合。第四项对应的是简单的和复杂的，对于复杂的样品，目前只有色谱法能将其分离成各自单一的组分。

总之，分离对象的性质是选择分离纯化方法的重要依据，这些性质与组分分子的化学结构和物理化学性质有关，包括相对分子质量、分子体积与形状、偶极矩与极化率、分子电荷与化学反应性等。应针对分子的不同性质，提出不同的分离纯化方法。例如，凝胶渗透、渗析以及色谱等分离纯化方法主要由孔穴大小决定目标物的分离纯化。在选择方法时主要考虑分子的形状和大小等性质，适当考虑其化学反应性。而离子交换、电泳、离子对缔合萃取等方法中，分子电荷起主导作用。对蒸馏法来说，则主要考虑分子间作用力，因与其偶极矩和极化率相关。

二、分离纯化方法的评价

分离效率是评估分离纯化技术的重要参数，所选用分离纯化方法的效果如何，是否达到了分离的目的，可以用一些参数来评价，其中有回收率、分离因子、富集倍数、准确性和重现性等。这里介绍其中常用的两个重要参数。

1. 回收率（R）

回收率是评价分离纯化效果的一个重要指标，反映了被分离组分在分离纯化过程中损失的量，代表了分离纯化方法的准确性（可靠性），将回收率R定义为

$$R=Q/Q_0\times 100\%$$

式中，Q_0、Q分别为分离富集前和富集后欲分离组分的量，R通常小于100%。

因为在分离和富集过程中，由于挥发、分解或分离不完全，器皿和有关设备的吸附作用以及其他人为的因素会引起欲分离组分的损失。通常情况下对回收率的要求是，1%以上常量分析的回收率应大于99%；痕量组分的分离应大于90%或95%。

2. 分离因子

分离因子表示两种成分分离的程度，在A、B两种成分共存的情况下，A（目标分离组分）对B（共存组分）的分离因子$S_{A,B}$定义为

$$S_{A,B}=\frac{R_A}{R_B}=\frac{Q_A/Q_B}{Q_{0,A}/Q_{0,B}}$$

分离因子的数值越大，分离效果越好。

通常在根据上述准则和实际经验选定了分离方法之后，需要进行的工作是影响分离的因素的考察，通过按实验设计进行反复实验优化分离过程的条件，这一过程需用分离效果的指标（回收率、分离因子等）衡量分离方法和分离条件的优劣，最后确定用于生产的分离方法和条件。

思考题

1. 应用已学过的知识举例说明分离技术在药物研究和生产中的应用和重要性。
2. 简述药物分离技术研究的内容及重要性。
3. 分离方法的选择有哪些标准？
4. 评价分离效率的因素有哪些？简述回收率和分离因子的概念。

参考文献

[1] 张雪荣．药物分离与纯化技术．北京：化学工业出版社，2005.
[2] 胡小玲，管萍．化学分离原理与技术．北京：化学工业出版社，2006.
[3] 丁明玉．现代分离方法与技术．北京：化学工业出版社，2007
[4] 《化学分离富集方法及应用》编委会．化学分离富集方法及应用．长沙：中南大学出版社，1996.

第二章　药物的液液萃取技术

液液萃取是制药、化工、食品、生物产品等领域的基本分离方法，与其他分离过程相比，其特点是：具有处理能力大、分离效率高、回收率高、应用范围广、适应性强、经济性较好、易于实现连续操作和自动控制等一系列优点。这些优点使之特别适用于高纯产品生产和精细分离等领域。在药物的研究和生产中应用得相当普遍。不仅化学药物的生产，而且生物技术生产的药物如抗生素、有机酸、维生素、激素等发酵产物和中药的制备都离不开液液萃取法。所用萃取相为有机溶剂时的液液萃取称为溶剂萃取。近年来又开发了新型萃取方法，适用于不同类型物质的分离，主要有双水相萃取、液膜萃取和反胶团萃取等，均属于液液萃取范畴。例如不使酶等蛋白质失活的双水相萃取法，已成功地应用于甲酸脱氢酶、葡萄糖苷酶等的提取。本章重点介绍有机溶剂萃取法的理论与实践。

第一节　基本概念

一、萃取

萃取（extraction）是将样品中的目标化合物选择性地转移到另一相中或选择性地保留在原来的相中（转移非目标化合物），从而使目标化合物与原来的复杂基体相互分离的方法。萃取操作中至少有一相为流体，一般称该流体为萃取剂（extractant）。以液体为萃取剂时，如果含有目标产物的原料也为液体，则称此操作为液液萃取；如果含有目标产物的原料为固体，则称此操作为液固萃取或浸取（leaching）。以超临界流体为萃取剂时，含有目标产物的原料可以是液体，也可以是固体，此操作称为超临界流体萃取。

在混合物中被萃取的物质称为溶质。其余部分则为原溶液，而加入的第三组分称为溶剂或萃取剂。当溶剂与混合液混合后成为两相，其中一个以萃取剂为主（溶有溶质）的称为萃取相，另一个以原溶液为主的（即溶剂含量较低）称为萃余相。利用蒸馏、蒸发和结晶等方法除去萃取相中的溶剂后得到的液体称为萃取液，除去萃余相中的溶剂后的液体称为萃余液。

1. 液固萃取

如果被处理的物料是固体，则此过程称为液固萃取（也称为提取或浸取），就是应用溶液将固体原料中的可溶组分提出来的操作。在中药制药中就是利用中草药作提取原料，经过浸取过程提出有效成分。例如，从药材中提取生物碱、黄酮类、皂苷、香豆素等。在浸取操作中，凡用于药材浸出的液体称浸取溶剂（简称溶剂）。浸取药材后得到的液体称浸取液。浸取后的残留物称为药渣。在传统的液固萃取技术的基础上，20 世纪 60 年代以来又相继出现了一些新型萃取分离技术，如超声波协助浸取、微波协助浸取，每种方法都各具特点，它们已在生物药和中药的提取分离中展现了广阔的应用前景。

2. 液液萃取

若萃取的混合物料是液体，则此过程称为液液萃取。在液液萃取中，溶剂与被处理的溶液不能互溶或部分互溶，而所用溶剂对被处理溶液中的溶质具有选择性的溶解能力，因而溶质可通过两液相的边界层，从一相扩散到另一相。例如，以乙酸戊酯为溶剂从青霉素和水的混合物中提取青霉素。

完整的液液萃取操作过程如图 2-1 所示。步骤如下：①原料液 F 与萃取剂 S 充分混合接触，使一相扩散于另一相中，以利于两相间传质；②萃取相 E 和萃余相 R 进行澄清分离；③从两相分别回收萃取剂得到产品，回收的萃取剂可循环使用。萃取相除去溶剂后的产物称为萃取液 E′，萃余相除去萃取剂后的产物称为萃余液 R′。萃取比蒸发、蒸馏过程复杂，设备费及操作费用亦较高，但在某些情况下，采用萃取方法较合理、经济。

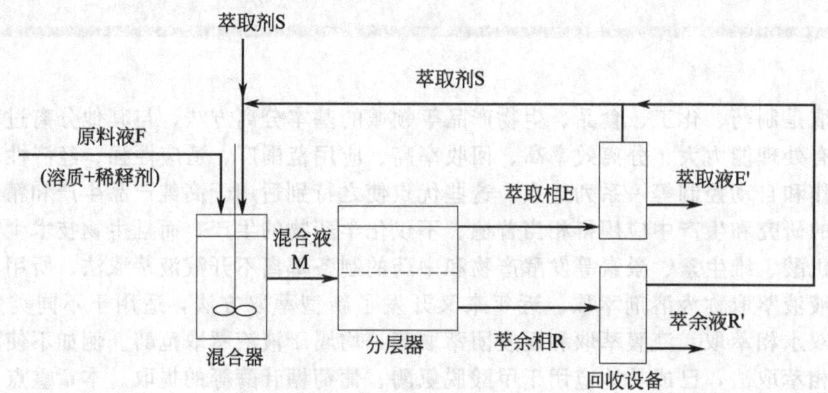

图 2-1　液液萃取示意[1]

传统的有机溶剂萃取在药物和生物产物的分离中，可用于有机酸、氨基酸、抗生素、维生素、激素、中草药有效成分等生物小分子的分离和纯化。在 20 世纪 60 年代出现的萃取和反萃取同时进行的液膜萃取以及可应用于生物大分子如多肽、蛋白质、核酸等分离纯化的反胶团萃取等溶剂萃取法，使萃取的应用范围不断扩大。20 世纪 70 年代以后，双水相萃取技术迅速发展，为蛋白质提取纯化提供了有效的手段。此外，以超临界流体为萃取剂的超临界流体萃取法的出现，使萃取技术更趋全面，适用于各种产物的分离纯化。

3. 萃取速率

图 2-2 表示互不相溶的两个液相，上相（密度较小）为萃取剂（萃取相），下相（密度较大）为料液（料液相），两相之间以一界面接触。在相间浓度差的作用下，料液中的溶质向萃取相扩散，溶质浓度不断降低，而萃取相中溶质浓度不断升高（图 2-3）。在此过程中，料液中溶质浓度的变化速率即萃取速率可用式(2-1) 表示。

$$-\frac{dc}{dt}=ka(c-c^*) \tag{2-1}$$

式中，c 表示料液相溶质的浓度，mol/L；c^* 表示与萃取相中溶质浓度呈平衡的料液相溶质浓度，mol/L；t 表示时间，s；k 表示传质系数，m/s；a 表示以料液体积为基准的相间接触比表面积，m^{-1}。

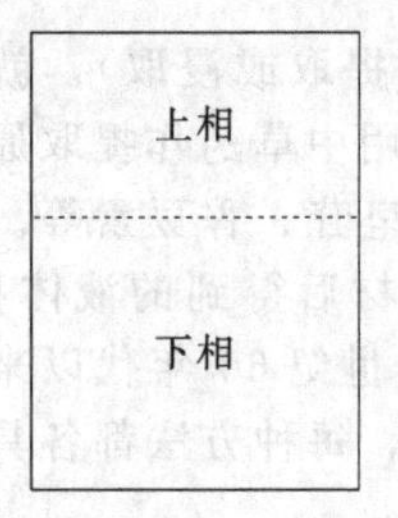

图 2-2　萃取体系示意

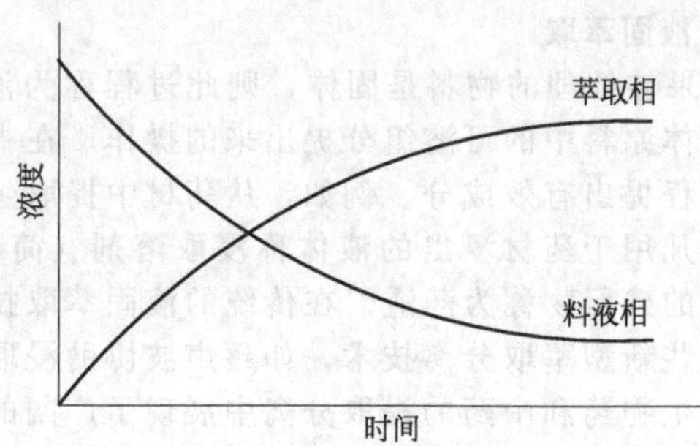

图 2-3　萃取过程中料液相与萃取相溶液浓度的变化示意

当两相中的溶质达到分配平衡（$c=c^*$）时，萃取速率为零，各项中的溶质浓度不再改变。很明显，溶质在两相中的分配平衡是状态的函数，与萃取操作形式（两相接触状态）无关。但是，达到分配平衡所需的时间与萃取速率有关，而萃取速率不仅是两相性质的函数，更主要的是受相间接触方式即萃取操作形式的影响。

二、反萃取

在溶剂萃取分离过程中，当完成萃取操作后，为进一步纯化目标产物或便于下一步分离操作的实施，往往需要将目标产物转移到水相。这种调节水相条件，将目标产物从有机相转入水相的萃取操作称为反萃取（back extraction）。除溶剂萃取外，其他萃取过程一般也要涉及反萃取操作。对于一个完整的萃取过程，常常在萃取和反萃取操作之间增加洗涤操作，如图 2-4 所示，洗涤操作的目的是除去与目标产物同时萃取到有机相的杂质，提高反萃液中目标产物的纯度。图 2-4 中虚线表示洗涤段出口溶液中含有少量目标产物，为提高收率，需将此溶液返回到萃取段。经过萃取、洗涤和反萃取操作，大部分目标产物进入到反萃取相（第二水相），而大部分杂质则残留在萃取后的料液相（称作萃余相）。

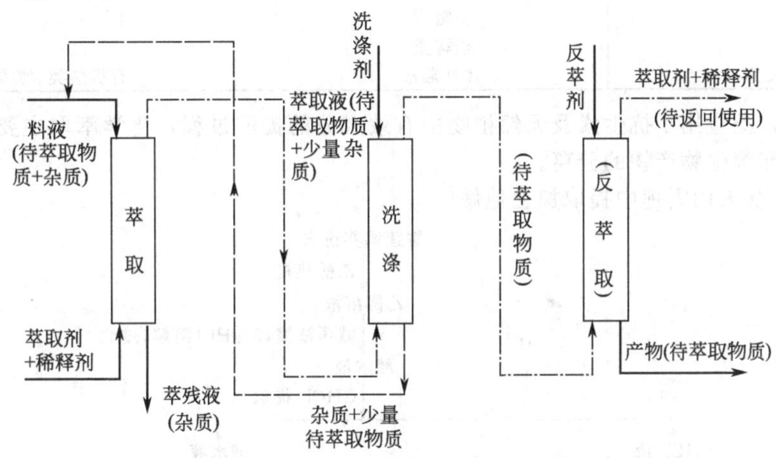

图 2-4　萃取、洗涤和反萃取过程示意

三、物理萃取

物理萃取即溶质根据相似相溶的原理在两相间达到分配平衡。其特点是：被萃取物在水相和有机相中都以中性分子的形式存在，溶剂与被萃取物之间没有化学结合，也不外加萃取剂，两种分子的大小与结构越相似，它们之间的互溶度越大。例如，利用乙酸丁酯萃取发酵液中的青霉素即属于物理萃取（表 2-1）。一般来说萃取那些简单的不带电荷的共价分子时均为物理过程。

表 2-1　部分药物的物理萃取

产物	萃取溶剂	产物	萃取溶剂
青霉素 G	乙酸丁酯	林可霉素	丁醇
红霉素	乙酸丁酯	加兰他敏	乙酸乙酯
螺旋霉素	乙酸丁酯	延胡索乙素	乙醚
土霉素	丁醇	新生霉素	丁醇

四、化学萃取

化学萃取也称为“反应萃取”，是利用脂溶性萃取剂与溶质之间的化学反应生成脂溶性复合分子实现溶质向有机相的分配。萃取剂与溶质之间的化学反应包括离子交换、配位反应、离子缔合反应、协同反应等。例如，利用季铵盐（如氯化三辛基甲铵，记作 R^+Cl^-）为萃取剂萃取氨基酸时，阴离子氨基酸（A^-）通过与萃取剂在水相和萃取相间发生下列交换反应而进入萃取相。

$$\underline{R^+Cl^-}+A^-\longrightarrow\underline{R^+A^-}+Cl^-$$

其中下划线表示该组分存在于萃取相（下同）。

用来进行反应萃取的萃取剂主要有中性和酸性磷（膦）类萃取剂、高分子脂肪胺类和脂肪酸类萃取剂等。人们采用胺类、中性有机磷类（如磷酸三丁酯）、亚砜类等萃取剂（表 2-2），广泛地研究了青霉素 G 的反应萃取过程。研究表明，它们对青霉素 G 的萃取能力均强于乙酸丁酯，并可实现高 pH 条件下对青霉素 G 的萃取，这样可以减少产品在萃取过程中的降解损失。

表 2-2 部分抗生素的化学萃取

抗生素的类型	抗生素	萃取溶剂
β-内酰胺	青霉素 G	胺类、磷类、醇类、亚砜类
	青霉素 V	胺类
大环内酯类	螺旋霉素	醇类、有机酸
	麦白霉素	
	红霉素	
四环素类	四环素	醇类、甲基异丁酮、有机酸等
	土霉素	
	金霉素	
林可霉素类	林可霉素	有机酸类、醇类

物理萃取广泛应用于抗生素及天然植物中有效成分的提取过程，化学萃取主要用于氨基酸、抗生素和有机酸等生物产物的分离。

实例 2-1：从天山雪莲中提取加兰他敏

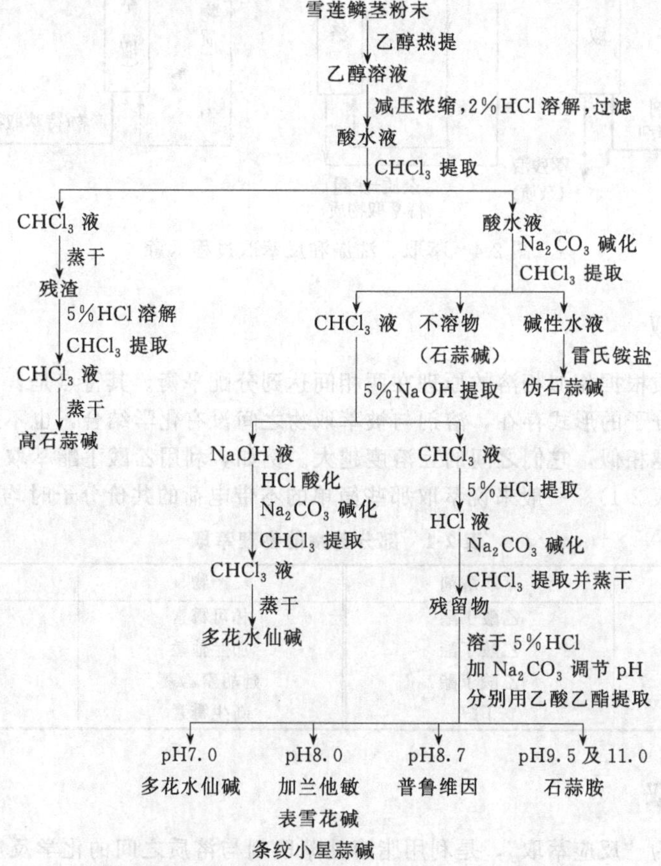

图 2-5 从雪莲中提取纯化加兰他敏的流程

在用乙醇浸取后，蒸出乙醇残余物，经处理即可用有机溶剂进行物理萃取。经不同的处理和多级物理萃取，最终可得七个有效成分。流程见图 2-5。

第二节　分子间作用力与溶剂特性

液液萃取过程中，样品是以溶液状态被转移的，溶剂特别是作为萃取剂的溶剂对样品的溶解更加重要，直接影响萃取分离的结果。物质的溶解过程与物质之间的结合力有直接关系，有机药物的溶解可看作溶质（药物）和溶剂间的特殊反应，也就是两者间的相互作用，即分子间力，如果溶质间作用力大于溶质与溶剂间的作用力，即溶质-溶质间力大于溶质-溶剂间力，则溶解度就低，反之则溶解度就高，该溶解过程涉及三个方面的作用力。

溶质-溶质（同分子之间力）＋ 溶剂-溶剂（同分子之间力）⟶ 溶质-溶剂（异分子之间力）

当溶质-溶质之间的作用力和溶剂-溶剂之间的作用力越大时，溶质溶解越困难，反之则较易溶解。

分子间作用力的大小与分子的极性有关系，一般顺序为：非极性物质＜极性物质＜氢键物质＜离子型物质。当外界给予的能量足以破坏这种分子间的作用力，使物质以单个质点存在时，那么这种物质则可溶解。

当物质溶解时，溶质结构与溶剂结构相似、溶质-溶质间的作用力与溶剂-溶剂间的作用力相似时溶解则易进行，此为“相似相溶”原理。

一、分子间作用力

物质内部存在的作用力，除了化学键这种强烈作用力外，还可能同时存在其他的作用力，如分子间力和氢键。化学键决定了物质的化学性质，而分子间力和氢键的作用力较弱，它们主要决定物质的物理性质，如物质的熔点、沸点、汽化热等。

分子间的相互作用是联系物质结构与性质的桥梁。直接与溶质的溶解有关。在分离技术中所涉及的分子间相互作用的范围很广泛，包括静电相互作用即离子与偶极分子间的相互作用及离子与非偶极分子的作用、范德华力、氢键和电荷转移相互作用等。

分子间的相互作用是介于物理相互作用与化学相互作用之间的一种作用力。物理相互作用比较弱，作用能通常在 0～15kJ/mol，没有方向性和饱和性；化学相互作用（此处主要指共价键）比较强，作用能通常在 200～400kJ/mol，具有方向性和饱和性。而分子间的相互作用通常在数十千焦每摩尔，如氢键强度为 8～40kJ/mol，电荷转移相互作用能为 5～40kJ/mol。

1. 离子-偶极力

离子-偶极力为离子对附近的极性分子产生的力（见图 2-6），电解质与极性溶剂的作用，溶剂极性越大，它们之间的作用力越强。如氯化铵在水中和在乙醇中的溶解度是不同的，前者大于后者。

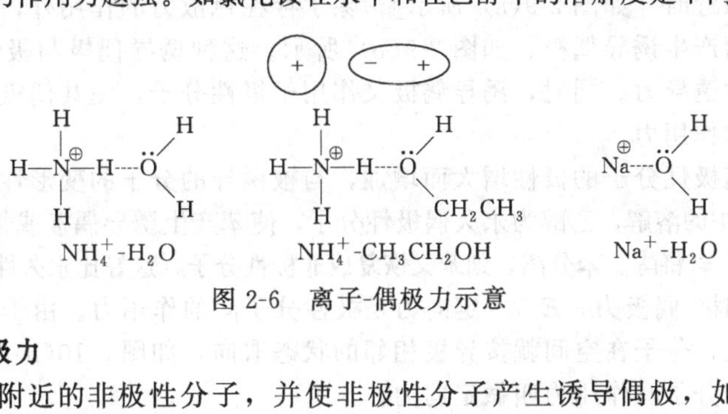

NH_4^+-H_2O　　NH_4^+-CH_3CH_2OH　　Na^+-H_2O

图 2-6　离子-偶极力示意

2. 离子-诱导偶极力

若离子对吸引它附近的非极性分子，并使非极性分子产生诱导偶极，如 KI-I_2 间的作用力，两者之间的作用力叫离子-诱导偶极力（见图 2-7）。

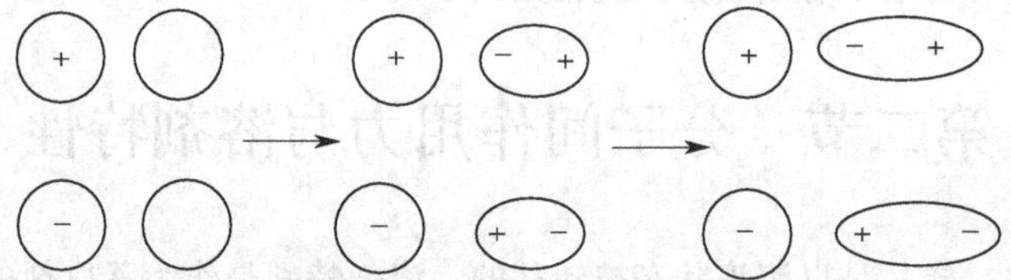

图 2-7　离子-诱导偶极力示意

在分离技术中，涉及静电相互作用的场合很多，如在蛋白质分子中盐桥的形成、在离子对液相色谱中离子对的形成、在溶剂萃取中被萃取离子与带相反电荷萃取剂之间的离子缔合物的形成、在离子交换分离中离子交换剂与被交换离子间的离子交换反应都是基于离子（或分子）间的静电作用力。

3. 范德华力（E）

范德华力是普遍存在于原子与分子间的一种分子间力。它包括色散力、诱导力和定向力。

（1）色散力（诱导偶极-诱导偶极力，E_d）　是存在于非极性分子间的作用力。当非极性分子相互靠近时，虽然在一段时间里测得偶极矩值为零［如图 2-8(a) 所示］，但由于电子的不断运动和原子核的不断振动，要使每一瞬间正、负电荷中心都重合是不可能的，在某一瞬间总会有一个偶极存在，这种偶极叫做瞬间偶极。由于同极相斥、异极相吸，瞬间偶极之间总是处于异极相邻的状态，并且这种偶极不断发生位置变化，如图 2-8(b)，图 2-8(c) 所示。瞬间偶极之间产生的分子间作用力叫做色散力。虽然瞬间偶极存在时间极短，但异极相邻的状态总是不断地重复，所以使得任何分子（不论极性分子还是非极性分子）相互靠近时都存在着色散力。

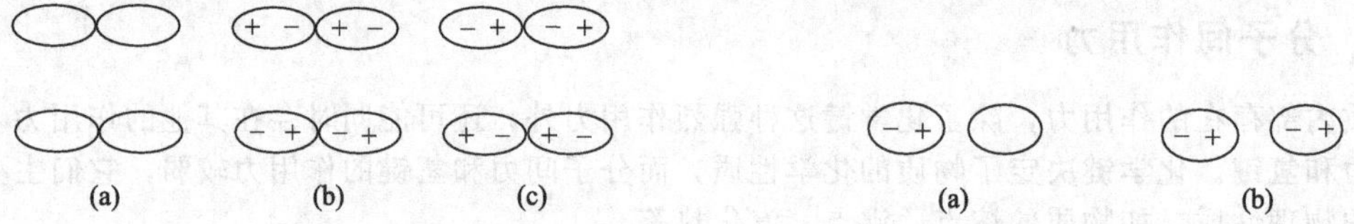

图 2-8　非极性分子相互作用示意　　图 2-9　极性分子与非极性分子的作用

色散力的大小主要决定于分子的变形性。分子的半径越大，最外层电子离原子核越远，核对其吸引力越弱，分子的变形性就越大。同时分子的相对分子质量越大，分子所含的电子就越多，变形性越大，色散力就越强。

影响色散力的因素很多：a. 分子量大的，分子间距离小则色散力较大；b. 异构体，有支链，分子不对称，距离远，色散力小；直链，分子对称，距离近，色散力大。

在许多分离方法中，色散力起着重要作用，它不仅对分离过程中分子的作用力方向起重要作用，而且是从分子水平解释很多分离规律的基础。

（2）诱导力（偶极-诱导偶极力，E_i）　诱导力是极性分子与非极性分子间的作用力。当极性分子与非极性分子靠近时［如图 2-9(a) 所示］，除了存在色散力的作用外，由于非极性分子受极性分子电场的影响而产生诱导偶极，如图 2-9(b) 所示。这种诱导偶极与极性分子固有偶极之间所产生的作用力叫做诱导力。同时，诱导偶极又作用于极性分子，使共偶极长度增加，从而进一步加强了它们之间的作用力。

诱导力的大小随极性分子的极性增大而增加，与被诱导的分子的变形性成正比。

例如，苯在乙醇中的溶解，乙醇为永久偶极性分子，使苯产生诱导偶极或暂时偶极，二者相互作用，达到溶解的目的。若将醇、苯分离，则苯又恢复成非极性分子，这好比永久性磁铁将铁磁化一样。

（3）定向力（偶极-偶极力，E_o）　定向力是极性分子间的作用力。由于它们固有偶极之间的同极相斥、异极相吸，分子在空间就按异极相邻的状态取向，如图 2-10(b) 所示。由于固有偶极之间的取向而引起的分子间作用力叫做定向力。

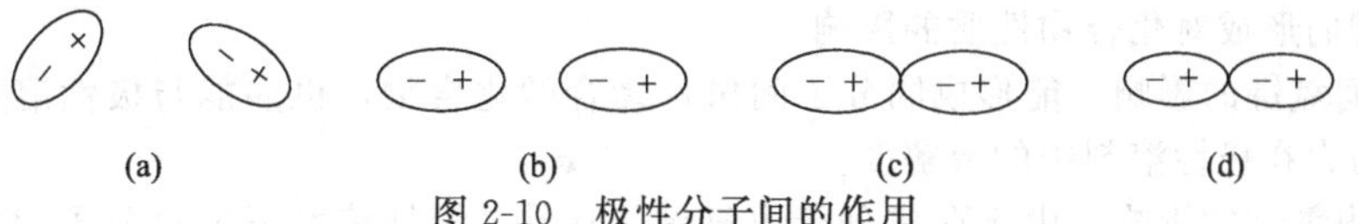

图 2-10 极性分子间的作用

定向力的大小决定于分子极性的大小，分子极性越大，定向力越大。

定向力、诱导力和色散力的总和称作范德华力，即 $E=E_o+E_i+E_d$。

无论是极性或非极性分子间都同时存在范德华力，范德华力在分子中的分布与分子的极性有关，极性强的分子以定向力为主，非极性或极性小的分子以色散力为主。

范德华力与物质的理化性质有密切关系。例如，对物质的沸点、熔点、蒸发热、密度、表面张力、黏度及溶解度等都有影响。

4. 氢键

氢键是偶极-偶极作用力之一。由含氢原子和含有强电负性原子如 F、O、N 的分子间相互作用形成的键称为氢键。具有—OH 或—NH_2 基团的分子（醇类、胺类等），很容易发生缔合作用，就是因为它们的分子间容易形成氢键。

氢键的主要形式有

O—H┈N　N—H┈O　N—H┈F

O—H┈O　N—H┈N

氢键的本质是静电相互作用，从氢键的形式看出，与 H 相连的两个原子（X 和 Y）可以不同，也可以相同。氢键的强弱与 X 和 Y 原子的电负性有关，电负性越大，形成的氢键越强，氢键的强弱也与 X 和 Y 原子的原子半径有关，半径越小，越易接近氢核，形成的氢键越强。

（1）氢键的类型

氢键的分类：分子内；分子间（同分子间、不同分子间）

分子间氢键是由两个或两个以上分子形成的氢键（同种和不同种分子间），如 HF、NH_3、H_2O、C_2H_5OH 及在 HCOOH 二聚分子中都存在分子间氢键。

分子内氢键是同一分子内形成的氢键，如邻硝基苯酚、邻氯苯酚、水杨酸、麻黄碱。因受环状结构中其他原子间键角的限制，分子内氢键不是 180°，常在 150°左右，如某些无机分子。

分子内：

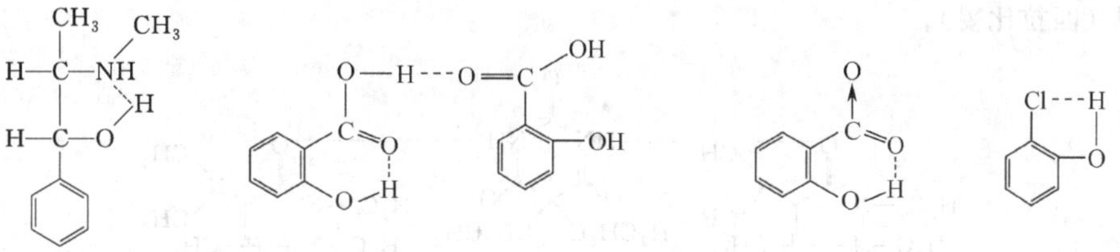

分子间：

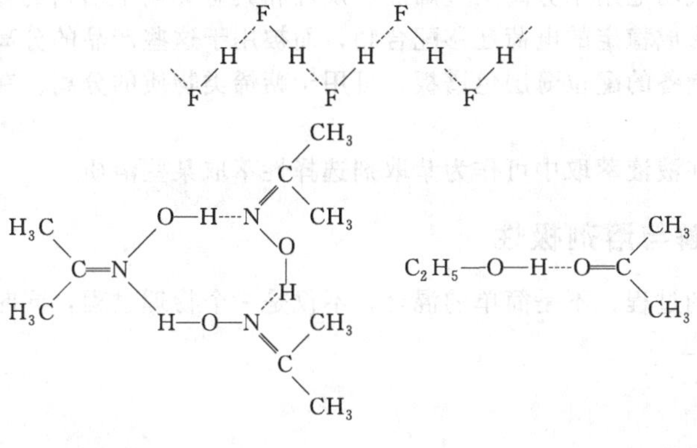

（2）氢键的形成对化合物性质的影响

① 分子间氢键的影响　能形成同分子间氢键缔合的化合物，也多能与极性溶剂形成异分子间氢键，而增大在极性溶剂中的溶解度。

② 分子内氢键的影响　由于形成分子内氢键，不易与极性溶剂形成异分子间氢键，从而较易溶于非极性溶剂中。

氢键的存在影响物质在极性溶剂中的溶解度，在进行萃取时，是考虑萃取剂选择的重要因素。

在分离技术中利用溶质与分离体系组分形成氢键的实例并不少见。例如，在反相高效液相色谱（RP-HPLC）中，溶质分子因为疏水分配作用而保留在固定相中，溶质分子的极性基团与流动相中的水或甲醇分子之间的氢键往往在溶质分子的洗脱过程中起重要作用。

分子间力对液体的互溶性和固、气态非电解质在该液体中的溶解度也有一定影响。溶质和溶剂的分子间力越大，则在溶剂中的溶解度也越大。

5. 电荷转移相互作用

在电性差别比较大的两个分子间，多电子的分子向缺电子的分子转移电子（或迁移负电荷），这两个分子之间产生电荷迁移力（charge transfer force），由这种力结合而成的分子配合物，叫做电荷迁移配合物（charge transfer complex，CTC），简称 CTC 配合物。

经典的配合物指的是无机配合物，配合物中有一个中心离子，周围有与其电荷相反的离子或中性分子，而 CTC 配合物并无离子存在，不带电荷，主体和配体之间是靠电子的给予和接受或彼此吸引而实现的，所以，这种配合物又称为电子供受体配合物（electron donor-acceptor complex），简称 EDA 配合物。

例如，苯（电子供体）-碘（电子受体）配合物（即碘溶解在苯中）的形成表示为

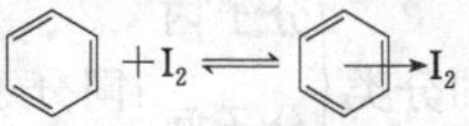

$$C_6H_6 + I_2 \rightleftharpoons C_6H_6 \rightarrow I_2$$

电荷迁移配合物是分子键化合物的一种，这种键是离域或定域的分子间电子对键（inter-molecular electron-pair bond）。其键能远小于化学键的键能，通常为1～10kcal[1]/mol。

电荷迁移配合物在药物与受体作用、增加药物稳定性、增加药物水溶度等方面得到了应用。

通过与某些化合物形成电荷迁移配合物可增加物质的溶解度。例如二分子氨基比林与一分子巴比妥形成配合物而使溶解度增大。这一配合物是通过 $=O\cdots HN\langle$ 型氢键结合而成，商品名 Pyrabital（匹拉比妥）。

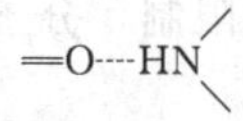

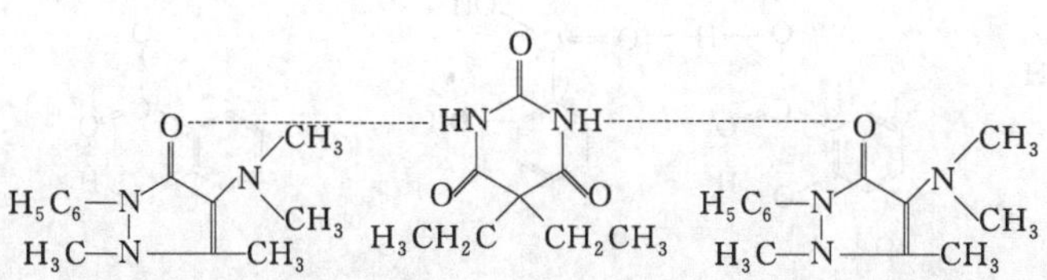

（结构式：二分子氨基比林与一分子巴比妥通过 $O\cdots HN$ 氢键结合；标注 O、CH_3、N、H_5C_6—N、H_3C—N、CH_3；HN、NH、O、H_3CH_2C、CH_2CH_3）

电荷迁移配合物成功地用于分离某些烯烃、炔烃和具有 π 电子结构的化合物。如亚铜盐、银盐等可与烯烃和炔烃形成稳定的电荷迁移配合物，而被用于这些产品的分离。

用硝酸银与硅胶制备的配位薄层色谱板，可用于萜烯类物质的分离。在鱼油的分离过程中富集不饱和脂肪酸。

电荷迁移配合物在液液萃取中可作为萃取剂选择性萃取某些溶质。

二、溶质的溶解与溶剂极性

溶解是一个复杂的过程，不是简单的混合，不仅是一个物理过程，同时也是化学过程，其化

[1] 1kcal＝4.1840kJ。

学过程是靠溶质与溶剂间的分子间引力作用进行的。在水中或乙醇中以氢键为主。不同的药物与水形成的氢键的键能、稳定性不同。是否能与水形成氢键，是判断水溶性大小的重要因素。溶质在一般溶剂中的溶解遵从“相似相溶”的规律。

“相似相溶”规律则从溶质分子与溶剂分子化学结构的类似程度和极性接近程度做出判断，包括分子组成、官能团、形态结构的相似，即溶质易溶于与之结构和极性相近的溶剂中。

溶解过程中溶质与溶剂的相似程度越大，则越易溶解，这一过程实质是分子之间相互作用的变化。溶质-溶剂之间的作用力与溶质-溶质之间的作用力大小相似或略大，则溶质能溶解在溶剂中。物质分子间作用力大小的一般顺序为：非极性物质＜极性物质＜氢键物质＜离子型物质。溶解度预测与极性的关系见表 2-3。

表 2-3　溶解度预测与极性的关系[2]

溶质 A	溶剂 B	相互作用			溶解度预测
		A…A	B…B	A…B	
非极性	非极性	弱	弱	弱	可能易溶
非极性	极性	弱	弱	弱	可能难溶
极性	非极性	强	弱	弱	可能难溶
极性	极性	强	强	强	可能易溶

除了“相似相溶”规律，有些情况溶质的溶解可从溶质和溶剂间电荷转移配合物的形成和酸碱性去考虑。例如，安得诺新在 0.4mol/L 的烟酰胺或 0.4mol/L 的异烟酰胺中的溶解度分别比在蒸馏水中增大 4.4～4.5 倍和 2 倍；十八羧酸与吡啶的互溶比与乙酸的互溶好。

液液萃取的关键是萃取溶剂的选择，选择的主要依据是“相似相溶”的原则，也就是选择与溶质极性相似的萃取溶剂。溶剂的极性可以用介电常数来表达，对于已知溶剂的介电常数可从相关的手册查到，未知物质的介电常数可通过适当的方法进行测量[6]。通过选择与溶质相似的介电常数溶剂作萃取溶剂，是溶剂选择的方法之一。

第三节　分配平衡与分配定律

一、分配定律及分配平衡常数

萃取是一种扩散分离操作，不同溶质在两相中分配平衡的差异是实现萃取分离的主要因素。因此，了解分配定律是理解并设计萃取操作的基础。

分配定律：即溶质的分配平衡规律，指在恒温恒压条件下，溶质在互不相溶的两相中达到分配平衡时，如果其在两相中的相对分子质量相等（不发生解离、缔合、配位等，溶质以同一分子形式存在)，则其在两相中的平衡浓度之比为常数，即

$$A=\frac{c_2}{c_1} \tag{2-2}$$

式中，A 称为分配常数；c_1，c_2 为溶质在两相中分配达到平衡时的浓度，严格讲应该是活度。式(2-2) 为分配常数的定义式。

分配定律只在低浓度时是正确的，即适用于接近理想溶液构成的萃取体系。这种体系中的溶质与溶剂不发生离解、缔合和溶剂化作用，也就是说溶质在两相的形式必须是相同的。当满足这样的条件时，分配系数为一常数，它与溶质的总浓度没有关系，只与溶质分子在有机相中的溶解度有关。简而言之，分配定律只适用于稀溶液的简单物理分配体系。

所以分配定律的应用条件是：①必须是稀溶液；②溶质对溶剂的互溶没有影响；③必须是同一种分子类型，即不发生缔合或解离。

通过用热力学理论分析可进一步理解分配定律。即当溶质在互不相溶的两相中达到平衡时，根据热力学理论，在恒温恒压下溶质在两相中的化学位（μ）相等，即

$$\mu_1=\mu_2 \tag{2-3}$$

式(2-3) 中的下标 1 和 2 分别表示相 1（下相）和相 2（上相）。化学位是溶质活度的函数，与溶质活度的关系为

$$\mu_1=\mu_1^0+RT\ln\alpha_1 \tag{2-4}$$

$$\mu_2=\mu_2^0+RT\ln\alpha_2 \tag{2-5}$$

而

$$\alpha=\gamma c \tag{2-6}$$

上述三式中，α、γ 和 c 分别为活度、活度系数和浓度；μ_1^0 和 μ_2^0 分别为溶质在下相和上相的标准化学位，标准化学位与组成无关，只与温度、压力有关。由式(2-3)～式(2-5) 得

$$\mu_1^0+RT\ln\alpha_1=\mu_2^0+RT\ln\alpha_2 \tag{2-7}$$

用 A^0 表示活度之比，从式(2-7) 得到

$$A^0=\frac{\alpha_2}{\alpha_1}=\frac{\gamma_2 c_2}{\gamma_1 c_1}=\exp\left(\frac{\mu_1^0-\mu_2^0}{RT}\right) \tag{2-8}$$

由于恒温恒压下 μ_1^0 和 μ_2^0 为常数，所以 A^0 为常数，称为 Nernst 常数。根据式(2-2) 得

$$A=\frac{\gamma_1}{\gamma_2}A^0 \tag{2-9}$$

即分配常数为溶质在相 1 和相 2 中活度系数的比与 Nernst 分配常数的乘积。活度系数是溶质浓度的函数，只有当溶质浓度非常低时才有 $\gamma=1$，$A=A^0$ 为常数，所以，分配定律只有在较低浓度范围内成立。当溶质浓度较高时，如果 $\gamma_1/\gamma_2\neq1$，分配常数将随浓度改变，随浓度的增大或升高或者降低。

式(2-2) 所定义的分配常数是用溶质在两相中的物质的量浓度之比来表达的。有些情况下，分配常数用溶质的摩尔分数之比表示。设相 1 和相 2 中溶质的摩尔分数分别为 x 和 y，则

$$A=y/x$$

二、分配比

分配常数是以相同分子形态（相对分子质量相同）存在于两相中的溶质浓度之比，但在多数情况下，情况往往比较复杂，溶质在各相中并非以同一种分子形态存在，在萃取过程中，常常伴随着离解、缔合、水解、配位等化学变化；实际生产中所处理的料液浓度较高，因此，多数情况下两相平衡浓度之间的关系并不完全符合分配定律，分配常数也并非常数，而是随萃取体系中组分的浓度、混合液的 pH、温度、分子存在的状态等因素的变化而改变，虽然如此，在实际溶剂萃取的研究中仍然采用类似分配定律的公式作为基本公式。这时候溶质在水相和有机相的浓度实际上是以各种化学形式进行分配的溶质总浓度，它们的比值以分配比表示。溶质在两相中的总浓度之比称为分配系数（distribution coefficient）或分配比（distribution ratio）。

$$m=c_{2,t}/c_{1,t} \tag{2-10}$$

或

$$m=y_t/x_t \tag{2-11}$$

式中，$c_{2,t}$ 和 $c_{1,t}$ 为溶质在相 1 和相 2 中的总物质的量浓度；x_t 和 y_t 分别为溶质在相 1 和相 2 中的总摩尔分数；m 为分配（比）系数，它表示萃取体系达平衡时，被萃取溶质在有机相中的总浓度与水相总浓度之比。

很明显，分配常数是分配系数的一种特殊情况。分配比不是常数，它随被萃取溶质的浓度、水相的酸度、萃取剂的浓度、稀释剂的性质、温度以及其他物质的存在等因素的变化而变化。总之，分配比表示一个实际萃取体系达到平衡后，被萃取溶质在两相的实际分配情况。因此它在萃取研究和生产中有较大的实际意义。

在生物产物和天然产物的液液萃取中，一般产物浓度均较低，并且很少出现溶质溶解萃取剂

的现象，因此没有必要利用有机化工萃取中常用的三角形相图，液液平衡关系可用简单的 x-y 线图表示。即

$$y=f(x) \tag{2-12}$$

为叙述方便，这里的 x 和 y 分别表示相 1 和相 2 中溶质的总浓度，并且可以是物质的量浓度 ($kmol/m^3$)，也可以是摩尔分数（下同）。

当溶质浓度较低时，分配系数为常数，式(2-12) 可表示成 Henry 型平衡关系：

$$y=mx \tag{2-13}$$

当溶质浓度较高时，式(2-13) 不再适用，很多情况下可用 Langmuir 型平衡关系表示：

$$y=\frac{m_1 x}{m_2+x} \tag{2-14}$$

式中，m_1 和 m_2 为常数。

式(2-14) 的一般形式为

$$y=\frac{m_1 x^n}{m_2+x^n} \tag{2-15}$$

式中，n 为常数。

当式(2-13)～式(2-15) 均不能很好地描述分配平衡关系时，可采用适当的经验关联式。

三、萃取率[3]

萃取率表示一种溶剂对某种溶质的萃取能力，在萃取过程中被萃取组分从原始料液相转移到萃取相的量。

$$\eta=\frac{\text{萃取相中溶质总量}}{\text{原始料液中溶质总量}}\times 100\%=\frac{M_2V_2}{M_1V_1+M_2V_2}\times 100\%=\frac{E}{E+1}\times 100\% \tag{2-16}$$

式中，V_1、V_2 分别表示萃余相和萃取相的体积；M_1、M_2 分别表示萃余相和萃取相的平衡浓度；E 为萃取因素，也称萃取比，是萃取达到平衡时萃取相中溶质的量与萃余相中溶质的量之比。

$$E=\frac{\text{萃取相中溶质的量}}{\text{萃余相中溶质的量}}=\frac{M_2V_2}{M_1V_1}=A\frac{V_2}{V_1} \tag{2-17}$$

四、分离系数

在药物制备过程中，料液中溶质并非是单一的组分，除了所需的组分外，还同时存在其他组分（杂质），在萃取时，这些溶质在同一萃取体系内，会一同带到萃取液中去，为了表示 A、B 两种溶质在同样条件下分离的难易程度，引入分离系数的概念，即两者的分配系数之比，也称选择性系数，用 β 表示，显然 $\beta\neq 1$，也就是两者的分配系数不等是实现萃取的必要条件。

$$\beta=\frac{c_{A1}/c_{A2}}{c_{B1}/c_{B2}}=\frac{K_A}{K_B} \tag{2-18}$$

当 $K_A=K_B$ 时，两溶质不能分开。

值得注意的是，当萃取剂浓度、组成、水相成分、相比以及温度等改变时，分离系数的值就要发生变化。

在一个实际萃取工艺中，常常希望有较大的分配比及希望有较大的分离系数。分配比高意味着有较高的萃取率；分离系数大，意味着两种溶质分离较彻底。但实际操作中产品纯度和回收率常常是矛盾的，通常要根据要求对这两方面进行协调，并以此为出发点来制定萃取流程和工艺操作条件。

第四节　弱电解质分配平衡

弱电解质以非离子化的形式溶解在有机溶剂中，而在水中会部分离子化并存在电离平衡，反

映在物质分配上，除了热力学常数外，还有分配系数，它们之间存在有一定的依赖关系。如以青霉素（弱酸）为例，存在有下述电离平衡

ROC—HN—(S, CH_3, CH_3, N, O, COOH) $\rightleftharpoons$ ROC—HN—(S, CH_3, CH_3, N, O, COO^-) $+H^+$

青霉素在水相和有机相中分配表现出三个特点：①青霉素虽在水中可以解离，但是在水相和有机相之间分配的仅仅是青霉素游离酸（分子状态）；②在萃取时不发生青霉素分子的电离作用；③在有机溶剂中青霉素分子不离解为离子。

无论是化学合成药物或天然产物、生物产品，其分子结构均具有相对极性。这些分子具有弱电解质的性质，弱电解质在水相中发生不完全解离，而在进行溶剂萃取时，仅仅是游离酸或游离碱在两相产生分配平衡，而酸根或碱基不能进入有机相中，所以达到平衡状态时，一方面弱电解质在水相中达到解离平衡，另一方面未解离的游离电解质在两相中达到分配平衡。因此，在水相和有机相间存在多种离子，不符合 Nernst 分配定律的条件，此时用分配比（也称表观分配系数）来分析两相的平衡。

有机相：AH			有机相：B		
$\updownarrow K_0$			$\updownarrow K_0$		
水相：AH	$\overset{K_p}{\rightleftharpoons}$	A^-+H^+	水相：BH^+	$\overset{K_p}{\rightleftharpoons}$	$B+H^+$

对弱酸性或弱碱性电解质，解离平衡关系分别为

$$HA \longrightarrow A^- + H^+$$
$$BH^+ \longrightarrow B + H^+$$

解离平衡常数分别为

$$K_a=\frac{[A^-][H^+]}{[AH]} \tag{2-19}$$

$$K_b=\frac{[B][H^+]}{[BH^+]} \tag{2-20}$$

式中，K_a，K_b 分别为弱酸、弱碱的解离常数；[AH] 和 [A^-] 分别为游离酸及其酸根的浓度；[B] 和 [BH^+] 分别为游离碱及其碱基的浓度。

如果在有机相中溶质不发生缔合，仅以单分子存在，符合分配定律，以弱酸性电解质为例，分配常数为

$$A_a=\frac{\overline{[AH]}}{[AH]} \tag{2-21}$$

式中，$\overline{[AH]}$ 为有机相中游离酸的浓度；A_a 为游离酸的分配系数。

由于利用一般的分析方法测得的水相浓度为游离酸和酸根离子的总浓度，故为方便起见，用水相总浓度 c 表示酸的浓度，即

$$c=[AH]+[A^-] \tag{2-22}$$

从式(2-19) 和式(2-22) 得

$$[AH]=\frac{c[H^+]}{K_a+[H^+]} \tag{2-23}$$

将式 (2-23) 代入式(2-21) 得

$$A_a=\frac{\overline{[AH]}(K_a+[H^+])}{c[H^+]} \tag{2-24}$$

从式(2-24) 得

$$\overline{[AH]}=A_a c\,\frac{[H^+]}{K_a+[H^+]} \tag{2-25}$$

同理可得弱碱性电解质有机相中游离碱的浓度为

$$\overline{[B]}=A_b c\,\frac{[K_b]}{K_b+[H^+]} \tag{2-26}$$

从式(2-21)和式(2-22)可知，溶质在有机相中的浓度为水中氢离子浓度（即pH）的函数。设有机相中的浓度和水相中的浓度之比为分配系数，则

$$m_a = A_a \frac{[H^+]}{K_a + [H^+]} \tag{2-27}$$

$$m_b = A_b \frac{K_b}{K_b + [H^+]} \tag{2-28}$$

上述两式中，m_a 和 m_b 分别为弱酸和弱碱的分配系数。

上述两式也可表示为

$$\lg\left(\frac{A_a}{m_a} - 1\right) = pH - pK_a \tag{2-29}$$

$$\lg\left(\frac{A_b}{m_b} - 1\right) = pK_b - pH \tag{2-30}$$

其中 $pK_a = -\lg K_a$，$pK_b = -\lg K_b$。

式(2-24)～式(2-28)说明，弱电解质在有机溶剂中的分配平衡在一定的温度和压力下，其分配系数是水中氢离子浓度的函数，水相pH对弱电解质分配系数具有显著影响，弱酸性电解质的分配系数随pH降低（即氢离子浓度增大）而增大，而弱碱性电解质则正好相反。通过调节水相的pH，使溶质以分子状态增加，分配系数相应增大，进入萃取相的数量增加，因而萃取率增加。

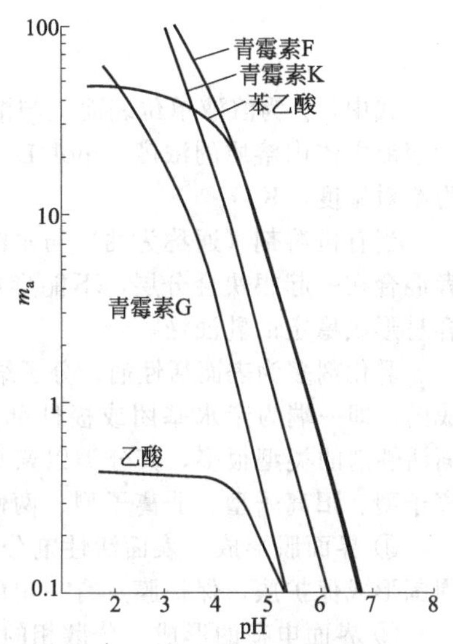

图 2-11　pH 对青霉素及有机酸分配系数的影响

例如，红霉素是碱性电解质，在乙酸戊酯和pH 9.8的水相之间分配系数为44.7，而水相pH5.5时为14.3。又如，青霉素是较强的有机酸，pH对其分配系数有很大影响。图2-11是pH对青霉素及其他有机酸分配系数的影响，很明显，在较低pH下有利于青霉素在有机相中的分配，当pH>6.0时，青霉素几乎完全分配于水相中。

在抗生素精制中，常用这个特征使萃取过程在溶剂和水相中选择不同的pH进行萃取和反萃取，通过这种反复循环的操作，可使产物纯度提高。例如，红霉素在pH9.4的水相中用乙酸戊酯萃取，而反萃取则用pH5.0的水溶液。

第五节　乳化和去乳化

在药物的液液萃取过程中，特别是生物发酵液和中药浸出液，有效成分的浓度较低，而杂质的量却很高，往往会在两相界面产生乳化现象。这种现象不利于萃取过程的进行，给分离带来麻烦，即使采用离心机，也很难将两相完全分离。如果萃余液中夹带溶剂，收率就会相应地降低，经萃取的溶剂中夹带原料液也会给以后的精制造成困难，因此必须设法破除。而要破除乳化，先要了解乳化现象的本质。

乳化属于胶体化学范畴，是指一种液体以细小液滴（分散相）的形式分散在另一不相溶的液体（连续相）中，这种现象称为乳化现象，生成的这种液体称为乳状液或乳浊液。

发生乳化的主要原因如下。

① 植物药的水提液和生物发酵液中通常含有大量蛋白质，它们分散成微粒，呈胶体状态。蛋白质一般由疏水性肽链和亲水性极性基团构成。由于疏水基和亲水基的平衡，蛋白质显示表面活性而起乳化剂作用，构成乳状液，因此在萃取过程中会产生上述界面现象。对发酵液的组成进行分析测定，可以发现其中酸、铁、钙、镁等不是表面活性物质，还原糖浓度变化对表面张力的

影响极小，而蛋白质明显地影响表面张力。随着蛋白质含量的上升，表面张力明显下降，即 $d\sigma/dc<0$，可见蛋白质是引起该发酵液乳化的主要表面活性物质。

② 萃取体系中含有呈胶粒状态和极细微的颗粒或杂质。

③ 发酵液染菌后料液中成分发生改变，其中蛋白变性则造成乳化。

④ 有机相的理化性质，如有机相黏度过大、化学性质不稳定发生分解产生易发生乳化的物质等。

⑤ 为了两相的充分混合，人们往往进行过度的搅拌（输入能量过大）而造成分散相液滴的过细分散而导致乳化。

一、乳化及乳化形成的稳定条件

乳化的本质是表面现象。从热力学关系推演可知乳化的产生是一种自发过程，而乳状液本身又是一个不稳定的热力学系统。由 Gibbs 热力学关系出发，经过一系列推演可得到式(2-31)。

$$\gamma=-\frac{c}{RT}\times\frac{d\sigma}{dc} \tag{2-31}$$

式中，γ 为溶液单位表面上与溶液内部相比时溶质的过剩量，称表面过剩浓度，mol/m^2；c 为溶液主体内溶质的浓度，mol/L；σ 为表面张力，N/m；R 为气体常数，8.314J/(mol·K)；T 为绝对温度，K。

当有机溶剂（通称为油）与水混合加以搅拌时，可能产生乳浊液，但油与水是不相溶的，二者混合在一起很快会分层，不能形成稳定的浑浊液。必须有第三种物质——乳化剂存在时，才容易形成稳定的乳浊液

乳化剂多为表面活性剂。分子结构有共同的特点：一般是由亲脂油基团和亲水基团两部分组成的，即一端为亲水基团或极性部分［$—COONa$、$—SO_3Na$、$—OSO_3Na$、$—N^+(CH_3)_3$ 等］。表面活性剂的类型很多，其分类以亲水基团是离子型还是非离子型为主要依据，可分为五大类：阴离子型、阳离子型、非离子型、两性及高分子。乳化剂使界面稳定，原因如下。

① 界面膜形成　表面活性剂分子积聚在界面上，形成排列紧密的吸附层，并在分散相液滴周围形成保护膜，保护膜具有一定的强度，不易破裂，能防止液滴碰撞而引起沉降。

② 界面电荷的形成　分散相的液滴可由下列原因而荷电：电离、吸附和液滴与介质之间摩擦，其中主要是由于液滴表面上吸附了电离的乳化剂离子。根据经验，两物接触时，介电常数高的物质带正电，介电常数低的带负电。在乳状液中，水的介电常数远比常见其他液体为高。故 O/W 型乳状液带负电荷，而 W/O 型乳状液中水滴带正电荷。由于乳状液的液滴带电，当液滴相互接近时就产生排斥力，阻止了液滴聚结。

③ 介质黏度　若乳化剂能增加乳状液的黏度，能增加保护膜的机械强度，则形成的界面膜不易被破坏，并可阻止液滴的聚结。

从中药中提取所得的提取物，特别是水提物及生物过程所得到的发酵液（如抗生素发酵液），往往含有多种物质，其中杂质的比例很大，有很多物质具有表面活性剂的性质，起到稳定乳状液的作用，使萃取时易发生乳化。

二、乳状液的类型

乳状液可分为“水包油（O/W）”和“油包水（W/O）”两种类型。油滴分散于水相称为水包油型或 O/W（oil in water）型乳浊液，而水滴分散于油相称为油包水型或 W/O（water in oil）型乳浊液。在生产过程中形成何种类型的乳状液，主要由表面活性剂的性质所决定，如果表面活性剂的亲水基团强度大于亲油基团，则易形成 O/W 型乳状液；如亲油基团强度大于亲水基团，则易形成 W/O 型乳浊液。

工业上常用 HLB（亲憎平衡值）来表示表面活性剂亲水与亲油程度的强弱，每一种表面活性剂都有亲水和疏水基团，两种基团强度的相对关系称为 HLB（hydrophile-lipophile balance)。

其值可由实验室测定，现也有理论公式计算。为制定 HLB，选择完全不亲水（HLB=0）和完全亲水（HLB=20）的两种极限乳化剂作为标准，其他表面活性剂的 HLB 就处于这两种极限值之间。HLB 在 3～6 范围内能促进形成 W/O 型乳化剂，而 6～15 范围内的表面活性剂是良好的 O/W 型乳化剂。但必须注意：HLB 的确定仅仅是从活性剂本身的性质出发，没有考虑到活性剂与水相、油相的相互作用，而实际上这种相互影响远比活性剂本身的性质更重要，HLB 仅具有参考意义。

表面活性剂的亲水与亲油程度的相对强弱见表 2-4。表中对不同的 HLB 作了分类，HLB 愈大，亲水性愈强，形成 O/W 型乳状液；HLB 愈小，亲油性愈强，形成 W/O 型乳状液。

表 2-4 表面活性剂的 HLB 值的应用

HLB	特 性	HLB	应用
0～4	在水中不分散	2～6	W/O 乳化
4～6	略有分散	7～9	润湿剂
6～8	不稳定乳状液	8～15	O/W 型乳化
8～10	稳定的乳状液分散	13～15	洗涤剂
10～13	半透明到透明分散	15～18	助溶剂
13～18	透明溶液		

由蛋白质引起的乳化，构成型式为 O/W 型，液滴平均粒径在 2.5～3.0μm。

这种界面乳状液可放置数月不凝聚。这一方面是由于蛋白质分散在两相界面，形成的无定形黏性膜起保护作用；另一方面，发酵液中存在着一定数量的固体粉末，对于已产生的乳化层也有稳定作用。

三、乳状液的消除

即破乳，有很多方法都可去除乳化，有过滤或离心分离、化学法（加电解质破坏双电层）、物理法。

在实施萃取操作前，对发酵液和中药浸出液进行过滤或絮凝沉淀处理，可除去大部分蛋白质及固体微粒，使蛋白质含量达到最低浓度，防止乳化现象的发生。破乳方法有以下几种。

① 加入表面活性剂　表面活性剂可改变界面的表面张力，促使乳浊液转型，对于 O/W 型乳浊液，加入亲油性表面活性剂，可使乳浊液从 O/W 型转变成 W/O 型，但由于溶液条件不允许形成 W/O 型乳浊液，即乳浊液不能存在，从而达到破乳的目的。相反，对于 W/O 型乳浊液，加入亲水性表面活性剂如十二烷基磺酸钠可达到破乳的目的。

② 电解质中和法　加入电解质，中和乳浊液分散相所带的电荷，而促使其凝聚沉淀。也就起到盐析蛋白质的作用。常用的电解质如氯化钠、硫酸铵等。这种方法适用于小量乳浊液的处理或乳化不严重的乳浊液的处理。

③ 吸附法破乳　当乳状液经过一个多孔性介质时，由于该介质对油和水的吸附能力的差异，也可以引起破乳。例如，碳酸钙或无水碳酸钠易为水所润湿，但不能为有机溶剂所润湿，故将乳状液通过碳酸钙或无水碳酸钠层时，其中水分被吸附。生产上将红霉素的一次乙酸丁酯提取液通过装有碳酸钙的小板框压滤机，以除去微量水分，有利于后序的提取。

④ 加热　温度升高，使乳状液液珠的布朗运动增加，絮凝速度加快，同时还能降低黏度，使聚结速度加快，有利于膜的破裂。

⑤ 稀释法　在乳状液中，加入连续相，可使乳化剂浓度降低而减轻乳化。在实验室的化学分析中有时用此法较为方便。

⑥ 机械方法　产生乳化后，如果乳化现象不严重，可采用过滤或离心沉降的方法。分散相液滴在重力场或离心力场作用下会加速碰撞而聚合，适度搅拌也可以起同样的促聚作用。

⑦ 调节水相酸度 加酸往往可以达到破乳的目的，但这时需要考虑其他工艺条件的限制。

第六节　化学萃取法[3~5]

化学萃取法是伴有化学反应的萃取过程，在化学萃取中，溶质与萃取剂之间存在化学作用，其相平衡关系要比物理萃取的相平衡关系复杂得多，形成的产物称萃合物。溶质在水相溶液中的水解、配位，萃合物在有机相中的聚合，萃取剂自身的缔合等使它们在两相中往往以多种化学状态存在。化学萃取的相平衡实际上是溶质在两相中的不同的化学状态之间的平衡，它服从于相律和一般化学反应的平衡规律。

化学萃取的相平衡决定着萃取过程的传质方向和过程可能达到的分离要求。许多不同的工艺操作条件，如溶液的pH、被萃物质的浓度，其他组分的浓度、萃取剂浓度、稀释剂种类等都将对这类过程的相平衡产生影响。

由于中药中的某些成分如氨基酸、生物碱和一些极性较大的抗生素的水溶性很强，在有机相中的分配系数很小甚至为零，利用一般的物理萃取效率很低，需采用化学萃取。化学萃取法近年在药物生产过程中，特别是抗生素生产中得到了广泛应用，如青霉素、大环内酯、林可霉素、氨基酸等生产中均采用化学萃取的方法。

例如青霉素为有机酸，可与四丁胺、正十二烷胺等脂肪碱通过离子键结合而容易溶于氯仿中。因此，对于在一定pH下容易物理分配于有机相中的目标产物（如青霉素），亦可通过加入萃取剂，增大其在不同pH的水相中对有机相的分配系数，使其在稳定性高的pH下进行萃取操作。

一、溶质与萃取剂之间的化学作用

化学萃取的典型特征在于被萃溶质与萃取剂之间不是简单的物理溶解关系而存着化学作用。主要的溶质与萃取剂之间的化学作用主要由配位反应、离子交换反应、离子缔合反应、协同反应等。

1. 配位反应

如果被萃物以中性分子形式存在，萃取剂同样也以中性分子形式存在，两者通过配位结合成为中性溶剂配合物，实现相转移，进入有机相，这类化学作用为配位反应。

在乙酸丁酯中用磷酸三丁酯（TBP）及用二异辛基亚砜萃取青霉素是典型的配位反应萃取。分析配位反应的机理，不难看出，磷酰基氧原子电子云密度的大小将直接影响配位键的形成和稳定性。因此，随着中性含磷萃取剂中烷氧基逐步被烷基取代，其配位萃取能力将随之加大。

在中性配合萃取体系中可供选择的萃取剂有中性磷（膦）类｛磷酸酯［$(RO)_3PO$］、膦酸酯［$(RO)_2RPO$］｝萃取剂、中性含氧（醇、醚、酯、醛酮等）萃取剂、中性含硫（如亚砜）萃取剂、中性酰胺类萃取剂以及中性芳香类萃取剂。考虑到萃取剂的性能和参数：①良好的物理性能和稳定性；②良好的再生、复用性能；③良好的抗乳化性能；④无毒或毒性很小；⑤价格与现有乙酸丁酯的可比性。

例如，以脂肪醇为萃取剂对红霉素的萃取，脂肪醇分子中的羟基与红霉素分子中的叔胺基团是以氢键结合生成萃合物而进入有机相的，其反应式可表示如下：

$$M_{(W)}+B_{(O)}\overset{K_S}{\rightleftharpoons}M\cdot B_{(O)}$$

方程中各物质的下标（W）或（O）表示其所处相，（W）代表水相，（O）代表有机相。

2. 阳离子交换反应

在阳离子交换反应中，萃取剂一般为弱酸性有机物HA或H_2A，溶质在水相中以阳离子M^{n+}或能离解为阳离子的配位离子存在。萃取过程中水相中的阳离子M^{n+}取代萃取剂中的H^+，被结合转移到萃取相中，达到萃取的目的。

3. 离子缔合反应萃取

这类萃取有两种情况：一是溶质离子在水相中形成阴离子，萃取剂与氢离子结合成阳离子，两者通过离子缔合反应构成离子缔合物而进入有机相，称为阴离子萃取；另一情况是溶质的阳离子与螯合性萃取剂结合成螯合阳离子，然后与水相中存在的较大阴离子通过离子缔合反应构成离子缔合物而进入有机相，称为阳离子萃取。

$$HA_{(W)}+B_{(O)}\rightleftharpoons BHA_{(O)}$$

对季铵盐视为阴离子交换反应，即：

$$R^+X^-_{(O)}+A_{(W)}\rightleftharpoons R^+A^-_{(O)}+X_{(W)}$$

4. 协同反应萃取（加合反应萃取）

萃取体系中含有两种或两种以上萃取剂，如被萃取组分的分配系数显著大于每一萃取剂（浓度及其他条件皆相同）单独使用时的分配系数之和，即为协同反应萃取或称加合反应萃取。

二、萃取剂

进行化学萃取的萃取剂的品种很多，根据反应类型，萃取剂有如下几类。

1. 阳离子交换萃取剂

也称酸性萃取剂，在制药工业中常用的主要有羧酸、磺酸等，除此以外还有酸性含磷萃取剂。

2. 阴离子交换萃取剂

主要是胺类萃取剂，有伯胺、仲胺、叔胺及季铵盐。前三者为中等强度的碱性萃取剂，一般必须与强酸作用产生铵盐阳离子（如 RNH_3^+、$R_2NH_2^+$、R_3NH^+）后，才能萃取阴离子物质，所以伯胺、仲胺、叔胺的萃取一般认为只有在酸性溶液中才能进行。而季铵盐属于强碱性萃取剂，本身含有阳离子 R_4N^+ 能够直接与阴离子缔合，因此季铵盐在酸性、中性和碱性溶液中均可用于萃取。在青霉素萃取中经常应用。

用作萃取剂的有机胺相对分子质量通常在 250～600，相对分子质量小于 250 的烷基胺在水中的溶解度较大，使用时会造成萃取剂在水相中的溶解损失；相对分子质量大于 600 的烷基胺大部分是固体，在有机稀释剂中的溶解度小，而且往往会造成分相困难以及萃取容量小。胺类萃取剂已成功用于青霉素类的萃取。

3. 中性配合萃取剂

中性配合萃取剂可分为含氧萃取剂、含硫萃取剂、中性含磷萃取剂及酰胺类萃取剂等。

在此类萃取反应中，被萃取物是中性分子，萃取剂也是中性分子，二者通过配位反应结合成为中性配合物而进入有机相，为溶剂化萃取机理。

以磷酸三丁酯（TBP）为代表的中心含磷萃取剂是研究最多、应用最广的一类萃取剂（见表 2-5）。这些萃取剂均具有 P═O 官能团，由于磷酰基极性的增加，它们的黏度、在非极性溶剂中的溶解度按 $(RO)_3PO\rightarrow R(RO)_2PO\longrightarrow R_2ROPO\longrightarrow R_3PO$ 的次序增加。由于碱性也随分子中 C—P 键数目的增加而增加，因而萃取能力也按上述顺序递增。

表 2-5 常用中性含磷萃取剂的物理常数

类 型	萃 取 剂	结 构 式	沸点/℃	折射率(n)	相对密度
$(RO)_3PO$	磷酸三正丁酯	$(n\text{-}C_4H_9O)_3PO$	143～144	1.4210	0.9753
$R(RO)_2P═O$	正丁基膦酸二丁酯	$n\text{-}C_4H_9PO(OC_4H_9)_2$	114～116	1.4250	0.9504
$R_2ROP═O$	二正丁基膦酸正丁酯	$(n\text{-}C_4H_9)_2PO(OC_4H_9)$	125～126	1.4370	0.9187
$R_3P═O$	氧化三正辛基膦	$n\text{-}(C_8H_{17})_3PO$	53～54	—	—

含氧萃取剂主要指醚、酯、酮、醛类有机化合物。官能团的碱性、分子的极性及空间效应等是影响分子结构变化的主要元素，含氧萃取剂的萃取能力一般按两相处鉡盐形成能力的次序为：醚（R_2O）＜醇（ROH）＜酯（RCOOR）＜酮（RCOR′）＜醛(RCHO)，故萃取能力也是按以上次

序逐级增大的。含氧的中性萃取剂除醇外，全是电子给予体试剂。醇具有电子给予和电子接受两种性质（只是由羟基的两性所决定），在多方面类似于水的性质。具有工业应用价值的含氧萃取剂主要是醇和酮类，而醇类往往在实际应用中与其他萃取剂混合使用。

中性含硫萃取剂的应用日益引起人们的关注，主要有亚砜（R_2SO）及石油硫醚（R_2S）是石油工业的副产品，便宜易得，是很有前途的工业用萃取剂。

4. 螯合萃取剂

这类萃取剂在萃取过程中生成具有螯环的萃合物-螯合物，是一种专一性较强的萃取剂，大量用在分析化学和无机化学上。近年来螯合萃取剂在工业上的应用有很大的进展。例如脂肪族 α-羟肟（如 LIX63）、芳香族 α-羟肟（如 LIX64）以及某些 8-羟基喹啉的衍生物（Kelex 100）已成功地用于萃取铜，而烷基酮肟及 β-双酮可用于萃取稀土金属。

三、稀释剂

在化学萃取体系中，为了改善化学萃取剂的物理性质（如减小密度、降低黏度）或防止三相的生成，往往需要在有机相内加进另一溶剂，称为稀释剂。

1. 稀释剂的作用

① 改变萃取剂的浓度调节有机相的萃取能力和萃取选择性。

② 改变萃取剂的萃取性能，一般稀释剂多为惰性溶剂，不具有萃取能力或萃取能力较弱，但它的加入也会适度改变有机相的萃取性能。

③ 加大萃合物在有机相的溶解度，当萃合物在有机相中溶解度减小时，易产生三相，即水相、萃合物有机相和萃得有机相（包括萃合物、萃取剂和稀释剂），而影响萃取过程的顺利进行。

2. 稀释剂的选择

根据目标产物以及与其共存杂质的性质选择合适的有机溶剂，可使目标产物有较大的分配系数和较高的选择性。根据相似相溶的原理，选择与目标产物极性相近的有机溶剂为萃取剂，可以得到较大分配系数。重要的是分子的极性上，极性的液体易于互相混合并溶解盐类和极性固体，而非极性化合物则易溶于低极性或没有极性的液体中。

① 分配系数　萃取时分配系数应大于 1.0，而反萃取时应小于 1.0，才能使反萃取的萃余液中获得较高的浓度，稀释剂能影响分配系数。

② 选择性　非特异性萃取应萃取尽可能少的杂质，这时使用非极性的稀释剂更好。

③ 稳定性　烷烃比酯、醇和卤代烃更稳定。

④ 黏度和密度　低黏度、低密度的稀释剂会使分相更容易。

⑤ 毒性　对食品和药品应使用低毒或无毒的稀释剂，长链烃的毒性低于卤代烃。

⑥ 水溶性　低水溶性使溶剂的残留最少。

介电常数是一个化合物分子极化程度的量度，根据该值，就可以预知一个化合物是极性还是非极性。可以通过测定被提取物的介电常数，寻找极性相当的溶剂。

四、影响化学萃取的因素

化学萃取主要受溶质的结构、萃取剂、稀释剂、体系的 pH、操作温度等因素的影响，上面已叙述了萃取剂和稀释剂的影响，现讨论其他因素的影响。

1. 被萃取药物的结构

药物的结构中存在影响药物极性和化学性质（酸性、碱性）的电效应和空间效应时，对萃取有一定的影响。比如结构中羧基不同，萃取率是不同的。

2. pH 的影响

无论是物理萃取还是化学萃取，水相 pH 对弱电解质分配系数均具有显著影响。物理萃取时，弱酸性电解质的分配系数随 pH 降低（即氢离子浓度增大）而增大，而弱碱性电解质则正相反。例如，红霉素是碱性电解质，在乙酸戊酯和 pH9.8 的水相之间分配系数为 44.7，而水相 pH

降至 5.5 时分配系数降至 14.4。又如，青霉素是较强的有机酸，pH 对其分配系数有很大影响。图 2-10 是 pH 对青霉素及其他有机酸分配系数的影响，很明显，在较低 pH 下有利于青霉素在有机相中的分配，当 pH 大于 6.0 时，青霉素几乎完全分配于水相中。从图 2-10 中可知，选择适当的 pH，不仅有利于提高青霉素的收率，还可根据共存杂质的性质和分配系数，提高青霉素的萃取选择性。因此，通过调节水相的 pH 控制溶质的分配行为，从而提高萃取率的方法广泛应用于抗生素和有机酸等弱电解质的萃取操作。反萃取操作同样可通过调节 pH 实现。例如，红霉素在 pH9.4 的水相中用乙酸戊酯萃取，而反萃取则用 pH5.0 的水溶液。

3. 温度的影响

温度也是影响溶质分配系数和萃取速度的重要因素。选择适当的操作温度，有利于目标产物的回收和纯化。但由于生物产物在较高温度下不稳定，活力降低，降低了产品的质量，故萃取操作一般在常温或较低温度下进行。

此外，无机盐的存在可降低溶质在水相中的溶解度，有利于溶质向有机相中分配，如萃取维生素 B_1 时加入硫酸铵，萃取青霉素时加入氯化钠等。但盐的添加量要适当，以利于目标产物的选择性萃取。

五、化学萃取在医药领域中的应用

化学萃取常用于抗生素类、氨基酸类等生物产物萃取，由于产物通常存在于大量的发酵液中，浓度低、极性较强，用有机溶剂萃取萃取率较低，选用适宜的化学萃取剂采用化学萃取可提高萃取率。

1. 青霉素的化学萃取

青霉素 G 为一个弱的有机酸（$pK_a=2.75$），在水中不稳定。经研究发现青霉素在水相和有机相中分配表现出三个特点：①青霉素虽在水中可以解离，但是在水相和有机相之间分配的仅仅是青霉素游离酸（分子状态）；②在萃取时不发生青霉素分子的电离作用；③在有机溶剂中青霉素为分子状态。青霉素 G 在 pH 2.0～2.5 时，基本上以分子状态存在，可采用有机溶剂进行物理萃取，但是，在此 pH 范围内，青霉素 G 易发生降解，影响产率。当采用适当的萃取剂与青霉素通过发生化学反应形成分子状态转移到有机相中，可避免青霉素降解。

（1）与胺的反应萃取　胺类萃取剂与青霉素反应生成能溶于有机相的配合物，反应式如下：

$$A_{(O)}+P^-_{(W)}+H^+_{(W)}\rightleftharpoons AHP_{(O)}$$

式中，$A_{(O)}$ 表示有机相中胺类萃取剂；HP 表示青霉素 G。

该反应为可逆反应。pH4.0～5.0 时可进行萃取，萃取率可达 99%；pH7.0～9.0 时进行反萃取，萃取率可达 98%。萃取过程中萃取剂不消耗，青霉素损失减至 1% 以下。反萃取时可采用磷酸盐、硼酸盐、碳酸盐等缓冲液，其中磷酸盐缓冲液效果最好。

胺类萃取剂使青霉素萃取的 pH 向高值方向移动，从而可减少青霉素在萃取过程中的损失。

由图 2-12 可见，与单一乙酸丁酯的萃取比较，仲胺（Amberlite LA-2）的加入可使青霉素的萃取溶液 pH 右移至 6.0。

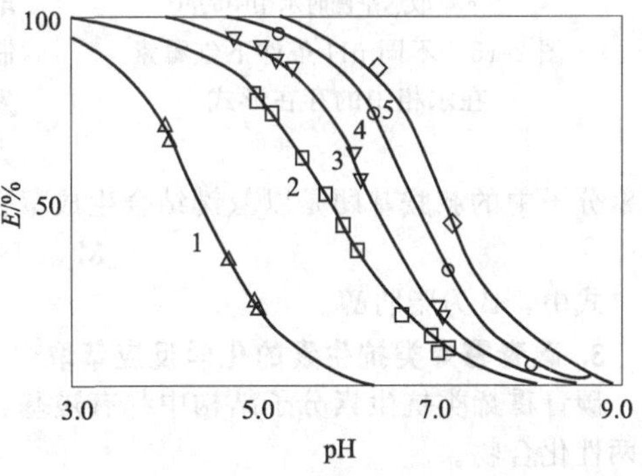

1—c_A=0; 2—c_A=10mmol/L; 3—c_A=20mmol/L; 4—c_A=50mmol/L; 5—c_A=100mmol/L (c_P=10mmol/L)

图 2-12　Amberlite LA-2 在乙酸丁酯中对青霉素 G 的萃取

（2）中性磷的配位反应萃取　由于青霉素分子中含有羧基、羰基和酰氨基，这些基团可以直接或通过水分子与萃取剂发生多种缔合作用，形成只能溶于有机相的配合物。青霉素类与磷酸三丁酯、二正辛基亚砜（DOSO）形成的配合物分别如图 2-13 和图 2-14 所示。

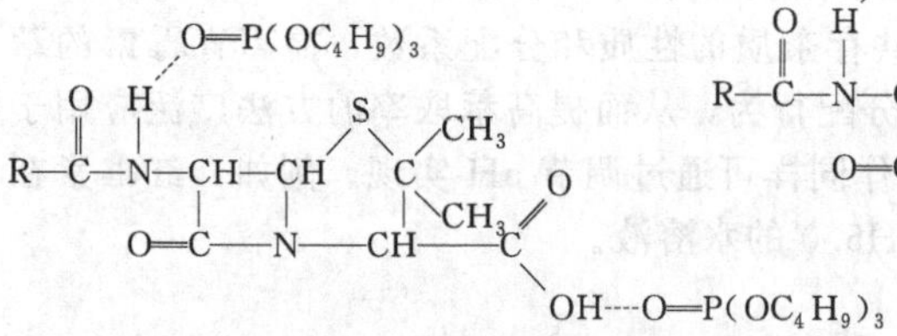

图 2-13　青霉素类与磷酸三丁酯形成的配合物

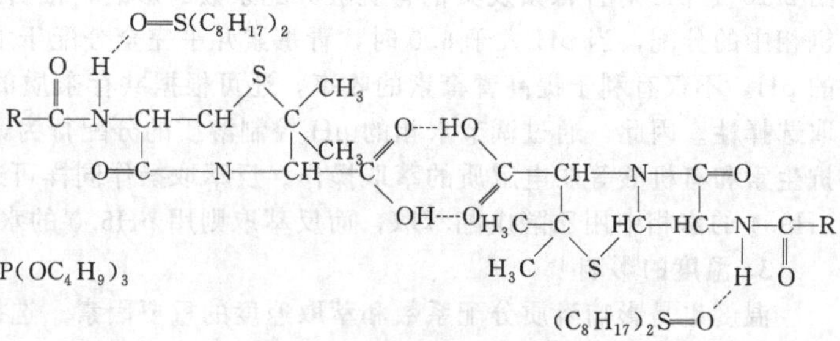

图 2-14　青霉素类与二正辛基亚砜（DOSO）形成的配合物

采用 5% 磷酸三丁酯的乙酸丁酯溶液为萃取剂，在 pH3.0～3.5 进行二级逆流萃取，并用 1.3%～1.5% 浓度的碳酸氢钠再进行二组逆流反萃取。此工艺与只用乙酸丁酯萃取的工艺相比，最大优点是提高了萃取时的 pH（老工艺 pH1.8～2.2）、降低了酸解破坏，使萃取率提高 3%～5%。

2. 大环内酯类抗生素

根据红霉素的化学结构可知，红霉素具有一定的碱性，在水中不同的 pH 条件下，以离子和分子两种形式存在。

$$MH^+_{(W)} \rightleftharpoons M_{(W)} + H^+_{(W)}$$

式中，M 和 MH^+ 表示红霉素的分子和离子存在形式；下标（W）表示在水相中。

上述平衡关系及其转移主要取决于水相中的 pH（见图 2-15）。

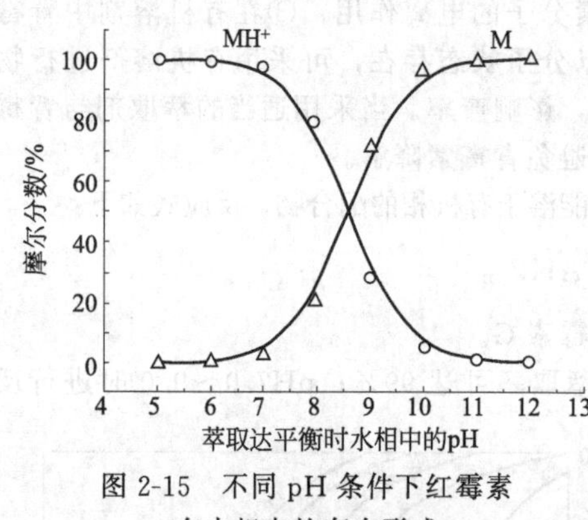

图 2-15　不同 pH 条件下红霉素在水相中的存在形式

当控制红霉素在水中为分子态时，可采用中性配合萃取剂进行萃取，降低溶液的 pH，使其转化为离子态时可进行反萃取。又若控制其主要为离子态时，可采用阳离子交换反应的萃取剂进行萃取，它们可在 $pH \geqslant pK_a$ 的条件下进行萃取；然后以酸反萃取，从而使萃取剂得以再生复用。

在中性配合萃取体系中可供选择的萃取剂有中性磷（膦）类萃取剂，中性含氧、中性含硫萃取剂、中性酰胺类萃取剂以及中性芳香类萃取剂。但考虑到萃取剂的若干选择原则，特别是在制药工业中的附加限制，可供选择的范围则大大缩小了。经筛选实验研究发现以脂肪醇为主体的新萃取体系对红霉素的萃取能力远强于乙酸丁酯。机理为脂肪醇分子中的羟基与红霉素分子中的叔胺基团是以氢键结合生成萃合物而进入有机相的，其反应式表示如下：

$$M_{(W)} + B_{(O)} \rightleftharpoons MB_{(O)}$$

式中，B 为脂肪醇。

3. 碳青霉烯类抗生素的化学反应萃取[4]

碳青霉烯类抗生素分子结构中都有羧基，有些还带有硫酸酯或磺酸基，硫霉素类例外，它们是两性化合物。

碳青霉烯类化合物的稳定性比青霉素还差，在水溶液中只有在中性范围和低温才较稳定，其稳定性还与浓度、纯度以及缓冲剂的种类有关。一般带有亲核性的缓冲液，如磷酸盐或 Tris（三羟甲基氨基甲烷）使稳定性降低，化合物的浓度增加稳定性也降低，过渡元素金属离子也会引起降解，因此在精制过程中常加些 EDTA。

改变溶质取决于溶质的离子特性，即溶质必须离子化，才可用改变溶质中相反离子的办法来改变其特性，用一种在萃取剂中溶解度更大的离子取代原来的离子。改变相反离子的一个例子是四丁基铵的萃取，这种阳离子的氯化物，用氯仿萃取其分配系数为 1.3，如果将乙酸钠加入到该氯化物中，重新用氯仿萃取，则分配系数为 132，萃取分离效果大大改善。

碳青霉烯类抗生素在低 pH 的水溶液中都不稳定，且不解离，可用液液萃取法分离其游离酸，但收率不理想。可通过改变溶质在水相中的状态来改善萃取操作，采用液体离子交换（离子对萃取）法，形成溶质的离子对，但不使溶质发生化学变化而导致丧失生物效能，分离这些化合物很有效。碳青霉烯类结构中有两个酸性官能团，即一个羧基和一个硫酸酯。

硫霉素属于碳青霉烯类，但它是个两性化合物，在 C3 饱和侧链上有个氨基，可以和羧基形成两性离子。用二步液体离子交换萃取，将硫霉素先以阳离子形式交换，再以阴离子形式交换，用连续萃取法取得满意的结果，其流程见图 2-16。

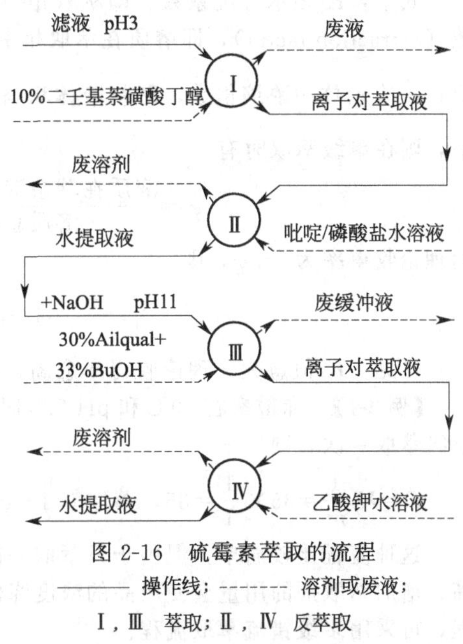

图 2-16 硫霉素萃取的流程

—— 操作线；------ 溶剂或废液；

Ⅰ，Ⅲ 萃取；Ⅱ，Ⅳ 反萃取

发酵滤液调 pH3，用含有 10%的二壬基萘磺酸丁醇萃取，反萃取用吡啶/磷酸盐水溶液，立即用 NaOH 调至 pH11，用 30%Aliqual＋33%丁醇萃取，反萃取用乙酸钾水溶液，阳离子交换工序收率 93%，阴离子交换工序收率 80%～85%，总收率达 74%～79%，比原来的固体离子交换法（收率 10%）提高 7 倍之多。

第七节 萃取过程计算

根据料液和溶剂的接触和流动情况，可以把萃取操作过程分成单级萃取操作和多级萃取过程，后者又可分成错流接触和逆流接触萃取过程。若根据操作方式，可分成间歇萃取和连续萃取操作。下面介绍几种常见操作过程。

一、单级萃取

单级萃取只包括一个混合器和一个分离器，如图 2-17 所示。料液 F 和溶剂 S 加入混合器中经接触达到平衡后，用分离器分离得到萃取液 L 和萃余液 R。设料液体积为 V_F，溶剂的体积为 V_S，则经过萃取后，溶质在萃取相中的浓度为 c_1，在萃余相中的浓度为 c_2。

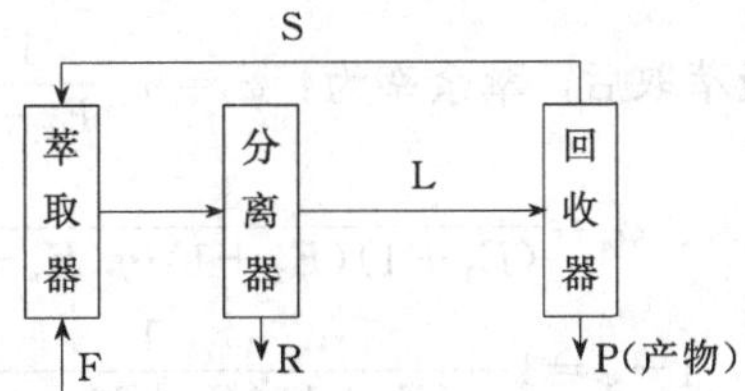

图 2-17 单级萃取流程

经萃取后，萃取因素为

$$E=\frac{c_1V_S}{c_2V_F}=K\frac{V_S}{V_F}=K\frac{1}{m} \tag{2-32}$$

式中，K 表示分配系数，即萃取相中溶质浓度与萃余相中溶质浓度的比值；E 表示萃取因数（extraction factor），即溶质在萃取相中的数量与在萃余相中的数量（质量或物质的量）的比值；m 表示体积浓缩倍数，即料液体积与溶剂体积的比值，$m=\frac{V_F}{V_S}=\frac{料液体积}{溶剂体积}$。用 φ 表示萃余率，则在单级萃取时有

$$\varphi=\frac{溶质在萃余液中的数量}{溶质总量}=\frac{c_2V_F}{c_2V_F+c_1V_S}=\frac{1}{E+1} \tag{2-33}$$

而理论收得率为 $1-\varphi$，则

$$1-\varphi=\frac{E}{E+1}=\frac{K}{K+m} \tag{2-34}$$

可见，K 值愈大，理论收得率愈高；而 m 值愈大，$1-\varphi$ 则愈小。

【例 2-1】 赤霉素在 10℃和 pH 2.5 时的分配系数（乙酸乙酯/水）为 35，用等体积乙酸乙酯单级萃取一次，则

$E=K\frac{1}{m}=35\times\frac{1}{1}=35$，萃取率 $1-\varphi=\frac{E}{E+1}=\frac{35}{35+1}=97.2\%$

这种流程比较简单，但由于只萃取一次，所以萃取效率一般不高，产物在水相中含量仍然很高，增加萃取剂的用量会使产品的浓度降低及对萃取剂的回收、处理增加工作量。为改善上述过程，可采用多级错流萃取流程。

二、多级萃取

1. 多级错流萃取

多级错流萃取流程由几个萃取器串联所组成，料液经第一级萃取（每级萃取由萃取器与分离器所组成）后分离成两个相；萃余相依次流入下一个萃取器，再加入新鲜萃取剂继续萃取，萃取相则分别由各级排出，将它们混合在一起，再进入回收器回收溶剂，回收得到的溶剂仍可作萃取剂循环使用，见图 2-18。具体计算如下。

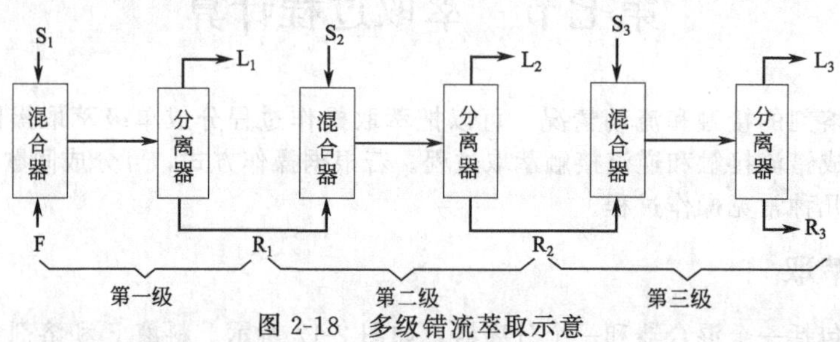

图 2-18 多级错流萃取示意

设第一级萃取因素为 E_1，则经一级萃取后，萃余率为：$\varphi_1=\frac{1}{E_1+1}$

设第二级萃取因素为 E_2，经二级萃取后，萃余率为：$\varphi_2=\varphi_1\frac{1}{E_2+1}=\frac{1}{(E_1+1)(E_2+1)}$

依此类推，经 n 级萃取后萃余率为：$\varphi_n=\frac{1}{(E_1+1)(E_2+1)\cdots(E_n+1)}$

经 n 级萃取后，总理论收得率为：$1-\varphi=1-\frac{1}{(E_1+1)(E_2+1)\cdots(E_n+1)}$

经整理可得，总萃余率：

$$\varphi_n=\frac{1}{(1+E)^n} \tag{2-35}$$

而萃取率为：

$$1-\varphi_n=\frac{(1+E)^n-1}{(1+E)^n} \tag{2-36}$$

当 $n\to\infty$ 时，萃取率 $1-\varphi_n=1$（$E>0$）。

可见，多级错流萃取的理论收率高于单级萃取，即萃取完全。例如，当单级萃取 $E=4$ 时，由式(2-34)知，$1-\varphi=80\%$，若改为两级错流萃取，每级萃取剂用量为单级的 1/2，则 $E_1=E_2=2$，于是 $1-\varphi=89\%$。但多级萃取流程长，一般情况下，萃取剂用量大，因而得到的萃取液浓度低。

【例 2-2】 赤霉素二级错流萃取时，K 为 35，第一级用 1/2 体积乙酸乙酯，第二级用 1/10 体积乙酸乙酯，则

$$E_1=35\times\frac{1/2}{1}=17.5,\quad E_2=35\times\frac{1/10}{1}=3.5$$

$$1-\varphi=1-\frac{1}{(17.5+1)\times(3.5+1)}=98.79\%$$

由上可见，当乙酸乙酯用量为 3/5 体积时的二级错流萃取收得率为 98.79%，比乙酸乙酯用量为 1 体积的单级萃取收得率 97.2%要高。

多级错流萃取由于溶剂分别加入各级萃取器，故萃取推动力较大，萃取效果较好，缺点是仍需加入大量的溶剂、因而产品浓度稀，需消耗较多的能量回收溶剂。

由图 2-19 看出，在萃取剂用量相同时，二级萃取率比单级萃取率高，换句话说相同量萃取剂情况下，萃取次数越多，则萃取越完全。

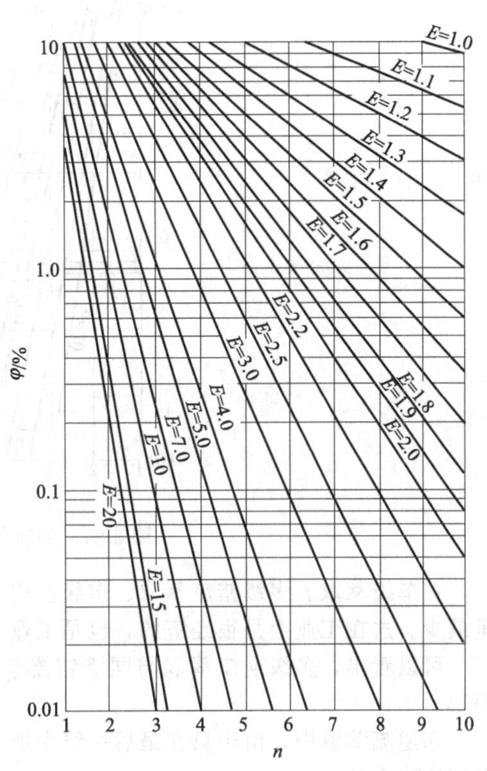

图 2-19 错流萃取中 φ、n 和 E 的关系

2. 多级逆流萃取

此流程的特点是料液与萃取剂分别由两端加入，如图 2-20 所示料液从一端（图中第一级）进入，连续通过各级，最后从末端（图中第 n 级）排出；萃取剂则从第 n 级进入，通过各萃取器最后从第一级排出。该流程中，溶剂与料液互成逆流接触，故称为多级逆流萃取流程。其理论收得率计算如下，设萃取因素为 E，萃取级数为 n，则多级逆流萃取的萃余率和理论收得率分别为

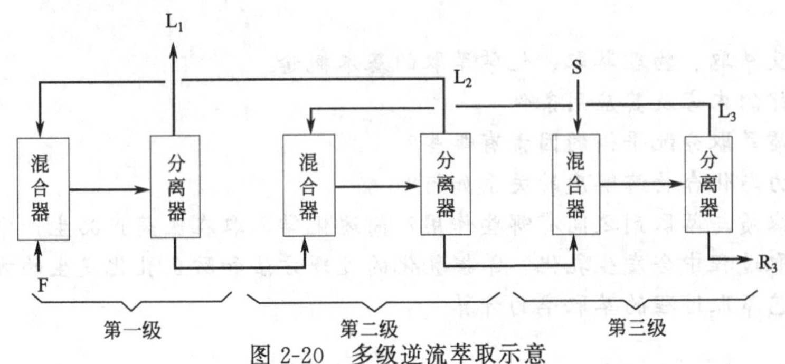

图 2-20 多级逆流萃取示意

$$\varphi_n=\frac{E-1}{E^{n+1}-1}\times100\%;\quad 1-\varphi_n=\frac{E^{n+1}-E}{E^{n+1}-1}\times100\% \tag{2-37}$$

式(2-37) 也可用图 2-21 表示。

例如，赤霉素二级逆流萃取 K 为 35，乙酸乙酯用量为 1/2 体积，则

$$E=35\times\frac{1/2}{1}=17.5,n=2,\ 1-\varphi=\frac{(17.5)^3-17.5}{(17.5)^3-1}=99.7\%$$

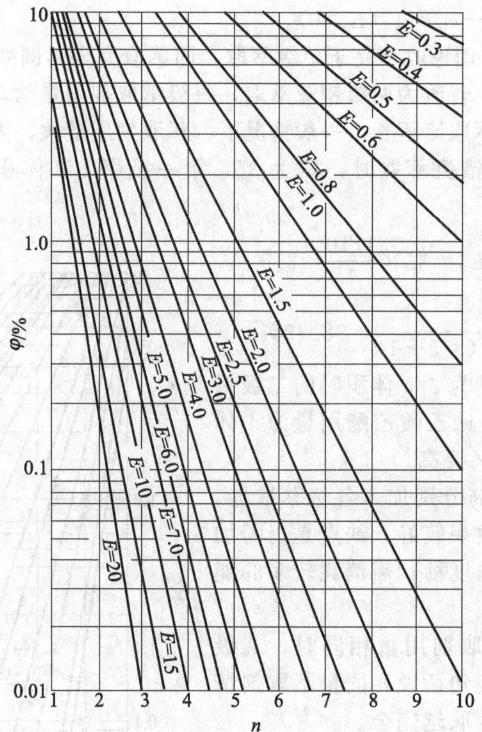

图 2-21　逆流萃取中 φ、n 和 E 的关系

在单级萃取、多级错流萃取、多级逆流萃取三种萃取过程中，以逆流萃取收率最高，溶剂用量最少。这在工业上是很经济的，也是工业上普遍采用的流程。

可以看出，多级逆流萃取与同级错流萃取相比，在相同的萃取剂用量下，可获得更高的收得率。

在逆流萃取中，由于只在最后一级中加入萃取剂，故与错流萃取相比，萃取剂用量少，因而萃取液浓度高。

思考题

1. 熟悉萃取、反萃取、物理萃取、化学萃取的基本概念
2. 熟悉分配定律的内容及其应用条件
3. 影响弱电解质萃取分配平衡的因素有哪些？
4. 分子间作用力与化合物溶解度的关系如何？
5. 化学萃取的溶质与萃取剂之间有哪些作用？简述化学萃取在医药产品生产中的应用。
6. 为什么在萃取过程中会发生乳化？掌握乳化的处理方法和防止乳化发生的方法
7. 熟悉不同工艺萃取过程的萃取率的计算

参考文献

[1]　张雪荣．药物分离与纯化技术．北京：化学工业出版社，2005.

[2]　丁明玉．现代分离方法与技术．北京：化学工业出版社，2007.

[3]　李洲．液液萃取在制药工业中的应用．北京：中国医药科技出版社，2005.

[4]　顾觉奋．分离纯化工艺原理．北京：中国医药科技出版社，2002.

[5]　胡小玲，管萍．化学分离原理与技术．北京：化学工业出版社，2006.

[6]　赵春晖．微波测量与实验教程．北京：化学工业出版社，2000.

第三章　浸取分离技术

当以液态溶剂为萃取剂，而被处理的原料为固体时，则称此操作为液固萃取，又称浸取或提取（extraction），也常称为浸出，是用某种溶剂把目标物质从固体原料中提取到溶液中的过程。浸取的原料多数是溶质与不溶性固体所组成的混合物，所得的产物为浸出液，不溶性固体常被称为渣、惰性物质或载体。人们在日常生活中也早就利用了该技术。例如人们喝的茶水就是用热水浸取茶叶的浸出液，生病时喝的汤药是把中草药置于水中加热浸煮后的浸取液，熬中药的过程就是加热浸取的过程，药店里出售的药酒则是一些药材用酒浸取后的浸出液。

浸取是最常用的分离过程之一。在食品、医药和化工等领域，浸取过程也常作为提取有效成分的常用手段。例如，用温水从甜菜中提取糖，用有机溶剂从大豆、花生等油料作物中提取食用油，用水或有机溶剂从植物中提取有效成分等，都是浸取应用的实例。

在复杂的分离过程中，浸取又常常是分离过程的第一步，它既可起到把目标物质从固体转到溶液中的作用，又可起到分离作用。例如，在中药制剂生产过程中，常常先用水或有机溶剂将所需的有效成分或有效部位从药材中提取到溶液中，然后再用溶剂萃取或其他分离过程把所需的成分与其他可溶性杂质分离。

浸取在中药制药生产中应用广泛，尤其是从中草药等植物药中提取有效成分，因此是中药制剂生产中不可缺少的一个重要环节。

本章主要以中药为主介绍浸取分离技术的理论及其在药物研究和生产中的应用。

第一节　药材成分与浸取机理

一、中药化学成分简介

中药材中所含的成分十分复杂，按照成分的功效与功能可以分为：有效成分、无效成分等；按照植物成分的生物合成分为：初级代谢物质、次级代谢物质；按照化学结构特点分为：生物碱、苷类、黄酮类、醌类、苯丙素类、鞣质、萜类、皂苷类、强心苷类、有机酸、树脂类、糖类、蛋白质、核酸、脂肪类等[1]。

1. 有效成分与有效部位

（1）有效成分　有效成分是指中药材中起主要药效的单体物质，它们具有一定的物理常数和确定的分子结构。如紫杉醇、丹参素、喜树碱等。一般有效成分在中药中多以群体物质存在，有效成分的群体物质称为有效部位。如生物碱、苷类、挥发油、萜类等有效成分在中药中多以群体物质存在，如地奥心血康胶囊包含了 8 种甾体皂苷，该皂苷类即是从黄山药中分离出的有效部位。还可根据各类成分进一步加以区分，如苷类物质依据其化学结构特点和生理活性等可分为黄酮苷、蒽醌苷、苯丙素类、皂苷类、强心苷类等，通过分离手段获得后均为有效部位。

（2）无效成分　指本身无明显生物活性的成分，如植物药材中叶绿素、蜡、油脂、树脂和树胶、纤维素等有经济价值的成分，在研究植物生理活性成分时常作为杂质除去。它们往往影响溶剂浸取的效能、制剂的稳定性、外观。如药材中的淀粉，没有明显的活性，在选择水煎煮时，大量的淀粉容易引起糊化，并使浸取液难以过滤，以乙醇等有机溶剂提取植物的茎叶时，其提取液中因叶绿素的存在呈现墨绿色，且黏性强，不利于后续的分离纯化，所以要除去叶绿素类杂质。

(3) 有效成分与无效成分的相对性　药材中有效成分（或生理活性成分）与无效成分（或非生理活性成分）不能简单地机械地加以理解，应当是相对而言的。以氨基酸、蛋白质、多糖类成分为例，多数情况下视为无效成分，并在加工过程中尽量设法除去，但鹧鸪菜中的氨基酸具有驱虫作用，天花粉中的蛋白质具有引产作用，猪苓中的多糖具有抗肿瘤作用，随着近年来对多糖的深入研究，发现很多植物多糖具有增强免疫力、抗肿瘤、降血糖等多种生物活性。再如，鞣质在中药注射剂中视为杂质，但是在收敛药物中，将其作为有效成分考虑。临床上将含有鞣质的中药利用其收敛性用于止血。

(4) 有害成分　药材中一些有毒的成分影响疗效以及制剂的安全性。如关木通、马兜铃中的马兜铃酸（aristolochic acid）具有导致恶心呕吐、腹泻便血、尿蛋白及血尿、肾功能急剧恶化、短期肾脏衰竭的毒副作用。马钱子中含有番木鳖碱，具有士的宁样的作用，如用量过大即会产生士的宁中毒样反应。槟榔中槟榔碱具有实验性致癌作用。另有些中药本身没有致癌性，但与某些致癌物质先后起作用则具促癌作用，如巴豆油、甘遂中的大戟二萜醇类物质。

2. 中药提取中常要除去的杂质

在中药成分的提取中，除了要提取生物碱、苷类、黄酮类、醌类、皂苷类等有效成分的提取外，还要除去与上述物质共存的杂质，如鞣质、色素、树脂、糖类等成分。

(1) 糖类　植物单糖具有旋光性，味甜，易溶于水，难溶于无水乙醇，不溶于乙醚、氯仿等极性小溶剂。植物中的低聚糖易溶于水，难溶或几乎不溶于乙醚等有机溶剂。多糖大多不溶于水，有的能溶于热水，生成胶体溶液。

一般将单糖、低聚糖视为无效成分，而多糖根据需要，有时作为有效成分，如猪苓多糖、黄芪多糖等已经用于临床。而在一些中药制剂的生产中，考虑到制剂的稳定性以及剂型的需要，常常除去多糖。所以在用水或小分子醇类提取时，提取液中常含有无机盐、糖、氨基酸等水溶性杂质，因此脱盐、脱糖是分离水溶性成分的一个重要步骤。通常是用水和与水不混溶的有机溶剂萃取，无机盐、糖等水溶性杂质转溶于水层。也可以选择大孔吸附树脂（如 AB-8，D101），提取液以水溶液的形式上树脂柱，先用水洗去无机盐、糖等水溶性杂质，接着再用不同浓度的乙醇洗脱苷类等物质。多糖的除去方法还可以采用“水提-醇沉”法，即中药水提取液，进行适当浓缩（一般是 1mL 浓缩液含有 0.5～2g 药材），再加入水浓缩液 3～4 倍量的乙醇，使大分子的多糖、蛋白质析出沉淀。

(2) 有机酸　有机酸普遍存在于植物界，在植物体中除少数以游离状态存在外，一般都与钾、钙、镁等金属离子或生物碱结合成盐。有些有机酸有显著的生理活性，如土槿皮土槿甲酸和土槿乙酸（pseudolaric acid A、pseudolaric acid B）是由金钱松树皮中分离出的抗真菌成分[2]，其中土荆乙酸为主要成分，具有抗生育活性，土槿甲酸和土槿乙酸还具有抗肿瘤作用。有些有机酸还有明显的毒性，如关木通、马兜铃中的马兜铃酸。

一般低级的脂肪酸易溶于水、乙醇等，难溶于有机溶剂，高级脂肪酸及芳香酸较易溶于有机溶剂而难溶于水。在含有机酸的提取液中若加入氢氧化钡或氢氧化钙等能生成钡盐和钙盐沉淀，若加入乙酸铅或碱式乙酸铅溶液时，则生成铅盐沉淀。但是在一般中药制剂中，虽然有机酸没有明显的生物活性，除个别有毒性的有机酸外，在中药制剂生产中也就不特别除去有机酸类成分。

(3) 植物色素[3]　植物色素是指普遍分布于植物界的有色物质。如叶绿素类、叶黄素类、胡萝卜素类、黄酮类、醌类化合物等。

叶绿素分子较大，极性较小，不溶于水，难溶于甲醇，可溶于石油醚，易溶于乙醚、氯仿、苯、丙酮、乙醇。叶绿素由于酯键的存在，于碱性溶液中水解可生成水溶性的钠盐或钾盐。叶绿素衍生物可用于防治贫血、溃疡、微生物感染、尿石症、白细胞减少症及口腔疾病。叶绿素水解可制备植物醇，但是在中药制剂中，多数情况下叶绿素是作为杂质要除去的。

在植物叶的乙醇或其他有机溶剂的提取液中，因含有叶绿素呈现墨绿色。其除去方法如下。

①乙醇提取液经浓缩后可加水或挥发乙醇至浓度为15%～20%，冷藏，使叶绿素沉淀出来，即采用析胶的方法。②也可以将乙醇溶液浓缩后，用石油醚萃取除去叶绿素。③叶绿素因为含有酯键，在碱水中皂化而溶于碱水，不溶于酸水。利用此特点，通过碱处理除去叶绿素，但前提是所需成分溶于酸水或不溶于碱水，且稳定。④将乙醇提取液通过活性炭吸附也可以达到除去叶绿素的目的，但是要注意活性炭对芳香体系的化合物，如黄酮类、蒽醌类也有较强的吸附力。

(4) 鞣质　鞣质（tannin）又称单宁或鞣酸，是一类复杂的多元酚类高分子化合物。鞣质分为可水解鞣质和缩合鞣质两大类。

① 可水解鞣质（hydrolysable tannins）　是由酚酸及其衍生物与葡萄糖或多元醇通过苷键或酯键而形成的化合物。这类鞣质具酯键或苷键结构，易被酸、碱、鞣酶或苦杏仁酶水解。水解后的产物有没食子酸以及鞣花酸与糖类等。含这类鞣质的生药有五味子、大黄、没食子、地榆、丁香等。

② 缩合鞣质（condensed tannins）　也称为儿茶鞣质，是一类由儿茶素或其衍生物等黄烷-3-醇化合物以碳-碳键聚合而形成的化合物，不具有酯键或苷键，在高温下或在稀碱和稀酸的影响下并不水解，而能迅速地脱水缩合形成大分子化合物鞣红。如切开的生梨、苹果等久置会变红棕色，茶叶的水溶液与空气接触或久置，能缩合成难溶于水的暗红色沉淀物均是缩合鞣质的沉淀物。含缩合鞣质的生药更广泛，如儿茶、桂皮、四季青、茶叶、虎杖、钩藤等。

鞣质主要的理化性质如下。a. 鞣质大多为无定形粉末，仅少数为晶体。味涩，具收敛性，易潮解。鞣质的相对分子质量通常为500～3000，具较多的酚羟基，特别是邻位酚羟基易被氧化，多为棕色或褐色。b. 鞣质可与蛋白质（如明胶溶液）结合生成沉淀，此性质在工业上用于生产鞣革，临床上外用于灼伤、创伤的创面，可使创伤表面渗出物中的蛋白质凝固，形成痂膜，保护创面，防止细菌感染。在中药注射剂的生产中则要除去鞣质，否则注射含有鞣质的注射剂，容易造成肌肉坏死。鞣质能凝固微生物体内的原生质，故有一定抑菌、抗病毒作用。c. 鞣质具有收敛、止血作用。内服可用于治疗胃肠道出血、溃疡和水泻等症；d. 鞣质具较强的极性，可溶于水、乙醇和甲醇，形成胶体溶液，亦可溶于醋酸乙酯和丙酮，不溶于石油醚、三氯甲烷等。e. 鞣质分子中有邻位酚羟基，故可与多种金属离子配位产生颜色或沉淀，故在煎煮和制备中药制剂时，应避免与铁器接触。

提取鞣质可选乙醇-水（体积比1∶1）、丙酮-水（体积比1∶1），对于含水的新鲜植物可适当提高丙酮的浓度，工业上采用水为提取溶剂，含鞣质的水溶液通过喷雾干燥而得粗鞣质。

精制鞣质可采用溶剂法，以醋酸乙酯为溶剂较好，通常将水溶液先用乙醚等低极性溶剂萃取除去极性小的成分，然后再用醋酸乙酯提取即可得到较纯的鞣质。也可以向鞣质的水溶液中分批加入明胶溶液，过滤鞣质与明胶的沉淀物，如果需要鞣质则将沉淀溶于丙酮，蛋白质不溶于丙酮而析出沉淀。

如果欲除去提取液中的鞣质，可以选用聚酰胺色谱柱吸附鞣质，因为聚酰胺与鞣质容易形成不可逆吸附；也可以采用醋酸铅沉淀法，不论采用什么方法除去鞣质，都要注意对提取目标成分的影响。

(5) 树脂　树脂是一类复杂的混合物。常与挥发油、有机酸、树胶等混合存在，与挥发油混合存在的称为油树脂，如松油脂；与有机酸共存的称为香树脂，如安息香树脂；与树胶混合存在的称为胶树脂，如阿魏；与糖结合存在的称为糖树脂，如牵牛子脂。

根据树脂的化学组成可以分为酸类、醇类、酯类和烃类。在植物界往往呈游离状态，主要为二萜酸类、三萜酸类及其衍生物，具有酸性。

树脂味带苦而有芳香，树脂受热则软化熔融，燃烧时发生浓烟，不溶于水，亲脂性较强，能溶于乙醇、乙醚、氯仿等有机溶剂中，不溶于稀酸，有些树脂，如树脂酸在浓碱液中能部分溶解或完全溶解，加酸酸化，树脂又会沉淀析出。中药提取液中如果含有大量的树脂，使得药液较黏不利于中药有效成分的提取与分离。

除个别树脂作为药物应用外，大多数树脂视为杂质，一般的除去方法是将乙醇提取液经适当浓缩，树脂可以析出沉淀，或者用亲脂性有机溶剂从水溶液中萃取树脂。

(6) 氨基酸、蛋白质和酶 氨基酸、蛋白质和酶在植物、动物药材中分布较广泛。氨基酸为无色结晶，大部分易溶于水及稀醇，难溶于非极性有机溶剂如乙醚、氯仿、石油醚等。因具有两性的性质，能成内盐，在等电点时，氨基酸的溶解度最小，因而用调节等电点的方法，可从氨基酸的混合物中分离出某些氨基酸。多数情况下视氨基酸为杂质，经常与无机盐、小分子糖一同被作为水溶性杂质被除掉。

酶类和蛋白质具有相似的性质，在水溶液中，可被乙醇、硫酸铵或氯化钠的浓溶液沉淀，所沉淀出的蛋白质还可溶于水。当蛋白质加热至一定温度时（煮沸）或强无机酸或碱作用时，则产生不可逆的沉淀反应，此称为蛋白质的变性作用，这种变性作用对酶反应的敏感性、生物活性以及分子的形状都有影响。

酶在结构上除了蛋白质的基础结构外，是有机体内具有催化能力的蛋白质，它的催化具有专一性，通常一种酶只能催化某一种特定的反应，如蛋白酶只能催化蛋白质分解成氨基酸。植物中含的苷类往往与某种特殊的酶共存于同一组织不同细胞中，当细胞破裂，酶与苷接触，在温度和湿度适当的情况下，立即使苷水解。所以提取药材中原存形式的苷（也称原生苷）时，要抑制酶的活性避免原生苷水解。其方法有：①新鲜药材采后低温速干；②直接沸水或60～70℃水提取；③70%～80%乙醇或甲醇提取；④药材加中性盐如硫酸铵等，再提取。如果要提取次生苷（原生苷经水解掉部分糖生成的苷），一般是将药材加水，在25～40℃下发酵12h以上，使原生苷水解生成次生苷后用醇等有机溶剂提取。

大多数情况下视酶类和蛋白质为无效成分，以热水、醇类溶剂提取时容易变性，同时也析出沉淀。

(7) 脂肪油 大多为一分子甘油与三分子脂肪酸所成的酯。脂肪油比水轻，不溶于水、易溶于石油醚、苯、氯仿、醚、丙酮和热乙醇中。脂肪油没有挥发性，滴在纸上可留下永久性油迹。含脂肪油较多的药材可以采用压榨法，少量脂肪油也可用低沸点溶剂如石油醚等溶剂采用连续回流法提取。如作为泻下剂的蓖麻油（主含蓖麻油酸的甘油酯），对艾氏腹水癌有抑制作用的薏米中薏苡仁酯均可采用上述方法提取。深海鱼油中富含的不饱和脂肪酸，如具有多种生物活性的二十碳五烯酸（EPA）和二十二碳六烯酸（DHA），亲脂性较强，除了采用常规的提取方法外，还可以采用超临界二氧化碳流体萃取法（SFE）提取。

二、药材成分的浸取机理[4]

目前，在中药研究与中药制剂的生产中大多还是以浸取法从中药中获得有效成分或有效部位。凡用于药材浸出的液体都称浸取溶剂（简称溶剂）。浸取药材后得到的液体称浸取液。浸取后的残留物称为药渣。

浸取的目的在于选择适宜的溶剂和方法，充分浸出有效成分及辅助成分，尽量减少或除去无效和有害物质。上述已经说明“有效”和“无效”成分的概念是相对的，应当根据医疗和实际药效酌定。例如，在常规的中药制剂中视多糖为杂质，而现代药理实验研究表明，多糖最引人注目的作用是作为非特异性免疫调节剂治疗免疫疾病，其近代的免疫疗法给肿瘤、艾滋病治疗以及其他免疫缺陷性疾病的治疗开辟了新方向，已经有诸如黄芪多糖、人参多糖注射液用于临床。因此，中药的浸取还是要根据临床需要采取灵活的取舍，最大限度地提取有效部位或有效成分的含量，减少杂质的存在。

中药材有植物、动物、矿物性药材三类。矿物性药材无细胞结构，其有效成分可直接溶解或分散悬浮于溶剂之中；植物性药材的有效成分的分子量一般都比无效成分的分子量小得多，浸出时要求有效成分透过细胞膜渗出，无效成分仍留在细胞组织中以便除去；动物性药材的有效成分绝大部分是蛋白质或多肽类，分子量较大，难以透过细胞膜。因此，植物性与动物性药材的浸取过程有所不同。

1. 动物性药材的浸取

动物药材的有效成分大多以大分子形式存在于细胞中，因此，在提取前一般原料使用电动绞肉机绞得越细越好。若将原料先冻结成冰块再绞轧，不仅易于粉碎，而且可使细胞膜破裂。

动物性药材中的有效成分，绝大部分是蛋白质、酶、激素等，对热、光、酸、碱等因素较为敏感，若对原料处理不当，则浸取后有效成分的理化性质和生理活性发生改变，甚至产生毒副作用。动物性药材除了上述成分外，还存在大量的多糖、脂肪等营养性物质，很易被微生物、水解、酶解、氧化等作用引起腐败或分解破坏，所以常用下列方法进行适当的处理。

(1) 冷冻法　将原料呈薄层铺于冷藏盘中，在－80～－20℃冰冻条件下保存，因储存温度较低，能更大限度地保存有效成分的性质，是一种较理想的药材处理方法。

(2) 干燥法　经过干燥后的药材不但除去水分，还起到杀灭微生物的作用，但该法适用于耐热低脂肪类药材，利用炒制法炮制也能达到该目的。

(3) 有机溶剂法　将原料浸入丙酮、乙醇、乙醚中，既可起防腐作用，又能使原料脱水，其中以丙酮最常用。

(4) 碱水浸泡法　如驴皮、龟板、鳖甲等可通过浸在石灰水中保存，该法应该是较经济的一种方法，但是要注意有些动物成分在碱液中易被破坏。

动物药材的大量脂肪，妨碍有效成分的分离和提纯，因此需采用适宜的方法进行脱脂。常用的脱脂方法有如下两种。

① 冷凝法　由于脂肪和类脂质在低温时易凝固，从浸出液中析出。将浸出液置冰箱冷藏一定时间，可使脂肪凝集于液面而除去，若将浸提液加热处理，使脂肪微粒乳化后再经冷藏，更易凝集于液面而除去。

② 有机溶剂脱脂法　该法同植物药材的脱脂，用有机溶剂（丙酮或石油醚等）采用连续回流提取法脱脂。

浸取动物药材中的有效成分时，应了解有效成分的理化性质与稳定性，以便选择适当的溶剂等相关条件。常用的溶剂有稀酸、盐类溶液、乙醇、丙酮、乙醚、甘油等。

2. 植物性药材的浸取

对于存在于植物细胞中不同位置和细胞器中的目标产物，若将其从细胞内浸出到溶液中，目标分子将经历液泡和细胞器的膜透过、细胞浆中的扩散、细胞膜和细胞壁的透过等复杂的传质过程。若细胞壁没有破裂，浸取作用是靠细胞壁的渗透来进行的，浸取速率很慢。细胞壁被破坏后，传质阻力减小，目标产物比较容易进入到溶剂中，并依据相似相溶原理而溶解，达到提取的目的。植物药材经过下列相互联系的三个阶段完成浸取过程。

(1) 浸润阶段　药材与溶剂混合时，溶剂首先附着于药材表面使之润湿，然后通过毛细管和细胞间隙进入组织内部，因此浸润与溶剂表面张力、药材表面积和其所附气膜有关。一般非极性溶剂不易从含水多的药材中浸取有效成分；极性溶剂不易从富含油脂的药材中浸取有效成分，因此需预先脱脂处理以便除去油脂。

(2) 溶解阶段　溶剂进入细胞后，可溶性成分逐渐溶解，溶质转入到溶剂中。水能溶解晶体及胶质，故其提取液多含胶体物质而呈胶体液，乙醇提取液含胶质少，亲脂性提取液中则不含胶质。有时在溶剂中加入适量的酸、碱、甘油或表面活性剂（如吐温），以增加有效成分的溶解。例如，提取酚酸类成分采用碱提取-酸沉淀法，碱的加入有助于酚酸类成分成盐而溶解。一般疏松的药材进行得比较快，但溶剂为水时溶解速度则较慢。

(3) 扩散阶段　溶剂进入细胞组织内逐渐形成浓溶液，具有较高的渗透压，溶质向细胞外不断地扩散，以平衡其渗透压，新的溶剂又不断地进入细胞组织，即在药材组织和细胞中与外部产生了浓度差，构成了质量传递的推动力，有效成分从高浓度向低浓度方向移动，发生了传质现象。这一过程连续不断地进行，直到内外浓度相等达到平衡为止。

一般来说，药材中的有效成分要浸出完全，均需经过上述几个阶段。药材的粒度小、溶液黏度低，则扩散系数值大，扩散快，增加温度可提高扩散速率。

浸取的关键在于造成较大的浓度差，因此采用搅拌装置不断增加浸出溶液的浓度差，将提高浸取的速度与效果。

第二节　浸取的基本理论

浸取的速率取决于药材内外的浓度差，由于浓度差的存在使得药材内部的有效成分能从内部的高浓度不断向外部的溶剂中扩散而发生传质现象。由于固液提取的传质过程以扩散原理为基础，因此可借用质量传递理论中的费克定律近似描述与表示。

1. 费克定律

费克定律可表示为分子扩散与涡流扩散的结果，即

$$J_{AT}=-(D+D_E)\frac{dc_A}{dz} \tag{3-1}$$

式中，J_{AT} 为物质的扩散量，$kmol/(m^2 \cdot s)$；$\frac{dc_A}{dz}$为物质 A 在 x 方向上的浓度梯度，$kmol/m^4$；D 为分子扩散系数，m^2/s；D_E 为涡流扩散系数，m^2/s。

式(3-1) 右端加一负号是因为扩散方向为沿浓度梯度降低的方向，只适用于稳态的分子扩散即液体中物质的浓度梯度不随时间改变的情况。

2. 由费克定律推导出的浸取速率方程

在固液萃取中，由于在容器内浸泡，故可近似认为是分子扩散，涡流扩散系数 D_E 可忽略不计，根据费克定律［式(3-1)］，药材颗粒单位时间通过的单位面积的有效成分量为扩散通量 J。式(3-2) 即为浸出的速率方程。

$$J=\frac{dM}{F d\tau}=-D\frac{dc}{dz} \tag{3-2}$$

利用式(3-2) 可求出浸出过程在液相内有效成分的传递速率，设有效成分在液相内扩散距离 Z 进行，有效成分浓度自 c_2 变化到 c_3时，从式(3-2) 得到

$$J\int_0^z dz=-D\int_{c_2}^{c_3}dc$$

$$J=\frac{D}{Z}(c_3-c_2)=k(c_3-c_2) \tag{3-3}$$

式中，k 为传质分系数，$k=\frac{D}{Z}$。

如果传递是在多孔固体物质中进行的，有效成分浓度自 c_1 变化到 c_2 时，同理可得

$$J=\frac{D}{L}(c_2-c_1) \tag{3-4}$$

式中，L 为多孔固体物质的扩散距离。

解式(3-3)，并将 c_2 代入式(3-4) 得

$$c_1-c_3=J\left(\frac{1}{k}+\frac{L}{D}\right)$$

于是得到药材浸出过程中的速率方程为

$$J=\frac{1}{\left(\frac{1}{k}+\frac{L}{D}\right)}(c_1-c_3)=K\Delta c \tag{3-5}$$

式中，K 为浸出时总传质系数，$K=\frac{1}{\left(\frac{1}{k}+\frac{L}{D}\right)}$，$m/s$；$\Delta c$ 为药材固体与液相主体中有效物

质的浓度差，kmol/m³。

3. 扩散系数

知道溶质在扩散过程中的扩散系数和传质系数，方能求解上述药材浸出过程中的速率方程。扩散系数是物质的特性常数之一，同一物质的扩散系数会随介质的性质、温度、压力及浓度的不同而变。一些物质的扩散系数可从有关手册中查到，但对于中药中的化学成分，该类数据还缺乏。

(1) 溶质在液相中的扩散系数　溶质在液相中的扩散系数，其量值通常在$10^{-10}\sim10^{-9}m^2/s$。目前液相中扩散理论尚不成熟，所以对于溶质在液体中扩散系数多采用半经验法。

对于稀溶液，当大分子溶质 A 扩散到小分子溶剂 B 中时，假定将溶质分子视为球形颗粒，在连续介质为层流时做缓慢运动，则理论上可用斯托克斯-爱因斯坦（Stockes-Einstein）方法计算。

$$D_{AB}=\frac{BT}{6\pi\mu_B r_A} \tag{3-6}$$

式中，D_{AB}为扩散系数，m^2/s；r_A为球形溶质 A 的分子半径，m；μ_B为溶剂 B 的黏度，Pa·s；B为玻耳兹曼常数，$B=1.38\times10^{-23}$J/K；T为热力学温度，K。

当分子半径r_A用分子体积表示时，即$r_A=\left(\frac{3V_A}{4\pi n}\right)^{1/3}$代入式(3-6) 得

$$D_{AB}=\frac{9.96\times10^{-5}T}{\mu_B V_A^{1/3}} \tag{3-7}$$

式中，V_A为正常沸点下溶质的摩尔体积，$m^3/kmol$；μ_B为溶剂的黏度，Pa·s；n为阿伏伽德罗常数，$n=6.023\times10^{23}$。

式(3-7) 适用于相对分子质量大于 1000、非水合的大分子溶质，水溶液中V_A大于$0.5m^3/kmol$。对溶质为较小分子的稀溶液，可用威尔盖（Wike）公式计算。

$$D_{AB}=7.4\times10^{-12}(\varphi M_B)^{1/2}\frac{T}{\mu_B V_A^{0.6}} \tag{3-8}$$

式中，M_B为溶剂的摩尔质量，kg/kmol；μ_B为溶剂的黏度，Pa·s；V_A为正常沸点下溶质的摩尔体积，$m^3/kmol$；φ为溶剂的缔合参数，对于水为 2.6，甲醇为 1.9，乙醇为 1.5，乙醚、苯、庚烷以及其他不缔合溶剂均为 1.0。

某些中药有效成分在药材中的内扩散系数见表 3-1。

表 3-1　植物药材的内扩散系数

药材名称	浸出物质	溶剂	内扩散系数 $D_内$ /(cm^2/s)	药材名称	浸出物质	溶剂	内扩散系数 $D_内$ /(cm^2/s)
百合叶	苷类	70%乙醇	0.45×10^{-8}	花生仁	油脂	苯	2.4×10^{-8}
颠茄叶	生物碱	水	0.9×10^{-8}	芫荽籽	油脂	苯	0.65×10^{-8}
缬草根	缬草酸	70%乙醇	0.82×10^{-7}	五倍子	单宁	水	1.95×10^{-9}
甘草根	甘草酸	25%氨水	5.1×10^{-7}				

(2) 总传质系数　植物药材在浸出过程中，总传质系数应由下面扩散系数组成。

① 内扩散系数$D_内$：药材颗粒内部有效成分的传递速率。

② 自由扩散系数$D_自$：药物细胞内有效成分的传递速率。

③ 对流扩散系数$D_对$：在流动的萃取剂中有效成分的传递速率。

总传质系数H为

$$H=\frac{1}{\frac{h}{D_内}+\frac{S}{D_自}+\frac{L}{D_对}} \tag{3-9}$$

式中，h 为药材颗粒内扩散距离；L 为颗粒尺寸；S 为边界层厚度，其值与溶解过程液体流速有关。

$D_{自}$ 就是式(3-6) 和式(3-7) 的 D_{AB}，自由扩散系数与温度有关，还与液体的浓度有关，温度则采取操作时温度，浓度取算术平均值。由于物质结构中存在孔隙和毛细管及其作用，使分子在毛细管中运动速度很缓慢，所以 $D_{内}$ 比 $D_{自}$ 小得多。内扩散系数 $D_{内}$ 与被浸泡药材的质地有关，叶类药材 $D_{内}$ 为 10^{-8} 左右，根茎类 $D_{内}$ 为 10^{-7} 左右（见表 3-1）。

内扩散系数与有效成分含量、温度及流体力学条件等有关，故不是固定常数。此外，$D_{内}$ 还和药物细胞组织的变化、浸泡时药材的膨胀和扩散物质的浓度的变化等有关。$D_{对}$ 大于 $D_{自}$，而且 $D_{对}$ 随溶剂的对流程度的增加而增加，在湍流时 $D_{对}$ 最大。在带有搅拌的浸取过程中，$D_{对}$ 很大，计算时可忽略其作用，在此情况下，浸取全过程的决定因素就是内扩散系数。

第三节　浸取溶剂与浸取方法[5]

人类用中药或植物药治病已有数千年历史，这些药材是药物发挥作用的起始原料，其作用的物质基础是药效成分，采用一定的手段将这些存在于植物细胞内部的成分转移出来便于应用，经过长期的探索与发展已经总结出多种方法。

本节主要介绍溶剂法提取中药化学成分所涉及的传统提取方法，如浸渍法、渗漉法、煎煮法、回流法、连续回流法。

一、浸取溶剂

提取中药中的化学成分选择溶剂时，一般根据“相似相溶”的原则，被提取物质的极性大、亲水性越强，选择极性较大的溶剂；被提取物质的极性小，则选择极性较小的溶剂。溶剂的极性与介电常数 ε 有关，介电常数越大，极性越大（表 3-2）。

表 3-2　常用溶剂的介电常数

溶剂名称	介电常数(ε)	溶剂名称	介电常数(ε)
石油醚	1.8	正丁醇	17.5
苯	2.3	丙酮	21.5
无水乙醚	4.3	乙醇	26.0
氯仿	5.2	甲醇	31.2
醋酸乙酯	6.1	水	80.0

常用溶剂的极性大小顺序排列如下：石油醚＜苯＜无水乙醚＜氯仿＜醋酸乙酯＜丙酮＜乙醇＜甲醇＜水。按极性大小顺序，可将溶剂分为水、亲水性有机溶剂、亲脂性有机溶剂三类。

1. 水

水的极性强，穿透力大，中药中如糖、蛋白质、氨基酸、鞣质、有机酸盐、生物碱盐、大多数苷类、无机盐等亲水性成分可溶于水，使用水作为提取溶剂有安全、经济、易得等优点，缺点是水提取液（尤其是含糖及蛋白质者）易霉变，难以保存，而且不易浓缩和滤过。

2. 亲水性溶剂

亲水性溶剂指甲醇、乙醇、丙酮，极性较大且能与水相互混溶，其中乙醇最为常用，能与水以任意比例混溶，同时具有较强穿透能力，除了大分子蛋白质、黏液质、果胶、淀粉和部分多糖等大分子外，对多数有机化合物均有较好的溶解性能，因此提取范围较广，效率较高，且提取液易于保存、滤过和回收。

3. 亲脂性有机溶剂

常用的亲脂性有机溶剂如石油醚、苯、乙醚、氯仿、醋酸乙酯等，其特点是与水不能混溶，具有较强的亲脂性。中药中亲脂性成分如挥发油、油脂、叶绿素、树脂、内酯、某些游离生物碱及一些苷元等均可被提出，提取液易浓缩回收，但此类溶剂穿透力较弱，常需长时间反复提取，使用有一定局限性，且毒性大、易燃、价格较贵、设备要求高，使用时应注意安全。

依据相似相溶的原理，中药中的亲水性成分易溶于极性溶剂，亲脂性成分则易溶于非极性溶剂。因此，在实际工作中可针对某药材中已知成分或某类成分的性质，选择相应的溶剂进行提取。传统的中药制剂的制备大多以水、乙醇为溶剂浸取。

二、浸取方法

1. 浸渍法

浸渍法是将药材用适当的溶剂在常温或温热的条件下浸泡一定时间，浸出有效成分的一种方法。

(1) 冷浸法　取药材粗粉，置于适宜容器中，加入一定量的溶剂，如水、酸水、碱水或稀醇等，密闭，时时搅拌或振摇，在室温条件下浸渍 1～2 天或规定时间，使有效成分浸出，滤过，用力压榨残渣，合并滤液，静置滤过即得。

(2) 温浸法　具体操作与冷浸法基本相同，但温浸法的浸渍温度一般在 40～60℃，浸渍时间较短，能浸出较多的有效成分。由于温度较高，浸出液冷却后放置储存常析出沉淀，为保证质量，需滤去沉淀。

此法适用于有效成分遇热易破坏、新鲜的、易于膨胀的以及芳香性药材，如含淀粉、果胶、黏液质、树胶等多糖物质较多的药材。若要使药材中有效成分充分浸出，可重复浸提 2～3 次，第 2、3 次浸渍的时间可以缩短，合并浸出液，滤过，经浓缩后可得提取物。操作方便，简单易行，但提取时间长，效率低，水浸提液易霉变，必要时需加适量防腐剂如甲苯、甲醛或氯仿等。

本法不适用于贵重药材、毒性药材及高浓度的制剂。因为溶剂用量大，且呈静止状态，溶剂利用率较低，有效成分浸出不完全，即使用多次浸渍法加强搅拌，只能提高浸出效果，也不能直接得到高浓度的制剂。

2. 渗漉法

渗漉法是将药材粗粉置于渗漉装置中，连续添加溶剂使之渗过药粉，自上而下流动，浸出有效成分的一种动态浸提方法。

渗漉法根据操作方法的不同，可分为单渗漉法、重渗漉法、加压渗漉法、逆流渗漉法等。

(1) 单渗漉法　操作流程：药材→粉碎→润湿→装于渗漉器→浸渍→渗漉→滤过渗漉液→浓缩至规定浓度。

① 粉碎　将药材打成粗粉。药材的粒度应适宜，过细易堵塞，吸附性增强，浸出效果差；过粗不易压紧，药材柱增高，减小粉粒与溶剂的接触面，不仅浸出效果差，而且溶剂耗量大。一般药材以用《中华人民共和国药典》中粉或粗粉为宜。

② 浸润　根据药粉性质，用规定量的溶剂（一般每 1000g 药粉约用 600～800mL 溶剂）润湿，密闭放置 15min～6h，使药粉充分膨胀。

③ 装筒　取适量用相同溶剂湿润后的脱脂棉垫在渗漉筒底部，分次装入已润湿的药粉，每次装药粉后用木槌均匀压平，力求松紧适宜，药粉装量一般以不超过渗漉筒体积的 2/3 为宜，药面上盖滤纸或纱布，再均匀覆盖一层清洁的细石块，见图 3-1。装筒时药粉的松紧及使用压力是否均匀，对浸出效果影响很大。药粉装得过松，溶剂很快流过药粉，造成浸出不完全，消耗的溶剂量多。药粉过紧又会使出口堵塞，溶剂不易通过，无法进行渗漉。因此装筒时，要分次一层层地装，用木槌均匀压平，不能过松过紧。图 3-2 是渗漉筒装填优劣的对照示意图，其中图 3-2(b) 是装得不均匀的渗漉筒，由于压力不均匀，溶剂沿较松的一侧流下，使大部分药材不能得到充分的浸取。

④ 排气　装完渗漉筒后，打开渗漉筒下部的出口，缓缓加入适量溶剂，使药粉间隙中的空气受压由下口排出。切不可于出口处活塞关闭的情况下加入溶剂，否则筒内药粉间的空

气必然因克服上面的压力而向上冲浮，使药粉原有的松紧度改变，影响渗漉效果。

⑤ 浸渍　待气体排尽后，关闭出口，流出的渗漉液倒回筒内，继续加溶剂使之高出药面浸渍，加盖放置 24～48h，使溶剂充分渗透扩散。该步骤在制备高浓度制剂时更显得重要。

⑥ 渗漉　浸渍一定时间，接着即可打开出口开始渗漉，药典规定一般以 1000g 药材每分钟流出 1～3mL 为慢漉，3～5mL 为快漉，实验室一般控制在每分钟 2～5mL，大量生产时可调至每小时漉出液约为渗漉器容积的 1/48～1/24。

⑦ 收集漉液　一般收集的渗漉液约为药材质量的 8～10 倍，或以有效成分的鉴别试验判断是否渗漉完全，最后经浓缩后得到提取物。连续渗漉装置见图 3-1。

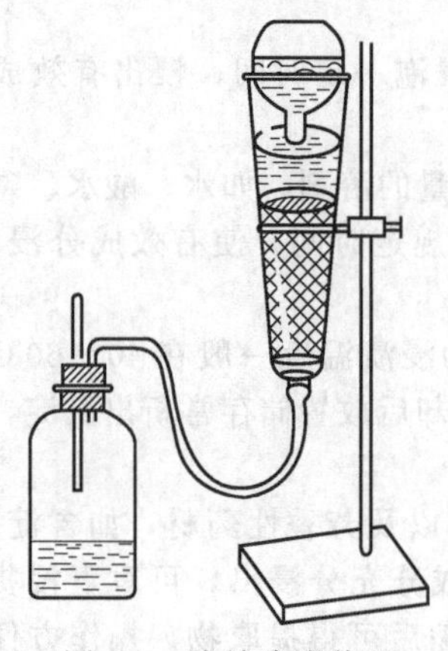

图 3-1　连续渗漉装置

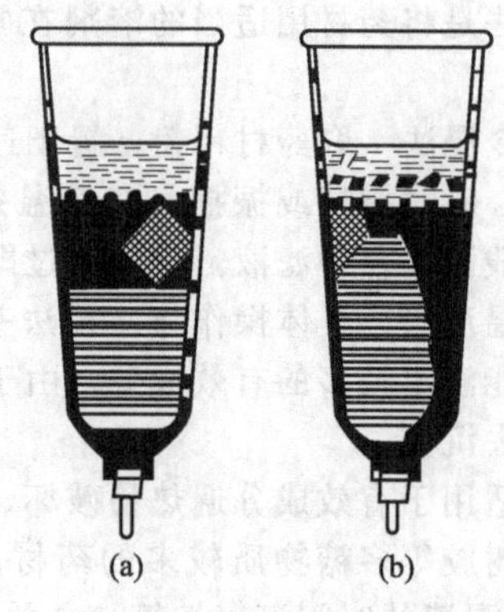

图 3-2　填装均匀与不均匀示意

(a) 均匀渗漉现象；(b) 不均匀渗漉现象

本法在常温下进行，选用溶剂多为水、酸水、碱水及不同浓度的乙醇等，适用于提取遇热易破坏的成分，因能保持良好的浓度差，故提取效率高于浸渍法，存在的不足之处为溶剂消耗多，提取时间长。室温较高的情况下，水渗漉时药物易发酵，可用氯仿饱和的水进行渗漉。

(2) 重渗漉法　重渗漉法是将渗漉液重复用作新药粉的溶剂，进行多次渗漉以提高浸出液浓度的方法。由于多次渗漉，则溶剂通过的渗漉筒长度为各次渗漉粉柱高度的总和，故能提高浸出效率。

具体方法：例如欲渗漉 1000g 药粉，可分为 500g、300g、200g 三份，分别装于 3 个渗漉筒内，将 3 个渗漉筒串联排列，如图 3-3 所示，先用溶剂渗漉 500g 装的药粉。渗漉时先收集最初流出的浓漉液 200mL，另器保存；然后继续渗漉，并依次将漉液流入 300g 装的药粉，又收集最初漉液 300mL，另器保存；继之又依次将续漉液流入 200g 装的药粉，收集最初漉液 500mL，另器保存；然后再将其剩余漉液依次渗漉，收集在一起供以后渗漉同一品种新药粉之用。并将收集的 3 份最初漉液合并，共得 1000mL 渗漉液。

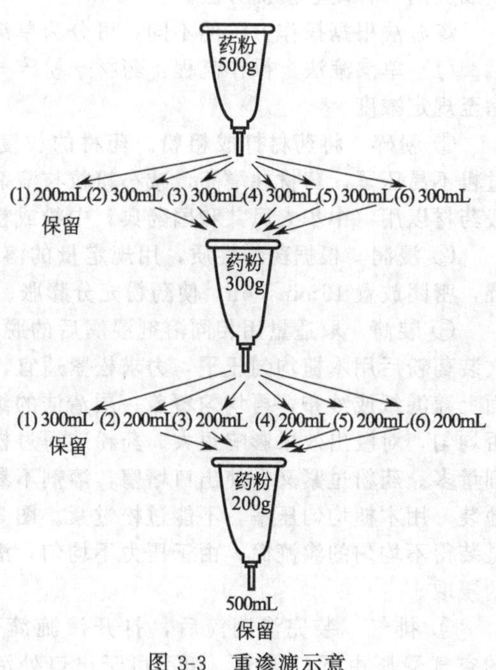

图 3-3　重渗漉示意

由于重渗漉法中一份溶剂能多次利用，溶剂用量较单渗漉法减少；同时渗漉液中有效成分浓度高，可不必再加热浓缩，因而可避免有效成分受热分解或挥发损失，成品质量较好；但所占容器太多，操作麻烦，较为费时。

3. 煎煮法

煎煮法是将药材加水加热煮沸，滤过去渣后取煎煮液的一种传统提取方法。

取药材饮片或粗粉，加水浸没药材（勿使用铁器），加热煮沸，保持微沸，煎煮一定时间后，分离煎煮液，药渣继续依法煎煮数次至煎煮液味淡薄，合并各次煎煮液，浓缩即得。一般以煎煮2～3次为宜，小量提取，第一次煮沸20～30min，大量生产，第一次约煎煮1～2h，第2、3次煎煮时间可酌减。

此法操作简单，提取效率高于冷浸法。适用于有效成分能溶于水且不易被高温破坏的中药提取。但不宜用于提取含挥发油成分及遇热易破坏的成分，含多糖类丰富的药材，因煎煮提取液黏稠，难以滤过，同样不宜使用。

缺点：由于水的溶解范围较大，选择性差，容易浸出大量无效成分，杂质多，浸出液易霉变。但是煎煮法符合中医用药习惯，因而对于有效成分尚未搞清楚的中药或复方制剂，常采用煎煮法提取。

4. 回流提取法

使用低沸点有机溶剂如乙醇、氯仿等加热提取天然药物中有效成分时，为减少溶剂的挥发损失，保持溶剂与药材持久的接触，通过加热浸出液，使溶剂受热蒸发，经冷凝后变为液体流回浸出器，如此反复至浸出完全的一种热提取方法。

将药材粗粉装入圆底烧瓶内，添加溶剂至盖过药面（一般至烧瓶容积1/2～2/3处），接上冷凝管，通入冷却水，于水浴中加热回流一定时间，滤出提取液，药渣再添加新溶剂回流2～3次，合并滤液，回收有机溶剂后得浓缩提取液。回流提取装置见图3-4。

本法提取效率高，但溶剂消耗量仍较大，操作较麻烦。由于受热时间长，故对热不稳定成分的提取不宜采用此法。适用于脂溶性较强的中药化学成分的提取，如甾体、萜类、蒽醌等。

5. 连续回流提取法（索氏提取法）

连续回流提取法是在回流提取法的基础上改进的（实验装置如图3-5所示），能用少量溶剂进行连续循环回流提取，充分将有效成分浸出完全的方法。

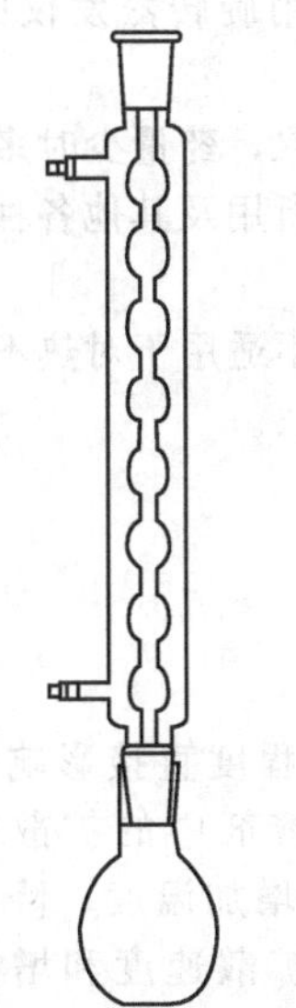

图 3-4　回流提取装置

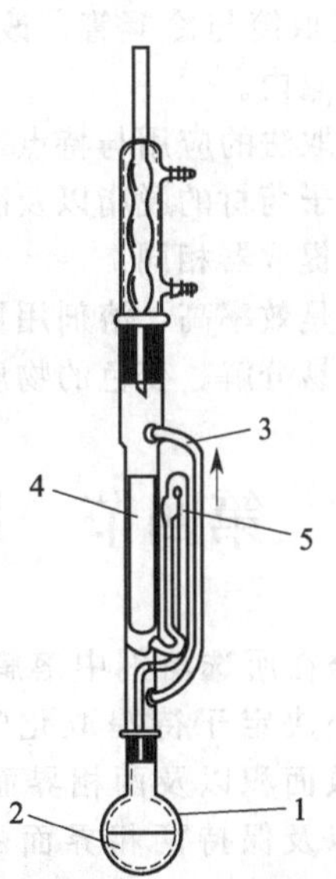

图 3-5　连续回流装置（索氏提取装置）

1—烧瓶；2—溶剂；3—蒸气管；4—药材或固体物；5—虹吸管

（1）连续回流提取及其工作原理　操作时先在圆底烧瓶内放入几粒沸石，以防暴沸，然后将装好药材粉末的滤纸袋或筒置于索氏提取器中，药粉高度应低于虹吸管顶部，自冷凝管加溶剂于烧瓶内，水浴加热。溶剂受热蒸发，遇冷后变为液体回滴入提取器中，接触药材开始进行浸提，这个过程经过渗透、溶解、扩散，溶出其中被提取成分而成为溶液。待溶剂液面高于虹吸管上端时，在虹吸作用下，浸出液流入烧瓶。溶液在接收烧瓶中继续受热，溶剂蒸发、回流、渗漉，而溶液中的溶质（被提取部分）则留在接收瓶内。因此随提取的进行，接收瓶内溶液越来越浓，每次进入提取筒的均为新鲜溶剂，这样，提取筒中的药材始终与新鲜溶剂或浓度较低的溶剂接触，从而逐渐地将药材中的成分转移到了接收瓶内。如此不断反复循环 4～10h，至有效成分充分被浸出，回收提取液中的有机溶剂即得。

连续回流提取器适用于不同极性的溶剂梯度提取，但应注意一种溶剂的可溶性成分提取完后，应将溶剂挥尽再换另一种溶剂，且溶剂极性应由低到高。为了防止长时间受热，成分易被破坏，也可在提取 1～2h 后更换新溶剂继续提取。它的提取条件较为温和、提取效率高，加之提取过程又是浓缩过程，后处理方便，因而应用较广。

(2) 连续回流提取法的操作

① 样品的准备　将固体药材粉碎成一定的粒度，或将浸膏制成溶液均匀拌和在载体上，挥尽溶剂。应注意载体对样品的吸附有饱和性，载体常用的有硅藻土、石英砂、硅胶等。

② 装样　小心将已准备好的样品装入滤纸袋内或布袋内，其装量高度以超过索氏提取器的虹吸管 1～2cm，低于蒸气管 1～2cm 为准，置于提取筒中，上面盖上脱脂棉。注意不得将样品漏入提取筒的导管或接收瓶中。样品应装得松紧适度，均匀致密。

③ 提取　加入一定量的溶剂通过提取筒，当达到虹吸管高度时，从虹吸管流入接收瓶内，控制加热程度，使回流速度维持在 1～2 滴/s。

④ 提取终点的检查　停止加热后，从提取筒下口取提取液的中间一段约 1～2mL 进行化学反应或薄层色谱（TLC）、纸色谱（PC）检查。

⑤ 回收

a. 固体　撤离热源，打开活塞让提取筒内液体全部流入接收瓶后，取下提取筒，将其中固体（包括棉花、滤纸）转出。若为溶剂极性梯度萃取，则应将固体中溶剂挥散后，再换溶剂提取。

b. 溶剂　取下提取筒与冷凝管，改用蒸馏装置回收溶剂，也可以用旋转蒸发仪回收溶剂，被提取物质留在接收瓶内。

(3) 连续回流提取法的应用与特点　该法适用于脂溶性化合物的提取，药量少时多用该法进行提取。也常用于种子药材的脱脂以及除去植物药材的叶绿素。大生产所用及其他各种连续回流提取器的原理与索氏提取器相同。

该法提取的特点是效率高，溶剂用量少，但浸出液受热时间长，故不适用于对热不稳定成分的提取。应注意受热易分解、变色的物质及高沸点溶剂提取不宜选用此法。

第四节　影响浸取过程的因素

药材中化学成分在所选溶剂中溶解度大小以及向溶剂扩散的难易程度直接影响着提取的效果。其溶解度大小决定于待提取化学成分的结构；而化学成分在溶剂中的扩散速度与温度、溶剂黏度、扩散面积以及两相界面之间的浓度差等有密切关系。增加温度、降低溶液黏度、增加扩散面积以及保持两相界面的最大浓度差等都有利于提高扩散速度和增加提取效率。原料的粒度、提取温度、提取时间、浸取压力、提取溶剂以及提取次数等因素不同程度影响提取效果。

一、药材的粉碎粒度

天然产物的有效成分通常存在于动、植物细胞内，而细胞膜产生的扩散阻力使得其浸提速率比较小。为了提高提取效率，需要对细胞进行预处理如干燥、粉碎等，这样有助于细胞膜的破裂，溶剂容易进入细胞内部，而不同的预处理方式会影响提取物的得率和含量。

在原料预处理时，常将原料粉碎，使粒度变小，表面能增加，浸出速度加快，粒度越小，比表面积越大，浸提速度越快。但是药材粉碎度过细，也有一定的弊端。粉碎过细，药材组织中大量细胞破裂，致使细胞内大量不溶物及较多的多糖、蛋白质、鞣质等浸出，使浸出液黏度增大，杂质也增多，导致扩散作用缓慢，造成浸提液过滤困难和产品混浊等现象；过细的粉末在浸出时虽能提高其浸出效果，但吸附作用亦增加，因而使扩散速率受到影响，给操作带来困难，如用渗漉法浸提时，溶剂流动阻力就增大，容易造成堵塞，使渗漉不完全或浸提速度过慢。

粉碎方法与浸取效率有关。用锤击式粉碎者，表面粗糙，与溶剂的接触面积大，浸取效率高，可以选用粗粉；用切片机切成片状的材料，表面积较小，效率较差，块粒宜选中等。

药材的粒度还要视所采用的溶剂和药材的性质而有所区别。如以水为溶剂时，药材易膨胀，浸出时药材可粉碎得粗一些，或切成薄片和小段；若用乙醇为溶剂时，因乙醇对药材的膨胀作用小，可粉碎成粗粉（5～40 目）。药材质地不同，粉碎度也不同，一般坚硬的根、茎、皮类等药材宜粉碎成较细的粉末。而叶、花、草等疏松药材，可以不粉碎或粉碎成较粗的粉末即可。

就动物药材而论，一般要求以绞碎得细一些为宜，细胞结构破坏愈完全，有效成分就愈易浸取出来。

此外，浸提时若能增加固液相对运动速率，溶液运动越强烈，导致边界层变薄，从而提高浸出速度。

二、浸取的温度

在选定适宜溶剂后，温度的升高能使植物组织软化，促进膨胀，是增大目标成分的溶解度、加快溶出速率的有效途径，可使细胞内蛋白质凝固、酶被破坏，有利于浸出和制剂的稳定性。

大多数植物药是采用加热煮沸或回流提取，其温度一般在 80～100℃，药材中的一部分有效成分，甚至是主要有效成分或微量成分，往往易被忽略而煎煮破坏掉，导致活性成分的湿热降解或异构化，使提取物有效成分含量降低以及活性减弱，甚至改变临床疗效或出现毒副作用等。例如，丹参酮为菲醌类化合物，对湿热稳定性较差，丹参酮ⅡA 损失的程度随温度的升高和时间的延长而增加，80℃和 100℃烘干 5h，其丹参酮ⅡA 损失均达 50%以上；100℃烘干 50h，其损失率达 86.6%；而实际制剂中烘干温度为 100℃时，时间一般超过 50h，因此制剂中也就根本检测不到活性成分丹参酮ⅡA，说明其提制工艺条件不甚合理。

也有的药材在高温浸取后，放冷时由于胶体凝聚等原因出现沉淀；另外温度过高，一些无效成分被浸提出来，杂质含量高，给后续工作带来麻烦；提取液的浓缩对有效成分也有影响。浓缩时间越长、温度越高，有效成分的损失越大。故浸取时需选择适宜温度，保证制剂质量。

三、浸取的时间

中药提取过程中，正确掌握提取时间对有效成分的提取效果有很重要的影响。一般来说浸取时间与浸出率成正比，即时间愈长，愈有利于浸取。但当扩散达到平衡后，时间即不起作用。此外，长时间的浸取往往导致大量杂质溶出，一些有效成分如苷类易被共存的酶分解。若以水作为溶剂时，长期浸泡则易霉变，影响浸取液的质量。

提取时间也要考虑被提取成分存在原料的部位和溶胀难易，例如丹参菲醌类化合物存在丹参根的表皮，易被溶剂溶出，提取时间不宜过长；柴胡的活性成分为柴胡皂苷和挥发油，其有效成分在根的韧皮部和木质部，溶剂受纤维结构的阻力溶出速率减慢，提取时间相应地要长些。所以，随提取时间延长，原料中的成分提取率增加。

提取时间也要考虑被提取成分的结构特点与稳定性。有报道，用热浸法煮沸大黄 3min，其主要成分结合型蒽醌大黄酸，含量可达最高值，延长提取时间至 30min 大黄酸的含量降低了

30%～40%，因此温度和受热时间对大黄蒽醌类成分影响甚大。与此相反，提取黄连中的小檗碱时，要加入大量的水，进行较长时间的提取，才能使有效成分溶出。这是由于黄连药材本身质地较坚硬致密，成分的渗透、传质速度较慢，黄连素在自然界多以季铵碱的形式存在，其结构比较稳定，延长时间不至于导致结构破坏且浸出量增加。由此可见，正确掌握提取时间是非常重要的，提取时间的长短需根据具体情况而定，一般而言，热水提 2～3h，乙醇加热回流提取 1～2h 为宜。

四、浸取的压力

当药材组织坚实，浸出溶剂较难浸润时，提高浸取压力会加速浸润过程，使药材组织内更快地充满溶剂和形成浓溶液，从而使开始发生溶质扩散过程所需的时间缩短。同时一定压力下的渗透尚可能将药材组织内某些细胞壁破坏，亦有利于浸出成分的扩散过程。当药材组织内充满溶剂之后，加大压力对扩散速率则没有什么影响，对组织松软、容易湿润的药材的浸出影响也不明显。目前有两种加压方式，一种是密闭升温加压，另一种是通过气压或液压加压不升温。实验证明，水温在 65～90℃，表压力 0.3～0.6MPa 时，与常压浸提相比，有效成分浸出率相同，但浸出时间可以缩短 1 倍以上，固液比也可以提高。

目前超高压提取技术[6]（ultrahigh-pressure extraction，UHPE）也用在中药提取中。该技术是指在常温下用 100～1000MPa 的流体静压力作用于提取溶剂和中药的混合液上，并在预定压力下保持一段时间，使植物细胞内外压力达到平衡后迅速卸压，由于细胞内外渗透压力忽然增大，细胞膜的结构发生变化使得细胞内的有效成分能够穿过细胞的各种膜而转移到细胞外的提取液中，达到提取中药有效成分的目的。

高压提取技术有下列优点：①由于压力较高，溶剂能在极短时间内渗透到细胞内，使有效成分迅速达到溶解平衡，其提取效率高，提取液澄清度、稳定性较传统工艺高，杂质含量少，简化了后续的分离纯化工作；②超高压提取过程中压力每升高 100MPa，温度大约升高 3℃，在整个提取过程中基本可以维持在室温下进行，因而最大程度地保留了中药中生物活性物质及各种营养成分的天然结构，避免了因热引起的有效成分变性和药理活性降低；③耗能低、适用范围广，超高压提取过程中流体形变较小，在流体压缩时消耗较少能量，在保压和卸压过程中都无能量的消耗，也无能量的传递，并且提取时可根据有效成分特点选用多种溶剂，包括水、醇和其他有机溶剂。

五、浓度差

浓度差是原料组织内的浓度与外周溶液的浓度差异。浓度差越大，扩散推动力越大，浸出速度越快，适当地运用和扩大浸取过程的浓度差，有助于加速浸取过程和提高浸取效率。一般渗漉法浓度差大于浸渍法，连续回流法浓度差大于回流法，连续逆流浸取的平均浓度差比一次浸取大，浸出效率也较高。应用浸渍法时，在提取过程中不断搅拌或更换新溶剂，可以增大组织中有效成分扩散的浓度差，以提高提取效果。

六、浸取溶剂

1. 溶剂的用量及提取次数

溶剂用量需根据被提取原材料的干燥程度、质地、成分在药材中的存在形式及含量而定，一般用量为原料的 6～10 倍。溶剂用量多，浓缩费时；溶剂用量少，提取率低或提取次数多。一般中药提取 2～3 次，对于质地坚硬、贵重药材如人参等至少提取 3 次，以保证有效成分提取完全。由于药材有一定的吸水量，所以第一次提取要超过药材溶解度所需要的量。第二、三次可依次减少溶剂的用量。总之，对不同药材的溶剂用量和提取次数都需实验确定。

2. 溶剂的 pH

浸提溶剂的 pH 与浸提效果有密切关系。在中药材浸提过程中，往往根据需要调整浸提溶剂的 pH，以利于某些有效成分的提取，如用碱性溶剂提取黄酮、蒽醌类，用酸性溶剂提取生物碱等。

七、药物成分的影响

动、植物有效成分的提取应按其性质设计合理的提取工艺，而传统工艺往往将原料全部合在一起进行加热提取，即称为合煎。中药成分复杂，尤其是复方制剂，各类成分之间有一定相互作用。例如，含鞣质的药材与含生物碱的药材配伍时容易产生沉淀，如大黄、五倍子、白芍内含的鞣质，均可与附子、延胡索、黄连等所含的生物碱产生沉淀反应；金银花中绿原酸可使黄连中小檗碱及延胡索的生物碱生成沉淀；石膏中的钙离子可与甘草酸生成难溶于水的钙盐。所以，在提取中要注意化学成分间的相互反应和配伍变化，根据其相互变化的情况确定复方制剂中药物的合煎与分煎形式。

综上所述，各类参数的相互影响比较复杂，应根据药材特性和提取的目的，优选实验条件。

第五节　浸出工艺与设备[4]

在中药成分的提取中，选择合适的浸出工艺，是提高浸出效率、节约工效、降低成本、保证浸出制剂质量的关键。常见的浸出工艺有单级浸出工艺、多级浸出工艺、连续逆流浸出工艺等。浸取设备按其操作方式可分为间歇式、半连续式和连续式。

由于中药材的品种多，且其材质与性质差异很大，因此在选用中药浸取设备时，除了应考虑性能、效率高之外，还应考虑到更换品种时应清洗方便。目前国内中药厂所使用的浸取设备多数为间歇式固定床浸取设备，也有采用效率较高的逆流连续式浸取设备等。

一、单级浸出工艺

单级浸出是指将药材和溶剂一次加入提取设备中，经一定时间的提取后，放出浸出药液，排出药渣的整个过程。在用水浸出时一般用煎煮法，乙醇浸出时可用浸渍法或渗漉法等，但药渣中乙醇或其他有机溶剂需先经挤压等方法回收后，再将药渣排出，单级浸出工艺多采用间歇式浸取器。

1. 间歇式浸取器

间歇式浸取器的类型较多，其中以多能式提取罐较为典型（见图 3-6）。除提取罐外，还有泡沫捕集器、热交换器、冷却器、油水分离器、气液分离器、管道过滤器等附件，具有多种用途，可供药材的水提取、醇提取、提取挥发油或回收药渣中的溶剂等。药材由加料口加入，浸出液经夹层可以通入蒸汽加热，亦可通水冷却。该设备浸出效率较高，消耗能量少，操作简便。

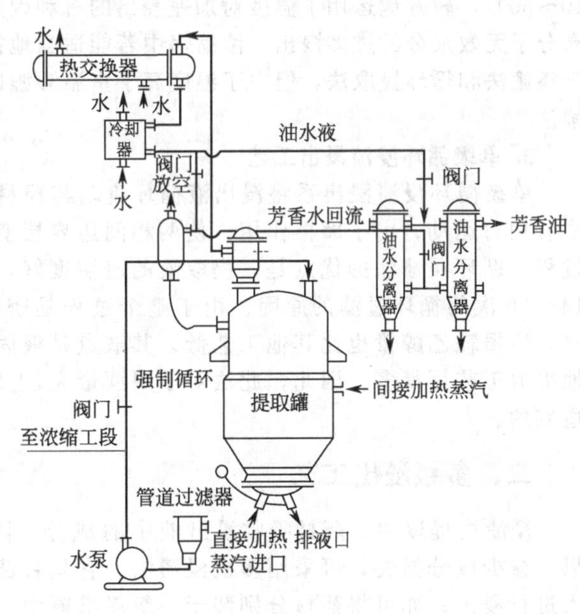

图 3-6　多能式提取罐示意

由于浓度差的作用，一次浸出的浸出速度开始大，以后速度逐渐降低，直至到达平衡状态。故常将一次浸出称为非稳定过程。单级浸出工艺比较简单，常用于小批量生产，其缺点是浸出时间长，药渣能吸收一定量浸出液，可溶性成分的浸出率低，浸出液的浓度亦较低，浓缩时消耗热量大，药材的有效利用率低。

2. 单级回流及温浸法浸出工艺

单级回流浸出又称索氏提取（见图 3-7），主要用于酒提或有机溶剂（如醋酸乙酯、氯仿）浸提药材及一些药材脱脂。由于溶剂的回流，溶剂与药材细胞组织内的有效成分之间始终保持很大的浓度差，加快了提取速度，提高了萃取率，而且最后生产出的提取液已是浓缩液，使提取与浓缩密切地结合在一起。此法生产周期一般约为 10h。其缺点是，此法使提取液受热时间长，不适宜热敏性药材的提取。

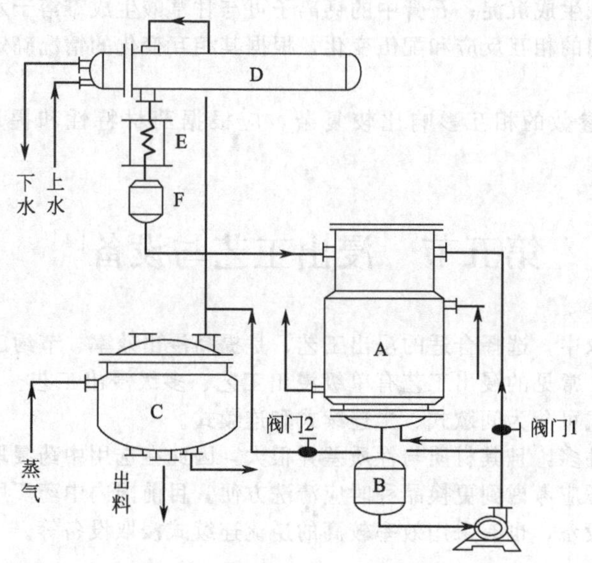

图 3-7 索氏提取法工艺流程示意

A—酒提罐；B—缓冲罐；C—浓缩罐；D—冷凝器；E—冷却器；F—凝液

温浸法是在热回流浸出工艺基础上发展起来的一种方法，此法将提取器内的温度控制在 40～50℃，较好地运用了温度对加速浸出的有利因素，也可减少较高温度对浸出成分的破坏及高分子无效成分的过多浸出。浓缩锅中若能适当地搅拌，则可大大加速其浓缩速度。提取率高于渗漉法和循环提取法，但由于温度高于室温渗漉以及搅拌的原因，其提取液的澄明度不及渗漉法。

3. 单级循环浸渍浸出工艺

单级循环浸渍浸出系将浸出液循环流动与药材接触浸出，它的特点是固液两相在浸出器中有相对运动，由于摩擦作用，使两相间边界层变薄或边界层表面更新快，从而加速了浸出过程。循环浸渍法的优点是，提取液的澄明度好，这是因为药渣成为自然滤层，提取液经过 14～20 次的循环过滤的原因。由于整个过程是密闭提取，温度低，因此在用乙醇循环浸渍时，所损耗乙醇量也比其他工艺低。其缺点是液固比大，如在制备药酒时，其白酒用量较其他提取工艺用得多。因此，此法对于用酒量大，又有高澄明度要求的药酒和酊剂生产是十分适宜的。

二、多级浸出工艺

浸渍法提取中，药材吸收浸出液中的成分，降低了有效成分的含量。为了提高浸提效果，减少成分损失，可采用多次浸渍法。它是将药材置于浸出罐中，将一定量的溶剂分次加入进行浸出；亦可将药材分别装于一组浸出罐中，新的溶剂分别先进入第 1 个浸出罐与药材接触浸出，浸出液放入第 2 浸出罐与药材接触浸出，这样依次通过全部浸出罐，成品或浓浸出液由最后一个浸出罐流入接收器中。当1罐内的药材浸出完全时，则关闭1罐的进、出液阀门，卸出药渣，回收溶剂备用。续加的溶剂则先进入第1罐，并依次浸出，直至各罐浸出完毕。

浸渍法中药渣所吸收的药液浓度是与浸出液相同的，浸出液的浓度越高，由药渣吸液所引起的损失就越大，多次浸渍法能大大地降低浸出成分的损失量。但浸渍次数过多也无实用意义，且生产周期加长。

半逆流多级浸出工艺是在循环提取法的基础上发展起来的，它主要是为保持循环提取法的优点，同时用母液多次套用克服溶剂用量大的缺点。罐组式逆流提取法工艺流程见图3-8。

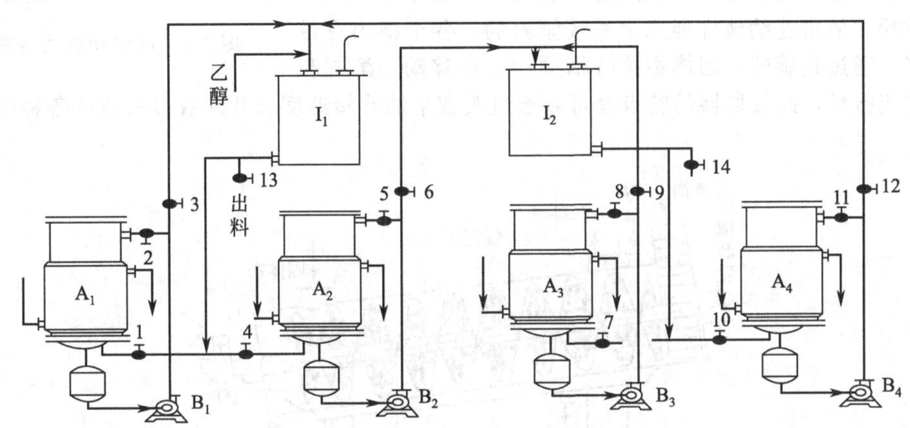

图3-8　罐组式逆流提取法工艺流程示意

I_1,I_2—计量罐；A_1,A_2,A_3,A_4—提取罐；B_1,B_2,B_3,B_4—循环泵；1～14—阀门

药材经粗碎或切片或压片之后，加入提取罐A中。溶剂由I_1计量罐计量后，经阀门1加入提取罐A_1中。然后开启阀门2进行循环提取2h左右。提取液经循环泵C_1和阀门3打入计量罐I_1，再由I_1将A_1的提取液经阀门4加入提取罐A_2中，进行循环提取2h左右（即母液第1次套用）。A_2的提取液经泵C_2、阀门6、罐I_2、阀门7加入提取罐A_3中进行循环提取（即母液经第2次套用），如此类推，使提取液与各提取罐之药材相对逆流而进，每次新鲜乙醇经4次提取（即母液第3次套用）后即可排出系统，同样每罐药材经3次不同浓度的提取外液和最后1次新鲜溶剂提取后再排出系统。

在一定范围内，罐组式的提取罐数越多，相应提取率越高，提取液浓度越大，溶剂用量越少。但是相应投资增大，周期加长，耗能增加。从操作上看，奇数罐组不及偶数罐组更有规律性，因此一般以采用4只或6只罐为佳。

三、连续逆流浸出工艺

本工艺是药材与溶剂在浸出器中沿反向运动，并连续接触提取。它与1次浸出相比具有如下优势：不但浸出率高，浸出液浓度亦较高，单位质量浸出液浓缩时消耗的热能少，浸出速度快。连续逆流浸出具有稳定的浓度梯度，且固液两相处于运动状态，使两相界面的边界膜变薄，从而加快了浸出速度。常用的连续浸取器有浸渍式、喷淋渗漉式和混合式三种。

1. 浸渍式连续逆流浸取器

此类浸取器有U形螺旋式、螺旋推进式、肯尼迪式等。

(1) U形螺旋式浸取器　U形螺旋式浸取器亦称Hildebran浸取器，整个浸取器是在一个U形组合的浸取器中，分装有三组螺旋输送器来输送物料（图3-9）。在螺旋板表面上开孔，这样溶剂可以通过孔进入另一螺旋管中以达到与固体成逆流流动。螺旋浸取器主要用于浸取轻质的、渗透性强的药材。

(2) 螺旋推进式浸取器　如图 3-10 所示，浸取器上盖可以打开（以便清洗和维修），下部带有夹套，其内通入加热蒸汽进行加热。如果采用煎煮法，其二次蒸汽由排气口排出。浸取器安装时有一定的倾斜度，以便液体流动。浸取器内的推进器可以做成多孔螺旋板式，螺旋的头数可以是单头的也可以是多头的，也可用数十块桨片组成螺旋带式。在螺旋浸取器的基础上，把螺旋板改为桨叶，则称为旋桨式浸取器，其工作原理和螺旋式相同。

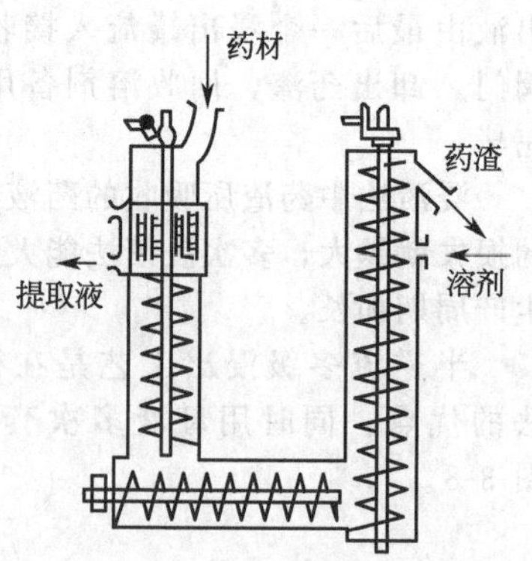

图 3-9　U 形螺旋式浸取器

(3) 肯尼迪 (Kennedy) 式逆流浸取器　如图 3-11 所示，具有半圆断面的槽连续地排列成水平或倾斜的，各个槽内有带叶片的桨，通过其旋转，固体物按各槽顺序向前移动，溶剂和固体物逆流接触，此浸取器的特点是可以通过改变桨的旋转速度和叶片数目来适应各种固体物的浸取。

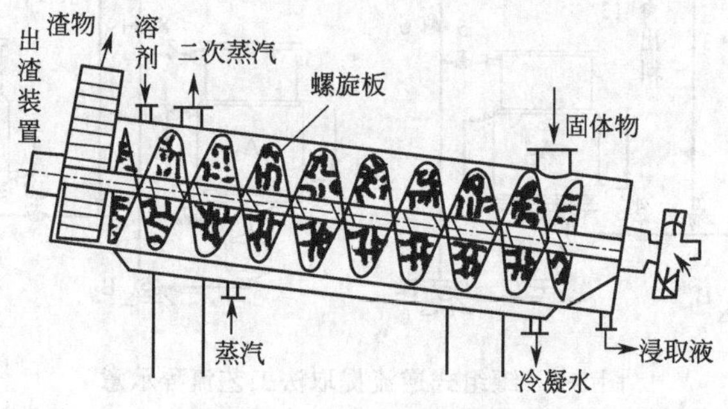

图 3-10　螺旋推进式浸取器

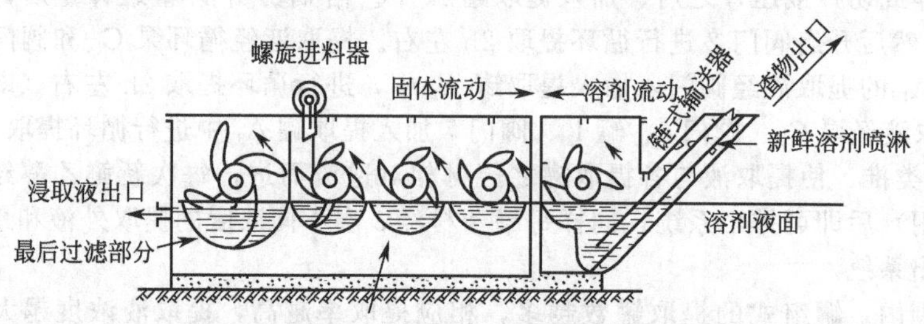

图 3-11　肯尼迪 (Kennedy) 式逆流浸取器

2. 喷淋渗漉式浸取器

此类浸取器中液体溶剂均匀地喷淋到固体层表面，并过滤而下与固体物相接触浸取其可溶物。

(1) 波尔曼 (Bollman) 连续浸取器　波尔曼连续浸取器包含一连串的带孔的料斗，其安排的方式犹如斗式提升机，这些料斗安装在一个不漏气的设备中。固体物加到向下移动的那一边的顶部的料斗中，而从向上移动的那一边的顶部的料斗中排出。溶剂喷洒在那些将排出的固体物上，并经过料斗向下流动，以达到逆向的流动。然后，又使溶剂最后以并流方式向下流经其余的料斗。典型的浸取器每小时大约转一圈。该浸取器一般处理能力大，可以处理物料薄片。但是因在设备中只有部分采用逆流流动，并且有时发生沟流现象，因而效率比较低（见图 3-12)。

(2) 平转式连续浸取器　图 3-13 所示是一种平转式连续浸取器，其结构为在一圆形容器内有间隔 18 个扇形格的水平圆盘，每个扇形格的活底打开，物料卸到器底的出渣器上排出。在卸料处的邻近扇形格位置上部喷新鲜的浸取溶剂，由下部收集浸取液，并以与物料回转相反的方向用泵将浸取液打至相邻的扇形格内的物料上，如此反复逆流浸取，最后收集到浓度很高的浸取液。

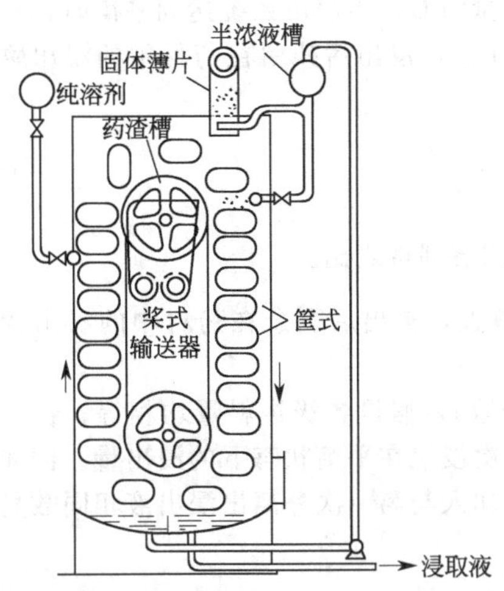

图 3-12 波尔曼连续浸取器

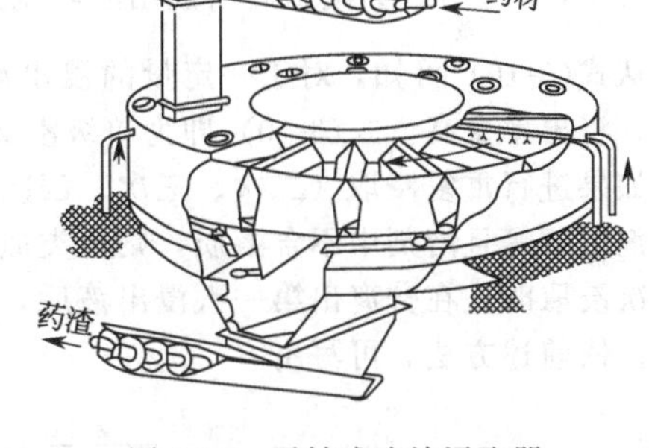

图 3-13 平转式连续浸取器

平转式浸取器结构简单，并且占地较小，适用于大量植物药材的浸取，在中药生产中得到广泛使用。

3. 混合式连续浸取器

所谓混合式就是在浸取器内有浸渍过程，也有喷淋过程。图 3-14 是千代田式 L 形连续浸取器。固体原料加进供料斗中，调整原料层高度，横向移动于环状钢网板制的皮带输送上，其间通过浸取液循环泵进行数次溶剂喷淋浸取，当卧式浸取终了，固料便落入立式部分的底部，并浸喷于溶液中，然后用带有孔可动底板的提篮捞取上来，在此一边受流下溶剂渗漉浸取一边上升，最后在溶剂入口上部加入，积存于底部，经过过滤器进入卧式浸取器，在此和固体原料成逆流流动，最后作为浸取液排出。此种浸取器的特点是浸取比较充分和均匀。

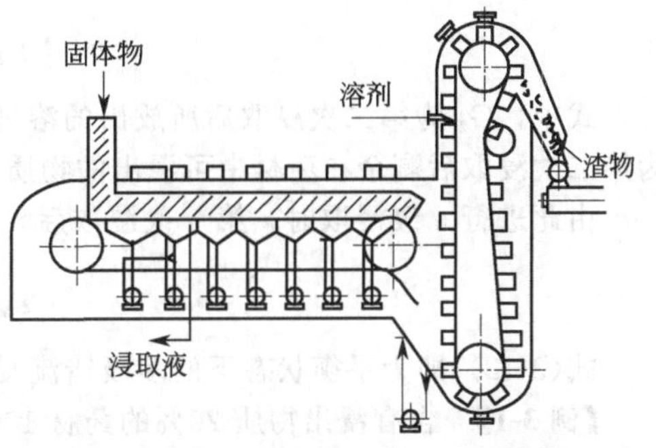

图 3-14 千代田式 L 形连续浸取器

第六节 浸取计算[4]

浸取植物药材时，将浸取溶剂加到药材中并浸渍一定时间后，浸出液中浸出物质的浓度逐渐增加。当物质从药材中扩散到浸出液的量与物质从浸出液扩散回到药材的量相等时，浸出液的浓度恒定，即为平衡浓度。此时，可认为药材内部的液体的浓度等于药材外部浸出液的浓度，称为平衡状态的浸取。但事实上，药材浸出常没有足够的时间使溶质完全溶解，内部液体浓度与浸出液的浓度未达到平衡时，则称非平衡状态浸取。

浸取的操作有三种基本形式：单级浸取、多级错流浸取、多级逆流浸取。对浸取过程的计算一般基于理论级或平衡状态基础上进行物料衡算。计算方法有图解法和解析法，本书重点介绍解析法。图解法可参考有关专著与教材。

一、平衡状态下的浸出计算

1. 单级浸取

(1) 浸取的浸出量计算　设药材所含待浸取的物质量为G，当浸出系统达到平衡时，浸出后所放出的溶剂量为G'，浸出后剩余在药材中的溶剂量为g'，浸出后残留在药材中的浸出物质量为g，则得出

$$\frac{G}{G'+g'}=\frac{g}{g'}；\qquad g=\frac{G}{\alpha+1} \tag{3-10}$$

式中，$\alpha=\frac{G'}{g'}$，为浸出后所放出的与剩余在药材中的溶剂量之比。

从式(3-10) 可知，对于一定量的浸出溶剂，α 值愈大，浸出后剩余在药材中的浸出物质量愈少，浸出率愈高。式(3-10) 即为单级浸取的浸出量。

如果进行重复浸取（二次、三次、四次……多次浸取)，假设各级进料量均相等，各级所用的溶剂量相等且溶剂中不含溶质，则可类似地推导出多次浸取在平衡状态下的浸出量。例如，在第二次浸取时，在分离出第一次浸出液后，向体系中再加入与第一次分离出浸出液相同数量的新溶剂，依前述方法，可写出

$$\frac{g}{G_2+g_2'}=\frac{g_2}{g_2'}；\qquad g_2=\frac{g}{\alpha+1}$$

将式(3-10) 的g值代入，得

$$g_2=\frac{G}{(1+\alpha)^2} \tag{3-11}$$

式中，G_2为第二次浸取后所放出的溶剂量；g_2'为第二次浸取后剩余在药材中的溶剂量；g_2为第二次浸取后剩余在药材中可浸出的物质量。

由此进行n级浸取时，第n次浸取后，剩余在药材中的浸出物质量为

$$g_n=\frac{G}{(1+\alpha)^n} \tag{3-12}$$

式(3-12) 即为平衡状态下的多级错流浸取浸出量的计算公式。

【例 3-1】 含有浸出物质 20%的药材 100kg，第一级溶剂加入量与药材量之比为 5∶1，其他各级溶剂新加入量与药材量之比为 4∶1，求浸取 1 次和浸取 5 次后药材中所剩余的可浸出物质的量为多少？设药材中所剩余的溶液量等于其本身的质量。

解： 药材中所含浸出物质总量$G=20\text{kg}$，药材中所剩留的溶剂量$g'=100\text{kg}$，浸取 1 次后所放出的溶剂量$G'=500-100=400(\text{kg})$。

由此 $$\alpha=\frac{G'}{g'}=\frac{400}{100}=4$$

第一次浸取后药材中所剩余的可浸出物质为 $g_1=\frac{20}{1+4}=4(\text{kg})$

第二次浸取后药材中所剩余的可浸出物质为 $g_2=\frac{20}{(1+4)^2}=0.8(\text{kg})$

同理，浸取 5 次后药材中所剩余的可浸出物质为 $g_5=\frac{20}{(1+4)^5}=0.0064(\text{kg})$

由此，得出浸取五次后可浸出物质的浸出分率为 $\frac{20-0.0064}{20}\times100\%=99.97\%$

(2) 浸出率的计算　浸取效果可用药材中浸出物质的浸出率（E）表示，E代表浸取后所放出的倾出液中所含浸出物质量与原药材中所含浸出物质总量的比值。

如浸渍后药材中所含的溶剂量为 1，此时所加的总溶剂量为M，则所放出的溶剂量为$M-$

1，在平衡条件下浸取一次的浸出率为

$$\bar{E}_1=\frac{M-1}{M} \tag{3-13}$$

由浸出率的定义可知，$1-E_1$ 为浸取后药材中所剩浸出物质的分率。如重复浸取时，第二次浸取所放出的倾出物质的浸取率$\bar{E}_2$ 为

$$\bar{E}_2=\bar{E}_1(1-\bar{E}_1)=\frac{M-1}{M}(1-\bar{E}_1)=\frac{M-1}{M^2}$$

浸取 n 次后，第 n 次浸取所放出的倾出液中浸取物质的浸出率 $\bar{E}_n$ 为

$$\bar{E}_n=\frac{M}{M^n} \tag{3-14}$$

浸取两次后，浸出物质的总浸出率 $\bar{E}$ 为

$$\bar{E}=\bar{E}_1+\bar{E}_2=\frac{M-1}{M}+\frac{M-1}{M^2}=\frac{M^2-1}{M^2}$$

如经 n 次浸取，浸出物质的总浸出率为

$$\bar{E}=\frac{M^n-1}{M^n} \tag{3-15}$$

由式(3-14) 可知，$\bar{E}_n$ 与 M^n 成反比，一般取 $n=4\sim5$，n 再大，则 $\bar{E}_n$ 很小，但是经济上已不合算。

【例 3-2】 某复方制剂中的药材大约含 25%无效成分，含 30%的有效成分，浸出溶剂用量为药材自身质量的 20 倍，药材对溶剂的吸收量为药材自身质量的 4 倍，求 20kg 药材单次浸取所得的有效成分与无效成分量？

解： 设药材中所吸收溶剂量为 1，则总溶剂量为 $M=20/4=5$。

则浸出率为 $$\bar{E}=\frac{M-1}{M}\times100\%=\frac{5-1}{5}\times100\%=80\%$$

20kg 药材中无效成分浸出量为 $20\times0.25\times0.8=4(\text{kg})$

有效成分的浸出量为 $20\times0.3\times0.8=4.8(\text{kg})$

若药渣经压榨处理后，药材中所含溶剂量由 4 降为 2，则总溶剂量为 20/2=10，其浸出率可提高为

$$\bar{E}=\frac{10-1}{10}\times100\%=90\%$$

由此可见，减少药渣中溶剂的含量可提高浸出率。

【例 3-3】 某药材浸取 3 次可达到有效成分浸出率为 0.963，已知药材对溶剂的吸收量为 1.5，试求 100kg 药材浸取 3 次时所消耗的溶剂量为多少？设药材中所剩留的溶剂量等于其本身的质量。

解： $\bar{E}=\dfrac{M^n-1}{M^n}$，其中 $\bar{E}=0.963$，$n=3$，可解得 $M=3$。

第一次浸取消耗量为 $W_1=100\times1.5\times3=450(\text{kg})$

第二次浸取消耗量为 $W_2=100\times1.5\times2=300(\text{kg})$

第三次浸取消耗量为 $W_3=100\times1.5\times2=600(\text{kg})$

浸取 3 次所消耗溶剂总量 $W=450+300+300=1050(\text{kg})$

2. 多级逆流浸取

多级逆流浸取的流程如图 3-15 所示，新溶剂 C 和新药材 S_5 分别从首尾两级加入，加入溶剂的称为第一级，加入新药材的称为末级（图中第 V 级），溶剂与浸出液以相反方向流过各级，是多级逆流浸出。

设 C 为加到第一级浸出器的溶剂所含溶质量，$C=0$；X 为从第一级浸出器放出的药渣内溶

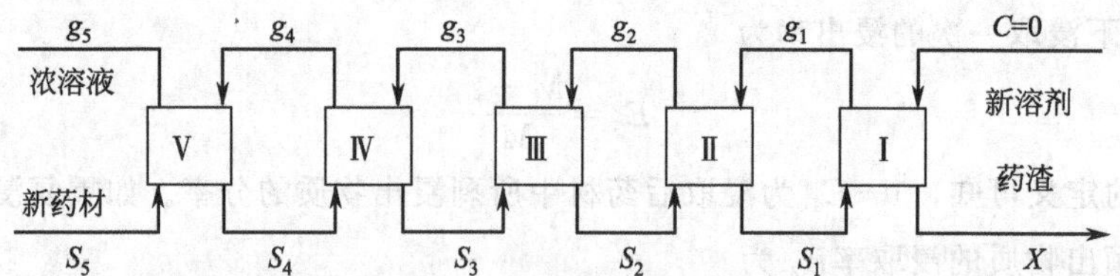

图 3-15　多级逆流浸出流程

剂中所含的溶质量；α 为浸出器放出的溶剂量与药材中所含溶剂量之比；g_1、g_2、g_3、g_4、g_5 为各级浸出器浸渍后溶剂中所含的溶质量；S_1、S_2、S_3、S_4、S_5 为进入各级浸出器的固体药材内溶剂中所含的溶质量。

由 α 的定义 $\alpha_1=g_1/X$，对第一级浸出器作物料衡算

$$S_1=g_1+X=\alpha_1X+X=X(1+\alpha_1)$$

同理，对第二级浸出器有如下关系

$$g_2=\alpha_2S_1=\alpha_2X(1+\alpha_1)=X(\alpha_2+\alpha_1\alpha_2)$$

对第一级、第二级浸出器作物料衡算

$$S_2=g_2+X=X(\alpha_2+\alpha_1\alpha_2)+X=X(1+\alpha_1+\alpha_1\alpha_2)$$

由此类推，可得下列关系

$$g_3=X(\alpha_3+\alpha_3\alpha_2+\alpha_3\alpha_2\alpha_1)$$
$$S_3=X(1+\alpha_3+\alpha_3\alpha_2+\alpha_3\alpha_2\alpha_1)$$
$$g_4=X(\alpha_4+\alpha_4\alpha_3+\alpha_4\alpha_3\alpha_2+\alpha_4\alpha_3\alpha_2\alpha_1)$$
$$S_4=X(1+\alpha_4+\alpha_4\alpha_3+\alpha_4\alpha_3\alpha_2+\alpha_4\alpha_3\alpha_2\alpha_1)$$

如为 n 级逆流浸取时，则

$$g_n=X(\alpha_n+\alpha_n\alpha_{n-1}+\alpha_n\alpha_{n-1}\alpha_{n-2}+\cdots+\alpha_n\alpha_{n-1}\cdots\alpha_3\alpha_2\alpha_1)$$
$$S_n=X\ (1+\alpha_n+\alpha_n\alpha_{n-1}+\alpha_n\alpha_{n-1}\alpha_{n-2}+\cdots+\alpha_n\alpha_{n-1}\cdots\alpha_3\alpha_2\alpha_1)$$

式中，S_n 为随药材进入浸出系统的溶质量；X 为随药渣离开浸出系统的溶质量。

药材中所不能浸出的溶质分率（即浸余率）F 为

$$F=\frac{X}{S_n}=\frac{1}{1+\alpha_n+\alpha_n\alpha_{n-1}+\cdots\alpha_n\alpha_{n-1}\cdots+\alpha_3\alpha_2\alpha_1} \tag{3-16}$$

对大多数多级逆流浸出过程，各级浸出器的溶剂比 α 的数值是相同的，但最末一级（即新加入药材的浸出器）可能例外，此时，$\alpha_1=\alpha_2=\alpha_3\cdots=\alpha_{n-1}\neq\alpha_n$，则式(3-16) 可简化为

$$F=\frac{1}{1+\alpha_n+\alpha_n\alpha+\alpha_n\alpha^2+\cdots+\cdots\alpha_n\alpha^{n-1}} \tag{3-17}$$

如果系统中各级浸出器的溶剂比 α 完全相同，则式(3-17) 简化为

$$F=\frac{1}{1+\alpha+\alpha^2+\alpha^3+\cdots+\alpha^n} \tag{3-18}$$

式中，F 为浸出物质的浸余率；n 为浸出器的级数。

将式(3-18) 改写为浸出率 $\bar{E}$，由于 $\bar{E}=1-F$，故

$$\bar{E}=1-F=\frac{\alpha+\alpha^2+\alpha^3+\cdots+\alpha^n}{1+\alpha+\alpha^2+\cdots+\alpha^n} \tag{3-19}$$

式中，α 为倾出的溶剂量和剩余在药材中的溶剂量之比；$\bar{E}$ 为浸出率。

当 $n=1$ 时，由式(3-19) 可得

$$\bar{E}=\frac{\alpha}{1+\alpha}$$

若以 $\alpha=M-1$ 代入上式，则得 $\bar{E}=\dfrac{M-1}{M}$

即为单级浸取的浸出率公式。如将 $n=1\sim5$、$M=1.2\sim10$ 代入多级逆流浸出率公式(3-18)，所得浸出率如表 3-3 所示，并根据表中数值可绘出多级逆流浸出率曲线，如图 3-16 所示。

表 3-3　多级逆流浸取的浸出率

α	M	浸取器级数 n				
		1	2	3	4	5
0.2	1.2	0.1656	0.1953	0.1987	0.1991	0.1996
0.5	1.5	0.3333	0.4286	0.4613	0.4837	0.4919
1.0	2	0.5000	0.6667	0.7500	0.8000	0.8333
2.0	3	0.6667	0.8571	0.9300	0.9677	0.9842
3.0	4	0.7500	0.9231	0.9750	0.9917	0.9973
4.0	5	0.8000	0.9524	0.9882	0.9971	0.9993
5.0	6	0.8333	0.9677	0.9936	0.9987	0.9997
6.0	7	0.8571	0.9767	0.9961	0.9994	
7.0	8	0.8750	0.9824	0.9975	0.9996	
8.0	9	0.8889	0.9863	0.9983	0.9998	
9.0	10	0.9000	0.9890	0.9988	0.9999	

由图 3-16 可见 M 值 1～3 是多级逆流浸取中浸出率变化较大的区间。再继续增大 M 值，在浸出级数较多的情况下，浸出率的增加缓慢。在 $M<2$ 的区域内增加浸取级数时，浸出率的增加有一极限，当 $n\to\infty$ 时，浸出率趋于 100%；可知当 $M=2$ 时，$\alpha=M-1=2-1=1$，其极限为

$$\lim\bar{E}=\lim\frac{1+1^2+1^3+\cdots+1^{n-1}+1^n}{1+1^2+\cdots+1^n}$$

$$=\lim\frac{n}{n+1}=1$$

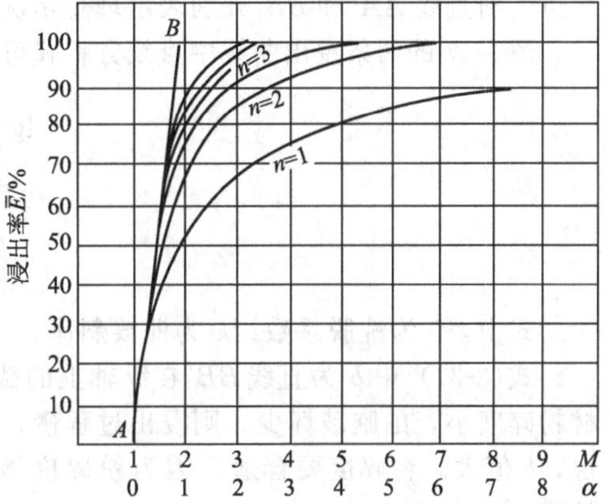

图 3-16　多级逆流浸出率曲线

由表 3-3 得出，当 $\alpha=0.2$ 时；$\lim\bar{E}=0.2$；当 $\alpha=0.5$ 时，$\lim\bar{E}=0.5$。在 $M<2$（即 $\alpha<1$）情况下，增加浸出级数时，浸出率的极限为图 3-16 的直线 AB。

由上可知，在生产中若采用 $M<2$ 时，欲将药材中的有效成分完全浸出来是不可能的。例如，当 $\alpha=1$，浸出级数 $n=4$ 时，浸出率 $\bar{E}$ 在 80%～85%；浸出级数 $n=5$ 时，$\bar{E}$ 在 83%～88%；欲得 $\bar{E}=95\%$左右，则需要 $n=10\sim15$ 级浸出。可见采用较小的 α 值，欲提高浸出率是很困难的，所以一般宜采用 α 值大于 1.5。

【例 3-4】 用多级逆流浸出器浸取某种药材时，已知所用溶剂量是每一浸出器中药材量的 4 倍，吸收溶剂量是药材量的 2 倍，浸出器共用 6 级，求该多级逆流浸出器的浸出率为多少？

解： 由题意可知 $M=4/2=2$，$\alpha=M-1=2-1=1$，代入式(3-19)，得

$$\bar{E}=\frac{1+1^2+1^3+1^4+1^5+1^6}{1+1+1^2+1^3+1^4+1^5+1^6}=\frac{6}{7}=0.86=86\%$$

若将浸出率提高到 98%，可采用增加溶剂量或增加浸出级数的方法。若增加浸出级数过多，则增加操作困难，现将 M 提高到 2.5（$\alpha=1.5$），可得浸出率 $\bar{E}$ 为

$$\bar{E}=\frac{1.5^1+1.5^2+1.5^3+1.5^4+1.5^5+1.5^6}{1+1.5+1.5^2+1.5^3+1.5^4+1.5^5+1.5^6}=0.97=97\%$$

二、浸出时间的计算

在浸取植物药材中的化学成分时，浸出过程中浸出物质与时间关系可用浸出曲线表示。以

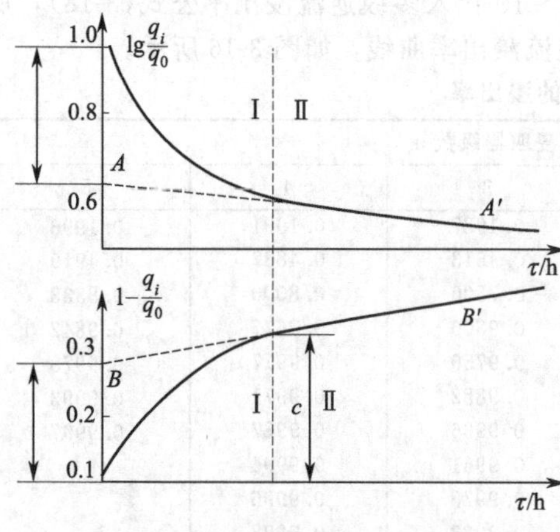

图 3-17 浸出曲线

q_0 代表药材中浸出物质的初始含量，以 q_i 代表经时间 τ 浸取后药材中的浸出物质的量，浸出曲线有两种表示方式：第一种为浸出物质在药材中剩余率 q_i/q_0 与时间 τ 的关系曲线；另一种为药材浸出率 $m=\frac{q_0-q}{q_0}$ 对时间 τ 的关系曲线，如图 3-17 所示。浸出曲线分两个区域：区域Ⅰ为浸出的快速阶段，表示药材经粉碎后增大了传质面积，并且药材结构被破坏，使细胞暴露于溶剂之中，从而使药材中部分细胞的物质较容易地被溶剂浸出，同时还有未被破坏细胞的慢速扩散。快速阶段的浸出率 m 又称为洗脱量 c。区域Ⅱ为慢速阶段，它是浸出物质在药材中的扩散和浸出溶剂对药材的湿润和在细胞内的穿透。如将区域Ⅱ的曲线延长与纵轴分别交于 A、B 点，则直线 AA' 和 BB' 分别表示理想情况下药材细胞未被破坏时的浸出过程。

图 3-17 的两条浸出曲线中直线方程式可写为

$$\lg\frac{q_i}{q_0}=\lg\alpha-k\tau \tag{3-20}$$

$$\frac{q_0-q_i}{q_0}=k\tau+b \tag{3-21}$$

$$b=1-a$$

式中，b 为洗脱系数；k 为曲线斜率。

式(3-21) 中 b 为直线 BB' 在纵轴上的截距，它是确定洗脱过程的参数，b 称为洗脱系数。药材粉碎度小，细胞破坏少，则浸出过程慢，b 值小。药材粉碎度大，细胞破坏严重，则浸出过程快，b 值大。粉碎度要合适，因为粉碎度增加，使杂质浸出量也大，故应适当控制药材的粉碎粒度。

洗脱系数 b 与洗脱量 c 是药材被浸出时的重要参数，它们之间的关系为

$$b=c\,\frac{\nu_C}{\nu_C+\nu_D} \tag{3-22}$$

式中，ν_C 为倾出的溶剂量；ν_D 为药材间所含的溶剂量。

式(3-22) 中 ν_D 是指倾出后药材颗粒外部所含的溶剂量，不包含药材组织内部的溶剂量。其测量方法举例如下：称取已知含量药材 50g，加入 200mL 溶剂浸渍至平衡状态，用 50mL 溶剂在搅拌下洗脱药渣 3 次，洗脱溶剂内的浸出物质量依法进行测定，根据洗脱溶剂内浸出物质量可计算 ν_D。

$$\nu_D=\frac{\text{洗脱溶剂内浸出物质量}}{\text{倾出液中浸出物质浓度}}$$

【例 3-5】 100g 中药材以 250mL 溶剂浸取，药材中所含浸出物质为 15%，经过 1h 浸取所得浸出物质量为 2.5g，经过 8h 后得 10g，求洗脱系数 b。

解： 在 100g 药材中浸出物质总量为 $q_0=100\times0.15=15$(g)

浸出 1h 后药材中所含浸出物质量为 $q_1=15-2.5=12.5$(g)

浸出 8h 后药材中所含浸出物质量为 $q_2=15-10=5$(g)

由 $\lg\frac{q_i}{q_0}=\lg\alpha-k\tau$ 得 $\begin{cases}\lg\frac{12.5}{15}=\lg\alpha-k\times1\\ \lg\frac{5}{15}=\lg\alpha-k\times8\end{cases}$

得 $\alpha=0.136$，$k=0.0572$；则 $b=1-\alpha=0.864$。

上述两种浸出曲线的方程可用于实际浸出时计算浸出所需要的时间。

第七节　微波协助浸取技术[7]

微波（microwave，MW）又称超高频率电磁波，是一种波长在1mm ～1m、频率在300MHz～300GHz的电磁波，介于红外与无线电波之间。20 世纪 30 年代，微波技术仅用于防空雷达，1986 年 Ganzler 报道了利用微波能从土壤、种子、食品、饲料中萃取各种类型的化合物。如今微波技术已广泛应用于医药、化工、航空、电子等领域。

微波协助浸取技术（microwave assisted extraction，MAE；微波浸取）是利用微波能来提高提取效果的一种技术。因为微波技术提取中药成分时克服了传统方法的许多弊端，具有快速、高效、节能、安全等优点，所以越来越受到人们的关注。

一、微波的特性

(1) 似光特性　微波的频率高，波长短，比一般物体的几何尺寸要小得多。因此，当微波辐射到物体上时，其特性与几何光学相似，具有直线传播的特点。

(2) 穿透特性　当微波辐射到物体表面时，不同物质会呈现出三种不同的特性，而这正是微波加热所需要的。

① 反射性　微波照射到金属表面时被反射，犹如光束投向镜子，其入射角等于反射角，则金属不发热。

② 穿透性　微波能穿透某些非金属物质，对玻璃、塑料、陶瓷一类绝缘体，如同光束通过玻璃，这些物质对于微波来说相当于透明体，故不会发热。

③ 吸热性　某些物质能够吸收微波而发热，其中水是吸收微波的最好介质。

(3) 热特性　物质对微波的吸收性表现在微波能够穿透物质内部，穿透的深度随频率的增加而减少。例如，频率为915MHz的微波穿透深度一般为8cm，而2450MHz穿透深度一般为4cm。渗入物料内部的微波能量被物料吸收并转换成热能对物料进行加热。加热过程中，随着物料温度的上升，表面水分不断蒸发，使得表面温度略低于内层温度，从而形成由里向外逐渐降低的温度梯度。这种方式非常有利于物料的干燥。因此，微波加热物料具有加热均匀、热转换效率高、加热时间短的优点。

(4) 非热特性（生物效应）　微生物体内的水分在微波交变电磁场的作用下引起强烈的极性振荡，导致电容性细胞膜结构破裂或细胞分子间氢键松弛等，以致细胞死亡。微波的非热特性彻底改变了医药食品等领域传统的高温消毒、灭菌方式，实现了低温灭菌。

二、微波协助浸取的原理与特点

1. 微波协助浸取的原理

微波协助提取主要是利用微波具有的热特性，一方面，通过“介电损耗”，具有永久偶极的分子在2450MHz的电磁场中所能产生的共振频率高达4.9×10^9次/s，使分子超高速旋转，平均动能迅速增加，从而导致温度升高；另一方面，通过离子传导，离子化的物质在超高频的电磁场中做超高速运动，因摩擦而产生热效应，热效应的强弱取决于离子的大小、电荷的多少、传导性能及溶剂的相互作用。一般来讲，具有较大介电常数的化合物如水、乙醇、乙腈等，在微波作用下会迅速被加热，而极性小的化合物如芳香族化合物、脂肪烃类化合物等，无净偶极的化合物如二氧化碳、四氯化碳等以及高度结晶的物质，对微波辐射能量的吸收较差，不易被加热。微波辐射导致细胞内的极性物质尤其是水分子吸收微波能量而产生大量的热量，使细胞内温度迅速上升，液态水汽化产生的压力将细胞膜和细胞壁冲破，形成微小的孔洞。再进一步加热，细胞内部和细胞壁水分减少，细胞收缩，表面出现裂纹。孔洞和裂纹的存在使细胞外溶剂容易渗透到细胞内，溶解细胞内的物质并扩散到细胞外。

2. 微波协助浸取的特点

微波的特性，这决定了微波萃取具有以下特点。

① 试剂用量少、节能。微波萃取热惯性很小，对于介质材料系瞬时加热升温，耗能低。同时微波输出功率随时可调，介质材料升温可无惰性地随之改变，即不存在“余热”现象。微波萃取无需干燥等预处理，简化了工艺，减少了投资。

② 加热均匀，热效率高。传统热萃取是以热传导、热辐射等方式自外向内传递热量，而微波萃取是一种“体加热”过程，即内外同时加热，因而加热均匀，热效率较高。微波萃取时没有高温热源，因而可消除温度梯度，且加热速度快，与传统的溶剂提取法相比，可节省50%～90%的时间。

③ 微波穿透力强，快速浸取，物料的受热时间短，节约能源消耗。

④ 操作简单，环境污染程度低。

三、影响微波协助浸取的因素

1. 溶剂

首先，选择的溶剂必须有一定的极性，才能吸收微波进行内部加热。溶剂吸收微波的能力主要由其介电常数、损失因子等决定。其次，根据被提取物的溶解性质选择不同极性的溶剂，以达到较好地溶解被提取物。最后，还应考虑溶剂的沸点以及对后续测定的干扰。常用的溶剂有水、甲醇、乙醇、丙酮、醋酸、三氯醋酸等有机溶剂，通常也使用混合溶剂，一般在一种非极性溶剂中加入一种极性溶剂，如己烷-丙酮、二氯甲烷-甲醇等。根据需要也用到无机酸，如盐酸、磷酸等。总之，溶剂的选择既要考虑其极性，对被提取成分的溶解度，还要考虑到溶剂沸点等诸多因素。一般溶剂用量与物料的比（L/kg）在（1∶1）～(20∶1)，实际操作中根据物料的质地和吸水性确定溶剂用量。

2. 温度和压力

微波协助浸取可以在开放容器（常压）和密闭容器（控制压力和温度）中进行，在开放容器中，温度受常压下溶剂的沸点限制。在密闭容器中，选择适当的温度和压力既能获得最大萃取效率，又能使被提取物保持原来的化合物结构或形态。在设定微波功率下，提取率随温度不断升高而提高，但温度过高时可能使目标提取物分解。微波提取压力越高，样品和溶剂吸收微波能量越多，提取率越高。

3. 微波功率与萃取时间

在微波萃取中，应以最有效地萃取目标成分为原则。功率由加热的总溶液量决定，选择的功率使达到设定温度的时间最短，并避免提取过程中功率过高，时间过长，出现温度“暴沸”现象。一般选用微波的功率在200～1000W，频率为$(0.2 \sim 30) \times 10^4$ MHz，时间在10～100s。对于不同的物质，最佳的萃取时间也不相同。作用相同的时间，增加功率，浸出率也随之增加；若将功率固定，浸出率随着微波作用时间的延长而上升，但当延长至一定时间后，浸出率达到平衡，有时反而下降。

4. 物料的含水量

被提取物的粒径和含水量对提取率有很大的影响。物料的粒径小，其比表面积增加，液固界面增加，提高了萃取效率。但颗粒过细，在后续处理时有一定的困难。物料必须含有一定的水分，才能有效地吸收微波产生温度差，但水分也可能使物料受热过度，导致其中的化合物降解。因此，物料的含水量必须小心控制。物料在提取之前应该用含水的溶剂浸泡一定的时间，并且随着浸泡时间的延长，物料含水量增加，提取率随之呈增加趋势。

5. 溶液的pH

选择适当的pH时，必须考虑所提化合物的结构和性质，有些酸碱性物质可以选择相应的酸水与碱水提取。如有机酸和黄酮类、蒽醌类可以选择不同强度的碱水提取，生物碱可以选择不同强度的酸水提取。

四、微波协助浸取在中药提取中的应用

微波能是一种能量形式，它在传输过程中可对许多由极性分子组成的物质产生作用，使其中的极性分子产生瞬时极化，并迅速生成大量的热能，导致细胞破裂，其中的细胞液溢出并扩散至溶剂中。从原理上说，传统的溶剂提取法如浸渍法、渗流法、回流提取法等均可以微波进行辅助提取，从而成为高效的提取方法。目前微波浸取技术已广泛用于多糖、生物碱、挥发油、萜类等多种中药有效成分的提取中。

1. 多糖

黄少伟等[8] 应用微波辅助提取技术，通过单因素实验和正交实验考察了提取时间、提取温度、微波功率和料液比四个因素，确定了土茯苓多糖的最佳提取工艺。正交实验的方差分析结果显示，各因素对提取效果的影响程度依次为：提取温度＞提取时间＞微波功率＞料液比。作者还将优化后的微波法与传统水煎煮提取法进行了比较，见表 3-4。可见，微波提取法缩短了提取时间，并且显著提高了土茯苓多糖的提取率。

表 3-4　微波法与水煎法提取土茯苓多糖的比较

提取方法	料液比	提取温度/℃	提取次数	单次提取时间/h	多糖提取率/%	粗多糖提取率/%	多糖含量/%
微波法	1∶30	100	2	1/6	8.33	3.97	39.5
煎煮法	1∶20	100	3	1.5	8.02	3.54	34.6

陈金娥等[9] 通过考察提取时间、提取温度、提取料液比及提取次数来确定传统水煎法提取枸杞中多糖的工艺，先通过单因素实验筛选出对微波法的提取工艺影响较大的三个因素，即提取时间、微波功率和料液比，然后运用正交实验确定该法提取枸杞多糖的最佳条件。两种方法的最佳提取工艺及得率见表 3-5。可见，微波法提取多糖得率高于传统水煎工艺，且微波法加热具有速度快、操作便捷、能保持枸杞原有营养成分的特点，是枸杞多糖理想的提取工艺。

表 3-5　微波法与煎煮法提取枸杞多糖的比较

提取方法	提取时间	提取温度	提取次数	提取功率	液料比	多糖得率/%
微波法	3min	室温	1	540W	30	19.1
煎煮法	3h	50℃	2		30	15.2

2. 生物碱

徐艳等[10] 用微波法提取黄连中的小檗碱，首先进行了单因素的考察，主要考察了微波功率、微波作用时间、料液比三个具有代表性的影响因素，并在此基础上进行了正交设计，确定了微波提取小檗碱的最佳提取条件。作者将优化后的微波法与传统法的提取条件进行了比较，其中微波的功率为高火档位。经计算，微波提取后黄连小檗碱的提取率明显提高，平均提取率提高约 42.2%，且对小檗碱的结构没有影响。见表 3-6。

表 3-6　微波法与传统法提取黄连中小檗碱的比较

提取方法	提取时间	料液比
微波法	3min	1∶30
浸渍法	1.5h	1∶30

方馥蕊等[11] 用溶剂法、超声波法和微波法提取槟榔中槟榔碱，结果见表 3-7。表 3-7 中数据表明，溶剂法的提取率远远不及超声波法和微波法，提取率很低，而且溶剂法的提取时间过长。超声波法与微波法的提取率相当，但超声波法耗时较长，从生产角度来说微波法还是占一定优

势的。

表 3-7　超声波法和微波法提取槟榔中槟榔碱的比较

提取方法	总提取时间/h	提取次数	槟榔碱得率/%
溶剂法	30	2	0.3331
超声波法	1	2	0.3833
微波法	1/20	2	0.3981

3. 黄酮类

孙秀利等[12] 利用微波提取技术从陈皮中提取主要有效成分橙皮苷。考察了影响提取率的因素，包括提取溶剂浓度、微波加热温度、微波辐照时间、微波输出功率、料液比等。确定了最佳工艺：70%（体积分数）甲醇为提取溶剂，微波输出功率为 550W，65℃辐照 14min，按 25∶1 (mL/g) 的液固比，提取三次，橙皮苷的提取率可达到 2.40%，另外，作者在提取温度、提取溶剂浓度等条件基本相同的情况下，将微波法与其他提取橙皮苷的方法进行了比较，见表 3-8。

表 3-8　微波法提取橙皮苷与其他提取工艺的比较

提取方法	提取时间/min	提取率/%	功率/W	能耗/(kW·h)
热回流法	180	0.76	500	1.5
室温浸渍	180	0.22		
超声波法	6	0.24	650	0.07
微波法	6	0.98	2000	0.2

由表 3-8 得知，室温浸渍法和热回流法提取陈皮中橙皮苷不但提取时间长，而且提取率也低于微波法，在相同提取时间下，超声波法提取橙皮苷的得率明显低于微波法的提取率，此外，微波法较热回流法明显降低了生产成本，节省了能源。

4. 醌类

朱晓薇等[13] 以丹参的脂溶性成分丹参酮ⅡA 和水溶性成分丹参素、原儿茶醛为指标，用均匀化试验设计法，考察加水量、提取时间和微波功率三个因素，对丹参的微波提取工艺进行优化，实验结果表明，以丹参 6 倍量 95%乙醇为溶剂，微波功率 320W，提取时间为 30min，药渣再以 12 倍量水，320W 微波提取两次。并将该法与传统工艺提取率进行比较，结果表明微波法对丹参酮ⅡA、丹参素和原儿茶醛这三种指标成分的提取量，相当于或优于传统方法的提取量，但是微波提取时间短，见表 3-9。

表 3-9　传统提取法与微波提取法比较

提取方法	总耗时/h	丹参酮ⅡA/mg	丹参素/mg	原儿茶醛/mg
传统法	6.6	18.08	20.98	1.97
微波法	1.5	18.15	22.75	2.19

5. 皂苷类

刘忠英等[14] 用微波法提取中药刺五加皮中总皂苷，并以正交实验考察了微波提取条件，包括溶剂、微波辐射时间、提取压力和料液比各因素对刺五加皮中总皂苷提取率的影响，并与索氏提取法进行了比较研究，其总皂苷提取率较索氏提取法提高 34%，见表 3-10。

表 3-10　不同提取方法提取刺五加皮中总皂苷的比较

提取方法	提取时间/min	提取压力/kPa	提取溶剂	料液比	测定值/(mg/g)
微波法	10	700	70%乙醇	1∶30	60～63
索氏法	480	常压	90%乙醇	1∶80	46

6. 挥发油

闫豫君等[15] 用传统法和微波法分别提取红景天根、茎、叶的挥发油，实验结果表明：微波法提取红景天中的总挥发油，不仅产率提高，而且反应时间由传统方法的5h减为20min，体现了微波提取法的迅速、高效的特点。见表3-11。

表3-11 不同方法提取红景天根、茎、叶挥发油的比较

药材部位	水蒸气蒸馏法挥发油得率	微波法挥发油得率
根	0.20%	0.50%
茎	0.05%	0.10%
叶	0.15%	0.40%

上述实验均表明：微波提取中药成分，提取率大都相当于或优于溶剂回流、水蒸气蒸馏、索氏提取法等，而且具有操作方便、耗时短、溶剂用量少、杂质少、产品质量纯正等特点。

五、微波协助浸取中药成分的评价及存在问题

① 研究结果表明，微波对不同的植物细胞或组织有不同的作用，细胞内产物的释放也有一定的选择。因此应根据产物的特性及其在细胞内所处的位置的不同，选择不同的处理方式。

② 由微波加热原理可知，微波提取要求被处理的物料具有良好的吸水性，否则细胞难以吸入足够的微波能将自身击破，其内容物也就难以释放出来。

③ 微波提取仅适用于对热稳定的产物，如多糖、生物碱、黄酮、苷类、挥发油等，而对于热敏感的物质如蛋白质、多肽等，微波加热能导致这些成分的变性，甚至失活。因为动物药大多含有蛋白质、多肽等，因此用微波技术提取动物药的应用还有一定的局限性。

④ 微波提取对有效成分含量提高的报道较多，用于复方制剂的提取研究较少，对有效成分的药理作用和药物疗效有无影响尚需作进一步探索与研究。

微波提取技术对于中药的提取与生产将具有重要的应用价值和广阔的应用前景。但目前大多在实验室中进行。其工程放大问题已受到重视，还要不断完善，只有经过药学、毒理、疗效等各方面的验证才可以用于生产中。

第八节 超声波协助浸取技术[7]

超声波（supersonic wave 或 ultrasonic wave）和声波一样，是物质介质中的一种弹性机械振动，而人们所能听到的频率上限为10～18kHz，超声波的频率高于20kHz，是人的听觉阈以外的振动。

19世纪以来，超声波技术已经应用于家电和医疗领域。20世纪以来超声波清洗与超声波提取在中药制剂的生产与质量检测中广泛使用。《中华人民共和国药典》1995年版一部收载使用超声波处理的品种117种；《中华人民共和国药典》2000年版一部收载使用超声波处理的品种达232种；《中华人民共和国药典》2005年版一部收载采用超声波处理用于鉴别中药材、提取物、中药制剂的品种达404种，用于含量测定的品种304种。实践证明超声波技术用于中药材有效成分的提取是一种非常有效的方法和手段，具有良好的应用前景。它产生高速度，强烈的空化效应，搅拌作用，因此能破坏植物药材的细胞，提高浸出效率。近年来，超声波技术在中药制剂提取工艺中的应用越来越受到关注。

一、超声波提取的原理

超声波提取又称超声波萃取、超声波辅助萃取，是利用超声波强烈振动所产生的机械效应、空化效应和热效应，通过增大介质分子的运动速度，增大介质的穿透力，使溶剂能快速渗透到药材细胞中，从而加速药材中的有效成分溶解于溶剂中，提高有效成分的浸出率。

1. 机械效应

高于20kHz声波频率的超声波在连续介质（例如水）中传播时，在其传播的波阵面上引起

介质质点（包括药材中有效成分的质点）的运动，使介质质点运动获得巨大的加速度和动能，强化介质的扩散和传质，这就是超声波的机械效应。由于介质质点将超声波能量作用于药材中的化学成分质点上而使之获得巨大的加速度和动能，迅速逸出药材基体而游离于溶剂中。超声波在传播过程中同时产生一种辐射压强，沿声波方向传播，对物料有很强的破坏作用，可以使细胞变形，也利于物料细胞内成分的逸出。

2. 空化作用

超声波在液体介质中传播能产生特殊的“空化效应”，通常情况下，介质内部能够溶解一定的微气泡，这些气泡在超声波的作用下，产生振动，当声压达到一定值时，气泡由于定向扩散而增大，形成了微气穴或称共振腔。然后突然闭合，这就是超声波的空化作用。这种微气穴在闭合时会在其周围产生约上千个大气压的压力，形成了微激波，强大冲击波作用在物料上，使物料细胞壁以及生物体破裂，其物料成分能够快速溶出。

3. 热效应

超声波在介质的传播过程中，其声能可以不断被介质的质点吸收，介质所吸收能量的全部或大部分转变成热能，从而导致介质本身和药材组织温度的升高，增大了药物有效成分的溶解度，加快了有效成分的溶解速度。由于这种吸收超声能引起的药物组织内部温度的升高是瞬时的，因此，被提取成分的结构和生物活性保持不变。

此外，超声波还可以产生许多次级效应，如击碎、扩散、乳化效应等，这些作用也促进了植物体中有效成分的溶解，促使药物成分进入介质，并与介质充分混合，加快了提取过程的进程，并提高了有效成分的提取率。

二、超声波提取的特点

超声波用于中药成分的提取，与传统的水煎煮、热回流法比较具有如下特点。

① 无需高温。在40～50℃水温超声波强化萃取，无水煮高温，超声波提取是一个物理过程，不破坏中药材中某些对热不稳定、易水解或易被氧化的药效成分。

② 提取效率高。超声波强化浸取20～40min即可获最佳提取率，提取时间一般为传统水煎煮的1/3或更少，较渗漉法与浸渍法的提取时间短，浸出的杂质也相应减少，有效成分易于分离纯化。同时超声波能促使植物细胞破壁，提取充分，浸出量是传统方法的2倍以上。

③ 具有广谱性，适用性广。中药材中大多数成分均可采用超声波萃取。

④ 常压提取，安全性好，操作简单易行，维护保养方便。

⑤ 减少能耗。由于超声波提取无需加热或高温，萃取时间短，因此大大降低能耗。浸取工艺成本低，综合经济效益显著。

三、影响超声波提取的因素

1. 时间对提取效果的影响

超声波提取通常比常规提取的时间短，超声波提取的时间一般在10～100min即可得到较好的提取效果。而药材不同，提取率随超声时间的变化亦不同，一般提取率随着超声时间的增加而增大；实验研究表明，一般药材在超声40min后，基本达到提取完全，例如，以超声波提取鸡骨草总生物碱的研究结果显示[16]，提取40min时总生物碱的含量基本达到最高值，继续提取至50～60min后，其含量趋于平衡，见图3-18。所以《中华人民共和国药典》收载的超声波提取的品种中大多数提取40min。

2. 超声波频率对提取效果的影响

超声波频率是影响有效成分提取率的主要因素之一。郭孝武等[17～19]在对大黄中蒽醌类、黄连中黄连素和黄芩中黄芩苷的提取研究中，以20kHz、800kHz、1100kHz对药材处理相同的时间，测定提取率，结果见表3-12。

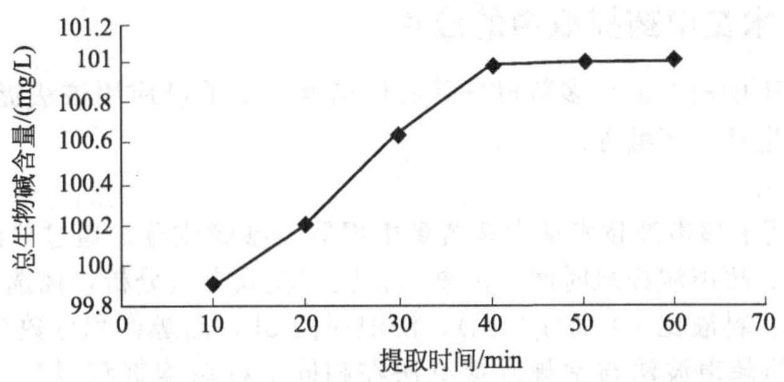

图 3-18　时间对超声波提取鸡骨草总生物碱含量的影响

表 3-12　超声波频率对有效成分提取率的影响结果

超声波频率/kHz	总蒽醌/%	游离醌类/%	黄连素/%	黄芩苷/%
20	0.95	0.41	8.12	3.49
800	0.67	0.36	7.39	3.04
1100	0.64	0.33	6.79	2.50

由表 3-12 可见，在其他条件一致的情况下，目标成分的提取率随频率的提高而降低。其原因可能是，随着超声波频率的增大，其空化阈也增大，在相同的功率下，超声场内所产生的空化效应减弱所致。但宋小妹等[20] 的研究发现，高频率的超声波对绞股蓝总皂苷的提取率高于低频率的超声波的提取率。因而不宜用空化阈的原理加以解释，说明不同药材的不同目标化合物都有自己适宜的提取频率，不能一概而论，需要根据提取的目标化合物，以及提取介质不同进行提取条件优选。

3. 温度对提取效果的影响

超声波提取时一般不需加热，但其本身有较强的热作用，因此在提取过程中对温度进行控制也具有一定意义。利用超声波提取杜仲叶的实验显示，在超声波频率、提取时间一定的情况下，改变提取温度，考察提取温度与水溶性杜仲纯粉得率的关系[21]，结果见表 3-13。

表 3-13　超声波提取温度与得率的关系

温度/℃	时间/min	频率/kHz	固溶物含量/%	得率/%
20～30	45	26	0.81	17.0
40～50	45	26	1.10	18.6
50～60	45	26	1.11	19.1
80～90	45	26	1.02	18.3

由表 3-13 可知，随着温度的升高得率增大，达 50℃后，温度继续升高，得率趋于平衡，当温度达到 80℃时，得率则呈下降趋势。因此在不同的实验条件下，如提取目标物不同，溶剂不同，提取温度等因素也应做相应地考察。

4. 超声波的凝聚机制对提取效果的影响

超声波的凝聚机制是超声波具有使悬浮于气体或液体中的微粒聚集成较大的颗粒而沉淀的作用。林翠英[22] 等利用超声波的凝聚机制，从槐米中提取芦丁时，在提取溶剂相同的情况下，与温浸静置沉淀对比，分别对超声波提取法和传统提取法制得的提取液在静置沉淀阶段进行超声波处理，结果表明，在静置沉淀阶段进行超声波处理，可提高芦丁的提取率和缩短沉淀时间。

若要准确评价上述各因素对中药超声波提取效果的影响，适当地对照实验以及提取结果的精密检测是必不可少的，它们也是中药超声波提取研究的重要内容和组成部分。中药超声波提取研究的最终目的就是通过分析各影响因素对中药超声波提取效果的影响，探求超声强化中药提取过程的机理，确定中药超声波提取过程的最佳工艺参数，在此基础上，实现中药超声波提取过程的产业化。

四、超声波技术在中药提取中的应用

超声波提取法对于中药中的大多数成分具有广谱性，目前已应用该法提取的成分有生物碱、苷类、黄酮、醌类、皂苷、多糖等。

1. 生物碱

邹姝姝等[23] 运用了超声波技术从中药苦参中提取苦参碱成分，通过单因素和料液比、浸泡时间、乙醇体积分数、超声波提取时间为因素的正交实验及方差分析，优选出超声波提取苦参碱成分的最佳提取工艺：料液比1∶10(g/mL)，浸泡时间3h，乙醇体积分数为80%，超声波提取时间20min。作者还将超声波法与常规水煎煮法在相同的提取溶剂和料液比的条件下进行了比较，见表3-14。

表3-14 苦参碱的超声波提取与常规水煎煮提取法含量比较

提取方法	超声波法/(g/100g)	常规水煎煮法/(g/100g)
苦参总碱	1.58	0.70
苦参碱	0.58	0.30

由表3-14可知在提取溶剂等其他条件相同的情况下，超声波提取的作用效果明显优于水煎煮法，无论是总碱、苦参碱的提取率均高于水煎煮法。另有研究，以超声波提取法从黄连中提取小檗碱在30min时的提取率达到8.12%。以乙醇为溶剂提取益母草碱，超声40min时生物碱的提取率0.25%，比回流2h的含量高41%。体现了该法快速、节能、提取率高等优点。

2. 黄酮类

王英范等[24] 从黄芩苷中提取黄芩苷的结果显示，超声波提取法所得黄芩苷粗品重、纯度和收率均最高，见表3-15。

表3-15 黄芩苷的不同提取方法比较

提取方法	提取溶剂	提取时间及次数	固液比	黄芩苷粗品重/(g/10g生药)	黄芩苷含量/%	黄芩苷收率($\bar{x}\pm s,n=3$)
煎煮法	水	2次,1h/次	1∶8,1∶10	0.366±0.41	83.12±0.24	3.04%
回流法	60%乙醇	2次,2h/次	1∶12,1∶12	0.812±0.22	89.65±0.37	7.27%
超声波法	60%乙醇	2次,0.5h/次	1∶8,1∶6	0.836±0.11	94.27±0.29	7.88%
渗漉法	60%乙醇	1次,约8.3h	约1∶17	0.434±0.51	80.79±0.65	3.51%

3. 蒽醌类

张海晖[25] 等通过正交实验，以乙醇浓度、料液比、萃取温度及萃取时间为考察因素，优选出超声波提取大黄蒽醌类成分的最佳工艺条件，即使用90%乙醇，料液比1∶30，在温度为70℃条件下超声波萃取15min。作者将上述超声波提取的最佳方案为试验组，以水煎煮法及乙醇回流法作为对照组，结果见表3-16。

表3-16 几种方法提取大黄蒽醌类成分的比较

提取方法	水为溶剂		乙醇为溶剂	
	煎煮法	超声波提取法	回流提取法	超声波提取法
总蒽醌含量/(mg/g)	8.5289	10.8828	22.1647	24.1798
游离蒽醌含量/(mg/g)	5.4500	5.5794	12.8555	15.7088

由表3-16可知，同一提取溶剂，优选出的超声波提取法的总蒽醌提取率均明显高于水煎煮法、回流法。以乙醇为提取溶剂的提取效果明显好于水，几种提取方法相比较，以乙醇作为提取溶剂，超声波萃取法对大黄蒽醌的提取效果最好。

4. 皂苷类

张宪臣[26] 等通过正交实验考察了溶剂、超声时间、超声次数及萃取次数等因素，优选出超声波提取人参总皂苷的最佳工艺为：水饱和正丁醇提取、超声时间 60min、超声 2 次、无需萃取。本实验同时与传统的回流提取法进行比较，结果见表 3-17。

表 3-17 超声波提取与回流法提取人参皂苷含量的比较

方法	人参量/g	试　剂	提取次数	提取温度/℃	提取时间/h	人参皂苷得率/%
超声波法	1.62959	水饱和正丁醇	2	30	1	5.01
回流法	1.63882	甲醇	3	60	3	4.93

5. 有机酸

府旗中等[27] 应用超声波法提取金银花中的绿原酸，并与水提取法做了对比，结果见表 3-18。

表 3-18 绿原酸的水提取与超声波提取结果比较

时间/min	提取液浓度/(μg/mL)		绿原酸含量/g	
	水提法	超声波法	水提法	超声波法
30	105.7	106.6	0.2114	0.2132
50	99.5	103.1	0.1990	0.2062
70	100.9	103.5	0.2108	0.2070

从表 3-18 可知，超声波提取效果要比传统水提法理想，同时提取时间 30min 最佳，伴随着提取时间延长可能导致提取物的绿原酸结构改变，含量减少。

6. 多糖类

江蔚新[28] 等用超声波提取龙胆多糖，在单因素实验中考察了超声时间、pH、溶剂量对多糖提取的影响，在此基础上进行了正交实验，结果表明加入龙胆粉 60 倍体积的水，pH7.0 的条件下，以用超声提取 75min 得到的龙胆多糖最多。在影响龙胆多糖提取率的 3 个因素中，以提取时间影响最大，其次是溶剂水的量，影响最小的是 pH。作者还将传统的水浸提法与超声波法做了比较，见表 3-19。

表 3-19 两种方法提取龙胆多糖的结果比较

方　法	粗多糖/g	提取率/%	多糖/%
水煎煮法	0.512±0.021	15.20±2.10	19.80±1.57
水超声波法	0.168±0.022	16.80±2.20	28.19±1.52

上述结果经统计分析，表明两法的提取率无差异，但多糖含量有显著性差异。

超声波提取法提取中药中的大多数成分显示出快速、高效、节能等优势，并且对大多数成分的结构、性质没有改变，有人对超声波提取的成分，如黄连素、黄芩苷、芦丁进行的 IR、NMR 光谱检测显示无变化，但是对于含有蛋白质、酶、多肽类成分等中药，由于上述大分子容易变性从而使其生物活性发生改变。例如，李文等[29] 对水蛭的水煎提取物和超声波提取物进行药理实验结果显示：尖细金线水蛭与宽体金线水蛭的水煎剂具有较强抗血小板聚集作用，而二者的超声波提取物则表现出促血小板聚集。说明两种提取方法对其成分的结构、性质有一定影响。因此，含有蛋白质、酶、多肽类成分的中药应当慎重采用超声波提取法。

就目前超声波提取中药的工艺条件研究较多，但是超声波提取药物的生物活性研究还较少，工程放大用于工业生产还有待完善。

第九节　半仿生提取法

中药成分的提取是一个比较复杂的工作，尤其是中药复方成分的提取，更是需要涉及许多相关学科，兼容并蓄。用何种思路和方法将中药的药效物质最大限度地提取出来，以保持其原有的疗效，是中药现代化的核心与关键。目前，对中药药效物质的提取研究，多采用水提法、水提醇沉法、醇提法等，且往往只以某种单体成分或指标成分为指标选择提取工艺和控制提取物的质量，有的直接提取中药的某种单体成分。这种以单体成分为依据的提取值得鼓励，因为它对认识中药的某种化学成分及其药理作用十分有利，也可以从微观上说明中药的某些药理作用机制，使制成的制剂更精确化、量化，有利于进一步走人工合成的道路。但是它忽视了中药中各种成分的层次性、联系性，不能体现中药的整体作用，更不符合中医临床用药的综合成分作用的特点。

1995 年张兆旺[30] 等利用“灰思维方式”提出了“半仿生提取法”（semi-bionic extraction Method，SBE 法）的中药提取新概念。打破了以往只提取单一有效成分的西医西药模式，符合中医药传统哲学的整体观、系统观，体现了中医药多种成分复合作用的特点。

一、半仿生提取法简介

半仿生提取法是一种将整体药物研究法与分子药物研究法相结合，从生物药剂学的角度，模拟口服给药及药物经胃肠道转运的原理，为经消化道给药的中药制剂设计了一种新的提取工艺[31]。

具体实施半仿生法时，以人工胃、人工肠为基础，将药料先用一定 pH 的酸水提取，继以一定 pH 的碱水提取，提取液分别过滤、浓缩，制成制剂。提取工艺条件的筛选常选用正交试验法或均匀设计法、比例分割法等优选最佳条件（例如，pH、温度、时间、酶/底物浓度等），并加以搅拌设备（模拟胃肠道蠕动）。具体应用到生物药和植物药可根据具体情况改换某个因素，一般以每个药中的代表性有效成分、有效部位、浸出物总量等指标加权平均为指标，考察各提取因素条件的优劣。既考虑到活性混合成分，又以单体成分为指标，不仅充分发挥混合物的综合作用，又能利用单体成分控制制剂质量。

1. 半仿生提取法的意义

半仿生提取法即综合运用了化学仿生（人工胃、人工肠）与医学仿生（酶的应用）的原理，又将整体药物研究（半仿生提取法所得提取物更接近药物在体内达到平衡后的有效成分群）与分子药物研究法（以某一单体为指标）相结合。酸碱法提取仅是增加某个有效单体的溶解度，而半仿生提取法则是增加整个有效群体的溶解度。药物在经过模拟胃、肠液以后，经过酸（或碱）性条件下的酶解，药物已水解成易于吸收的相对小分子群，而又保留了有效成分群，克服了以往提取以单体成分为依据的“唯成分论”，体现了中药以单体成分（或适宜的药效指标）作指标，混合成分的复合作用的统一，符合中医临床用药的综合作用的特点。

半仿生提取法主要是针对口服给药的提取。以为原料药经模拟人体胃肠道环境，克服了常规提取法的高温煎煮易破坏有效成分的缺点，又增加了酶解的优势。目的是尽可能地保留原药中的有效成分（包括在体内有效的代谢物、水解物、螯合物或新的化合物）。多数药物是弱有机酸或弱有机碱，在体液中有分子型和离子型。根据人体消化道的生理特点，消化管与血管间的生物膜是类脂质膜，允许脂溶性物质通过，分子型药物更容易吸收。

SBE 法在提取工艺的设计中坚持“有成分论，不唯成分论，重在机体药效学反应”的观点，药效物质的提取率高，不改变中药、方剂原有的功能与主治。目前对数十种中药和中药复方进行的研究结果显示：SBE 法有可能替代水提法（WE 法）；半仿生提取醇沉法（SBAE 法）有可能替代水提醇沉法（WAE 法）。

采取半仿生提取的同时，为了达到最大限量地提取有效部位与有效成分，有时根据方剂的组成与中药中化学物质的特点，采取合煎与分煎结合的方式。方药合煎是一个极复杂的过程，方药单煎合并使用并不完全等效于方药的合煎使用。因此，在实际操作时，应当根据具体情况选择必要的组合，达到较理想的提取效果。

2. 半仿生提取法的特点

① 提取过程符合中医配伍和临床用药的特点和口服药物在胃肠道转运吸收的特点。

② 在具体工艺选择上，既考虑活性混合成分又以单体成分作指标，有效成分损失少，这样

不仅能充分发挥混合物的综合作用又能利用单体成分控制中药制剂的质量。

③ 生产周期短，生产中不需要特殊的设备，降低成本。

二、半仿生提取在中药提取中的应用

（一）药材中有效成分的提取

陈晓娟等[32] 为优选杜仲叶中绿原酸和黄酮提取最佳工艺，以绿原酸和黄酮含量为考察指标，通过正交实验对半仿生法和酶法（每5g杜仲叶中加入质量分数为0.5%果胶酶1.5mL）两种提取方法进行了优化和比较，见表3-20。

表3-20　半仿生法与酶法提取杜仲叶绿原酸和黄酮的比较

提取方法	提取时间 提取次数	提取温度	提取液pH	酶解条件	液料比	绿原酸/%	黄酮/%
半仿生法	1h×3	70℃	2.0,7.5,8.3,		1∶20	1.44	0.044
酶法	1h×3	80℃	3.6	60℃2h	1∶15	1.29	0.043

由表3-20可知，半仿生法提取与酶法提取相比，提取成本低、耗能低，可以提取和保留更多的有效成分，得到含药理指标高的活性混合成分，是一种行之有效的提取方法。但是对于不同药材中不同有效成分的提取方法确定，应根据有效成分的特点与性质，进行提取方法与不同因素条件的优化与筛选，以获得更高活性组分的提取部位。

（二）方剂煎煮中的药材组合

惠建国等[33] 选择半仿生提取法提取痢必灵片方药的最佳药材组合方式。将方中3味药物组合成5组，用半仿生提取法提取，以苦参碱、苦参总碱、芍药苷、干浸膏得率等为指标进行综合评判。对不同药材组合提取液中的指标成分进行定量研究，测定结果经标准化处理，综合评价指标最高为苦参、白芍、木香3药合煎的组合方式。

1. 样品液的组合提取

将方中药材苦参（A)、白芍（B)、木香（C）按下列方式组合成5组：①（A+B+C)；②(A)+(B+C)；③（B)+(A+C)；④（C)+(A+B)；⑤（A)+(B)+(C)。以②为例，(A)+(B+C）表示用SBE法提取的条件，将A单煎、滤过、离心、浓缩，B、C两药合煎、滤过、离心、浓缩，合并两种浓缩液，定容至500mL，得（A)+(B+C）样品液，其余类推。

2. 供试液的制备

分别精密吸取上述①～⑤号样品液各125mL，用氨水调pH为9，水浴蒸至近干，加硅藻土8g，搅匀、烘干、研细，以氯仿100mL索氏提取2h，回收溶剂，用氯仿定容至25mL，制得供试液A1～A5（1mL相当于原药材1g)。分别精密吸取样品液①～⑤号样品液各5mL，置蒸发皿中，水浴蒸至近干，加入硅藻土2g，搅匀、烘干、研细，以甲醇100mL索氏提取2h，回收溶剂，用甲醇定容至25mL，制得供试液B1～B5（1mL相当于原药材0.04g)。

3. 对照液的制备

精密称取苦参碱对照品1.20mg，芍药苷对照品2.40mg，无水乙醇定容至2mL，摇匀，分别得对照液A与对照液B。

4. 含量测定

(1) 苦参碱的含量测定　精密吸取供试液A1～A5各15.0μL，对照液A 5.0μL、15.0μL，分别点于同一块0.3% CMC-Na硅胶G薄层板上，用苯-丙酮-乙酸乙酯-浓氨水（2∶3∶4∶0.2）展开、改良碘化铋钾显色、扫描（双波长反射式锯齿扫描，$\lambda_S=510nm$，$\lambda_R=650nm$，$SX=3$，狭缝1.2mm×1.2mm，灵敏度中)，以外标两点法测定其含量，结果见表3-21。

(2) 苦参总碱的含量测定　取供试液A1～A5 2mL，置于三角瓶中，水浴蒸干，残渣加乙醇5mL溶解、蒸干，再加乙醚5mL溶解。精密加入0.01mol/L硫酸2mL，摇匀，水浴加热使残渣完全溶解，并除尽乙醚后放冷。加新沸过的冷蒸馏水 10mL 与甲基红指示液 2 滴，用 0.02mol/L 氢氧化钠溶液滴定至黄色，即得。以乙醇 5mL 和 0.01mol/L 硫酸 2mL 作空白对照。按下式计算苦参总碱的含量（mg/g）。

$$苦参总碱含量=c(V_0-V)\times 248/2$$

式中，c 为氢氧化钠滴定液物质的量浓度；V_0 为空白液消耗氢氧化钠滴定液体积，mL；V 为供试液消耗氢氧化钠滴定液体积，mL；248 为苦参碱（$C_{15}H_{24}N_2O$）相对分子质量。

(3) 芍药苷含量测定　精密吸取供试液 B，按色谱条件［色谱柱：Shim-pack CLC-ODS 柱；流动相：乙腈-0.2%磷酸（14.5∶85.5）；检测波长：230nm；柱温：室温；定量阈：20μL］依法测定，结果见表 3-21。

5. 实验结果处理

将苦参碱、苦参总碱、芍药苷、干浸膏得率 4 个指标测定的数据进行标准化处理。根据各指标在提取工艺选择中的主次地位，给予不同的加权系数，以标准化后的值加权后求和，即得综合评价 Y 值，结果见表 3-21。

表 3-21　五种样品液中各指标成分的含量及标准化处理结果

实验号	苦参碱/(mg/g)	苦参总碱/(mg/g)	芍药苷/(mg/g)	干浸膏得率/(g/g)	Y 值
1	0.5882(1.5375)	0.9050(1.3928)	2.3467(0.0875)	0.3873(−1.53)	21.0830
2	0.4530(0.0453)	0.6927(−0.0991)	2.3693(0.2673)	0.5025(0.39)	2.4878
3	0.3451(−1.1170)	0.5251(−1.2769)	2.5228(1.4885)	0.4561(−0.3833)	−8.2396
4	0.4595(−0.5552)	0.7448(−0.2670)	2.2127(−0.9785)	0.5055(0.4400)	−3.8759
5	0.3986(−0.5552)	0.6629(−0.3085)	2.2268(−0.8663)	0.5439(1.0800)	−11.6803

注：括号内数据为标准化处理后数值；Y=(苦参碱+苦参总碱+芍药苷)×8+干浸膏得率×2

方剂中药的合煎是一个极复杂的过程，方药单煎合并使用并不完全等效于方药的合煎使用。中药方药在煎煮过程中可能会发生酸碱中和、取代、水解、聚合、缩合、氧化、变性等化学反应。为了研究药材组合方式对成分提取的影响，对痢必灵方药中 3 味中药的 5 种组合方式用 SBE 法提取，对不同药材组合提取液中的指标成分进行定量研究，测定结果经标准化处理，综合评价指标 Y 值最大为（A+B+C），故提取时，选择苦参、白芍、木香 3 药合煎的组合方式。

实验结果是根据各指标在工艺选择中的主次地位，给予不同的加权系数，确定综合评价 Y=(苦参碱+苦参总碱+芍药苷)×8+干浸膏得率×2，并对 4 个指标的数据进行标准化处理，以消除各指标单位和量纲的不同以及各指标变量范围相差悬殊所造成的影响，以标准化指标加权后求和得 Y 值作为综合指标，优选出 SBE 法最佳条件，以使结论更科学、合理。

半仿生提取法是中药口服药制备中的重大革新，不仅可解决中药存在的粗、大、黑，因杂质多而易吸潮、易霉变等问题；同时，由于反应温和，不仅大大节约了能量，而且不存在有机溶剂对环境的污染以及易燃、易爆和对生产环境的特殊要求，易于应用于工业生产，具有较高的实用价值和推广应用前景。但是，由于其方法本身的原因，应用范围还局限在有机酸（或碱）成分的提取，这势必会使其使用受到一定的限制。

思考题

1. 中药中常含有哪些类化学成分？有效成分、有效部位、无效成分、有害成分的概念是什么？
2. 植物药材提取中常见杂质有哪些？如何除去该类杂质？
3. 植物药材成分的浸出过程有哪些步骤？动物药材提取前的处理方法有哪些？
4. 常用溶剂的亲水性或亲脂性的强弱顺序如何？与水的溶解度如何？
5. 何谓“相似相溶”原则？溶剂提取法中溶剂的选择主要从哪几方面考虑？
6. 简述以溶剂法提取中药成分的操作方法，各有何特点？

7. 常见的浸出工艺与设备有哪些类型？各有何特点？影响浸取的因素有哪些？
8. 费克定律对药材中成分的浸取有何指导意义？
9. 单级萃取和多级错流萃取的浸出量、浸出率如何计算？
10. 多级逆流萃取浸出率、浸出时间、浸出物质量如何计算？
11. 微波辅助浸取的原理与特点？影响微波浸取的因素有哪些？目前微波浸取可以用于哪些类中药成分？
12. 简述超声波辅助提取的原理与特点。影响超声波提取的因素有哪些？目前超声波辅助提取法有哪些应用？还存在哪些问题？
13. 什么是半仿生提取法？该法与常规的煎煮法有哪些不同？目前半仿生提取法有哪些应用？

参考文献

[1] 吴立军主编．天然药物化学．第4版．北京：人民卫生出版社，2003.
[2] 姜孟臣，陈虹，张敏等．土槿乙酸对人黑素瘤细胞增殖抑制作用研究．中草药，2003，34（6）：347-349，532-534.
[3] 杨其蒀主编．天然药物化学．北京：中国医药科技出版社，2001.
[4] 李淑芬主编．高等制药分离工程．北京：化学工业出版社，2004.
[5] 吴剑峰主编．天然药物化学．北京：高等教育出版社，2006.
[6] 陈瑞战，张守勤，王长征等．超高压提取西洋参皂苷的工艺研究．农业工程学报，2005，21（5）：150.
[7] 韩丽主编．实用中药制剂新技术．北京：化学工业出版社，2002.
[8] 黄少伟，池汝安，张越非等．微波辅助提取土茯苓多糖．时珍国医国药，2007，18（11）：2649-2652.
[9] 陈金娥，李成义，张海容．微波法与传统工艺提取枸杞多糖的比较研究．中成药，2006，28（4）：573-576.
[10] 徐艳，刘海港．微波辅助提取黄连中小檗碱的工艺研究．时珍国医国药，2007，28（9）：2231-2232.
[11] 方馥蕊，李灼金，梁华伦．微波提取法对槟榔中槟榔碱的提取率影响．World Health Digest，2007，4（6）：19-21.
[12] 孙秀利，张力，秦培勇等．微波法提取陈皮中橙皮苷．中药材，2007，30（6）：712-714.
[13] 朱晓薇，郭俊华，高卫东等．丹参的微波提取研究．天津中医药，2005，22（5）：243-245.
[14] 刘忠英，晏国全，胡秀丽等．中药刺五加皮总皂苷的微波辅助提取方法研究．药物分析杂志，2007，27（1）：25-28.
[15] 闫豫君，鲁建江，成玉怀．微波法提取红景天根茎叶挥发油的工艺研究．中医药学刊，2002，20（1）：123.
[16] 邓师勇，马柏林，刘淑芳等．超声法提取鸡骨草总生物碱的工艺研究．西北农业学报，2007，16（3）：204-206.
[17] 郭孝武．超声提取黄芩苷成分的实验研究．中国现代应用药学杂志，1999，16（3）：18-20.
[18] 郭孝武，谢国莲．超声提高益母草总碱提出率的实验研究．中国中药杂志，1997，22（6）：353-355.
[19] 郭孝武．一种提取中草药化学成分的方法——超声提取法．天然药物研究与开发，1999，11（3）：37-40.
[20] 宋小妹，崔九成，强军等．超声法提取绞股蓝总皂苷的工艺研究［J］．中成药，1998，20（5）：4-5.
[21] 韩丽主编．实用中药制剂新技术．北京：化学工业出版社，2002.
[22] 林翠英，周晶，赵晶．芦丁超声提取新技术的再探讨．中草药，1999，30（5）：350-351.
[23] 邹姝姝，王贵学．中药苦参中苦参碱类成分超声波提取工艺．重庆大学学报：自然科学版，2007，30（7）：130-133.
[24] 王英范，张春红，张连学等．黄芩苷提取方法的比较研究．特产研究，2005，（4）：21-23.
[25] 张海晖，裘爱泳，刘军海等．超声技术提取大黄蒽醌类成分．中成药，2005，27（9）：1075-1078.
[26] 张宪臣，王淑敏，陈光等．人参总皂苷超声提取工艺的研究．现代中药研究与实践，2005，19（6）：55-57.
[27] 府旗中，王伯初，许详武．应用超声波法提取金银花中绿原酸．重庆大学学报：自然科学版，2007，30（1）：123-125.
[28] 江蔚新，朱正兰．超声波提取龙胆多糖的研究．中草药，2005，36（6）：862-864.
[29] 李文，廖福龙，殷晓杰等．七种水蛭抗血小板聚集与抗凝血研究［J］．中药药理与临床，1997，13（5）：32-34.
[30] 张兆旺，孙秀梅．试论“半仿生提取法”制备中药口服制剂．中国中药杂志，1995，20（11）：670.
[31] 孙秀梅，张兆旺．建立中药用“半仿生提取”研究的技术平台．中成药，2006，28（4）：614.
[32] 陈晓娟，周春山．酶法及半仿生法提取杜仲叶中绿原酸和黄酮．精细化工，2006，23（3）：257.
[33] 惠建国，王英姿，张兆旺．痢必灵片方药半仿生提取药材组合方式的优选．山东中医药大学学报，2005，29（4）：319.

第四章　超临界流体萃取技术

第一节　概　　述

超临界流体萃取（supercritical fluid extraction，SCFE 或 SFE）技术是 20 世纪 60 年代兴起的一种新型绿色分离技术，是在超临界流体技术的基础上发展起来的。超临界流体（supercritical fluid，SCF）是指处于临界温度和临界压力以上的流体。

早在 1879 年，英国两位学者 Hannay 和 Hogarth[1] 就发现一些高沸点物质如氧化钴、碘化钾和溴化钾等能在超临界乙醇中溶解，而且无机盐在超临界乙醇中的溶解能力与系统压力有关。系统压力增加时，无机盐溶解；系统压力下降时，无机盐会沉淀出来。此后，不少学者如 Villard、Prins、Pilat 等对固体溶质在超临界流体中的溶解度进行了大量研究，使人们初步认识到 SCF 具有分离能力。到了 20 世纪 60 年代，人们发现处于超临界状态下的流体对固体或液体溶质的溶解能力要比其在常温常压下的溶解能力高几十倍，甚至几百倍。1976 年德国 Max Planck 研究院的 K. Zosel 博士因超临界 CO_2 流体萃取咖啡因而获得美国专利，同年授权 Hag AG Co. 建厂，并于 1978 年建成了从咖啡豆中脱出咖啡因的超临界 CO_2 流体萃取工业化装置。由于超临界 CO_2 流体兼有气体和液体的特性，具有良好的溶解能力和传质性能，而且无毒、无味、无残留、价廉、易精制，采用超临界 CO_2 流体萃取工艺生产的脱除了咖啡因的咖啡能保留咖啡原有的色、香、味，所以新的咖啡因脱除工艺有着传统有机溶剂萃取工艺无法比拟的优点。1978 年，首届“超临界流体萃取”国际会议在德国召开，这届会议从基础理论、过程工艺和设备等方面对超临界流体萃取技术进行了研讨。在随后的几年中，英德等国先后建成了采用超临界 CO_2 流体萃取技术提取啤酒花浸膏的工业化生产装置，采用超临界丙烷从渣油中脱除沥青的工业化装置也先后投入运行。

随着与人类健康有关的食品、药品等安全绿色消费观念越来越得到人们的认同，以及对食品和药品等产品越来越严格的法规和限量标准的实施，使得工业界必须考虑使用洁净的、对环境无污染的工艺加工食品、药品等，从而推动了超临界流体萃取技术在医药工业、食品工业、香料工业以及化学工业中的应用[2]。国内外部分 SFE-CO_2 技术的工业化进展情况见表 4-1。

在医药工业中，超临界流体萃取技术可用于提取分离植物药中的有效成分，精制热敏性生物制品药物，分离脂质类混合物；在食品工业中，可利用超临界流体萃取技术提取植物油、啤酒花、色素等；香料工业中天然及合成香料的精制；化学工业中混合物的分离等。超临界流体萃取技术在医药工业中的具体应用主要包括以下几个方面[3]。

① 从药用植物中萃取生物活性分子，例如挥发油、生物碱、蒽醌类、多烯不饱和脂肪酸、萜烯类化合物等。

② 从多种植物中萃取抗癌物质，特别是从红豆杉树皮和枝叶中提取紫杉醇。

③ 脱除抗生素中的溶剂，例如青霉素 G 钾盐、链霉素硫酸盐制品中的溶剂。

④ 提纯各种天然或合成的活性物质，去除植物药中的重金属或杀虫剂等。

⑤ 对各种天然抗菌或抗氧化萃取物进行再加工，如罗勒、串红、百里香、蒜、洋葱、春黄

菊、辣椒粉、甘草和茴香子等。

表 4-1 SFE-CO_2 工业化的进展情况[3]

国别	公　　司	设备规模	萃取对象	建立年份	制造国
德国	FLAVEX	1000kg/d	天然香料		德国
德国	FLAVEX	360L×3	各种产品	1996 年	德国
美国	supercritical fluid	1000L×2	天然香料及调味料	1988 年	美国
美国	弗路特、互露德互意德	500L×3	天然香料		美国
德国	Barth &Co.	500L×1	啤酒花	1984 年	德国
德国	Barth &Co.	1000L×2	各种产品	1990 年	德国
德国	Barth &Co.	4000L×2	香料	1990 年	德国
德国	Barth &Co.	4000L×2	各种产品	1991 年	德国
德国	Barth &Co.	4000L×4	啤酒花	1987 年	德国
美国	Pitt-Des Moines	3000L×4	啤酒花	1990 年	德国
日本	高沙香料	300L×1	天然香料	1989 年	德国
日本	长谷川香料	500L×2	香料、精油、中药	1993 年	德国
日本	富士香料	200L×1	烟草香料、食品香料	1984 年	德国
日本	富士香料	300L×1	天然味料	1986 年	德国
中国	广州南方面粉	300L×3	小麦胚芽油	1994 年	德国
中国	内蒙科迪	500L×1	沙棘油	1995 年	中国
中国	广州美晨	300L×2	中药、保健食品	2001 年	中国
中国	广州美晨	1000L×2	中药、保健食品	2000 年	中国
中国	银广厦	3500L×3	香料、中药	2001 年	德国
中国	银广厦	1500L×3	香料、中药	2001 年	德国
中国	银广厦	1500L×3	香料、中药	2001 年	德国
中国	河南明天	500L×2	姜油	1999 年	中国
中国	陕西嘉德	500L×3	香料、中药	1999 年	德国
中国	山西洪洞飞马	200L×2	保健食品、中药	2000 年	德国
中国	浙江康莱特	600L×2	抗癌中药	2001 年	中国
中国	云南中植	1000L×2	除虫菊	2001 年	中国
中国	云南森菊	1000L×2	除虫菊	2001 年	中国

第二节　超临界流体萃取技术的基本原理

一、超临界流体的基本性质

流体处于其临界温度（T_c）和临界压力（p_c）以上的状态称为超临界状态。如果某种气体处于超临界状态，即使继续增大压力，气体也不会液化，只是密度会极大地增加，并具有类似于液体的性质，但其黏度和扩散系数仍接近于气体，这种流体被称为超临界流体（supercritical fluid，SCF）。图 4-1 是典型的纯流体压力-温度示意图，其中的阴影部分是超临界流体萃取的实际操作区域。

从图 4-1 看出，物质的状态随着温度和压力的增加，沿着气液平衡线变化，在到达临界点时，气、液两相界面消失，因此流体在超临界状态下具有不同于气体和液体的性质。超临界流体与气体和液体传递性质的比较见表 4-2。

表 4-2 SCF与其他流体的传递性质比较[3]

物理性质	气体(101.325kPa,15～30℃)	超临界流体		液体(101.325kPa,15～30℃)
		T_c,p_c	$T_c,4p_c$	
密度/(kg/m^3)	0.6～2.0	(0.2～0.5)×10^3	(0.4～0.9)×10^3	(0.6～1.6)×10^3
黏度/(Pa·s)	(1～3)×10^{-5}	(1～3)×10^{-5}	(3～9)×10^{-5}	(20～300)×10^{-5}
自扩散系数/(m^2/s)	(0.1～0.4)×10^{-4}	0.7×10^{-7}	0.2×10^{-7}	(0.2～2.0)×10^{-9}

由表 4-1 中的数据可以看出超临界流体同时具有液体和气体的性质。

① 超临界流体的密度比气体密度大数百倍，其在数值上接近于液体的密度。由于溶质在溶剂中的溶解度一般与溶剂的密度成正比，因此超临界流体对溶质的溶解度与液体相当，其对固体或液体溶质的萃取能力与液体溶剂相当。

② 超临界流体的黏度接近于气体，而比液体小 2 个数量级；其自扩散系数介于气体和液体之间，在数值上大约是气体自扩散系数的 1/100，但比液体要大数百倍。因此超临界流体的传递性质类似于气体，易于扩散和运动，溶质在超临界流体中的传质速率要远大于在液体溶剂中的传质速率。

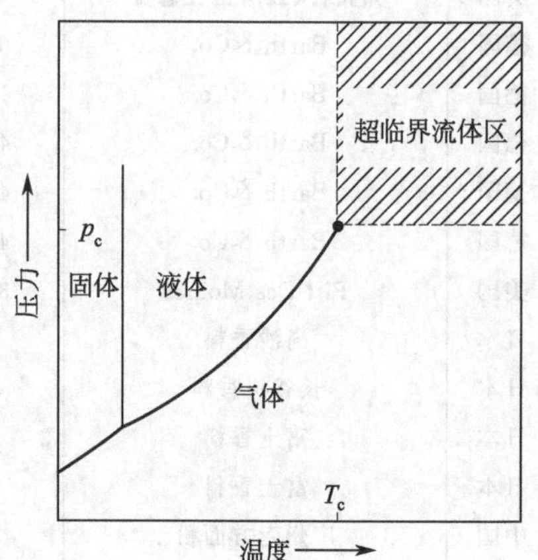

图 4-1 纯流体的压力-温度关系示意

由于超临界流体同时具有气体和液体的性质，它的密度接近于液体，而黏度和自扩散系数接近于气体，因此超临界流体不仅具有与液体溶剂相当的溶解能力，还有很好的流动性和优良的传质性能，有利于被提取物质的扩散和传递。另外，由于超临界流体的溶解能力与其密度密切相关，而在临界点附近，超临界流体的密度仅是温度和压力的函数，系统压力和温度的微小变化都会导致流体密度大幅度的改变，从而引起溶质在超临界流体中溶解度的改变。超临界流体的这种特性是超临界流体萃取工艺的设计基础。

二、超临界流体萃取的萃取剂

虽然超临界流体的溶剂效应普遍存在，但在实际应用中需要考虑超临界流体的溶解度、选择性、临界点以及是否会发生化学反应等一系列问题，需要根据实际应用来综合考虑。例如超临界流体对溶质的溶解度要尽可能高，以尽量减少溶剂的用量；超临界流体应具有较高的选择性，以得到高纯度的萃取物；同时超临界流体的临界压力和临界温度不能过高，因为过高的临界压力会导致设备造价大幅度增加，同时会加大升降压循环过程中的能耗，而过高的临界温度会引起天然产物中有效成分的分解和破坏；另外，超临界流体的蒸发潜热不能太高，否则超临界流体在反复加热、冷凝过程中的能耗会比较高；被选用的超临界流体还应具有一定的化学稳定性，不腐蚀设备，廉价易得，使用安全等。因此可以作为溶剂使用的超临界流体并不多，表 4-3 列出了常用的超临界流体萃取剂及其临界性质。

由表 4-3 列出的数据可以看出，虽然理论上这些物质都可以作为超临界流体萃取剂，但从廉价易得、较低的临界温度和临界压力、安全环保等因素考虑，只有少数的溶剂可用于实际的超临界萃取过程，如二氧化碳（临界温度为 31.3℃、临界压力为 7.37MPa)、丙烷（临界温度为 96.8℃、临界压力为 4.12MPa）等。如果考虑到经济性和安全性等因素，则二氧化碳是最合适的超临界萃取剂。另外，由于丙烷的临界压力较二氧化碳低，如果能够解决好装置的防爆问题，丙烷也将是一种很有竞争力的超临界流体。

水的临界点数值（临界温度为 374.3℃、临界压力为 22.05MPa）较高，因此不适宜用作超临

表 4-3　常用的超临界流体萃取剂及其临界性质[3]

化合物	沸点/℃	临界参数		
		临界温度(T_c)/℃	临界压力(p_c)/MPa	临界密度(ρ_c)/(kg/m³)
二氧化碳	−78.5	31.3	7.37	448
氨	−33.4	132.3	11.27	240
甲醇	64.7	240.5	8.10	272
乙醇	78.4	243.4	6.20	276
异丙醇	82.5	235.5	4.60	273
乙烯	−103.7	9.5	5.07	200
丙烯	−47.7	91.9	4.62	233
甲烷	−164.0	−83.0	4.60	160
乙烷	−88.0	32.4	4.89	203
丙烷	−44.5	96.8	4.12	220
正丁烷	0.05	152.0	3.68	228
正戊烷	36.3	196.6	3.27	232
正己烷	39.0	234.0	2.90	234
苯	80.1	288.9	4.89	302
甲苯	110.4	318.6	4.11	292
乙醚	34.6	193.6	3.56	267
水	100	374.3	22.00	344

界流体萃取剂，但因极其廉价、稳定，且环境友好，现已被广泛用于超临界流体反应过程，例如超临界水氧化过程。

三、超临界流体萃取的基本过程

超临界流体萃取的基本过程见图 4-2。将被萃取原料装入萃取釜，超临界萃取剂经冷凝器冷凝成液体，然后通过加压泵将压力提升到工艺所需的压力（应高于溶剂的临界压力），同时调节温度，使其处于超临界状态。超临界流体作为萃取剂从萃取釜底部进入，在萃取釜内与被萃取物料充分接触，选择性地溶解出目标组分。携带被萃取组分的超临界流体经节流阀使压力降到临界压力以下，然后进入分离釜。由于在临界压力以下，溶质在气体溶剂中的溶解度急剧下降，从而从溶剂中解析出来，作为产品定期从分离釜底部放出。解析出溶质之后的溶剂再经冷凝器冷凝成液体后循环使用。

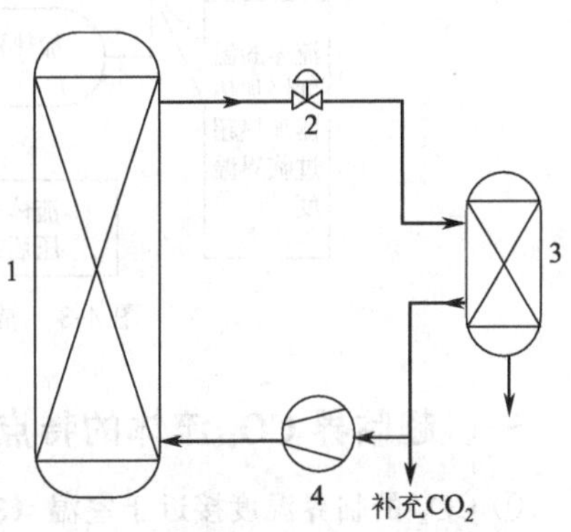

图 4-2　超临界流体萃取的基本过程

1—萃取釜；2—减压阀；3—分离釜；4—加压泵

第三节　超临界 CO_2 流体萃取

如上所述，虽然理论上很多物质都可以作为超临界流体萃取剂，但由于超临界 CO_2 具有如下一系列优点，超临界 CO_2 已经成为工业上首选的绿色萃取剂，成为超临界流体萃取技术最重要的应用技术。

常见的超临界 CO_2 流体萃取过程见图 4-3，将超临界流体的温度、压力调节到超过临界状态的某一点上，使其对原料中的某些特定溶质具有足够高的溶解度，在超临界 CO_2 通过这些特定的溶质时将其迅速地溶解于其中；溶解有溶质的流体从萃取釜流出经节流阀减压，其后在热交换器中调节温度而变为气体，此时特定溶质的溶解度由于温度和压力改变而大大降低，此时溶质处于不溶或微溶而达到过饱和状态，溶质就会析出，当析出的溶质和气体一同进入分离釜后，溶质就与气体分离而沉降于分离釜底部。循环流动着的、基本上不含溶质的气体进入冷凝器冷凝液化，然后经高压泵压缩升压（使其压力超过临界压力），在流经加热器时被加热（使其温度超过临界温度）而重新达到具有良好溶解性能的超临界状态，该流体进入萃取釜后再次进行提取。循环流动的二氧化碳交替地在萃取釜和分离釜中呈现溶解和不溶解状态，就好像一辆“汽车”不断地从萃取釜里“装货”（溶出溶质），在分离釜里“卸货”（释放溶质），直到将萃取釜中的溶质全部“运送”到分离釜里为止。

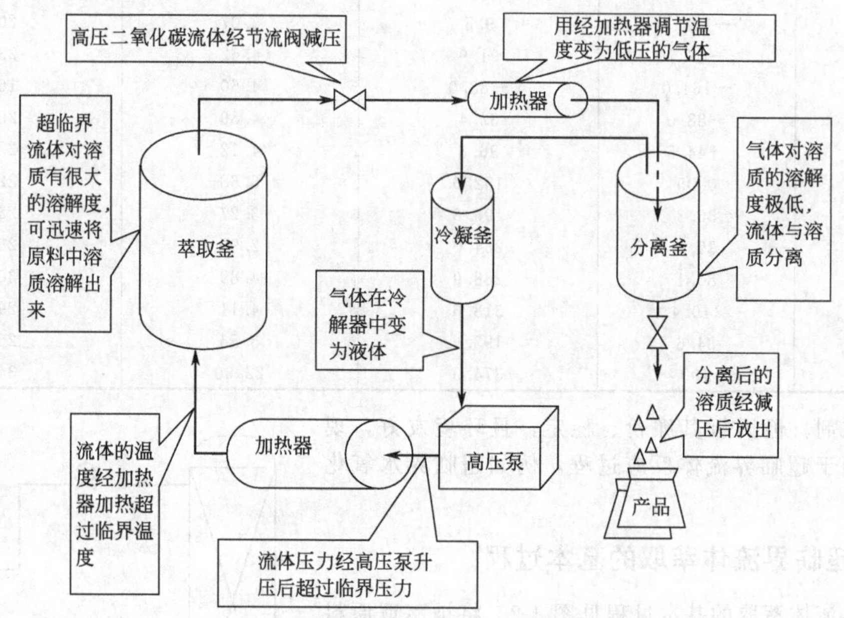

图 4-3　常规超临界 CO_2 流体萃取过程示意

一、超临界 CO_2 流体的特点[2,4]

① CO_2 的临界温度接近于室温（31.3℃）、临界压力也只有 7.37MPa，其临界条件易于实现，整个萃取过程可以在接近室温的条件下完成。在对植物药有效成分进行提取时，植物药有效成分损失小，而且也能避免次生化反应的发生，这是其他提取方法所无法比拟的，因此超临界 CO_2 流体萃取在分离提取具有热敏性、易氧化分解的成分方面具有广阔的应用前景。

② CO_2 临界密度（448kg/m^3）是常用超临界萃取剂中最高的。超临界 CO_2 流体对有机物有很强的溶解能力和良好的选择性，其萃取能力取决于流体密度，可以通过改变操作温度和压力来改变超临界 CO_2 流体的密度，从而改变其溶解能力，并实现选择性萃取。

③ 在超临界状态下，CO_2 的渗透力强，并具有良好的流动性，所以溶质的传递速率较快，可大大缩短目标物质的提取时间。

④ CO_2 无毒、无味、无臭、化学惰性，不污染环境和产品，同时超临界 CO_2 还具有抗氧化、灭菌等作用，同时 CO_2 极易从萃取产物中分离出来，产品和残渣中均无溶剂残留，萃取产物的品质好，残渣无需处理就可使用，符合现代国际社会对生产过程及产品质量越来越高的要求。

⑤ CO_2 价廉易得，不易燃易爆，使用安全。溶剂回收简单方便，可通过简单的等温降压或等压升温的方式使被萃取物与萃取剂分离。

⑥ 超临界 CO_2 流体萃取集萃取、分离于一体，可大大缩短工艺流程，操作简便。

⑦ 检测、分离分析方便，能与 GC、IR、MS、GC/MS 等现代分析手段相结合，对萃取产品进行药物、化学或环境分析。

总之，超临界 CO_2 流体具有常温、无毒、环境友好、使用安全简便、萃取时间短、产品质量高等特点。但是，与传统的有机溶剂萃取比较，超临界 CO_2 流体萃取也存在一定的局限性，其对脂溶性成分的溶解能力较强而对水溶性成分的溶解能力较低；设备造价较高，比较适用于高附加值产品的提取；更换产品时设备清洗较为困难。

二、超临界 CO_2 流体相图

溶质在超临界流体中的溶解度与超临界流体的密度有关，而超临界流体的密度又取决于其温度和压力，超临界 CO_2 流体密度的变化规律是 CO_2 作为萃取剂的最重要参数。纯 CO_2 相图及其密度与压力和温度的关系见图 4-4，图中 *OA* 线为 CO_2 的液固平衡曲线，即 CO_2 的熔点随压力的变化曲线，随压力的增加，CO_2 固体的熔点升高；*OB* 线为 CO_2 气固平衡的升华曲线；*OC* 线为 CO_2 的气液平衡蒸气压曲线；*O* 点为气液固三相共存的三相点（$p=0.525$MPa，$T=-56.7$℃），沿着气液饱和曲线 *OC* 增大压力和温度，会达到临界点 *C* 点（$T_c=31.3$℃，$p_c=7.37$MPa）；在临界点 *C* 之后，CO_2 的气、液界面消失，系统性质均一，不再分为气体和液体。与临界点 *C* 相对应的温度和压力分别称为临界温度和临界压力，处于临界压力和临界温度以上的 CO_2 被称为超临界 CO_2 流体。图中的阴影部分，即为超临界 CO_2 流体。

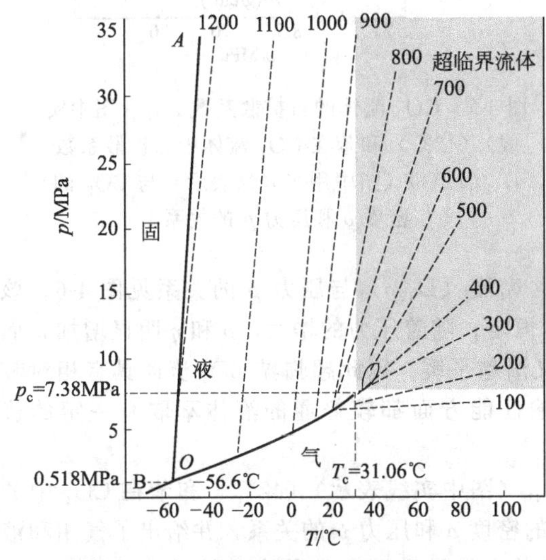

图 4-4 CO_2 相图及其密度与压力和温度的关系

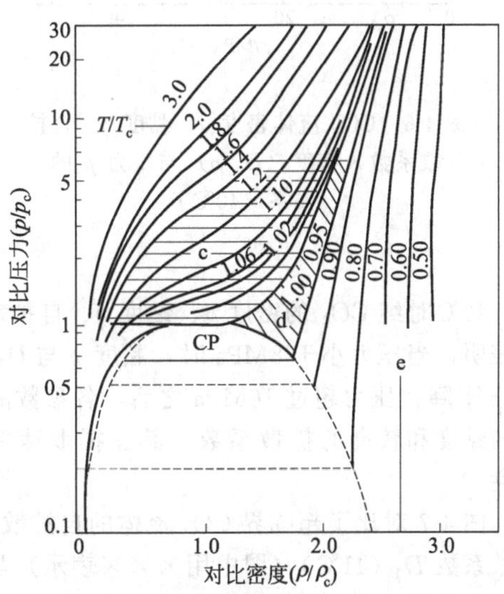

图 4-5 二氧化碳对比压力、对比温度和对比密度间的关系

图 4-5 表示 CO_2 在超临界区域及其附近的压力（p）-密度(ρ)-温度(T) 之间的关系，其中的阴影部分是人们最感兴趣的超临界流体萃取的实际操作区域，大致在对比压力为 1～6、对比温度为 0.95～1.4、对比密度在 0.5～2 的范围内。在阴影部分所示区域里，超临界流体有极大的可压缩性，溶剂的对比密度可从气体状态时的对比密度（$\rho_r=0.5$，$\rho=240\text{kg/m}^3$）压缩到液体状态时的对比密度（$\rho_r=2.0$）。在 $1.0<T_r<1.2$ 时，等温线在相当一段密度范围内趋于平坦，即在此区域内微小的压力或温度变化都会相当大地改变超临界流体的密度，因此通过适当控制流体的压力和温度可以使超临界 CO_2 流体的密度变化达到 3 倍以上。这样，一方面超临界流体可在较高密度下对萃取物进行超临界萃取；另一方面，又可通过调节压力或温度使溶剂的密度大大降低，从而降低其萃取能力，使溶剂与萃取物得到有效分离。因此压力和温度是超临界萃取过程的重要参数[2,3]。

三、超临界 CO_2 流体的传递性质

在物质的分离和精制过程中，既需要知道分离过程的可能性和过程进行的程度，也需要了解

过程进行的速率，即过程实际能进行的程度。在超临界萃取工业装置的设计和放大过程中，溶剂的溶解度和分配系数等热力学数据、流体的扩散系数和传递速率等动力学数据都必不可少。

一般来说，超临界流体的密度接近于液体，而黏度和扩散系数却与气体相当，因此溶质在超临界 CO_2 流体中的传递能力介于气体和液体之间，明显优于液相过程。

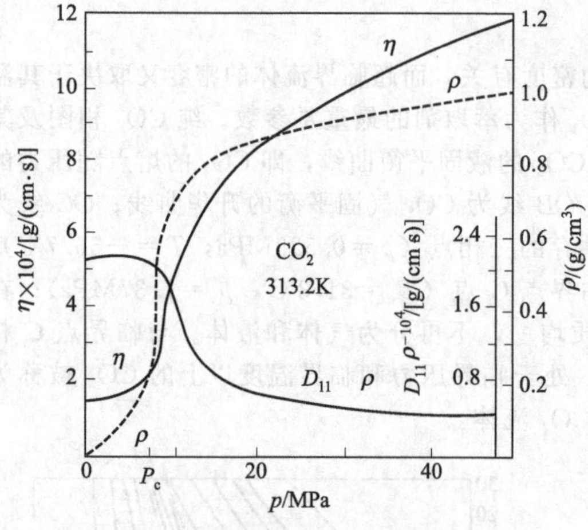

图 4-6　CO_2 流体密度 ρ、黏度 η、自扩散系数×密度（$D_{11}\rho$）与压力 p 的关系（40℃）

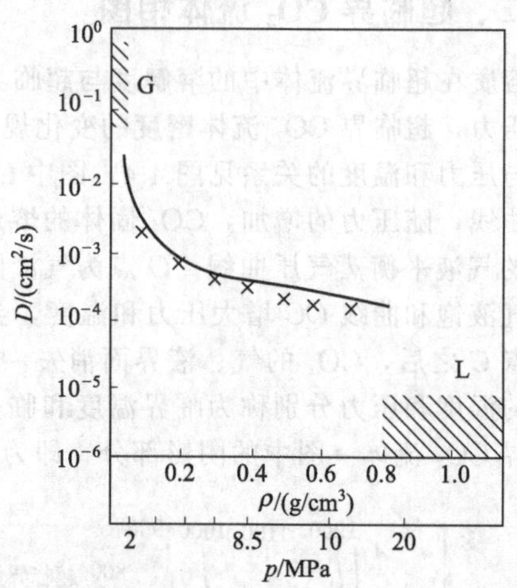

图 4-7　CO_2 流体的自扩散系数 D_{11}（图中实线）（42℃）和苯在 CO_2 流体中的扩散系数 D_{12}（41℃）（图中用×××表示）与 CO_2 的密度 ρ 和压力 p 的关系

40℃时纯 CO_2 的密度 ρ、黏度 η、自扩散系数×密度（$D_{11}\rho$）与压力 p 的关系见图 4-6。该图表明，当压力小于 8MPa 时，黏度 η 与 $D_{11}\rho$ 基本恒定；随着压力的增大，ρ 和 η 明显增加，而 $D_{11}\rho$ 下降；压力超过 16MPa 之后，各参数的变化又渐趋平缓。因此超临界 CO_2 流体具有相对较低的黏度和较高的扩散系数，其在提取速率和传输性能方面都较普通的液体萃取有一定的优越性。

图 4-7 对比了超临界 CO_2 流体的自扩散系数 D_{11}（图中实线表示）（42℃）和苯在 CO_2 中的扩散系数 D_{12}（41℃）（图中用×××表示）与 CO_2 的密度 ρ 和压力 p 的关系，并给出了气相和液相扩散系数的一般取值范围（阴影部分），由图可见苯在超临界 CO_2 流体中的扩散系数值虽然比气相系数值小 2～3 个数量级，但比正常液相的扩散系数值仍然大很多。这些性质都说明超临界 CO_2 流体的传递性能优于液体的传递性能。

四、超临界 CO_2 流体对溶质的溶解性能

在超临界状态下，流体具有溶剂化效应，即对溶质具有一定的溶解度。超临界 CO_2 流体对溶质的溶解度是其重要特性，也是其作为萃取分离剂的重要依据，而溶质在超临界 CO_2 流体中的溶解度又与超临界 CO_2 流体的密度密切相关。由于系统压力的升高或温度的降低会导致超临界 CO_2 流体密度的明显升高，提高超临界 CO_2 流体对溶质的溶解能力，而系统压力的降低或温度的升高会引起超临界 CO_2 流体密度的明显降低，导致超临界 CO_2 流体对溶质的溶解度降低，使溶质从超临界 CO_2 流体析出，因此可以利用超临界 CO_2 流体作为萃取剂，并通过改变压力或温度的方式来实现对溶质的萃取和分离。

纯物质在超临界 CO_2 流体中的溶解度是超临界萃取过程的基础数据，实验测定方法包括静态法[5]、流动法[6]，其中以流动态质量法应用最为广泛，实验测定数据也具有一定的实用价值。但是流动态质量法要求用纯物质进行，而且高压下测定溶解度在技术上还有一定的难度，溶质与

溶质之间的相互作用对溶解度的测定也有一定的影响，因此文献中的溶解度数据比较缺乏。在开发和设计实际超临界萃取过程时，研究者往往需要自行测定某溶质在超临界 CO_2 流体中的溶解度或对其进行定性估算。

为定性测定超临界 CO_2 流体的溶解能力，Stahl 等[7] 提出了“物质可被萃取的初始压力”(简称萃取压力）的方法：将样品放在微型高压釜中，将萃取物通过毛细管直接喷到薄层色谱板上，并用薄层色谱法鉴定被萃取的化合物。实验在 40℃条件下测定了在 0～40MPa 压力范围内部分化合物被萃取的初压，结果见表 4-4。

表 4-4　40℃超临界 CO_2 流体萃取若干物质的初始压力[8]

物　质	相对分子质量	碳原子数	官能团	熔点/℃	沸点/℃	被萃取初压/MPa
(1)稠环化合物						
萘	128	10		80	218	7.0(强)
菲	178	14		101	340	8.0
芘	202	16		156	393	9.0
并四苯	228	18		357	升华	30.0(弱)
(2)酚类						
苯酚	94	6	1-OH	43	181	7.0(强)
邻苯二酚	110	6	2-OH(1,2)	105	245	8.0
苯三酚	126	6	3-OH(1,2,3)	133	309	8.0
对苯二酚	110	6	4-OH(1,4)	173	285	10.0
间苯三酚	126	6	3-OH(1,3,5)	218	升华	12.0(弱)
(3)芳香族羧酸						
苯甲酸	122	7	1-羧基	122	249	8.0
水杨酸	138	7	1-羧基,1-羟基	159	升华	8.5
对羟基苯酸	138	7	1-羧基,1-羟基	215		12.0
龙胆酸	154	7	1-羧基,2-羟基	205		12.0
五倍子酸	170	7	1-羧基,3-羟基	255		不能萃取
(4)吡喃酮						
香豆素	146	9	1-酮基	71	301	7.0
7-羟基香豆素	162	9	1-羟基,1-酮基	230	升华	10.0
6,7-二羟基香豆素	178	9	2-羟基,1-酮基	276	升华	不能萃取
(5)类脂化合物						
十四烷醇	214	14	1-羟基	39	263	7.0
胆固醇	386	27	1-羟基	148	360	8.5
甘油三油酸酯	885	57	3-COOR		235	9.0

通过实验研究得到如下超临界 CO_2 流体中溶质的溶解度规律。

① 超临界 CO_2 流体对低分子量的弱极性碳氢化合物和类脂有机化合物，如酯、醚、醛、内酯等表现出优异的溶解能力。

② 强极性官能团（如—OH、—COOH）的引入会导致化合物溶解度降低，使超临界萃取过程变得相对困难，如苯的衍生物，具有 3 个酚羟基或 1 个羧基和两个羟基的化合物虽然仍能被萃取出来，但需要较高的压力，而具有 1 个羧基和 3 个以上羟基的化合物在没有夹带剂的条件下是无法萃取出来的。因此含有强极性基团化合物的超临界萃取过程十分困难，需要较高的萃取压力或加入夹带剂。

③ 对于极性更强的物质，如糖类、氨基酸类等，如果不使用夹带剂，在 40MPa 以下无法萃取出来。

④ 化合物的相对分子质量越高，越难采用超临界萃取的方式进行萃取。相对分子质量在 200～400 范围内的组分容易萃取，有些相对分子质量低、易挥发的成分甚至可以采用液态 CO_2 进行提取；相对分子质量高、极性很强的物质（如葡萄糖、蔗糖等糖类，氨基酸以及淀粉、蛋

白质等）几乎不溶于超临界 CO_2 流体，很难采用超临界 CO_2 萃取的方式提取。

Stahl 等人还研究了薄荷、春黄菊、咖啡豆、大麻、葵花子和芝麻子等植物的主要成分被超临界 CO_2 流体萃取出来的初压。一些具有代表性的生物碱类，如秋水仙碱、吐根碱、罂粟碱、鸦片碱、萝芙藤属碱、托品碱和长春碱等，被超临界 CO_2 流体萃取出来的初压结果见表 4-5。

表 4-5　40℃时超临界 CO_2 流体萃取代表性生物碱的结果[6]

物　质	相对分子质量	官能团	熔点/℃	被萃取初压/MPa	
				CO_2 流体	N_2O 流体
(1)秋水仙碱	399	4-OCH_3,1-NHAc,1-酮基	155～157	10.0	8.0
(2)吐根碱类					
甲基吐根醇	478	4-OCH_3	123～124	8.0	8.0(强)
吐根碱	480	4-OCH_3,1-NH	74	20.0	8.0(好)
吐根碱粉	466	1-OH,3-OCH_3,1-NH	120～130		8.0
(3)尼古丁	162	1-NCH_3	79	8.0(极强)	8.0(极强)
(4)鸦片碱					
罂粟碱	339	4-OCH_3	147	9.0	8.0(强)
那可汀	353	3-OCH_3,3-O—,1-酮基	176	9.0	8.0(强)
蒂巴因	311	2-OCH_3,1-O—	193	9.0	8.0(强)
可待因	299	1-OH,1-OCH_3,1-O—	155	9.0	8.0
咖啡	285	1-OH,1-O—	254～256		20.0 (极弱)
(5)萝芙藤碱					
利血平	608	5-OCH_3,1-CO_2CH_3,1-OCO	262～263	8.0	8.0
育亨宾	354	1-OH,1-CO_2CH_3	240～241	9.0	8.0
(6)托品碱					
莨菪胺	305	1-CH_2OH,1-酯基,1-环氧基	36～37	8.0	8.0(好)
阿托品	289	1-CH_2OH,1-酯基	118	9.0(好)	8.0(强)
托品醇	141	1-OH	64	9.0(好)	8.0(好)
(7)长春花碱					
长春胺	354	1-OH,1-CO_2OH_3	232	9.0	8.0
长春碱	810	1-OH,1-CH_3	210～211	8.0	12.0
长春新碱	824	2-OH,1-CHO	218～220	8.0	15.0

从表 4-5 数据可以看出，应用有机化合物的被萃取初压可定性判断超临界 CO_2 流体萃取某一物质的可行性及化合物极性大小对超临界 CO_2 流体溶解能力的影响。但这种判断方法是非常粗糙的，因为这些数据既无法提供溶质在超临界流体中的溶解度数据，也无法说明某一化合物溶解度的变化规律。同时表 4-5 中的有些结果还可能会给人一些误解，例如表 4-5 数据表明生物碱应该比较容易被萃取出来，但事实上，随着生物碱分子量的增加和极性的增强，它们在超临界 CO_2 流体中的溶解度会急剧下降。因此，化合物的可被萃取初压只能作为判断超临界 CO_2 流体能否将某一物质萃取出来的粗略参考。在实际工艺研究中，研究人员需要考察溶质在超临界 CO_2 流体中溶解度的影响因素以及不同溶质在超临界 CO_2 流体中溶解性能的变化规律。

五、影响超临界 CO_2 流体对溶质溶解能力的因素

超临界 CO_2 流体萃取过程受诸多因素的影响，其中包括被萃取物质的性质和超临界 CO_2 流体所处的状态等。在实际萃取过程中，被萃取物多种多样，其性质千差万别，不同的物质在萃取过程中都有不同的表现，而萃取系统中 CO_2 流体所处的状态对萃取过程也有很大的影响。诸多影响因素（如 CO_2 流体的温度、压力、流量、是否使用夹带剂、样品的物理形态、粒度、黏度等）交织在一起使萃取过程变得较为复杂。

1. 萃取压力的影响

压力是超临界 CO_2 流体萃取过程最重要的参数之一。不同化合物在不同超临界压力下的溶解度数据[8] 表明，尽管不同化合物在超临界 CO_2 流体中的溶解度存在一定的差异，但随着超临界 CO_2 流体压力的增加，化合物的溶解度也相应增大，特别是在 CO_2 流体的临界压力（7.0～10.0MPa）附近，各化合物在超临界 CO_2 流体中溶解度参数的增加值可达到两个数量级以上。这种溶解度与压力的关系构成超临界 CO_2 流体萃取过程的基础[9,10]。

研究发现，超临界 CO_2 流体对溶质的溶解能力与其压力的关系可以用超临界 CO_2 流体的密度来表示。Stahl 等[7] 指出，在一定的压力范围内，超临界 CO_2 流体对溶质的溶解能力与其密度成正比，而超临界 CO_2 流体的密度则取决于流体的压力和温度。一般来说，在临界点附近，压力对密度的影响特别明显，压力的微小变化会引起密度的急剧改变，从而导致 CO_2 流体溶解能力的改变。

40℃时 CO_2 流体的密度与压力关系见图 4-8。由图 4-7 可见，在 7.0～20.0MPa 压力范围内，随着压力的升高，CO_2 流体的密度急剧增大，而超过此范围，CO_2 流体压力对其密度增加的影响逐渐变缓。因此，在临界点附近，提高 CO_2 流体的压力可以极大地提高超临界 CO_2 流体的密度，从而极大地提高其溶解能力。

同时，在超临界 CO_2 流体萃取过程中，可以通过控制萃取压力来控制 CO_2 流体的密度，从而获得较好的选择性。研究表明[11] 较高的 CO_2 流体密度会降低萃取的选择性，在萃取挥发性化合物时，如果萃取压力过高，超临界 CO_2 流体密度超过 800kg/m³，较容易导致甘油三酯被萃取出来，不但会影响萃取产物的纯度，而且容易造成节流阀堵塞[12]。

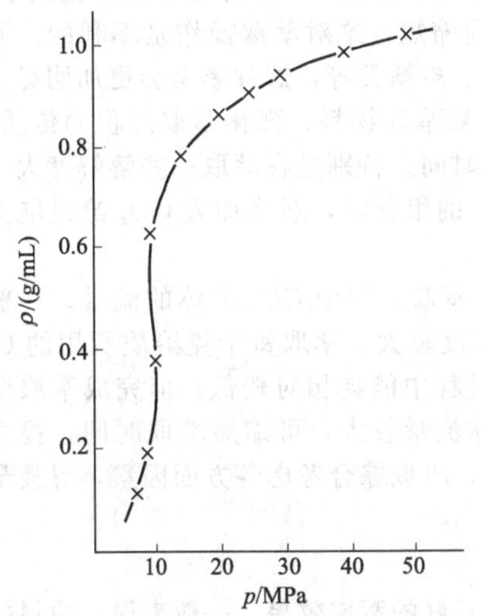

图 4-8 CO_2 流体的密度-压力关系（40℃）

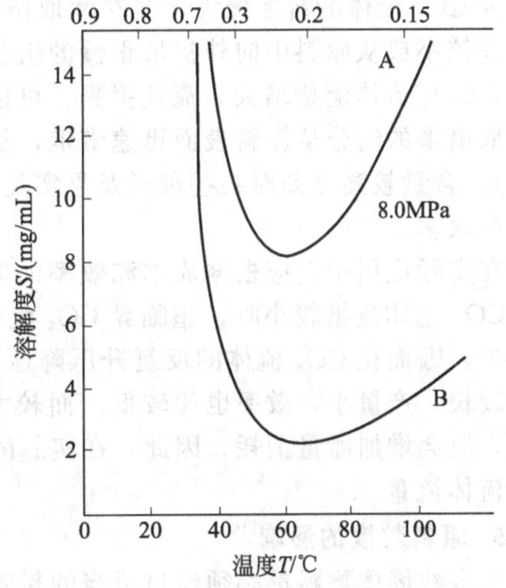

图 4-9 苧烯、香芹酮在超临界 CO_2 流体中溶解度等压线与温度、密度的关系

A—苧烯；B—香芹酮

2. 萃取温度的影响

萃取温度是超临界流体萃取的另一个重要影响参数。与萃取压力相比，萃取温度对超临界 CO_2 流体溶解能力的影响要复杂很多。一般情况下，温度升高，物质在 CO_2 流体中的溶解度往往先降后升，会出现一个最低值[13]。如图 4-9 所示，萜类化合物苧烯和香芹酮在 8.0MPa CO_2 流体中溶解度等压线与温度和密度的关系表明，从 35℃开始，随着温度的升高，相应 CO_2 流体密度下降，两个化合物的溶解度也下降，在 50～60℃，苧烯和香芹酮在超临界 CO_2 流体中的溶解度达到最小，然后随着温度的增加，相应的溶解度也有所增加[14]。

温度对溶质在超临界 CO_2 流体中溶解度的影响体现在两个方面：一方面，随着温度的升高，CO_2 流体密度降低，CO_2 流体的溶剂化效应下降，导致物质在其中的溶解度减小；另一方面，在一定的萃取压力下，随着萃取温度的升高，物质的蒸气压增大，目标组分的挥发性增强，有利于目标组分在超临界 CO_2 流体中的溶解，使物质在超临界 CO_2 流体中的溶解度增加。当前者占主导地位时，溶解度呈下降趋势，当后者占主要地位时，溶解度呈上升趋势。

3. 萃取时间的影响

严格来说，萃取时间包括静态萃取时间和动态萃取时间。

静态萃取是指在设定的萃取压力和萃取温度条件下，在 CO_2 流体流量为 0 时，保持超临界 CO_2 流体在萃取釜中一段时间，以便于超临界 CO_2 流体向基质内部扩散和渗透，与溶质充分接触，达到溶解平衡。保持适当的静态萃取时间，有利于目标组分的溶解。

动态萃取是指在特定的萃取温度和萃取压力下，保持恒定的 CO_2 流量进行的萃取操作。延长动态萃取时间，可以提高目标组分的萃取率，但随着动态萃取时间的延长，由于被萃取物料中目标组分的减少，传质推动力会下降从而导致萃取速率下降[15,16]。同时，在实际过程中，较长的萃取时间会增加提取设备的损耗和操作成本，因此应该选择合适的萃取时间。

单独的静态萃取和动态萃取的效果都不是很好，在实际萃取过程中，采用静动态结合的方式进行萃取可以获得良好的萃取效果[15]。

4. CO_2 流体流量的影响

超临界 CO_2 流体萃取过程实际上是目标组分在 CO_2 流体中溶解、扩散的过程，CO_2 流体的流量是超临界 CO_2 流体萃取操作中很重要的一个参数。

CO_2 流量的变化对超临界 CO_2 流体萃取过程的影响较为复杂。一方面，当 CO_2 流量增加时，超临界 CO_2 流体的流速增大，其在萃取釜内的停留时间缩短，这对萃取操作是不利的。尤其对溶解度较小或从原料中向外扩散很慢的组分，如皂苷类、多糖类等，这种影响会更加明显。另一方面，CO_2 流体流量增大，流速提高，可以更好地搅动被萃取物料，强化萃取过程的传质效果，将萃取出来的组分从原料表面迅速带走，从而缩短萃取时间。特别是在萃取一些溶解度大（如挥发油）、含量较高（如对某些种子及果实类药材的萃取）的组分时，适当加大 CO_2 流量能大大提高生产效率。

在实际应用中，应根据成本和效率的原则确定某一萃取过程中 CO_2 流体的流量。一般情况下，CO_2 流体流量较小时，超临界 CO_2 流体中溶质的浓度较大，萃取每千克溶质所用的 CO_2 流体较少，因而在 CO_2 流体的反复升压降压、加热冷却过程中能耗相对较低；但完成萃取所需的时间较长，产量小，效率也比较低。而较大的 CO_2 流体流量较大，可缩短萃取时间，提高生产效率，但会增加能量消耗。因此，在实际的生产过程中，应该综合考虑各方面因素，寻找最优的 CO_2 流体流量。

5. 原料粒度的影响[16]

大多数固体物料都必须经过适当的粉碎，才能获得较好的萃取效果。一般来说，原料的粒度越小，溶质与超临界 CO_2 流体的接触表面积越大，越有利于 CO_2 流体向物料内部扩散，越有利于萃取过程的进行。

一般情况下，固体物料中目标组分的超临界萃取率随原料粒度的减小而增大，但如果原料中目标组分的含量很高，在整个传质过程中，固体表面的对流传质起主导作用，则原料的粒度对萃取过程的影响并不明显。但是，如果物料粉碎过细，原料粒度过小，物料在萃取釜内会形成高密度床层，导致表面流动阻力增加，并阻塞 CO_2 流体流动通道，甚至导致操作无法进行。

对于植物药而言，由于其具有生物多样性，不同的植物药质地有很大的差别，应根据具体品种确定是否需要粉碎及合适的粉碎度。但一般来说 1～5mm 的粒度是比较合适的。

六、不同溶质在超临界 CO_2 流体中的溶解度

虽然萃取压力、萃取温度、CO_2 流体流量、萃取时间、原料的粉碎度等工艺参数对超临界

CO_2 流体萃取过程有一定的影响，但溶质的性质，特别是有机化合物相对分子质量的大小与分子极性的强弱，是影响超临界 CO_2 流体溶解能力的最主要因素，是决定目标组分能否采用超临界 CO_2 流体萃取的关键。

D. K. Dange[17] 测定了一系列有机化合物在超临界 CO_2 流体中的溶解度数据（在 25℃，$\rho=895kg/m^3$ 和 32℃，$\rho=860kg/m^3$ 条件下，溶解度用超临界 CO_2 流体中溶质的质量分数表示），并结合前人的工作，总结出如下溶质分子结构与其在超临界 CO_2 流体中溶解度的经验规律。

（1）烃类　碳原子数在 12 以下的正构烷烃能与超临界 CO_2 流体互溶，超过 12 个碳原子，溶解度将锐减。异构烷烃比正构烷烃有更大的溶解度。

（2）醇类　6 个碳以下的正构醇能与超临界 CO_2 流体互溶，碳数增加，溶解度会明显下降。在正构醇中增加侧链可适当增加溶解度。

（3）酚类　苯酚溶解度为 3%，酚羟基被甲基取代后能增加溶解度，而醚化的酚羟基将显著增加溶解度。

（4）羧酸　9 个碳以下的脂肪族羧酸能与超临界 CO_2 流体互溶，而十二烷酸（月桂酸）在超临界 CO_2 流体中仅有 1%的溶解度。卤素、羟基和芳香基的存在将导致脂肪族羧酸在超临界 CO_2 流体中溶解度下降。

（5）酯类　酯化将明显增加化合物在超临界 CO_2 流体中的溶解度。

（6）醛类　简单的脂肪族醛类如乙醛、戊醛和庚醛等，能与超临界 CO_2 流体互溶。脂肪族醛的不饱和结构对其溶解度没有明显的影响，但苯基取代会降低不饱和醛在超临界 CO_2 流体中的溶解度。

（7）萜类　萜类是各种天然香料的主要成分，在超临界 CO_2 流体萃取中药挥发油、香料、食品等天然产物的工艺研究中，萜类化合物在超临界 CO_2 流体中的溶解度规律有极为重要的实用价值。

萜类化合物的相对分子质量对溶解度有一定的影响，从单萜蒎烯到倍半萜长叶烯和双萜西松四烯，萜烯类化合物在超临界 CO_2 流体中的溶解度逐渐下降，萜烯分子每增加 5 个碳原子，溶解度会下降 500%左右，其原因可能是随着化合物相对分子质量的增大，化合物的挥发性降低。

与相对分子质量的影响相比，化合物极性对萜类化合物在超临界 CO_2 流体中的溶解度有更大的影响。单萜化合物如樟脑、柠檬醛、香茅醇和 1,8-萜二醇有不同的取代基和极性，尽管它们相对分子质量相近，但溶解度却有很大差异，这充分说明，溶质分子结构对其在超临界 CO_2 流体中的溶解度有非常重要的影响。研究结果表明，随着萜类化合物中含氧取代基增多，萜类化合物极性增大，其在超临界 CO_2 流体中的溶解度急剧下降。

七、夹带剂对超临界 CO_2 流体溶解能力的影响

（一）夹带剂对超临界 CO_2 流体溶解能力的影响

超临界 CO_2 流体是非极性溶剂，根据相似相溶原理，超临界 CO_2 流体对非极性脂溶性物质有较好的溶解能力，而对极性较强的溶质（如内酯、黄酮、生物碱等）的溶解能力明显不足，这在一定程度上限制了该技术的实际应用。为了提高超临界 CO_2 流体的溶解性能，通过向其中加入少量的、可与之混溶的第二种溶剂来调节超临界 CO_2 流体的极性，可大大提高超临界 CO_2 流体的溶解能力，使原来不能采用超临界 CO_2 流体萃取的物料变为可能，从而扩大其实际应用范围。

在超临界 CO_2 流体中加入的这种第二种溶剂被称为夹带剂（entrainer），也称为提携剂、共溶剂（cosolvent）或修饰剂（modifier），其挥发性介于被分离物质与超临界 CO_2 流体之间，并与超临界 CO_2 流体互溶。

夹带剂可以是某一种纯物质，也可以是两种或多种物质的混合物。夹带剂的加入可大幅度提高难溶化合物在超临界 CO_2 流体中的溶解度。例如，氢醌在超临界 CO_2 流体中的溶解度很低，当加入 2%磷酸三丁酯（TBP）后，氢醌的溶解度可以增加两个数量级以上，并且溶解度随磷酸三丁酯加入量的增加而增大；采用超临界 CO_2 流体萃取光菇子中秋水仙碱时，加入浓度为 76%

的乙醇作夹带剂可使萃取率提高 1.25 倍[18]。夹带剂的加入对超临界 CO_2 流体萃取过程有如下影响。

① 改善流体的溶剂化能力，提高溶质在超临界 CO_2 流体中的溶解度，降低萃取压力。

② 与溶质有特殊作用的共溶剂，会增强超临界 CO_2 流体对溶质的选择性。

③ 夹带剂可以调节超临界 CO_2 流体中化学反应的反应速率和选择性[19]。

④ 夹带剂还可直接用作反应物，例如与金属或有机化合物形成配合物[20]，从而增加溶质在超临界流体中的溶解度等。

⑤ 加入夹带剂后，还有可能通过仅改变萃取温度的变温分离流程来实现分离的目的。例如，采用乙醇作夹带剂后，温度的变化对棕榈油在超临界 CO_2 流体中的溶解度有非常明显的影响，因此可采用变温分离流程进行操作[21]。

夹带剂一般选用挥发度介于超临界萃取剂和被萃取溶质之间的溶剂，以液体的形式少量地加入到超临界溶剂中，提高溶质在超临界流体中的溶解度，增加萃取率或改善萃取的选择性。一般来说，具有良好溶解性能的溶剂，都是比较好的夹带剂，例如水、甲醇、乙醇、丙酮、乙酸乙酯、乙腈等，其中乙醇是最常用的夹带剂，虽然其极性不如甲醇，但乙醇无毒且易与 CO_2 流体混合，所以在天然产物的超临界 CO_2 流体萃取中，广泛采用乙醇作夹带剂[13]。

（二）夹带剂的作用机理

夹带剂的引入一方面大大改善了超临界流体萃取的操作性能，另一方面也增加了系统的复杂性，带来了一系列后处理问题，从而增加了操作步骤和成本。尽管如此，夹带剂的研究仍然是目前超临界流体技术的一个热点问题，夹带剂的作用机理目前还不十分明确，相关的热力学和相平衡数据都比较少，需要进一步地进行基础研究。一般来说，夹带剂主要从以下几个方面改善超临界 CO_2 流体萃取过程。

① 夹带剂可显著改变超临界 CO_2 溶剂系统的极性，提高被分离组分在超临界 CO_2 流体中的溶解度，并相应地降低超临界 CO_2 流体萃取过程的操作压力，从而大大拓宽超临界 CO_2 流体在萃取天然产物方面的应用。例如向超临界 CO_2 流体中添加百分之几的夹带剂，溶质的溶解度会极大地增加，其效果相当于系统的操作压力增加了数百个大气压。

② 加入与溶质起特殊作用的夹带剂，可极大地提高超临界 CO_2 流体对该溶质的选择性。

③ 提高溶质在超临界 CO_2 流体中的溶解度对温度、压力的敏感程度，在萃取压力基本不变的情况下，通过单独改变温度来实现分离的目的。

④ 作为反应物参与反应，例如煤的萃取可用四氢化萘为反应夹带剂，以提高产品的萃取率。

⑤ 改变溶剂的临界参数。当萃取温度受到限制时（如热敏性物质），溶剂的临界温度越接近于溶质的最高操作温度，溶质的溶解度越高，当用单组分溶剂不能满足这一要求时，可使用混合溶剂。如对某热敏性物质，最高允许操作温度为 341K，没有合适的单组分溶剂，但 CO_2 流体的临界温度为 304K，丙烷的临界温度为 370K，二者以适当的比例混合，可获得最优的临界温度[22]。

根据极性的不同，夹带剂可分为非极性夹带剂和极性夹带剂。夹带剂的种类不同，其作用机理也不尽相同。

一般情况下，夹带剂的加入可从超临界 CO_2 流体的密度、夹带剂与超临界 CO_2 流体分子间的相互作用等两个方面来影响超临界 CO_2 流体对溶质的溶解能力和萃取的选择性。通常情况下，少量夹带剂的加入对溶剂的密度影响不大，甚至还会导致超临界溶剂的密度下降；而夹带剂与溶质分子间作用力如氢键、范德华力以及其他化学作用力等则起了更为重要的作用。

（三）非极性夹带剂

1. 非极性夹带剂与非极性溶质

非极性溶剂与溶质的分子间作用力主要是色散力，而色散力与分子的极化率正相关。极化率越大，色散力越大。纯气体溶剂的极化率一般都很小，在所有碳氢化合物中，CO_2 的极化率仅比甲烷大。为提高超临界 CO_2 流体对溶质的溶解能力，可在其中加入极化率高的非极性夹带剂，如各种烷烃。J. M. Dobbs[23] 对以烷烃为夹带剂的六甲基苯和菲在超临界 CO_2 流体中的溶解度进行了研究，研究结果见表 4-6。研究结果表明，同种夹带剂对改善菲和六甲基苯在超临界 CO_2 流体中的溶解度的效果非常相近，也即加入非极性夹带剂可大大提高溶质在超临界 CO_2 流体中的溶解度，但对其选择性却没有多大影响。

表 4-6 非极性夹带剂对溶质溶解度的影响[23]

溶 质	夹带剂	夹带剂含量(摩尔分数)/%	溶解度之比①
六甲基苯	正庚烷	3.5	1.6
	正辛烷	3.5	2.1
	正十一烷	3.5	2.6
菲	正庚烷	3.5	1.6
	正辛烷	3.5	2.8
	正辛烷	5.25	4.2
	正辛烷	7.0	5.4
	正十一烷	3.5	3.6

① 溶解度之比 $=\dfrac{\text{有夹带剂时的溶解度}}{\text{无夹带剂时的溶解度}}$。

2. 非极性夹带剂与极性溶质

由于非极性夹带剂与极性溶质间不会产生特定的分子间作用力，如形成氢键等，因此对于极性溶质的超临界 CO_2 流体萃取，如果采用非极性溶剂作夹带剂，则只能通过分子间吸引力的增加来提高极性溶质的溶解度，但对选择性不会有很大的改善。Schmitt[24] 研究了苯、环己烷、二氯甲烷等夹带剂对菲（非极性）和苯甲酸（极性）的超临界 CO_2 和乙烷萃取结果的影响，研究结果表明这些夹带剂对两种溶质溶解度增加的倍数是相近的。J. M. Dobbs[25] 用辛烷作夹带剂对六甲基苯和苯甲酸的超临界萃取进行了研究，得到了和 Schmitt 相似的结论。

（四）极性夹带剂

极性夹带剂是指在超临界溶剂中加入少量带有极性官能团（酸性或碱性官能团）的物质。由于极性夹带剂与极性溶质分子间存在极性力，可形成氢键或其他特定的化学作用力，可极大地改善某些溶质的溶解度和萃取选择性。例如，对两种蒸气压相似但分子官能团有差异的溶质，或对溶解度很小的溶质（如氨基酸、糖、甾醇等），选用适当的极性夹带剂可进行有效的选择性萃取。

夹带剂的作用现在还无法定量描述，但可根据已有的各种参数对系统中的夹带剂效应进行判断和解释。

1. 溶解度参数

溶质与夹带剂分子间的作用可用各组分的溶解度参数来描述，而溶解度参数可根据已建立的方法来计算。

J. M. Dobbs[26] 研究了溶解度参数与夹带剂效应的对应关系，所用化合物的溶解度参数及实验结果见表 4-7 和表 4-8。

表 4-7 某些夹带剂与溶质的溶解度参数 $cal^{0.5}/cm^{1.5}$

溶 质	δ^T	δ^D	δ^O	δ^I	δ^A	δ^B
丙酮	9.6	7.2	5.1	1.5	0	3.0
甲醇	14.5	6.8	4.9	0.8	8.3	8.3
正辛烷	7.6	7.6	0	0	0	0
苯甲酸	13.0	8.9	2.5	0.3	9.3	0
2-氨基苯甲酸	12.7	8.9	2.5	—	—	—
六甲基苯	8.3	8.0	—	—	0	2.0
吖啶	10.5	9.5	3.0	0.3	0	3.8

注：δ^T—总溶解度参数；δ^D—色散力；δ^O—取向力；δ^I—诱导力；δ^A—酸性；δ^B—碱性。

表 4-8 夹带剂效应与溶解度参数的对应关系

溶　质	夹带剂	溶解度之比①	溶　质	夹带剂	溶解度之比①
苯甲酸	甲醇	3.7	吖啶	甲醇	2.3
	丙酮	2.1		丙酮	1.7
	正辛烷	2.3	六甲基苯	甲醇	1.1
2-氨基苯甲酸	甲醇	7.2		丙酮	1.2
	丙酮	3.1		正辛烷	2.1

① 溶解度之比$=\frac{有夹带剂时的溶解度}{无夹带剂时的溶解度}$。

上述实验结果可以用溶解度参数定性说明。苯甲酸的 $\delta^A=9.3$，采用甲醇作夹带剂，苯甲酸的溶解度增加了3.7倍，而丙酮的 δ^A 为0，用其作夹带剂时苯甲酸的溶解度只增加2.1倍，这与化合物的酸碱性作为溶质的溶解度参数相吻合。而采用非极性溶剂正辛烷作为夹带剂时，苯甲酸的溶解度增加了2.3倍，甚至比丙酮的效果还好一些，这一方面是由于正辛烷的 δ^D 较大，另一方面还有超临界溶剂本身性质的影响。

2. Lewis 酸碱解离常数 pK_a、pK_b

极性夹带剂的作用来自两种特定的化学作用力：溶质与夹带剂分子间形成的氢键和电荷转移形成的复合物，这两种特定的化学作用力都是 Lewis 酸碱作用。

J. G. VanAlsten[27] 以甲醇为夹带剂对结构相似的化合物非、芴、芴酮、吖啶的超临界 CO_2 流体萃取进行了研究。结果表明，溶质溶解度的增加倍数与夹带剂和溶质的酸碱解离常数（表征 Lewis 酸碱的强弱）有很强的对应关系。W. J. Schmitt[24] 对苯甲酸在超临界乙烷中的溶解度进行了研究，结果表明采用丙酮（Lewis 酸，$pK_b=21.2$）作夹带剂可使苯甲酸（Lewis 酸，$pK_b=4.2$）的溶解度增加数倍，其效果比采用其他非极性夹带剂的效果好很多。

3. 参数 α（氢键供体）、β（氢键受体）

α 表示化合物供给质子的能力，表征化合酸性的强弱；β 表示化合物接受质子的能力，表征化合物碱性的强弱。α、β 的值介于0～1，值越大表示化合物具有越强的氢键形成能力。根据溶质的 α、β 值的大小，可初步选择适当的夹带剂。例如，吖啶是较强的氢键受体（$\alpha=0$，$\beta=0.64$），甲醇是较强的氢键供体（$\alpha=0.94$，$\beta=0.62$），因此甲醇与吖啶分子间具有较强的氢键作用，所以可以选择甲醇作为夹带剂来提高吖啶在超临界 CO_2 流体中的溶解度。

4. 分子间的缔合作用

通常情况下，夹带剂与溶质分子间的化学缔合产生的吸引力远大于分子间极性吸引力的作用，因此分子间的缔合作用是影响溶质溶解度的主要因素。例如，芴酮的偶极矩为3.4D，而吖啶的偶极矩为2.1D，以甲醇为夹带剂分别对芴酮和吖啶进行超临界流体萃取，结果表明，甲醇对吖啶溶解度的增加有很大的影响，而甲醇对芴酮溶解度增加的影响几乎可以忽略不计，其原因在于甲醇与吖啶间存在分子间的缔合作用，而甲醇和芴酮间不存在这种缔合作用。

5. 参与反应的夹带剂

夹带剂也可以用作反应物，以提高萃取率和选择性。在对混合物中的某种物质进行分离提纯时，如果夹带剂与目标产物有特定的作用，如化学作用力或其他分子间作用力，或当溶质间存在化学平衡，而夹带剂参与化学反应时，则产品的收率和纯度都会得到大幅度的提高。

例如，发酵生产药品 Mevinolin（洛伐他汀）时，采用超临界 CO_2 流体作为萃取剂，以甲醇、乙酸、叔丁胺为夹带剂萃取脱水后的发酵产物。当以乙酸作夹带剂时，萃取物中的 Mevinolin 含量猛增到74.0%，萃余物中 Mevinolin 含量达到10%，这是由于乙酸作为夹带剂参与了化学反应，使得产品 Mevinolin 的纯度和收率都得到大幅度的提高。而碱性夹带剂叔丁胺由于促使反应向反方向进行，使萃取物中的 Mevinolin 含量由不加夹带剂的1.85%降至1.24%。

（五）夹带剂的选择

选用适当的夹带剂可大大增加目标组分在超临界 CO_2 流体中的溶解度，提高萃取的选择性，增加溶质溶解度对温度、压力的敏感程度，大大拓宽超临界 CO_2 流体在活性物质萃取方面的应用。

夹带剂的选择是一个相对复杂的过程，目前还缺乏足够的理论研究，主要依靠实验摸索。在选择夹带剂时应做如下考虑。

(1) 充分了解目标组分的性质　目标组分的性质包括分子结构、分子极性、相对分子质量、分子体积和化学活性等。在选择夹带剂时，应对这些性质综合考虑，对酸、醇、酚、酯等组分，可以选用含—OH、C═O 基团的夹带剂；对极性较大的目标组分，可选用极性较大的物质作为夹带剂。

(2) 选择合适的夹带剂浓度　夹带剂浓度的选择也非常重要，不合适的夹带剂浓度，反而可能降低萃取率。Sanagi 等[28] 在对可可豆中吡嗪进行超临界 CO_2 流体萃取时发现，当采用 2%甲醇和 5%二氯甲烷作夹带剂时，目标产物的萃取率增大，而采用 5%甲醇和 2%二氯甲烷作夹带剂时，目标产物的萃取率反而下降。

(3) 实验验证　通过实验确定所选择的夹带剂是否具有夹带增大效应（与未添加夹带剂相比）和夹带剂的选择性。

夹带剂的应用可大大拓宽超临界 CO_2 流体萃取在各行业的应用范围，特别是当被萃取组分在超临界 CO_2 流体中的溶解度很小或需要进行高选择性萃取时，夹带剂的应用非常有效。但夹带剂在改善超临界 CO_2 流体对溶质溶解能力的同时，也会削弱萃取系统的捕获作用，导致共萃物的增加，降低萃取的选择性。另外，夹带剂的应用也会导致已经很复杂的高压相平衡理论更加复杂，还增加了夹带剂的分离和回收过程，同时产物中还不可避免地残留一定的夹带剂。

第四节　超临界 CO_2 流体萃取的工艺流程与设备

一、超临界 CO_2 流体萃取的工艺流程

超临界 CO_2 流体萃取的具体工艺流程需要根据具体的萃取对象和分离任务来确定。理论上，某物质能否采用超临界 CO_2 流体萃取工艺进行提取分离主要取决于目标组分（即溶质）在萃取段和分离段两种不同状态下是否存在一定的溶解度差异，即在萃取段要求有较大的溶解度以便超临界 CO_2 流体能将其溶解，而在分离段则要求溶质在 CO_2 流体中的溶解度较小，以使其能从 CO_2 流体分离出来。

超临界 CO_2 流体萃取的基本流程主要包括两部分：溶质由原料转移到 CO_2 流体中的萃取段以及溶质与 CO_2 流体分离及不同溶质间分离的分离段，超临界 CO_2 流体萃取工艺的变化也主要体现在这两个工序。

由于被萃取物质的固有性质（热敏性、挥发性等）及其在 CO_2 流体中的溶解度受温度、压力的影响程度有很大的差异，因此实际的萃取过程针对不同的原料、分离目标和技术路线，应采用不同的萃取工艺流程，以使溶质在萃取段和分离段有较大的溶解度差异，从而实现萃取分离的目的。

超临界 CO_2 流体萃取流程一般分为常规萃取流程和含夹带剂的萃取流程，但按分离方式的不同又分为等温变压流程、等压变温、等温等压吸附流程和多级降压分离流程等，另外还有将萃取和分离耦合在一起的超临界 CO_2 流体精馏，下面将分别进行介绍。

1. 常规超临界 CO_2 流体萃取流程

常规超临界 CO_2 流体萃取流程见图 4-10。此流程是一个等温流程，是应用最早也最普遍的一种流程，适用于萃取产物不需再进一步分离的情况，例如啤酒花、姜油、各种精油、天然香料等。

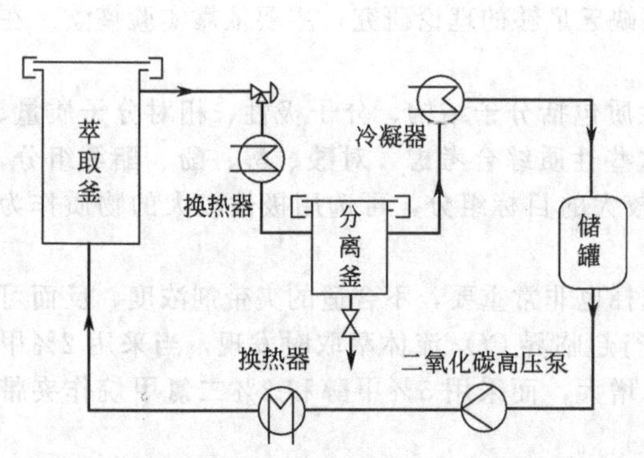

图 4-10 常规超临界 CO_2 流体萃取流程

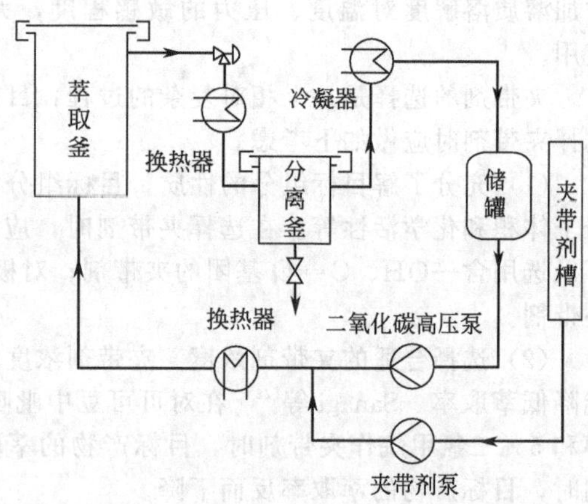

图 4-11 含夹带剂的超临界 CO_2 流体萃取流程

2. 含夹带剂的萃取流程

超临界 CO_2 流体是非极性溶剂，根据相似相溶原理，它对非极性的脂溶性物质有较好的溶解能力，而对极性较强的物质如内酯、黄酮、生物碱、香豆素等的溶解能力较差。通过添加极性不同的夹带剂，可以调节超临界 CO_2 流体的极性，提高被萃取物质在 CO_2 流体中的溶解度，扩大超临界 CO_2 流体萃取的应用范围。

含夹带剂的超临界 CO_2 流体萃取流程见图 4-11，夹带剂从 CO_2 泵的出口端送入系统。在实际应用中，也可以将夹带剂由 CO_2 泵的入口端送入，但夹带剂会占去部分 CO_2 流体输送泵的输送能力，在夹带剂用量较大时不易从泵入口端送入。

3. 等温变压流程

等温变压流程的特点是萃取釜和分离釜处于相同温度，而萃取釜压力高于分离釜压力，利用高压下 CO_2 流体对溶质的溶解度远高于低压下的溶解度这一特性，通过降低分离段的压力而降低溶质在 CO_2 流体中的溶解度，以使在萃取釜中 CO_2 流体选择性溶解的目标组分在分离釜中析出为产品，如图 4-12(a) 所示。降压过程采用减压阀来实现，在降压过程中，CO_2 流体会因节流膨胀而降温，因此需要对分离釜加热以使其保持与萃取釜大致相同的温度。降压后的 CO_2 流体（一般处于临界压力以下）通过压缩机或高压泵再将压力提升到萃取釜的压力，以便循环使用。由于等温变压流程易于操作，压力的改变对 CO_2 流体溶解度的影响很大，因此该流程应用最为广泛，适用于从固体物料中萃取脂溶性、热敏性组分。但在萃取过程中，由于需要对 CO_2 流体不断地进行加压和减压操作，整个流程的能耗较高。

4. 等压变温流程

等压变温流程的工艺特点是萃取釜和分离釜处于相同压力，利用 CO_2 流体对溶质的溶解能力随温度的升高而降低的特点，在分离釜中通过加热升温使溶质在 CO_2 流体中溶解度下降来达到分离的目的，如图 4-12(b) 所示。该流程的特点是在低温下萃取，在高温下实现溶剂、溶质的分离，萃取釜和分离釜的压力相同，适用于提取分离那些在 CO_2 流体中的溶解度对温度变化较为敏感且受热不易分解的组分。但一般情况下，温度变化对 CO_2 流体溶解度的影响远小于压力变化的影响，因此，等压变温流程虽然可以节省压缩能耗，但实际分离性能受到很多限制，在实际的科研和生产过程中应用较少。

5. 等温等压吸附流程

如图 4-12(c) 所示，等温等压吸附流程中萃取和分离过程都处于相同的温度和压力下，利用分离釜中填充的可对目标组分选择性吸附的吸附剂，来选择性地吸附除去在萃取段溶解在 CO_2 流体中的目标组分，然后定期再生吸附剂以实现分离的目的。吸附剂可以是液体如水、有机溶剂等，也可以是固体如活性炭等。该流程比上述等温变压和等压变温流程更简单，但必须选择价廉的、易于再生的吸附剂，而且该流程只适用于那些可使用选择性吸附方法分离目标组分的体系，但绝大多数天然产物的分离过程很难通过吸附剂来收集产品，因此吸附法流程只适用于少量杂质的脱除，如咖啡豆中咖啡因的脱除等。

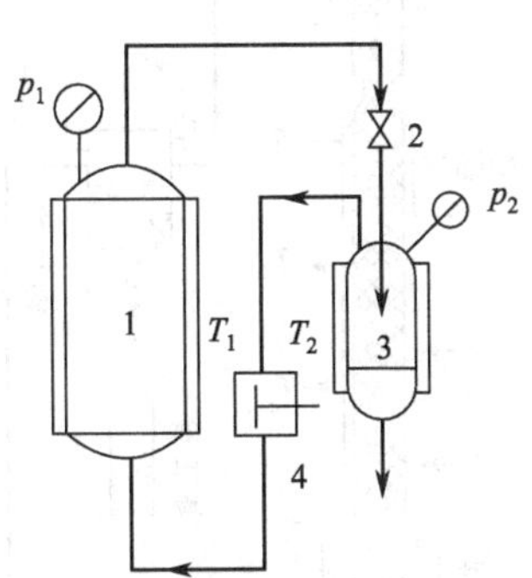

(a) 等温变压流程（$T_1=T_2$，$p_1>p_2$）

1—萃取釜；2—节流阀；

3—分离釜；4—压缩机

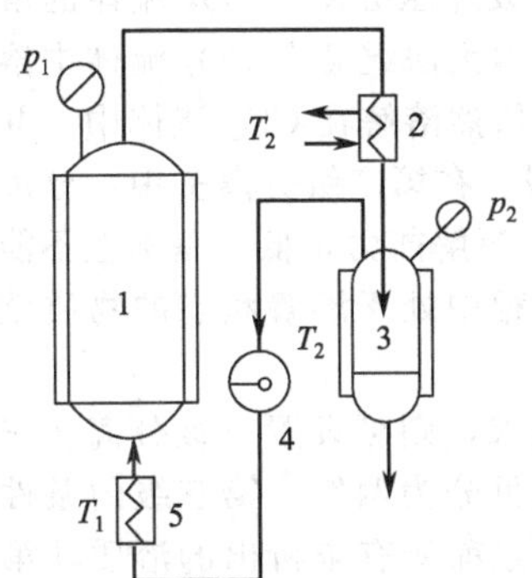

(b) 等压变温流程（$T_1<T_2$，$p_1=p_2$）

1—萃取釜；2—加热器；3—分离釜；

4—压缩机；5—冷却器

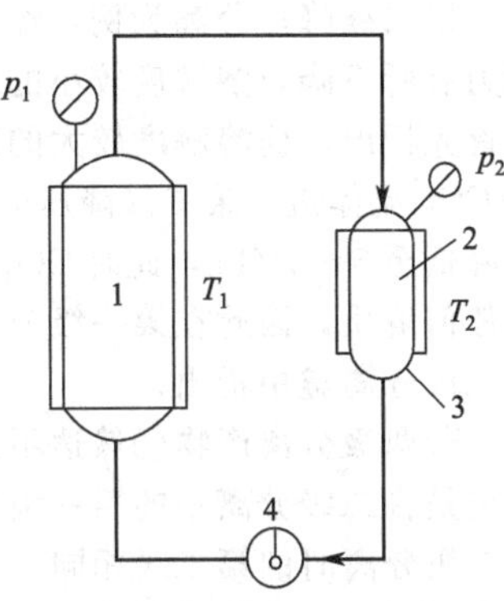

(c) 等温等压吸附流程（$T_1=T_2$，$p_1=p_2$）

1—萃取釜；2—吸附剂；

3—分离釜；4—压缩机

图 4-12　超临界流体萃取的三种基本流程

吸附法又分在分离釜中吸附和直接在萃取釜中吸附两种。例如，超临界 CO_2 流体萃取咖啡因工艺，见图 4-13，首先利用超临界 CO_2 流体萃取出咖啡豆中的咖啡因，然后将溶解有咖啡因的 CO_2 流体送入吸收塔底部，与塔顶流下的水进行逆流传质，用水吸收 CO_2 流体中溶解的大部分咖啡因，脱咖啡因后的 CO_2 流体经压缩后作为萃取剂重新送入萃取塔，而吸收塔底流出的含咖啡因的高压水溶液经减压后进入脱气室脱除溶解在水中的 CO_2，脱气后的水溶液进入蒸发结晶器得到咖啡因，水蒸气经冷凝后重新泵入吸收塔顶部循环使用。另外，也可以直接在萃取釜中吸附咖啡因，即将活性炭与咖啡豆同置于萃取釜中，然后充以超临界 CO_2 流体（19MPa，80℃）并静置 15h，使咖啡豆中的咖啡因被萃取出来并被活性炭吸附，然后经筛分使脱咖啡因的咖啡豆与活性炭分离。

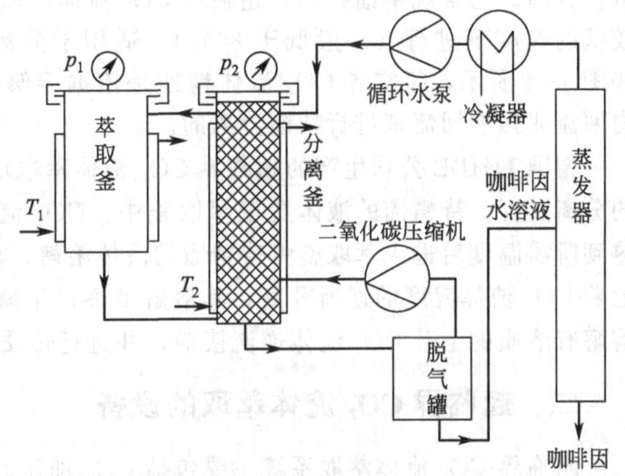

图 4-13　咖啡因的超临界 CO_2 流体萃取水吸附流程

6. 多级降压分离流程

在超临界 CO_2 流体萃取过程中，被萃取出来的物质都是混合物，含有多种成分，有时需对其进一步分离精制以富集其中的某些成分。例如，分离生姜萃取物中的姜辣素和精油，分离植物种子萃取物中的油脂与水、腥臭成分和游离脂肪酸，分离辣椒萃取物中的辣椒红色素和辣素等。此时，可利用多级降压分离工艺达到分离的目的。

多级降压分离流程对等温法流程的分离段进行了改进。等温法流程是在一个分离釜中将具有很高溶解能力、溶解了各种溶质的高压 CO_2 流体的压力一步降到几乎没有溶解能力的很低压力（一般为 4～6MPa），使溶解于高压 CO_2 流体中的各个组分在分离段全部析出。而多级降压分离则是将上述高压 CO_2 流体在流经数个串联的分离釜后逐步降压，以降低 CO_2 流体的溶解能力，使溶解于 CO_2 流体中的各组分在逐步降压过程中依次在不同的分离釜中析出。

在萃取段，溶解度越大的组分越先溶解于超临界 CO_2 流体并被萃取出来；在分离段，溶解度越小的组分越先从 CO_2 流体中分离出来。多级降压分离过程就是利用这一特性对超临界 CO_2 流体中溶解的各种组分进行分级分离。

以二级降压分离为例，经第一级降压分离，CO_2 流体的溶解能力有所下降，溶解度较小的组分因无法继续在 CO_2 流体中溶解会首先析出，而溶解度较大的组分依然溶解在 CO_2 流体中，并随着 CO_2 流体进入第二级降压分离段。在第二级分离釜中，分离压力降低至 5～6MPa，此时 CO_2 流体溶解能力很低，基本上不能溶解任何溶质，因此在第一级分离过程中处于溶解状态的物质就在第二级分离釜中析出。

若两级分离产物仍然达不到要求，则可设置三级分离。三级分离是将二级分离中的第一级分离再分为两级，第三级的条件则与二级分离时的第二级相同，以使之前所有未析出的溶质在第三级全部析出。具体采用多少级降压分离，应根据产品的具体分离要求和各组分间溶解度的差异具体确定。

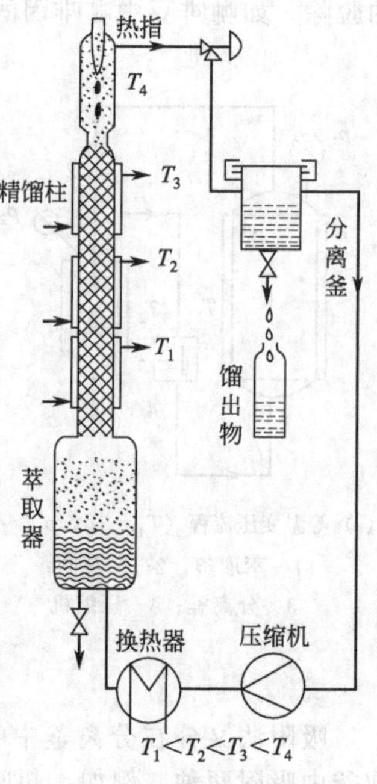

图 4-14　超临界 CO_2 流体精馏流程

7. 超临界 CO_2 流体萃取精馏流程

超临界 CO_2 流体萃取一般用于提取固体物料中的目标组分，但对某些脂溶性液体，可采用超临界 CO_2 流体萃取精馏工艺对其进行分离。与常规精馏相比，超临界 CO_2 流体萃取精馏过程可在较低的温度下进行（一般低于 80℃），适用于分离热敏性组分。如图 4-14 所示，超临界 CO_2 流体精馏是依据溶解度下降而形成内回流或强制回流来进行精馏分离的。

德国 UHDE 公司生产的超临界 CO_2 流体萃取塔内装填料，精馏柱采用分段加热以调节最佳的分离温度。待精馏的液体置于萃取釜中，CO_2 流体经压缩机加压到所需压力，并经换热器加热到所需温度后进入萃取釜将待精馏的液体溶解。溶解有溶质的 CO_2 流体进入精馏柱并被加热，随着 CO_2 流体温度的逐渐升高，其溶解度逐渐下降，致使部分溶质析出并产生回流，回流液与溶解有溶质的上升 CO_2 流体逆流接触，并进行传质和传热。

二、超临界 CO_2 流体萃取的设备

超临界 CO_2 流体萃取系统主要包括 CO_2 加压、萃取、分离、温度及压力控制等部分，萃取系统的主要设备包括压缩机、高压泵、阀门、换热设备、萃取釜、分离釜、加料器和储罐等，其中萃取釜是核心设备。由于超临界 CO_2 流体萃取研究的大部分对象是固体物料，而且多数采用容器型萃取釜，所以本节仅就固体物料的超临界萃取装置作简要介绍。

（一）固体物料萃取釜

1. 萃取釜的特点

① 必须采用全镗开盖式萃取釜。萃取釜是超临界 CO_2 流体萃取技术的关键。由于高压下连续进出固体物料技术还达不到工业化要求，为适应固体物料频繁装卸的需要，国际上普遍使用全镗快开盖式高压釜加原料框结构以满足萃取生产的需要。

② 密封结构和密封材料必须适应超临界 CO_2 流体较强的溶解性能和很高的渗透能力。

2. 萃取釜的规模

（1）实验室萃取设备　萃取釜的容积一般在 500mL 以下，结构简单，无 CO_2 循环设备，承压能力可达 70MPa，适合于实验室探索性研究。近年来出现的萃取器容积在 2mL 左右的萃取仪，可与分析仪器直接联用，主要用于制备分析样品。

（2）中试设备（1～2L）　配套性好，CO_2 可循环使用，可用于工艺研究和小批量样品的生

产，国际上发达国家都有生产，我国也有专门生产厂家。

(3) 工业化生产装置　萃取釜的容积在 50L 至数立方米，工业化超临界 CO_2 萃取装置的应用范围非常广泛，在食品、香料、植物药、生物工程等多个行业均有广泛应用。目前国外研究生产此类装置的公司主要分布在德国、奥地利、美国等，其生产的装置压力最大可达 60MPa，单个萃取釜的容积能达到 3000L。我国自 1996 年开始了超临界萃取工业化装置的研制，目前单个萃取釜的容量可达 3000L，压力可达 50MPa。

3. 萃取釜的密封结构和密封材料

(1) 密封结构　萃取釜能否连续正常运行在很大程度上取决于密封结构的完善性和密封材料的合理选择。

按密封元件的受力情况来分，密封结构可分为强制型密封和自紧式密封。强制型密封完全依靠外力（如螺栓）对密封元件施加载荷来实现；自紧式密封主要利用介质的压力对密封元件施加载荷。

由于超临界 CO_2 流体萃取过程的特点要求操作方便，尽可能减小非操作时间以提高过程的经济性，因此工业化萃取釜一般都采用径向式自紧密封结构。

目前国内外大型超临界萃取设备多采用自紧式密封环和卡箍快开结构，见图 4-15。该结构是由日本三菱化工机械株式会社研制的，具有尺寸紧凑、操作方便、密封性能好等优点，密封压力可达 75MPa。除卡箍式快开结构外，有些公司（如瑞士 NOVA 公司）生产的小型实验室设备采用线接触型密封方式，见图 4-16，因接触比压高，因此密封可靠，密封压力可达 70MPa，但该密封结构对金属材料的性能有非常高的要求。

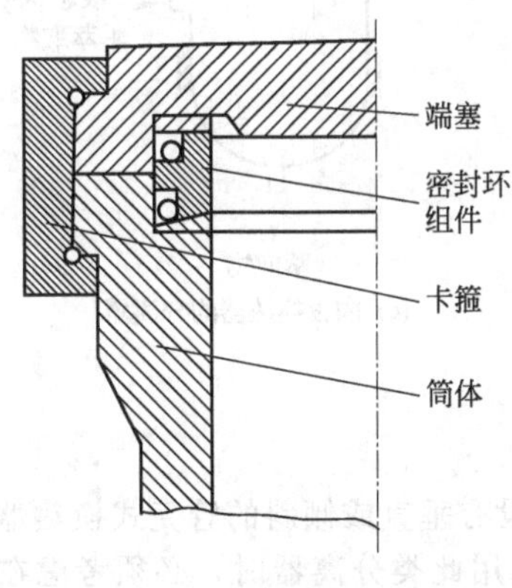

图 4-15　自紧式密封环结构

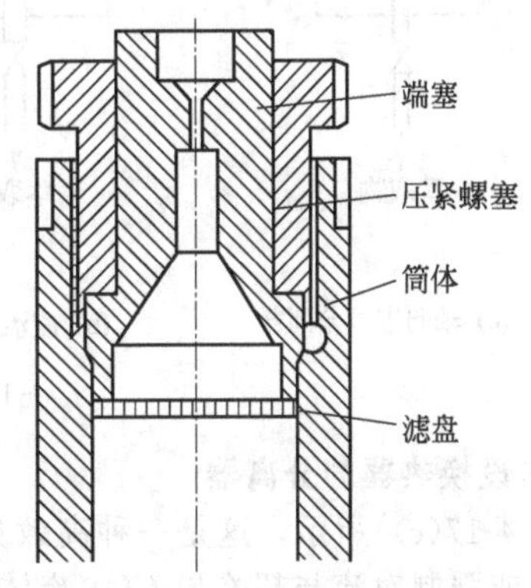

图 4-16　线接触型密封结构

(2) 密封材料　密封材料的选择对超临界 CO_2 流体萃取的操作非常重要，因为超临界 CO_2 流体具有较强的溶解和渗透能力，如果密封材料选择的不合适，使用时高压 CO_2 会渗入密封圈，导致密封圈发生溶胀，从而无法满足快开的要求。

丁腈橡胶"O"形圈具有优良的不透气性能、耐油性能以及良好的耐热性和耐水性，与有机试剂长期接触后仍能保持原有的强度和良好的物理性能，因此丁腈橡胶"O"形圈比较适于用作超临界萃取釜的密封元件。但丁腈橡胶在超临界 CO_2 流体中仍然会发生一定的溶胀，也需要经常更换。

目前，国内研制出了一种内衬金属环的特殊材质密封圈，可完全消除溶胀现象，能在卸压后马上开盖，能很好地满足快开要求。

(二) 分离器

从萃取釜出来的溶解有溶质的超临界 CO_2 流体，经减压阀减压，在减压阀出口管路系统中流体呈两相流状态，即存在气相和液相（或固相）。其中含有萃取物和溶剂的液相，以小液滴的形式分散在气相中，在分离釜气液（或气固）两相分离。如果萃取产物是混合物，其中的轻组分常会被溶剂夹带，从而影响产物的收率。一般分离器具有如下形式。

1. 轴向进气分离器

轴向进气分离器是最常用的一种分离器，如图 4-17(a) 所示。该类分离器采用夹套式加热，结构简单，使用、清洗都很方便。但如果进气流速较大，进气会吹起未及时卸掉的萃取物，并将形成的液滴夹带出分离器，从而导致萃取收率下降，严重时会堵塞下游管道系统。

2. 旋流式分离器

如图 4-17(b) 所示，旋流式分离器由旋流室和收集室两部分组成。对于液体萃取物，可在旋流室底部用接受器收集溶剂含量较低的萃取物，而如果萃取物比较黏稠或呈膏状不易流动，可将底部接受器设计成活动的，以便取出萃取物。旋流式分离器可以很好地解决轴向进气分离器的不足，其不仅能破坏雾点，而且能供给足够的热量使溶剂蒸发。即使不减压，这种分离器也有很好的分离效果。

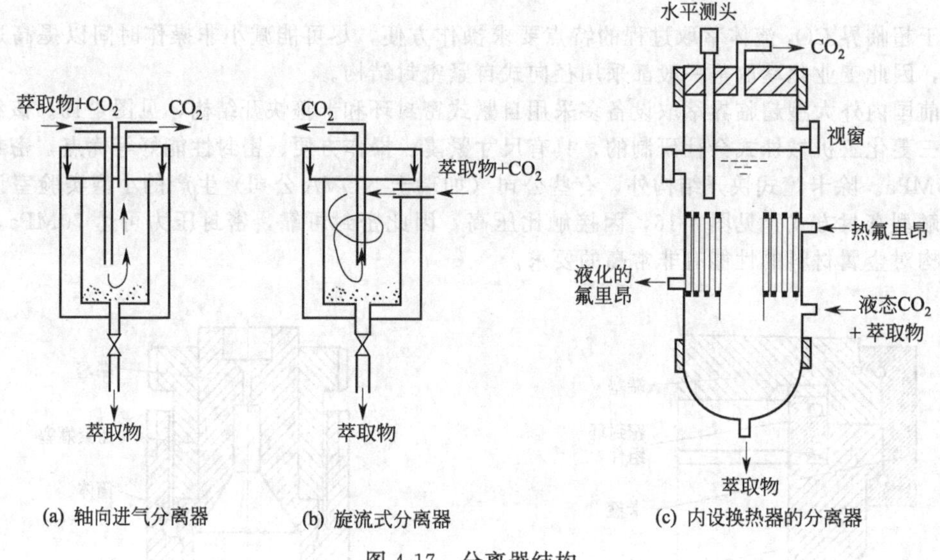

图 4-17　分离器结构

3. 内设换热器的分离器

如图 4-17(c) 所示，这是一种高效分离器，在其内部设有垂直或倾斜的管壳式换热器，利用自然对流或强制对流与超临界 CO_2 流体进行换热。但在选用此类分离器时，必须考虑在换热器的表面是否会有萃取物沉积，萃取物对温度是否敏感，产物和其他组分是否具有回收价值等。例如在啤酒花的萃取分离过程中，可能会有大量的萃取物附着在换热器表面，导致传热效果变差，引起萃取物变性等。

（三）CO_2 加压设备

超临界 CO_2 流体萃取装置在高压下操作，所以 CO_2 流体的加压装置是核心部件之一。

1. CO_2 压缩机

采用压缩机的系统流程和设备都比较简单，经分离后 CO_2 流体无需冷凝成液体就可直接加压循环使用，且可以将分离压力降得很低以实现更加完全的解析。但压缩机的体积和噪声都较大，CO_2 流量较小，工作效率较低，不能满足工业化过程对大量 CO_2 的需求，仅用于一些实验室规模的装置。

2. CO_2 高压泵

高压泵具有 CO_2 流量大、效率高、噪声小、能耗低、操作稳定可靠等优点，但 CO_2 必须液化后才能进泵。因此流程中常配备多个热交换器。国内外大、中、小型超临界 CO_2 流体萃取设备基本上都采用高压泵升压。

第五节　超临界 CO_2 流体萃取的应用与实例

植物药是我国的传统医药。近年来，以预防、保健等为主的医疗模式的转变使我国的传统医学正发挥着越来越大的作用。同时，由于生存环境的恶化，人类“回归自然”的呼声越来越高，传统医药受到前所未有的重视。目前国际上大约有 170 多家公司、40 多个研究团体从事植物药的研究和开发工作。欧盟、加拿大、澳大利亚、美国等也有了统一或初步的植物药管理办法。我国也开展了研究和制定国际化的植物药标准，建立符合植物药特点的植物药疗效评价标准和体系，开展植物药提取物生产工艺和质量标准等研究课题[29]。

要使中药走向现代化并进入国际市场，要解决好产品质量不稳定、药理药效不十分清楚、有效成分含量可控性差、疗效不够稳定等一系列问题。超临界流体萃取技术作为一种新型的分离技术，在很大程度上可以避免传统药物提取过程的缺陷，而且不会对环境产生污染，为我国传统中药的现代化提供了一条重要途径。

一、萜类与挥发油的提取

萜类化合物种类繁多，在自然界中分布十分广泛。许多植物成分富含萜类化合物，如挥发油等；树脂、胡萝卜素等属于萜类化合物；人参中的活性成分人参皂苷为三萜衍生物；青蒿中的青蒿素是倍半萜。

挥发油也称精油，存在于植物的根、茎、叶、花、果实中。传统上，常采用水蒸气蒸馏法（steam distillation，SD 法）对挥发油进行提取，但该工艺收率较低，而且在提取的过程中会导致芳香性成分大量损失及某些成分高温分解，因此产品的品质较差。

由于挥发油所含化学成分的沸点相对较低，相对分子质量不大，在超临界 CO_2 流体中具有良好的溶解性能，大多数挥发油都可以采用纯超临界 CO_2 流体直接萃取，所需操作温度较低，避免了其中有效成分的破坏或分解，因此萃取产物的质量上乘，产品的收率相对较高，是一类最适合用超临界 CO_2 流体进行提取的成分。

植物药中挥发性成分的超临界 CO_2 流体萃取实例见表 4-9。

实例 4-1：牛尾独活挥发油的提取

牛尾独活（*Heracleum hemsleyanum* Diels），伞形科植物重齿毛当归的干燥根，为常用中草药。其主要成分为为 β-蒎烯、α-蒎烯等[30]，具有祛风除湿、散寒止痛的作用，主治风寒湿痹、腰膝酸痛、手脚挛痛、慢性气管炎等。

陈虹等[31] 对牛尾独活的水蒸气蒸馏提取、超临界 CO_2 流体萃取以及微波辅助萃取进行了比较，结果表明微波辅助萃取需要的时间最短，而挥发油的收率最高，可达到 0.72%，但萃取物的品质较差。而在萃取压力 25MPa、萃取温度 45℃、CO_2 流量 20L/h 的条件下，对牛尾独活进行超临界 CO_2 流体萃取，其挥发油的收率为 0.65%，比微波辅助萃取的收率略低，但远高于水蒸气蒸馏法 0.13%的提取率，而且萃取产物具有较浓厚的牛尾独活芳香，产品具有较高的品质。

实例 4-2：莪术挥发油中 β-榄香烯的提取

莪术是姜科姜黄属植物蓬莪术（*Curcuma phaeocaulis* Valeton）、桂莪术（*Curcuma kwangsiensis* S. G. Lee et C. F. Liang）和温莪术（*Curcuma wenyuin* Y. H. Chen et C. Ling）的干燥根茎，味辛，性温，具有行气破血、消积止痛、抗肿瘤、抗病毒等功效，对多种肿瘤细胞生长有明显的抑制作用，其主要活性成分莪术醇、莪术酮和 β-榄香烯等对癌细胞有直接破坏作用。

刘红梅等[32] 采用均匀设计方法对莪术挥发油中莪术醇的超临界 CO_2 流体萃取工艺进行了优化研究。莪术生药粉碎、过 40 目筛、60℃烘干 6h，精确称 200g 过筛的莪术粉，加入 25mL 浓度为 72%的乙醇作为夹带剂，并与莪术粉充分混合，然后置于萃取釜中，在萃取压力 20MPa、萃取温度 45℃的条件下静态萃取 27min，然后再动态萃取 80min，得到的莪术醇的萃取率为 0.6143mg/g。

表 4-9　植物药挥发性成分的超临界 CO_2 流体萃取实例[29]

科属	名称	药用部位	提取物的收率及特点	
			SFE 法	SD 法
姜科	生姜	根茎	4.3%(3h),橙黄色稠油状液体,富含姜黄素,保持生姜的天然风味	2.2%(5h,120℃过热蒸汽),基本不含姜黄素,风味与生姜有较大差异
	姜黄	侧根茎	4.0%(2h),油香且纯正	1.66%(6h),油香气较淡
	莪术	根茎	1.0%(3h),可提供不同萜类化合物	
	草果	果实	1.05%(3h),主要成分为1,8-桉油精	0.68%(5h),主要成分为醇类
	草豆蔻	种子	清亮、透明、亮棕色,浓烈的草豆蔻香气	
伞形科	川芎	根茎	含量 1.57%,10.3%(4h),淡黄色油状物,香气较浓	含量 1.40%(甲醇提取),0.18%(6h),淡黄色油状物,香气较淡
	小茴香	果实	6.8%(3h),淡黄色半透明油状物	1.5%(6h),淡黄色油状物
	当归尾	根	1.5%(3h),棕色油液,藁本内酯含量 19.82%	0.32%(6h),棕黄色油液
	蛇床子	果实	10%(3h),蛇床子素含量为 22.6%	
菊科	木香	根	2.52%(2h),去氢藁本内酯含量 37.0%	0.43%(2h),去氢藁本内酯含量 11.5%
	苍术	根茎	5.12%(1h)	1.31%(5.5h)
	黄花蒿	全草	3.5%,青蒿素含量为 16%,得到一系列 SD 法提取不到的组分	
百合科	大蒜	地下鳞茎	蒜素 3.77g/kg	蒜素 1.48g/kg
胡颓子科	沙棘	果实	油收率达 90%	
柳叶菜科	月见草	种子	色泽纯正,γ-亚麻酸 9.5%	色泽不理想,γ-亚麻酸 7.8%
木兰科	辛夷	花	80min,4.15%	2.4%

二、香豆素和木脂素的提取

香豆素又称豆精，是具有苯并 α-吡喃酮母核的一类化合物，多以游离态或与糖结合成苷的形式而存在。

许多香豆素及其苷具有多方面的生物活性，如秦皮中的七叶内酯和七叶苷具有抗菌作用，是治疗细菌性痢疾的有效成分，后者还有保护血管通透性的作用；某些双香豆素具有抗维生素 K 的作用，可用于预防血液凝固；还有些香豆素具有光敏作用，能吸收紫外线，例如补骨脂的补骨脂素和异补骨脂素是治疗白癜风的有效成分。

木脂素是一类由双分子苯丙素聚合成的天然化合物，绝大多数通过侧链 β-碳原子聚合而成，在植物体内多以游离态存在，也有些结合成苷。木脂素具有抗癌、保肝、镇静和肌肉松弛等多种药物活性。

在传统的提取方法中，小分子香豆素因具有挥发性，可采用水蒸气蒸馏的方式进行提取，而对于大分子难挥发的香豆素可采用碱溶酸沉、溶剂法等进行提取。游离的木脂素具有亲脂性，可通过溶剂进行提取。

超临界 CO_2 流体萃取技术对于香豆素和木脂素的提取是一种非常有效的方法，通过采用多级分离或与精馏技术相结合可以获得有效成分含量较高的提取物。对于游离态的香豆素和木脂素一般不需要加夹带剂，但对于分子量较大或极性较强的成分，需要加入适当的夹带剂，而对于以苷的形式存在的组分，采用超临界 CO_2 流体则相对比较困难。

香豆素类及木脂素成分的提取研究见表 4-10。

表 4-10 中草药中香豆素及木脂素的超临界 CO_2 流体提取实例

科属	名称	药用部位	主要目标成分	参考文献
伞形科	白芷	根	氧化前胡素、欧前胡素	[33]
	蛇床子	果实	呋喃香豆素	[34]
木兰科	厚朴	茎皮、根皮	厚朴酚、和厚朴酚	[35]
伞形科	羌活	根茎	呋喃香豆素类、欧前胡酚	[36]
豆科	补骨脂	果实	补骨脂素、异补骨脂素	[37]

实例 4-3：白芷中香豆素类成分的提取

白芷性温、味辛，具有祛风除湿、通窍止痛、消肿排脓等功效。其主要生理活性物质是香豆素，其中最主要的是氧化前胡素、欧前胡素、异欧前胡素。研究表明白芷提取物中总香豆素的含量越高，其疗效也越好，因此白芷提取物中总香豆素的含量可作为白芷提取工艺的评判指标。

刘红梅[33]等以氧化前胡素、欧前胡素、异欧前胡素的含量为指标，采用正交设计方法对白芷香豆素类成分的提取工艺进行了优化。在萃取压力 21MPa、萃取温度 50℃条件下萃取 3.0h，在压力为 6.5MPa、温度为 30℃的分离条件下对萃取物进行分离，总香豆素的萃取率达到 11.464mg/g。

实例 4-4：蛇床子的超临界流体萃取

蛇床子为伞形科植物蛇床的果实，主要用于治疗妇科炎症。

宫竹云等[34]采用二次回归连贯设计方法对蛇床子中有效成分蛇床子素的超临界 CO_2 流体萃取工艺进行了优化研究。在萃取压力 40MPa、萃取温度 40℃，分离Ⅰ压力 5MPa、分离Ⅰ温度 45℃，分离Ⅱ温度 46℃、分离Ⅱ压力 5MPa 的最佳条件下，萃取 80min，蛇床子素的量可达 21.08%。

实例 4-5：羌活的超临界萃取

羌活为伞形科植物羌活的干燥根茎和根，为治疗风寒感冒、头痛、四肢酸痛、风湿性关节炎痛的常用中药。郭晏华[36]等采用正交实验方法、考察了萃取压力、温度、夹带剂用量等因素对羌活中异欧前胡素的超临界 CO_2 流体萃取的影响，并对实验结果进行了放大，为羌活中的香豆素类成分的超临界 CO_2 流体提取的工业化提供了一定的依据。

三、黄酮类化合物的提取

黄酮类化合物是指基本母核是 2-苯基色原酮的一类化合物，主要存在于芸香科、唇形科、豆科、伞形科、银杏科与菌科等植物中，具有广泛的生物活性，毒性小，因此很多制剂可长期使用，如水飞蓟有保肝作用，葛根素有明显的扩冠作用，银杏黄酮有抗氧化、抗肿瘤等作用。

黄酮类化合物的传统提取方法包括醇提、碱提或碱醇提、热水浸提等，提取产物采用溶剂法、pH 梯度萃取法、硼酸配位法、铅盐沉淀法等进行分离。但这些传统方法都存在排污量大、有效成分损失多、提取率低、成本高等一系列缺点。而采用超临界 CO_2 流体萃取可以实现萃取分离一步完成，萃取率相对较高。部分黄酮类化合物的超临界 CO_2 流体萃取研究实例见表 4-11。

表 4-11 中草药中黄酮类化合物的超临界 CO_2 流体萃取实例

科属	名称	药用部位	主要目标成分	参考文献
银杏科	银杏叶	叶	银杏黄酮、银杏内酯	[38]
豆科	甘草	根及根茎	甘草素、异甘草素、甘草查耳酮 A、甘草查耳酮 B	[39]
山茶花	茶叶	芽叶	茶多酚	[40]
杜仲科	杜仲	叶、皮	杜仲黄酮	[41]

实例 4-6：银杏黄酮的超临界萃取

银杏叶提取物因对心血管疾病的治疗和保健作用而受到广泛关注。银杏叶的主要有效成分是银杏黄酮类化合物，传统上采用溶剂浸提并经柱层析进行分离，提取物中银杏黄酮苷含量高于

22%、银杏苦内酯的含量在6%左右。但由于传统提取工艺的局限性，超临界 CO_2 流体萃取方法在银杏黄酮萃取方面得到一定的应用。

韩玉谦等[38] 对比了银杏黄酮的乙醇回流提取和超临界 CO_2 萃取，并对提取物中的活性成分进行了定性和定量分析，结果发现两种方法提取的物质相同，但超临界 CO_2 流体萃取物中总黄酮的质量分数（35.28%）要高于乙醇提取物中总黄酮的含量（27.1%）。在萃取压力20MPa、萃取温度35～40℃的条件下可对银杏叶中总黄酮进行萃取，萃取产物中不存在有机溶剂和重金属残留，而且低温操作可以很好地保持银杏叶中有效成分的天然品质，萃取产物的质量高于现行的国际质量标准。

实例 4-7：茶多酚的超临界萃取

茶多酚具有显著的抗氧化性能和良好的清除自由基的能力，在食品和医药工业中有着广泛的应用前景。李军等[40] 对茶多酚的超临界 CO_2 流体萃取工艺进行了研究，并在流动法测定装置中测定了茶多酚在超临界 CO_2 流体中的溶解度，并测定了萃取压力21MPa、萃取温度80℃的最优条件下茶叶中茶多酚的萃取量与 CO_2 累计用量的关系，最后将萃取物经简单分离，得到相对纯度为95.45% 的茶多酚；另外在实验中还发现加入乙醇水溶液作夹带剂后茶多酚的萃取率可提高10倍左右。

实例 4-8：甘草素的超临界萃取

甘草是一种广泛分布的中草药，具有补脾益气、清热解毒、祛痰止咳、调和药性等作用。付玉杰等[39] 采用正交试验与单因素试验相结合方法对异甘草素的超临界 CO_2 提取工艺进行了优化研究，在优化的萃取条件下，异甘草素的提取率为0.035%，是索氏提取法的3.5倍。由于甘草中的黄酮类成分极性相对较高，选择适当的夹带剂可以大大提高甘草中黄酮类成分在超临界 CO_2 流体中的溶解度。

实例 4-9：杜仲叶总黄酮的超临界萃取

杜仲是我国的特有树种，根、叶、皮均可入药，具有消炎抑菌、抗疲劳、抗衰老、抗癌、降压、清除自由基等诸多功效。李秋红等[41] 对杜仲叶总黄酮的超临界 CO_2 流体萃取工艺进行了优化，在45℃、30MPa、夹带剂用量3.5mL/g的条件下萃取2.5h，黄酮提取率达到73.26%，产品纯度达到19.82%。

四、醌及其衍生物的提取

醌类化合物是分子中具有不饱和环二酮结构的一类天然有机化合物，具有抗菌、抗氧化、抗肿瘤等多种生物活性。许多植物药如红花、黄精、紫草、丹参、大黄、芦荟等都含有醌类成分。根据其结构不同，醌可分为苯醌、萘醌、蒽醌、菲醌4种不同母核的化合物。

大多数醌及其衍生物的极性都较大，因此采用超临界 CO_2 流体萃取时都需要采用较高的萃取压力，而且通常还需要加入适当的夹带剂。醌及其衍生物的超临界 CO_2 流体萃取实例见表4-12。

表 4-12 植物药中醌类成分的超临界 CO_2 流体萃取实例

科属	名称	药用部位	主要目标成分	参考文献
唇形科	丹参	根及根茎	丹参酮ⅡA	[42]
蓼科	大黄	根及根茎	大黄酸、大黄素等	[43]
	何首乌	块茎	大黄酸、大黄素及大黄素甲醚	[44]
紫草科	紫草	根	萘醌	[45]

实例 4-10：丹参酮ⅡA的超临界萃取

丹参酮ⅡA是丹参脂溶性成分之一，是药典规定用于质量控制的有效成分。醇提工艺可将其中90%以上的丹参酮ⅡA提取出来，但在后续的制稠膏干燥过程中，丹参酮降解甚多，浸膏中丹参酮ⅡA的含量只有0.15%～1%，再做成制剂，丹参酮ⅡA的含量往往因为太小而难以检测，因此很难达到药典标准。在萃取压力为20MPa、萃取温度为40℃条件下，以乙醇为夹带剂对丹参进行超临界 CO_2 流体萃取，萃取物中丹参酮ⅡA的含量一般在20%左右，最高可达80%，可直接用于制剂生产[42]。

实例4-11：大黄游离蒽醌超临界萃取

大黄是我国特产药材，具有泻下、祛痰、解毒等功效。未作君等[43]对大黄游离蒽醌的超临界 CO_2 流体萃取进行了研究，考察了萃取温度、萃取压力、CO_2 流量、萃取时间、夹带剂种类等对大黄游离蒽醌萃取率的影响，并选定乙醇作为大黄游离蒽醌超临界 CO_2 流体萃取的夹带剂。在萃取温度45℃、萃取压力45MPa的条件下以乙醇为夹带剂动态萃取30min，大黄游离蒽醌的萃取率可达1.15%。

五、生物碱的提取

生物碱是植物药有效成分中非常重要的一类，也是植物药中研究得比较多的一类成分。大部分生物碱化学结构都比较复杂，多有复杂的含氮杂环结构，绝大多数生物碱具有显著的生物活性，如吗啡是很好的镇痛药，长春新碱、紫杉醇等具有较好的抗癌活性等。

在植物体内，生物碱往往和植物酸性成分结合成盐而存在，少数碱性较弱的生物碱也以游离态或酯或苷的形式存在。传统上多采用溶剂法对总生物碱进行提取，如水或酸水提或醇提，但由于在提取分离过程中要使用大量的酸或碱性试剂，因此排污量大，对环境会造成污染。

但由于生物碱的化学性质及其存在特点，往往很难用纯 CO_2 流体将其有效提取出来，因此在提取前需用氨水等进行碱化处理，使之全部转化为游离碱，并使用适当的夹带剂以增强超临界 CO_2 流体的溶解能力或提高萃取的选择性。因此对大多数生物碱而言，超临界 CO_2 流体萃取并不是一种有效方法，但由于其可大大减少酸性或碱性试剂的用量，并具有较高的提取效率，因此超临界流体萃取技术在生物碱提取方面的应用还值得进一步研究。部分生物碱的超临界 CO_2 流体萃取实例见表4-13。

表4-13　中草药中生物碱的超临界 CO_2 流体萃取实例

科属	名称	药用部位	有效成分	夹带剂	萃取温度/℃	萃取压力/MPa	参考文献
百合科	光菇子	鳞茎	秋水仙碱	乙醇	40	34.9	[18]
罂粟科	延胡索	块茎	延胡索乙素	乙醇	60	45	[46]
	博落回	全草	血根碱、白屈菜碱	甲醇、乙醇(含碳酸钠)	43	35	[47]
洋金花		花	东莨菪碱	甲醇(含氨水)	40	34.9	[48]
桑寄生科	槲寄生	带叶茎枝	槲寄生碱	氯仿(含氨水)	50	25	[49]

实例4-12：槲寄生碱的超临界流体萃取

槲寄生为桑寄生科植物的干燥叶茎，其味苦、平、归肝、肾经，有祛风湿、益肝肾、强筋骨、安胎等功效，用于治疗风湿痹痛、腰膝酸软、胎动不安等。

李俶等[49]对槲寄生的超临界 CO_2 流体萃取、酸水溶液提取、超声波辅助萃取等工艺进行了比较，并采用正交实验方法对槲寄生的超临界 CO_2 流体萃取进行了优化。在萃取温度50℃、萃取压力25MPa的条件下以氯仿为夹带剂动态萃取60min，生物碱的提取率为0.54%，低于酸水回流提取的1.41%和超声波辅助提取的1.73%。由此可见，超临界 CO_2 流体对极性较高的生物碱的提取率较低，即便是添加夹带剂，其提取效果也不是很好。

六、糖及苷类的提取

糖类是植物光合作用的主要产物，占植物体的50%～80%，是植物细胞的重要营养物质。中药所含的糖类成分包括单糖类、低聚糖类和多糖类，研究发现某些多糖具有多方面的生物活性，在抗肿瘤、抗病毒、降血糖、抗凝血、抗炎、抗衰老等方面发挥着重要作用。

苷又称糖配体，是糖或糖的衍生物（如氨基糖、糖醛酸等）与另一非糖物质（称苷元或配糖体）通过其端基碳原子连接而成的化合物。苷水解后生成糖或非糖类（苷元）两部分化合物。苷元的结构类型差别很大，性质和生物活性也有很大的差异。

由于糖及苷类化合物分子量较大，羟基多，极性大，用纯 CO_2 流体进行提取时的提取率较低，因此在提取时需要加入适当的夹带剂或采用较高的提取压力。部分糖及苷类化合物的提取实例见表 4-14。

表 4-14 中草药中糖及苷类化合物的超临界 CO_2 流体萃取

科属	名称	药用部位	有效成分	参考文献
石竹科	雪灵芝	全草	总皂苷及多糖	[50]
薯蓣科	黄山药	根	薯蓣皂素	[51]
毛茛科	芍药	根	芍药苷、白芍药苷	[52]
五加科	人参	叶	人参皂苷	[53]

实例 4-13：雪灵芝总皂苷的超临界流体萃取

廖周坤等[50] 在用超临界 CO_2 流体萃取雪灵芝时发现，不加夹带剂的超临界 CO_2 流体即使在很高的压力下也无法萃取总皂苷及多糖，同样条件下加入不同夹带剂时，随着夹带剂极性的增大，萃取物多糖的收率随之增大，而总皂苷粗品收率逐渐降低；在加入夹带剂的超临界 CO_2 流体萃取中，所得总皂苷粗品、多糖的收率分别达到传统提取工艺的 18.9 倍及 1.62 倍。

实例 4-14：人参皂苷的超临界流体萃取

人参皂苷是存在于人参根、茎、叶中的一种双糖链皂苷，能提高机体免疫力。罗登林等[53]对人参皂苷的超临界 CO_2 流体萃取进行了强化研究，对比了夹带剂、超声波和反相微乳技术对超临界 CO_2 流体萃取人参皂苷的强化效果，发现在相同的操作条件下，超声波联合超临界 CO_2 流体反相微乳萃取的人参皂苷萃取率最高，而且超声波的加入不会改变超临界 CO_2 流体对萃取人参皂苷的选择性和人参皂苷的结构。

除上述研究体系外，超临界 CO_2 流体萃取技术还可用于萃取脂溶性的种子油、天然维生素、鱼油、植物甾醇、酚类等药用有效成分，还可以用于脱除植物药中的有害重金属等。

就植物药而言，超临界 CO_2 流体萃取能用于各种植物固体原料（根及根茎、茎、皮、叶、花、果实、种子、全草等）和常规提取后的固体及液体粗品原料；就提取对象而言，超临界 CO_2 流体萃取可用于挥发油、各种含氧化合物（如醇、酯、酚、酮、酸、内酯）、色素及生物碱等的提取、各种常规提取粗产品的纯化以及去除有机溶剂和有害杂质等。但迄今为止，大部分研究工作都还集中在单味药物的提取，而对传统中药复方的研究还不多，因此，今后的研究工作应将重点放在复方提取或分组提取方面。另外，由于 CO_2 是非极性和低分子量分子，因此超临界 CO_2 流体对于许多强极性和高分子量的物质很难有效提取，因而需要采用各种强化技术，例如加入适当的夹带剂，采用超声波、电场或微波进行强化等。另外，由于传统的分离釜只是一个空的高压容器，利用不同分离压力来实现分级分离的目的，所以产品往往是不同馏分的混合物。由于天然产物组成复杂，近似化合组分多，因此单独采用超临界流体萃取技术常常难以满足对产品纯度的要求。为此，人们还开发了超临界萃取技术与其他分离手段的联用技术，例如超临界流体萃取与精馏技术的联用[54]、超临界流体萃取与尿素包合技术的联用[55]、超临界流体萃取与色谱分离技术的联用[56] 等。

思考题

1. 什么是超临界流体？超临界流体具有什么样的性质？
2. 超临界流体萃取的原理是什么？
3. 超临界 CO_2 流体具有什么样的特点？
4. 超临界 CO_2 流体对溶质的溶解性能与哪些因素有关系？
5. 夹带剂会对超临界 CO_2 流体的溶解性和选择性有什么样的影响？夹带剂的作用机理是

什么？

6. 超临界 CO_2 流体萃取流程主要包括哪些？有什么样的特点？

7. 超临界 CO_2 流体萃取系统的设备主要包括哪些？萃取釜具有什么样的特点？

8. 超临界 CO_2 流体萃取目前存在什么样的问题？

参考文献

[1] Hannay J B，Hogarth J. Proc Roy Soc，1879，29：324.

[2] 朱自强．超临界流体技术——原理和应用．北京：化学工业出版社，2000.

[3] 李卫民，金波，冯毅凡．中药现代化与超临界流体萃取技术．北京：中国医药科技出版社，2002.

[4] 廖传华．超临界 CO_2 萃取技术的应用．过滤与分离，2003，13（2）：7-9.

[5] 郑晓彬，王靖岱．静态法测定固体溶质在超临界溶剂中的溶解度．现代化工，2004，24（z1）：184-185，189.

[6] 赵锁奇，王仁安．超临界流体色谱法测定固体在二氧化碳中的溶解度．高校化学工程学报，1996，10（1）：16-21.

[7] Stahl E，Gerard D. Solubility Behavior and Fractionation of Essential Oil in Dense Carbon Dioxide. Perfumer & Flavorist，1985，10（2）：29-30.

[8] 朱廷风，廖传华，黄振仁．超临界 CO_2 萃取技术在食品工业中的应用与研究进展．粮油加工与食品机械，2004，（1）：68-70.

[9] 胡长鹰，丁霄霖，刘云．当归油在超临界 CO_2 流体中的溶解度测定及研究．中国粮油学报，2004，19（6）：84-87.

[10] Reverchon E，Della Porta G，Gorgolione D. Supercritical CO_2 Fractionation of Jasmine Concrete. J Supercritical Fluids，1995，（8）：60-65.

[11] Gawdzik J，Mardarowicz M，Suprynowicz Z，et al. Journal of High Resolution Chromatography，1996，19（4）：237-240.

[12] Pourmortazavi S M，Sefidkon F，Hosseini S G. Journal of Agricultural and Food Chemistry，2003，51（18）：5414-5419.

[13] Chiu，Cheng Y，Chen J，et al. Journal of Supercritical Fluids，2002，24（1）：77-87.

[14] 张德权，胡晓丹．食品超临界 CO_2 流体加工技术．北京：化学工业出版社，2005.

[15] 李湘洲，张炎强．超临界 CO_2 静动态结合萃取姜黄油的工艺．北京理工大学学报，2007，27（4）：366-369.

[16] 杨林，何丹．白术中白术内酯Ⅰ的超临界 CO_2 萃取工艺研究．中草药，2006，37（9）：1331-1333.

[17] Dange D K，Heller J P，Willson K V. Structure Solubility Correlations：Organic Compounds and Dense Carbon Dioxide Binary Systems. Ind Eng Chem Prod Res Dev，1985，24（1）：162-166.

[18] 姜继祖，叶开润，廖周坤等．超临界 CO_2 流体萃取光菇子中秋水仙碱的研究．中草药，1997，28（3）：147-149.

[19] Anitescu G，Tavlarides L L. Ind Eng Chem Res，2002，41（1）：9-21.

[20] Lin Y，Wai C M，Jean F M，et al. Environ Sci Technol，1994，28：1190.

[21] Brennecke J F，Eckertc A. Phase Equilibria for Supercritical Fluid Process Design. AIChE J，1989，35（9）：1409-1427.

[22] Jingden Chen，Hahn Pil Soo，Slattery，J C. Source：Coalescence Time for Supercritical Fluid Carbon Dioxide. J Chem Eng Data，1986，31（3）：303-308.

[23] Dobbs J M，Wong J M. Nonpolar Co-solvents for Solubility Enhancement in Supercritical Fluid Carbon Dioxide. J Chem Eng Data，1986，31（3）：303-308.

[24] Schmitt W J. The Use of Entrainers in Modifying the Solubility of Phenanthrene and Benzoic Acid in Supercritical Carbon Dioxide and Ethane. Fluid Phases Equilibria，1986，32（1）：77-79.

[25] Dobbs J M，Johnston K P. Selectivity in Pure and Mixed Supercritical Fluid Solvents. Ind Eng Chem Res，1987，26（7）：1472-1476.

[26] Dobbs J M，Wong J M. Modification of Supercritical Fluid Phase Behavior Using Polar Cosolvents. Ind Eng Chem Res，1987，26（1）：56-65.

[27] VanAlsten J G. AIChE Annual Meeting，San Francisco. 1984.

[28] Sanagi M M，Hung W P，Yasir S M. Journal of Chromatography A，1997，785（1-2）：361-367.

[29] 廖传华，黄振仁．超临界 CO_2 流体萃取技术——工艺开发及其应用．北京：化学工业出版社，2005.

[30] 马潇，宋平顺，朱俊儒．甘肃产独活及牛尾独活挥发油成分的气-质联用分析．中国现代应用药学，2005，22（1）：44-46.

[31] 陈虹，张承红，杨虎．超临界二氧化碳和微波萃取牛尾独活挥发油的比较研究．时珍国医国药，2007，18（11）：2732-2734.

[32] 刘红梅，李可意．基于 BP 神经网络和遗传算法优化莪术超临界萃取工艺．中国药学杂志，2006，41（5）：371-374.

[33] 刘红梅，张明贤．白芷中香豆素类成分的超临界流体萃取和 GC-MS 分析．中国中药杂志，2004，29（3）：241-244.

[34] 宫竹云，张高勇，聂永亮．超临界 CO_2 萃取工艺对蛇床子素的影响．中草药，2006，37（11）：1649-1652.

[35] 缪海均，柳正良，李云华．超临界流体萃取法-毛细管气相色谱法分析厚朴药材中厚朴酚、和厚朴酚的含量．药物分析杂志，1998，18（3）：182-185.
[36] 郭晏华，沙明．超临界 CO_2 从羌活中萃取香豆素类成分的工艺研究．中国中药杂志，2002，27（5）：384-385.
[37] 陆峰，刘荔荔，李玲等．超临界流体色谱法测定补骨脂中补骨脂素和异补骨脂素含量．药学学报，1999，34（4）：301-303.
[38] 邓启焕，高勇．第二类超临界流体萃取银杏叶有效成分的实验研究．中草药，1999，30（6）：419-422.
[39] 付玉杰，施晓光，刘晓娜．超临界 CO_2 提取甘草地上部分总黄酮．植物研究，2007，27（3）：372-375.
[40] 李军，冯耀声．超临界二氧化碳萃取茶多酚的研究．天然产物研究与开发，1996，8（3）：42-47.
[41] 李秋红，罗莉萍，叶文峰．超临界 CO_2 萃取杜仲叶总黄酮的研究．食品科学，2006，27（12）：553-555.
[42] Dean J R，Liu B，Price R．Extraction of Tanshinone Ⅱ A from *Salvia miltiorrhiza Bundge* Using Supercritical Fluid Extraction and a New Extraction Technique，Phytosol Solvent Extraction．J Chromatogr A，1998，799（1-2）：343-348.
[43] 未作君，林立，倪晋仁．超临界 CO_2 流体萃取大黄游离蒽醌的研究．高校化学工程学报，2006，20（2）：197-202.
[44] 白研，葛发欢，史庆龙等．超临界 CO_2 流体萃取制首乌中的有效成分．中药材，2005，28（4）：290-291.
[45] 梁瑞红，谢明勇，刘薇．超临界 CO_2 萃取新疆紫草萘醌得率的响应曲面分析．食品科学，2004，25（5）：76-78.
[46] 苏乐群，黄欣，张学顺．均匀设计法优化延胡索生物碱的超临界流体萃取工艺．中国医院药学杂志，2005，25（11）：1020-1022.
[47] 蔡建国，张涛，陈岚．超临界 CO_2 流体萃取博落回总生物碱的研究．中草药，2006，37（6）：852-854.
[48] 卞俊，蔡定国，顾明娟等．二氧化碳超临界流体萃取洋金花中东莨菪碱的研究．中国药学杂志，1996，31（10）：588-590.
[49] 李俶，倪永年，李莉．槲寄生碱的不同提取方法的研究．食品科技，2006，31（10）：94-97.
[50] 廖周坤，姜继祖，王代远等．超临界 CO_2 萃取藏药雪灵芝中总皂苷及多糖的研究．中草药，1998，29（9）：601-602.
[51] 葛发欢，史庆龙，林香仙．超临界 CO_2 从黄山药中萃取薯蓣皂素的工艺研究．中草药，2002，31（3）：181-183.
[52] 黄意甜，张军，蒋东旭．更年静心方超临界 CO_2 萃取后的提取工艺研究．中药新药与临床药理，2004，15（4）：282-283.
[53] 罗登林，丘泰球，王睿瑞．不同强化方法对超临界 CO_2 萃取人参皂苷的影响．精细化工，2006，23（3）：269-272.
[54] 刘云，丁霄霖，朱丹华等．超临界 CO_2 双柱逆流萃取浓缩天然维生素 E 的最佳工艺研究．中国食品添加剂，2005，（4）：26-31.
[55] 韩一松，任其龙，杨亦文等．SFC 制备 EPA 和 DHA 乙酯过程中上载量和流速的影响．高校化学工程学报，2007，21（2）：189-193.
[56] 周雪晴，冯玉红，张冲等．超临界 CO_2 萃取结合柱色谱分离萝芙木生物碱．精细化工，2007，24（2）：154-155，161.

第五章 双水相萃取技术

随着基因工程、蛋白质工程、细胞培养工程、代谢工程等高新生物技术研究工作的广泛展开，各种高附加值的生化新产品不断涌现，对生化分离技术也提出了越来越高的要求。由于下游过程的生化分离和纯化手段往往步骤繁琐、处理时间长、收率低且重复性差，严重制约了生物技术的工业化发展。因此，近年来随着生物工程技术的飞速发展，出现了许多新的分离技术，双水相体系萃取技术就是其中的一种高效而温和的生物分离新技术。该技术由于操作方便、分离效率高，不会导致被分离物质的破坏和失活，目前广泛应用于生物大分子物质的分离和纯化。自从1956年，瑞典的Albertsson首次运用双水相萃取技术来提取生物成分以来，对于双水相体系的研究和应用逐步展开，并取得了一系列研究成果。现在双水相萃取技术已广泛地应用于蛋白质、酶、核酸等生物产品的分离和纯化以及药物有效成分提取，并逐步向工业化生产迈进，展现了广阔的应用前景。在生物小分子物质的分离和生物无机化学等方面的应用研究也已经展开。随着人类进入21世纪，以生物医药为主体的医药工业发展新时代即将到来，与之相匹配的传统分离技术在处理生物医药产品时，流程长、易失活、处理量小、收率低和成本高，不能与医药工业后处理工程要求相适应，阻碍了这些医药产品的工业化进程。双水相萃取技术以作用条件温和、产品活性损失小、无有机溶剂残留、处理量大、分离步骤少、设备投资小、操作简单、可连续操作、易于放大等显著的技术优点而广泛应用于医药产品的提取和纯化中，展现了巨大的工业化应用前景。相信随着该技术的进一步完善，其应用将更加广泛。

第一节 概 述

一、双水相体系形成

早在1896年，Beijerinck发现，当明胶与琼脂或明胶与可溶性淀粉溶液相混时，得到一个混浊不透明的溶液，随之分为两相，上相富含明胶，下相富含琼脂（或淀粉），这种现象被称为聚合物的不相溶性（incompatibility），从而产生了双水相体系（aqueous two phase system，ATPS）。双水相现象是当两种聚合物或一种聚合物与一种盐溶于同一溶剂时，由于聚合物之间或聚合物与盐之间的不相溶性，使得聚合物或无机盐浓度达到一定值时，就会分成不相溶的两相，因使用的溶剂是水，因此称为双水相。原则上，无论是天然的还是合成的亲水聚合物，绝大多数在与另一种聚合物水溶液混合时都可分成两相，构成双水相体系。通过溶质在相间分配系数的差异而进行萃取的方法即为双水相萃取（aqueous two phase extraction，ATPE）。由于在两个水相中水都占有较大的比例（70%～95%），在这种环境中，活性蛋白或细胞不会失活；而且双水相萃取技术具有操作条件温和、处理量大、易于连续操作等优点，从而使其能广泛应用于生物分离工程中。双水相体系的形成主要是由于高聚物之间的不相溶性，即高聚物分子的空间阻碍作用，相互无法渗透，不能形成均一相，从而具有分离倾向，在一定条件下即可分为二相。一般认为只要两聚合物水溶液的疏水程度有所差异，混合时就可发生相分离，且疏水程度相差越大，相分离的倾向也就越大。可形成双水相体系的聚合物有很多，典型的聚合物双水相体系有聚乙二醇(polyethylene glycol，PEG)/葡聚糖（dextran，Dex)、聚丙二醇（polypropylene glycol)/聚乙二醇、甲基纤维素（methylcellulose）/葡聚糖等。另一类双水相体系是由聚合物/盐构成的。此类双水相体系一般采用聚乙二醇（polyethylene glycol）作为其中一相成相物质，而盐相则多采用硫酸盐或者磷酸盐。

二、双水相萃取原理

双水相萃取与水-有机相萃取的原理相似，都是依据物质在两相间的选择性分配。当萃取体系的性质不同时，物质进入双水相体系后，由于表面性质、电荷作用和各种力（如疏水键、氢键和离子键等）的存在以及环境因素的影响，使其在上、下相中的浓度不同。

1. 双水相体系相图

图 5-1 中把均相区与两相区分开的曲线，称为双节点曲线。如果体系总组成位于双节点曲线下方的区域，两高聚物均匀溶于水中而不分相。如果体系总组成位于双节点曲线上方的区域，体系就会形成两相。上相富集了高聚物 Q，下相富集了高聚物 P。用 A 点代表体系总组成，B 点和 C 点分别代表互相平衡的上相和下相组成，称为节点。A、B、C 三点在一条直线上，称为系线。

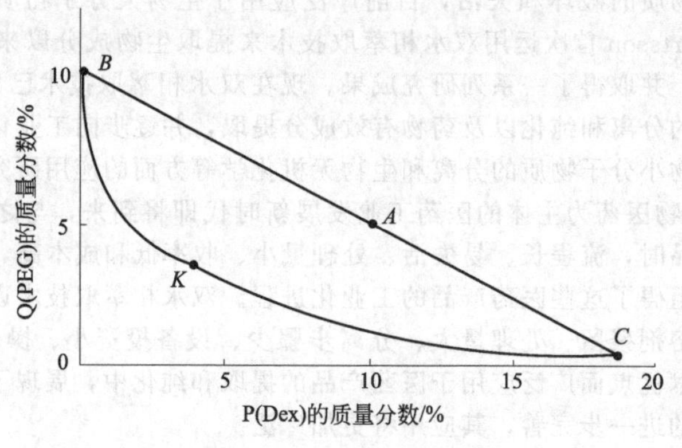

图 5-1　双水相体系相图

在系线上各点处系统的总浓度不同，但均分成组成相同而体积不同的两相。两相的体积近似服从杠杆规则，即

$$\frac{V_{\mathrm{T}}}{V_{\mathrm{B}}}=\frac{\overline{BM}}{\overline{MT}}$$

系线的长度是衡量两相间相对差别的尺度，系线越长，两相间的性质差别越大，反之则越小。当系线长度趋向于零时，即在图 5-2(b) 的双节线上 K 点，两相差别消失，任何溶质在两相中的分配系数均为 1，因此 K 点称为临界点（critical point)。

物质在双水相体系中分配系数 K 可用下式表示

$$K=\frac{c_{\mathrm{t}}}{c_{\mathrm{b}}}$$

式中，K 为分配系数；c_{t} 和 c_{b} 分别为被分离物质在上、下相的浓度。

分配系数 K 等于物质在两相的浓度比，由于各种物质的 K 值不同，可利用双水相萃取体系对物质进行分离。其分配情况服从分配定律，即在一定温度一定压强下，如果一个物质溶解在两个同时存在的互不相溶的液体里，达到平衡后，该物质在两相中浓度比等于常数。分离效果由分配系数来表征。

2. 分配机理

由于溶质在双水相系统两相间的分配时至少有四类物质在两个不同相系统共存，要分配的物

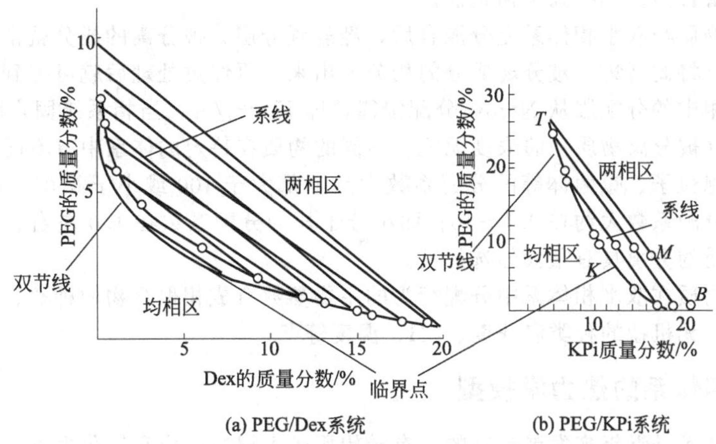

图 5-2　PEG/Dex 和 PEG/KPi 系统的典型相图

质和各相组分之间的相互作用是个复杂的现象，它涉及氢键、电荷相互作用、范德华力、疏水性相互作用以及空间效应等，因此可以预料到溶质在双水相系统中两相间的分配取决于许多因素，它既与构成双水相系统组成化合物的分子量和化学特性有关，也与要分配物质的大小、化学特性和生物特性相关。

大量研究表明，生物分子在双水相系统中的实际分配是生物分子与双水相系统间静电作用、疏水作用、生物亲和作用等共同作用的结果，形式上可以将分配系数的对数值分解为几项：

$$\ln K=\ln K_{m}+\ln K_{e}+\ln K_{h}+\ln K_{b}+\ln K_{s}+\ln K_{c}$$

式中，K_e 表示静电作用对溶质分配系数的贡献；K_h 表示疏水作用对溶质分配系数的贡献；K_b 表示生物亲和作用对溶质分配系数的贡献；K_s 表示分子大小对溶质分配系数的贡献；K_c 表示分子构型影响对溶质分配系数的贡献；K_m 表示除上述因素外的其他因素影响对溶质分配系数的贡献。

值得指出的是，这些因素中虽然没有一个因素完全独立于其他因素，但一般来说，这些不同的因素或多或少是独立存在的。

溶质在双水相中的分配受表面自由能、表面电荷、疏水作用及生物亲和作用等因素的影响，其中表面自由能、表面电荷对分配行为的影响最为重要，因而对这两方面的理论研究也比较深入。溶质分配的理论研究对双水相萃取起到指导作用，使萃取过程可通过控制相关的影响因素而得到优化。

溶质的分配，总是选择两相中相互作用最充分或系统能量达到最低的那个相，根据相平衡时化学位相等的原则，可以求得分配系数 K 服从 Brownstedt 方程式，即

$$\ln K=\frac{M\lambda}{kT} \tag{5-1}$$

式中，M 表示物质分子量；λ 表示系统的表面特性系数；k 表示玻耳兹曼常数；T 表示温度。

显然因大分子物质的 M 值很大，λ 的微小改变会引起分配系数的很大变化，因此，利用不同的表面性质（表面自由能），可以达到分离大分子物质的目的。两相系统中如有盐存在，会使大分子在两相间的分配系数发生改变。

将两种不同水溶性聚合物的水溶液混合时，当聚合物浓度达到一定值时，体系会自然地分成互不相溶的两相，两相中均含有水分，构成双水相体系。普遍认为，形成双水相的原理是由于高聚物之间的不相溶性，即高聚物分子空间的阻碍作用，使其无法相互渗透，不能形成均一相，从而产生相互分离的倾向，当两者浓度达到一定时即可分成两相，符合相似相溶的原则。双水相体系通常含质量分数为 0.7～0.8 的水分，其余为高聚物或盐。形成的双相中，上相富含其中的一

种高聚物，下相富含另外一种高聚物或盐。

当被分离的物质与双水相体系充分混合后，经静置分层，被分离的成分就富集在双水相体系中的上相或下相，将此富集了被分离成分的相分离出来，再经过处理后就可得到被分离成分。被分离的物质在两相中的分配服从 Nernst 分配定律，即 $K=c_t/c_b$，当相系统固定时，分配系数 K 为常数，与溶质（被分离物质）的浓度无关。不同的物质在特定的体系中有不同的分配系数，例如各种类型的细胞粒子、噬菌体等的分配系数大致上都大于 100 或小于 0.01；酶、蛋白质等生物大分子物质的分配系数大约在 0.1～10；而小分子盐的分配系数在 1.0 左右。由此可见，双水相体系对生物物质的分离具有很大的选择性。

影响待分离物质在双水相体系中分配行为的主要参数有成相聚合物的种类、成相聚合物的分子质量和总浓度、无机盐的种类和浓度、pH、温度等[1~3]。

三、双水相体系的热力学模型

双水相分配技术是近年来发展起来的，有希望用于大规模提取和纯化生物活性物质的新型生物分离技术。虽然，该技术在应用方面已取得了很大的进展，但几乎都是建立在实验的基础上，到目前为止还没能完全清楚地从理论上解释双水相系统的形成机理以及生物分子在系统中的分配机理。

考虑到生物物质在双水相系统中分配时，是一个由聚合物、聚合物（或无机盐）、生物分子和水构成的四元系统，系统中的组分性质千差万别，从晶体到无定形聚合物、从非极性到极性、从电解质到非电解质、从无机小分子到有机高分子甚至生物大分子，这些都不可避免地造成理论计算的复杂性。近 10 年来，各类用于计算生物物质在双水相系统分配系数的模型时有报道，诸如 Baskir 晶体吸附模型[4]、Haynes 模型[5,6]、Grossman 自由体积模型[7]、Diamond-Hsu 模型[8]等，其中 Diamond-Hsu 模型既可计算聚合物/聚合物双水相系统中低分子量肽的分配系数，又能计算高分子量蛋白质的分配系数，有一定的普适性。

Diamond 和 Hsu 从扩展的 Flory-Huggins 理论出发，截止到浓度的二次项，并把相间电势表达为上下相浓度差的二次函数，得到分配系数的简洁表达式如下：

$$\ln K=A(w_1''-w_1')+b(w_1''-w_1')^2 \tag{5-2}$$

式中，A，b 为 Diamond-Hsu 模型参数；w_1''，w_1' 分别为上、下相目标产物的质量分数。

此模型对生物质在双聚合物双水相系统中分配行为的关联比较令人满意，但描述 PEG/无机盐双水相系统中的分配时，结果并不理想。朱自强等[9]在关联尿激酶在 PEG/混合磷酸钾系统中的分配系数时，对 Diamond-Hsu 模型进行了适当的改进，把相间电势表达为上下相浓度差的三次关系，截止到浓度的三次项，得到分配系数的表达式如下：

$$\frac{\ln K}{(w_1''-w_1')}=A^*+b^*(w_1''-w_1')+c^*(w_1''-w_1')^2 \tag{5-3}$$

式中，A^*、b^*、c^* 为改进的 Diamond-Hsu 模型参数；K 为分配系数。

当忽略三次项（即 $c^*=0$）时，式(5-3) 就回复为 Diamond-Hsu 模型表达式(5-2)。

第二节　双水相萃取的特点及影响因素

一、双水相萃取的特性

双水相系统是指某些高聚物之间或高聚物与无机盐之间在水中以适当的浓度溶解会形成互不相溶的两水相或多水相系统。通过溶质在相间的分配系数的差异而进行萃取的方法即双水相萃取。最常见的系统是聚乙二醇（PEG）/葡聚糖（Dex）/水和 PEG/磷酸盐/水系统。

双水相萃取之所以受到重视主要是由于对分离具有明显的优点。

① 易于放大，各种参数可以按比例放大而产物收率并不降低。Albertson 证明分配系数仅与分离体积有关，这是其他过程无法比拟的，这一点对于工业应用尤为有利。

② 由于双水相系统之间的传质过程和平衡过程快速，界面张力小（$10^{-7}\sim10^{-4}$mN/m），有助于两相之间的质量传递，界面与试管壁形成的接触角几乎是直角；分相时间短，自然分相时间一般为 5～15min；因此相对于某些分离过程来说，能耗较小，而且可以实现快速分离。

③ 易于进行连续化操作，例如可以采用高分配系数和选择性的多级逆流分配操作。

④ 由于双水相的相间张力大大低于有机溶剂与水相之间的相间张力，相分离过程温和，使生化分子如酶不易受到破坏，而且可以直接在双水相系统中进行生化转化以消除产物抑制。有利于进行反应分离耦合技术的应用。

⑤ 由于双水相系统受影响的因素复杂，从某种意义上说可以采取多种手段来提高选择性或提高收率。

⑥ 整个操作过程可以在常温常压下进行。含水量高（70%～90%），在接近生理环境的体系中进行萃取，不会引起生物活性物质失活或变性；可以直接从含有菌体的发酵液和培养液中提取所需的蛋白质（或者酶），还能不经过破碎直接提取细胞内酶，省略了破碎或过滤等步骤。

⑦ 不存在有机溶剂残留问题，高聚物一般是不挥发物质，对人体无害。

二、影响双水相萃取的主要因素

蛋白质等生物大分子物质在两相的分配服从 Nernst 分配定律，当相系统固定时，分配系数 K 为一常数，与溶质的浓度无关。影响被分离物质在双水相体系中分配的主要因素见表 5-1。

表 5-1　影响被分离物质在双水相体系中分配的主要因素

与聚合物有关的因素	与被分离物质有关的因素	与离子有关的因素	与环境有关的因素
聚合物种类 聚合物的结构 聚合物的平均分子量	被分离物质的电荷 被分离物质的大小 被分离物质的形状	离子的种类 离子的浓度 离子的电荷	体系的温度 体系的 pH

1. 聚合物的影响

双水相系统作为一种成功的萃取方法，很大程度上取决于使用的聚合物类型，当两种不同聚合物的溶液混合时，可能存在三种情况：a. 完全混溶性（均相溶液）；b. 物理的不相溶性（相分离）；c. 复杂的凝聚（相分离，聚合物聚集在同一相中，纯溶剂-水聚集在另一相中）。离子和非离子聚合物都可以使用在双水相系统的构成上，但是，当这两种聚合物是离子化合物并带有相反电荷时，它们互相吸引并发生复杂的凝聚。

在 PEG/Dex 体系中，PEG 分子量的减少，会使蛋白质在两相中的分配系数增大，当 PEG 的分子量增加时，在质量浓度不变的情况下，亲水性蛋白质不再向富含 PEG 相中聚集而转向另一相。

2. 双水相系统物理化学性质的影响

双水相系统的性质主要取决于下列物理化学参数：密度（ρ）和两相间的密度差、黏度（μ）和两相间的黏度差以及表面张力（σ）。聚乙二醇 4000/葡聚糖 PL500 系统的物理化学常数见表 5-2。

表 5-2　聚乙二醇 4000/葡聚糖 PL500 系统的物理化学常数

PEG 质量分数/%	Dex 质量分数/%	界面宽度 质量分数/%	V_t/V_b	$\Delta\rho$/(kg/m^2)	μ/(mPa·s)	$\sigma\times10^{-2}$ /(mN/m)
6.0	5.8	6.2	1.5	18	4.1	0.3
6.5	6.1	10.5	1.4	32	3.6	0.12
7.0	6.6	14.4	1.5	48	3.7	0.18
8.0	7.6	19.8	1.7	61	4.3	2.0
9.0	8.5	24.8	1.9	79	4.4	4.1

系线的长度增加，上相和下相相对组成的差别就增大，产物如酶在两相中的界面张力差别也增大，这将会极大地影响分配系数，使酶富集于上相（见图 5-3）。

3. 体系中无机盐离子的影响

盐对带电大分子的分配影响很大。如 DNA 萃取时，离子组分的微小变化可以使 DNA 从一相几乎完全转移到了另一相。生物大分子的分配主要决定于离子的种类和各种离子之间的比例。在体系中加入适当的盐可大大促进带相反电荷的蛋白质的分离。

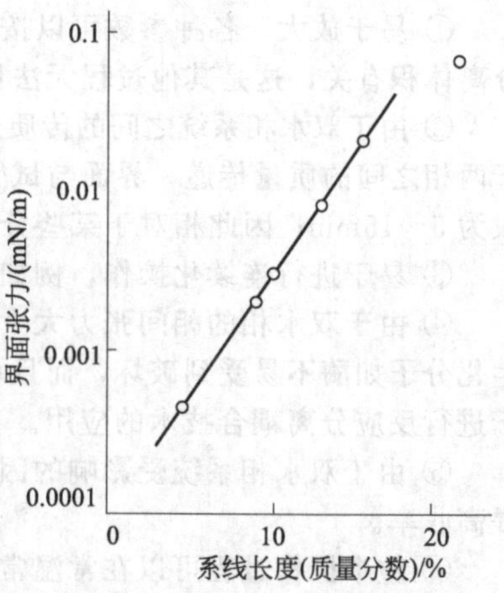

图 5-3　葡聚糖/聚乙二醇/水系统中界面张力与系线长度的关系

盐的种类和浓度对分配系数的影响主要反映在对相间电位和蛋白质疏水性的影响。在双聚合物系统中，无机离子具有各自的分配系数，不同电解质的正负离子的分配系数不同，当双水相系统中含有这些电解质时，由于两相均应各自保持电中性，从而产生不同的相间电位，因此，盐的种类（离子组成）影响蛋白质、核酸等生物大分子的分配系数，盐浓度不仅影响蛋白质的表面疏水性，而且扰乱双水相系统，改变各相中成相物质的组成和相体积比。例如，PEG/磷酸钾系统中上、下相（或称轻重相）的 PEG 和磷酸钾浓度以及 Cl^- 在上、下相中的分配平衡，随添加 NaCl 浓度的增大而改变。这种相组成即相性质的改变直接影响蛋白质的分配系数。离子强度对不同蛋白质的影响程度不同，利用这一特点，通过调节双水相系统中的盐浓度，可有效地萃取分离不同的蛋白质。

4. 物质分子量的影响

非电解质型溶质的分配系数不受静电作用的影响，利用相平衡热力学理论可推导分配系数 K 服从 Brownstedt 方程式，见式(5-1)。

因此，溶质的分配系数的对数与相对分子质量之间呈线性关系，在同一个双水相系统中，若 $\lambda>0$ ，不同溶质的分配系数随相对分子质量的增大而减小。同一溶质的分配系数随双水相系统的不同而变化。

5. 温度的影响

大规模双水相萃取操作一般在室温下进行，不需冷却。这是基于以下原因：①成相聚合物 PEG 对蛋白质有稳定作用，常温下蛋白质一般不会发生失活或变性；②常温下溶液黏度较低，容易相分离；③常温操作节省冷却费用。

温度影响双水相系统的相图，因而影响蛋白质的分配系数（见图 5-4）。但一般来说，当双水相系统离双节线足够远时，温度的影响很小，1～2℃的温度改变不影响目标产物的萃取分离。

6. pH 的影响

pH 的变化会导致组成体系的物质电性发生变化，也会使被分离物质的电荷发生变化，从而

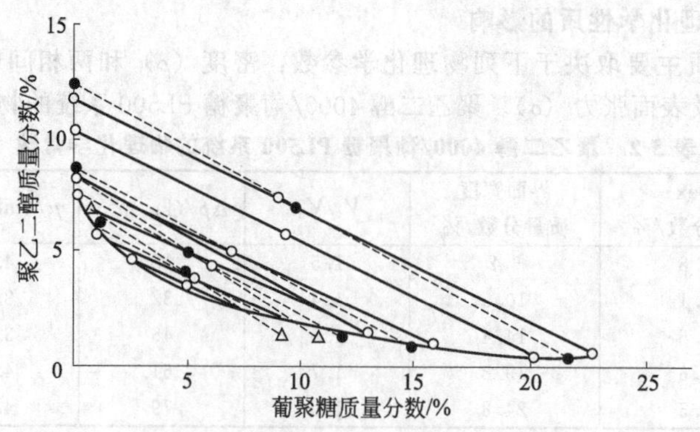

图 5-4　不同温度下葡聚糖/聚乙二醇/水系统相图（葡聚糖 500/聚乙二醇 6000）

○ 20℃；● 37℃；△ 75℃

影响分配的进行。例如在 PEG/盐组成的体系中，通常可在相当小的 pH 变化范围内，使蛋白质在其中的分配系数有很大的变化。

7. 外加电场的影响

当在两相分界的垂直方向上加电场时，由于点位差增加而使分配系数发生改变。

8. 电解质的影响

在双水相体系中加入电解质，由于阴、阳离子在两相中的分配差异，形成穿过相界面的电位，从而影响带电大分子物质在两相中的分配。如在 PEG/Dex 系统中加入 $NaClO_4$ 或 KI 时，可增加上相对带电正电荷物质的亲和效应，并使带负电荷的物质进入下相。

第三节　双水相体系及其应用

一、双水相体系

双水相萃取自发现以来，无论在理论还是实践上都有了很大的发展。尤其在最近几年，此技术在若干生物工艺过程中得到了应用，其中最重要的领域是蛋白质的分离和纯化。基因工程产品如蛋白质和酶往往是胞内产品，需经细胞破碎后才能提取、纯化，但细胞颗粒尺寸的变化给固液分离带来了困难，同时这类产品的活性和功能对 pH、温度和离子强度等环境因素特别敏感，它们在有机溶剂中的溶解度低并且会变性，因此传统的溶剂萃取法并不适合。采用在有机相中添加表面活性剂产生反胶团的办法可克服这些问题，但同样存在相的分离问题。因此基因工程产品的商业化迫切需要开发适合大规模生产的、经济简便的、快速高效的分离纯化技术。其中双水相萃取技术是近年来出现的，具有使生物产品保持活性的优势，是一种极有前途的新型分离技术。

目前研究和应用较多的高分子双水相萃取体系见表 5-3。

表 5-3　常用双水相体系举例

类型	形成上相的聚合物	形成下相的聚合物
非离子型聚合物/非离子型聚合物	聚乙二醇	葡聚糖、聚乙烯醇、聚蔗糖、聚乙烯吡咯烷酮
	聚丙二醇	聚乙二醇、聚乙烯醇、葡聚糖、聚乙烯吡咯烷酮、甲基聚丙二醇、羟丙基葡聚糖
	羟丙基葡聚糖	葡聚糖
	聚蔗糖	葡聚糖
	乙基羟基纤维素	葡聚糖
	甲基纤维素	羟丙基葡聚糖、葡聚糖
高分子电解质/非离子型聚合物	羧甲基纤维素钠	聚乙二醇
高分子电解质/高分子电解质	葡聚糖硫酸钠	羧甲基纤维素钠
	羧甲基葡聚糖钠盐	羧甲基纤维素钠
非离子型聚合物/低分子量化合物	葡聚糖	丙醇
非离子型聚合物/无机盐	聚乙二醇	磷酸钾、硫酸铵、硫酸镁、硫酸钠、甲酸钠、酒石酸钾钠

二、双水相萃取的工艺流程

双水相在医药工业上应用的工艺流程主要由三部分构成：目标产物的萃取；PEG 的循环；无机盐的循环。其原则流程如图 5-5 所示。

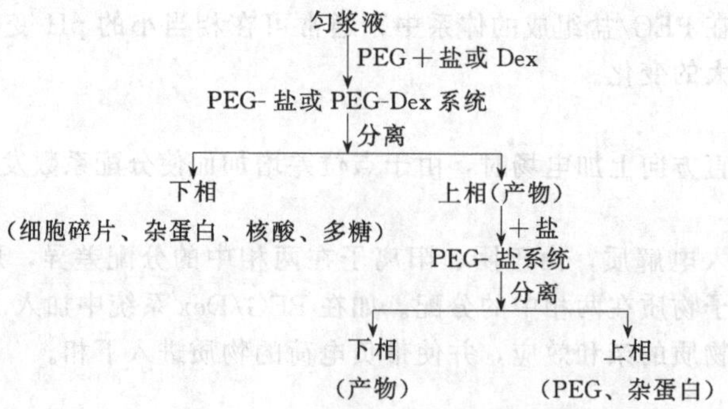

图 5-5　双水相萃取原则流程

（1）目标产物的萃取　细胞悬浮液经球磨机破碎细胞后，与 PEG 和无机盐或葡聚糖在萃取器中混合，然后进入离心机分相。通过选择合适的双水相组成，一般使目标蛋白质分配到上相（PEG 相），而细胞碎片、核酸、多糖和杂蛋白等分配到下相（富盐相）。

流程中第二步萃取的目的是将目标蛋白质转入富盐相，方法是在上相中加入盐，形成新的双水相体系，从而将蛋白质与 PEG 分离，以利于使用超滤或透析将 PEG 回收利用和目标产物的进一步加工处理。若第一步萃取选择性不高，即上相中还含有较多杂蛋白及一些核酸、多糖和色素等，可通过加入适量的盐，再次形成新的 PEG/无机盐体系进行纯化。目标蛋白质仍留在 PEG 相中。

（2）PEG 的循环　在大规模双水相萃取过程中，成相材料的回收和循环使用，不仅可以减少废水处理的费用，还可以节约化学试剂，降低成本。PEG 的回收有两种方法：一种是加入盐使目标蛋白质转入富盐相来回收 PEG（图 5-5），另一种是将 PEG 相通过离子交换树脂，用洗脱剂先洗去 PEG，再洗出蛋白质。常用的方法是将第一步萃取的 PEG 相或除去部分蛋白质的 PEG 相循环利用（图 5-6）。

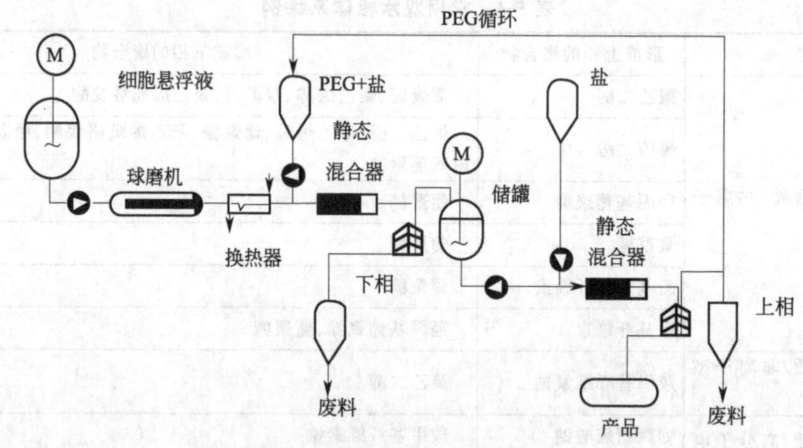

图 5-6　连续双水相萃取流程

（3）无机盐的循环　将含磷酸钠的盐相冷却、结晶，然后用离心机分离收集。其他方法有电渗析法、膜分离法回收盐类或除去 PEG 相的盐。

三、PEG 双水相体系

（一）PEG 简介

PEG 的化学组成为 $HO(CH_2CH_2O)_nH$，化学名为聚乙二醇。PEG 无毒、无刺激性。通常情况下溶于水和多种有机溶剂，不溶于脂肪烃、苯、乙二醇等。不会水解变质。具有优良的稳定性、润滑性、水溶性、保湿性、黏结性和热稳定性。因而，作为润滑剂、保湿剂、分散剂、黏结剂、赋形剂等，在制药、食品、化妆品、橡胶、塑料、化纤、造纸、油漆、电镀、农药及金属加工等行业中均有着极为广泛的应用。

PEG采用国内最先进的乙氧基化催化聚合生产技术进行生产，产品分子量准确，分布窄，色泽洁白。产品质量标准详见表5-4。

表5-4 工业级聚乙二醇（PEG）系列产品质量指标

指标/牌号	外观(25℃)	平均相对分子质量	黏度(40℃)/(mm^2/s)	pH(5%H_2O)	固含量/%
PEG 600	无色透明液体	570～630	56～62	4.0～7.0	≥99.0
PEG 800	白色膏体	760～840	2.2～2.4	4.0～7.0	≥99.0
PEG 1000	白色蜡状	950～1050	2.6～2.8	4.0～7.0	≥99.0
PEG 1500	白色蜡状或片状	1350～1650	3.0～4.0	4.0～7.0	≥99.0
PEG 4000	白色片状	3400～4200	5.5～9.0	4.0～7.0	≥99.0
PEG 8000	白色片状	7500～8500	16～18	4.0～7.0	≥99.0

（二）PEG双水相体系的应用

目前在国外双水相体系萃取分离技术主要应用于菌体、细胞、细胞器和亲水性生物大分子的分离、纯化。近几年，在亲水性生物小分子的分离、提纯应用方面也已开始进行了研究。

1. PEG双水相体系在分离纯化生物大分子方面的应用

双水相萃取法的一个主要应用是胞内酶提取。目前已知的胞内酶2000多种，由于提取困难而很少用于生产。胞内酶提取通常先使细胞破碎而制得料液，因料液运动黏度大，细胞小，造成分离困难。采用双水相系统可使欲提取的酶与细胞碎片以较大的分配系数分配在不同的相中，省去了离心分离或膜分离的步骤。分离的纯度与色谱层析还有一定的距离。因此该技术用于初步纯化。双水相系统的放大非常容易，10mL规模可成功放大到200kg处理量的规模，同时保持分配系数与体积比保持不变；由于其达到相平衡的时间短，可以实现连续操作。

（1）对蛋白质的分离纯化　Harris用双水相体系从羊奶中纯化蛋白，研究了牛血清清蛋白(OSA)、牛酪蛋白、β-乳球蛋白在PEG/磷酸盐体系中的分配以及PEG相对分子质量、pH和盐的加入对3种蛋白分配的影响。实验结果表明：增加NaCl浓度，可提高分配系数，最佳pH为5。对OSA和牛酪蛋白，可得到更高的分配系数。在含有疏水基团葡聚糖中，蛋白质和类囊体薄膜泡囊的分配研究表明，苯甲酰基葡聚糖和戊酰基葡聚糖具有疏水性。疏水基团影响氨基酸、蛋白质和薄膜泡囊在双水相体系中的分配，在只有磷酸盐缓冲液的PEG8000/葡聚糖双水相体系中，大部分β-半乳糖苷酶被分配在上相，但在下相中加入少量的苯甲酰基葡聚糖（取代程度为0.054）或戊酰基葡聚糖（取代程度为0.12）时，β-半乳糖苷酶的分配系数就降低为原来的1/100。在对牛血清清蛋白、溶菌酶、脂肪酶和β-乳球蛋白的分配进行的观察中发现具有相似的现象。类囊体薄膜泡囊的分配受疏水基团的影响特别大，薄膜泡囊被分配在含有疏水基团的一相中。在含有*N*,*N*-二甲基甲酰胺的聚合物双水相中，利用逆流分配可对玉米醇溶蛋白进行分级分离。Miyuki在PEG/K_3PO_4双水相体系中用两步法对葡萄糖淀粉酶进行了萃取纯化。用第一步萃取后含有酶的下相和PEG组成双水相作为第二步萃取体系，称作两步法。葡萄糖淀粉酶的最佳分配条件是PEG4000（第一步）、PEG1500（第二步），pH=7，纯化系数提高了3倍。

（2）基因工程药物的分离纯化　基因工程药物通常是经生物合成而得到的，其目标产物在转化液中的浓度很低，且对温度、酸、碱和有机溶剂较为敏感，容易失活和变性，若以常规分离手段处理，产品的收率较低且纯度不高，而双水相萃取技术可以保证产物在温和的条件下得以分离和纯化。其中有代表性的工作是用PEG4000/磷酸盐从重组大肠杆菌（*E. coli*）碎片中提取人生长激素（hGH），采用三级错流连续萃取，处理量为15L/h，收率达80%。同样，用PEG8000/Na_2SO_4双水相系统从重组大肠杆菌中分离IGF-I，收率90%。

（3）干扰素的分离纯化　α_1-干扰素和β-干扰素的提取则是双水相亲和萃取技术的应用。提

取 α_1-干扰素是采用PEG-磷酸酯/磷酸盐双水相系统，经两次萃取从重组大肠杆菌匀浆液中提取，分配系数达155。较好的反萃取条件为PEG-磷酸酯/磷酸盐、pH6.0，其技术优点是省去高速离心去除细胞碎片的步骤，能耗较低，收率、纯度均较高，最后 α_1-干扰素存在于磷酸盐相，其中PEG含量仅为0.5%左右，这对进一步纯化很有利。而采用PEG-磷酸酯/磷酸盐双水相可使β-干扰素完全分配在上相，杂蛋白几乎全在下相，且β-干扰素浓度越高，分配系数越大，纯化因子高达350，收率97%，用这一技术与色谱技术相结合组成了一套新的分离流程，已成功地用于工业生产。

(4) 酶的分离纯化　酶在医药方面的应用一是作为药用酶，二是用作化学合成药物中的酶催化剂。迄今，双水相萃取技术已广泛应用于细胞、细胞器、蛋白质、酶、核酸、病毒、细菌、海藻、叶绿素、线粒体、菌体等的分离与提取，几乎所有的酶均可用此技术仅通过调节pH、聚合物和盐的种类或浓度，选择合适的分离条件就可进行理想的分离纯化。目前双水相萃取技术已成功地应用于几十种酶的较大规模提取纯化，典型例子见表5-5。其中成功地实现从微生物细胞碎片中提取纯化甲酸脱氢酶，其分离经4次连续萃取，已达处理50kg湿细胞规模，处理的酶蛋白含量已高达150g，收率为90%～100%，由于工艺简单，原材料成本较低，产品的价格也有大幅度降低。工业上直接从发酵液中分离提取蛋白质和酶，绝大多数是用PEG作上相成相聚合物，葡聚糖、盐溶液和羟甲基淀粉的其中一种作下相成相物质。从动物组织中提取酶制剂的最新研究是采用双水相亲和萃取技术从兔肌中提取乳酸脱氢酶（LDH），选用进口染料Cibaron Blue F3GA、Procion Red HE2B以及国产13种活性染料作为亲和配基，改变了把亲和配基结合到成相组分上的传统做法。采用PEG/无机盐、PEG/羟丙基淀粉系统和游离染料对LDH亲和分配，设计二次萃取工艺流程，纯化因子达7，收率达80%以上，萃取过程稳定可靠，并且聚合物和染料得以充分循环使用。LDH还可从猪肉中利用染料配基的PEG/葡聚糖双水相系统提取。除此之外，采用PEG1550/磷酸盐从牛肝和猪肾中提取和回收超氧化物歧化酶（SOD），过氧化氢酶和D-氨基酸氧化酶（DAO）进行研究和工业化开发也是很有意义的工作。

表5-5　双水相体系萃取分离的应用

酶、细胞、药物	混合物	相体系	细胞浓度/%	分配系数	收率/%	纯化因子
亮氨酰tRNA合成酶	大肠杆菌	PEG/盐	—	0.8	75	
L-2-羟乙酸脱氢酶	干酪乳杆菌	PEG/盐	20	10	94	1.6
D-2-羟乙酸脱氢酶	干酪乳杆菌	PEG/盐	20	11	95	4.9
NAD-激酶	纤维二糖乳杆菌	PEG/盐	20	—	约100	3.0
亮氨酸脱氢酶	蜡状芽孢杆菌	PEG/盐	20	15	98	1.3
延胡索酸酶	产氨短杆菌	PEG/盐	20	3.3	83	7.5
甲酸脱氢酶	博伊丁假丝酵母	PEG/盐	33	4.9	90	2.0
异丙醇脱氢酶	博伊丁假丝酵母	PEG/盐	20	19	98	2.6
过氧化氢酶	博伊丁假丝酵母	PEG/Dex	—	2.95	81	—
α-葡萄糖苷酶	卡氏酵母	PEG/Dex	—	1.5	75	—
β-葡萄糖苷酶	纤维二糖乳杆菌	PEG/盐	—	2.2	98	—

2. PEG双水相体系对抗生素的分离与提取

相当长的时间内，人们都认为双水相萃取技术只能用于大分子的分离，最近发现用双水相萃取技术处理小分子如抗生素和氨基酸等取得了比较理想的效果，开辟了双水相萃取技术应用的新领域。多数抗生素都存在于发酵液中，提取工艺路线复杂，能耗高，提取过程易变性失活。而双水相萃取在抗生素中具有较大的应用价值，萃取涉及各类抗生素。

(1) β-内酰胺类抗生素　β-内酰胺类抗生素是抗生素家族中应用最多的一类，主要由青霉素类和头孢菌素类构成。对青霉素进行工业化意义的双水相萃取是结合传统工艺溶剂萃取法进行的。先以PEG2000/$(NH_4)_2SO_4$系统将青霉素从发酵液中提取到PEG相，后用乙酸丁酯（BA）进行反萃，再结晶，处理1000mL青霉素发酵液，得青霉素晶体7.228g，纯度84.15%，三步操作总收率 76.56 %。与传统工艺相比，它可直接处理发酵液，免去了发酵液过滤和预处理，减轻了劳动强度，将三次调节 pH 改为只调一次，减少了青霉素的失活。将三次萃取改为一次萃取，大大减少了溶剂用量，缩短了工艺流程，显示了双水相萃取技术在抗生素提取中潜在的应用价值。对头孢菌素的研究是应用双水相萃取技术直接从发酵液中提取头孢菌素 C，其最佳操作条件是 PEG600、$(NH_4)_2SO_4$、1% KSCN，可实现头孢菌素 C 与副产物去乙酰头孢霉素 C 的有效分离，收率为 63.2%。

用 PEG 2000 8%（质量分数）、$(NH_4)_2SO_4$ 20%（质量分数）在 pH 5.0，20℃时直接处理青霉素 G 发酵液，得出分配系数 $K=58.39$，浓缩倍数为 3.53，回收率为 93.67%，青霉素 G 对糖的分离因子和对杂蛋白的分离因子分别为 13.36 和 21.9。在此基础上，再安排了青霉素 G 的实验小试流程，得到了青霉素 G 的结晶，纯度为 88.48%，总收率达 76.56%。关怡新等人以填料塔为萃取设备，用 PEG/$(NH_4)_2SO_4$ 体系对青霉素 G 钠盐在其中的传质性能进行的研究表明，双水相体系萃取分离技术对生物小分子物质的分离也是可以取得理想效果的。

(2) 大环内酯类抗生素　在大环内酯类抗生素中，采用双水相萃取研究了红霉素的提取，系统分别为 AKM（马来酸酐和环氧乙烷共聚物）/磷酸盐，PEG/磷酸盐和 PEG/葡聚糖，考察了 pH 和添加中性盐的影响。当 pH>6 时，AKM/磷酸盐对红霉素的分配更为有效，当添加中性盐（NaCl、Na_2SO_4）时，红霉素的分配系数迅速增大，同时，开发研究还涉及选用新型成相剂、成相剂的回收、纯化和再利用等问题。除红霉素外，对大环内酯类抗生素的研究还有乙酰螺旋霉素，系统为 PEG/磷酸盐，其分配系数可达 40 以上，这说明乙酰螺旋霉素在 PEG/盐系统内的分配具有极大的不对称性。而对丙酰螺旋霉素的研究采用 PEG/磷酸盐，上相中 PEG 通过大网格吸附树脂吸附丙酰螺旋霉素，再通过颗粒活性炭脱色，PEG 溶液可继续使用，萃取收率有较大提高。在多肽类抗生素中，对万古霉素的双水相萃取是在 PEG/Dex 和 PEG/磷酸盐系统中进行的，添加少量的 Na_3PO_4、Na_2SO_4 或 NaCl 等中性盐是一种提高抗生素分配系数的有效方法，同时，不同 pH 也会影响分配系数。

3. PEG 双水相体系在中药分离等方面的应用

双水相萃取技术在医药工业中的应用主要表现在药物及其有效成分的分离与提取。如可用于天然植物药用有效成分的分离与提取，具有代表性的工作是对黄芩苷和黄芩素的分离。黄芩苷是黄芩的主要有效成分，用 PEG6000-K_2HPO_4-水的双水相系统对黄芩苷和黄芩素进行分配实验，由于黄芩苷和黄芩素都有一定的疏水性，被主要分配在富含 PEG 的上相，两种物质的分配系数最大可达到 30 和 35，若能通过一定的手段去掉溶液中的 PEG，则经浓缩结晶后可得到黄芩苷和黄芩素产品。

实例 5-1：双水相萃取技术在甘草酸铵盐提纯工艺中的应用

甘草是一种应用价值很高的中草药，甘草的主要成分是具有甜味的皂苷——甘草皂苷，又称甘草酸（glycyrrhizin）。甘草主治脾胃虚弱、咽痛、小儿胎毒等症，还能起到抗溃疡、抗炎症、降血压、降血脂、中枢抑制、抗肿瘤的作用。甘草酸提取方法常采用沉淀法，但是污染大收率较低。采用双水相萃取中草药有效成分可以克服传统方法的不足。使用较多的为聚乙二醇/无机盐溶液体系。无机盐主要有硫酸铵、磷酸氢二钾、磷酸钾等，使用硫酸铵和磷酸钾时分相相对较快，分离效率一般在 80%以上。

(1) 实验方法　双水相体系按质量比配制，各组分用质量分数表示，系统总量为 20g，混合均匀后，在离心机中以 2000r/min 离心 5min，读取上下相体积，分别取样分析上下相中甘草酸单铵盐的含量。

有关的计算公式为

$$R=\frac{V_t}{V_b};\qquad K=\frac{c_t}{c_b};\qquad Y=\frac{1}{1+\frac{1}{RK}}$$

式中，R 表示双水相体系上下相的体积比，也称相比；V_t 表示双水相体系上相体积，mL；

V_b 表示双水相体系下相体积，mL；K 表示双水相体系分配系数；c_t 表示双水相系统上相甘草酸单铵盐的浓度，mg/mL；c_b 表示双水相系统下相甘草酸单铵盐的浓度，mg/mL；Y 表示甘草酸单铵盐在上相中的收率。

（2）双水相相图的分析　选择几种不同平均分子量 PEG 和 $(NH_4)_2SO_4$ 组成的双水相体系，其相图见图 5-7 和图 5-8。图中 w_{PEG} 为 PEG 的质量分数，$w_{硫酸铵}$ 为 $(NH_4)_2SO_4$ 的质量分数。由图 5-7 可见，PEG 的平均分子量不同，相图中双节线位置与形状也不同。PEG 平均分子量愈大，双节线愈趋向原点且愈不对称，成相的临界浓度愈低。同时，实验观察到 PEG 平均分子量愈大，系统的黏度增大，相分离时间延长。

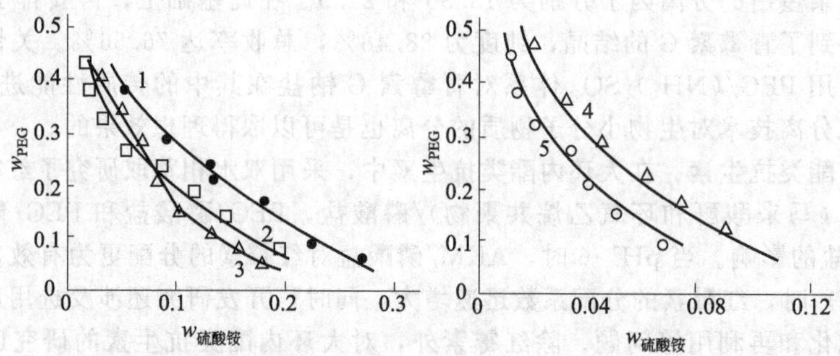

图 5-7　5 种不同平均分子量的 $PEG/(NH_4)_2SO_4$ 体系相图

1—PEG400；2—PEG600；3—PEG1000；4—PEG2000；5—PEG6000

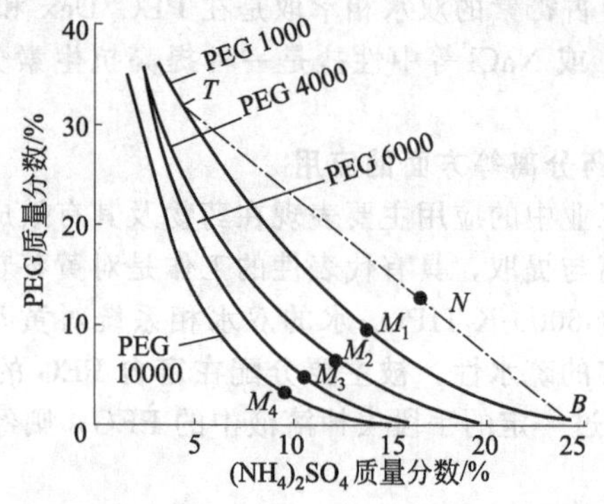

图 5-8　4 种不同平均分子量的 $PEG/(NH_4)_2SO_4$ 体系相图

（3）双水相体系的确定

① PEG 平均分子量的确定　对甘草酸单铵盐在 $PEG6000/(NH_4)_2SO_4$、$PEG4000/(NH_4)_2SO_4$、$PEG1500/(NH_4)_2SO_4$、$PEG600/(NH_4)_2SO_4$ 等双水相体系的分配情况进行研究，实验中 $(NH_4)_2SO_4$ 的质量分数为 16%，变化 PEG 的质量分数，实验结果见表 5-6。从表 5-6 可见，PEG 平均分子量愈小，甘草酸单铵盐愈趋向于上相分配。对此结果的解释是：随着 PEG 平均分子量的增大，其端基数目减少，单位质量 PEG 的羟基数目减少，其疏水性增强，使甘草酸单铵盐在上相的表面张力增大。根据 Brownstedt 方程式看出，甘草酸单铵盐在上相的表面张力增大，使 $\lambda<0$，从而 K 变小，所以确定 PEG600 为研究对象。

表 5-6　PEG 平均分子质量对分配系数的影响

PEG 平均相对分子质量	R	K	Y/%	PEG 平均相对分子质量	R	K	Y/%
600	0.90	11.30	91.0	4000	0.48	1.95	48.3
1500	0.66	3.31	68.6	6000	0.53	1.64	46.5

② PEG600 质量分数的确定　在 $(NH_4)_2SO_4$ 质量分数为 16%，pH 7.0 条件下，考察 PEG600 质量分数的变化对甘草酸单铵盐在双水相中分配系数的影响，结果见图 5-9。在实验条件下，随着 PEG600 质量分数的增大，K 在 PEG600 的质量分数为 28%时有最大值。从分配理论上解释，随 PEG 质量分数的增大，黏度增大，阻止相分子转移的能力增加，相界面张力亦将增大。当在较低 PEG 质量分数时，$(NH_4)_2SO_4$ 的盐析作用起主要作用，使甘草酸单铵盐大部分分配在上相。

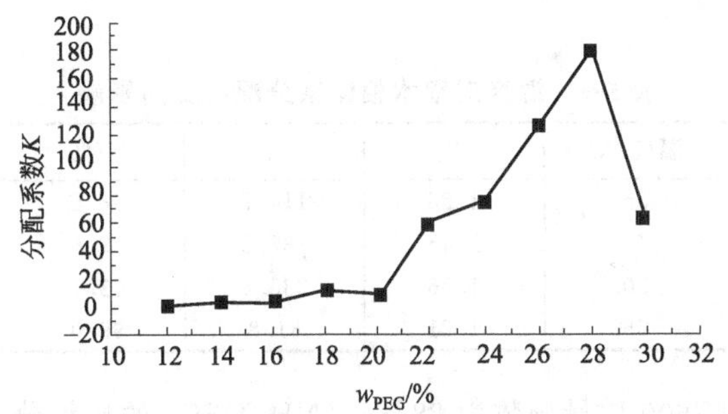

图 5-9　PEG600 的质量分数与分配系数 K 的关系

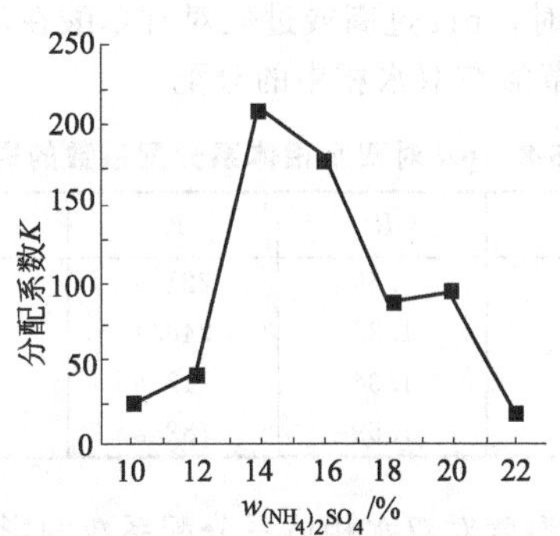

图 5-10　$(NH_4)_2SO_4$ 的质量分数与分配系数 K 的关系

③ $(NH_4)_2SO_4$ 质量分数的确定　在 PEG600 质量分数为 28%，pH 7.0 条件下，考察 $(NH_4)_2SO_4$ 质量分数的变化对甘草酸单铵盐在双水相中分配系数的影响，结果见图 5-10。$(NH_4)_2SO_4$ 浓度低时，萃取率 Y 较高是由于相比 R 较大；$(NH_4)_2SO_4$ 浓度高时，分配系数 K 减小。因此，随着 $(NH_4)_2SO_4$ 的质量分数的增大，K 在 $(NH_4)_2SO_4$ 的质量分数 14%时有最大值。

④ 甘草酸单铵盐在 PEG/$(NH_4)_2SO_4$ 体系中分配系数的关联　对于上述实验测定甘草酸单铵盐在 PEG6000/$(NH_4)_2SO_4$、PEG4000/$(NH_4)_2SO_4$、PEG1500/$(NH_4)_2SO_4$、PEG600/$(NH_4)_2SO_4$ 四个双水相系统中的分配系数，采用 Diamond-Hsu 模型进行关联，结果不理想。

在关联甘草酸单铵盐在 PEG/$(NH_4)_2SO_4$ 系统中的分配系数时，对 Diamond-Hsu 模型（简称 D-H 模型）和朱自强改进的 Diamond-Hsu 模型进行适当的改进，得到分配系数的表达式如下：

$$\frac{\ln K}{RK}=A^{*}+b^{*}(w''-w') \tag{5-4}$$

式中，A^{*}、b^{*} 为改进的 Diamond-Hsu 模型参数；w''、w' 分别是甘草酸单铵盐在上相、下相的质量分数。

采用改进的 Diamond-Hsu 模型对甘草酸单铵盐在各 PEG/$(NH_4)_2SO_4$ 双水相系统中的分配系数进行关联，关联参数及关联的相关系数列于表 5-7，关联结果与实验值的比较见图 5-11～图 5-14。

表 5-7　改进的 Diamond-Hsu 模型对甘草酸单铵盐在各 PEG/$(NH_4)_2SO_4$ 系统中分配系数的关联参数及关联的相关系数

双水相系统	A^{*}	b_{*}	R	
			D-H 模型	本文改进模型
PEG6000/$(NH_4)_2SO_4$	0.91164	1.04158	0.46634	0.99246
PEG4000/$(NH_4)_2SO_4$	0.58773	−1.61422	0.95810	−0.96095
PEG1500/$(NH_4)_2SO_4$	0.85517	0.80358	0.92065	0.99864
PEG600/$(NH_4)_2SO_4$	0.85214	0.82369	0.92947	0.99007

由表 5-7 改进的 Diamond-Hsu 模型对甘草酸单铵盐在各 PEG/$(NH_4)_2SO_4$ 系统中分配系数的关联参数及关联的相关系数可见：用 Diamond-Hsu 模型关联的相关系数在 $0.47 \leqslant R \leqslant 0.96$，而

采用本文改进模型关联的相关系数 $R>0.96$。此外，甘草酸单铵盐在各 PEG/$(NH_4)_2SO_4$ 系统中分配系数，按朱自强改进的 Diamond-Hsu 模型进行关联，相关系数比 Diamond-Hsu 模型关联的效果还差。因此，采用 $\frac{\ln K}{RK}=A^*+b^*(w''-w')$ 模型对甘草酸单铵盐在 PEG/$(NH_4)_2SO_4$ 系统中分配系数的关联较为准确。

⑤ pH 对双水相体系分配系数的影响　在 PEG600 质量分数为 28%，$(NH_4)_2SO_4$ 的质量分数 14%时，pH 过高或过低对甘草酸在双水相中聚合物的分配都不利，从表 5-8 可见，pH≤7 有利于甘草酸在双水相中的分配。

表 5-8　pH 对双水相体系分配系数的影响

pH	R	K	Y/%
5.8	1.56	221.3	99.7
7.0	1.35	248.4	99.7
7.5	1.34	112.8	99.3
8.5	1.59	182.2	99.6

表 5-9　温度对双水相体系分配系数的影响

温度/℃	R	K	Y/%
35	1.53	114.7	98.6
40	1.45	187.2	99.6
50	1.36	230.4	99.7
65	1.21	81.8	99.0

⑥ 温度对双水相体系分配系数的影响　在 PEG600 质量分数为 28%，$(NH_4)_2SO_4$ 的质量分数 14%，pH 7 时，考察温度双水相体系分配系数的影响。从表 5-9 可见，温度对 R 和 Y 影响不是很大，但对分配系数 K 影响较大，在 50℃时有利于甘草酸在双水相中的分配，但在实验过程中发现保温 50℃时间不宜过长，否则由于溶质的扩散作用 K 下降。

实验表明利用 PEG/$(NH_4)_2SO_4$ 双水相体系萃取甘草酸单铵盐的实验结果较好，最大的分配系数可达 248.4，最大收率为 99.7%。甘草酸单铵盐大部分被分配在 PEG 相（上相）中。另外结果表明双水相中 PEG 分子量、PEG 浓度、盐浓度、pH 及温度等都对双水相体系的分配系数、相比及甘草酸单铵盐的收率有一定影响，最佳的条件为：PEG600 质量分数为 28%，$(NH_4)_2SO_4$ 的质量分数 14%，pH 为 7，温度为 50℃。

第四节　伴有温度诱导效应的双水相系统及其应用

双水相分配技术自 20 世纪 60 年代发展以来，已广泛用于生物化学、细胞生物学和生物工程等领域，实现了生物产品的分离和纯化。但由于聚合物回收困难，在一定程度上阻碍了双水相萃取技术的应用。最近一个引人注目的聚合物——环氧乙烷（EO）和环氧丙烷（PO）的无规共聚物（EOPO）使这一问题有可能得以解决。EOPO 简称聚醚，结构式为 $HO(CH_2CH_2O)_b$-$[CH(CH_3)CH_2O]_a$-$(CH_2CH_2O)_c H$（其中 a 不少于 15）；$(CH_2CH_2O)_b$ 和 $(CH_2CH_2O)_c$ 占产品质量的 20%～90%。以聚氧丙烯段为疏水基团，聚氧乙烯段为亲水基团的嵌段。EOPO 具有相对低的浊点（cloud point），在水溶液中，当温度超过其浊点时会形成新的两相系统，发生温度诱导相分离。目标产物分配在含水的上相，而富含 EOPO 的下相得以回收。

Modlin 等利用新型的 UCON50-HB-5100/羟丙基淀粉（PES）温度诱导双水相系统从菠菜中提取蜕皮激素（ecdysone）和 20-羟基蜕皮激素（20-hydroxyecdysone）。上述两种蜕皮甾族化合物在商业上通常作为杀虫剂或用于某些疾病的诊断指示剂。UCON50-HB-5100 是一种 50%环氧乙烷（EO）和 50%环氧丙烷（PO）的无规共聚物，一般 UCON 水溶液的浊点为 50℃。用温度诱导双水相萃取技术提取蜕皮甾族化合物的流程如图 5-11 所示。在初始的双水相系统中，蜕皮激素和 20-羟基蜕皮激素被提取到富含 UCON 的上相，而细胞碎片、蛋白质和其他杂质则分配在下相。移出上相并升温至 56℃，经温度诱导分相后可形成水和浓缩的 UCON 两相，此时蜕皮激素和 20-羟基蜕皮激素大部分分配在几乎不含 UCON 的水中，而 UCON 则可回收利用。蜕皮激素和 20-羟基蜕皮激素的提取率分别可达 88.7%和 91.2%。

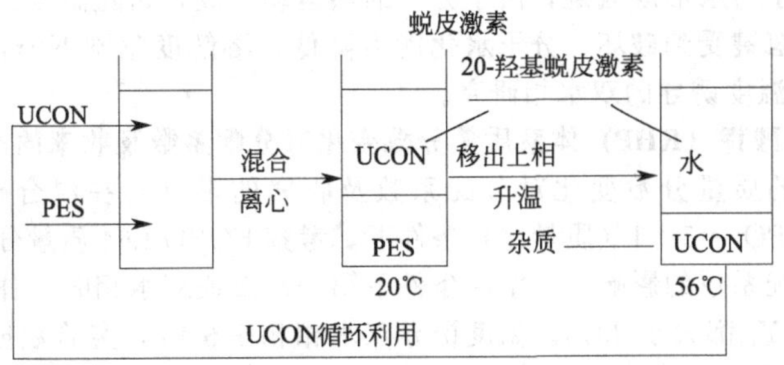

图 5-11　用温度诱导双水相萃取技术从菠菜中提取蜕皮甾族化合物的工艺流程

此外还有一些报道利用温度诱导效应的双水相分配技术对酶[10]、甾族化合物[11] 和氨基酸[12] 等的分离进行了研究。

实例 5-2：利用环氧乙烷-环氧丙烷共聚物（EOPO）/混合磷酸钾（KHP）双水相体系的温度诱导效应萃取甘草酸单铵盐

双水相萃取技术设备投资少，操作简单，且不存在有机溶剂残存问题。并且利用温度诱导相分离还可以实现聚合物循环利用。环氧乙烷-环氧丙烷共聚物（EOPO）具有较低的浊点，在水溶液中，当温度超过其浊点时会形成新的两相。目标产物分配在水相，而富含 EOPO 的一相得以回收。用双水相分配结合温度诱导相分离从天然植物中提取有效成分是一种简便、便宜的技术，有望向商业化转化。

1. 方法

双水相体系按质量比配制，在 EOPO/混合磷酸钾（KHP）体系中，系统总量为 25g，精密称取 0.400g 左右的甘草酸单铵盐，混合均匀后，读取下相体积，分析下相中甘草酸单铵盐的含量，然后对上相（富含 EOPO）进行温度诱导相分离。在 63℃水浴 45min 后，溶液自动分成两相，其中上相富含 EOPO，下相富含水，在离心机中以 2000r/min 离心 5min，分别取样分析上下相中甘草酸单铵盐的含量并读取上下相体积。有关的计算公式如下。第一次形成双水相体系的计算公式

$$Y_1=\frac{G-c_1V_1}{G}$$

温度诱导后的计算公式

$$R=\frac{V_t}{V_b}\qquad K=\frac{c_t}{c_b}\qquad Y_2=\frac{1}{1+RK}\qquad Y=Y_1Y_2$$

式中，c_1 表示双水相系统下相（富含水）甘草酸单铵盐的浓度，mg/mL；V_1 表示双水相系统下相（富含水）体积，mL；G 表示甘草酸单铵盐的质量，g；R 表示温度诱导相体系上下相的体积比；K 表示温度诱导相体系分配系数；V_t 表示温度诱导相体系上相体积，mL；V_b 表示温度诱导相体系下相体积，mL；c_t 表示温度诱导相体系上相甘草酸单铵盐的浓度，mg/mL；c_b 表示温度诱导相体系下相甘草酸单铵盐的浓度，mg/mL；Y_1 表示双水相系统甘草酸单铵盐在上相中的收率；Y_2 表示温度诱导相平衡甘草酸单铵盐在下相中的收率；Y 表示甘草酸单铵盐过程的总收率。

2. 双水相体系的确定

对 EOPO L61、EOPO L62、EOPO L64 三种型号聚合物进行的实验表明：EOPO L61/混合磷酸钾（KHP）、EOPO L62/混合磷酸钾（KHP）在温度诱导时不形成两相。这是由于此两个型号 EOPO 的浊点较低，分别为 17℃、24.4℃，而 EOPO L64 的浊点为 59℃，实际温度诱导形成双水相时，温度应控制在 63℃。如果温度大于 63℃，EOPO 易固化，不利于 EOPO 的循环利用；温度小于 63℃，不易诱导相分离。产生这一现象的原因主要是 EOPO 中的聚氧乙烯段为亲水基团，在水中氧原子排列于锯齿的外侧，EOPO 中的聚氧丙烯段为疏水基团，位于氧原子间呈曲折

型；位于外侧的氧原子与水形成氢键，由于分子的热运动，故开始随温度升高溶解度增大，而温度升高到达浊点后，氢键受到破坏，分子水化能力降低，溶解度急剧下降，故形成两相。因此，选择 EOPO L64 进行温度诱导的双水相研究。

3. EOPO/混合磷酸钾（KHP）体系质量分数变化对分配系数及收率的影响

(1) EOPO L64 的质量分数变化对分配系数及收率的影响　在混合磷酸钾的质量分数为 24%，$K_2HPO_4/KH_2PO_4=5:1$（质量比）条件下，考察 EOPO L64 质量分数的变化，对甘草酸单铵盐在双水相中分配系数的影响。在室温条件下第一次形成双水相时，甘草酸单铵盐主要分配在上层（EOPO 相），Y_1 都大于 80%。温度诱导双水相相平衡时，实验数据见表 5-1，甘草酸单铵盐的分配情况见图 5-12 和图 5-13。

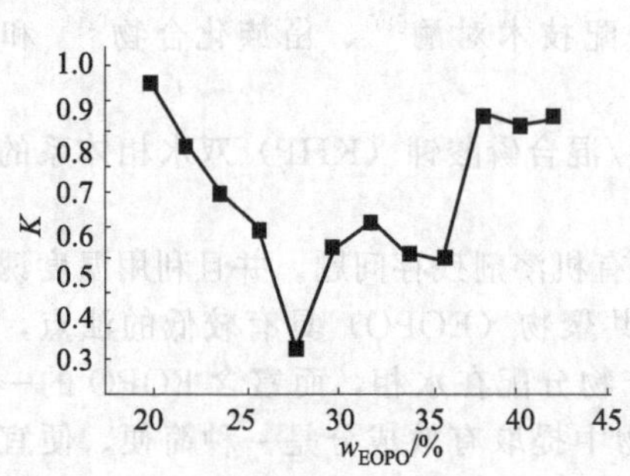

图 5-12　EOPO L64 的质量分数对温度诱导相平衡分配系数的影响

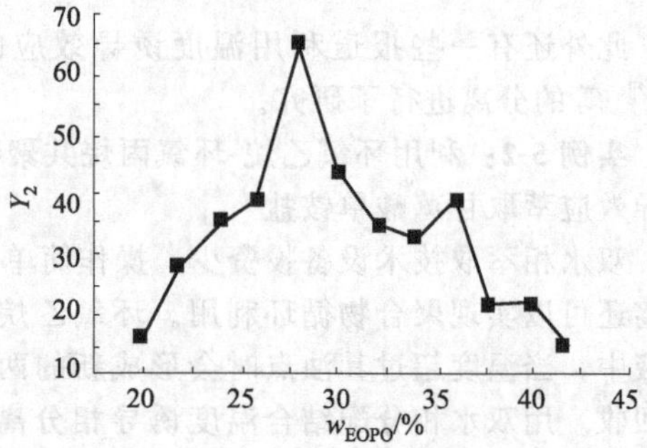

图 5-13　EOPO L64 的质量分数对温度诱导相平衡上相甘草酸单铵盐收率的影响

由图 5-12 可见，温度诱导后二次成相时 $K<0$，说明甘草酸单铵盐主要分配在下相（水相），可以实现成相聚合物 EOPO 与萃取物的有效分离。并且随着 EOPO L64 质量分数的增大，K 在 EOPO L64 质量分数为 28%时有最小值为 0.344，Y_2 有最大值为 64.9%，甘草酸单铵盐的总萃取率为 60.5%。从分配理论上解释，在温度诱导相分离过程中，当 EOPO 的质量分数较低时，磷酸盐的盐析作用起主要作用，使甘草酸单铵盐大部分分配在上相。当 EOPO 浓度较大时，黏度增加，阻止相间分子转移的能力增加，相界面张力亦将增加，亦使甘草酸单铵盐主要分配在上相。因此，K 在此变化过程中有最小值。

(2) 混合磷酸盐的配比对分配系数及收率的影响　EOPO L64 的质量分数为 28%，混合磷酸盐的质量分数为 24%，改变混合磷酸盐的配比（$K_2HPO_4:KH_2PO_4$），以考察它对分配系数及收率的影响。实验结果见表 5-10。由表 5-10 可见：只用 K_2HPO_4 比用混合磷酸盐好，所以改用 K_2HPO_4。

表 5-10　混合磷酸盐的配比对分配系数及收率的影响

$K_2HPO_4:KH_2PO_4$(质量比)	Y_1/%	R	K	Y_2/%	Y/%
1.5	95.3	2.63	0.81	31.9	30.4
2.5	94.8	1.94	0.51	50.3	47.6
3.5	97.4	2.47	0.86	32.0	31.2
4.5	97.9	6.70	0.73	17.0	16.6

(3) K_2HPO_4 质量分数对分配系数及收率的影响　EOPO L64 的质量分数为 28%，混合磷酸盐的对比实验表明，只用 K_2HPO_4 比用混合磷酸盐好，所以改变 K_2HPO_4 在体系中的质量分数，以考察它对分配系数及收率的影响。实验结果见表 5-11。

实验发现，在温度诱导的二次成相中，当 EOPO 质量分数为 28%，K_2HPO_4 质量分数为 32%时，$K=0.15$（最小值），$Y_2=83.1\%$。说明甘草酸单铵盐绝大部分被分离到水相中，EOPO 则可以回收使用。另外由于 Y_1 都大于 80%，因此总收率主要由 Y_2 决定，最高可达到 68.4%。

表 5-11　K_2HPO_4 质量分数对分配系数及收率的影响

w_{KHP}/%	Y_1/%	V_t	V_b	R	c_t	c_b	K	Y_2/%	Y/%
28	95.7	6.0	2.4	2.54	8.1	16.1	0.503	43.9	42.0
30	80.8	6.2	3.8	1.63	5.2	16.7	0.311	66.4	53.6
32	82.3	6.2	4.7	1.32	2.5	16.2	0.154	83.1	68.4
34	89.1	6.4	3.9	1.64	3.8	14.1	0.270	69.3	61.7
36	80.5	6.6	3.9	1.69	6.0	15.7	0.382	60.8	48.9
38	92.4	8.2	2.5	3.28	8.4	16.2	0.519	37.0	34.1

第五节　普通有机溶剂/盐体系及其应用

聚乙二醇/葡萄糖和聚乙二醇/无机盐两种，已有效地用于蛋白质及金属离子的萃取分离，由于水溶性高聚物难以挥发，使反萃取必不可少，且盐进入反萃取剂中，对随后的分析测定带来很大的影响。另外水溶性高聚物大多黏度较大，不易定量操作，也给后续研究带来麻烦。事实上，普通的能与水互溶的有机溶剂在无机盐的存在下也可生成双水相体系，并已用于血清铜和血浆铬的形态分析。基于与水互溶的有机溶剂和盐水相的双水相萃取体系具有价廉、低毒、较易挥发而无需反萃取和避免使用黏稠水溶性高聚物等特点，人们对双水相体系中不同种类盐分相能力及不同种类有机溶剂的分相情况开展研究。

一、双水相体系中不同种类盐分相能力的差异

在进行双水相体系选择时，为考察双水相体系中不同种类盐分相能力的差异，可考察不同的盐对选定的有机相溶剂的分相的影响。例如，以异丙醇为例，在恒定其体积（4mL）时，分别加入不同量的 $(NH_4)_2SO_4$、Na_2CO_3、$NaNO_3$、$Na_3PO_4 \cdot 12H_2O$、Na_2SO_4、$K_2HPO_4 \cdot 3H_2O$、NaCl、NaAc，在体系中盐的加入量最终达其饱和点。结果发现，这些盐均能使异丙醇-水不同程度地分相，其中 $NaNO_3$、NaCl 及 NaAc 的分相能力较差。而 $Na_3PO_4 \cdot 12H_2O$ 和 Na_2SO_4 在室温溶解度太低，且溶解度的温度系数较大，常温操作有困难。图 5-14 为 $(NH_4)_2SO_4$、$K_2HPO_4 \cdot 3H_2O$ 及 $NaNO_3$ 对异丙醇-水体系分相的影响。由图 5-14 可见，$K_2HPO_4 \cdot 3H_2O$ 的分相能力较强，但最终效果不如 $(NH_4)_2SO_4$，盐析能力的强弱顺序为：$(NH_4)_2SO_4 > K_2HPO_4 \cdot 3H_2O > NaNO_3$。设体系中有机溶剂起始所占体积为 $V_{始}$，分相后所占的体积为 $V_{终}$，体积变化为 $\Delta V = V_{终} - V_{始}$。由图 5-14 可看到无论盐析能力大小，随盐浓度的加大，趋近于 $V_{终}/V_{始}=1$，但不能达到 1。

与异丙醇相比，乙醇有较大的水化能，能与乙醇生成双水相的盐较少，其 $V_{终}/V_{始}$ 更难趋近于 1。所有能与乙醇生成双水相的盐都含有二价或更高价的阴离子，目前还没有发现能使乙醇分

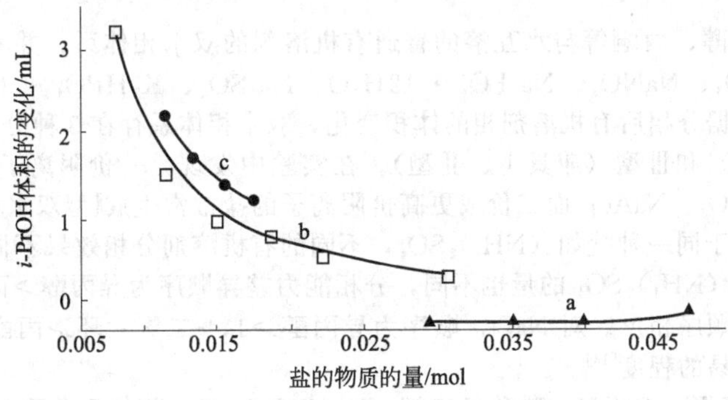

图 5-14　不同种类盐对 i-PrOH-H_2O 体系分相能力的比较

a—$NaNO_3$；b—$(NH_4)_2SO_4$；c—$K_2HPO_4 \cdot 3H_2O$

相的一价阴离子。对丙酮-盐水体系的研究发现，3 种碱金属碳酸盐的盐析能力强弱顺序为：Na_2CO_3＞K_2CO_3＞Cs_2CO_3。这与碱金属离子的水化能的顺序是一致的（水化能越大，分相所需盐越少），与离子半径成反比。一般说来，离子半径越小，电荷数越多，其水化作用与盐析作用越强。另外，盐析效应一般随离子强度的增加而增加，所以高价金属离子的盐析效应较大。其效应按下列次序递减：Al^{3+}＞Fe^{3+}＞Mg^{2+}＞Ca^{2+}＞Li^+＞Na^+＞NH_4^+＞K^+。

二、不同种类盐对有机溶剂的分相

盐析能力强的盐生成双水相的能力也强，例如 $(NH_4)_2SO_4$，对异丙醇、乙醇、丙酮、聚乙二醇、1,4-二氧六环均可生成双水相。图 5-15 为 $(NH_4)_2SO_4$ 用量对异丙醇相体积变化的影响。由图 5-15 可见，当异丙醇在体系中 $V_{始}\geqslant$4mL 时，随 $(NH_4)_2SO_4$ 量加大，异丙醇与水分离程度更趋完全，分出异丙醇的体积逐渐减小至一恒定值，但 $V_{终}>V_{始}$，表明在分相时有水进入了异丙醇相。当 $V_{始}\leqslant$2mL 时，$V_{始}>V_{终}$。同 $V_{始}\geqslant$4mL 的情况一样，随 $(NH_4)_2SO_4$ 量的增加，$V_{始}/V_{终}$ 趋近于 1，说明双水相的分相过程是一个有机溶剂与无机盐争夺水分子的过程。当加入有机溶剂量小时，分相所需无机盐的量较大，在这种富盐氛围中，少量有机溶剂的水合分子滞留其中。当盐的浓度进一步增加，盐夺取了水分子，有机溶剂分子才被释放出来。$V_{始}$＝3mL 的这种过渡状态也说明了这点。恰好分相时异丙醇体积与盐用量的关系见图 5-16。如图 5-16 所示，加入异丙醇量越大，恰好分相时，所需 $(NH_4)_2SO_4$ 的量就越小。这与图 5-15 所得结论一致。另外，在较高酸度条件下，恰好分相所需盐的浓度增大（图 5-16 曲线 2）。这是由于 SO_4^{2-} 的质子化作用使盐的实际盐析作用减弱的缘故。

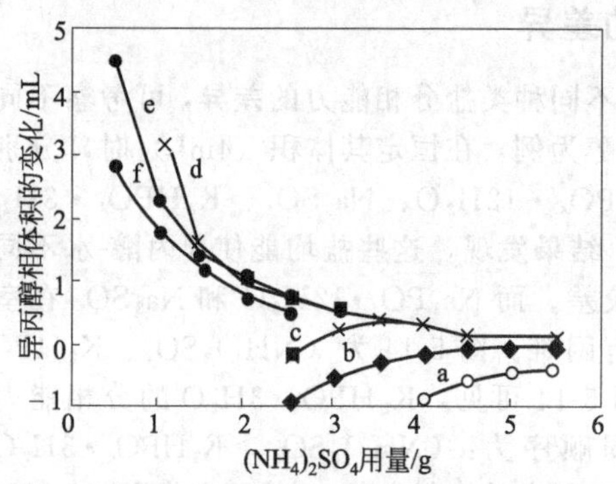

图 5-15 $(NH_4)_2SO_4$ 用量对异丙醇相体积变化的影响

i-PrOH：a—1mL；b—2mL；c—3mL；d—4mL；e—5mL；f—6mL；$V_{总}$＝10mL

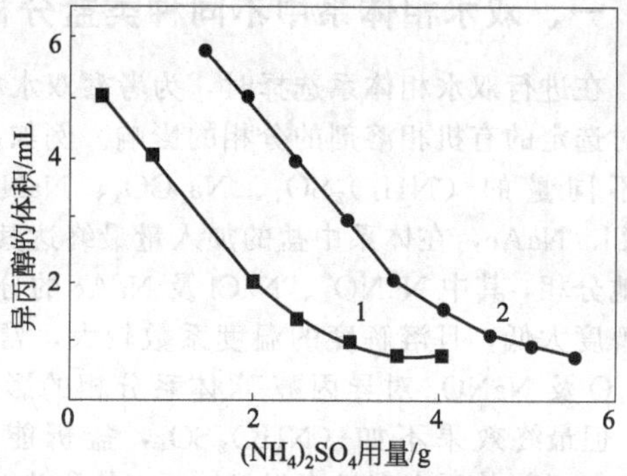

图 5-16 恰好分相时异丙醇体积与 $(NH_4)_2SO_4$ 最低用量的关系

1—没有 H_2SO_4；2—有 6mmol H_2SO_4；$V_{总}$＝10mL

研究异丙醇、乙醇、丙酮等与水互溶的普通有机溶剂的双水相体系，并考察了不同种类盐如 $(NH_4)_2SO_4$、Na_2CO_3、$NaNO_3$、$Na_3PO_4\cdot 12H_2O$、Na_2SO_4、$K_2HPO_4\cdot 3H_2O$、NaCl、NaAc 的分相能力差异。根据分相后有机溶剂相的体积变化，双水相体系存在 3 种分相类型：Ⅰ型（$V_{始}<V_{终}$）、Ⅱ型（$V_{始}>V_{终}$）和Ⅲ型（兼具Ⅰ、Ⅱ型）。在实验中发现，一价阴离子的盐常常生成Ⅱ型双水相，如 NaCl、$NaNO_3$、NaAc；而二价或更高价阴离子的盐常常生成Ⅰ型双水相，如 $(NH_4)_2SO_4$、$K_2HPO_4\cdot 3H_2O$。对于同一种盐如 $(NH_4)_2SO_4$，不同的有机溶剂分相效果不同。相同体积的有机溶剂恰好分相时所需 $(NH_4)_2SO_4$ 的量也不同，分相能力差异顺序为异丙醇＞丙酮＞乙醇，与有机溶剂水合作用的强弱顺序相反。对 NaCl，顺序为异丙醇＞1,4-二氧六环＞丙酮。有机溶剂与水作用大小影响其分相难易的程度[13]。

实例 5-3：利用乙醇（EtOH）/磷酸氢二钾（K_2HPO_4）双水相体系萃取甘草酸单铵盐

1. 双水相体系的配制

双水相体系按体积配制，各组分浓度用体积（mL）表示，系统总量为 10mL，置于 10mL 离心管中，加入一定体积的有机溶剂，加水至 10mL，再加入一定量的盐，甘草酸单铵盐加入量为 0.2000g。振荡 2min，静置片刻，待溶液分相完全，在离心机中以 2000r/min 离心 5min，读取上、下相体积，分别取样分析上、下相中甘草酸单铵盐的含量。

$$Y=1/[1+1/(RK)]$$

式中，Y 表示甘草酸单铵盐在上相中的收率。

2. 确定萃取甘草酸单铵盐适合的双水相体系

在有机溶剂 $V=4\text{mL}$，$V_{水}=6\text{mL}$ 条件下，盐的加入量为 1.5g，对比异丙醇/硫酸铵、异丙醇/磷酸氢二钾、乙醇/硫酸铵、乙醇/磷酸氢二钾、丙酮/硫酸铵、丙酮/磷酸氢二钾几个双水相体系中甘草酸单铵盐的分配情况，实验结果见表 5-12。实验发现：丙酮/硫酸铵、丙酮/磷酸氢二钾两体系形成的双水相不稳定；盐析能力的强弱顺序为：$(NH_4)_2SO_4 > K_2HPO_4 \cdot 3H_2O$，乙醇/磷酸氢二钾体系的 K 较大，可高达 25.6，甘草酸单铵盐主要在上层乙醇中，而 $R=4.27$ 说明与丙酮和异丙醇相比，乙醇有较强的水化能，所以确定乙醇/磷酸氢二钾为萃取甘草酸单铵盐适合的体系，并做进一步的研究。

表 5-12 双水相体系中不同种类有机溶剂、盐分配系数和分相能力的差异

有机物/盐	K	R
异丙醇/硫酸铵	15.27	0.90
异丙醇/磷酸氢二钾	1.91	5.25
乙醇/硫酸铵	11.81	1.29
乙醇/磷酸氢二钾	25.60	4.27

3. 乙醇/K_2HPO_4 体系中乙醇加入量的确定

在乙醇/K_2HPO_4 体系中，改变 K_2HPO_4 在体系中加入的量，测定 K_2HPO_4 用量对乙醇相体积变化的影响，确定乙醇的最佳用量（见图 5-17）。

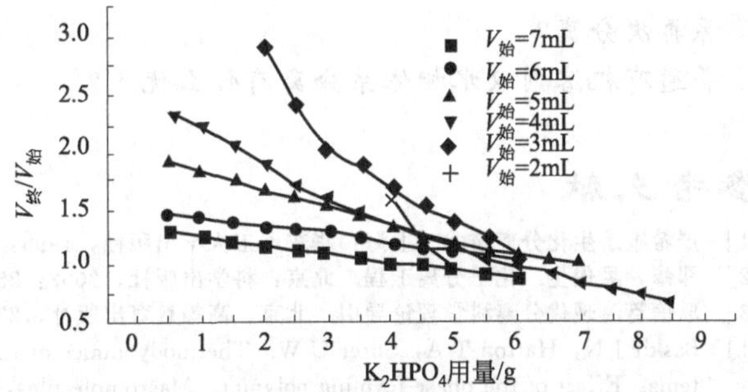

图 5-17 K_2HPO_4 用量对乙醇相体积变化的影响

从图 5-17 可知，初始乙醇溶剂量小时，分相所需无机盐的量较大。在这种富盐氛围中，少量有机溶剂滞留在水分子中。当盐的浓度进一步增加，盐夺取了水分子，有机溶剂分子才被释放出来。初始乙醇溶剂量大时，分相所需无机盐的量较小。对于上述几个初始的乙醇溶剂量，随着盐量的增加，$V_{终}/V_{始}$ 趋近于 1（$V_{始}$ 为乙醇/盐双水相体系中加入乙醇的体积，$V_{终}$ 为乙醇/盐双水相体系形成后乙醇相的体积）。说明双水相的分相过程是一个有机溶剂于与无机盐争夺水分子的过程。故选用 $V_{乙醇}=6\text{mL}$ 和 $V_{乙醇}=7\text{mL}$ 作为乙醇初始体积。

4. 乙醇/K_2HPO_4 体系中磷酸盐含量的确定

当初始 $V_{乙醇}=6\text{mL}$、$V_{H_2O}=4\text{mL}$ 和 $V_{乙醇}=7\text{mL}$，$V_{H_2O}=3\text{mL}$ 时，改变 K_2HPO_4 在体系中的加入量，以考察它对分配系数及收率的影响。实验结果见表 5-13。

表 5-13 不同初始体积乙醇中 K_2HPO_4 的加入量对分配系数及收率的影响

$V_{乙醇}$/mL	K_2HPO_4 用量/g	R	K	Y/%
6	1.0	7.5	4.0	96.8
	1.5	4.4	12.80	98.3
	2.0	3.8	11.13	97.7
7	1.0	7.25	0.43	75.7
	1.5	5.31	0.95	83.5
	2.0	4.78	1.31	86.2

对比表 5-13 中的数据发现，$V_{乙醇}=7mL$ 时 K、Y 值不如 $V_{乙醇}=6mL$ 理想。所以选择乙醇(EtOH)/磷酸氢二钾（K_2HPO_4）体系萃取甘草有效成分时，当总量为 10mL，$V_{乙醇}=6mL$，K_2HPO_4 1.5g 时，分配系数 $K=12.8$ 最大，回收率 $Y=98.3\%$。

比较 3 个双水相体系分离提取甘草酸单铵盐实例，可以看出：由于 PEG 这一类高聚物的黏度都比较大，PEG600 的黏度虽然比 PEG6000 的黏度小许多，但是在利用 PEG600/$(NH_4)_2SO_4$ 双水相体系萃取甘草酸单铵盐时，实验操作上仍感到不便。特别是用此双水相体系从甘草浓缩液中提取甘草酸单铵盐时，甘草酸单铵盐与 PEG 很难分离，因此 PEG600/$(NH_4)_2SO_4$ 双水相体系萃取甘草酸单铵盐的理论收率高，但是无法应用于实际的工业生产。

利用 EOPO/K_2HPO_4 双水相体系结合温度诱导效应从甘草中提取甘草酸单铵盐，工艺过程简洁，收率与传统工艺相比高，产物结晶性状好，其质量分数为 11.3%，纯化因子达 2.2，便于进一步精制。此外，甘草酸单铵盐与 EOPO 利用温度诱导效应得以分离，EOPO 仍可以循环利用。这不仅可以降低成本，而且有利于环保。因此，利用 EOPO/K_2HPO_4 双水相体系从甘草中提取甘草酸单铵盐完全可以适用于工业上大生产。

乙醇/磷酸氢二钾是基于与水互溶的有机溶剂和盐水相的双水相萃取体系，通过这个体系分离纯化甘草酸单铵盐结晶为白色松散粉末，其质量分数为 13.0%，纯化倍数为 2.6。与传统工艺相比，工艺简洁，且结晶性状好、纯度较高。可适用于工业化大生产。体系具有溶剂价廉、低毒、较易挥发而无需反萃取和避免使用黏稠水溶性高聚物等特点，易回收、易处理、操作简便。

思考题

1. 双水相萃取分离技术有什么特点？双水相体系受哪些因素影响？
2. 目前有哪些双水相体系应用比较广泛？
3. 温度诱导双水相分离有什么优点？在温度诱导双水相分离中，为什么温度改变会诱导体系再次分离？
4. 普通有机溶剂双水相体系分离有什么优点？

参考文献

[1] 严希康．生化分离技术．上海：华东理工大学出版社，1996：29-38.

[2] 邓修，吴俊生．化工分离工程．北京：科学出版社，2002：252-253.

[3] 耿信笃．现代分离科学理论导引．北京：高等教育出版社，2001：312-314.

[4] Baskir J N，Hatton T A，Suter U W．Thermodynamics of the separation of biomaterials in two phase polymer systems：Effect of the phase-forming polymer．Macromolecules，1987，20：1300.

[5] Haynes C A，Blanch H W，Prausnitz J M．Separation of protein mixtures by extraction：thermodynamic properties of aqueous two phase polymer systems containing salts and proteins．Fluid phase Equilibria，1989，53：463-474.

[6] Haynes C A，Carson J，Blanch H W．Electrostatic potentials and protein partitioning in aqueous two phase systems．AIChE J，1991，37（9）：1401-1409.

[7] Grossman C，Zhu J，Maurer G．Phase equilibrium studies on aqueous two phase systems containing amino acids and peptides．Fluid phase Equilibria，1993，82：275-282.

[8] Diamond A D，Hsu J T．Fundamental studies of biomolecule partitioning in aqueous two phase systems．Biotechmology and Bioengineering，1989，34：1000-1014.

[9] 朱自强，关怡新，李勉．双水相系统在抗生素提取和合成中的应用．化工学报，2001，52（12）：1039-1048.

[10] Alred P A，Kozlowski A，Harris J M．J Chromatogr A，1994，659：289-298.

[11] Alred P A，Tjerneld F，Modlin R F．J Chromatogr，1993，628：205-214.

[12] Johansson H O，Karlstrom G，Mattiasson B．Bioseparation，1995，（5）：269-279.

[13] 王志华，马会民，马泉莉等．双水相萃取体系的研究．应用化学，2001，18（3）：173-175.

第六章 制备色谱分离技术

"色谱"这一术语是根据"chromatography"一词翻译而来的。它是由俄国植物学家茨维特(Tswett)于1903年首创的。他在研究植物叶的色素成分时，将植物叶子的萃取物倒入填有碳酸钙的直立玻璃管内[图6-1(a)]，浸取液中的色素就吸附在碳酸钙上，然后加入石油醚使其自由流下，在碳酸钙上出现了具有3个颜色的6个色带[图6-1(b)]，当时，他将这种现象称为"色谱"(chromatography)[1]，将这种分离方法称为色谱法(chromatography)。后来此法逐渐应用于无色物质的分离，"色谱"二字虽已失去原来的含义，但仍被人们沿用至今。

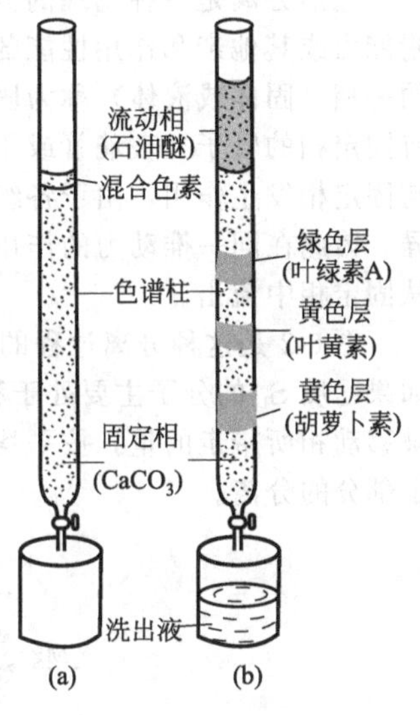

图6-1 植物叶色素的分离

1931年，奥地利化学家R. 库恩(Richard Kuhn，1900—1967)利用色谱法，以碳酸钙为"固定相"成功地分离出α-胡萝卜素、β-胡萝卜素及γ-胡萝卜素等3种胡萝卜素异构体，并在同年利用色谱法制取了叶黄素。从此，色谱法引起了各国科学工作者的注意。之后，纸电泳与薄层色谱开始得到应用(薄层色谱的广泛应用是在1956年Stahl开发出薄层色谱板涂布器之后)。20世纪40年代，出现合成离子交换树脂商品，使离子交换色谱得到了广泛应用。1941年，Matin和Synge采用水饱和的硅胶为固定相，含有乙醇的氯仿为流动相来分离乙酰氨基酸，由此，创立了分配色谱。1951年，Matin和Janes报道了用自动滴定仪作检测器分析脂肪酸，创立了气液色谱法。1958年，Goly发明了玻璃毛细管拉制机，并提出了毛细管柱气相色谱法，从而大大提高了分离效能，气相色谱法也因此得以迅速发展，并超过了液相色谱法。高效液相色谱(HPLC)法是在20世纪60年代末，高压泵和化学键合固定相用于液相色谱后才受到重视的。

另外，Van Deemter等于1956年在前人的基础上发展了色谱效率的速率理论；1962年，Klesper等人提出了超临界流体色谱；1963年，Giddings发展了前人的理论工作，为色谱的发展奠定了理论基础；1966年，Ito等提出了逆流色谱。20世纪60年代，模拟移动床色谱、凝胶色谱及亲和色谱出现，80年代，毛细管超临界流体色谱(SFC)技术和毛细管电泳得到发展并于90年代末得以广泛应用。目前色谱学已成为一个专门的学科。

第一节 概 述

一、制备色谱简介

制备色谱是能分离纯化制备一定量样品的色谱分离技术，是色谱法的一部分。它利用各待分离组分在相间的吸附、分配系数的差异、离子交换平衡值的区别等，使得各组分在相间滞留时间的不同而进行分离，从而制得所需产品。制备色谱按照色谱柱生产能力和直径的大小，可以分为以吨计的柱直径在米以上的大型制备色谱和以克或毫克计的微型制备色谱。

色谱技术在中药中的应用已经日趋重要，其中尤以大孔吸附树脂、离子交换色谱、硅胶色谱等的应用最为广泛。在人参皂苷、绞股蓝皂苷、甜菊苷、三七皂苷、甘草甜素、银杏黄酮、茶多酚、香菇多糖、银耳多糖、枸杞多糖、猪苓多糖、茯苓多糖、喜树碱、小檗碱、莨菪碱、咖啡因等多种中药的单方、复方、有效部位、有效成分等的生产中得到广泛应用。在中药与天然药物的分离纯化过程中，色谱技术是最有效的方法。因为色谱法具有常规分离方法无法比拟的分离效率和分离速度。一些天然药物如具有抗癌作用的紫杉醇的分离成功，更加促进了天然药物的色谱分离工业化，许多来源于植物、海洋生物以及微生物的化合物已经通过色谱分离的方法得到。

二、色谱分离原理及特点

1. 色谱分离原理

色谱分离是一种物理的分离方法，主要是利用物质在流动相与固定相两相中的分配系数、吸附能力或其他亲和作用性能的差异而被分离。在色谱法中，将填入玻璃管或不锈钢管内静止不动的一相（固体或液体）称为固定相；自上而下运动的一相（一般是气体或液体）称为流动相；装有固定相的管子（玻璃管或不锈钢管）称为色谱柱。当流动相中样品混合物经过固定相时，就会与固定相发生作用，由于各组分在性质和结构上的差异，与固定相相互作用的类型、强弱也有差异，因此在同一推动力的作用下，不同组分在固定相滞留时间长短不同，从而按先后不同的次序从固定相中流出。

图 6-2 是这种分离过程的模型。圆球 S_1 和 S_2 在两相中浸没的深度即表示“亲和力”的差别。如果物质 S_1 的分子主要处于移动相（MP）中（即对移动相的“亲和力”大），那么很明显它们被移动相所带走的量，按平均数计算将会比 S_2 多，而后者对固定相（SP）结合较好，从而出现了部分的分离。

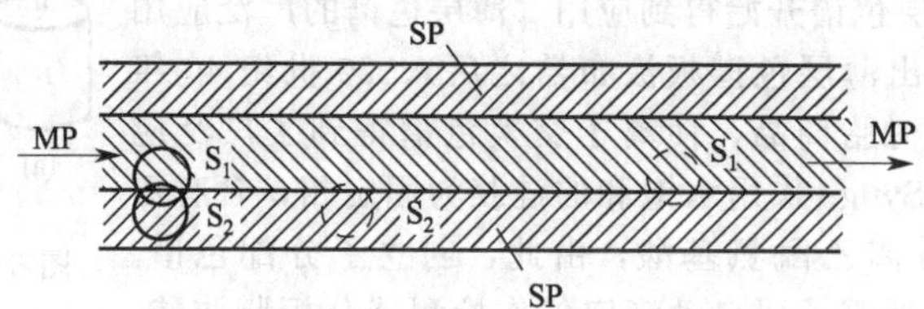

图 6-2 色谱分离一般原理示意

SP—固定相；MP—移动相；S_1 和 S_2—被分离物质

2. 色谱法的特点

与其他分离技术如萃取、蒸馏等相比，色谱法具有高超分离能力及效率，其特点主要如下。

（1）分离效率高　能在较短的时间分离出较复杂的样品，例如，利用气相色谱可一次性分离和测定 100 多个组分的烃类混合物。

（2）灵敏度高　可以检测出 10^{-13} g 级的物质，一次色谱分析所需用的样品量少。

（3）分析速度快　一般在几分钟或几十分钟内可以完成一个试样的分析，并可同时测定多种组分。

（4）应用范围广　可用于有机、无机、低分子或高分子等几乎所有化合物的分离测定。不是用于色谱分离或测定的物质，也可以通过化学衍生的方法进行分离测定。

三、色谱的分类

色谱法的分类可按两相的状态、色谱机理、操作条件及应用领域等进行分类，见表 6-1。

1. 按流动相和固定相的状态分类

（1）气相色谱　气体为流动相的色谱称为气相色谱。根据固定相是固体吸附剂还是固定液

表 6-1　色谱法分类

按流动相类型	气相色谱、液相色谱、超临界流体
按固定相的形状	柱色谱、纸色谱、薄层色谱
按分离机制	吸附色谱(固定相为固体)、分配色谱(固定相为液体)、凝胶渗透、离子交换色谱、亲和色谱、聚焦色谱
按操作压力	低压(<0.5MPa)液相色谱、中压(0.5～4.0MPa)液相色谱、高压(4.0～40MPa)液相色谱
按展开方式	洗脱、前沿、置换
按使用领域	分析用色谱、制备用色谱、流程色谱

(附着在惰性载体上的一薄层有机化合物液体)，气相色谱又可分为气固色谱 (GSC) 和气液色谱 (GLC)。

(2) 液相色谱　液体为流动相的色谱称液相色谱 (LC)。以液体为流动相，以固体为固定相的色谱称为为液固色谱 (LSC)；以液体为流动相，以另外一种液体为固定相的色谱称为液液色谱 (LLC)。而液相色谱又可分为柱色谱、纸色谱、薄层色谱、排阻色谱、超临界色谱及电色谱等。

(3) 超临界流体色谱 (SFC)　用超临界流体为流动相进行的色谱即为超临界流体色谱，是在 1962 年由 Klesper 创立的。关于超临界流体的特性见第四章。由于超临界流体的特性使得溶质在超临界流体中具有较大的溶解度和扩散系数，从而促进了组分的分离，具有较高的分离度。

2. 按分离机理分类

根据分离机理的不同，色谱法可分为吸附色谱法、分配色谱法、离子交换色谱法、凝胶色谱法、亲和色谱法等、大孔吸附法。

(1) 吸附色谱法　是利用组分在吸附剂 (固定相) 上的吸附能力强弱不同而得以分离的方法，组分与吸附剂之间的作用力主要为分子间力，与两者的极性有关，如果吸附剂是极性物质，流动相中的组分是非极性的，在极性吸附剂表面上的亲和力很小，而不能被保留，随流动相流出。它是各种色谱分离技术中应用最早的一种 (见图 6-3)。

(2) 分配色谱法　利用各个被分离组分在固定相和移动相两相之间分配系数的不同而进行分离的过程。当含溶质的流动相流过涂渍有固定液 (液体) 的多孔惰性载体固定相时，利用各溶质在流动相和固定相中固定液之间分配系数的差别得以分离。也就是说，分配色谱主要根据物质在两相中的溶解度差异而实现。分配系数是固定相中一种组分的平衡浓度对移动相中同一物质浓度的比，因此，各组分的分离效率与其分配系数的差值成比例 (见图 6-3)。

作为分配色谱的载体 (担体) 要求是中性多孔的粉末，无吸附，不溶于两相溶剂中，不能与分离物质发生化学反应，不影响各组分的分配系数，并能吸着一定量的固定液相，而移动液相能自由通过而不改变其组成。常用的载体有硅胶、硅藻土、聚合物、纤维素粉、滤纸等。其中硅胶既可作吸附剂又可作载体，当硅胶含水量在 17%以上时吸附能力下降而成为载体。硅藻土可吸收与其质量一样的水，而几乎无吸附能力，是优良的载体。

在分配色谱法中，通常使用一个两相系统。一相含有机溶剂较多，极性较小，而另一相含水较多，极性较大。若采用极性较大的相为固定相、极性较小的相为流动相，则称为正相色谱；相反，则称为反相色谱。实践中有 70%以上采用反相色谱。正相色谱和反相色谱中流动相极性的关系见表 6-2。水相通常固定在亲水性载体上，如滤纸、硅胶等。有机相通常作为流动相。

表 6-2　正相色谱和反相色谱中流动相极性的关系

色谱类型	固定相极性度	流动相极性范围	冲洗剂极性或非极性的程度	增加流动相极性的效果
正相色谱	极性	弱至中等极性	最后冲洗用极性更强的溶剂	保留时间减少
反相色谱	非极性	强至中等极性	首先冲洗用极性更强的溶剂	保留时间增加

一般而言，分离水溶性或极性较大的成分如生物碱、苷类、糖类、有机酸等化合物时，固定相多采用强极性溶剂，如水、乙醇等，流动相则用氯仿、乙酸乙酯、丁醇等弱极性有机溶剂；当分离脂溶性化合物，如高级脂肪酸、油脂、游离自体等物质时，固定相可用石蜡油，而流动相则

用水或甲醇等强极性溶剂。常用的反相硅胶薄层色谱及柱色谱的填料是将硅胶进行化学修饰，键合不同长度的烃基，使硅胶由亲水性表面转变为亲脂性表面，称为反相硅胶。

(3) 离子交换色谱法　是利用组分与离子交换剂（固定相）结合力强弱的差异而达到分离的方法。如果被分离的各组分在溶液中形成离子，那么这些离子就与溶液中离子交换剂的解离基团发生静电作用，这种静电的相互作用就是离子交换。带电荷多的离子对交换剂的亲和力大于带电荷少的离子。被分离混合物中各组分的离子交换能力，将取决于各组分电荷的差异。解离组分的平均电荷与离子电荷、基团的离解常数以及介质的 pH 有关，同时还取决于溶液中的离子浓度。

(4) 凝胶色谱法　又称尺寸排阻色谱法、空间排阻或分子筛色谱，是利用大小不同的分子在微孔固定相中的选择渗透而达到分离的方法。其固定相是具有一定大小孔道的凝胶，像过滤分子的筛子一样，相对分子质量大的组分先洗出，而相对分子质量小的组分后流出，因此又称分子筛或凝胶过滤（见图 6-3）。

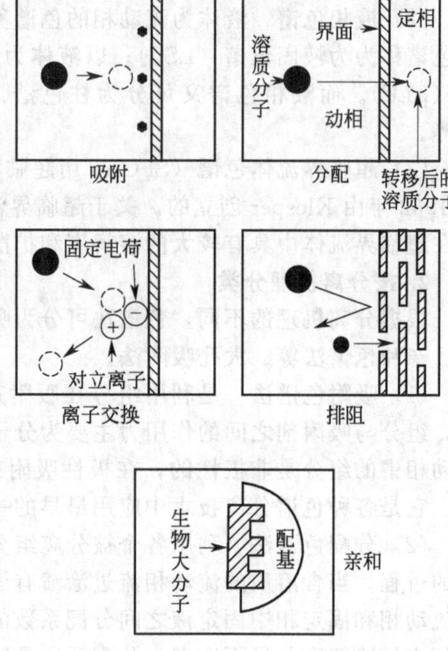

图 6-3　不同类型色谱的分离原理示意

常用的凝胶有亲水型和疏水型两种，亲水型主要有葡聚糖凝胶（Sephadex G）、聚丙烯酸凝胶以及琼脂糖凝胶等，应用最广泛的是葡聚糖凝胶。疏水型主要有交联聚苯乙烯或橡胶等。

(5) 亲和色谱法　是一种新型分离技术，它是利用生物分子间专一的亲和力进行分离纯化的色谱方法，利用固相载体上的配基对目标组分所具有的专一的和可逆的亲和力而使生物分子分离统化，又称亲和层析和吸附解吸色谱。主要用于生物物质的分离，固定相是附着有某种特殊亲和力的配位体的惰性固体颗粒，目标成分在流动相与固定相之间取得吸着解吸平衡（见图 6-3）。

在自然界中，具有这样专一而又可逆的亲和力的生物分子一般都是相配成对的，称为生物对，这些生物对中一旦一方离开另一方，就失去这种特殊的亲和力。生物对主要有：酶-酶底物、抑制剂、辅酶或辅基；抗体-抗原、病毒、细菌；外源凝集素-多糖、糖蛋白、细胞表面受体、细胞；核酸-互补碱基序列、核酸聚合酶、组蛋白、结合蛋白；激素及维生素-受体、载体蛋白；细胞-细胞表面特异蛋白、外源凝集素等。

(6) 聚焦色谱法和疏水作用色谱　聚焦色谱法是利用具有两性电解质特点的组分如氨基酸、蛋白质、酶等在等电点上的差异，当混合物流经具有 pH 梯度的固定相时，各组分在相应的等电点上进行聚焦而达到分离的高分辨率分离法。这种色谱技术分辨率极高，但处理量少，目前较难应用于大规模工业生产中，通常是作为分析手段对两性电解质进行等电点测定以及实验室某些蛋白质组分的分离。

疏水作用色谱（HIC）是利用蛋白质表面在非变性状态下容易与非极性物质相互作用的性质，从而将溶解性不同的蛋白质得以分离的方法。蛋白质通常内部有疏水残基，表面上也有一些疏水补丁（hydrophobic patc hes），在增加盐浓度（离子强度）情况下能促进其表面疏水作用，使得某些亲水蛋白质，即使具有良好的可溶性，也能与疏水物质结合。利用这一性质，在高盐浓度下将各种蛋白质吸附在固定相（填料）的非极性部分，然后通过控制降低盐浓度，就可有选择性地将蛋白质各组分按照其表面与疏水填料结合的相互作用从小至大的顺序解吸下来。疏水作用色谱主要用于蛋白质（如钙调蛋白）的分离纯化。

3. 按固定相的外形分类

固定相装于柱内的色谱法，称为柱色谱。可分为填充柱色谱法和开管柱色谱法。

固定相呈平板状的色谱，称为平板色谱，它又可分为薄层色谱和纸色谱。

4. 按色谱动力学分类

根据流动相洗脱的动力学过程不同而进行分类的色谱法有洗脱法、前沿法和置换法等。

(1) 洗脱法 (elution method) 又称淋洗法，如将含三组分的样品注入色谱柱，流动相连续流过色谱柱，并携带样品组分在柱内向前移动，经色谱分离后，样品中不同组分依据与固定相和流动相相互作用的差别，而顺序流出色谱柱。

(2) 前沿法 (frontal method) 又称迎头法，如将含 3 个等量组分的样品溶于流动相，组成混合物溶液，并连续注入色谱柱，由于溶质的不同组分与固定相的作用力不同，则与固定相作用最弱的第一个组分首先流出，其次是第二个组分与第一个组分混合流出，最后是与固定相作用最强的第三个组分与第二个和第一个组分混合流出。此法仅第一个组分纯度较高，其他流出物皆为混合物，不能实现各个组分的完全分离，因此仅适用于从含有微量杂质的混合物中切割出一个高纯组分 (第一个组分)，而不适用于对混合物进行分离，现已较少采用。

(3) 置换法 (displacement method) 又称顶替法，当含三种组分的混合物样品注入色谱柱后，各组分皆与固定相有强作用力，若使用一般流动相无法将它们洗脱下来，为此可使用一种比样品组分与固定相间作用力更强的置换剂 (或称顶替剂) 作流动相，当它注入色谱柱后，可迫使滞留在柱上的各个组分，依其与固定相作用力的差别而依次洗脱下来，且各谱带皆为各个组分的纯品。此法适于制备纯物质或浓缩分离某一组分；其缺点是经一次使用后，柱子就被样品或顶替剂饱和，必须更换柱子或除去被柱子吸附的物质后，才能再使用。置换法现已在大规模制备色谱中获广泛应用，在生物大分子纯品制备中取得了良好的效果。

通常在应用时对色谱的类型不加以严格区别，而是几种方法综合在一起使用，如吸附柱色谱、凝胶柱色谱、高压液相色谱等。

5. 按使用领域不同对色谱仪的分类

(1) 分析用色谱仪　分析用色谱仪又可分为实验室用色谱仪和便携式色谱仪。这类色谱仪主要用于各种样品的分析，其特点是色谱柱较细，分析的样品量少。

(2) 制备用色谱仪　制备用色谱仪又可分为实验室用制备型色谱仪和工业用大型制造纯物质的制备色谱仪。制备型色谱仪可完成一般分离方法难以完成的纯物质制备任务，如化学物质的纯化。

(3) 流程色谱仪　流程色谱仪在工业生产流程中为在线连续使用的色谱仪。目前主要是工业气相色谱仪，用于化肥、石油精炼、石油化工及冶金工业中。

四、色谱法中常用的术语和参数

各组分经色谱柱分离后，从柱后流出进入检测器，检测器将各组分浓度 (或质量) 的变化转换为电压 (或电流) 信号，再由记录仪记录下来。所得的电信号强度随时间变化的曲线，称为流出曲线，也叫色谱图，如图 6-4 所示。下面以某一组分的流出曲线为例说明色谱法的常用术语。

1. 区域宽度

区域宽度即色谱峰的宽度，通常用下面三种方法表示。

(1) 标准偏差 σ　图 6-4 中 W_1 的一半叫标准差，即 0.607 峰高处色谱峰宽的一半。

(2) 半峰宽 $W_{1/2}$　如图 6-4 中 $W_{1/2}$ 所示，即峰高一半处对应的峰宽。它与标准偏差的关系为

$$W_{1/2}=2.354\sigma \tag{6-1}$$

(3) 峰底宽度 W_b　如图 6-4 中 W_b 所示，即色谱峰两侧拐点上的切线在基线上截距间的距离。它与标准偏差 σ 的关系为

$$W_b=4\sigma \tag{6-2}$$

2. 保留值

保留值是各组分自色谱柱中滞留的数值，通常包括时间、距离及各组分流出色谱柱所需要的流动相的体积等参数。具体表示如下。

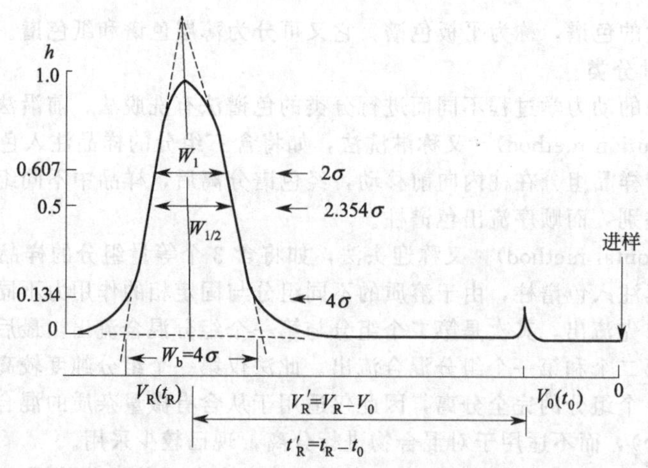

图 6-4　色谱流出曲线及参数

（1）保留时间（retention time，t_R）　从进样开始到某个组分在柱后出现浓度极大值的时间。

① 死时间（dead time，t_0）　不保留组分的保留时间，即流动相（溶剂）通过色谱柱的时间。在反相 HPLC 中可用苯磺酸钠来测定死时间。

② 调整保留时间（adjusted retention time，t'_R）　扣除死时间后的保留时间。在实验条件（温度、固定相等）一定时，t'_R 只决定于组分的性质，因此，t'_R（或 t_R）可用于定性。

$$t'_R=t_R-t_0 \tag{6-3}$$

（2）保留体积（retention volume，V_R）　从进样开始到某组分在柱后出现浓度极大值时流出溶剂的体积。又称洗脱体积。

$$V_R=t_RF_c \tag{6-4}$$

① 死体积（dead volume，V_0）　由进样器进样口到检测器流动池未被固定相所占据的空间。它包括四部分：进样器至色谱柱管路体积、柱内固定相颗粒间隙（被流动相占据，V_m）、柱出口管路体积、检测器流动池体积。其中只有 V_m 参与色谱平衡过程，其他三部分只起峰扩展作用。为防止峰扩展，这三部分体积应尽量减小。

其中

$$V_0=t_0F_c \tag{6-5}$$

式中，F_c 为流速。

② 调整保留体积（adjusted retention volume，V'_R）　扣除死体积后的保留体积。

$$V'_R=V_R-V_0=t'_RF_c=KV_s \tag{6-6}$$

若用调整保留时间（t'_R）计算理论塔板数，所得值称为有效理论塔板数

$$n=16\left(\frac{t'_R}{W}\right)^2=5.54\left(\frac{t'_R}{W_{h/2}}\right)^2 \tag{6-7}$$

3. 分配系数

分配系数（distribution coefficient）为在一定温度下组分在两相之间分配达到平衡时的浓度比，以 K 表示，如式(6-8) 所示。

$$K=\frac{c_s}{c_m} \tag{6-8}$$

式中，c_s 表示组分在固定相中的浓度；c_m 表示组分在流动相中的浓度。

一定温度下，组分的分配系数 K 越大，样品与固定相的作用力强，出峰越慢；样品一定时，K 主要取决于固定相性质。每个组分在各种固定相上的分配系数 K 不同；选择适宜的固定相可改善分离效果；样品中的各组分具有不同的 K 值是分离的基础；某组分的 K 为 0 时，即不被固定相保留，最先流出。

分配系数与组分、流动相和固定相的热力学性质有关，也与温度、压力有关。在不同的色谱

分离机制中，K 有不同的概念：吸附色谱法为吸附系数，离子交换色谱法为选择性系数（或称交换系数），凝胶色谱法为渗透参数。但一般情况可用分配系数来表示。

在条件（流动相、固定相、温度和压力等）一定，样品浓度很低时（c_s、c_m 很小）时，K 只取决于组分的性质，而与浓度无关。这只是理想状态下的色谱条件，在这种条件下，得到的色谱峰为正常峰；在许多情况下，随着浓度的增大，K 减小，这时色谱峰为拖尾峰；而有时随着溶质浓度增大，K 也增大，这时色谱峰为前延峰。因此，只有尽可能减少进样量，使组分在柱内浓度降低，K 恒定时，才能获得正常峰。

在同一色谱条件下，样品中 K 值大的组分在固定相中滞留时间长，后流出色谱柱；K 值小的组分则滞留时间短，先流出色谱柱。混合物中各组分的分配系数相差越大，越容易分离，因此混合物中各组分的分配系数不同是色谱分离的前提。

在各种色谱中 K 的表示方法略有区别，对分配色谱，浓度用单位体积的固定相和流动相中的溶质量来表示：

$$K=\frac{\text{单位体积固定相中溶质的量}}{\text{单位体积流动相中溶质的量}}$$

对吸附色谱而言，吸附剂是固体，K 表示如下

$$K=\frac{\text{lg 固定相中吸附溶质的量}}{\text{1mL 流动相中溶质的量}}$$

或

$$K=\frac{1\text{cm}^2\ \text{吸附剂表面吸附溶质的量}}{\text{1mL 流动相中溶质的量}}$$

4. 容量因子

容量因子（capacity factor）的定义是在平衡状态下组分在固定相与流动相中的质量比，因此容量因子也称为质量分配系数或分配容量，以 k 表示。

$$k=\frac{\text{溶质在固定相的量}}{\text{溶质在流动相的量}}$$

即

$$k=\frac{m_s}{m_m}=\frac{t'_R}{t_0} \tag{6-9}$$

式中，m_s 为组分在固定相中的质量；m_m 为组分在流动相中的质量；t'_R 为组分的调整保留时间；t_0 为死时间。

容量因子的物理意义：表示一个组分在固定相中的停留时间 t'_R 是不保留组分保留时间（t_0）的几倍。$k=0$ 时，化合物全部存在于流动相中，在固定相中不保留，$t'_R=0$；k 越大，说明固定相对此组分的容量越大，出柱慢，保留时间越长。

或由式(6-8) 及式(6-9) 可得分配系数与容量因子的关系

$$K=\frac{c_s}{c_m}=\frac{m_s/V_s}{m_m/V_m}=k\ \frac{V_m}{V_s} \tag{6-10}$$

式中，V_s 和 V_m 分别表示色谱柱中固定相和流动相的体积。

容量因子与分配系数的不同是：K 取决于组分、流动相、固定相的性质及温度，而与体积 V_s、V_m 无关；k 除了与性质及温度有关外，还与 V_s、V_m 有关。由于 t'_R、t_0 较 V_s、V_m 易于测定，所以容量因子比分配系数应用更广泛。

5. 选择性因子

选择性因子（selectivity factor，α）为相邻两组分的分配系数或容量因子之比。它可表示为：

$$\alpha=\frac{K_2}{K_1}=\frac{t_{R(1)}}{t_{R(2)}}=\frac{k'_2}{k'_1} \tag{6-11}$$

要使两组分得到分离，必须使 $\alpha\neq1$。α 与化合物在固定相和流动相中的分配性质、柱温有关，与柱尺寸、流速、填充情况无关。从本质上来说，α 的大小表示两组分在两相间的平衡分配热力学性质的差异，即分子间相互作用力的差异。选择性因子越大，色谱峰间的距离就越远。

在制备色谱中，选择性因子最重要，一次分离并制备较大量的样品，各样品峰间的间距必须足够远。样品性质不变，选择性因子主要取决于色谱固定相和色谱流动相的性质。固定相的类型通常根据样品的性质确定，而流动相的选择要根据固定相和样品的性质确定。一般来说，分离非极性或弱极性样品可选用非极性物质作固定相的反相色谱，流动相则考虑使用水及极性有机溶剂系统，而极性样品则可选择正相色谱作为固定相，流动相考虑使用非极性溶剂与极性有机溶剂混合溶剂。在确定溶剂的极性之后，再通过实验进行筛选。

五、色谱法的基本理论

（一）塔板理论[2]

塔板理论的概念形象地阐明了色谱的分离过程，它将色谱柱看作一个分馏塔，塔内分为若干个塔板，在每个塔板的间隔内，一部分空间为固定相占据，另一部分空间则被流动相充满。样品混合物进入色谱柱后，在两相中达到平衡。经过多次的分配平衡后，分配系数小（挥发性大）的组分先到达塔顶（先流出色谱柱）。一个色谱柱的塔板数越多，则其分离效果就越好。这种假设经过物理模型的处理和数学上的推导，形成“塔板理论”，如果塔板数足够多，那么即使组分分配系数的差异很小，也可达到好的分离效果。

理论塔板数（theoretical plate number，n）表示流经色谱柱的组分在色谱两相间达到一次平衡所需要的柱长。理论塔板高度（height equivalent to one theoretical plate，H）则表示组分流过色谱柱时，两相间平衡分配的总次数。色谱柱的分离效率（简称柱效）通常用理论塔板数（n）或理论塔板高度（H）表示。二者与柱长 L 存在下列关系

$$n=\frac{L}{H} \tag{6-12}$$

理论塔板数的计算公式为

$$n=16\left(\frac{t_{\mathrm{R}}}{W_{\mathrm{b}}}\right)^{2}=5.54\left(\frac{t_{\mathrm{R}}}{W_{h/2}}\right)^{2} \tag{6-13}$$

由式(6-13) 可以看出，理论塔板数为常量时，W_b 随 t_R 成正比例变化。在多组分色谱图上，如果各组分含量相当，则后洗脱的峰比前面的峰要逐渐加宽，峰高则逐渐降低。而用半峰宽计算理论塔板数比用峰宽计算更为方便和常用，因为半峰宽更容易准确测定，尤其是对稍有拖尾的峰。

实际工作中为了消除死时间对计算理论塔板数的影响，通常采用有效理论塔板数来真实地反映色谱柱的分离效能。即用调整保留时间（t'_R）计算理论塔板数，所得值即为有效理论塔板数。

$$n=16\left(\frac{t'_{\mathrm{R}}}{W_{\mathrm{b}}}\right)^{2}=5.54\left(\frac{t'_{\mathrm{R}}}{W_{h/2}}\right)^{2} \tag{6-14}$$

根据塔板理论，待分离组分流出色谱柱时的浓度沿时间呈现二项式分布，当色谱柱的塔板数很高的时候，二项式分布趋于正态分布。由式(6-12) 可以看出理论塔板高度越低，在单位长度色谱柱中就有越高的塔板数，则柱效越高，分离能力就越强。若塔板高度一定，柱越长，则理论塔板数越大，因此用理论塔板数表示柱效时应注明柱长。决定理论塔板高度的因素有：固定相的材质、色谱柱的均匀程度、流动相的理化性质以及流动相的流速等。

塔板理论是基于热力学近似的理论，在真实的色谱柱中并不存在一片片相互隔离的塔板，也不能完全满足塔板理论的前提假设。如塔板理论认为物质组分能够迅速在流动相和固定相之间建立平衡，还认为物质组分在沿色谱柱前进时没有径向扩散，这些都是不符合色谱柱实际情况的，因此塔板理论虽然能很好地解释色谱峰的峰型、峰高，客观地评价色谱柱的柱效，却不能很好地解释与动力学过程相关的一些现象，如色谱峰峰型的变形、理论塔板数与流动相流速的关系等。

（二）速率理论

虽然塔板理论在解释流出曲线的形状、浓度极大点的位置及评价柱效等方面是成功的，但由

于它的某些假设与实际色谱过程有较大差异，并且塔板理论无法解释柱效与流动相流速的关系，不能说明影响柱效有哪些主要因素，所以这一理论仅取得了有限成功。塔板理论没有把分子的扩散、传质等动力学因素考虑进去。

1956 年荷兰学者范第姆特（Van Deemter）等人在研究气相色谱时，从动力学角度提出了色谱过程动力学理论，全面概括了影响气液色谱峰扩张的因素，导出了下列关系式

$$H=A+\frac{B}{\bar{u}}+C\bar{u} \tag{6-15}$$

式中，A 为涡流扩散项，$A=2\lambda d_p$；B 为纵向扩散系数，$B=2\gamma D_g$；C 为传质阻抗系数，$C=C_l+C_g$。

其中，液相传质阻力项 $$C_l=\frac{2}{3}\times\frac{k'}{(1+k')^2}\times\frac{d_f^2}{D_l} \tag{6-16}$$

气相传质阻力相 $$C_g=\frac{0.01k'^2}{(1+k')^2}\times\frac{d_p^2}{D_g} \tag{6-17}$$

式中，λ 为和填充柱填充均匀性有关的常数；d_p 为填料粒径；γ 为扩散阻碍因子，它是色谱柱中载体填充情况有关的常数；D_g 为溶质在流动相扩散系数；d_f 为固定液液膜厚度；D_l 为溶质在液相中扩散系数；$\bar{u}$ 为流动相线速。

式(6-15) 称为范第姆特（Van Deemter）方程，即速率理论方程式，主要说明使色谱峰扩张而降低柱效的因素，对于分离条件的选择具有指导意义。它可以说明填充均匀程度、载体粒度、载气种类、载气流速、柱温、固定液层厚度对柱效的影响。在 $\bar{u}$ 定时，A、B 及 C 三个常数越小，峰越锐，柱效越高。反之，则峰扩张，柱效低。用 Van Deemter 方程式可以解释图 6-5 塔板高度-流速曲线。在低流速时（$0\sim u_{最佳}$），$\bar{u}$“越小”，$B/\bar{u}$ 项越大，$C\bar{u}$ 项越小，此时，$C\bar{u}$ 项可以忽略，$B/\bar{u}$ 项起主导作用，$\bar{u}$ 增加则 H 降低，柱效增高；在高流速时（$\bar{u}>u_{最佳}$），$\bar{u}$ 越大，$C\bar{u}$ 越大，$B/\bar{u}$ 越小，这时 $C\bar{u}$ 项起主导作用，$\bar{u}$ 增加，H 增加，柱效降低。下面分别讨论各项的物理意义。

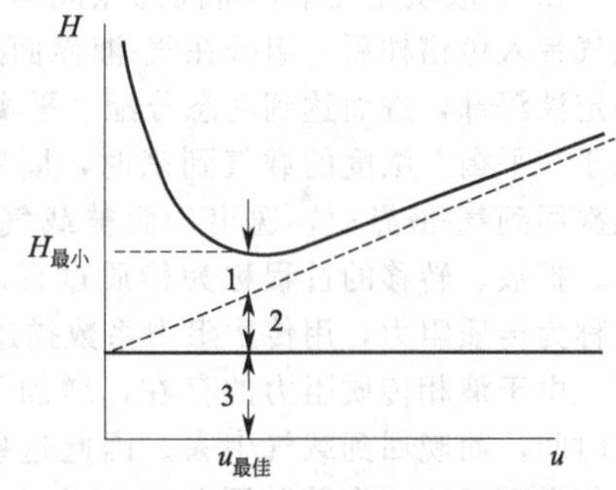

图 6-5 塔板高度-流速曲线

1. 涡流扩散项 A

如图 6-6 所示填充柱由于填充不均匀，使同一个组分的分子经过多个不同长度的途径流出色谱柱，造成出柱的时间也不同，从而引起峰加宽。因此涡流扩散项 A 也称为多径项。开管（空心）毛细管柱，只有一个流路，无多径项，因此 A 为 0。

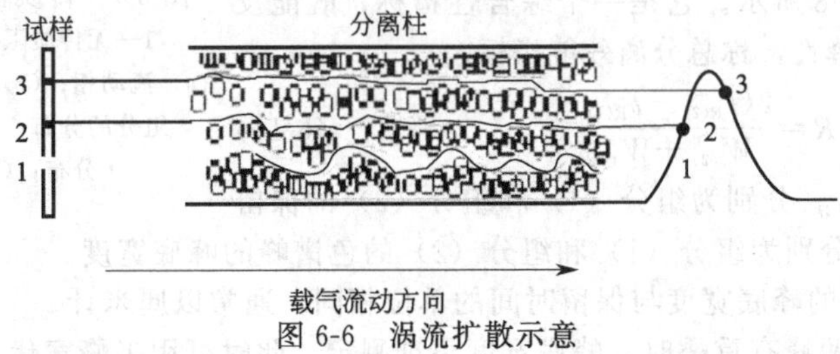

图 6-6 涡流扩散示意

$A=2\lambda d_p$ 中，λ 为填充不规则因子，包括色谱柱中的载体颗粒大小及分布、填充均匀情况等；d_p 为填料颗粒的平均直径。填充越不均匀，λ 越大，柱效就低；d_p 越小越好，但太小，则不易填匀，而且柱阻也大。因此，普通填充柱多采用粒度 60～80 目或 80～100 目的填料。一般而言，对于分析柱，颗粒大小对柱效影响明显；而对于制备柱，均匀性则是关键的影响因素。

2. 分子扩散项 $B/\bar{u}$

又称纵向扩散项，常数 B 称为纵向扩散系数或分子扩散系数。在色谱过程中，组分的前后，

因存在浓度差，而向色谱柱纵向扩散，所引起的色谱峰（谱带）展宽的现象，称为纵向扩散。$B=2\gamma D_g$ 中，γ 为色谱柱中与载体填充情况有关的因数；D_g 为组分在流动相中的扩散系数。硅藻土载体的 γ 为 0.5～0.7，毛细管柱因无扩散的障碍，$\gamma=1$。

扩散即浓度趋向均一的现象。扩散速度的快慢用扩散系数衡量。纵向扩散的程度与分子在流动相中的停留时间及扩散系数成正比。停留时间越长及 D_g 越大，由纵向扩散引起的峰展宽越大。组分在流动相中的扩散系数 D_g 与流动相分子量的平方根成反比，还受柱温影响。

为了缩短组分分子在载气中的停留时间，可采用较高的流动相流速（$u_{最佳}$）。选择分子量大的重载气（如 N_2），可以降低 D_g；但分子量大时，黏度大，柱压降大。因此，载气线速度较低时用氮气，较高时宜用氦气或氢气。

3. 传质阻抗项

$C\bar{u}$ 为传质阻抗项；C 为液相传质阻抗系数（C_l）与气相传质阻抗系数（C_g）之和，因 C_g 很小，故可以忽略。

$$C\approx C_l=\frac{2}{3}\times\frac{k'}{(1+k')^2}\times\frac{d_f^2}{D_l} \tag{6-18}$$

在气-液填充柱中，将高沸点液体（固定液）涂在多孔性载体上构成固定相，样品混合物被载气带入色谱柱后，组分在气-液界面进入固定液，并扩散至固定液深部，进而达到动态分配“平衡”。当纯净载气或含有低于“平衡”浓度的载气到来时，固定液中该组分的分子将逐次回到气-液界面，逸出，而被载气带走（转移）。这种溶解、扩散、转移的过程称为传质过程。影响此过程进行的阻力称为传质阻力，用传质阻力系数描述。

由于液相传质阻力的存在，增加了组分在固定液中的停留时间，而晚回到载气中去。因此这些组分的分子落后于在两相界面迅速平衡并随同载气流动的分子，使峰展宽，如图 6-7 所示。降低固定液液膜厚度（d_f）是减小传质阻力系数的主要方法。在能完全覆盖载体表面的前提下，适当减少固定液的用量。但固定液也不能太少，否则柱寿命短。且 d_f 还影响 k 值，d_f 小，固定相中溶质的量小，则 k 小。

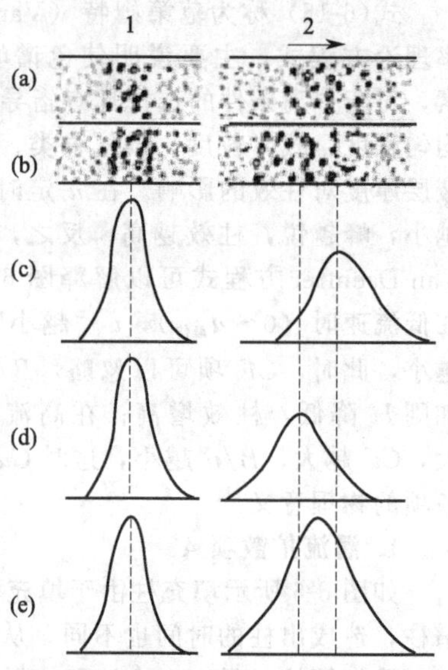

图 6-7 传质阻抗对峰展宽的影响
1—无传质阻抗；2—有传质阻抗
（a）流动相；（b）固定相；（c）流动相中组分的分布；（d）固定相中组分的分布；（e）色谱峰形状

4. 分离度

分离度（resolution，R）又称分辨率或分辨度，为相邻两组分色谱峰保留值之差的 2 倍与两组分色谱峰底宽之和的比值，如式(6-19)，图 6-8 所示。它是一个综合性指标，既能反映柱效率又能反映选择性，称总分离效能指标。

$$R=\frac{2(t_{R(2)}-t_{R(1)})}{W_{(2)}+W_{(1)}} \tag{6-19}$$

式中，$t_{R(1)}$ 和 $t_{R(2)}$ 分别为组分（1）和组分（2）的保留时间；$W_{(1)}$ 和 $W_{(2)}$ 分别为组分（1）和组分（2）的色谱峰的峰底宽度。

计算时，色谱峰的峰底宽度与保留时间的单位相同，通常以厘米计。

在峰形不对称或两峰有重叠时，峰底宽度很难测定，此时可用半峰宽代替峰宽，并可将峰底宽度视为半峰宽的 2 倍进行计算。

R 值越大，表明相邻两组分分离越好。一般来说，当 $R<1$ 时，两峰有部分重叠；当 $R=1$ 时，两峰基本分离，称为 4σ 分离，裸露峰面积为 95.4%；当 $R=1.5$ 时，相邻两组分已完全分离，称为 6σ 分离，裸露峰面积为 99.7%。在作定量分析时，为了能获得较好的精密度与准确度，应使 $R\geqslant1.5$。

分离度与柱效、分配系数比（α）有如下关系

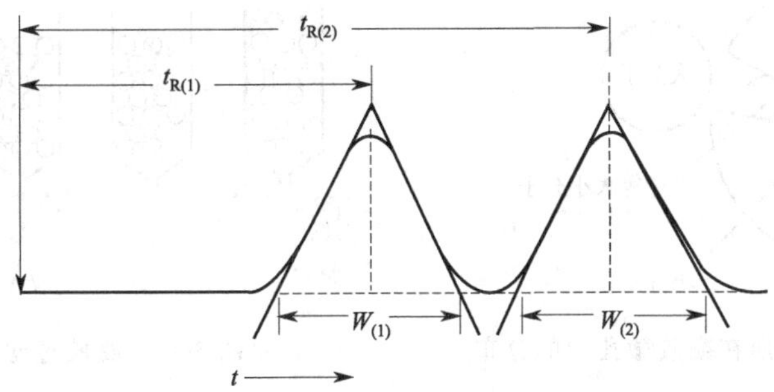

图 6-8　分离度计算示意

$$R=\frac{\sqrt{n}}{4}\left(\frac{\alpha-1}{\alpha}\right)\left(\frac{k_2}{1+k_2}\right) \tag{6-20}$$

(a)　(b)　　(c)

式中，α 为选择因子；k_2 为容量因子；n 为理论塔板数。

式(6-20) 称基本分离方程，其中 (a) 称为柱效项，(b) 为柱选择性项，(c) 为柱容量项，n 为理论塔板数。柱效项与色谱过程动力学特性有关，(b)、(c) 两项与色谱过程热力学因素有关。

由式(6-20) 可看出，提高分离度有以下三种途径。①增加塔板数。分离度与塔板数的平方根成正比，因此，增加塔板数的方法之一是增加柱长，但这样会延长保留时间、增加柱压。更好的方法是降低塔板高度，提高柱效。②增加选择性。当 $\alpha=1$ 时，$R=0$，无论柱效有多高，组分也不可能分离。一般可以采取以下措施来改变选择性：a. 改变流动相的组成及 pH；b. 改变柱温，如在气相色谱中，α 值对温度有很大的依赖性，一般降低温度可使 α 值增加；而温度对液相色谱的 α 值影响较小；c. 改变固定相，如气相色谱和液相色谱均可通过改变固定相的性质来调整 α 值。③改变容量因子。这常常是提高分离度的最容易方法，可以通过调节流动相的组成来实现。k_2 趋于 0 时，R 也趋于 0；k_2 增大，R 也增大。但 k_2 不能太大，否则不但分离时间延长，而且峰形变宽，会影响分离度和检测灵敏度。一般 k_2 在 1～10 范围内，最好为 2～5，窄径柱可更小些。

第二节　凝胶色谱分离技术及其应用

凝胶色谱 (gel permeation chromatography，GPC) 技术又称空间排阻色谱法 (SEC)，亦称分子排阻色谱法，是 20 世纪 60 年代初发展起来的一种快速而又简单的分离技术，由于设备简单、操作方便，不需要有机溶剂，对高分子物质有很高的分离效果。目前已经被生物化学、分子生物学、生物工程学、分子免疫学以及医学等有关领域广泛采用，不但应用于科学实验研究，而且已经大规模地用于工业生产。

一、凝胶色谱分离的原理和分类

凝胶色谱法系指其所用的固定相是称为凝胶的多孔性填料。因流动相的不同，又分为以有机溶剂为流动相的凝胶渗透色谱法和以水为流动相的凝胶过滤色谱法。凝胶色谱法具有一系列的优点，如操作方便，不会使物质变性，适用于不稳定的化合物，凝胶不需要再生，可反复使用等，因而在生物制药中占有重要的位置。

凝胶色谱是一种新型液相色谱，其分离原理与其他色谱法不同，利用葡聚糖凝胶等的分子筛效应的一种色谱分离方法。色谱柱内填充的具有一定大小孔径的凝胶具有三维网状结构，大的分

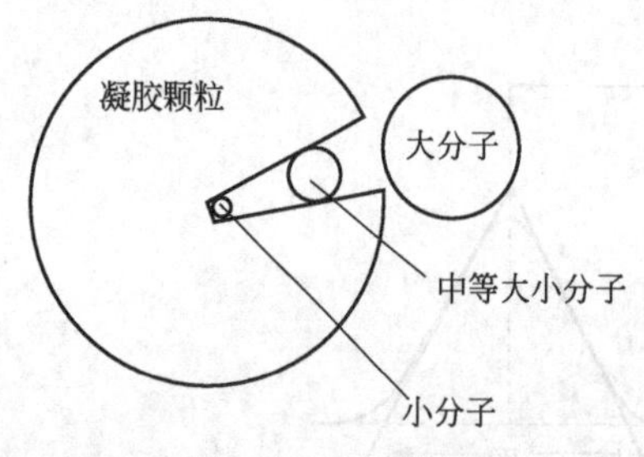

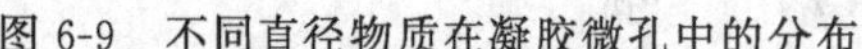

图 6-9　不同直径物质在凝胶微孔中的分布

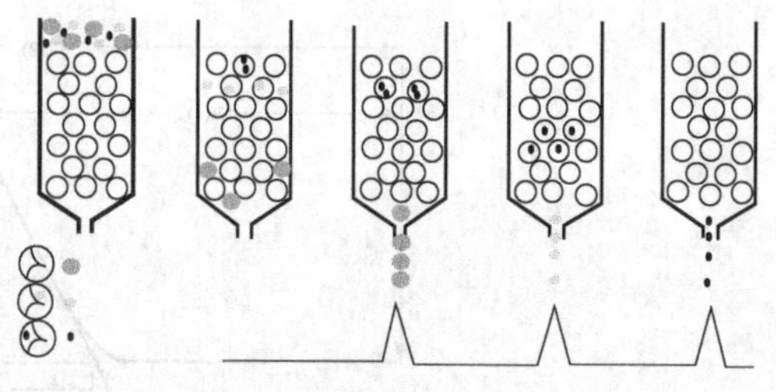

图 6-10　凝胶过滤色谱原理示意

子在通过这种网状结构上的孔隙时阻力较大，小分子通过时阻力较小。当样品进入色谱柱后，样品中的各组分在柱内同时进行着两种不同的运动：垂直向下的移动和无定向的扩散运动。如图 6-9 所示大分子物质由于直径较大，不易进入凝胶颗粒的微孔，而只能分布于颗粒之间，这样分子较大的在凝胶床内移动距离较短，所以在洗脱时向下移动的速度较快。中等大小的分子物质除了可在凝胶颗粒间隙中扩散外，还可以进入凝胶颗粒的微孔中，但不能深入，凝胶对其阻滞作用不强，会在大分子之后被洗脱下来。而小分子物质能够进入凝胶相内，在向下移动的过程中，从一个凝胶内扩散到颗粒间隙后再进入另一凝胶颗粒，如此不断地进入和扩散，小分子物质的下移速度落后于前两种物质，最晚出柱（见图 6-10）。这样混合样品在经过色谱柱后，各组分基本上按分子大小受到不同阻滞而先后流出色谱柱，从而实现分离的目的。

凝胶色谱按其流动相的不同分为两大类。一类称为凝胶过滤色谱（gel filtration chromatography，GFC），它是以水或缓冲液作流动相的凝胶色谱法，其有如硅胶和玻璃珠等无机填料，也有琼脂糖凝胶、交联葡聚糖凝胶和聚丙烯酰胺凝胶等。主要适合于水溶性高分子的分离，常用于经典柱色谱中。另一类称为凝胶渗透色谱（gel permeation chromatography，GPC），即以有机溶剂作流动相的凝胶色谱法，其所用填料有聚苯乙烯凝胶、聚乙酸乙烯酯、聚甲基丙烯酸酯凝胶等，主要适合于脂溶性高分子的分离。为了方便表达，本书将这两种方法统称为凝胶色谱。

二、凝胶的种类及性质

凝胶是凝胶色谱的核心，是产生分离的基础。要达到分离的要求必须选择合适的凝胶。

用于色谱分离的凝胶，除具有分离的特性外，尚应满足下列几点要求：

① 凝胶骨架在化学上必须是惰性的，即在分离过程中不应与被分离物质发生结合；

② 凝胶的化学稳定性好，应在很宽的 pH 和温度范围内不起化学变化，不分解；

③ 凝胶本身应是中性物质，不含有（或仅含有最少量）能解离的基团，不会产生离子交换现象；

④ 具有一定的孔径分布范围；

⑤ 机械强度高，允许较高的操作压力（流速）。

凝胶实际上是由胶体溶液凝结而成的固体质，内部都具有很细微的多孔网状结构。按材料来源可把凝胶分成有机凝胶与无机凝胶两类。按机械性能可分成软胶、半硬胶和硬胶三类。软胶的交联度小，机械强度低，不耐压，溶胀性大。它主要用于低压水溶性溶剂的场合。它的优点是效率高、容量大。硬胶如多孔玻璃或硅胶，它们机械强度好。通常采用的凝胶如高交联度的聚苯乙烯则属于半硬性凝胶。从凝胶对溶剂的适应范围可以把凝胶分成亲水性、亲脂性和两性凝胶三类。亲水性凝胶多用于生化体系，而用于高聚物分析和分离的则多是亲脂性凝胶。多孔玻璃或硅胶依处理的方法不同，既可以成为亲水的，也可以成为亲脂的。

1. 交联葡聚糖凝胶

交联葡聚糖凝胶的商品名称为 Sephadex，是一种由葡萄糖残基构成的多糖物，是用蔗糖经微生物发酵而制成的。交联葡聚糖的基本骨架是葡聚糖，由许多右旋葡萄糖单位通过 1,6-糖苷键连成链状结构，再由环氧氯丙烷作交联剂，将链状结构连接起来形成具有多孔网状结构的高分子化合物。通过调节两者的比例及反应条件来控制网孔的大小；交联度越大，网孔结构越紧密，反之则越疏松。交联葡聚糖凝胶，按其交联度大小分成 8 种型号（表 6-3）。

表 6-3　各型号交联葡聚糖的性能

型　号	颗粒大小/目	干胶吸水量/(mL/g 干胶)	干胶溶胀度/(mL/g 干胶)	溶胀时间(20～25℃)/h	分离范围(蛋白质的相对分子质量)
G10	40～200	1.0±0.1	2～3	2	至 700
G15	40～120	1.5±0.2	2.5～3.5	2	至 1500
G25	20～80	2.5±0.0	5	2	100～5000
	100～300	2.5±0.2			
G50	20～80 100～300	5.0±0.3	10	72	500～10000
G75	40～120	7.5±0.5	12～15	72	1000～50000
G100	40～120	10.0±1.0	15～20	72	5000～10000
G150	40～120	15.0±1.5	20～30	72	5000～150000
G200	40～120	20.0±2.0	30～40	72	5000～200000

下面介绍几种常用的葡聚糖凝胶。

（1）Sephadex　Sephadex G 交联葡聚糖的商品名为 Sephadex，是应用最广泛的凝胶。它由葡聚糖（dextran）交联而得，交联后得到不溶于水的葡聚糖凝胶。根据加入交联剂的比例不同可得到交联度不同的凝胶。交联剂在原料总质量中所占的比例叫做交联度。交联度越大，凝胶的网状结构越紧密，吸水量越小，吸水后膨胀体积就越小。不同规格型号的葡聚糖用英文字母 G 表示，G 后面的阿拉伯数字是根据干胶的吸水量而定的，数字相当于干胶吸水量的 10 倍，例如，G25 为每克凝胶膨胀时吸水 2.5mL，同样 G200 每克干胶吸水 20mL。而所取干胶的量可以根据所需凝胶体积进行估算：一般葡聚糖凝胶吸水后的凝胶体积约为其吸水量的 2 倍，如 1g Sephadex 干胶 G200 吸水后形成的凝胶体积约 40mL。交联葡聚糖凝胶的型号见表 6-3。Sephadex G75 以上的凝胶因吸水量大，膨胀后形态柔软易变，统称为软胶 Sephadex，G75 以下的称为硬胶。一般来说，Sephadex G10～Sephadex G50 通常用于分离肽及脱盐，Sephadex G75～Sephadex G200 用以分离各类蛋白质。

（2）Sephadex LH-20　Sephadex LH-20 是 Sephadex G25 的羧丙基衍生物，能溶于水及亲脂溶剂，用于分离不溶于水的物质。

2. 琼脂糖凝胶

琼脂糖凝胶商品名很多，常见的有 Sepharose（瑞典，pharmacia）、Bio-Gel-A（美国 Bio-Rad）等。琼脂糖凝胶是依靠糖链之间的次级键如氢键来维持网状结构，网状结构的疏密依靠琼脂糖的浓度。其化学稳定性不如葡聚糖凝胶。琼脂糖凝胶没有干胶，需在溶胀状态下保存。一般情况下，它的结构是稳定的，可以在许多条件下使用（如水，pH4～9 的盐溶液）。琼脂糖凝胶在 40℃以上开始熔化，也不能高压消毒，可用化学灭菌处理。

琼脂糖凝胶没有带电基团，对蛋白质的非特异性吸附小于葡聚糖凝胶，它能分离几万至几千万高相对分子质量的物质，颗粒强度随凝胶浓度上升而提高，而分离范围却随浓度上升而下降。适用于核酸类、多糖类和蛋白类物质的分离。

3. 聚丙烯酰胺凝胶

聚丙烯酰胺凝胶是一种人工合成凝胶，是以丙烯酰胺为单位，由亚甲基双丙烯酰胺为交联剂交联成的网状聚合物，经干燥粉碎或加工成型制成颗粒状干粉，遇水溶胀成凝胶。控制交联剂的用量可制成各种型号的凝胶。交联剂越多，孔隙越小。聚丙烯酰胺凝胶的主要商品名为为生物胶-P(Bio-Gel-P)，由美国 Bio-Rad 厂生产，型号很多，从 P-2 至 P-300 共 10 种，P 后面的数字再乘 1000 就相当于该凝胶的排阻限度。该凝胶的酰胺基团遇酸可水解生成羧酸，因此不耐酸。一般在 pH4～9 范围内使用。实践证明，聚丙烯酰胺凝胶色谱对蛋白质相对分子质量的测定、核苷及核苷酸的分离纯化，均能获得理想的结果。

4. 聚苯乙烯凝胶

商品名为 Styrogel，具有大网孔结构，可用于分离相对分子质量 1600～40000000 的生物大分子，适用于有机多聚物，分子量测定和脂溶性天然物的分级，凝胶机械强度好，洗脱剂可用甲基亚砜。

三、凝胶特性参数

表征凝胶特性的参数主要有下列各项。

(1) 排阻极限 (exclusion limit) 凝胶过滤介质的排阻极限是指不能扩散到凝胶网络内部的最小分子的相对分子质量。图 6-11 中 A 点为凝胶排阻极限，即大于 A 的分子被排阻在凝胶颗粒之外，B 点称为渗透极限，即小于 B 的分子全部进入凝胶颗粒的微孔中。不同的凝胶过滤介质品牌具有不同的排阻极限，例如，Sephadex G50 的排阻极限是 30kD，即分子质量大于该数值的分子不能进入到凝胶网络中。

(2) 分级范围 (fractionation range) 即能为凝胶阻滞并且相互之间可以得到分离的溶质的相对分子质量范围。

(3) 溶胀率 某些市售的干燥凝胶颗粒（如 Sephadex G 系列），使用前要用水溶液进行溶胀处理，溶胀后每克干凝胶所吸收的水分的百分数称为溶胀率，即

溶胀率＝100％×(溶胀处理平衡后质量－干燥质量)/干燥质量

Sephadex G50 的溶胀率为 500％±30％。Sephadex G 系列中的凝胶型号与此溶胀率有关。

(4) 凝胶粒径 凝胶一般为球形，其粒径大小对分离度有重要影响。粒径越小，HETP 越小，分离效率越高。凝胶粒径多用筛目（微米）表示。软凝胶粒径较大，一般为 50～150μm (100～200 目)，硬凝胶粒径较小，一般为 5～50μm，例如，Sepharose 和 Sephadex 凝胶粒径分布为 45～165μm，而 Superose 和 TSK Toyopearl HW 系列可小到 20～40μm，甚至 6～10μm。

(5) 柱体积 即床体积 (bed volume)，为 1g 干燥凝胶溶胀后所占有的体积。Sephadex G50 的床体积为 9～11cm³/g 干胶。凝胶的床体积可用于估算装满一定体积的色谱柱所需的干燥凝胶量，常用 V_t 表示。

(6) 外水体积 又称空隙体积 (void volume)，指色谱柱中凝胶之间空隙的体积，用 V_0 值表示。空隙体积可用分子质量大于排阻极限的溶质测定，一般使用平均分子质量为 2000kD 的水溶性蓝色葡聚糖 (blue dextran)。

(7) 内水体积 又称内孔体积，因为凝胶为三维网状结构，颗粒内部仍有空间，液体可进入颗粒内部，这部分间隙的总和为内水体积，又称定相体积，常用 V_i 表示，不包括固体支持物的体积 (V_g)。

(8) 峰洗脱体积 是指被分离物质通过凝胶柱所需洗脱液的体积，常用 V_e 表示。当使用样品的体积很少时（与洗脱体积比较可以忽略不计），在洗脱中，从加样到峰顶位置所用洗脱液体积为 V_e。当样品体积与洗脱体积比较不能忽略时，洗脱体积计算可以从样品体积的一半到峰顶位置。当样品很大时，洗脱体积计算可以从应用样品开始到洗脱峰升高的弯曲点（或半高处）。

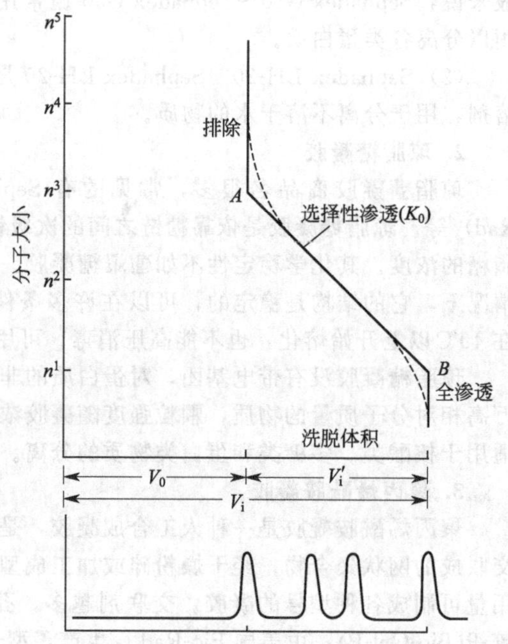

图 6-11 凝胶的排阻极限和渗透极限

四、凝胶色谱分离的步骤

（一）色谱柱的选择

色谱柱是凝胶色谱技术中的主体，一般用玻璃管或有机玻璃管。色谱柱的直径大小不影响分离度，样品用量大，可加大柱的直径，一般制备用凝胶柱，直径大于 2cm，但在加样时应将样品均匀分布于凝胶柱床面上。此外，直径加大，洗脱液体体积增大，样品稀释度大。分离度取决于柱高，为分离不同组分，凝胶柱床必须有适宜的高度，分离度与柱高的平方根相关，但由于软凝胶柱过高会发生挤压变形阻塞，一般不超过 1m。柱高与直径的比一般称为柱比。分族分离（即相对分子质量差别大的组分的分离）时用短柱。一般凝胶柱长 20～30cm，柱比为（5∶1）～（10∶1），凝胶床体积为样品溶液体积的 4～10 倍。

分级分离（即相对分子质量差别不大的组分的分离）时，要求柱床体积大于样品 25 倍以上，柱比为 20～100，常用凝胶柱有 50cm×25cm、10cm×25cm。色谱柱滤板下的死体积应尽可能小，如果支撑滤板下的死体积大，被分离组分之间重新混合的可能性就大，其结果是影响洗脱峰形，出现拖尾出象，降低分辨率。在精确分离时，死体积不能超过总床体积的 1/1000。

（二）凝胶的选择

作为固定相的凝胶，其材料性质、颗粒大小、孔径、机械强度、化学稳定性及其均一性等，都对凝胶色谱分离的效果有重要的作用。因此正确选用凝胶的型号，是进行样品有效分离的基本前提。常用的葡聚糖凝胶、琼脂糖凝胶、聚丙烯酰胺凝胶的主要性能及种类见表 6-3～表 6-5。一般在选择使用凝胶时应注意以下问题。

① 混合物的分离程度主要决定于凝胶颗粒内部微孔的孔径和混合物相对分子质量的分布范围。样品分子较填料的孔径过大或过小，均得不到有效分离，和凝胶孔径有直接关系的是凝胶的交联度。凝胶孔径决定了被排阻物质相对分子质量的下限。移动缓慢的小分子物质，在低交联度的凝胶上不易分离，大分子物质同小分子物质的分离宜用高交联度的凝胶。例如一般实验室分离蛋白质采用 100～200 号筛目的 Sephadex G200 效果好，欲除去蛋白质溶液中的盐类时，可选用 Sephadex G25。

② 凝胶的颗粒粗细与分离效果有直接关系。一般来说，细颗粒分离效果好，但阻力大，流速慢；而粗颗粒流速快，但会使区带扩散，使洗脱峰变平而宽。因此，如用细颗粒凝胶宜用大直径的色谱柱，用粗颗粒时用小直径的色谱柱。在实际操作中，要根据工作需要，选择适当的颗粒大小并调整流速。

③ 选择合适的凝胶种类以后，再根据色谱柱的体积和干胶的溶胀度（床体积/g 干胶），计算出所需干胶的用量，其计算公式如下：

$$干胶用量\ (g)=\pi r^2 h/溶胀度$$

考虑到凝胶在处理过程中会有部分损失，用上式计算得出的干胶用量应再增加 10%～20%。

由上可见，被分离物质分子的大小、形状、凝胶颗粒的大小、孔径及对分离要求均是选择凝胶时所要考虑的因素。常见凝胶的类型和特性见表 6-3～表 6-5[4]。

表 6-4 琼脂糖凝胶的性质

商品名称	琼脂糖浓度/%	分离范围（蛋白质的相对分子质量）	商品名称	琼脂糖浓度/%	分离范围（蛋白质的相对分子质量）
Sepharose 6B	6	10^4～4×10^6	Bio-Gel-A-50m	2	10^5～5×10^7
Sepharose 4B	4	6×10^4～2×10^7	Bio-Gel-A-150m	1	10^6～1.5×10^8
Sepharose 2B	2	7×10^4～4×10^7	Sagavac 10	10	10^4～2.5×10^5
Bio-Gel-A-0.5m	10	10^4～5×10^5	Sagavac 8	8	2.5×10^4～7×10^5
Bio-Gel-A-1.5m	8	10^4～1.5×10^6	Sagavac 6	6	5×10^4～2×10^6
Bio-Gel-A-5m	6	10^4～5×10^6	Sagavac 4	4	2×10^4～1.5×10^7
Bio-Gel-A-15m	4	4×10^4～1.5×10^7	Sagavac 2	2	5×10^4～1.5×10^8

表 6-5 聚丙烯酰胺凝胶的性质

聚丙烯酰胺凝胶	吸水量/(mL/g 干凝胶)	膨胀体积/(mL/g 干凝胶)	分离范围(相对分子质量)	浸泡时间/h	
				20℃	100℃
P-2	1.5	3.0	100～1800	4	2
P-4	2.4	4.8	800～4000	4	2
P-6	3.7	7.4	1000～6000	4	2
P-10	4.5	9.0	1500～20000	4	2
P-30	5.7	11.4	2500～40000	12	3
P-60	7.2	14.4	10000～60000	12	3
P-100	7.5	15.0	5000～100000	24	5
P-150	9.2	18.4	15000～150000	24	5
P-200	14.7	29.4	30000～200000	48	5
P-300	18.0	36.0	60000～400000	48	5

（三）溶剂的选择

在凝胶色谱实验中，由于试样的分离不依赖于溶剂和试样间的互相作用力，所以它的作用没有其他液相色谱重要。选择溶剂主要从高分子样品的溶解能力和仪器的承受能力来考虑。如要求使用对不锈钢无腐蚀作用的溶剂，尽可能采用纯度高、毒性低、对样品溶解性能好、黏度低及已知黏度参数的溶剂。水溶性物质的洗脱一般采用水或具有不同离子强度和 pH 的缓冲液。

（四）凝胶色谱操作

1. 溶胀

商品凝胶是干燥的颗粒，使用前需直接在欲使用的洗脱液中溶胀一至数天。通常 G75 以下的凝胶需要泡 1d，而 G100 以上的型号需泡 3d 以上。为了加速溶胀，可用加热法，即在沸水浴中将湿凝胶逐渐升温至近沸，这样可大大加速溶胀，通常在 1～2h 内即可完成。特别是在使用软胶时，自然溶胀需 24h 至数天，而用加热法在几小时内就可完成。这种方法不但节约时间，而且还可消毒，除去凝胶中污染的细菌和排除胶内的空气。凝胶的溶胀一定要完全，否则会导致装柱后继续溶胀，造成填充不均匀。

2. 装柱

由于凝胶色谱对样品的分离是靠分子筛效应，所以凝胶柱的填充必须均匀，否则影响分离效果。凝胶在装柱前，可用水浮选法反复除去凝胶中的过细的粒子，直至上层澄清为止。凝胶液温度必须与室温平衡，并用真空水泵减压排除凝胶中的气体。最好购买商品的玻璃或有机玻璃的凝胶空柱，在柱的两端皆有平整的筛网或筛板。开始装柱时，先将柱垂直固定，加入少量的流动相以排除柱中底端的气泡，再加入一些流动相于柱中约 1/4 的高度。柱顶部连接一个漏斗，颈直径约为柱颈的一半，然后在搅拌下，缓缓地、均匀地、连续地加入已经脱气的充分溶胀的凝胶悬浮液，同时打开柱端阀门，注意控制流速，使凝胶粒在柱中均匀地沉积，逐层水平式上升直到所需高度为止。最后拆除漏斗，用较小的滤纸片轻轻盖住凝胶床的表面，再用大量洗脱剂将凝胶床充分洗涤或将凝胶直接浸泡于洗脱剂中，使洗脱剂和凝胶达到平衡。图 6-12 为凝胶柱填装示意图[3]。

3. 柱均匀性检查

凝胶色谱的分离效果主要决定于色谱柱装填得是否均匀，在对样品进行分离之前，对色谱柱必须进行是否均匀的检查。

凝胶在色谱柱中是半透明的，检查方法是将日光灯与凝胶柱平行放置，眼观察柱内是否有断裂或气泡，或者向色谱柱内加入分子量在凝胶柱的分离范围的有色大分子物质，观察柱内色带，若色带窄、均匀、平整，则说明色谱柱性能良好；如果色带出现不规则、杂乱、很宽时，必须重新装填凝胶柱。

凝胶色谱也常使用一些能完全被凝胶排阻的标准物质如蓝色葡聚糖-2000，以便对色谱柱进行比较精确的校正。琼脂糖凝胶还可以使用有色大肠杆菌细胞。

4. 样品溶液的处理

样品溶液如有沉淀应过滤或离心，也可通过短柱除去，例如样品中若含脂类物质则可用高速离心或通过 Sephadex G15 短柱的方法除去。上柱样品液的体积根据凝胶床体积的分离要求确定。例如分离蛋白质样品的体积为凝胶床的1%～4%(一般约 0.5～2mL)，进行分族分离时样品液可为凝胶床的10%，而在蛋白质溶液除盐时，样品可达凝胶床的20%～30%。样品的黏度高也会影响分离效果，所以对于黏度较高的大分子物质溶液，一般可以在稀释后使用。

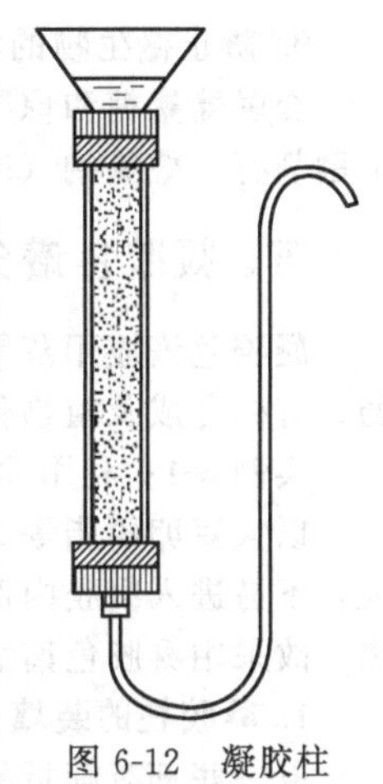

图 6-12　凝胶柱填装示意

5. 上样

凝胶柱装好后，用洗脱液充分洗涤，使洗脱液与凝胶达到平衡才能上样。也可将凝胶直接浸泡于展开剂中来简化操作。凝胶柱的上样是凝胶色谱中的一个关键操作，总的原则是要使样品柱塞尽量地窄和平直，为了做到这一点，样品溶液的浓度应该尽可能地大一些，否则会造成色谱带扩散、紊乱，从而影响分离效果。但如果样品的溶解度与温度有关时，必须将样品适当稀释，并使样品温度与色谱柱的温度一致。通常在上柱前先将样品过滤或离心以防样品中的一些沉淀物污染色谱柱。加样通常有如下两种方法。

(1) 直接加样至色谱床表面　打开色谱柱的活塞，让洗脱液与凝胶床刚好平行或高出 1～2mm，关闭出口。用滴管吸取样品溶液沿柱壁轻轻地加入到色谱柱中，打开流出口，使样品渗入凝胶床内。当样品液面恰好渗入凝胶床时，小心加入少量洗脱剂冲洗管壁 1～2 次，尽可能少稀释样品。待液面恰好全部渗入凝胶床后，小心加入洗脱剂进行洗脱。整个过程要避免破坏凝胶柱的床层。

(2) 利用样品液与洗脱液两种液体相对密度的不同而分层加入　将高相对密度样品加入床表面低相对密度的洗脱液中，样品均匀下沉于色谱床表面，打开出口，使样品渗入色谱床。

加样量的确定，加样量与测定方法和色谱柱大小有关。如果检测方法灵敏度高或柱床体积小，加样量可小；否则，加样量增大。通常样品液的加入量应掌握在凝胶床总体积的5%～10%。样品体积过大，分离效果不好。

6. 洗脱与收集

凝胶色谱的流动相一般多采用水或者缓冲液，对于某些吸附较强的物质也采用水与一些极性有机溶剂的混合溶液进行洗脱。根据被分离物质的性质，预先估计好一个适宜的流速，定量地分步收集流出液，每组分一至数毫升。各组分可用适当的方法进行定性或定量分析。

同时，为了防止柱床体积的变化而造成的影响，整个洗脱过程要始终保持一定的操作压。流速要稳定且不宜过快。洗脱液的成分也不应改变，以防止凝胶颗粒胀缩造成影响。

7. 再生

凝胶色谱中凝胶过滤前后，本身并未发生变化，无需再生。但在实际应用中，由于杂质的混入，会影响过滤的速度，给收集带来问题。因此，对于经多次使用的凝胶柱，需要进行再生处理。凝胶的再生是指用适当的方法除去凝胶中的污染物，使其恢复其原来的性质。如交联葡聚糖凝胶常用温热的 0.5mol/L NaOH 和 0.5mol/L NaCl 的混合液浸泡，水冲至中性进行再生；而聚丙烯酰胺和琼脂糖凝胶具有对酸碱不稳定的性质，因此常用盐溶液浸泡，然后再水冲至中性。如果杂质仅仅存在于凝胶柱的表层，可除去污染层后，再补充新的溶胀的凝胶；若凝胶柱受到轻微污染，可用 0.5mol/L NaCl 溶液洗脱。

8. 保存

经常使用的凝胶以湿态保存为主，即将其洗净后悬浮于蒸馏水或缓冲液中，加入防腐剂后于冰箱内短期保存。凝胶的干燥应先对凝胶进行浮选，除去细小的颗粒，并用大量水洗涤，除去盐和污染物，然后逐步增加乙醇浓度（20%～80%）胶收缩，于 60～80℃干燥。琼脂糖凝胶一般以湿态保存为主。

9. 防止微生物的污染

交联葡聚糖和琼脂糖都是多糖类物质，防止微生物的生长，在凝胶色谱中十分重要，常用的抑菌剂有：叠氮钠（NaN_3）、三氯叔丁醇、乙基汞代巯基水杨酸钠、苯基汞代盐。

五、凝胶色谱分离技术的应用与实例

凝胶色谱应用范围较广，可用于脱盐、生物大分子的相对分子质量及其制备性分离、生化制药、有机合成及植物化学等方面。

实例 6-1：利用葡聚糖凝胶分离游离苦参碱及其脂质体[5]

以大豆卵磷脂等为载体材料制备的苦参碱脂质体，由于其脂质体分子比游离的苦参碱分子大，不易进入凝胶内部，较后者先被洗脱，未被包合的游离苦参碱则较晚被洗脱，使二者得以分离。故采用凝胶色谱法分离游离的苦参碱及其脂质体。

1. 凝胶柱的装填

取一底部有筛板的玻璃柱（150mm×10mm），在不断搅拌下缓缓加入以蒸馏水溶胀 12h 的 Sephadex G50 凝胶适量，排除气泡，以蒸馏水不断冲洗柱使之装紧，平衡柱床后备用。

2. 游离药物与含药脂质体的洗脱分离

精密吸取样品液 1mL，上柱，以 150mmol/L 蔗糖溶液为洗脱液，流速 0.5mL/min，每份收集 0.5mL，收集 40 份，均以紫外分光光度计测定吸光度，结果表明：0～3mL 是空白洗脱液，4～6mL 是脂质体部分，7～20mL 是游离药物。脂质体与药物达到完全分离。

第三节　高速逆流色谱分离技术

逆流色谱是一种不用固态支撑体或载体的液液分配色谱技术。它是现代色谱技术和分离科学领域的一个新的分支和手段。它完全排除了由于使用载体而对样品产生的吸附、沾染等影响，特别适合于分离极性物质和具有生物活性的物质；分离过程具有很高的回收率和良好的纯净性与重现性，其典型特征是互不相溶的两相在分离过程中做逆流运动，溶质组分由于在两相中分配系数不同而得到分离。非常适合于复杂混合物的半制备量以上的分离纯化与制备。与其他柱色谱相比较，它克服了固定相载体带来的样品吸附、损失、污染和峰形拖尾等缺点。目前，具有代表性的逆流色谱的类型主要有液滴逆流色谱、离心液滴逆流色谱及高速逆流色谱三种。

目前此项技术已被应用于生化、生物工程、医药、天然产物化学、有机合成、环境分析、食品、地质、材料等领域。美国食品和药物管理局（FDA）及世界卫生组织（WHO）都引用此项技术作为抗生素成分的分离检定。20 世纪 90 年代以来，高速逆流色谱被广泛地应用于天然药物成分的分离制备和分析检定中。

一、简介

1. 液滴逆流色谱和离心液滴逆流色谱

液滴逆流色谱（droplet counter current chromatograph，DCCC）[3] 是把一组垂直的分离管（直径一般为 2cm，长为 20～40cm）用直径 0.5cm 的聚四氟乙烯毛细管连接起来（图 6-13）。实验前，选择好两种互不相溶的两相溶剂系统，液体固定相留在直管中。当流动相慢慢地泵进去时（如果流动相比固定相重就从上方泵进去；反之，则从下方），由于密度不同，密度小的进入上相，流动相就会在分离管中形成液滴，样品也会在两相中分配。与所有的色谱相同，组分比较容易溶于流动相中的就移动得快，而比较容易溶于固定相中的就滞后了，于是就分离开来了。显然，每一个直管只有最小可能的理论塔板数。所以，要有显著的效能就要用大量这样的直管。通过毛细管，流动相从一个直管流入下一个直管，达到分离的目的。液滴逆流色谱最大的弱点是可允许的流速太低，因此分离时间长，两相混合差，相对来说，效率就低了。

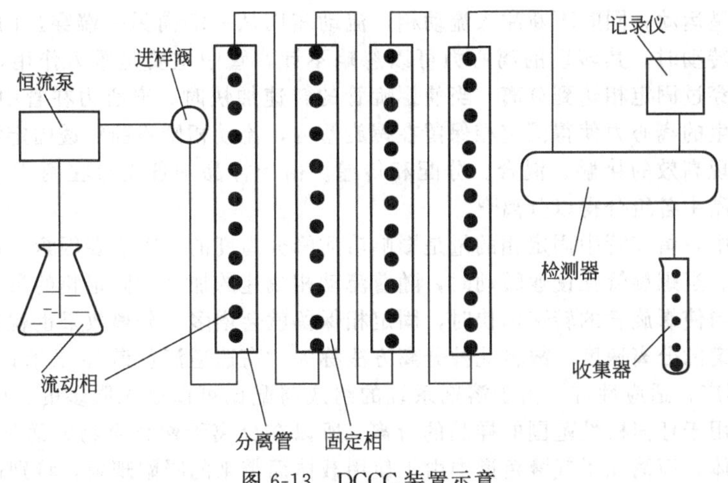

图 6-13　DCCC 装置示意

离心液滴逆流色谱（centrifugal planetary chromatograph，CPC）比液滴逆流色谱进步的地方就是使用离心加快重力分离。离心液滴逆流色谱更通用的叫法是离心行星色谱，使用很小的直管和毛细管（用多性塑料制成多层的）。一套实用的仪器包含数以千计的直管，可以获得几百个理论塔板数的效能。离心液滴逆流色谱的缺点和液滴逆流色谱相似，只是用离心代替了地球重力分离。另外，离心液滴逆流色谱还多了个缺点，就是它在流动相的进口和出口必须使用旋转流体密封件；而这些密封件性能不好，价格又高，容易损耗，而且限制了泵液的压力，进而限制了流速和离心速度。真正广泛使用的只有高速逆流色谱。

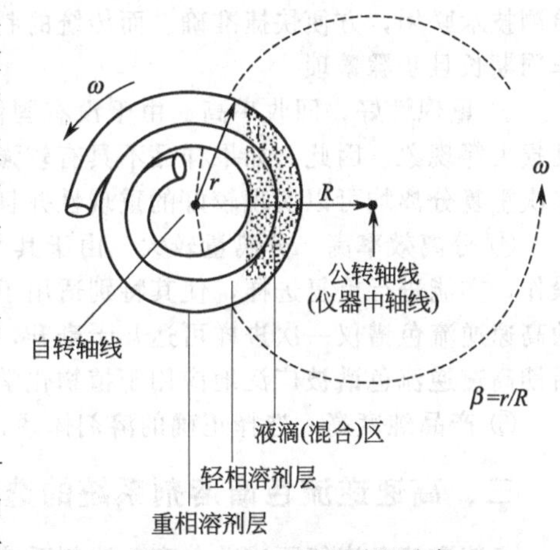

图 6-14　HSCCC 原理示意

2. 高速逆流色谱

高速逆流色谱（high-speed counter current chromatography，HSCCC）是目前应用最广、研究最多的逆流色谱。利用螺旋柱在行星运动时产生的离心力使互不相溶的两相不断混合，样品在旋转螺旋管内的互不混溶的两溶剂相间分配系数不同而获得分离，其中一溶剂相作固定相，由恒流泵输送载有样品的流动相穿过固定相，随流动相进入螺旋柱的溶质在两相之间反复分配，按分配系数的次序被依次洗脱。在流动相中分配比例大的先被洗脱，在固定相中分配比例大的后被洗脱。因而无须任何固体载体或支撑体，能在短时间内实现高效分离和制备，并且可以达到几千个理论塔板数。

图 6-14 是流动相为下相时溶剂的状态。在体系做行星运动时，靠近离心轴心大约 1/4 的区域，两相激烈混合；在静置区两溶剂相分成两层，较重的溶剂相在外部，较轻的溶剂相在内部。

目前高速逆流色谱仪有分析型和半制备、制备型三大系列，较大的制备型高速逆流色谱，柱容积可达 1000mL，一次最多进样可达 20g 粗品。不但适用于非极性化合物的分离，也适用于极性化合物的分离，对检测器的灵敏度要求不高。在制备分离方面，可用于天然产物中各组分的分离，也可进一步精制，甚至直接从粗提物一步纯化到纯品。

二、高速逆流色谱的原理与特点

高速逆流色谱是一种建立在单向性流体动力平衡体系之上的一种逆流色谱分离方法。它利用了单向流体动力学平衡现象。用一根数十米到数百米长的由聚四氟乙烯管绕成的螺旋空管，注入互不相溶的两相溶剂，其中一相作为固定相，固定相在螺旋管里的保留值大约是管柱容积的

50%，然后做行星运动；同时不断注入流动相，流动相则从一端向另一端穿过的同时进行洗脱。当螺旋管在慢速转动时，其转动的离心力可以忽略不计，管中主要是重力作用，由于密度的不同，使得流动相穿过固定相达到分离。当使螺旋管的转速加快时，离心力在管中的作用占主导。由于行星运动产生的离心力使得固定相保留在螺旋管内，流动相则不断穿透固定相；这样两相溶剂在螺旋管中实现高效的接触、混合、分配和传递。由于样品中各组分在两相中的分配系数不同，因而能使样品中各组分得以分离[3]。

在逆流色谱中，留在管中固定相的量是影响溶质峰分离度的一个重要因素，高保留量将会大大改进峰分离度。当螺旋管在慢速转动时，随着流动相流速的加大，固定相的量会减小，从而使分离效率降低。当使螺旋管的转速加快时，固定相保留就会增多，分离效果也就越好，从而极大地提高了逆流色谱的分离速度，故将此种分离方法称为“高速逆流色谱”，具有以下特点。

① 应用范围广，适应性好　由于溶剂系统的组成与配比可以是无限多的，因而从理论上讲高速逆流色谱适用于任何极性范围的样品的分离，所以在分离天然化合物方面具有其独到之处。并因不需固体载体，而消除了气液色谱中由于使用载体而带来的吸附现象，特别适用于分离极性物质和其他具有生物活性的物质。

② 操作简便，容易掌握　分离过程中对样品的前处理要求低，无需对样品进行复杂的处理，仅需一般的粗提物即可进行高速逆流色谱的制备分离，出峰可以在线检测，且可以和灵敏度高的检测技术联用，方便快捷准确。而传统的制备方法，如重结晶、柱色谱和高效液相制备色谱，操作周期长且步骤繁琐。

③ 重现性好，回收率高　由于没有固体载体，不存在吸附、降解和污染、峰形拖尾以及样品损失等现象。因此，如果样品不具有较强的表面活性作用，酸碱性也不强，高速逆流色谱经过多次重复分离均可以实现较好的重现性并且具有较高的回收率。

④ 分离效率高，分离量较大　由于其与一般色谱的分离方式不同，能实现梯度操作和反相操作，亦能进行重复进样，使其特别适用于制备性分离，产品纯度高。研究结果表明：一台普通的高速逆流色谱仪一次进样可达几十毫升，一次可分离近 10g 的样品。因此，在 20 世纪 80 年代后期高速逆流色谱被广泛地应用于植物化学成分的分离制备研究。

⑤ 产品纯度高　选择正确的溶剂体系，可以将样品分离后得到纯度高于 90%的产品。

三、高速逆流色谱溶剂系统的选择

高速逆流色谱能否成功分离，溶剂系统的选择非常重要。溶剂系统不仅要求两相互不相溶，而且还要求它们有比较快的分离时间。溶剂系统的两相可以是两组分的，也可以是多组分的。溶剂系统通常通过下列两个方面进行考察。

1. 分离组分在两相中要有合适的分配系数

样品在上下两相中分配系数可以用下式表示：

$$K=\frac{c_{上}}{c_{下}} \tag{6-21}$$

式中，$c_{上}$ 为溶质在上相中的浓度；$c_{下}$ 为溶质在下相中的浓度。

样品的分配系数 K 值最好在 1 左右，一般情况下，调整固定相达到管柱总体积的 50%以上，将分配系数（K）调整在 0.5～2 能得到最满意的分离效果。以上相作固定相时为例，若 $K<0.5$，样品很快随流动相流出，导致峰分离度下降；样品出峰时间及峰宽随 K 值的增大而增加。若 K 远大于 2 时，表示样品在固定相中的溶解度太大，分离时间长，峰很宽，同时溶剂消耗量大[3,6,7]。

选择溶剂时要尽量选择挥发性强的溶剂，溶剂体系的沉降时间应小于 30s，以得到满意的固定相保留率。同时还要考虑到样品的极性、溶解度、电荷态和形成复合物的能力等。固定相保留率的测定方法如下：各取 2mL 平衡后的上相和下相液体移入一个 5mL 的刻度玻璃管中，密封上下摇动 5 次后静置于水平面上并测定两相分层的时间即沉降时间[8]。

由于逆流色谱的理论塔板数在800左右，因此要得到高的分离度，样品各组分间的分离因子（α，各组分的K值之比）应大于1.5。此外，两相溶剂的体积应尽量相同以避免溶剂的浪费，化合物在两相中的分配系数可以进行如下测定：取溶剂系统的上下两相各1mL于试管中，加入适量的样品溶液，充分振摇后静置，用高效液相色谱进行测定，或用薄层色谱分离显色后，通过比较上下两层样品斑点颜色的深浅进行初步估计。

2. 两相溶剂系统的初步筛选

一般情况下，两相溶剂系统的初步筛选可首先通过薄层色谱法或者高效液相色谱法预测被分离物质的极性，然后根据极性选择合适的分离体系；也可以首先选出一个能使样品全部溶解的溶剂体系，然后调整各溶剂的比例使得被分离各组分满足K值和α的要求，以提高分离度。

在实际工作中，如果通过实验或文献已知与被分离物质极性相似物质的分离体系，则可以借鉴。如果被分离物质的极性都比较大，可以选用乙酸乙酯体系。该体系是高速逆流色谱分离常用的体系之一，属强极性体系。一般由乙酸乙酯和水组成，并加入不同比例的甲醇、乙醇、正丁醇等作为极性调节剂，组成三元或四元溶剂体系。如常用的溶剂体系有：乙酸乙酯-正丁醇-水、乙酸乙酯-甲醇-水、乙酸乙酯-乙醇-水、乙酸乙酯-正丁醇-乙醇-水等。用该类溶剂系统常用于分离黄酮苷、苯丙素苷以及一些皂苷等[9]。如果被分离物质一部分极性大，一部分极性中等可以选用氯仿体系。该体系属中极性体系，一般由氯仿和水组成，可加入正丁醇、甲醇、乙醇作为极性调节剂，组成三元或四元溶剂体系。该体系常用于分离黄酮、苯丙素、蒽醌、多酚及其苷。如果被分离物质一部分极性中等，一部分极性较小可以选用正己烷体系。如正己烷-乙酸乙酯-甲醇-水、正己烷-乙酸乙酯-乙醇-水。如果被分离物质极性都较小，可以选用石油醚体系。其中，氯仿-甲醇-水（2∶1∶1）体系是一种基本溶剂系统。如果样品在该系统中的分配系数为0.2～5.0，可以通过调节各组分的体积比，或者用四氯化碳部分代替氯仿、用乙酸代替甲醇使分配系数接近1。如果采用该系统得不到满意的结果，可以考虑采用正己烷-乙酸乙酯-正丁醇-甲醇-水体系，该系统能够较均匀地覆盖更宽的极性范围，并通过调节该系统中各组分的比例，使样品得到较好的分配。

四、高速逆流色谱的操作过程及其应用实例

我国是继美国、日本之后最早开展逆流色谱应用的国家，俄罗斯、法国、英国、瑞士等国也都开展了此项研究。目前，高速逆流色谱已越来越受到世界各国的重视，并被广泛应用于生化科学、医学及药学等各个领域。近几年高速逆流色谱在抗生素和中药尤其是植物药有效成分分离纯化方面有了广泛的应用，如生物碱、黄酮类、萜类、木脂素和香豆素等的分离。

下面以实例说明高速逆流色谱分离技术的操作过程。

实例6-2：高速逆流色谱在分离纯化木蝴蝶中的黄酮苷类化合物的应用[10]

木蝴蝶（*Oroxylum indicum*）作为传统的草药在中国和日本等东方国家得到广泛使用，具有镇痛、止咳、抗炎等功效。而与此相关的活性成分往往是存在于此种植物的种子和叶子里面的黄酮类化合物（chrysin，baicalein 等）及其糖苷（baicalein-7-*O*-glucoside，chrysin-7-*O*-glucuronide，baicalin）。

1. 分配系数的测定

利用HPLC测定样品在不同溶剂体系的分配系数。取适量（约1mg）木蝴蝶药材的粗提物于5 mL试管中，加入预先达到平衡的两相溶剂系统的上、下相各1mL于此试管中，并使粗提物充分溶解，待达到分配平衡后，上、下相各取0.5mL，分别减压蒸干后用色谱级甲醇重新溶解后，经HPLC检测获得水相中化合物峰面积为A_1，有机相中化合物峰面积为A_2。得分配系数$K=A_1/A_2$，结果见表6-6。

2. 溶剂系统的确定

根据文献及被分离物的性质选择溶剂体系，包括：①氯仿-甲醇-水；②乙酸乙酯-正丁醇-水；③正庚烷-乙酸乙酯-甲醇-水。

通过上述实验得到不同比例组成的三类溶剂体系的分配系数，根据分配系数、各组分间的分离因子及固定相的保留情况来确定溶剂体系及各组分的比例。由表 6-6 分配系数可以看出，乙酸乙酯-正丁醇-水的各种组成都使粗提物中的各组分显著地分布于有机相，故不选用。而正庚烷-乙酸乙酯-甲醇-水和氯仿-甲醇-水两种溶剂体系则改善了这一情况，而所考察的正庚烷-乙酸乙酯-甲醇-水体系由于均易乳化，不利于高速逆流色谱的分离，氯仿及甲醇较为常用，故选用氯仿-甲醇-水来分离纯化目标化合物，在此类体系的各种组成中，9.5∶10∶5（体积比）的各项分配系数所在范围可提供较好的分离度，故选用氯仿-甲醇-水（9.5∶10∶5，体积比）作为 HSCCC 操作中的溶剂体系，并根据 K 值确定有机相（下相）作为流动相，以正相模式洗脱。

实验结果表明，该体系的固定相保留率虽然不高，但由于样品各组分的 K 值分布较大，故仍可将多种目标产物分开；同时，较小固定相体积，在不影响分离效果的前提下可较大缩短分离时间，提高分离效率。

3. 两相溶剂系统及样品溶液的制备

以氯仿-甲醇-水（9.5∶10∶5，体积比）为溶剂体系，按其比例分别将各种溶剂置于分液漏斗中，剧烈振荡使溶液充分混合，静置平衡后分出上、下两相，使用前分别用超声波脱气 30min。取木蝴蝶药材粗提物约 400mg，溶于 20mL 氯仿-甲醇-水（9.5∶10∶5，体积比）下相中，振荡使之完全溶解，以备高速逆流色谱进样。

表 6-6　木蝴蝶粗提物中主要黄酮苷类化合物在不同两相溶剂体系中的分配系数 K

溶剂体系		木蝴蝶粗品中主要黄酮苷的 K 值				
		峰 1	峰 2	峰 3	峰 4	峰 5
乙酸乙酯-正丁醇-水	1∶4∶5	0.23	0.12	0.03	1.63	0.93
	2∶3∶5	0.27	0.19	0.03	2.17	0.69
	3∶2∶5	0.46	0.24	0.05	2.57	1.16
正庚烷-乙酸乙酯-甲醇-水	1∶19∶1∶19	1.64	1.22	0.31	2.68	1.25
	1∶6∶1∶6	3.11	3.03	0.60	2.84	1.74
	1∶5∶1∶5	3.54	3.44	0.88	3.11	2.00
氯仿-甲醇-水	8∶10∶5	3.24	2.14	0.85	11.90	7.30
	9.5∶10∶5	4.22	2.51	1.48	10.87	6.13
	10∶12∶5	2.22	1.70	1.09	4.29	3.33

4. 分离

将氯仿-甲醇-水（9.5∶10∶5，体积比）的上相（固定相）和下相（流动相）以 30∶70 的体积比同时泵入高速逆流色谱螺旋管。待螺旋管完全充满后，调整螺旋管转速为 800r/min，同时以 3.0 mL/min 的流速泵入流动相。动力学平衡后将样品通过进样阀注入分离螺旋管。分离温度 25℃，紫外检测器检测柱后流出物，检测波长为 254nm，进样时开始记录 HPLC 色谱图，并根据色谱图手动收集各色谱峰组分。在此条件下，通过一步分离纯化得到 baicalein-7-*O*-glucoside（137.8mg，98.3%）、baicalein-7-*O*-diglucoside（78.6mg，99.2%）、chrysin-7-*O*-glucuronide（70.6mg，99.3%）和 baicalin（57.2mg，99.6%），以及一种新的 chrysin-diglucoside（9.5mg，98.8%），这 5 种物质为木蝴蝶中的黄酮苷类化合物。

实例 6-3：高速逆流色谱用于分离制备厚朴酚与和厚朴酚[11]

中药厚朴为木兰科木兰属乔木（*Magholia officinalis* Rehd. etwils）的根皮及树皮，具有抗病毒、抗肿瘤、防龋齿、抗菌及抗溃疡等作用。和厚朴酚与厚朴酚为其主要活性成分，二者为同分异构体。采用 HSCCC 对和厚朴酚与厚朴酚进行分离制备。

首先将厚朴药材 200 g 粉碎至 0. 30mm 粒径，加入无水乙醇 300mL，超声波提取 3 次，每次 30min。合并提取液，减压蒸馏，回收乙醇，得厚朴粗提物 7. 8 g 备用。

将石油醚-乙酸乙酯-甲醇-水及石油醚-乙酸乙酯-甲醇-1%乙酸两溶剂体系按一定比例配制于分液漏斗中并剧烈振荡，体系分相平衡后分离出上下相，分别用超声波脱气 30 min。经测定和厚朴酚与厚朴酚在石油醚-乙酸乙酯-甲醇-水（5∶5∶7∶3，体积比）中的分配系数为 0.70 和 1.57，上相作为固定相，下相作为流动相，然后采用 HPLC 测定目标组分在不同溶剂体系中的分配系数。同法测出和厚朴酚与厚朴酚在石油醚-乙酸乙酯-甲醇-1%乙酸（5∶5∶7∶3，体积比）中的分配系数为 0. 65 和 1. 38。将上述二体系用于高速逆流色谱时，前者固定相保留值大大低于后者，分离效果较差，所以本实验选择石油醚-乙酸乙酯-甲醇-1%乙酸（5∶5∶7∶3，体积比）作为高速逆流色谱溶剂体系。取 100 mg 厚朴粗提物，加入 4 mL 上相，振荡使之完全溶解，以备高速逆流色谱分离。

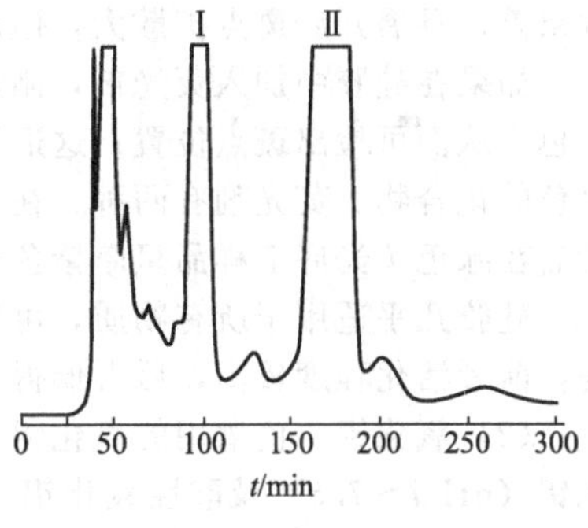

图 6-15　厚朴粗提物的 HSCCC 色谱

最后对流动相流速、旋转管转速、分离温度等进行优化。结果表明，在流速为 2mL/min，转速为 900r/min，温度为 20℃时，分离结果令人满意。具体实验步骤如下：将石油醚-乙酸乙酯-甲醇-1%乙酸（5∶5∶7∶3，体积比）的固定相与流动相以 6∶4 的体积比泵入高速逆流色谱仪的螺旋管，待螺旋管完全充满后，以 900r/min 的速度旋转，同时以 2.0mL/min 的流速泵入下相。分离温度由恒温器控制在 20℃。当体系达到流体动力学平衡后，将样品由进样阀注入分离管路。柱后流出物于 254nm 的波长下进行紫外检测，根据色谱图手动收集各色谱峰组分。从 100mg 粗提物中可一次性得到 33. 3mg 和厚朴酚（峰Ⅰ）和 19. 5mg 厚朴酚（峰Ⅱ）（见图 6-15），其纯度分别为 99. 6%和 99. 9%。

第四节　制备薄层色谱分离技术

薄层色谱（thin layer chromatography，TLC）是将吸附剂或支持剂均匀地涂布于支持板（一般为玻璃板）上形成薄层，然后用相应的溶剂进行展开。薄层色谱法具有快速、简便、高分辨率的特点。利用薄层色谱法来制备分离纯物质的方法，称为制备薄层色谱法。与一般的分析型薄层色谱相比，制备薄层色谱在吸附剂、展开剂等的使用方面没有什么本质的区别，但为了达到制备的目的，需要增加薄层厚度及上样量，以便能一次性制备较多的样品。在多数情况下，应用薄层色谱法处理的样品量一般在 1mg～1g[3]。

一、薄层色谱条件

1. 固定相选择

在制备薄层色谱中，应用较多的是以吸附剂为固定相的薄层吸附色谱，常用的吸附剂为硅胶、氧化铝及聚酰胺。薄层使用的吸附剂为进行了特殊处理的专用试剂，要求一定的形状和粒度范围，并且要具有一定的活度。商品吸附剂有色谱级（用于柱色谱）和薄层色谱级（用于薄层色谱）之分。

吸附剂的选择应从被分离物质极性和吸附剂吸附性能的强弱这两方面考虑。可参考表 6-7。极性大的物质应选用极性略小的吸附剂，否则由于作用力大而难于洗脱，极性小的物质则选用极性强的吸附剂，否则会因作用力小而不能分离。

（1）硅胶　硅胶是一种常用的极性吸附剂，其主要优点是惰性、吸附量大和容易制备成各种类型（具有不同孔径和表面积）的硅胶。硅胶的结构是无定形的，其成分是 $SiO_x H_2O$。硅胶的基本骨架是四面体，其粒子是多孔的。硅胶的吸附性是由于其表面含硅醇基（—Si—OH），而—OH 能与极性化合物或不饱和化合物形成氢键所致。可用于分离各种有机物，是应用最为广泛的固定相材料之一。它具有多孔性的硅氧环交链结构，能吸附极性分子。常用于有机酸、氨基酸、萜类、甾体类化合物的分离。

硅胶的分离效率取决于其颗粒大小和粒度分布范围。颗粒大小和粒度分布范围宽的硅胶分离效果差，且展开后斑点扩散大，但展开速度快。

如果在硅胶中加入荧光剂，制成的薄层在紫外光照射下显荧光，而样品斑点处不显荧光，呈暗色，从而可检出斑点位置；这适用于那些本身无色，在紫外灯下也不显荧光，又无适当显色剂显色的化合物。荧光剂有两种，在254nm紫外光下能发出绿色荧光的是3%锰激活的硅酸锌；层析后在绿色荧光底上样品呈暗紫色斑点。激发波长为365nm的是用银激活的硫化锌、硫化镉。

硅胶几乎适用于所有物质，可用于吸附色谱，也可用于分配色谱。主要区别在于活化程度不同，前者活化程度较高，后者低得多。

(2) 氧化铝　色谱用的氧化铝可分为酸性、中性和碱性三种。碱性氧化铝（pH 9）、中性氧化铝（pH 7～7.5）及酸性氧化铝（pH 3.5～4.5）。它们都是由氢氧化铝制得的，但条件不同。碱性氧化铝用于碳氢化合物、对碱稳定的中性色素、甾体化合物、生物碱的分离；中性氧化铝应用最广，用于分离生物碱、挥发油、萜类化合物、甾体化合物及在酸、碱中不稳定的苷类、酯、内酯等；酸性氧化铝是用1%盐酸浸泡后，用蒸馏水洗至悬浮液pH为4～4.5，然后干燥脱水。它用于分离酸性物质如氨基酸及对酸稳定的中性物质。氧化铝的活性分五级，其含水量分别为0（Ⅰ级）、3（Ⅱ级）、6（Ⅲ级）、10（Ⅳ级）、15（Ⅴ级）。Ⅰ级吸附能力太强，Ⅴ级吸附能力太弱，所以一般常用的是Ⅱ～Ⅲ级。

吸附性主要来自带一个正电荷的酸性部位，或接受质子的部位或表面吸附外界的水分，形成了铝羟基团（Al-OH）的氢键作用而致。

(3) 聚酰胺　聚酰胺也是一种常用的有机吸附剂。它是用尼龙-6（或尼龙-66）溶于冰乙酸或浓盐酸制成的。由于它们有较好的亲水及亲脂性能，所以用于分离一些水溶性和脂溶性的物质如酚类、氨基酸等的分离。它们溶于浓盐酸及甲酸等一些强酸，微溶于乙酸、苯酚等弱酸，难溶于水、甲醇、乙醇、丙酮、苯、氯仿等有机溶剂。对碱稳定，对酸及高温不稳定。色谱用的相对分子质量一般在16000～20000。

聚酰胺分子内存在着很多酰氨基，容易形成氢键，因而对酚类及硝基化合物产生吸附作用。由于上述各类化合物中的基团形成氢键的能力不同，聚酰胺对它们的吸附力大小也不同，所以用来分离上述各类化合物特别有利。

表 6-7　吸附剂、被分离物质及溶剂的关系

被分离物质极性	吸附剂吸附性能	溶剂极性
大	弱(稍小)	大
小	强	小

2. 展开剂选择

薄层色谱展开剂的选择，主要根据样品中各组分的极性、溶剂对于样品中各组分溶解度及吸附剂的活性等因素来考虑。

制备薄层色谱的展开系统可以利用分析型薄层进行初步筛选。一般可以采用微量圆环技术，其方法为：将样品溶液点于薄层板上，挥去溶剂，滴少量溶剂于薄层的斑点上，若样品斑点未发生扩散或位移，则需增加展开剂的极性或量，若样品斑点向展开剂前沿快速扩散，则需降低展开剂的极性。待在分析型薄层的溶剂系统选好后，则可在制备薄层板上进行验证并根据实验结果进行进一步调整，以便达到分离的目的[3]。一般常用溶剂极性按从小到大的顺序排列大概为：石油醚＜环己烷＜四氯化碳＜甲苯＜苯＜氯仿＜乙醚＜乙酸乙酯＜丙酮＜正丙醇＜乙醇＜甲醇＜水＜冰乙酸。

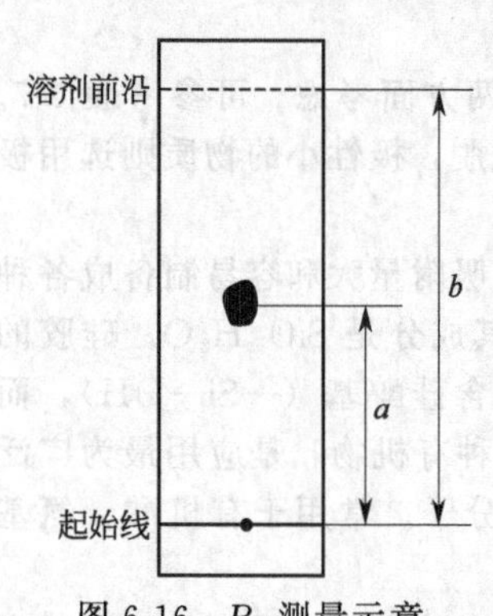

图 6-16　R_f 测量示意

被分离物质展开后在薄层上的移动距离以比移值（R_f值）表示。以此衡量分离效果。它是样品在两相中相对溶解度（吸附及解吸程度）不同而引起的溶质溶剂的相对移动速率，以化合物斑点中心离原点的距离与溶剂前沿离原点的距离的比值表示（图 6-16）。

$$R_f=\frac{\text{斑点中心到原点的距离}}{\text{溶剂前沿到原点的距离}}=\frac{a}{b}$$

R_f 一般以 0～1 的数字表示，两种物质的 R_f 差大于 0.05 时，足以能使之分开。被分离物质的 R_f 希望在 0.05～0.85。在一定条件下，特定化合物的 R_f 为一个常数，因此可用于鉴别化合物。但是，为了消除各种色谱条件变异引起的误差，鉴定时应与标准样进行对比。

实际分离中对于难分离的物质，通常选择若干种互相混溶的溶剂按一定比例混合，从而获得最佳分离效果和良好的重现性。多元混合展开剂中不同的溶剂往往起着不同的作用。一般比例大的溶剂往往是起溶解待测组分和分离作用，占比例较小的溶剂起到调整改善分离物质的 R_f 等[12]。例如，对极性小的挥发性物质丹皮酚的薄层展开剂为：环己烷-乙酸乙酯（17∶3），其中环己烷占有较大的体积分数，起到溶解和分离化合物的作用，而乙酸乙酯来调节药物的比移值。分离效果的好坏则可从以下几个方面进行判断：各组分是否分开；待测组分的 R_f 在 0.2～0.8 为佳；展开后组分斑点较圆且集中。

展开剂的选择是一个摸索的过程，一般情况下，弱极性溶剂体系大多由石油醚、苯、环己烷等组成，适用于极性小的物质，实验中可根据需要加入甲醇、乙醇、乙酸乙酯调节溶剂的极性，以获得较好的分离效果，如极性小的挥发性物质的分离；中等极性的溶剂体系由氯仿和水基本两相组成，由甲醇、乙醇、乙酸乙酯等来调节，适合于蒽醌、香豆素，以及一些极性较大的木脂素和萜类的分离；强极性溶剂，由正丁醇和水组成，也由甲醇、乙醇、乙酸乙酯等来调节，适合于极性很大的有机碱类化合物的分离，如生物碱类化合物的分离。选择展开剂时，可参照提取溶剂的极性来选择，并在一块薄层板上进行试验。

① 若所选展开剂使混合物中所有的组分点都移到了溶剂前沿，此溶剂的极性过强。

② 若所选展开剂几乎不能使混合物中的组分点移动，留在了原点上，此溶剂的极性过弱。

以上两种情况均可通过向展开剂中加入一定量的相反极性的溶剂，调整极性，再次试验，直到选出合适的展开剂组合。合适的混合展开剂常需多次仔细选择才能确定。如果一种展开剂不能满足制备性分离的要求，还可以利用多种展开剂进行多次展开，以获得满意效果。

一般情况下，以硅胶和氧化铝为吸附剂的薄层色谱在分离酸性或碱性化合物时，有时需要少量酸或碱（如冰乙酸、甲酸、二乙胺、吡啶），以防止拖尾现象产生。而聚酰胺薄层色谱常用的展开剂为不同比例的乙醇-水或氯仿-甲醇。

二、制备薄层色谱操作技术

制备薄层色谱操作过程与常规定性薄层色谱相似，一般包括薄层板的制备、活化、上样、展开及收集样品等步骤。

1. 薄层板的制备与活化

薄层板通常采用不同规格的玻璃作为基板，并于基板上涂铺厚度一致的固定相。薄层的厚度及均一性对样品的分离效果及 R_f 的重复性影响极大。在制备色谱中厚度一般为 0.5～0.75mm，甚至 1mm。制备方法主要分为干法和湿法铺板两种，常用湿法。

湿法铺板：把吸附剂、黏合剂加水或其他溶剂，先调成糊状，用刮刀平铺法或涂铺器涂铺法进行均匀地涂布，室温自然干燥后可以直接使用，活性不够需活化提高活性。常用的黏合剂有 10%～15%的煅石膏、0.2%～0.7%的羧甲基纤维素钠、5%的聚丙烯酸水溶液或 5%的淀粉浆。湿法制成的薄层的优点是比较牢固，便于保存而且展开效果也较好[13]。

吸附剂调成糊时，所需用水量为吸附剂质量的 2～3 倍，不同厂家不同批号的产品吸水性也有所不同。手涂时用水量宜稍多些。加有黏合剂的硅胶调成糊后，要在 2min 内用完，否则会凝结。

活化：硅胶及氧化铝等吸附剂颗粒表面或其多孔结构里孔的表面有吸附物质的能力，也能可逆地吸附水分；如果吸附了水，那么吸附其他物质的能力就降低。所以，吸附剂的吸附能力与它们吸附的水量有关。所谓活化就是指它们在一定温度下烘烤以除去吸附的水而言。硅胶薄层一般在105～110℃活化30～60min；氧化铝薄层如果不加黏合剂，活化温度可达150℃左右。

活化好的薄层一定要放在干燥箱中保存。因为吸附剂非常容易吸水，在50%湿度的空气中放置5min，可以吸收失去水分的50%，10min吸收80%，当然最终吸附量还与空气中的湿度有关。吸附剂活性大小对于极性小的物质影响更为明显。

2. 上样

通常制备薄层色谱的上样量与薄层板的厚度、吸附剂的种类及样品的性质有关。一般认为薄层板的容量与其厚度的平方根成正比，但过厚，会造成拖尾，从而影响分离效果。上样量可通过实验，从薄层板展开后的谱带是否拖尾或者变形来确定。

薄层板在上样前要先用氯仿-甲醇（1∶1）或乙醚（包含1%氨水或者1%乙酸，根据后面的展开剂含碱或酸来选择）为展开剂先进行预展开，目的是除去薄层板吸附剂中的杂质。取出薄层板，干燥。备用。

溶解样品的溶剂的挥发性应尽可能大，极性应尽可能地小。样品溶液的浓度过大，样品由于在吸附剂表面析出晶体使得展开剂中晶体的溶解度发生变化而引起结果变化，所以样品溶液的浓度以可以均匀地涂布在吸附剂表面而不析出晶体为宜。制备薄层中常规的样品浓度范围为2%～10%。

制备薄层一般采用条形上样，样品条的宽度为3～5mm，距离薄层板底端大约2.5cm，距薄层板两侧的边距为1～3mm，以避免边缘效应的影响。可重复上样，但后一次上样要在前一次的样品条的溶剂挥发掉之后，挥发过程中可选择电吹风吹干。上样过程不可破坏薄层板吸附剂的表面，而且样品条也尽可能地直并且要窄。

3. 展开

薄层色谱的展开方式可分为上行展开和下行展开，单次展开和多次展开。而制备薄层色谱多采用上行法展开，对于一种展开剂达不到制备要求的成分复杂的样品，可采用几种展开剂进行多次展开的方法进行制备。通常先用极性低的溶剂系统展开，再选用极性高的展开剂再次展开，一般以2～3次为佳。

4. 显色

若分离的化合物有颜色，很容易识别出来各个样品点。但多数情况下化合物没有颜色，要识别样点，必须使样点显色。为防止在显色过程中待分离物质受到破坏，制备薄层色谱通常采用碘蒸气显色法和紫外线显色法。

（1）碘蒸气显色　将展开的薄层板挥发干展开剂后，放在盛有碘晶体的封闭容器中，升华产生的碘蒸气能与有机物分子形成有色的缔合物，完成显色。由于碘具有升华性，且其显色属于可逆的物理吸附，易除去。所以成为制备薄层色谱的常用显色方法。

（2）紫外线显色　用含有荧光剂的固定相材料（如硅胶F、氧化铝F等）铺板，展开后再用紫外线照射展开的干燥薄层板，薄层板上的有机物会吸收紫外线，在薄层板的荧光背景下产生色带而被观察到。

若必须用化学方法进行显色，则也可用一玻璃板遮住中间部分，使其两侧各露出一小条，然后喷雾显色，见图6-17[3]。

5. 收集

通过薄层方法展开并确定了所要的谱带后，用适宜工具如刀片将所需成分的谱带同吸附剂一起刮下，收集，选取适宜溶剂将所要组分洗脱下来，并清洗工具，合并洗脱液。较适宜的洗脱剂有丙酮、乙醇、氯仿等，也可以用合适的展开剂系统。甲醇由于洗脱能力过强，容易将强极性杂质一同洗脱下

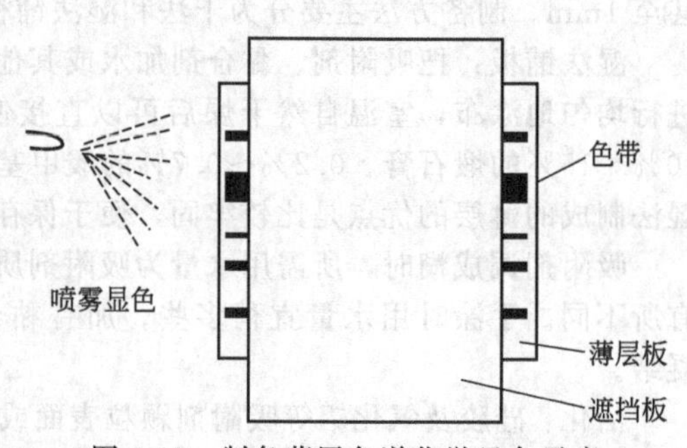

图6-17　制备薄层色谱化学显色示意

来，故不常用。最后，将洗脱液收集，浓缩即可。如必要，可对收集物进行重结晶，以提高提取物的纯度。

三、离心薄层色谱和加压薄层色谱

在传统薄层色谱法中，由于其分离时间不可控，而且随着展开距离的增加，溶剂前沿的移动逐渐减慢，被分离组分的扩散也越来越严重。由此在经典的薄层色谱的基础上对薄层系统进行了改进，发展了薄层色谱的重要分支强迫流动薄层色谱（forced-flow planar chromatography，FF-PC)。它是通过外力强迫展开剂在吸附剂中运动，它主要有离心薄层色谱法（rotation planar chromatography，RPC）与加压薄层色谱法（overpressured-layer chromatography，OPLC）两种。RPC 通过高速旋转产生的离心力加速展开剂的运动；OPLC 则依靠加压泵将展开剂直接泵入薄层板中，并通过泵来调节展开剂的流速。

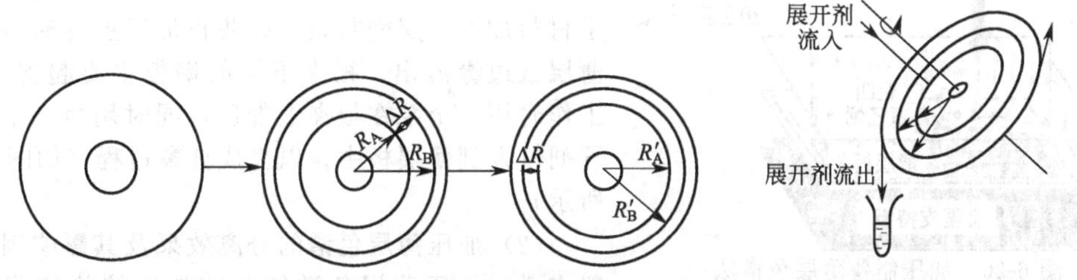

图 6-18　离心薄层色谱分离过程示意

1. 离心薄层色谱

对于复杂混合体系如天然产物或有机合成反应产物，可使用制备高压液相色谱进行分离，但费用很高。而使用制备薄层色谱中，不足之处是需将被分开的化合物从薄板刮下，而且分离时间较长。为克服这些缺点，人们发明了离心薄层色谱，它通过恒流泵持续泵入展开剂，并利用离心力加速展开剂的流动速度，起到加压色谱的效果，从而加快待测组分的分离。

如图 6-18、图 6-19 所示，离心薄层色谱的薄层板为圆形，与其连接的转轴和电动机相连，薄层板呈一定角度的倾斜，流动相可连续地被泵入，冲出的成分可被分别收集。若在仪器的上方加一个紫外灯，就可在分离时观察薄层板中谱带的移动情况。为防止和降低敏感物质的氧化，还可以在展开室内通入氮气。离心薄层色谱具有以下特点：①与同样硅胶量的普通制备薄层板相比，分离量要大得多；②分离速度快，一般少于 30min；③分离性能好，对于 R_f 较大的产品，分离效果常常高于 HPLC；④操作简单；⑤成本低，硅胶溶剂消耗少，色谱板可重复利用；⑥经

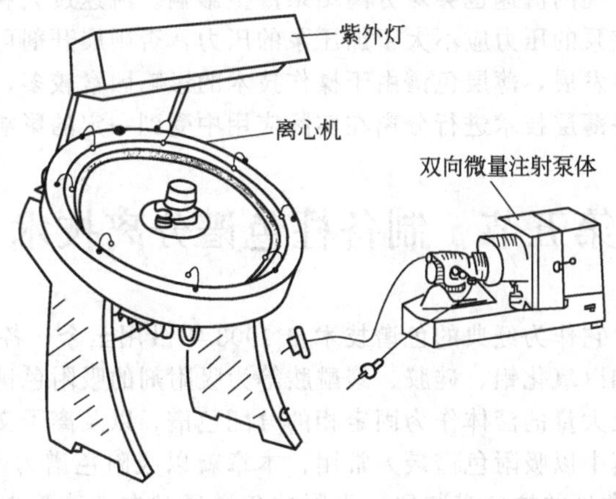

图 6-19　离心薄层色谱仪示意

久耐用，占用面积小。

2. 加压薄层制备色谱[14]

（1）仪器结构　加压色谱仪主要由两部分构成。一部分主要有电源、控制系统以及泵系统等；另一部分为展开室，工作时将薄层板夹插入。仪器具有独立的加压泵和输液泵系统，可进行分析和制备等工作，并可通过阀切换实现简单的梯度洗脱。此外还有主要针对半制备工作设计加压色谱仪，它仅有一个加压泵和一个展开室，展开剂的输送可通过连接 HPLC 泵来实现。

薄层板夹主要由两层构成，上层为聚四氟乙烯薄膜层，下层为一块钢板，薄层板吸附剂面向上置于聚四氟乙烯薄膜与钢板之间。在聚四氟乙烯薄膜两边均有一个小孔，溶剂通过这两个小孔进出薄层板。在孔的两侧与薄层板接触的一面刻有凹槽，使溶剂可以快速到达薄层板边缘，从而保证薄层板中间和边缘几乎同时开始展开。在薄层板的边缘有一圈约 2mm 宽的吸附剂被刮掉，再用高分子材料加上一层密封条，以防止加压展开时展开剂从薄层板边缘溢出。板夹下层的钢板主要起支撑作用。工作时用一个泵在板夹上加压，同时用另一个泵将展开剂输入到薄层板中，以完成分离过程（如图 6-20[15] 所示）。

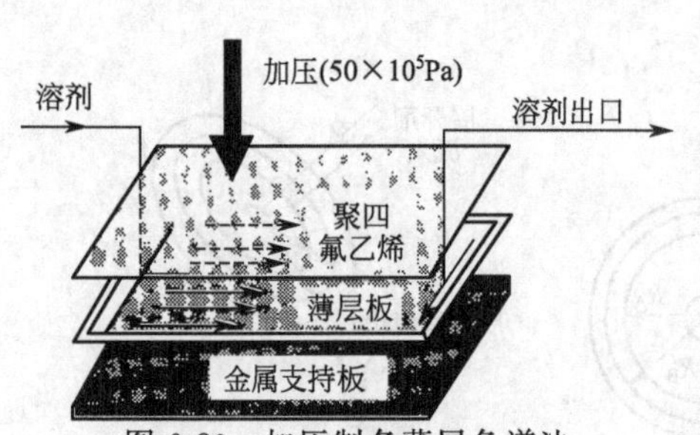

图 6-20　加压制备薄层色谱法

（2）加压薄层色谱的分离效果及其影响因素　一般来说，加压薄层色谱的分离效果较传统薄层色谱好，原因主要有以下几方面。首先，加压薄层色谱通过泵将展开剂输送至薄层板，使分析时间缩短，待分离组分的扩散也较小。这一现象在展距增加的情况下更为明显。随着展开距离的增大，传统薄层色谱中的理论板高迅速增大，但是在加压薄层色谱中理论板高变化不大。所以在加压薄层色谱中可通过增加展距来达到提高分离效果的目的，也因此在加压薄层色谱中薄层板的长度多为 20cm。此外，在传统薄层色谱中，当展开剂到达薄层板的边缘后就不能再进行分离了。但在加压薄层色谱中可以用泵连续输送展开剂，展开剂溢出薄层板后分离仍可继续进行，从而提高了比移值较小组分的分离度。这些都对提高分离效果起到了重要作用。

影响加压薄层色谱分离的因素主要有以下几方面，首先，加压薄层色谱展开室中空间较小，故气相对加压薄层色谱分离的影响较少，也有利于提高加压薄层色谱的重现性。但是在薄层板的吸附剂颗粒的间隙中仍然存在少量气体，它们会对分离结果产生一定的影响。离线点样与在线进样的分离结果会有一定的差别，就是因为在线进样前已经充分冲洗润湿了薄层板，去除了其中的气体。此外，吸附在吸附剂表面的气体也会对分离的结果产生影响。

加压薄层色谱中展开剂的流速也会对分离结果产生影响。流速过大和过小均会导致分离度降低。在分析过程中，输液泵的压力应不大于加压泵的压力，否则展开剂可能从板夹中溢出。

随着色谱制备技术的发展，薄层色谱由于操作技术的影响因素较多，重复性较差，操作麻烦或设备等的限制，使制备薄层技术进行分离在实际应用中受到一定的影响。

第五节　制备柱色谱分离技术

柱色谱也称柱层析，它作为经典的色谱技术自 1903 年沿用至今，各种不同机理的色谱分离均可在色谱柱中进行，如以氧化铝、硅胶、聚酰胺等为吸附剂的吸附色谱；用硅胶、硅藻土、纤维素等为支持剂以吸收较大量的液体作为固定相的分配色谱；以及离子交换色谱、凝胶色谱、亲和色谱、干柱色谱等。其中以吸附色谱最为常用，本章就以吸附色谱为例来说明柱色谱的使用。图 6-21 所示为实验室中常见的柱色谱装置。吸附柱色谱通常在玻璃管中填入表面积很大经过活化的多孔性或粉状固体吸附剂（固定相），液体样品从柱顶加入，流经吸附柱时，被吸附在柱的上端，然后从柱顶加入洗脱溶剂（流动相）进行冲洗、展开，由于各组分在固定相中的吸附作用力不同，以及在流动相中的溶解度不同，使得各组分以不同的速度沿柱下移。被固定相吸附作用较强，在流动相中溶解度较小的组分，其下移的速度就慢。反之，下移速度较快。随着洗脱剂的不断淋洗，柱中会形成若干色带，分别收集各组分，再逐个鉴定。柱色谱法主要用于分离。

在柱色谱的使用过程中，压力可以增加淋洗剂的流动速度，减少产品收集的时间，但是会减低柱子的塔板数。所以其他条件相同的时候，常压柱是效率最高的，但是时间也最长，比如有的用一个柱子对天然化合物的分离进行几个月也是有的。所以，人们根据需要，会在柱色谱的分离过程中，给予不同的压力，因此，柱色谱也可分为常压柱色谱、加压柱色谱和减压柱色谱。

一、常压柱色谱

（一）色谱柱

色谱柱一般是在圆柱形容器内装入各类固定相而制得的。经典色谱柱使用的色谱柱一般都是玻璃的。常见到的柱子的径高比一般在（1∶5）～（1∶20），对于易于分离的样品，可以用相对短的柱子，而对于难分离的样品，则可以用长柱子，甚至可以将 2～3 根色谱柱串联起来，增加柱的总长度，相应的塔板数就增加了，分离效果得到了提升。

（二）固定相

进行色谱分离时，应选择合适的吸附剂（固定相），常用的吸附剂有硅胶 G、氧化镁、氧化铝、活性炭、聚酰胺等。一般要求吸附剂：①有大的表面积和一定的吸附能力；②颗粒均匀，不与被分离物质发生化学作用；③对被分离的物质中各组分吸附能力不同。各种吸附剂的性能见本章第五节。

（三）洗脱剂的选择

吸附剂选择原则是根据被分离物质各组分的极性大小、在洗脱剂中溶解度大小进行选择。即洗脱剂对被分离各种组分溶解能力不同，易溶于洗脱剂中不太易吸附于吸附剂的组分，优先随洗脱剂被洗出来；不易溶于洗脱剂而易被吸附剂吸附的组分，被洗脱的速度慢，从而达到分离物质的目的。各组分在洗脱剂中的溶解能力，基本上是“相似相溶”，即欲洗脱极性大的组分，选择极性大的洗脱剂（如水、乙醇、氨等）；极性小的组分宜选用极性小的洗脱剂（如石油醚、乙醚等）。常用洗脱剂按极性大小顺序排列如下：石油醚（低沸点＜高沸点）＜环己烷＜四氯化碳＜三氯甲烷＜乙醚＜甲乙酮＜二氧六环＜乙酸乙酯＜正丁醇＜乙醇＜甲醇＜水＜吡啶＜乙酸。

另外，被分离物质与洗脱剂不发生化学反应，洗脱剂要求纯度合格，沸点不能太高（一般为 40～80℃）。

实际上单纯一种洗脱剂有时不能很好地分离各组分，故常用几种吸附剂按不同比例混合，配成最合适的洗脱剂。

（四）操作方法

柱色谱操作方法分为：装柱、加样、洗脱、收集、鉴定五个步骤。

1. 装柱

装柱前，柱子应干净、干燥，并垂直固定在铁架台上，如图 6-21 所示。柱内有筛板的可加入 30～50 目的洁净细砂，使其平整地铺在筛板上，如果柱子没有筛板，则需取一小团玻璃纤维或脱脂纤维棉用溶剂润湿后塞入管中，用一长玻璃棒轻轻送到底部，适当捣压赶出棉团中的气泡，但不能压得太紧，以免阻碍溶剂畅流，再在上面加入一层约 0.5cm 厚、30～50 目的洁净细砂，轻叩击柱管，使砂面平整。

可用干法装柱和湿法装柱两种装柱方法。

（1）干法装柱　将干燥吸附剂经漏斗均匀地成一细流慢慢装入柱中，不时地轻轻敲打玻璃管，使柱填得均匀，有适当的紧密度，然后加入溶剂，使固定相全部润湿。此法简便，缺点是易产生气泡。

(2) 湿法装柱　先将洗脱剂沿壁倒入色谱柱中，注意不要破坏砂层。将洗脱剂与一定量的固定相混合成悬浮液，打开柱下活塞，控制柱中溶剂向下移动的速度，然后慢慢将悬浮液倒入柱中，随着溶剂慢慢流出，固定相渐渐沉于柱底。在倒入固定相时，应尽可能连续均匀地一次完成。如果柱子较大，应事先将固定相泡在一定量的溶剂中，并充分搅拌后过夜（排除气泡），然后再装柱。当溶剂层接近硅胶层约 4cm 时，放入柱直径大小的滤纸，然后再加入约 1cm 厚的细砂，以免加入洗脱剂时破坏吸附剂的均匀性。

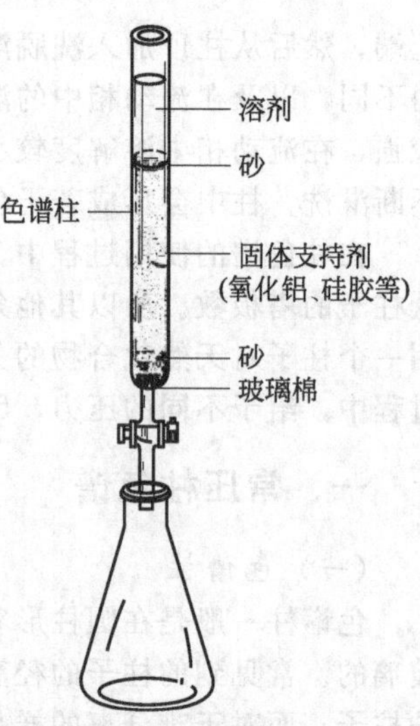

图 6-21　柱色谱装置

固定相用量，一般为被分离物质的量的 30～50 倍。如果被分离组分性质相接近，需增大固定相用量。

2. 上样

上样可分为干法上样和湿法上样两种。

(1) 湿法上样　选择合适溶剂将样品溶解，溶剂用量应尽可能少。将样品液沿管壁慢慢加入至柱顶部，勿搅动填充层表面。加完后用少量溶剂把容器和滴管冲洗净并全部加到柱内，再用溶剂把黏附在管壁上的样品溶液淋洗下去。慢慢打开活塞，调整液面和柱面相平为止，关闭活塞，在柱层上面盖上一滤纸片以保护吸附剂层面，然后小心沿色谱柱管壁加入流动相（洗脱剂）。

(2) 干法上样　也称固态上样法，若样品在洗脱剂中的溶解度不佳时，可采用干法上样，即先将样品溶在适当的溶剂，然后加入数倍量的失活吸附剂（或硅藻土）混合均匀，挥干溶剂，然后撒到色谱柱的上部，盖上一层细砂、粗硅胶或玻璃珠，以保护样品的平面。

3. 洗脱

在柱顶用一具塞的分液漏斗，其颈口浸入柱内液面下，不断加入洗脱剂，调节下面开关大小，使流动相流速适当。在洗脱过程中，注意随时添加洗脱剂，以保持液面的高度恒定，特别应注意不可使柱面暴露于空气中，如果采用梯度溶剂分段洗脱，则应从极性最小的洗脱剂开始，依次增加极性，并记录每种溶剂的体积和柱子内滞留的溶剂体积，直到最后一个成分流出为止。洗脱的速度是影响柱色谱分离效果的重要因素之一。流速过快，组分在柱中来不及达成平衡，影响分离效果；流速太慢则会延长整个操作时间。

4. 收集

各组分如果均有颜色，则在柱上的分离情况可直接观察出来；直接收集各种不同颜色的组

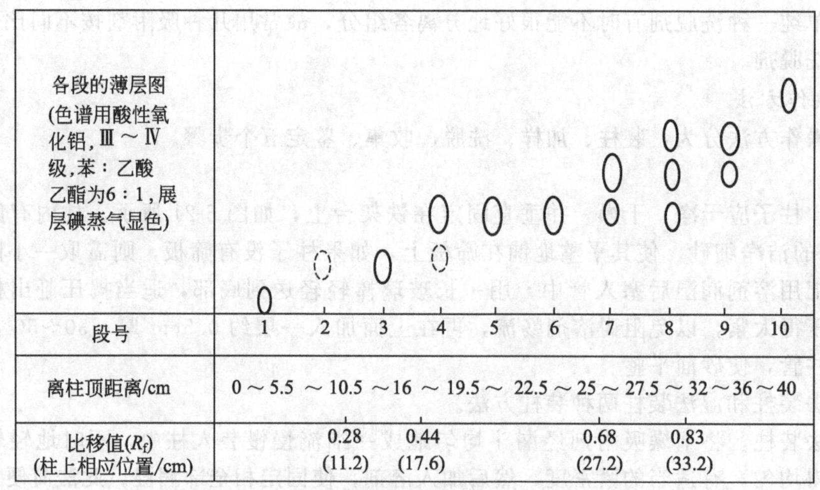

各段的薄层图
(色谱用酸性氧化铝，Ⅲ～Ⅳ级，苯：乙酸乙酯为6：1，展层碘蒸气显色)
段号
1　2　3　4　5　6　7　8　9　10
离柱顶距离/cm
0～5.5～10.5～16～19.5～22.5～25～27.5～32～36～40
比移值(R_f)
(柱上相应位置/cm)
0.28
(11.2)
0.44
(17.6)
0.68
(27.2)
0.83
(33.2)

图 6-22　薄层色谱鉴定图谱

分；多数情况是各组无颜色。一般采用多份收集，每份收集量要小。然后对每份收集液进行定性检查，通常采用薄层色谱进行鉴定，根据检查结果，合并组分相同的收集液（见图 6-22），蒸去洗脱剂，留待作进一步的结构分析。

二、加压柱色谱

加压柱色谱分为低压制备色谱、中压制备色谱和高压制备色谱。

（一）低压制备色谱

低压制备色谱是实验室里较为常用的一种实验方法。与常压制备色谱类似，只不过外加压力使淋洗剂走得快些。压力通过色谱柱顶部提供，常见的加压手段有氮气钢瓶加压、双链球加压、空气加压泵加压及蠕动泵加压。特别是在容易分解的样品、不能经受较长时间吸附剂作用的生物活性样品的分离中适用。压力不可过大，不然溶剂走得太快就会降低分离效果。

为了方便添加流动相，可以在色谱柱的上方配置一个溶剂储瓶，如图 6-23[3] 所示。在气体入口处也可以再配一个气体出口，出口的大小可以通过针形阀进行控制，以便可以通过它来调节色谱柱内压力的大小，从而最终实现对流动相速度的控制。

此外，为防止吸附剂流失，对于柱中没有玻璃砂筛板的直径较大的色谱柱，通常用玻璃纤维或者脱脂棉堵住出口。

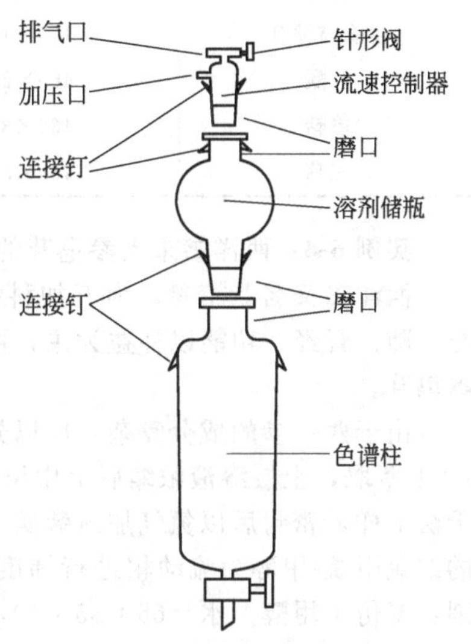

图 6-23 低压制备柱色谱装置的基本组成

（二）中压制备色谱

低压色谱的进料负荷较低，不能超过 5g。欲达到更大的处理量，需要采用更长、内径更大的色谱柱，因而必须提高压力至中压，以保证较高的流率，还可同时进一步减小填充材料的颗粒大小，来提高分辨率。所以中压制备色谱既能提高制备色谱的分离速度，又能保证其分辨率。

由于中压液相色谱需要使用比低压液相色谱更大的压力来维持适当的流速，所以中压液相色谱多一套简单的加压装置，所需压力可由压缩空气或往复泵提供。较大的上样量及适当的压力条件使中压制备色谱法更易工业化，但其分离效率较高效液相色谱低，有时需要结合其他的分离方法，如萃取、渗析等。

在实际工作中，中压制备色谱既可利用制备色谱仪来完成，也可根据研究需要由自己来组装，其部件主要有能提供几兆帕压力的恒流泵、色谱柱、检测器，而对于较完备的色谱装置还配有自动分流收集器和进样阀。

中压制备色谱对恒流泵所达到的最大压力介于高效液相色谱和低压色谱之间，并且能达到的压力越高，对输出流量的精度及准确度的要求也就越高。实验中实验人员可利用量筒测定一定时间内恒流泵输出的液体体积，用其检查恒流泵的准确度和精密度。

中压色谱柱的耐压性较低压色谱要求高，所以中压色谱柱大多是由耐压的强化玻璃制成，最常用的固定相填料颗粒的粒径是 15～25μm 及 25～40μm。多数情况下，中压色谱柱需由实验人员自己填装。可采用湿法或干法装柱，色谱柱填装的好坏直接影响分离效果，干法装柱方法如前所述，填装好色谱柱后，将填装好的色谱柱进行减压或氮气加压，以便将色谱柱压紧。干法装柱可使固定相填装密度至少提高 20%。用这些方法可使混合物样品得到很好的分离。一般情况下，对等量的固定相而言，细长的色谱柱比短粗的色谱柱具有更高的分辨率。

多数情况下，色谱柱可以简单地连接起来以提高分离能力。若接口处使用聚四氟乙烯环密封，应注意溶剂系统中不应含有丙酮。如在制备型色谱柱前连一前预柱，则在每次分离后，可将被污染的填料除去。利用如下冲洗顺序可对硅胶固定相进行再生：甲醇-乙酸乙酯-己烷。但在重复使用几次之后，应将固定相废弃。键合相色谱柱更易于清洗，并具有更长的使用寿命。

中压制备色谱已被广泛地应用于医药、食品和化学工业，在天然药物的分离制备方面亦被广泛采用（见表6-8）。中压制备色谱的操作方法与经典柱色谱的操作方法类似，下面以实例说明其操作过程。

表6-8 中压制备色谱在各种天然药物分离中的应用

分离物质	柱尺寸/mm	填料	流动相
吲哚生物碱	713×18.5	RP-18(40μm)	甲醇-乙腈-四氢呋喃-水
生物碱糖苷	100×10	RP-18(40～63μm)	乙腈-水(24∶76)
色酮	460×26	Diod	己烷-乙酸乙酯(4∶1)
单萜	460×36	RP-18(15～25μm)	甲醇-水(65∶35)
三萜	460×50	SiO(35～70μm)	二氯甲烷-甲醇-乙酸(110∶8∶3)

实例6-4：西洋参果人参皂苷的制备[16]

西洋参又名花旗参，为五加科植物，主产于美国、加拿大及法国。西洋参味苦、性凉，入心、肺、肾经，功能以补益为主，可滋阴降火，益气生津。西洋参产生药理活性的主要成分是人参皂苷。

由于西洋参的成分复杂，所以先用大孔树脂柱进行初提，50%醇洗部分以正丁醇和乙酸乙酯1∶1萃取，上层溶液浓缩后上中压色谱柱分离。中压柱采用干法填装50～74μm的硅胶色谱柱，干法上样，密封后以氮气加压装实。以二氯甲烷平衡柱体，至柱中无气泡产生。然后以不同比例的二氯甲烷-甲醇为流动相进行梯度洗脱，分段收集。产品经重结晶纯化后以TLC检识（展开剂：氯仿∶甲醇∶水＝65∶35∶10，显色剂10%硫酸乙醇液）至洗脱完全。结果表明西洋参皂苷样品和对照品具有相同的R_f，并呈现出同样的紫红色斑点，在制备的西洋参皂苷样品中，没有杂质斑痕。由此，成分复杂的西洋参经过大孔树脂柱、萃取和中压制备色谱，得到了有效的分离。

（三）高压制备液相色谱

高压制备液相色谱具有柱效高、分离速度快等特点，主要用来快速分离和纯化产品。与分析型制备色谱相比，其通量是分析型的几百倍至上千倍，为了达到这个效果，制备型选用的是大流速的泵（数十毫升/min甚至上百毫升/min)，5μm以上的粗粒径填料，实验室用制备柱的粒径一般为5～20μm。制备型色谱柱较分析型色谱柱粗（分析型色谱柱的内径一般为4～5mm），一般ϕ8～22mm，以提高柱子的载样量，但是分离效率较分析型低，柱长一般为25～50cm。制备型一次可以制备毫克级的样品，大型的专用制备仪器甚至可以制备克级的样品。

1. HPLC的分类和基本原理

高效液相色谱法按分离机制的不同分为液固吸附色谱法、液液分配色谱法（正相与反相）、离子交换色谱法、离子对色谱法及分子排阻色谱法。

(1) 液固色谱法　以固体吸附剂为固定相，液体为流动相，被分离组分在色谱柱上分离原理是根据固定相对组分吸附力大小不同而分离。分离过程是一个吸附-解吸附的平衡过程。常用的吸附剂为硅胶或氧化铝，粒度5～10μm。适用于分离相对分子质量200～1000的组分，大多数用于非离子型化合物，离子型化合物易产生拖尾。常用于分离同分异构体。

(2) 液液色谱法　使用将特定的液态物质涂于担体表面，或化学键合于担体表面而形成的固定相，分离原理是根据被分离的组分在流动相和固定相中溶解度不同而分离。分离过程是一个分配平衡过程。

涂布式固定相应具有良好的惰性；流动相必须预先用固定相饱和，以减少固定相从担体表面流失；温度的变化和不同批号流动相的区别常引起柱子的变化；另外在流动相中存在的固定相也使样品的分离和收集复杂化。由于涂布式固定相很难避免固定液流失，现在已很少采用。现在多采用的是化学键合固定相，如 C_{18}、C_8、氨基柱、氰基柱和苯基柱。

液液色谱法按固定相和流动相的极性不同可分为正相色谱法（NPC）和反相色谱法（RPC）。

① 正相色谱法　采用极性固定相（如聚乙二醇、氨基与腈基键合相）；流动相为相对非极性的疏水性溶剂（烷烃类如正己烷、环己烷），常加入乙醇、异丙醇、四氢呋喃、三氯甲烷等以调节组分的保留时间。常用于分离中等极性和极性较强的化合物（如酚类、胺类、羰基类及氨基酸类等）。

② 反相色谱法　一般用非极性固定相（如 C_{18}、C_8）；流动相为水或缓冲液，常加入甲醇、乙腈、异丙醇、丙酮、四氢呋喃等与水互溶的有机溶剂以调节保留时间。适用于分离非极性和极性较弱的化合物。反相色谱法在现代液相色谱中应用最为广泛，据统计占整个 HPLC 应用的80%左右。

随着柱填料的快速发展，反相色谱法的应用范围逐渐扩大，现已应用于某些无机样品或易解离样品的分析。为控制样品在分析过程的解离，常用缓冲液控制流动相的 pH。但需要注意的是，C_{18} 和 C_8 使用的 pH 通常为 2.5～7.5，太高的 pH 会使硅胶溶解，太低的 pH 会使键合的烷基脱落。

(3) 离子交换色谱法　固定相是离子交换树脂，常用苯乙烯与二乙烯交联形成的聚合物骨架，在表面末端芳环上接上羧基、磺酸基（阳离子交换树脂）或季铵基（阴离子交换树脂）。被分离组分在色谱柱上分离原理是树脂上可电离离子与流动相中具有相同电荷的离子及被测组分的离子进行可逆交换，根据各离子与离子交换基团具有不同的电荷吸引力而分离。

缓冲液常用作离子交换色谱的流动相。被分离组分在离子交换柱中的保留时间除与组分离子与树脂上的离子交换基团作用强弱有关外，它还受流动相的 pH 和离子强度影响。pH 可改变化合物的解离程度，进而影响其与固定相的作用。流动相的盐浓度大，则离子强度高，不利于样品的解离，导致样品较快流出。离子交换色谱法主要用于分析有机酸、氨基酸、多肽及核酸。

(4) 离子对色谱法　又称偶离子色谱法，是液液色谱法的分支。它是根据被测组分离子与离子对试剂离子形成中性的离子对化合物后，在非极性固定相中溶解度增大，从而使其分离效果改善。主要用于分析离子强度大的酸碱物质。分析碱性物质常用的离子对试剂为烷基磺酸盐，如戊烷磺酸钠、辛烷磺酸钠等。另外高氯酸、三氟乙酸也可与多种碱性样品形成很强的离子对。分析酸性物质常用四丁基季铵盐，如四丁基溴化铵、四丁基铵磷酸盐等。

离子对色谱法常用 ODS 柱（即 C_{18} 柱），流动相为甲醇-水或乙腈-水，水中加入 3～10mmol/L 的离子对试剂，在一定的 pH 范围内进行分离。被测组分和时间与离子对性质、浓度、流动相组成及其 pH、离子强度有关。

(5) 排阻色谱法　固定相是有一定孔径的多孔性填料，流动相是可以溶解样品的溶剂。小分子量的化合物可以进入孔中，滞留时间长；大分子量的化合物不能进入孔中，直接随流动相流出。利用分子筛对分子量大小不同的各组分排阻能力的差异而完成分离。常用于分离高分子化合物，如组织提取物、多肽、蛋白质、核酸等。

2. 高压制备型液相色谱的样品预处理

由于制备色谱柱处理的样品多，比分析柱子更容易受污染，所以，必要的前处理就显得非常必要。萃取、过滤、结晶、固相萃取等简单的分离方法均可作为样品上柱前的预处理方法。

由于颗粒状杂质可能损坏高压液相色谱仪的阀门，阻塞管道或柱入口端的滤板，所以在高压液相色谱进样之前，需对样品进行过滤。一般使用能套在注射器上的滤器除去样品中混有的颗粒状杂质，既方便，又价廉。过滤膜的材料可以是聚四氟乙烯、乙酸纤维、尼龙、纸等有机膜或无机膜。在选用作过滤膜时应注意使其适合于所用的溶剂，这一点在使用含四氢呋喃作溶剂时尤其重要。过滤膜的孔径可在 0.1～2μm，最常用的膜是 0.45μm。

3. 制备色谱柱

不锈钢柱具有良好的耐腐蚀、抗压力性能，所以在高压制备色谱中，一般采用其作为色谱柱的柱管。制备柱可根据尺寸分为：分析型色谱柱、半制备柱、制备柱和大型制备柱。色谱柱的负载能力与柱的内径、柱长和分离材料成正比，而柱效较分析柱低。

色谱柱的填料可以是硅胶、键合硅胶（如 C_{18}、C_8）、离子交换树脂、聚酰胺、氧化铝、凝胶等。固定相类型的选择应根据待分离物的性质而定。如若待分离物为外消旋化合物，则应选择手性固定相。现商品制备色谱柱应用较多的主要有两种：一种是硅胶吸附色谱柱，主要用于分离极性分子；一种是键合硅胶色谱柱，用于分离非极性分子。

4. 流动相的选择

正相色谱常用的流动相有：正己烷、异丙醇、庚烷、异辛烷、苯和二甲苯等。而反相色谱的基本溶剂为水与有机溶剂的混合溶液，调整二者的比例可以改变溶剂的极性。反相色谱中常用的有机溶剂为甲醇、乙醇、乙腈、四氢呋喃等，有机溶剂相也可用上述有机溶剂按一定比例混合的混合液。

高压液相制备色谱具有高压、高效、分离速度快、应用范围广等特点。已广泛应用于生物化学、药物、临床等各个方面。尤其是对天然药物的分离纯化，其应用实例如表 6-9 所示。

表 6-9 HPLC 在天然药物分离制备中的应用

分离物质	色谱柱型号	柱尺寸/mm	流动相
从大麦得到前花杏素	RSL SiL C_{18}HL(30μm)	500×9	水-乙酸
从大豆得到异黄酮	Partisil ODS-3	250×9.4	甲醇-水
从 Taxus media 得到紫杉醇	BondapakC_{18}(15μm)	300×47	乙腈-水(1∶3)
从藜属植物奎藜籽得到皂苷	TSK-gelODS-120T	300×21.5	甲醇-水(68∶32)

三、减压柱色谱

减压柱色谱是在色谱柱的下方进行减压操作，减压最多不超过一个大气压。减压色谱装置一般由常规的制备色谱柱、一个接真空泵的缓冲瓶及一个玻璃罩组成，如图 6-24[3] 所示，玻璃罩底部与一毛玻璃形成容器，以便将一个馏分收集瓶密闭于其中。玻璃罩上有一个入口，入口的橡胶塞中间插入一个小玻璃管，并与制备柱的出口相连。玻璃罩的侧支管与缓冲瓶相连。

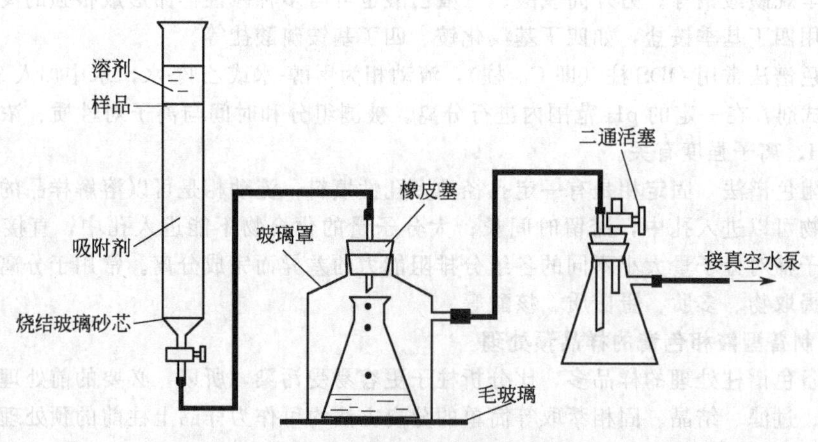

图 6-24 减压柱色谱装置示意

同经典柱色谱一样，分离操作先填柱，再上样，然后关闭缓冲瓶上的两通活塞，开始减压。样品流出后，收集于玻璃罩中的锥形瓶中。更换锥形瓶时，首先关闭色谱柱出口活塞，再打开缓冲瓶上的两通活塞，便可以更换收集器了。接着关闭缓冲瓶二通活塞，打开色谱柱出口，继续收集，如此重复，直到待分离物全部流出。

减压色谱具有能够减少硅胶的使用量，对普通色谱柱无需改进，方便添加冲洗剂等优点。

第六节　亲和色谱分离技术

从 1910 年开始，人们就发现了不溶性淀粉可以选择性吸附 α-淀粉酶。1955 年，有人将抗原连接于聚苯乙烯上，并用于亲和吸附与其相对应的抗体获得成功。1968 年，亲和色谱名称首次被使用，并于羧肽酶 A 纯化中使用了特异性配体。随着新型介质的应用和各种配体的出现，亲和色谱技术在生物活性物质的制备性分离提纯等方面得到了广泛应用。

一、亲和色谱分离的原理

生物体内，许多大分子具有与某些相对应的专一分子可逆结合的特性。例如抗原和抗体、酶和底物及辅酶、激素和受体、核糖核酸和其互补的脱氧核糖核酸等，都具有这种特性。生物分子之间这种特异的结合能力称为亲和力，利用生物分子之间专一的亲和力进行分离纯化的色谱方法，称为亲和色谱法（affinity chromatography，AFC)。亲和色谱中两个进行专一结合的分子互称对方为配基，如抗原和抗体。抗原可认为是抗体的配基，反之抗体也可认为是抗原的配基。将一个水溶性配基在不伤害其生物学功能的情况下与水不溶性载体结合称为配基的固相化。

亲和色谱法一般是在色谱柱中进行的，也就是利用化学方法将可与待分离物质可逆性特异结合的化合物（即配基）连接到某种固相载体上，使之固化，并将载有配体的固相载体装柱，当待提纯物通过此色谱柱时，待提纯物与载体上的配体特异地结合而留在柱上，其他物质则被冲洗出去。然后再用适当方法使这种待提纯物从配体上分离并洗脱下来，从而达到分离提纯的目的（见图 6-25)。

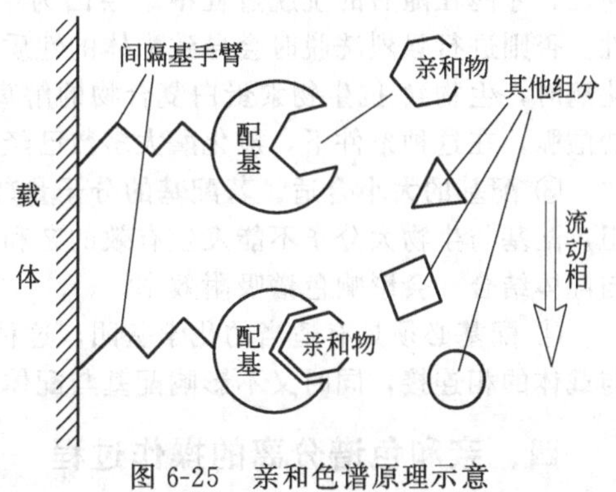

图 6-25　亲和色谱原理示意

亲和色谱法的基本过程如下。

(1) 配基的固定化　选择与纯化对象有专一结合作用的物质，偶联或共价在水不溶性载体上，制成亲和吸附剂后装柱。

(2) 亲和吸附　将含有纯化对象的混合物通过亲和柱，纯化对象吸附在柱上，其他物质流出色谱柱。

(3) 解吸附　用某种缓冲液或溶液通过亲和柱，把吸附在亲和柱上的欲纯化物质洗脱出来。

二、载体的选择

一般情况下，需根据目标产物选择适合的亲和配基来修饰固体粒子，以制备所需的固定相。固体粒子称为配基的载体。作为亲和色谱的载体物质应具有以下特性。

① 载体为不溶性的多孔网状结构及良好的渗透性，以便大分子物质能够自由进入。

② 载体必须具有较高的物理化学稳定性、生物惰性及机械强度，最好为粒径均匀的球形粒子，以便能耐受亲和、洗脱等处理并且保证良好的流速，提高分离效果。

③ 载体必须具有亲水性及水不溶性，无非特异性吸附。载体的亲水性常常是保证被吸附生物分子稳定性的重要因素之一。

④ 含有可活化的反应基团，有利于亲和配基的固定化。

⑤ 能够抵抗微生物和酶的侵蚀。

亲和色谱固定相载体特性因载体的不同而不同，常见的载体如下。

(1) 琼脂糖凝胶　商品名称为Sepharose，具有极松散的网状结构，亲水性强，理化性质稳定，可以允许相对分子质量达百万以上的大分子通过。

(2) 聚丙烯酰胺凝胶　理化性质稳定，耐有机溶剂及去污剂，抗微生物能力强，特别适用于配基与提取物亲和力比较弱的物质。

(3) 葡聚糖凝胶　有良好的理化稳定性，多孔性较差，应用有一定的局限性。

(4) 纤维素　非特异吸附严重，较经济，易得。

(5) 多孔玻璃　耐酸、碱、有机溶剂及生物侵蚀，易于键合安装分子臂，但价格昂贵，有时呈硅羟基的非特异性吸附。

三、配基的选择

亲和配基可选择酶的抑制剂、抗体、蛋白质A、凝集素、辅酶和磷酸腺苷、三嗪类色素、组氨酸和肝素等。亲和色谱的配基通常可分为两大类。一类是特殊配基，如抗原和抗体，抗原可认为是抗体的配基，反之抗体也可认为是抗原的配基；又如酶及其酶的抑制剂、激素和受体、RNA和与其互补的DNA等，均可互为配基。另一类是通用配基，这种配基与待分离物质没有生物学上的专一的亲和力，可用来分离提纯一类物质，如染料配基和硼酸盐配基。

一个理想的配基应具有以下性质。

① 配基与配体的亲和具有专一性。如激素与受体，病毒与细胞等。

② 配体与配基之间有足够的亲和力，以便二者能够结合，但二者的结合也应具有一定的可逆性，才能在随后的洗脱过程中不会因为结合得过于牢固而不被洗脱；配体也要有一定的稳定性。否则进行强烈洗脱时会导致配体的性质改变。例如用抗生物素蛋白作配基纯化含生物素的羧化酶时，生物素-抗生物素蛋白复合物的解离常数达10～15mol/L，解离时需要pH1.5、6mol/L盐酸胍，在这种条件下，羧化酶大多数已经变性。

③ 配基的大小合适。若配基的分子量较小，将其直接固定在载体上，会由于载体的空间位阻，配基与生物大分子不能发生有效的亲和吸附作用，如果在配基与载体之间的距离无法有效地与配体结合，会影响色谱吸附效率。

④ 配基必须具有适当的化学基团，这种基团不参与配基与配体之间的结合，但可用于活化与载体的相连接，同时又不影响配基与配体之间的亲和力。

四、亲和色谱分离的操作过程

亲和色谱固定相由载体、键合臂和具有特殊选择性的亲和基团组成，键合臂的使用是为了消除空间障碍的影响，其长度应适中。一般先在载体表面键合上一种具有一般反应性能的所谓键合臂（环氧、联胺等），即活化，再偶联上配基（酶、抗原）等，这种固载化的配基将只能和具有亲和力特性吸附的生物大分子作用而被保留。改变淋洗液后洗脱。下面以实例说明亲和色谱的操作过程。

实例6-5：2-胰凝乳蛋白酶的提纯[17]

1. 亲和吸附剂（ε-氨基-*N*-乙酰-D-色氨酸）的制备

(1) 载体的活化　载体由于具有一定的惰性，往往不能直接与配基连接，一般需先进行活化。本实验选择琼脂糖为载体，在使用前先在碱性条件下引入活泼的亚氨基碳酸盐为活性基团，将载体活化。具体操作如下：加入100mg溴化氰，搅拌混合物，滴加2～8mol/L NaOH，使溶液pH维持在11.0。在20℃左右，反应8～12min，用布氏漏斗抽滤活化的琼脂糖，然后用20倍体积冷的0.1mol/L $NaHCO_3$(pH9.0)溶液洗涤。

(2) 配基的偶联　以*α*-胰蛋白酶的抑制剂作为配基，与上述活化的载体偶联。具体步骤为：将上述活化的Sepharose 4B与等体积0.1mol/L $NaHCO_3$(pH9.0并在冰箱中预冷)溶液混合，接着迅速加入*α*-胰蛋白酶抑制剂（ε-氨基-*N*-乙酰-色氨酸甲酯）。抑制剂的最大用量为1mL

65μmol/L Sepharose 4B。4℃缓慢搅拌约 24h，而后再用水和缓冲液反复地洗至没有游离的抑制剂为止。制得的亲和吸附剂在 50mmol/L Tris-HCl 缓冲液（pH8.0）中保存备用。

2. 分离

将制好的亲和吸附剂用湿法装柱后，用平衡液对柱进行平衡。平衡液的选择通常要考虑其组成、pH 和离子强度等能有利于配基与配体之间的亲和作用。本实验用 50mmol/L Tris-HCl（pH8.0）缓冲液平衡（室温）。样品溶于同样缓冲液中并上柱，再应用同样缓冲液淋洗柱子。流速为 30～60mL/h，直至 280nm 无光吸收时停止洗涤。

3. 配体的洗脱

此步骤是利用洗脱液将配体由色谱柱内洗脱下来，洗脱液通常选择性质与平衡液相反的缓冲液、稀酸或稀碱等，也可用含有同种配基物质的洗脱液，来和配基竞争配体，有时也采用尿素、盐酸胍、强酸等，或者破坏掉载体的键合臂。本实验用 0.2mol/L 乙酸缓冲液（pH3.0）进行最后的洗脱。

4. 柱的再生

对于同一种样品，可用几倍体积的起始缓冲液进行平衡，即可起到再生作用。有时也必须用苛刻的条件除去某些未知杂质，并于 4℃以下保存。该柱可多次使用。

亲和色谱具有操作简便、效率高、条件温和等优点，在制备性分离提纯等方面有着广泛的发展前景。目前主要应用于各种生物化学领域中蛋白质及酶的分离和精制、酶抑制剂、抗体和干扰素等的分离精制以及各种激素和免疫球蛋白等生物分子的分离分析、制备提纯。

但亲和色谱必须要有特异的亲和配体。事实上，不是任何生物大分子间都有特异性的亲和力，也很难找到适当的亲和配体。另外，亲和色谱必须针对某一被分离物质而专门制备一种固定相，并寻找特定的色谱条件，因此亲和色谱的应用受到一定的限制。

思考题

1. 与其他技术相比，色谱分离具有哪些特点？
2. 简述色谱法的分类及其特点。
3. 色谱中常用的参数有哪些，它们各代表的意义是什么？
4. 凝胶色谱的原理是什么？试举例说明其应用。如何进行凝胶的预处理、装柱及保存？
5. 简述高速逆流色谱原理和特点，如何选择高速逆流色谱的溶剂系统？
6. 制备薄层色谱中常用的吸附剂有哪些？它们有哪些特点？实验时如何选择展开剂？制备薄层操作包括哪些步骤？请具体说明。
7. 请简述常压柱色谱的操作方法。
8. 如何对高压制备液相色谱的样品进行预处理？
9. 简述亲和色谱的原理及载体的选择原则，举例说明其操作的基本原理。

参考文献

[1] 傅若农. 色谱分析概论. 北京：化学工业出版社，2005.

[2] 曾泳淮，林树昌. 分析化学. 北京：高等教育出版社，2004.

[3] 袁黎明. 制备色谱技术及应用. 北京：化学工业出版社，2005.

[4] 辛秀兰等. 生物分离与纯化技术. 北京：科学出版社，2005.

[5] 刘倩. 苦参碱脂质体的制备及质量研究. 广西医科大学硕士研究生学位论文，2007.

[6] 姜宁，陈执中. 高速逆流色谱法及其在天然药物研究中的应用进展. 中国民族民间医药杂志，2004，(69)：188-192.

[7] 陈苏伟，潘勇琴，蔡纪青. 高速逆流色谱法及其在中药分离中的应用. 天津药学，2008，20（1）：74-76.

[8] 郑卫. 逆流色谱技术在抗生素分离纯化中的应用. 中国抗生素杂志，2005，30（03）：180-186.

[9] 张荣劲，杨义芳. 高速逆流色谱分离天然产物的溶剂体系选择. 中草药，2008，39（2）：298-302.

[10] 袁媛，陈俐娟. 制备型高速逆流色谱分离纯化木蝴蝶中的黄酮苷类化合物. 四川化工，2008，11（2）：37-42.

[11] 孙爱玲，冯蕾，柳仁民. 高速逆流色谱分离制备厚朴的有效成分厚朴酚与和厚朴酚. 分析化学，2005，33（7）：

1016-1018.
[12] 罗超，曾娅莉. 实例浅析薄层色谱展开剂的选择. 中国西部科技，2006，(30)：49.
[13] 张雪荣等. 药物分离与纯化技术. 北京：化学工业出版社，2005.
[14] 何轶，鲁静，林瑞超. 加压薄层色谱法的原理及其应用. 色谱，2006，24 (1)：99-102.
[15] 丁明玉. 现代分离方法与技术. 北京：化学工业出版社，2007：140.
[16] 王蕾，高俊康，王英平. 中压色谱快速制备西洋参果人参皂苷的研究. 特产研究，2007，(4)：39-41.
[17] http：//www. xici. net/b389713/d45822890. htm

第七章　大孔吸附树脂分离技术

大孔吸附树脂（macroporous adsorption resin）是20世纪60年代发展起来的一种新型非离子型高分子聚合物吸附剂，具有大孔网状结构，其物理化学性质稳定，不溶于酸、碱及各种有机溶剂。由于其具有吸附性能好、对有机成分选择性较高、机械强度高、价格低廉、再生处理方便等特性，特别适合于制药工业领域中药物的分离纯化。目前大孔吸附树脂色谱被广泛应用于天然药物有效部位及有效成分的分离和纯化，有些已经用于工业化生产中，并取得了较好的效果。近年来又合成出了一些新型大孔吸附树脂，使得交换容量和选择性有所提高。

第一节　概　　述

一、吸附与吸附作用

1. 吸附概念

吸附是指固体或液体表面对气体或溶液中溶质的吸着现象。它可分为物理吸附和化学吸附两类。物理吸附是靠分子间作用力相互吸引的，一般情况下吸附热较小，如活性炭吸附气体，被吸附的气体可以很容易地从固体表面放出，并不改变气体和吸附剂的性状，因此是一种可逆过程。化学吸附是以类似于化学键的力相互吸引，一般情况下吸附热较大，由于其活化能高，所以有时称为活化吸附；被吸附的物质往往需要在很高的温度下才能放出，且放出的物质往往已经发生了化学变化，不再具有原来的性状，所以化学吸附大都是不可逆的过程。化学吸附和物理吸附有很大区别（表7-1），但有时很难严格区分，二者可以同时在固体表面上进行。同一物质，可能在较低的温度下进行物理吸附，在较高的温度下进行化学吸附。

表7-1　物理吸附与化学吸附的区别

主要特征＼吸附类型	物理吸附	化学吸附
吸附力	分子间作用力	化学键
选择性	无	有
吸附热	近于液化热(0～20kJ/mol)	近于反应热(0～20kJ/mol)
吸附速度	快,易平衡,不需要活化能	较慢,难平衡,需要活化能
吸附层	单或多分子层	单分子层
可逆性	可逆	不可逆(解吸物性质常不同于吸附质)

2. 吸附作用

吸附作用是一种表面现象，是吸附表面界面张力缩小的结果。吸附剂与液体接触吸附其中溶质的机理在于：固体或液体中的分子或原子都是处在其他分子或原子的包围之中，分子或原子之间的相互作用是均等的。但在表面上却不同，分子或原子向外的一面没有受到包围，存在着吸引其他分子的剩余力，这种剩余作用力在表面产生吸附力场，产生吸附作用，吸附力可以是范德华力、氢键、静电引力等。该力场可以从溶液中吸附其他物质的分子，被吸附在吸附剂表面上的分子受到来自于吸附剂表面的吸附力和溶剂的脱吸附力的共同影响，因此每一分子既可能吸附在吸附剂表面，又有可能重新回到溶剂中去。在宏观上，当吸附达到一定时间后，如果从溶液中吸附到吸附剂表面的分子数，与从吸附剂表面解吸附到溶液中去的分子数相同，那么此时就建立起吸附平衡。此时，吸附剂对吸附质的吸附量称为平衡吸附量。平衡吸附量的大小与吸附剂的物化性能——比表面积、孔结构、粒度、化学结构等有关，也与吸附质的物化性能、压力（或浓度）、吸附温度等因素有关。在吸附剂和吸附质一定时，平衡吸附量 Q_0 就是分压力 p（或浓度 c）和温度 t 的函数，即 $Q_0=f(p, t)$。

大孔吸附树脂是一种高分子聚合物，由聚合单体和交联剂、致孔剂、分散剂等添加剂经聚合反应制备而成，具有一般吸附剂的共性。聚合物形成后，致孔剂被除去，在树脂中留下了大大小小、形状各异、互相贯通的孔穴。因此大孔吸附树脂在干燥状态下其内部具有较高的孔隙率，孔径较大，故称为大孔吸附树脂。从显微结构上观察，大孔吸附树脂是由许多彼此间存在网状孔穴结构的微观小球组成的。由于孔形状的不规则性，当把树脂内的孔穴近似看作圆球形时的直径称为孔径，由于树脂内的孔穴大小不一，故呈一定的孔径分布。为了能相对地表征孔的大小，一般先将孔简化为某种规则的模型，如圆筒形孔、平板形孔、楔形孔等。在吸附树脂孔参数的测定与计算中，一般采用圆筒形孔模型。由于孔的大小很不均匀，故表征孔径时常用平均孔径和孔径分布。通常所说的吸附树脂的孔径实际上是指平均孔径。

$$r=2V/S \tag{7-1}$$

式中，r 为圆筒形孔半径；V 为其孔体积；S 为比表面积。

所有微观小球的面积之和就是宏观小球的表面积，亦即树脂的表面积。如果以单位质量计算，将此表面积除以宏观小球的质量，即得比表面积（m^2/g）。虽然吸附树脂颗粒的外表面积很小，一般在 $0.1m^2/g$ 左右，但其内部孔的表面积却很大，多为 $500\sim1000m^2/g$，这是树脂具有良好吸附能力的基础。

大孔吸附树脂是通过物理吸附从溶液中有选择地吸附有机物质，从而达到分离提纯的目的。大孔吸附树脂是吸附性和分子筛性原理相结合的分离吸附材料，它的吸附性是由于范德华力或产生氢键的结果，而范德华力是指分子间作用力，包括定向力、色散力、诱导力等；筛选性是由树脂本身多孔性结构的性质所决定的。由于孔隙度比较大而具有很大的比表面积，使得树脂具有良好的筛选吸附性能，比表面积越大，吸附能力越强。吸附性和筛选作用以及本身的极性使得大孔吸附树脂具有吸附、富集、分离不同母核结构化合物的功能。

二、大孔吸附树脂的吸附

1. 吸附等温线

当大孔吸附树脂在一定条件下从溶液中吸附某种物质时，存在着大孔吸附树脂对溶液中该物质的吸附和溶剂对该物质的解吸附之间的竞争。在开始时，吸附速度大于解吸附速度，吸附量增加很快，但随着时间的延长，解吸附速度逐渐增大，吸附量增加越来越慢，经过足够长的时间后，吸附速度和解吸附速度相等，吸附量不再增加，这时大孔吸附树脂达到了动态平衡，即吸附平衡。

大孔吸附树脂品种不同，或溶剂不同，对同一物质的吸附平衡点也不同，即大孔吸附树脂对该物质的吸附能力（吸附量）不同。吸附量还与温度等有关，物理吸附在低温区发生，随着温度的升高而下降；化学吸附的吸附量先随温度的升高而增加，温度继续升高时，则发生解吸附而下降。当温度不变时，将大孔吸附树脂吸附量与溶液中被吸附物质浓度的关系画成曲线，即吸附等温线。见实例 7-5 中喜树碱的吸附等温曲线（图 7-4）。

2. 吸附等温方程式[1]

大孔吸附树脂从溶液中吸附物质一般为单分子层吸附，其吸附规律一般符合 Langmuir 公式。

(1) Langmuir 公式

$$Q=\frac{q_m \alpha C}{1+\alpha C} \tag{7-2}$$

式中，Q 为吸附量；q_m 为大孔树脂的最大吸附量；α 为 Langmuir 常数。

(2) Freundlich 公式　该公式是一个半经验公式：

$$q=Kc^{1/n} \quad (n>1) \tag{7-3}$$

式中，n、K 值为常数，与物性和温度有关。

当 $1/n$ 在 0.1～0.5 时，吸附容易进行；$1/n>2$ 时，吸附很难进行。

此公式比 Langmuir 公式的适用范围窄，在低浓度溶液时常可用。

在吸附剂表面为中等覆盖率时，Langmuir 公式与 Freundlich 公式是接近的。

(3) BET 公式

$$\frac{p}{V(p_0-p)}=\frac{1}{V_m C}+\frac{C-1}{V_m C}\times\frac{p}{p_0} \tag{7-4}$$

式中，p 表示达到吸附平衡时的吸附质的压力；p_0 表示吸附质的饱和蒸气压；V 表示吸附量；V_m 表示单分子层饱和吸附量；C 表示 BET 方程系数（与温度、吸附热、冷凝热有关）。

该方程导出的基础是多层物理吸附，即假设吸附剂的表面是均匀的，对吸附质分子以范德华力进行多层吸附，每一层间存在着动态平衡，各层水平方向的分子之间没有相互作用力，达成每一层的形成速度与解吸速度相等。

式(7-4) 的适用范围是 $p/p_0=0.05\sim0.35$，亦可用于溶液吸附，此时 p_0 表示吸附质的溶解度。当 $p\ll p_0$ 时，式(7-4) 可以变成

$$Q=\frac{q_m C}{1+C} \tag{7-5}$$

取 $\alpha=C/p_0$，带入式(7-5)，可得

$$Q=\frac{q_m \alpha C}{1+\alpha C}$$

此即式(7-2) 的形式，即为 Langmuir 方程式，这就是说，Langmuir 方程是 BET 方程在低相对压力或低浓度时的特例。BET 方程就物理吸附而言，与 Langmuir 方程是不同的。在溶液吸附时，吸附质分子大多是由疏水部分和亲水基团组成的，往往表现为单分子层吸附，符合 Langmuir 公式。

三、吸附树脂的分类

1. 大孔吸附树脂按极性大小分类

(1) 非极性大孔吸附树脂——一般是指电荷分布均匀，在分子水平上不存在正负电荷相对集中的极性基团的树脂。苯乙烯、二乙烯苯聚合物，也称为芳香族吸附剂。

(2) 中等极性大孔吸附树脂—在此类树脂中存在酯基一类的极性基团，整个分子具有一定的极性。

(3) 极性大孔吸附树脂—此类树脂中含有一些极性较大的基团，如酰氨基、亚砜、腈基等基团，极性大于酯基。

(4) 强极性大孔吸附树脂—含有极性最强的极性基团，如吡啶基、氨基、氮氧基团。

2. 大孔吸附树脂按其骨架类型分类

(1) 聚苯乙烯型大孔吸附树脂—目前 80% 大孔吸附树脂品种的骨架为聚苯乙烯型；聚苯乙烯骨架中的苯环化学性质比较活泼，可以通过化学反应引入极性不同的基团，如羟基、酮基、腈基、氨基、甲氧基、苯氧基、羟基苯氧基等，甚至离子型基团，从而改变大孔吸附树脂的极性特征和离子状态，制成用途不同的吸附树脂，以适应不同的应用要求。该类树脂的主要缺点是机械强度不高，质硬而脆、抗冲击性和耐热性能较差。

（2）聚丙烯酸型大孔吸附树脂—该类吸附树脂品种数量仅次于聚苯乙烯型，可分为聚甲基丙烯酸甲酯型树脂、聚丙烯酸甲酯型交联树脂和聚丙烯酸丁酯交联树脂等。该类大孔吸附树脂含有酯键，介于中等极性吸附剂，经过结构改造的该类树脂也可作为强极性吸附树脂。

（3）其他类型—聚乙烯醇、聚丙烯腈、聚酰胺、聚丙烯酰胺、聚乙烯亚胺、纤维素衍生物等也可作为大孔吸附树脂的骨架。

四、国内外代表性树脂的型号和特性

目前国内外使用的大孔吸附树脂种类很多，型号各异，且树脂的合成材料及结构不同，使得其性能各有不同，差别较大。国外有 Amberlite XAD 系列及 Diaion HP 系列；国内有 D101 型、AB-8 型等。另外，近几年又研制了一系列新型吸附树脂，如 ADS-17 型、ADS-F8 型等在中草药活性成分的分离纯化研究中取得了比较满意的效果。但由于同一型号树脂生产厂家众多，造成树脂性能参差不齐，质量难以保证，因此需要规范大孔吸附树脂的生产供应，以统一其质量。常用国产及国外大孔吸附树脂的型号及主要特性如表 7-2、表 7-3 所示。

表 7-2 常用国产大孔树脂的型号和主要特性

树脂	极性	结构	粒径范围/mm	比表面积/(m²/g)	平均孔径/nm	用途
S-8	极性	交	0.3～1.25	100～120	28～30	有机物提取分离
AB-8	弱极性	联	0.3～1.25	480～520	13～14	有机物提取，甜菊糖、银杏叶黄酮提取
X-5	非极性	聚	0.3～1.25	500～600	29～30	抗生素、中草药提取分离
NKA-2	极性	苯	0.3～1.25	160～200	145～155	酚类、有机物去除
NKA-9	极性	乙	0.3～1.25	250～290	15～16.5	胆红素去除、生物碱分离、黄酮类提取
H103	非极性	烯	0.3～0.6	1000～1100	85～95	抗生素提取分离，去除酚类、氯化物
D-101	非极性	苯乙烯型	0.3～1.25	480～520	13～14	中草药中皂苷、黄酮、内酯、萜类及各种天然色素的提取分离
HPD100	非极性	苯乙烯型	0.3～1.2	650	90	天然物提取分离，如人参皂苷、三七皂苷
HPD400	中极性	苯乙烯型	0.3～1.2	550	83	中药复方提取，氨基酸、蛋白质提纯
HPD600	极性	苯乙烯型	0.3～1.2	550	85	银杏黄酮、甜菊苷、茶多酚、黄芪苷提取
ADS-5	非极性			500～600	20～25	分离天然产物中的苷类、生物碱、黄酮等
ADS-7	强极性	含氨基		200		提取分离糖苷，对甜菊苷、人参皂苷、绞股蓝皂苷等具高选择性，去除色素
ADS-8	中极性			450～500	25.0	分离生物碱，如喜树碱、苦参碱
ADS-17	中极性			124		高选择分离银杏黄酮苷和银杏内酯

表 7-3 国外 Amberlite XAD 系列大孔树脂的主要特性

树脂	极性	结构	粒径范围/mm	比表面积/(m²/g)	平均孔径/nm	用途
XAD-1	非极性	苯乙烯		100	20	分离甘草类黄酮、甘草酸、叶绿素
XAD-2	非极性	苯乙烯		330	9	人参皂苷提取，去除色素
XAD-4	非极性	苯乙烯		750	5	麻黄碱提取，除去小分子非极性物
XAD-6	中极性	丙烯酸酯		498	6.3	分离麻黄碱
XAD-9	极性	亚砜		250	8	挥发性香料成分分离
XAD-11	强极性	氧化氮类		170	21	提取分离合欢皂苷
XAD-1600			0.40	800	0.15	提取小分子抗生素和植物有效成分
XAD-1180			0.53	700	0.40	提取大分子抗生素，维生素，多肽
XAD-7HP			0.56	500	0.45	提取多肽和植物色素、多酚类物质

五、大孔吸附树脂的应用特点

与以往的吸附剂（活性炭、分子筛、氧化铝等）相比，大孔吸附树脂的性能非常突出，主要是吸附量大，容易洗脱，有一定的选择性，强度好，可以重复使用等。特别是可以针对不同的用途，设计树脂的结构，因而使吸附树脂成为一个多品种的系列，在中药、化学药物及生物药物分离等多方面显示出优良的吸附分离性能。其应用特点如下。

1. 应用范围广

大孔吸附树脂在中药、海洋药物、化学药物及生物药物分离等多方面均有应用。与离子交换树脂相比较，它不仅适用于离子型化合物如生物碱、有机酸类、氨基酸类等的分离和纯化，而且适用于非离子型化合物的分离和富集，如皂苷类、萜类等。对于存在有大量无机盐的发酵液，离子交换树脂受严重阻碍无法使用，而大孔树脂能从中分离提取抗生素物质。很多生物活性物质对溶液 pH 敏感，易受酸碱作用而失活，限制了离子交换树脂的应用，而采用大孔吸附树脂，吸附和洗脱过程中溶液 pH 可维持不变。

2. 理化性质稳定

大孔树脂所采用的材料，化学性质稳定性高，机械强度好，经久耐用，避免了溶剂法对环境的污染和离子交换树脂法对设备的腐蚀等不良反应。

3. 分离性能优良

大孔树脂对有机物的选择性良好，尤其在中药有效部位方面，更具有优势。

4. 使用周期短

大孔树脂一般系小球状，直径在 0.2～0.8mm，因此对流体的阻力远小于对活性炭等粉状物质，洗脱剂洗脱速度快，缩短洗脱周期，更加方便。

5. 溶剂用量少

仅用少量溶剂洗脱即达到富集、分离目的，而且又避免了常规分离所应用的液液萃取方法产生的严重乳化现象，提高了效率。

6. 可重复使用，降低成本

大孔树脂可再生，一般用水，稀酸，稀碱，有机溶剂如乙醇、丙酮等对树脂进行反复的清洗，即可再生，恢复吸附功能，重复使用，降低成本。

7. 不足之处

树脂价格相对较贵，吸附效果易受流速和溶质浓度的影响；品种有限，不能满足中药多成分、多结构的需求；操作较为复杂，对树脂的技术要求较高。

第二节　大孔吸附树脂柱色谱技术

一、大孔吸附树脂柱色谱的操作步骤

在运用大孔吸附树脂柱色谱进行分离精制时，其操作步骤为：树脂的预处理→树脂装柱→药液上柱吸附→树脂的解吸→树脂的清洗、再生。

1. 树脂的预处理

由于商品吸附树脂在出厂前没有经过彻底清洗，常会残留一些致孔剂、小分子聚合物、原料单体、分散剂及防腐剂等有机残留物。因此树脂使用之前，必须进行预处理，以除去树脂中混有的这些杂质，以保证生产过程中使用了大孔吸附树脂的药品的安全性。此外，商品吸附树脂都是含水的，在储存过程中可能因失水而缩孔，使吸附树脂的性能下降，通过合理的预处理方法还可以使树脂的孔得到最大程度的恢复。

可将新购的大孔吸附树脂用乙醇浸泡 24h，充分溶胀，然后取一定量树脂湿法装柱。加入乙醇在柱上以适当的流速清洗，洗至流出液与等量水混合不呈白色混浊为止，然后改用大量水洗至无醇味且水液澄清后即可使用（必须洗净乙醇，否则将影响吸附效果）。通过乙醇与水交替反复洗脱，可除去树脂中的残留物，一般洗脱溶剂用量为树脂体积的 2～3 倍，交替洗脱 2～3 次，最终以水洗脱。必要时用酸、碱，最后用蒸馏水洗至中性，备用。

2. 树脂装柱

通常以水为溶剂湿法装柱，先在树脂柱的底部放一些玻璃丝或脱脂棉，厚度1～2cm即可，用玻璃棒压平。在树脂中加少量水，搅拌后倒入保持垂直的色谱柱中，使树脂自然沉降，让水流出。如果把粒径大小分布较大的树脂和少量水搅拌后分几次倒入，则树脂柱上下部的树脂粒度经常会不一致，影响分离效果，故最好一次性将树脂倒入。在装柱过程中不要干柱，以免气泡进入色谱柱，同样影响分离效果。最后在树脂柱的顶部加一层干净的玻璃丝或脱脂棉，避免加液时将树脂冲散。实际上树脂经过预处理或再生处理后，色谱柱已经装好，无需再装。

3. 药液的上柱吸附

药液上柱前应为澄清溶液，如有较多悬浮颗粒杂质，一般需经过滤，避免大孔吸附树脂被污染堵塞。这样既能提高纯化率，也能保护树脂的使用寿命。然后将树脂柱中的水放至与树脂柱柱床平面相同时，在色谱柱上部加入药液（多数为水溶液），一边从柱中放出色谱柱中的原有溶剂，一边以适当流速从色谱柱上部加入药液。流速太慢，浪费时间；流速太快，不利于树脂对样品的吸附，易造成谱带扩散，影响分离效果和上样量。

4. 树脂的解吸

待样品液慢慢滴加完毕后，即可开始洗脱。通常先用水洗，继而以醇-水洗脱，逐步加大醇的浓度，回收溶剂，同时配合适当理化反应和薄层色谱（如硅胶薄层色谱、纸色谱、聚酰胺薄层色谱及HPLC等）进行检测，相同者合并。一般是当洗脱液蒸干后只留有很少残渣时，可以更换成下一种洗脱剂。但应注意选择适当的洗脱流速，洗脱流速越快，载样量就越小，分离效果越差；洗脱流速越慢，载样量就越大，分离效果越好，但流速太慢会使试验周期延长，提高成本，故一般选用每小时一个半床体积的流速为佳。

5. 树脂的再生

树脂经过多次使用后，其吸附能力有所减弱，会在表面和内部残留一些杂质，颜色加深，需经再生处理后继续使用。再生时先用95%乙醇将其洗至无色，再用大量水洗去乙醇，即可再次使用。如果树脂吸附的杂质较多，颜色较深，吸附能力下降，应进行强化再生处理，其方法是在柱内加入高于树脂层10cm的2%～3%盐酸溶液浸泡2～4h，然后用同样浓度的盐酸溶液通柱淋洗，所需用量约为5倍树脂体积，然后用大量水淋洗，直至洗液接近中性。继续用5%氢氧化钠同法浸泡2～4h，同法通柱淋洗，所需用量约为6～7倍树脂体积，最后用净水充分淋洗，直至洗液pH为中性，即可再次使用。树脂经反复多次使用后，使色谱柱床挤压过紧或树脂破碎过多，影响流速和分离效果，可将树脂从柱中倒出，用水漂洗除去小的颗粒和悬浮的杂质，然后用乙醇等溶剂按上述方法浸泡除去杂质，再重新装柱使用。一般纯化同一品种的树脂，当其吸附量下降30%时不宜再使用。

二、大孔吸附树脂柱色谱分离效果的影响因素

大孔吸附树脂柱色谱对被分离物质的吸附与解吸附受诸多因素影响，除树脂和化合物性质外，树脂和样品预处理方法，解吸剂的种类、浓度、pH、解吸时的温度和流速等相关应用的工艺条件等都能影响分离纯化的效果。上柱分离前，应充分考虑到影响分离纯化的诸多因素，运用合适的统计学方法设计考察不同因素的作用，上柱分离时，测定上柱量、吸附量、洗脱量等参数，绘制洗脱曲线，并进行条件优化和重复验证，以获得最佳的分离效果。

1. 大孔吸附树脂性质的影响

（1）大孔吸附树脂极性的影响　遵从类似物吸附类似物的原则，根据被分离物质的极性大小选择不同类型的树脂。极性较大的化合物，适用于在中极性的树脂上分离；极性小的化合物，适用于在非极性的树脂上分离。对于中极性的大孔树脂，待分离化合物分子中能形成氢键的基团越多，吸附越强。例如，用非极性的X-5树脂，中极性的AB-8树脂和极性的NKA-9树脂吸附分离黄芩总黄酮时，AB-8树脂的吸附量最大，达到59mg/mL，这是由于黄芩黄酮具有多酚羟基结构和糖苷链，具有一定的极性和亲水性，有利于中极性树脂的吸附[2]。

由于树脂选择的得当与否将直接影响分离效果，通常树脂的极性和被分离物的极性既不能相似，也不能相差过大。极性相似会造成吸附力过强致使被分离物不能被洗脱下来；极性相差过大，会造成树脂对被分离物吸附力太小，无法达到分离的目的。

(2) 大孔吸附树脂孔径的影响　吸附树脂是多孔性物质，其孔径特性可用比表面积 (S)、孔体积 (V) 和计算所得的平均孔半径 (r) 来表征。被分离物质通过大孔吸附树脂的孔道而扩散到树脂的内表面被吸附，其吸附能力大小除取决于比表面积外，还与被分离物质的分子量有关。树脂孔径的大小，能够影响不同大小分子的自由出入，因此使树脂具有选择性。只有当树脂孔径对于被分离物质足够大时，比表面积才能充分发挥作用。

(3) 大孔吸附树脂比表面积的影响　在树脂具有适当的孔径确保被分离物质良好扩散的条件下，比表面积愈大，吸附量就愈大。相同条件下，应选择比表面积较大的同类树脂。

通常孔径与吸附质的分子直径之比以 (2～6)∶1 为宜。孔径太大浪费空间，比表面积必然较小，不利于吸附；孔径太小，尽管比表面积较大，但溶质扩散受阻，也不利于吸附。

(4) 大孔吸附树脂强度的影响　树脂强度与孔隙率有关，也和制备工艺有关。一般树脂孔隙率越高，孔体积越大，则强度越差。

2. 被分离物质性质的影响

(1) 被分离物质极性大小的影响　被分离物质分子极性的大小直接影响分离效果，根据相似吸附原理，极性较大的分子一般适于在中极性的树脂上分离、极性较小的分子适于在非极性树脂上分离。但对于中极性树脂，待分离化合物分子上能形成氢键的基团越多，吸附越强。在实际分离工作中，既不能让大孔吸附树脂对被分离物质吸附过强，又不能让大孔吸附树脂对被分离物质吸附过弱，致使被分离物质无法得到分离。由于极性大小是一个相对概念，应根据分子中极性基团（如羧基、羟基、羰基等）与非极性基团（如烷基等）的数目和大小来综合判断。对于未知化合物，可通过一定的预试验和薄层色谱或纸色谱的色谱行为来判断。在树脂的选用上也要根据被分离化合物分子的整体情况综合分析。

(2) 被分离物质分子大小的影响　被分离物质通过树脂的网孔扩散到树脂网孔内表面而被吸附，因此树脂吸附能力大小与分子体积密切相关。化合物的分子体积越大，疏水性增加，对非极性吸附树脂的吸附力越强。另外，化合物分子体积是大孔吸附树脂筛分作用的决定因素，分子体积较大的化合物应选择大孔径的树脂。

3. 上样溶剂性质的影响

(1) 溶剂对被分离物质溶解性的影响　通常一种成分在某种溶剂中溶解度大，则在该溶剂中，树脂对该物质的吸附力就小，反之亦然。如果上样溶液中加入适量无机盐（如氯化钠、硫酸钠等）可使树脂的吸附量加大。例如，用 D101 型树脂分离人参皂苷时，若在提取液中加入3%～5%的无机盐，不仅能加快树脂对人参皂苷的吸附速度，而且吸附容量明显增大。这是由于加入无机盐降低了人参皂苷在水中的溶解度，使人参皂苷更易被树脂吸附。

(2) 溶剂 pH 的影响　天然药物中的有效成分及化学药物、生物药物中许多是酸性、碱性或两性。对于这些化合物，改变溶液的酸碱性，就会改变它们的解离度。解离度不同，化合物的极性就不同，树脂对它们的吸附力也就不同，所以溶液的酸碱性对于分离效果具有很大的影响。一般而言，酸性化合物在酸性溶液中进行吸附，碱性化合物在碱性溶液中进行吸附较为合适，中性化合物可在近中性的情况下被吸附。中性化合物虽然在酸性、碱性溶液中均不解离，酸碱性对分子的极性没有大的影响，但最好还是在中性溶液中进行，以免酸碱性对化合物的结构造成破坏。例如，应用 XDA-1 大孔树脂分离甘草酸和甘草总黄酮时，药液的 pH 对树脂的吸附能力有一定的影响。当药液的 pH=5 时，树脂对二者有最大吸附量和吸附率，随着 pH 的升高吸附量降低。这是由于甘草酸和黄酮上的酚羟基与树脂以氢键的形式结合，碱性增大，酚羟基上的氢解离而形成酸根离子，与树脂的结合力减弱；若 pH 低于 5，甘草酸和黄酮沉淀析出较多，故确定药液的 pH=5 为最佳条件[3]。

(3) 上样溶液浓度的影响　吸附量与上样溶液浓度的关系符合 Freundlich 和 Langmuir 经典

吸附公式，即被吸附物浓度增加吸附量也随之增加，上样溶液浓度增加有一定限度，不能超过树脂的吸附容量。如果上样溶液浓度偏高，则吸附量会显著减少。另外，上样溶液处理是否得当也会影响树脂对被分离物质的吸附，若上样溶液混浊不清，其中存在的混悬颗粒极易吸附于树脂的表面而影响吸附。因此，在进行上柱吸附前，必须对上样溶液采取滤过等预处理以除去杂质。例如，用 AB-8 树脂对玉米须总黄酮进行吸附和解吸效果的研究，上样液浓度较低时，随浓度的增大，吸附量增大。上样液浓度超过 0.52mg/mL 时，吸附量增加不明显，当浓度为 0.85mg/mL 时，吸附量略有下降，所以，上样液浓度确定在 0.5～0.8mg/mL 范围内[4]。

（4）上样溶液温度的影响　由于吸附过程为放热反应，温度太高会影响吸附效果。经实践证明，室温对实验几乎无影响，超过 50℃时，吸附量明显下降，故应注意上柱液温度。例如，利用大孔吸附树脂对银杏叶黄酮类化合物吸附及解吸过程进行了研究，实验选取 35℃、45℃、55℃对吸附性能进行考察，结果表明 45℃为较适宜的吸附温度[5]。

（5）吸附流速的影响　用大孔吸附树脂吸附被分离物质，可采用静态法和动态法两种操作方式。对于动态吸附法，药液通过树脂床的流速也会影响其吸附。同一浓度的上样溶液，吸附流速过大，被吸附物质来不及被树脂吸附就提早发生泄漏，使树脂的吸附量下降。但吸附流速过小，吸附时间就会相应增加。在实际应用中，应通过试验综合考虑确定最佳吸附流速，既要使树脂的吸附效果好，又要保证较高的工作效率。

（6）解吸剂性质的影响

① 解吸剂种类　所选的洗脱剂应能使大孔吸附树脂溶胀，这样可减弱被吸附物质和吸附树脂之间的吸附力，并且所选的洗脱剂易溶解被吸附物质。因为解吸时不仅要克服吸附力，而且当洗脱剂分子扩散到树脂吸附中心后，应能使被吸附物质很快溶解。对非极性树脂而言，洗脱剂极性越小，其解吸能力越强；而中极性和极性树脂，则以极性较大的解吸剂为宜。常见的解吸剂有甲醇、乙醇、丙酮等，其解吸能力顺序为丙酮＞甲醇＞乙醇＞水。可根据吸附力选择不同的解吸剂及浓度。在实际工作中，乙醇应用较多。

② 解吸剂的 pH　对弱酸性物质，可用碱来解吸；对弱碱性物质，宜在酸性溶剂中解吸。

③ 解吸速度　洗脱速度也是影响树脂吸附分离特性的一个重要因素。在解吸过程中，洗脱速度一般都比较慢，因为流速过快，洗脱性能差，洗脱带宽，且拖尾严重，洗脱不完全；而流速过慢，又会延长生产周期，导致生产成本提高。一般控制在 0.5～5mL/min 为宜。

三、大孔吸附树脂柱色谱分离工艺条件的确定

由于影响树脂吸附性能的因素有许多方面，其中最基本的是树脂自身因素，包括树脂的骨架结构、功能基团性质及其极性等。此外，样品浓度、pH、吸附柱径高比及上样流速等条件，均不同程度地影响树脂的吸附性能。因此，大孔吸附树脂分离工艺条件考察应主要从以下几个方面进行条件优化和重复验证，以确定最佳树脂分离工艺条件。

1. 大孔树脂的泄漏（穿透）曲线与吸附容量的考察

大孔吸附树脂的用量和上样量，应根据所选用的大孔吸附树脂在选定的条件下对欲吸附成分的吸附能力而定，即大孔树脂的吸附有一定吸附容量。当吸附量达到饱和时，对化学物质吸附减弱甚至消失，此时化学成分即泄漏（穿透）流出，故需要考察树脂的泄漏（穿透）曲线与吸附量，为预算树脂用量与上柱药液量提供依据。可用比上柱量（S）作为估算树脂用量的参数，即通过评价该树脂吸附承载能力来计算树脂用量。由于影响大孔吸附树脂对化合物吸附能力的因素较多，如药液的浓度、pH、吸附温度、吸附药液的流速等。因此还应结合能评价树脂真实吸附能力的比吸附量（A）来确定。并在确定大孔树脂的用量时，充分考虑在生产过程中由于一些不可控因素造成药液在树脂床中的不均匀吸附，而引起药液的泄漏（穿透）和药物成分的损失等具体情况，适当增加树脂的用量。

吸附量的测定分静态法和动态法两种。相对而言，静态法较动态法简单，可控性强，但动态法更能真实反映实际操作的情况。

(1) 静态吸附法　准确称取经预处理的树脂各适量，置适合的具塞玻璃器皿中，精密加入预分离纯化的中药提取物或某一种指标成分的水溶液（浓度一定）适量，置恒温振荡器上振荡，振动速度一定，定时测定药液中药物成分的浓度，直至吸附达到平衡，以吸附后药液中残留药物的浓度按式(7-6) 计算各树脂定温下的吸附量 Q(mg/g)。

$$Q=(c_o-c_e)V/W \tag{7-6}$$

式中，Q 为吸附量，mg/g；c_o 为起始浓度，mg/mL；c_e 为平衡浓度，mg/mL；V 为溶液体积，mL；W 为树脂质量，g。

(2) 动态吸附法　将等量预处理的树脂各适量装入吸附树脂柱中，药液以一定的流速通过树脂床，测定流出液药物浓度，直至达到吸附平衡，计算各树脂的比上柱量，然后用蒸馏水清洗树脂中未被吸附的非吸附性杂质，计算树脂的比吸附量。

比上柱量（saturation ratio）：达吸附终点时，单位质量吸附树脂吸附夹带成分的总和。

$$S=(M_{上}-M_{残})/M$$

比吸附量（absorption ratio）：单位质量干树脂吸附成分的总和。

$$A=(M_{上}-M_{残}-M_{水洗})/M$$

式中，M 为干树脂质量；$M_{上}$ 为药液中成分的质量；$M_{残}$ 为上柱流出液中成分的质量；$M_{水洗}$ 为蒸馏水洗脱下来成分的质量。

2. 大孔树脂的解吸曲线与解吸率

吸附树脂分离化学成分是利用其吸附的可逆性（解吸），由于树脂极性不同，吸附作用力强弱不同，解吸难易程度也不同。若吸附过强，难于解吸，解吸率过低，产品回收率低，损失太大，即使吸附量再大，也无实际意义。因此，解吸剂（洗脱剂）的确定及解吸率的测定是树脂筛选试验的重要环节。解吸率测定的方法可采用静态法和动态法两种。解吸时，通常先用水，继而以醇-水洗脱，逐步加大醇的浓度，同时配合适当理化反应和薄层色谱（如硅胶薄层色谱、纸色谱、聚酰胺薄层色谱及 HPLC 等）作指导，解吸剂的选择及其浓度、用量对解吸效果有着显著影响。

(1) 静态解吸法　取充分吸附预分离成分的各种树脂，分别精密加入解吸剂，解吸平衡后，滤过，测定滤液中吸附成分的浓度，根据吸附量计算解吸率。

(2) 动态解吸法　将解吸剂以一定的速度通过树脂床，同时配合适当的检测方法以确定解吸终点，然后测定解吸液中药物的浓度，根据吸附量计算解吸率。

$$D=c_dV_d/[(c_o-c_e)V_i]\times 100\%$$

式中，D 为解吸率；c_d 为解吸液浓度；V_d 为解吸液体积；c_o 为起始浓度，mg/mL；c_e 为剩余浓度，mg/mL；V_i 为溶液体积，mL。

静态法较动态法简单，可控性强，但动态法更能真实反映实际操作情况。采用动态法时，若所采用的解吸剂的浓度较大，应采用梯度洗脱法，否则易在树脂床中产生大量气泡而影响解吸效果。但解吸效果不能只以解吸率的大小来评价，应结合产品的纯度和比洗脱量对所选用的树脂和解吸剂作比较全面的评价。

比洗脱量（eluation ratio）：树脂吸附饱和后，用一定溶剂洗脱至终点，单位质量干树脂洗脱成分的质量。

$$E=M_{洗脱}/W$$

式中，E 为比洗脱量；$M_{洗脱}$ 为洗脱成分的质量；W 为干树脂的质量。

解吸工艺条件的选择因所分离、纯化药物成分的理化性质而异，对于弱酸、弱碱性化合物，还应考虑 pH 对解吸的影响。

(3) 解吸剂种类的确定　根据药物成分的理化性质，以及在生产条件允许的范围内选用不同的洗脱溶剂，以一定的流速通过树脂床进行解吸，分段收集解吸液，测定其浓度，绘制解吸曲线。

(4) 解吸剂 pH 的确定　用稀酸或稀碱溶液调节解吸液的 pH，以一定的流速进行解吸，比较不同 pH 的解吸效果，确定解吸剂的 pH。

(5) 解吸速度的确定　将选择好的解吸剂在室温下，以不同的流速通过树脂床进行解吸附，绘制解吸附曲线图，比较解吸附效果。一般流速越慢，解吸率越高，解吸附效果好。但解吸附流速的选择，还应结合生产周期，综合考虑生产效率和产品的纯度。

(6) 解吸曲线的绘制　按所确定的解吸剂种类及解吸条件，取样品水溶液进行上柱、吸附，先用水洗脱除去水溶性的杂质，再用不同解吸剂或同一解吸剂梯度洗脱，分段收集解吸液，测定其浓度，绘制解吸曲线，比较解吸效果，同时配合适当理化反应和薄层色谱作指导。一般解吸曲线越尖锐，不拖尾，解吸率越高，解吸效果越好。

3. 大孔树脂的再生

由于树脂再生后的性能影响到下一轮的纯化分离，故需建立评价树脂再生是否合格的指标与方法，证明树脂经多次反复再生后其纯化效果保持一致。

4. 树脂分离工艺验证试验

按照单项实验或正交实验结果所确定的吸附树脂最佳工艺条件进行吸附、解吸附等试验，以验证筛选出的最佳工艺条件，获得最佳的分离效果。

四、大孔吸附树脂柱色谱分离技术应用中存在的问题及解决办法

尽管大孔吸附树脂柱色谱技术在药物分离方面已日益显示出其独特的效果，有着广阔的应用前景，但由于目前对它的研究还不够深入，其应用尚存在一些问题：树脂生产和规格的规范、树脂质量评价指标与方法的规范、树脂预处理与再生合格的规范及纯化效果的规范等。因此应进一步加强相关基础性工作的研究，进一步完善有关标准及法规。

1. 大孔吸附树脂的质量评价指标与方法的规范

在药物分离纯化制备工艺中，树脂多为苯乙烯骨架型树脂，致孔剂为烷烃类，其残留物对人体都有不同程度的伤害，存在安全问题。因此，树脂自身的规格标准与质量优劣对药物的纯化效果和安全性起着关键作用。根据国家药品评审中心的有关技术要求，在投入使用前应对其残留物和裂解产物进行限量检查，以保证用药的安全，残留有机物指标符合国家标准或国际通用标准要求后方可使用。

(1) 大孔吸附树脂规格标准　标准内容应包括：名称、型号、结构（包括交联剂）、外观、极性，以及粒径范围、含水量、湿密度（真密度、视密度）、干密度（表观密度、骨架密度）、比表面积、平均孔径、孔隙率、孔容等物理参数，还应包括未聚合单体、交联剂、致孔剂等添加剂残留量限度等参数，写明主要用途，并说明该规格标准的级别与标准文号等。

(2) 残留物总量检查　为保证药用树脂的安全可靠，应对树脂的交联剂、致孔剂、分散剂及添加剂等残留物总量进行检查。在药物研究时，一般应在成品中建立树脂残留物及裂解产物的检测方法，制定合理的限量，并将其列入质量标准正文，控制树脂质量。

(3) 安全性检查　苯乙烯型大孔吸附树脂稳定性较高，可暂不进行动物安全性考察。非苯乙烯型大孔吸附树脂使用时间较短，稳定性低于苯乙烯型大孔树脂，一般情况下应进行动物安全性实验，并根据树脂残留物可能产生的毒理反应，在做药物成品的毒理学实验时，应增加观察项目与指标，如神经系统、肝脏功能等生化指标，同时对定型产品进行安全性动物实验，以保证产品的安全性符合药用要求。

2. 大孔吸附树脂预处理与再生合格的规范

(1) 树脂的预处理及检查方法

①有机物限量的检查；②残留物限量的检查。

(2) 树脂再生合格的检测指标　检测指标主要包括吸附残存量、吸附性能和吸附容量的稳定性、分离性能、解吸性能等。

3. 大孔吸附树脂纯化效果的规范

(1) 纯化效果的评价指标

① 比上柱量（saturation ratio） 是评价树脂吸附、承载能力的重要指标，也是确定树脂用量的参数。

② 比吸附量（absorption ratio） 是评价树脂的真实吸附能力的指标，同时也是选择树脂种类、评价树脂再生效果的参数。

③ 比洗脱量（eluation ratio） 评价树脂的解吸能力与洗脱溶剂的洗脱能力，是选择树脂种类及洗脱剂的参数。

④ 纯度（purity） 是评价树脂效果、范围、质量及效益的重要参数。

$$P=M_{成分}/M_{总固体量}\times100\%$$

(2) 纯化效果的质量评价 包括如下方面：①上柱前后药液的药效比较（等效性）；②上柱后药液的安全性、可靠性比较；③上柱前后药液的成分比较。

用树脂分离纯化中药及中药复方已成为一种发展趋势，但应明确纯化的目的，充分考虑采用树脂纯化的必要性和方法的合理性，尤其是复方混合提取的上柱纯化。

(3) 影响树脂纯化效果的相关工艺 树脂纯化工艺的主要工序为：上柱→吸附→洗脱。每一步工序的条件均能影响树脂分离纯化的效果，应建立规范工艺技术的合理评价指标。

① 上柱终点的判断 泄漏（穿透）曲线的考察。

② 水洗终点的判断 TLC检识、理化检识及水洗成分的测定。

③ 解吸终点的判断 洗脱曲线的考察。

④ 中药复方的比上柱量的确定 当大孔树脂用于中药复方的分离纯化时，由于复方中多成分的共存，会引起相互竞争吸附位点。因此若以单方中某一有效成分（部位）的比吸附量或比上柱量来预算复方的有效成分（部位）的树脂用量，常会造成复方成分的泄漏等问题。

⑤ 不同解吸部位的考察 为保证解吸过程中，没有成分残留及漏洗，同时保证树脂的再生符合要求，需要对树脂的不同洗脱解吸进行考察。

第三节 大孔吸附树脂分离技术的应用与实例

大孔吸附树脂分离技术的发展极大地促进了药物分离纯化领域的发展，提高了中药化学成分、微生物药物分离领域的技术水平。发展至今，大孔吸附树脂的品种增多、质量提高、应用规模和范围不断扩展，在制药工业生产技术中的重要性也日益增大。特别是在中草药有效成分的提取、纯化方面已经成为不可缺少的关键技术，对中药的振兴、实现中药现代化正在发挥重要的作用。

一、在中药化学成分分离纯化中的应用

20世纪80年代，大孔吸附树脂的研究提高了甜菊苷的生产技术和产品质量，使我国逐步成为世界上最大的甜菊苷生产国和出口国。近年来，大孔吸附树脂法已广泛用于中药化学成分的分离与富集工作，如皂苷、黄酮、生物碱类成分，尤其对于水溶性有效成分的分离纯化更具有明显的效果。

（一）皂苷类化合物的分离

皂苷是一类结构比较复杂的苷类化合物，广泛存在于自然界，在单子叶植物和双子叶植物中均有分布。一些海洋生物体内也发现并分离出一些高活性的皂苷。皂苷是许多中药发挥疗效的主要活性成分，已有一些中药的总皂苷作为新药应用于临床，如人参皂苷、绞股蓝皂苷等。由于皂苷类化合物由亲脂性皂苷元和亲水性糖基构成。一般可溶于水，易溶于含水稀醇，特别适合于大孔吸附树脂富集和分离。常规法用正丁醇从水溶液中分离皂苷，获得粗总皂苷，但存在有机溶剂消耗多、正丁醇沸点较高、溶剂回收困难、萃取易乳化、糖和色素去除不完全等缺点。而大孔吸附树脂对皂苷有很好的吸附作用，吸附容量大，容易被解吸附，洗脱下来的成分易结晶，纯度

好，所以在应用大孔吸附树脂分离的天然产物中，皂苷是使用大孔吸附树脂最广泛也是最成功的一类成分，目前已有人参总皂苷、绞股蓝总皂苷、三七总皂苷、黄芪总皂苷、甘草总皂苷等采用大孔树脂技术分离纯化。大孔吸附树脂法已成为替代溶剂法用于皂苷工业化生产的一种有效方法。

实例 7-1：大孔树脂富集纯化人参总皂苷工艺条件优选[6]

人参为五加科植物人参 *Panax ginseng* C. A. Mey 的干燥根。人参总皂苷是人参的主要有效成分之一。采用均匀设计考察药液浓度、药液 pH、洗脱流速、吸附流速等参数对人参总皂苷得率、纯度效果的影响，优选 D101 大孔吸附树脂富集纯化人参总皂苷的最佳工艺条件。实验结果见表 7-4、表 7-5、表 7-6。

将结果进行多元线性回归，得到各因素 X 与结果 Y 间关系的数学模型如下：

$Y_1=-4.1678+0.3862X_1X_3+7.7024X_2X_4-0.8462X_3X_4$，复相关系数 $r=0.8722$；$Y_2=115.3966+1.4547X_1-5.5941X_2X_4$，复相关系数 $r=0.9095$。

表 7-4 大孔树脂吸附容量的确定

序号	上柱液中总皂苷含量/mg	过柱液中总皂苷含量/mg	$X\pm SD$	RSD/%	树脂吸附总量/mg	吸附容量/(mg/g 干树脂)
1	387.00	170.70				
2		168.50	169.90±1.30	0.77	217.00	108.50
3		170.60				

吸附容量=(上柱液中总皂苷含量－过柱液中总皂苷含量)/干树脂质量

表 7-5 因素水平表

序号	药液浓度/(mg/mL)	药液 pH	洗脱流速/(mL/min)	吸附流速/(mL/min)
1	1.55	5.0	1.5	1.0
2	3.10	5.5	2.0	1.5
3	4.62	6.0	2.5	2.0
4	6.19	6.5	3.0	2.5
5	7.74	7.0		
6	9.29	7.5		
7	10.84	8.0		
8	12.38	8.5		

表 7-6 $U_8(8^4)$ 实验设计结果

序号	浓度(X_1)/(mg/mL)	药液 pH(X_2)	洗脱流速(X_3)/(mL/min)	吸附流速(X_4)/(mg/mL)	人参总皂苷收率(Y_1)/%	人参总皂苷纯度(Y_2)/%
1	1.55	5.5	2.5	2.5	42.06	36.63
2	3.10	6.5	1.5	2.0	82.19	44.17
3	4.64	7.5	2.5	1.5	54.40	74.32
4	6.19	8.5	1.5	1.0	49.11	69.72
5	7.74	5.0	3.0	2.5	41.86	58.78
6	9.29	6.0	2.0	2.0	46.59	61.79
7	10.84	7.0	3.0	1.5	49.00	65.97
8	12.38	8.0	2.0	1.0	52.63	92.19

注：人参总皂苷得率=(50%乙醇洗脱液人参总皂苷质量/上柱液人参总皂苷质量)×100%。

根据回归方程，求出 Y_1、Y_2 的最优组合，并在此基础上进一步对 Y_1、Y_2 进行综合分析，选择优化条件：$X_1=12.38$、$X_2=7.0$、$X_3=1.5$、$X_4=2.0$。

验证实验：用均匀设计优选出的条件制备 3 批样品，结果见表 7-7。

表 7-7　优选条件实验结果

序号	人参总皂苷收率(Y_1)/%	平均值($Y_1 \pm SD$)/%	RSD/%	人参总皂苷纯度(Y_2)/%	平均值($Y_2 \pm SD$)/%	RSD/%
1	65.34			85.51		
2	64.12	65.56±1.47	2.24	84.95	85.72±0.89	1.04
3	67.12			86.70		

通过采用均匀设计法优选大孔吸附树脂富集纯化人参总皂苷的工艺条件，发现所涉及的工艺参数彼此间有交互作用。且通过验证实验，发现优化出来的人参总皂苷得率 65%以上，洗脱液总固物中人参总皂苷纯度 85%以上，较均匀设计表中的其他数据更合理、优越。说明借助于均匀设计，可以大大减少实验次数，因此确定的工艺参数，可为大生产应用提供依据。同时通过比较人参样品液上柱前后薄层色谱图，发现人参样品液经大孔树脂富集纯化后，不改变人参总皂苷成分及比例，而且可以去除大量的杂质，人参总皂苷纯度大幅提高。

实例 7-2：吸附树脂 S-038 对绞股蓝皂苷的吸附性[7]

为了提高大孔吸附树脂吸附的选择性，从皂苷的分子特点难以达到目的。于是从杂质（色素）的特点考虑，研制出一类强极性吸附树脂，如 ADS-7、S-038。此类树脂对皂苷类有较好的吸附性，但对色素的吸附性更强，可在洗脱时将皂苷和色素分离，得到质量很高的皂苷提取物。

如用 S-038 极性吸附树脂从绞股蓝茎叶提取水溶液中吸附绞股蓝皂苷，吸附量可达 65.5mg/mL，用 70%乙醇可将绞股蓝皂苷洗脱下来，被吸附的色素再用更强的溶剂洗脱。S-038 的吸附曲线和解吸曲线如图 7-1、图 7-2 所示。由图 7-1、图 7-2 可见，吸附时绞股蓝皂苷无泄漏，解吸峰也很集中。

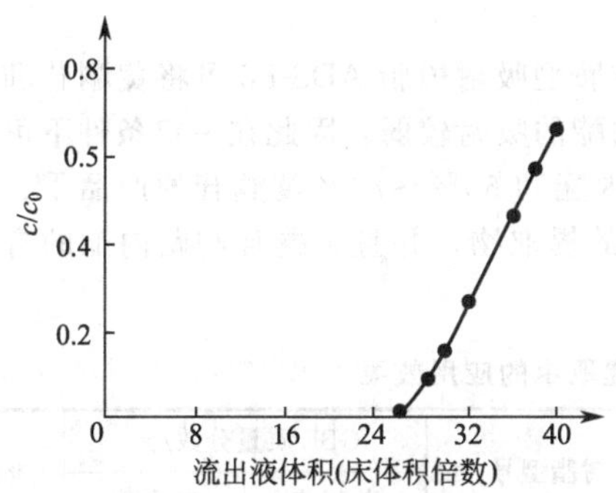

图 7-1　吸附绞股蓝皂苷的泄漏曲线

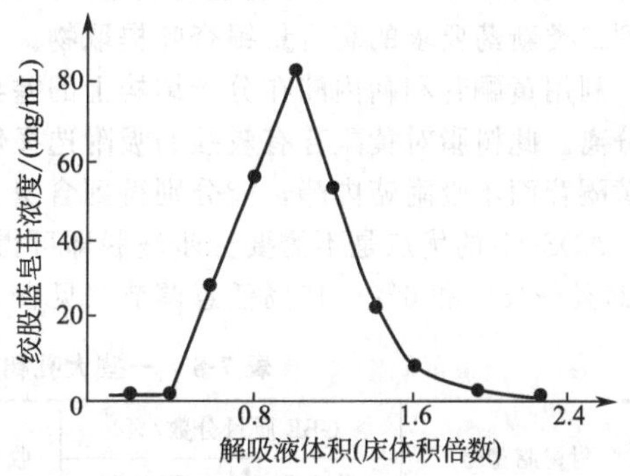

图 7-2　吸附绞股蓝皂苷的解吸曲线

（二）黄酮类化合物的分离

黄酮类化合物是广泛存在于自然界的一类重要的天然有机化合物，具有多样的生物活性。黄酮类化合物常用的分离方法包括 pH 梯度萃取法、色谱法等。但 pH 梯度萃取法要求黄酮类化合物间具酸性差异外，还存在操作步骤繁琐、有乳化等现象产生、有机溶剂消耗多等不足之处。而大孔吸附树脂已应用于银杏黄酮、黄芩总黄酮、大豆异黄酮、山楂叶总黄酮、葛根黄酮、荠菜总黄酮、地锦草总黄酮、金莲花总黄酮等的分离纯化。由于黄酮类化合物结构中带有酚羟基，易溶于碱溶液中，因酚羟基数目与位置不同，其酸性强度也不同，所以在应用大孔吸附树脂时应考察 pH 对吸附和解吸附的影响。

实例 7-3：大孔吸附树脂分离银杏叶中黄酮苷和萜内酯

银杏叶为银杏属植物银杏（*Ginkgo biloba* L.）的叶子，其主要有效成分为黄酮苷和萜内酯，在标准提取物中它们的含量应分别不低于 24%和 6%，此标准来源于溶剂萃取法，而树脂吸附法提取所得的产物纯度高，收率远高于此标准，也使树脂吸附法在中药现代化中的广泛应用受到特别重视。

此提取工艺简单，工艺的关键是所选择的吸附树脂 Ambeilite XAD-7、Duolite S-761 和国产的 ADS-17 均有很好的吸附性能，都能通过吸附-洗脱一步使黄酮苷和萜内酯达到规定的指标，但这 3 种树脂在性能上有很大差别，所得到提取物的质量也差别很大（见图 7-3）。

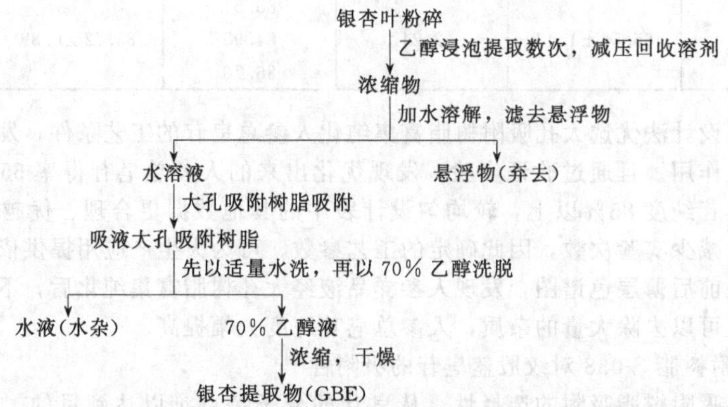

图 7-3　大孔吸附树脂制备黄酮苷和萜内酯的工艺流程

黄酮苷的结构特点是含有多个羟基，能与羰基形成氢键，增加树脂的吸附选择性。而萜内酯只能与含有羟基的基团形成氢键。Ambeilite XAD-7 含有酯基，对黄酮苷的吸附好，可得到含量较高的提取物（≥30%），但对萜内酯的吸附不好，提取物中萜内酯的含量难以达到标准要求。Duolite S-761 对黄酮苷和萜内酯的吸附比较均衡，可以得到符合标准的提取物，但两类成分的含量都不太高。ADS-17 在性能上远超过前两种树脂，不仅能够制备符合标准的提取物，还能制备达到二类新药要求的高含量银杏叶提取物。

利用黄酮苷和萜内酯在分子结构上的差异，通过酰胺型吸附树脂 ADS-F8 可将黄酮苷和萜内酯分离。此树脂对黄酮苷有较强的吸附选择性，对萜内酯的吸附较弱，因此在一定条件下可只吸附黄酮苷而不吸附萜内酯，能分别得到含量为 30%萜内酯和 60%～80%黄酮苷的产品Ⅰ、产品Ⅱ。ADS-17 的优点是不需要分步洗脱即可得到高含量的提取物，并且黄酮苷和萜内酯的含量可在 24%～45%和 6%～10%任意调节（见表 7-8）。

表 7-8　一些大孔树脂在 GBE 提取中的应用效果

吸附树脂型号	GBE 质量分数/%		收率	吸附树脂型号	GBE 质量分数/%		收率
	黄酮苷	萜内酯			黄酮苷	萜内酯	
Duolite S-761	25.7	5.58	3.0	ADS-17	32	8.0	1.9
Diaion HP-20	20.0	5.0	3.0		44	10.3	
AB-8	18.2	4.9	3.2	ADS-F8	—	30(Ⅰ)	
ADS-16	32	8.0	2.0		60～80	—(Ⅱ)	

实例 7-4：大孔吸附树脂提取沙棘黄酮的实验研究

沙棘黄酮的提取长期以来都是采用溶剂萃取法，现研究不同表面化学和物理结构的吸附树脂对沙棘黄酮的吸附作用，选择具有较高效能的吸附树脂。

1. 吸附树脂表面化学结构对产品质量的影响

沙棘黄酮类化合物多为黄酮醇类结构，有一定酸性，能够和具有氢键受体的物质形成氢键。如果吸附树脂有一定的化学基团，则该化学结构将对沙棘黄酮产品的质量产生影响。

从表 7-9 可以看出，对沙棘黄酮的吸附起主要作用的是树脂表面的极性，极性越大，产品纯度越高。

2. 树脂比表面对沙棘黄酮纯度的影响

比表面积的大小直接影响到树脂的吸附能力，尤其对于利用吸附质的疏水性部分与树脂骨架之间的物理吸附作用，即范德华力进行吸附时，吸附剂的比表面积是吸附效果好坏的决定因素。

表 7-9　吸附树脂极性对沙棘黄酮纯度的影响

树脂型号	树脂化学结构	沙棘黄酮纯度/%	产率/%
ADS-5	DVB	14.96	5.27
ADS-8	DVB-MMA	18.01	4.78
ADS-17	MMA	17.11	2.96
ADS-F8	—CO—NH—	24.93	2.56
ADS-7	$—N^+(CH_3)_3OH^-$	29.80	1.67

考察了相同的比表面积下，不同极性树脂对吸附的影响，及相同极性树脂在比表面积不同时对沙棘黄酮产物纯度的影响。

由表 7-10 可知，当树脂比表面积相近时（ADS-5 和 ADS-8），树脂的极性对吸附起决定作用，极性越大，吸附效果越好。

但当树脂的极性相同时，起决定作用的是树脂的比表面积。这说明同时具有高比表面积和强极性的吸附树脂将对沙棘黄酮具有较高的选择性吸附能力。

表 7-10　比表面积对沙棘黄酮纯度的影响

树脂型号	树脂化学结构	比表面积/(m^2/g)	沙棘黄酮纯度/%
ADS-5	DVB	500～600	14.96
ADS-8	DVB—MMA	450～550	18.01
L1	苯乙烯—NH—	100～200	25.75
L2	DVB—NH—	200～300	41.70

（三）生物碱类化合物的分离

生物碱是一类含氮的有机化合物，多数具有碱性且能和酸结合生成盐，多数有较强的生理活性。对于中药中的生物碱，通常提取方法为碱水浸润后用有机溶剂萃取，或用酸水提取结合离子交换树脂纯化。但前者常因生物碱含量较低，界面时有乳化等现象导致萃取效率较低，而离子交换树脂与某些生物碱键合力强，用大量的强碱性（pH=12）乙醇-水（7∶3）长时间洗脱，生物碱也不能完全洗出，树脂再生的步骤繁琐，而用大孔吸附树脂提取分离中药中的生物碱优势显著。

实例 7-5：大孔吸附树脂提取喜树碱的研究[8]

从分子结构上看，喜树碱属于弱碱，在中性和碱性条件下疏水性较强。用非极性吸附树脂进行吸附是可行的，其提取方法为：将喜树果粉碎，用乙醇浸取，过滤，回收乙醇，将水溶液的 pH 调至 8，以降低其水溶性，然后用 AB-8 树脂吸附。其吸附曲线见图 7-4。

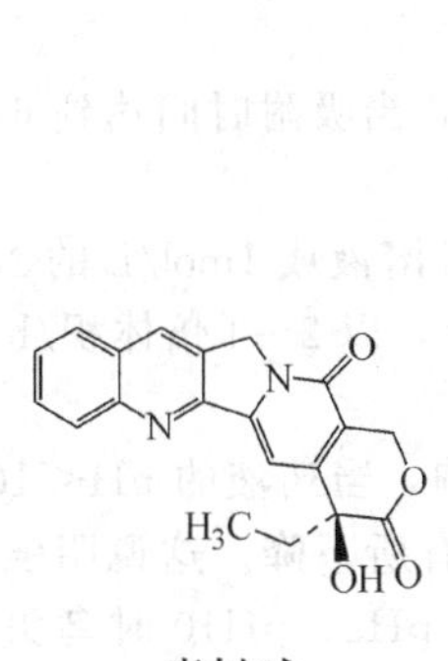

喜树碱

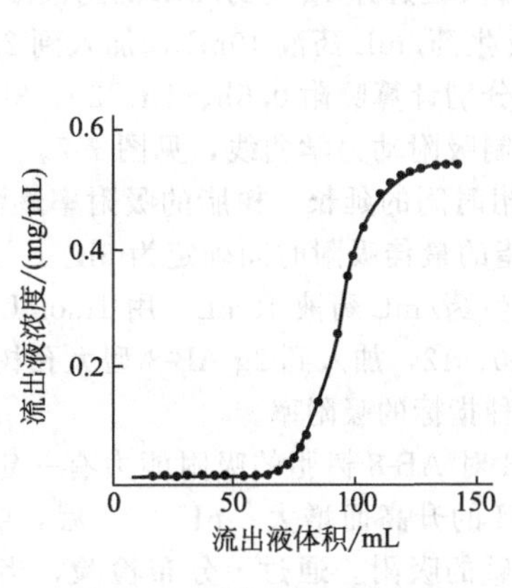

图 7-4　喜树碱的吸附曲线

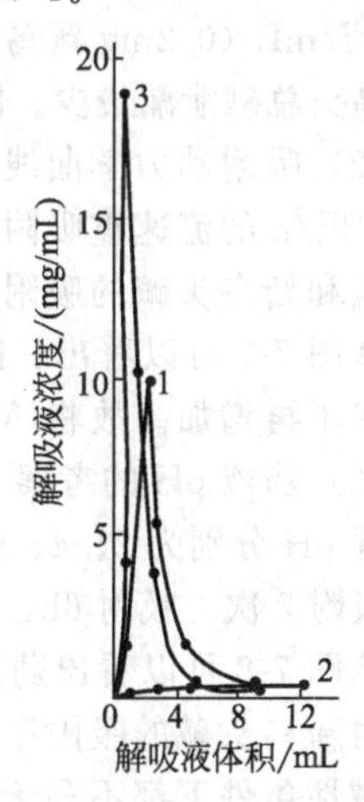

图 7-5　喜树碱的解吸曲线

喜树碱在 AB-8 树脂吸附符合 Langmuir 公式：

$$Q=\frac{q_{m}\alpha C}{1+\alpha C}$$

$q_m=145.8\text{mg/g}$、$\alpha=0.032$ 带入上式，得 $Q=4.67C/(1+0.032C)$。在 pH 为 8、盐浓度为 1～2.5mol/L 时，AB-8 对喜树碱的吸附量最大，可达 160mg/g 以上。

由图 7-5 可以看出喜树碱水溶性较差，所以用乙酸水溶液进行解吸效果较差，而用氯仿/甲醇（1∶1）的解吸率较高，洗脱峰非常集中。当解吸液的 pH 调到 3 时，解吸率可达 96%。解吸液经浓缩、干燥，再用氯仿/甲醇（1∶1）重结晶，得到纯度在 90%以上的喜树碱（见表 7-11），产品收率在 3%左右。

表 7-11　AB-8 树脂提取喜树碱

序号	喜树果质量/g	渗滤液体积/mL	喜树碱产品		
			产量/g	收率/%	纯度/%
1	50	360	15.5	3.1	90.2
2	50	360	13.0	2.6	90.5

实例 7-6：应用 AB-8 大孔树脂纯化新乌头碱和乌头总碱[9]

川乌为毛茛科植物乌头（*Aconitum carmichaeli* Debx.）的干燥母根，为常用中药，有毒，临床上主要用于治疗风湿、类风湿、关节炎等症。川乌发挥药效的主要成分为其所含的生物碱类物质。以川乌总碱和新乌头碱含量为指标，考察川乌提取液在 AB-8 型大孔树脂中的吸附曲线及最佳洗脱条件，以优选出大孔树脂分离川乌提取液中乌头总生物碱和新乌头碱的工艺条件。

1. 大孔吸附树脂的筛选

表 7-12　不同型号树脂对乌头总碱和新乌头碱的吸附量比较

项目	D101	X-5	AB-8	NKA-9
新乌头碱/(mg/g)	2.20	4.27	4.32	3.35
乌头总碱/(mg/g)	49	100.10	105.05	83.50

从表 7-12 可以看出，不同类型的大孔吸附树脂对两指标成分的静态吸附效果有较大的差异，4 种树脂中吸附效果较好的为 AB-8 和 X-5。因此，选择吸附效果较好的 AB-8 树脂进行考察。

2. 吸附因素的考察

（1）吸附等温曲线　将上柱样品液分别稀释成不同浓度的溶液，分别取 10mL 稀释液，加入到 2g AB-8 型大孔树脂柱上，以 2～4 倍体积/h 的流速重吸附 2 次，吸附 10h，收集吸附残液。结果见图 7-6。

从图 7-6 可以看出，随着药液浓度的增加，两指标成分的泄漏率逐渐增加。当药液的浓度为 1g 生药/mL（0.2mg 新乌头碱/mL，5mg 总碱/mL）时，药液澄清、透明且吸附残液中的新乌头碱和乌头总碱泄漏最少。因此，本实验选择 1g 生药/mL 的药液浓度为最佳浓度。

（2）吸附动力学曲线　取 1g 生药/mL 药液 10mL，加入到 2g AB-8 型大孔树脂柱上，以 2～4 倍体积/h 的流速重吸附 2 次，分别计算吸附 0.5h、1h、2h、3h、4h、6h、8h、10h 不同时间乌头总碱和新乌头碱的吸附率，绘制吸附动力学曲线，见图 7-7。

从图 7-7 可以看出，随着吸附时间的延长，树脂的吸附率逐渐增大，当吸附时间达到 6h 时，吸附率不再增加。故将 AB-8 树脂的最佳吸附时间确定为 6h。

（3）药液 pH 的考察　取 1g 生药/mL 药液 10mL，用 1mol/L 的 HCl 溶液或 1mol/L 的 NaOH 溶液调 pH 分别为 2、4、6、8、10、12，加入到 2g AB-8 型大孔树脂柱上，以 2～4 倍体积/h 的流速重吸附 2 次，吸附 6h，计算两种指标的吸附率。

从图 7-8 可以看出药液的 pH 对 AB-8 树脂的吸附能力有一定的影响，当药液的 pH<10 时，树脂对新乌头碱的吸附率随着 pH 的升高而增大；pH>10 后，吸附率有所下降。这说明强酸性和强碱性条件下都不利于新乌头碱的吸附。通过 t 分布检验，当 pH6、pH8、pH10 时乌头总碱的吸附率呈显著性差异（$P<0.01$），确定药液的 pH 为 10。

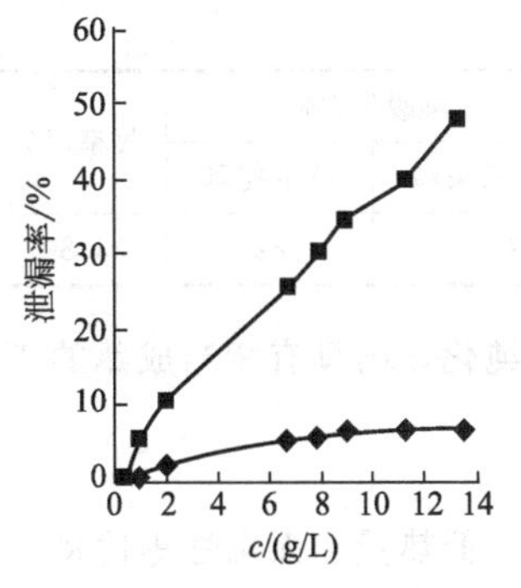

图 7-6　吸附等温曲线

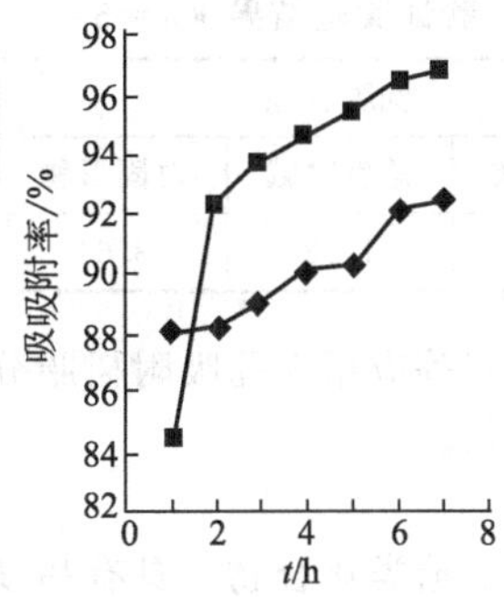

图 7-7　吸附动力学曲线

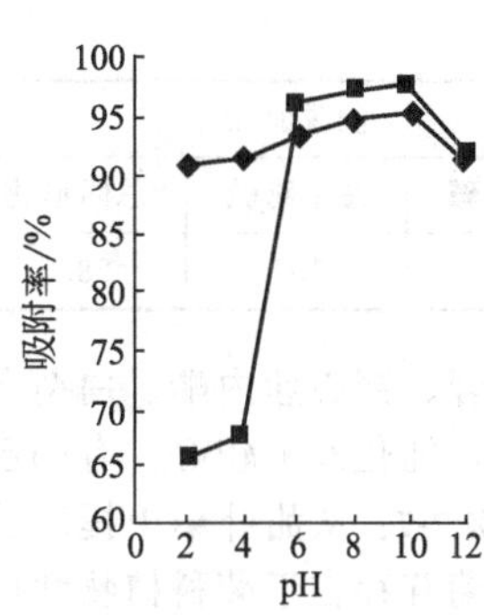

图 7-8　样品溶液 pH 对吸附率的影响

综上所述，2g AB-8 树脂吸附两指标成分的最佳条件为样品液浓度为 1g 生药/mL，pH10，吸附时间为 6h。在洗脱条件筛选中，为了减少乌头总碱的浪费，选择上样量为 8mL，即树脂质量与样品液的体积比为 1∶4。

3. 洗脱条件的考察

(1) 洗脱液浓度的考察　将吸附好的树脂先用 10 倍树脂体积量（10BV）的蒸馏水以 2～4BV/h 的流速洗脱，再用 8BV 的 15%、25%、35%、45%、55%、65%、75%、85%、95%乙醇洗脱，收集洗脱液。结果见图 7-9。

从图 7-9 可以看出，随着乙醇浓度的增加，乌头总碱和新乌头碱的洗脱率逐渐增大，故确定洗脱液的浓度为 95%乙醇。

(2) 洗脱液 pH 的考察　将已吸附好的树脂先用 10BV 的蒸馏水以 2～4BV/h 的流速洗脱，再用 8BV 的 1mol/L HCl 或 1mol/L 的 NaOH 调 pH 分别为 2、4、6、8、10、12 的 95%乙醇洗脱，收集洗脱液。结果见图 7-10。

从图 7-10 看出，当 pH6 时 95%乙醇洗脱新乌头碱的洗脱率最高，而洗脱液 pH2～8 时对乌头总碱的解吸率没有显著差异（$P>0.05$），故确定洗脱液 pH 为 6。

(3) 洗脱液体积的考察　由图 7-11 可以看出，7BV 的洗脱液可以把 AB-8 树脂柱上 93%以上的新乌头碱和 72%以上的乌头总碱洗脱下来。故确定洗脱液用量为 7BV。

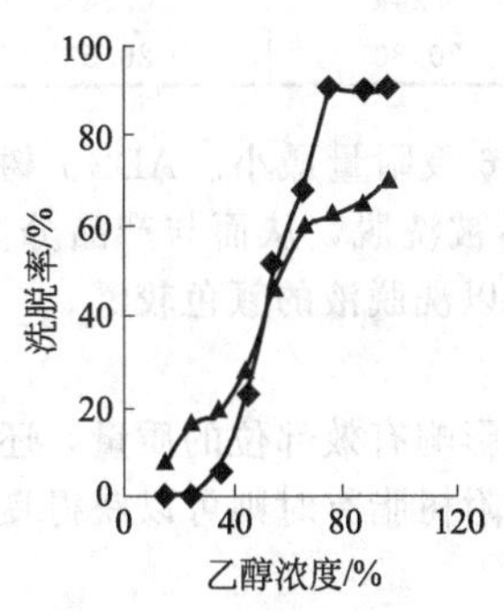

图 7-9　洗脱液浓度考察

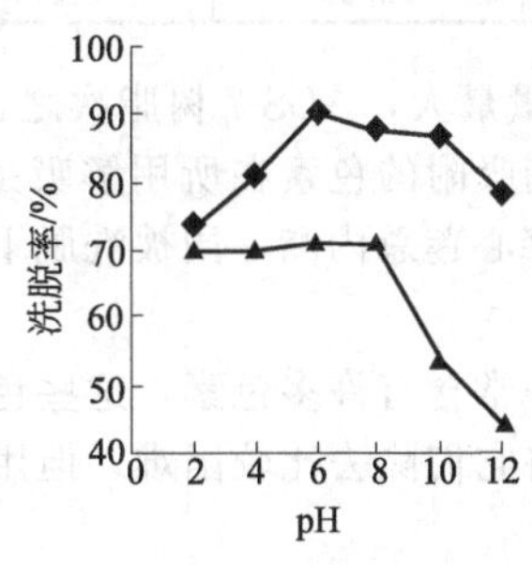

图 7-10　洗脱液 pH 的考察

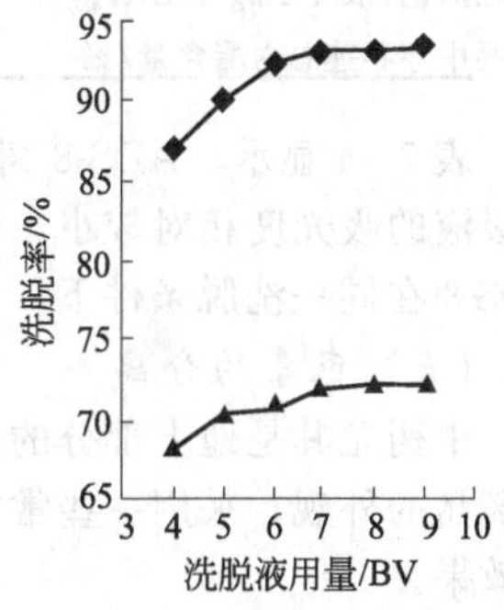

图 7-11　洗脱液体积的考察

4. 验证实验

将 300mL pH10 的 1g 生药/mL 的药液通过 75g 已经装好的树脂柱中（3cm×55cm），以 2～4BV/h 的流速重吸附 2 次，吸附 6h 后，先用 10BV 的蒸馏水以 2～4BV/h 的流速洗脱，再用 7BV 的 95%乙醇洗脱，收集洗脱液。结果见表 7-13。

（四）萜及其苷类

萜类化合物是由甲戊二羟酸衍生，且分子式符合 $(C_5H_8)_n$ 通式的衍生物。许多萜及其苷类，

表 7-13 验证实验结果 ($n=5$)

洗脱前/g			洗脱后/g			解吸率/%		收率/%
新乌头碱	总生物碱	总固形物	新乌头碱	总生物碱	总固形物	新乌头碱	总生物碱	
0.06	1.5	28.5	0.058	1.23	3.64	97.02	82	33.80

如甜菊苷、穿心莲内酯、白芍苷、赤芍总苷等应用大孔吸附树脂分离纯化，已具有相当成熟的工艺路线，纯化效果较好，有的已实现产业化。

实例 7-7：从甜叶菊中提取分离甜菊苷

甜菊苷存在于菊科植物甜叶菊中，为二萜类化合物，具有甜度高、低热量、无毒性等优良特性，在医药、食品等行业中应用日益广泛。采用通用的分离方法不仅成本高，费时，而且产品质量及回收率也不太理想。近年来，改用大孔吸附树脂法进行分离，取得了较好的效果，分离工艺如下：

甜叶菊干叶 $\xrightarrow{\text{热水提三次}}$ 提取液 $\longrightarrow$ 清液 $\xrightarrow{OH^-}$ D101 树脂床 $\xrightarrow{\text{碱液洗}}$

$\xrightarrow{\text{水洗}}$ $\xrightarrow{\text{95\%乙醇洗脱}}$ 洗脱液 $\xrightarrow{\text{脱色处理}}$ 结晶

实例 7-8：大孔吸附树脂提取穿心莲总内酯的研究[10]

穿心莲（*Adrographis paniculate*）叶中含有较多的二萜内酯及二萜内酯苷，其中穿心莲内酯为抗炎作用的主要活性成分。临床治疗急性菌痢、胃肠炎、咽喉炎和感冒发热等。穿心莲内酯的水溶性较差，用乙醇提取时大量的色素与穿心莲内酯一起被提取出来，使提取物中穿心莲内酯的含量较低。ADS-7 树脂对穿心莲内酯的吸附量较大，易于洗脱，且能与色素杂质分离，产品的纯度和外观较好。

表 7-14 4 种大孔吸附树脂吸附穿心莲总内酯效果比较

项目	ADS-7	S-038	ADS-16	ADS-8
吸附总量/mL	260	240	140	340
流出液吸光度 A_{420}	0.044	0.088	0.150	0.280
洗脱液吸光度 A_{420}	0.310	0.261	0.486	2.46
产品质量/g	0.1891	0.1519	0.0472	0.3397
产品颜色(浓度 1mg/mL) A_{420}	0.044	0.034	0.244	0.247
产品中穿心莲总内酯含量/%	25.60	14.71	20.80	20.57

表 7-14 显示，ADS-8 树脂吸附量最大，ADS-7 树脂次之，ADS-16 吸附量最小。ADS-7 树脂解吸液的吸光度相对较小，说明树脂吸附的色素在所用解吸条件下不被洗脱，从而与产品分离。ADS-8 在同一洗脱条件下，色素与穿心莲总内酯一同被洗脱下来，所以洗脱液的颜色较深。

（五）色素的分离

中药尤其是地上部分的提取物中常含有许多色素，这些色素不仅影响有效部位的质量，还影响药品的外观，采用一些常规方法将它们除去比较困难，但用大孔吸附树脂有时则可以获得良好的效果。

如人参皂苷存在脱色较难的问题，采用极性吸附树脂 ADS-7 可使此问题大大简化。用粗品人参皂苷配成 4%的溶液（呈棕色），用 ADS-7 吸附，然后用 70%乙醇解吸，人参皂苷被解吸下来，色素则被留在树脂上。ADS-7 可起到吸附和脱色双重作用，使工艺变得比较简单。把洗脱液蒸干，得纯度很高的白色或微黄色人参皂苷。

由于合成食用色素多为焦油类物质，含有苯环或萘环，对人体都有不同程度的伤害，有的甚至有致癌或诱发染色体变异的作用，而天然色素具有安全可靠，色泽自然，不少品种兼有营养和药理作用的特点，因此有着广阔的发展和应用前景。而大孔吸附树脂对多种天然色素具有良好的吸附和纯化效果，在天然色素的提取方面，有了越来越多的应用。目前已有用大孔吸附树脂提取茄子皮红色素、爬山虎红色素、玫瑰茄红色素、紫甘蓝色素、桑椹红色素的报道。

二、在中药复方精制中的应用

中成药多是中药复方制剂，传统的中药复方制剂提取纯化工艺相对比较粗糙，一般而言，中药复方经水煮后收膏率为30%，水提醇沉后约为15%。此类方法，出膏率高，服用量大，所含成分不明确。因此，实现中药现代化的关键就是中药复方制剂的有效部位（群）及有效成分的提取、分离及纯化。通过现代分离技术对中药复方进行纯化后，可除去大量无效杂质，可使中药复方有效部位（群）或有效成分（群）的含量（纯度）提高10～14倍，临床用药剂量下降6～7倍，有非常显著的“去粗取精”效果。通过大孔吸附树脂技术得到的中药复方中间体不仅体积小，不易吸潮，而且更易制成剂量小、服用方便、便于携带、外观较好，而且制剂质量易于控制的产品。有利于粗、大、黑的中药复方制剂制成现代中药制剂。

树脂分离技术用于中药复方分离纯化时，具有以下应用特点。

① 树脂型号不同，对中药复方有效部位（群）或有效成分（群）的吸附选择性不同。

实例 7-9：不同大孔吸附树脂对复方脑脉康提取物吸附容量比较[11]

复方脑脉康由黄芪等中药组成，以黄芪甲苷为指标，不同类型吸附树脂对复方脑脉康提取物的吸附量有差别。非极性大孔树脂吸附总苷时好于极性大孔树脂，同一类型树脂中改进型HPD100好于原型D101（表7-15）。

表 7-15　不同大孔吸附树脂对复方脑脉康提取物的吸附量

树脂型号	吸附量/(mg/g)	树脂型号	吸附量/(mg/g)
HPD100	0.0168	D101	0.0131
HPD500	0.0159	1300-1	0.0142
HPD600	0.0152	1300-66	0.0137
AB-8	0.0156		

② 同型号树脂，对中药复方有效部位或有效成分的吸附选择性不同。

实例 7-10：大孔树脂吸附纯化中药复方特性研究[12]

研究表明，复方中各味药材分煎液分别上同一大孔吸附树脂柱纯化，其不同有效部位均可不同程度地被同一树脂吸附纯化。但能否用同一种树脂吸附纯化中药复方的混煎液为人们所关注。为此选用了一个含有生物碱、蒽醌、皂苷等由黄连、大黄、知母等药材组成的中药复方为样品，进行吸附纯化工艺和特性研究，以探索树脂纯化中药复方的可行性与规律。

以黄连小檗碱为代表进行生物碱吸附纯化特性研究，以知母中菝葜皂苷元为指标成分，研究皂苷的吸附纯化特性。以大黄总蒽醌为代表进行蒽醌吸附纯化特性研究（表7-16）。

在同一型号大孔吸附树脂上，不同中药有效部位的吸附能力不同，主要体现在以下几个方面。a. 不同成分吸附能力的高低在同一型号树脂的比上柱量和比吸附量的大小上体现出来。b. 在固定的纯化条件下，上柱洗脱成分保留率高，说明在过柱后流出液和水洗液中，成分损失率较小，因而成分吸附更牢固。对实验中涉及的中药有效部位在同一型号树脂上吸附能力的大小进行排序，生物碱、蒽醌和皂苷的吸附能力大小依次为：皂苷＞蒽醌＞生物碱。

③ 树脂对中药复方有效部位（群）或有效成分（群）的吸附性能受到多种因素影响。

表 7-16　LD605 型树脂不同洗脱液中各指标成分的收率

样品	有效部位	收率/%				
		浸出液	流出液	水洗液	50%醇洗液	95%醇洗液
黄连	生物碱	100	12.64	6.94	80.05	0.42
大黄	蒽醌	100	4.04	7.19	82.80	3.85
知母	皂苷	100	—	—	98.40	—

实例 7-11：右归煎液用大孔树脂 D1300 精制的工艺研究[13]

右归煎液是由地黄、肉桂等 10 味中药制成的。用大孔树脂 D1300 进行分离纯化时，树脂对其有效部位的吸附性能受到药液上样流速、药液浓度、径高比等因素影响。根据预试结果，选择有代表性的单一成分进行测定。5-HMF 主要存在于熟地黄中，水溶性较好，同时在乙醚、氯仿等溶剂中溶解度也较好。

表 7-17　$L_9(3^3)$ 正交试验方法及结果

序号	因素			结果	
	径高比(A)	药液浓度(B)	流速(C)	5-HMF/(mg/g)	干浸膏得率/%
1	1(1∶40)	1(0.112g/mL)	1(8/1000V/min)	0.125	2.02
2	1	2(0.225g/mL)	2(16/1000V/min)	0.317	2.62
3	1	3(0.51g/mL)	3(24/1000V/min)	0.308	5.48
4	2(1∶20)	1	2	0.092	1.84
5	2	2	3	0.215	2.50
6	2	3	1	0.270	5.14
7	3(1∶10)	1	3	0.191	2.04
8	3	2	1	0.131	2.42
9	3	3	2	0.264	5.08
5-HMF	$Ⅰ_3$	0.750	0.408		0.526
	$Ⅱ_3$	0.577	0.663		0.673
	$Ⅲ_3$	0.586	0.842		0.754
	R_3	0.057	0.145		0.076
干浸膏得率	$Ⅰ_3$	10.12	5.90		9.58
	$Ⅱ_3$	9.48	7.54		9.54
	$Ⅲ_3$	9.54	15.70		10.02
	R_3	0.21	3.76		0.16

注：以上药液用量及 D1300 树脂均为 50mL，药液浓度均指每毫升含生药量，流速中 V 为树脂床体积。

从表 7-17 可见，以 5-HMF 和干浸膏得率两者为指标的考察结果较一致，即主要因素是煎液浓度，次要因素为流速和径高比。

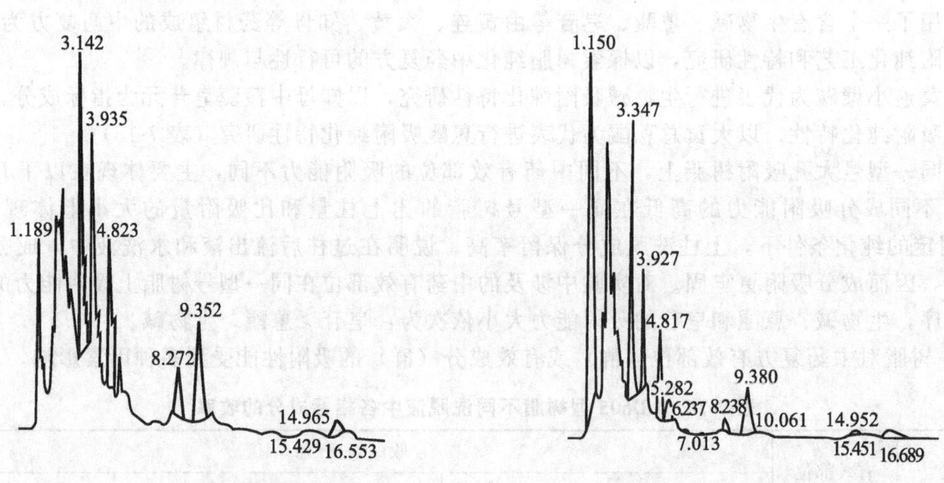

图 7-12　四逆汤色谱　　图 7-13　四逆汤精制物色谱

④ 需要采用化学和药效学对比研究，评价对中药复方采用树脂纯化分离的必要性和方法的合理性。

应用大孔吸附树脂分离技术分离纯化中药复方时，应明确纯化目的，充分说明采用树脂纯化分离的必要性和方法的合理性。除了尽可能用每味药中有效成分（或指标成分）的含量为指标，评价其合理性外，还应进行药效学对比试验，以确保纯化前后药物的“等效性”。四逆汤用 D101 树脂纯化后，TLC 检查结果表明树脂纯化前后组成复方的 3 味药的主要有效成分没有发生大的变化，四逆汤精制物的 HPLC 图谱与四逆汤 HPLC 图谱相比较，峰数、峰位及峰形均基本一致（见图 7-12、图 7-13[14]）。

药理实验结果表明，四逆汤与四逆汤精制物均能显著提高间羟胺处理小鼠血清 NO 水平，二者无显著性差异。据此说明用吸附树脂分离技术分离四逆汤的方法是合理和可行的。

三、在海洋天然产物分离纯化中的应用

海洋天然产物是指海洋生物中的代谢产物，它们大多数具有生物活性。海洋天然产物的化学结构类型主要分为：聚醚类、大环内酯、萜类、生物碱、多肽、甾醇、苷类、多糖类和不饱和脂肪酸等。海洋天然产物的萃取可分为水提取法、水蒸气蒸馏法、有机溶剂提取法、离心法和超临界流体萃取法等。提取所得到的粗提物是一种胶状的混合物，需要进一步除去杂质，经过多次的分离纯化才能获得纯有机化合物。

早期的经典常规分离纯化方法有溶剂法、水蒸气蒸馏法、盐析法、透析法、重结晶法等。但这些方法得到的往往是低分子量和简单成分或者含量较高的成分，存在微量成分、性质相似的成分不容易获得和得率不高等问题。随着科学技术的发展，针对经典常规的柱色谱法分离纯化的不足之处，广泛使用了高性能的正相、反相硅胶以及各种类型的大孔吸附树脂、凝胶等高分离效果的填料。

利用大孔吸附树脂从植物中提取皂苷的报道较多，但随着近年来海洋药物的研究和开发，大孔吸附树脂已开始应用于海洋生物中水溶性成分的提取和分离，并取得了良好的分离效果。

实例 7-12： 仿刺参水溶性海参皂苷的提取[15]

海参皂苷是棘皮动物海参的主要次生代谢产物，具有溶血、抗肿瘤、抗真菌、细胞毒、免疫调节等广泛的生理、药理学活性。应用 AB-8 型大孔吸附树脂柱可从冻干仿刺参 *Apostichopus joponicus* 的加工废液中分离制备水溶性海参皂苷（见图 7-14）。

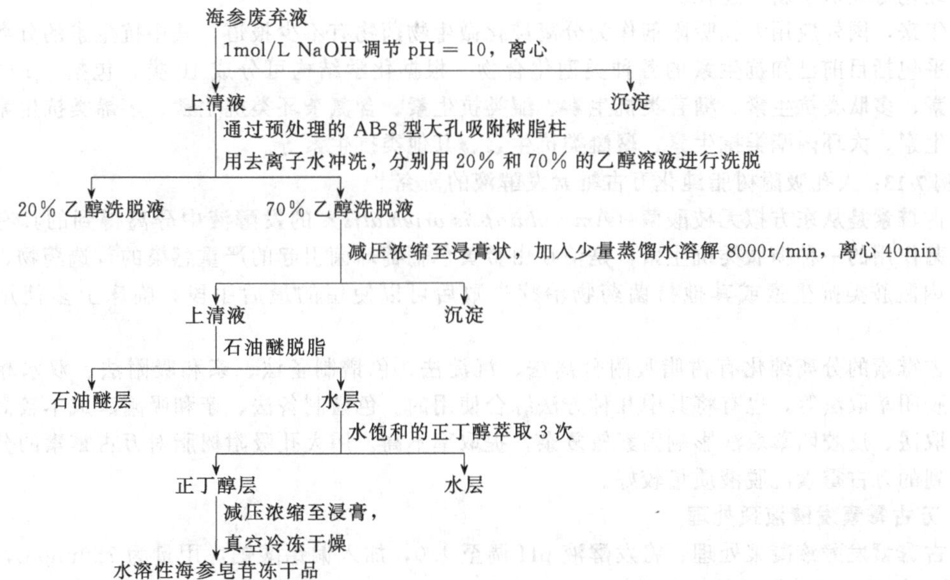

图 7-14　水溶性海参皂苷制备流程

由于 AB-8 大孔树脂在酸性条件下可增加对色素等组分的非特异性吸附，故在上柱前将冻干海参废液的酸碱度调节为 pH＝10，这样既减少了 AB-8 大孔树脂对色素等非特异性组分的吸附，

又不影响树脂对海参皂苷的吸附作用；由于AB-8大孔树脂柱在吸附皂苷类组分的同时，也可非特异性吸附一些糖类、蛋白、脂类及少量的色素成分，因此在洗脱水溶性海参皂苷之前分别用去离子水和20%乙醇溶液进行了洗脱，以去除这些非特异性吸附组分；其中抗真菌活性最强的为70%乙醇溶液洗脱部位，对所得70%乙醇溶液洗脱组分进行减压浓缩、石油醚脱脂及水饱和正丁醇萃取等处理。实验结果表明，只有AB-8大孔树脂柱70%乙醇溶液洗脱组分既具有极高的抗真菌活性又具有极强的水溶性。

对海参皂苷提取的传统方法主要是利用乙醇等有机溶剂萃取法。但这类方法不仅有机溶剂使用量大、成本高、易污染环境，不适于工业化生产，而且所得海参皂苷产品的水溶性差，在进行生物学效应测定时通常要使用二甲亚砜或其他有机溶剂进行溶解，既影响了实验结果的精确性，又在一定程度上限制了海参皂苷应用范围和使用途径。而采用大孔吸附树脂分离得到的水溶性海参皂苷，不仅可以直接溶解于水溶液或细胞培养液、保证了实验结果的精确性，也有效地避免了有机溶剂萃取法制备海参皂苷的诸多弊端和不足。

四、在微生物药物分离纯化中的应用

近年来大孔吸附树脂在各类抗生素、免疫抑制剂、酶抑制剂以及蛋白质类药物分离纯化上的应用越来越多。微生物代谢物的分离纯化目的在于从发酵液中分离并纯化成高纯度的、符合药典规定的各种微生物药物，又称发酵液的后处理或下游工程。研究后处理技术，对微生物药物实现商品化生产，降低后处理费用都非常必要。其中大孔吸附树脂吸附法是常用的一种分离手段，而纯化主要采用色谱分离方法。大孔吸附树脂在β-内酰胺类、肽类、糖苷类、醌类、含氮杂环类、多烯类、蒽环类、大环内酯类、聚醚类和其他新抗生素、免疫抑制剂、酶抑制剂以及蛋白质类药物分离纯化上均有应用[16]。

（一）在抗生素生产中的应用

在抗生素工业中，大孔吸附树脂的应用正在日益得到发展。国外发表的具有不同结构的新抗生素中，很多采用了大孔树脂作为分离的手段。对于某些结构为弱电解质或非离子型的抗生素，不能用离子交换树脂法提取纯化，现在可使用大孔树脂，这为微生物制药和从重组微生物发酵液中分离纯化等提供了新的途径。

近年来，国外应用大孔吸附剂作为分离纯化微生物药物有不少报道，其中抗生素的分离纯化方面几乎包括目前已知抗生素的各种类型化合物，根据化学结构可分成10类，包括：β-内酰胺类抗生素、多肽类抗生素、糖苷类抗生素、醌类抗生素、含氮杂环类抗生素、多烯类抗生素、蒽环类抗生素、大环内酯类抗生素、聚醚类抗生素、其他类抗生素等。

实例7-13：大孔吸附树脂纯化万古霉素发酵液的研究[17]

万古霉素是从东方拟无枝酸菌（*Amycolatopsis orientalis*）的发酵液中分离得到的具有抗革兰阳性菌作用的一种糖肽类抗生素，是治疗由金黄色葡萄球菌引起的严重感染的首选药物，常作为在β-内酰胺类抗生素或其他抗菌药物治疗失败后可以使用的最后手段，临床上多使用其盐酸盐。

万古霉素的分离纯化有树脂吸附分离法、沉淀法、色谱制备法、亲和吸附法、双水相萃取法、反胶团萃取法等，也有将其中几种方法综合使用的。色谱制备法、亲和吸附法成本较高，双水相萃取法、反胶团萃取法影响因素较复杂，提取率不高。用大孔吸附树脂对万古霉素的分离纯化，得到的万古霉素洗脱液质量较好。

1. 万古霉素发酵液预处理

万古霉素发酵液凝聚处理：将发酵液pH调至4.0，加入偏铝酸钠，用量为750mg/L，搅拌6min后，静置，待分层后抽滤发酵液，滤液备用。

2. 静态吸附实验

分别称取1.5g干树脂，置于锥形瓶中，加入25mL浓度为2.52mg/mL的发酵液，振荡24h，检测万古霉素浓度，计算静态饱和吸附量。过滤并收集树脂，用50mL 15%乙醇/0.1%盐酸/水作为洗脱剂解吸万古霉素，振荡 24h，测定解吸液浓度，计算解吸量和解吸率。解吸效果见表 7-18。

表 7-18　吸附树脂对万古霉素静态吸附与解吸效果的比较

树　脂	静态饱和吸附量/(mg/g)	静态解吸量/(mg/g)	静态解吸率/%
XAD-16	17.72	15.57	87.86
NKA-Ⅱ	10.39	8.88	85.45
NKA-9	9.21	6.68	72.51
S-8	15.64	12.23	78.22
AB-8	7.76	4.36	56.17
NKC-9	14.87	11.05	74.29

由表 7-18 可以看出，XAD-16 树脂的静态饱和吸附量较其他树脂高，该树脂的解吸率也较高。虽然 NKA-Ⅱ树脂的解吸率也比较高，但其吸附量较低，不宜选用。因此，选择 XAD-16 树脂进行下一步研究。

3. 动态吸附实验

(1) 上样浓度对树脂动态饱和吸附量的影响　将预处理过的万古霉素发酵液用水稀释成不同浓度的上样液，以 2mL/min 的流速上样，分别计算动态饱和吸附量，实验结果如图 7-15 所示。

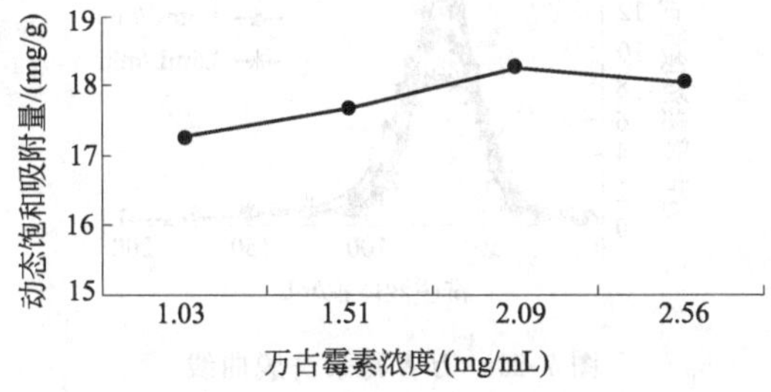

图 7-15　浓度对树脂动态饱和吸附量的影响

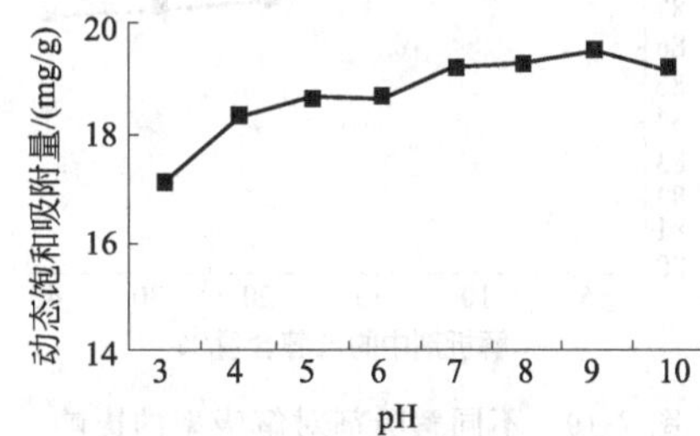

图 7-16　pH 对树脂动态饱和吸附量的影响

由图 7-15 可知，当上样液浓度较低时，树脂吸附量较低，这表明树脂被穿透时仍有部分树脂未真正达到吸附饱和，树脂使用效率不够高。而当浓度过高时，树脂吸附量也稍有下降，这可能是由于一些杂质与万古霉素竞争吸附，从而影响了树脂对万古霉素的吸附量。所以选择 2.09mg/mL 为较适上样浓度。

(2) 上样液 pH 对树脂动态饱和吸附量的影响　用 10%的盐酸和 10%的氢氧化钠将上样液（浓度为 2.09mg/mL）的 pH 分别调至 3.0、4.0、5.0、6.0、7.0、8.0、9.0、10.0，以 2mL/min 的流速上样，比较不同 pH 的上样液对树脂动态饱和吸附量的影响，实验结果见图 7-16。

由图 7-16 可以看出，pH 为 9.0 时，XAD-16 树脂对万古霉素的动态饱和吸附量较高。这可能是由于万古霉素呈弱碱性，在弱碱性条件下能够保持分子状态，较易被吸附。因此，确定上样液较适合 pH 为 9.0。

(3) 上样流速对树脂动态饱和吸附量的影响　将 pH9.0、浓度为 2.09mg/mL 的上样液分别以 1.5mL/min、2.0mL/min、2.5mL/min、3.0mL/min、3.5mL/min 的流速上样，考察不同上样流速对树脂动态饱和吸附量的影响，结果见图 7-17。

图 7-17 表明，当上样流速超过 2.5mL/min 后，树脂动态饱和吸附量逐渐下降。在较小的流速下，树脂动态饱和吸附量相对较高，但流速过小，会延长上样时间，降低工作效率。因此，选择 2.5mL/min 为较适合上样流速。

(4) 树脂吸附万古霉素穿透曲线的考察　按照优化好的上柱条件（上样浓度 2.09mg/mL、pH9.0、流速 2.5mL/min）进行动态吸附实验，绘制出树脂吸附万古霉素穿透曲线如图 7-18 所示。在流出液体积为 280mL 时，基本已到达树脂穿透点，动态饱和吸附量为 19.51mg/g。

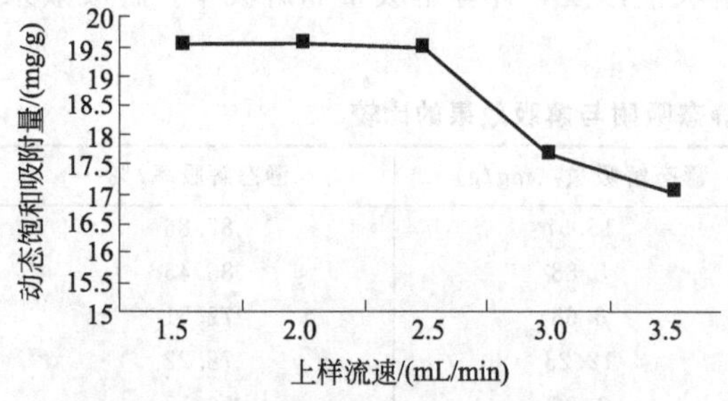

图 7-17　流速对树脂动态饱和吸附量的影响

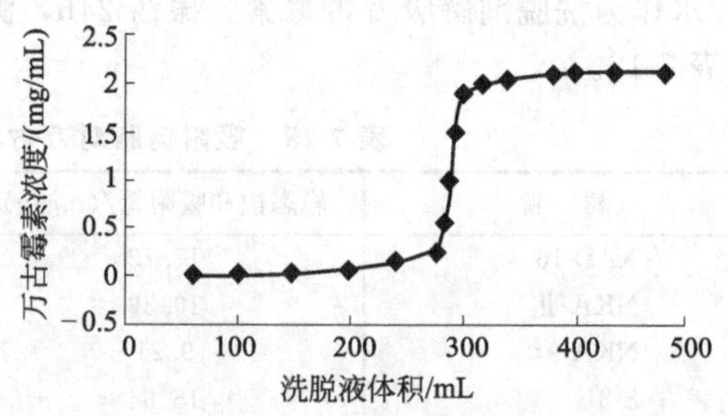

图 7-18　树脂吸附万古霉素的穿透曲线

4. 洗脱实验

(1) 解吸剂的选择　取 9g 预处理过的 XAD-16 干树脂，置于锥形瓶中，加入 150mL 浓度为 2.09mg/mL 的发酵液进行静态吸附实验，吸附达平衡后滤出树脂，以 0.1%盐酸洗涤，等分成 6 份，分别用 5%、10%、15%、20%、30%、40%乙醇/0.1%盐酸/水作为洗脱液进行解吸，洗脱液体积均为 50mL。结果见图 7-19。

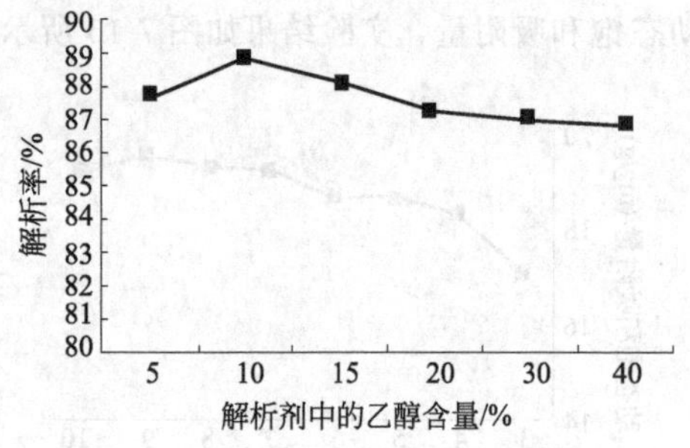

图 7-19　不同解吸剂对解吸率的影响

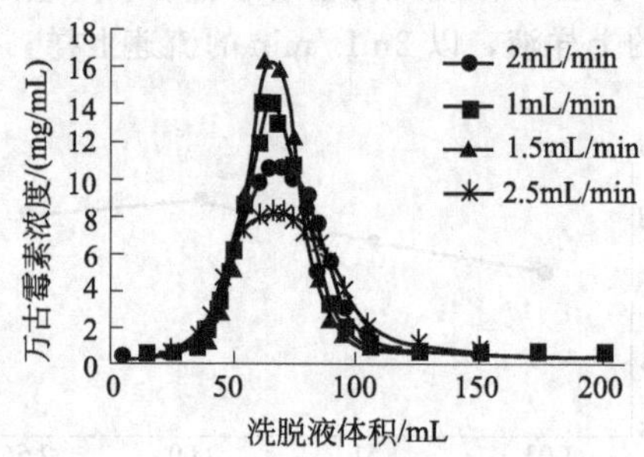

图 7-20　万古霉素洗脱曲线

由图 7-19 可以看出，低浓度的乙醇盐酸水溶液有利于解吸的进行，尤其是用 10%乙醇/0.1%盐酸/水解吸效果最佳。另外，乙醇浓度过高会将更多的色素等杂质解吸下来，影响万古霉素的纯度。

(2) 不同流速对洗脱效果的影响　达到饱和吸附后，以 2 倍柱床体积的 0.1%盐酸洗涤树脂，然后用 10%乙醇/0.1%盐酸/水进行洗脱，控制流速分别为 1mL/min、1.5mL/min、2mL/min、2.5mL/min，收集洗脱液（5mL/管），绘制洗脱曲线，见图 7-20。

由图 7-20 可以明显看出，流速对洗脱效果有一定影响。以 1.5mL/min 的流速进行洗脱得到的峰形较好。所以用 3 倍柱床体积的洗脱液以 1.5mL/min 的流速进行洗脱，即可基本将万古霉素从树脂上洗脱下来。所得洗脱液中万古霉素液相色谱峰面积可达总积分面积的 85.61%。

通过比较大孔吸附树脂对万古霉素的静态吸附及解吸效果，认为 XAD-16 树脂较适宜提取万古霉素。这可能是由于 XAD-16 树脂极性较强，具有亲水性表面结构，较容易吸附像万古霉素这样的极性溶质。

实例 7-14：大孔吸附树脂提取头孢氨苄

确定的提取精制工艺流程：

转化液 —调 pH3→ 离心 → 上清液 —H-103 型树脂吸附（pH5）→ 饱和树脂 —蒸馏水洗→

—50%丙酮解吸（pH1.5）→ 解吸液 —真空浓缩（pH5）→ 浓缩液 —冷却（4℃）→ 结晶析出 —过滤→

—冷丙酮洗→ 晶体（粗品）—重结晶→ 晶体 —冷丙酮洗→ —真空干燥（P_2O_5）→ 成品

（二）在蛋白质、多肽和氨基酸分离纯化中的应用

大孔吸附树脂具有吸附和筛选性能，容易再生。所以在分离纯化蛋白质、多肽和氨基酸等生物活性物质时具有条件温和、设备简单和操作方便的特性。在多肽和氨基酸的制备过程中，往往样品在第一步处理中存在着缓冲液或其他小分子物质（如无机盐类），限制了它的进一步处理，如离子交换、薄层色谱或高效液相色谱。多肽和氨基酸的分子量较小，不能用常规的分离手段如透析、超滤来进行脱盐，所以去除多肽和氨基酸中的这些盐类是很有必要的。不同极性的吸附树脂对氨基酸的吸附选择性是不同的。

实例 7-15：大孔吸附树脂静态吸附草鱼蛋白水解物中氨基酸[18]

由于酶解物体系成分复杂，故以蛋白质含量高、脂肪含量低且芳香氨基酸（AAA）含量也相对较低的草鱼为原料制备蛋白水解物，研究了 4 种吸附树脂对水解物中各种氨基酸的吸附情况。

1. 草鱼蛋白酶解液的制备

草鱼肉与水按 1∶1 质量比混合绞成糜状，筛选的酶解工艺条件为：先加入胰酶 0.20%（以鱼肉质量计），于 50℃下酶解 5h 后将酶解体系升温至 55℃，再加入木瓜蛋白酶（0.10%）继续酶解 5h，后于 100℃下煮沸 10min 灭酶，冷却 20min 后离心（4800r/min，30min），收集上清液（寡肽含量超过 60%）备用。

2. 静态吸附试验

树脂经预处理后各取 5g，量取酶解清液 25mL，调节酶解液 pH 至 5.60，加入处理好的树脂，于 25℃恒温摇床中振摇 3h 后抽滤，收集滤液。

从表 7-19 可知，经大孔树脂吸附后，酶解液中 AAA 含量均有不同程度的降低，4 种树脂吸附能力由强到弱排序为：XDA-200＞LSA-800C＞XDA-5＞LSA-8B，而大孔树脂吸附能力由不同树脂材料的比表面积和树脂孔径所决定，通常比表面积大、孔径小的树脂吸附量大，因而导致不同树脂吸附能力的差异，结合表 7-19 可知，4 种树脂中 XDA-200 型的比表面积最大（$1000m^2/g$）且其平均孔径最小（20nm），因此该树脂吸附能力最强。

表 7-19　静态吸附结果

树脂型号	XDA-5	XDA-200	LSA-800C	LSA-8B
吸附前 AAA 质量/g	0.2894	0.2894	0.2894	0.2894
吸附后 AAA 质量/g	0.2082	0.1729	0.1812	0.2107
ΔAAA/%	28.06	40.26	37.39	27.19

3. 吸附前后酶解液组分的变化情况

从图 7-21 可知，吸附前后均有 6 个主要的组分峰，与原酶解液相比吸附后出峰位置未发生

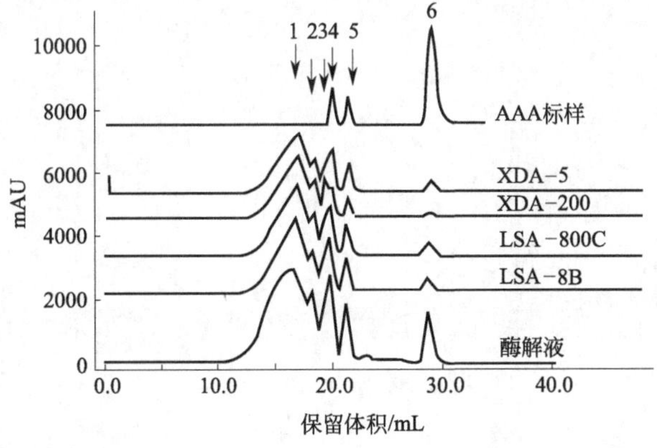

图 7-21　凝胶色谱图

偏移，只是峰面积相对有一定程度减小，说明酶解液经吸附后未发生组分降解现象，确认大孔树脂的吸附仅靠物理作用完成。

思考题

1. 简述大孔吸附树脂分离化合物的基本原理。
2. 吸附树脂分离效果的影响因素有哪些？
3. 在药物分离的实际操作中，如何确定大孔吸附树脂的最佳分离工艺条件？
4. 举例说明大孔吸附树脂在药物的分离纯化方面有哪些实际应用？
5. 目前大孔吸附树脂在药物的分离纯化应用中存在哪些问题及相应的解决办法是什么？
6. 简述穿透曲线、吸收曲线、解吸曲线的作用。

参考文献

[1] 何炳林，黄文强主编. 离子交换与吸附树脂. 上海：上海科技教育出版社，1995.

[2] 徐晶，陈再兴，袁昌鲁. 大孔吸附树脂富集纯化黄芩总黄酮的工艺研究. 中医药学刊，2006，24 (9)：1648-1649.

[3] 傅博强，刘颉，王小如等. XDA-1 大孔吸附树脂对甘草酸及甘草总黄酮的吸附分离. 现代中药研究与实践，2004，18 (增刊)：45-50.

[4] 任顺成，丁霄霖. 大孔树脂对玉米须类黄酮的吸附分离特性研究. 食品与发酵工业，2003，29 (12)：17-21.

[5] 卢锦花，胡小玲，岳红等. 大孔吸附树脂对银杏叶黄酮类化合物吸附及解吸的研究. 化学研究与应用，2002，14 (2)：165.

[6] 彭拓华，陈洁炜，黄湘兰等. 大孔树脂富集纯化人参总皂苷工艺条件优选. 中药材，2006，29 (4)：392-394.

[7] 马建标，王利民，李建敏等. 新型吸附树脂 S-038 对绞股蓝皂苷的吸附性能及其在绞股蓝皂苷和三七皂苷提取、纯化中的应用. 中草药，1993，9 (2)：97-101.

[8] 张红，童明容，潘继伦等. 大孔吸附树脂提取喜树碱的研究. 离子交换与吸附，1995，11 (2)，145-150.

[9] 李文兰，王艳萍，季宇彬等. 应用 AB-8 大孔树脂纯化新乌头碱和乌头总碱. 中国天然药物，2006，4 (5)：355-359.

[10] 范云鸽，秀莉，史作清等. 大孔吸附树脂提取穿心莲总内酯的研究. 离子交换与吸附，2002，18 (1)：30-35.

[11] 夏超，韩英，张文等. 不同大孔吸附树脂对复方脑脉康提取物吸附容量初步比较. 时珍国医国药，2000，11 (12)：1082-1083.

[12] 王高森，侯世祥，朱浩等. 大孔树脂吸附纯化中药复方特性研究. 中国中药杂志，2006，31 (15)：1237-1240.

[13] 饶品昌，罗文华. 右归煎液用大孔树脂 D1300 精制的工艺研究. 中成药，1999，21 (8)：388-391.

[14] 晏亦林，周莉玲，李锐等. 四逆汤大孔树脂精制物的实验研究. 中成药，2001，23 (7)：478-481.

[15] 丛日山，袁文鹏，樊廷俊等. 仿刺参水溶性海参皂苷的分离制备及抗真菌活性的研究. 中国海洋大学学报，2006，36 (6)：959-964.

[16] 顾觉奋，魏爱琳. 大孔网状吸附剂在微生物制药分离纯化上的应用. 离子交换与吸附，2002，18 (3)：281-288.

[17] 张一，杜连祥，马书章等. 大孔吸附树脂纯化万古霉素发酵液的研究. 药物生物技术，2007，14 (2)：127-130.

[18] 赵谋明，任娇艳，崔春等. 大孔吸附树脂静态吸附草鱼蛋白水解物中氨基酸的研究. 食品与发酵工业，2006，32 (4)：22-26.

第八章　分子印迹技术简介

随着人们从认识自然，学习自然逐步过渡到模拟自然的认知过程，仿生科学技术取得了极大的进步。在自然界的生物进化过程中，分子识别起着决定性的作用，分子识别的重要特征就是选择性，如酶反应中的选择性。另外，一些天然化合物虽然不具有酶的活性，但在化学结合中也有选择性的特点，例如环状分子环糊精等有结合选择性等特点。这种奇异的现象启发了化学工作者模拟生物体的功能（如与配体选择性地结合，自组装成为超分子，甚至能够自我复制）去设计、合成人工受体。分子印迹（molecular imprinting）就是在这种思想下产生的。分子印迹属于超分子研究的范畴，它是指制备对某一特定分子（模板分子或印迹分子）具有选择性的聚合物的过程。分子印迹技术通常可以描述为制造识别“分子钥匙”的“人工锁”的技术[1~6]。

1940 年，著名诺贝尔奖获得者 Pauling 在研究抗原与抗体相互作用时，提出以抗原为模板合成抗体的设想。尽管后来的“克隆选择”理论证明 Pauling 的假设是不正确的，但这种设想却为分子印迹理论奠定了基础。在 Pauling 假设的启发下，1949 年，Dickey 采用一系列染料分子进行了印迹硅胶的实验，首次提出了“分子印迹”这一概念。1972 年 Wulff 研究小组首次成功制备出用于手性拆分的分子印迹聚合物，使这方面的研究产生了突破性进展。20 世纪 80 年代 Norrlow 等进一步发展了这一技术，但主要用于小分子物质如多肽或辅酶的分离纯化。1993 年 Mosbach 在“Nature”杂志上发表有关茶碱 MIP 的研究报告后，分子印迹技术（MIT）才真正走向成熟，并由此使其成为化学和生物学交叉的新兴领域之一，得到世界注目并迅速发展。1995 年 Maria 等又将该技术用于蛋白质的分离纯化。以后，分子印迹技术得到了迅猛发展。分子印迹聚合物以其通用性和惊人的立体专一识别性，越来越受到人们的青睐[7,8]。

分子印迹技术之所以发展如此迅速，主要因为它有三大特点：预定性、识别性、实用性。基于该技术制备的分子印迹聚合物具有亲和性和选择性较高、抗干扰性强和稳定性好、使用寿命长、应用范围广等特点。因此，分子印迹技术在许多领域，如色谱分离、固相萃取、仿生传感、模拟酶催化、临床药物分析、吸附、膜分离等，得到日益广泛的研究和开发，并有望在生物工程、临床医学、环境监测、天然药物、食品工业等领域形成产业化规模的应用。

第一节　概　　述

分子印迹技术又称分子烙印技术（molecular imprinting technique，MIT），以目标分子为模板分子（或称印迹分子），将具有结构上互补的功能化聚合物单体通过共价键或非共价键与模板分子结合，并加入交联剂进行聚合反应，反应完成后将模板分子洗脱出来，形成了一种具有固定空穴大小和形状及有确定排列官能团的交联高聚物，这种交联高聚物即分子印迹聚合物（molecular imprinting polymers，MIP）。

一、分子印迹技术的原理

分子印迹技术是指为获得在空间结构和结合位点上与某一分子（印迹分子）完全匹配的聚合

物的实验制备技术，可以通过以下过程实现。

第一，印迹分子与具有适当功能基团的功能单体通过共价键、氢键、离子作用或疏水作用，在一定条件下形成主客体复合物，这个过程被称为印迹过程。

第二，通过光引发或热引发在大量交联剂存在下进行自由基聚合反应，将主客体配合物固定在高度交联的高分子母体中，制得高聚物。

第三，通过一定的方法洗去印迹分子，得到在高分子共聚物中留下一个与印迹分子在空间结构上完全匹配，并含有与印迹分子专一结合的功能基团的三维空穴，这个三维空穴可以选择性地重新与印迹分子结合，它对模板分子表现出特效的选择性和识别能力。印迹过程如图 8-1 所示。

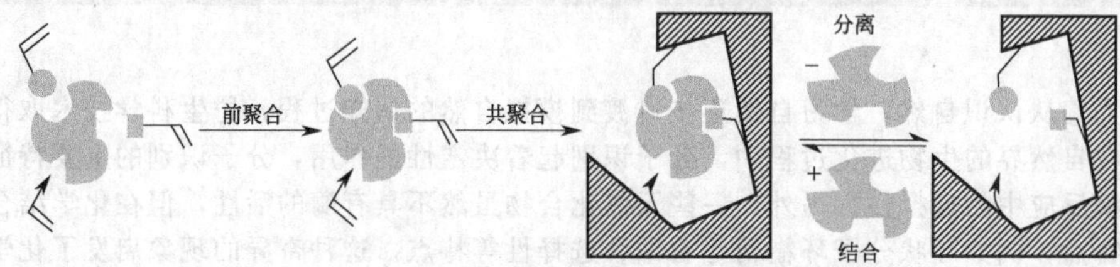

图 8-1 分子印迹流程

通常认为 MIP 对模板分子的识别特性来源于 MIP 与模板分子在空间结构和构象上的相互匹配。但是目前对分子印迹技术还缺乏定量和系统描述，文献报道的也不多。Shea 等人认为空腔形状是 MIP 具有识别特性的主要因素。Wulff 等人用 MIP 拆分外消旋糖时发现空腔中键合点处功能基团的立体排布是分子识别行为的主要因素。

分子印迹聚合物结合有两种途径，见图 8-2。

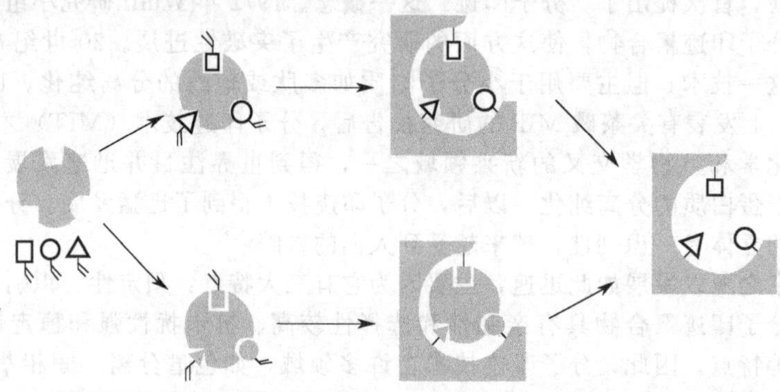

图 8-2 分子印迹聚合物共价结合与非共价结合的两种途径

二、分子印迹技术的方法

按照单体与模板分子结合方式的不同，分子印迹技术又可分为分子自组装，即非共价印迹方式和分子预组装，即共价印迹方式。把分子自组装和分子预组装两种方法结合起来形成印迹聚合物，称为准共价印迹方法。

1. 共价法

$$R-C_6H_4-B(OH)_2 + \begin{matrix}HO\\HO\end{matrix}\!\!\rbrack \rightleftharpoons R-C_6H_4-B\!\begin{matrix}O\\O\end{matrix}\!\!\rbrack + H_2O \quad (8\text{-}1)$$

$$R-C_6H_4-B(OH)_2 + \begin{matrix}HO\\HO\end{matrix}\!\!\rbrack \xrightleftharpoons{\text{哌啶 (NH)}} R-C_6H_4-\overset{-}{B}\!\begin{matrix}O\\O\end{matrix}\!\!\rbrack \cdot \text{哌啶}\overset{+}{N}H \quad (8\text{-}2)$$

共价法又称预组装法，是印迹分子首先共价联结到单体上，然后聚合，聚合后再打开共价键，去除印迹分子的方法。

常用的共价结合作用的物质包括硼酸酯、席夫碱、缩醛酮、酯和螯合物等。其中最具代表性的是硼酸酯［如反应方程式(8-1)］。其优点是能够生成稳定三角形结构的硼酸酯，而在碱性水溶液中或在有氮存在下则生成四角形结构的硼酸酯［如反应方程式(8-2)］。这种四角形结构的硼酸酯与二醇能极快地达到平衡，其平衡速度与非共价键作用相当。在空穴中若含有两个硼酸基团的MIP，用于拆分印迹分子的外消旋体时呈现出很高的选择性。但是，并不是结合位点越多，其选择性越高。预组装法由于共价键作用较强，聚合中能获得在空间精确固定排列的结合基团[9,10]。

该法已被应用于制备各种具有特异识别功能的聚合物，如糖类及其衍生物、甘油酸及其衍生物、氨基酸及其衍生物、芳基酮类、双醛类化合物、转铁蛋白和双辅酶等物质。

2. 非共价法

非共价法又称自组装法，分子自组装是指单体和模板分子之间是通过弱的相互作用力非共价键结合（如静电力、疏水作用力、氢键、金属配位键、偶极以及范德华力等）形成多点相互作用的“单体-模板分子”的复合物（见图 8-3），聚合后这种作用被固定下来，然后通过淋洗的方法除去印迹分子得到 MIP[11~13]。

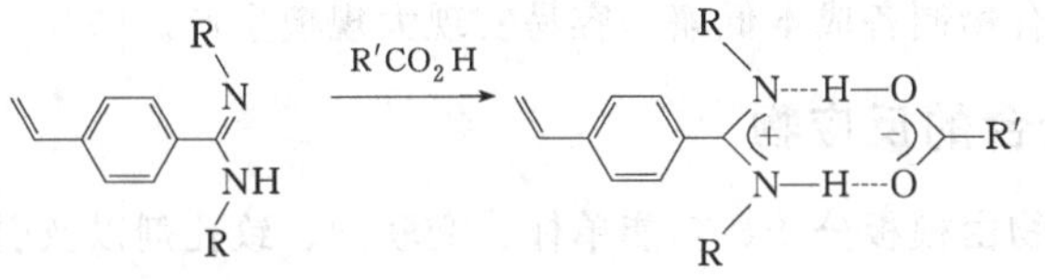

$R'CO_2H$

R=$-CH_3$，$-C_2H_5$，$-CH=CH_2$

图 8-3　2-乙烯苯基脒与羧酸形成静电作用示意

自组装法分子识别特性主要决定于印迹分子与印迹聚合物内功能基团间的离子键、氢键、疏水作用结合机理，类似于天然生物分子，是 MIP 研究的热点。常用非共价型单体见表 8-1。

表 8-1　常用非共价型单体

种　类	单 体 名 称
酸性功能单体	丙烯酸、甲基丙烯酸、三氟甲基丙烯酸、亚甲基丁二酸、4-乙烯基苯甲酸、2-丙烯酰胺-2-甲基-丙磺酸、*N*-丙烯酰基丙氨酸、甲基丙烯酸甲酯
碱性功能单体	1-乙烯基吡啶、4-乙烯基吡啶、2-乙烯基吡啶、2,6-二丙烯酰胺吡啶等
中性功能单体	丙烯酰胺、甲基丙烯酸乙酯、4-乙烯基苯乙烯丙烯酰胺
金属螯合功能单体	4-(5)-乙烯基咪唑、4-乙烯基苯甲基亚氨基乙酰乙酸、1-(4-乙烯基苄基)-1,4,7-三氮杂环壬烷

目前非共价键法制备的分子印迹被研究人员广泛应用于固相萃取、化学传感器、色谱柱填料、毛细管电色谱柱填料、膜分离等分析领域，而且，其制备的方法也越来越多样化。

3. 准共价分子印迹

准共价分子印迹法是把分子自组装和分子预组织两种方式结合在一起的方法。首先，模板分子与功能单体以共价键形成模板分子的衍生物（单体-模板分子复合物），这一步相当于分子预组织过程，然后交联聚合，使功能基团固定在聚合物链上，除去模板分子后，功能基团留在空穴中。当模板分子重新进入空穴时，模板分子与功能单体上的功能基团不是以共价键结合，而是以非共价键结合，如同分子自组装。

三、分子印迹技术的特点

分子印迹的最大特点是以分子印迹制备出来的分子印迹聚合物不仅是具有特定的选择性和高亲和性的分子识别材料，而且还具有如表 8-2 所示的特性[14]。

表 8-2 分子印迹聚合物特性

评价指标	特　点	评价指标	特　点
物理稳定性	抗机械作用、高温、高压	对印迹分子的记忆性	可重复使用 100 次以上且不丢失吸附性能
化学稳定性	抗酸碱、有机溶剂、金属离子		
储存时间	≥8 个月（吸附性能不变）	回收率	≥99%
吸附容量	印迹分子/聚合物（0.1～1mg/g）		

MIP 具有以下优点。

第一，分子印迹技术合成的聚合物具有很好的物理和化学稳定性，对各种不同的目标化合物都显示良好的专一性。能够抵抗很强的机械作用力，高温、高压下不会改变分子印迹聚合物的性质。能抵抗酸、碱，高离子强度以及各种有机溶剂的作用，即使在复杂的化学环境中也能保持稳定。

第二，MIP 可以保存较长的时间并维持其专一的亲和能力，反复使用百次以上其亲和能力没有明显衰减。

第三，MIP 的选择性很强，对于印迹分子而言几乎是“量身订做”的，即理论上对任何一个分子而言均可制备相应的 MIP。采用 MIP 可以替代那些难以培植，不易获得的天然抗体。

第四，分子印迹聚合物制备成本低廉，容易实现大规模生产。

四、分子印迹聚合的反应物

分子印迹聚合反应物由模板分子、功能单体、交联剂、致孔剂以及引发剂构成。

1. 模板分子

在实际应用中，通常用被测物质作为印迹聚合物的模板。模板的结构和化学性质决定着所采用的印迹方法。通常，模板分子应该具有与功能单体发生相互作用的合适功能基团，以保证彼此之间形成稳定的复合物。选择模板分子应满足如下三方面的要求，即模板分子不影响交联剂的聚合；模板分子的官能团不应阻断和延缓引发剂产生自由基的过程；模板分子在热引发或光引发条件下具有一定的化学稳定性。

模板的性质对 MIP 的识别能力有很大的影响。一般认为，MIP 的选择性与模板和功能单体之间作用的功能基团的数目、作用强度及模板的形态和刚性有关。一个具有良好的印迹原性的化合物应具备多个极性基团，并具有刚性和柔性相结合的特点。

2. 功能单体

功能单体是构成印迹聚合物的基本单位。理想的功能单体应该在聚合过程中与印迹分子形成稳定的复合物。功能单体选取的原则是：单体的一端能和聚合物结合，而另一端能和模板分子结合。与聚合物的结合应足够强，以使除去模板后孔穴内结合基团能稳定存在。与模板的结合力则要适中，因为结合力过大模板分子将难以洗脱，过小则孔穴对模板分子的选择性不高。

选择合适的功能单体取决于印迹分子的结构和官能团。通常可以同时采用多种不同性质的相互作用，如离子间相互作用、氢键相互作用、静电作用以及疏水效应等。用于非共价印迹聚合物的功能单体有多种，它们包括酸性功能单体、碱性功能单体、中性功能单体、金属螯合功能单体等，常用的非共价单体如表 8-1 所示。

共价型 MIP 的功能单体应该具有能与模板分子发生共价结合的基团，同时模板与功能单体之间的共价键应该容易通过适当的方法断裂。

总之，选择适宜的功能单体，使得模板和功能单体之间的相互作用足够强，以利于 MIP 中选择性识别位点的形成是功能单体选择的原则。比如，甲基丙烯酸被广泛地用于各种模板的功能单体来制备分子印迹聚合物，这是因为甲基丙烯酸既可以作为氢键的供体，也可以作为氢键的受体使用。其分子内除具有一个碳-碳双键外，还具有一个羧基，能够以离子键形式与胺发生作用，也能够以氢键形式与酰胺、氨基甲酸酯和羧基化合物发生作用。如果模板含有路易斯碱或氢键作用的位点，都可以使用甲基丙烯酸来制备分子印迹聚合物[15~17]。

3. 交联剂

在分子印迹过程中，交联剂的作用主要如下。第一，用来固定聚合物的孔结构。交联剂与模板分子结合的功能单体，形成具有模板分子空间特定构型的聚合物。第二，稳定印迹位点。交联剂的性质决定着印迹聚合物的机械稳定性，影响着印迹聚合物的形态。第三，由于所采用的交联剂占了很大比例，故交联剂单体很大程度上决定着印迹聚合物的疏水性，由此也影响着非特异性键合的程度。如二乙烯苯和丙烯酸酯的衍生物通常是疏水的，而对以丙烯酰胺为基础的交联剂相对来说是亲水的。常用交联剂[18~22] 结构见图 8-4。

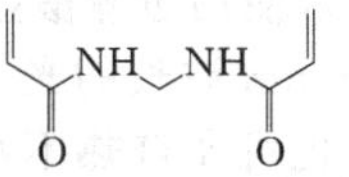

N,*N'*-亚甲基双丙烯酰胺 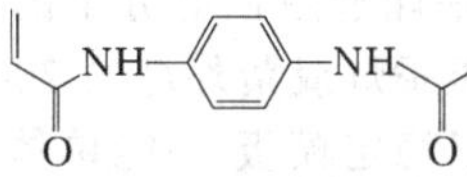　　*N*,*N'*-1,4-苯基双丙烯酰胺

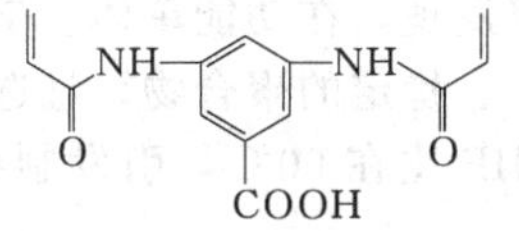

3,5-二丙烯酰氨基苯甲酸 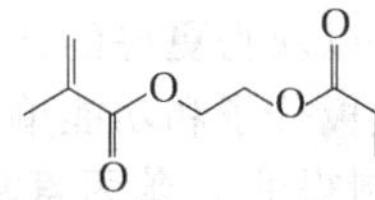　　乙二醇二甲基丙烯酸酯

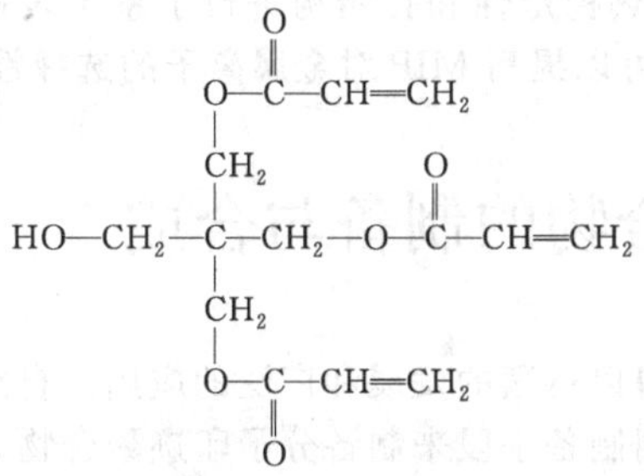

季戊四醇三丙烯酸酯 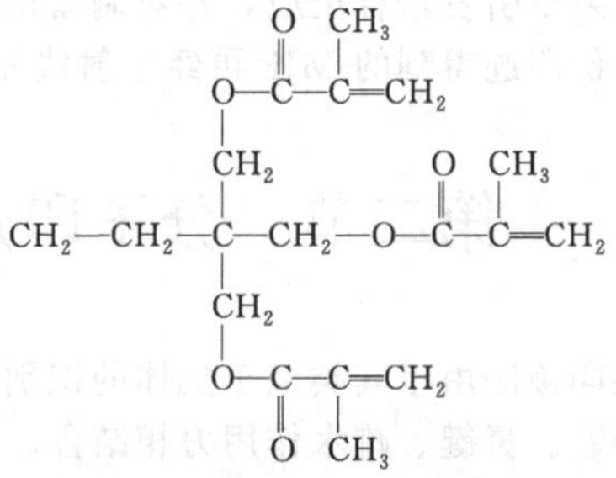　　三羟甲基丙烷三甲基丙烯酸酯

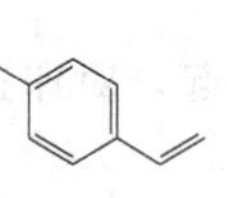

1,4-二乙烯苯 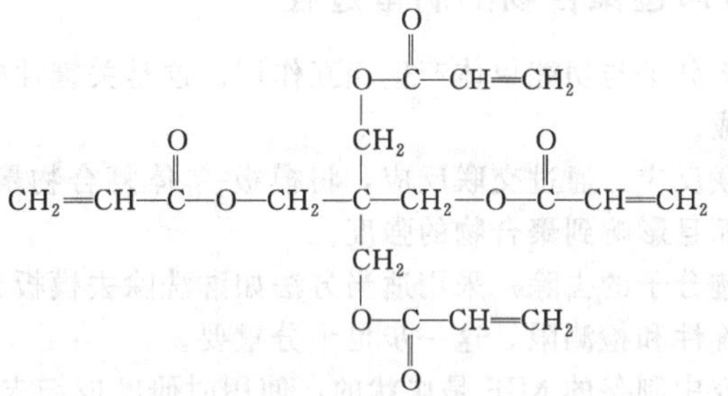　　季戊四醇四丙烯酸酯

图 8-4　常用交联剂结构

4. 致孔剂（溶剂）

在 MIP 制备过程中，致孔剂主要是为了溶解参与聚合反应的各个组分，并且使聚合物形成大的孔穴结构，以利于 MIP 识别底物分子时的传质过程。聚合时所用的致孔剂对于 MIP 的识别能力、手性选择性以及其他性质例如表面积、溶胀性和孔体积都具有重要的影响。通常，致孔剂形成氢键的能力，也就是作为氢键供体和受体的平均能力，在分子识别中扮演重要的角色。常用的致孔剂有氯仿、二氯甲烷、甲苯、乙腈等。

致孔剂在决定最终分子印迹聚合物的物理特性上起着重要的作用。采用以丙烯酸为基础的交联单体，乙烯基己二醇二甲基丙烯酸酯为交联剂，于乙腈中制备的印迹聚合物比采用三氯甲烷作为致孔剂合成的聚合物具有更高的表面区域和孔径。

迄今为止，多数印迹过程都是在有机溶剂中完成的。非水相中结合得到的 MIP 在用于非水环境中较为有利，用于水相环境中的分子印迹聚合物最好是在水性体系下印迹得到。而由于在实际的应用环境，包括药物拆分、仿生模拟、生物传感器等方面的应用中，大多数模板都是水溶性的，这就需要在水相中大量印迹得到 MIP。因此，对于在水相中合成 MIP 以及在水相环境中选择性识别目标化合物的探讨成为分子印迹技术研究的一大热点。

5. 引发剂

MIP 一般通过自由基引发聚合制备，引发方式有热引发、光引发、辐射引发等方式。

（1）热引发　常用引发剂为偶氮二异丁腈（AIBN）或偶氮二异庚腈（AIHN）。在 60℃或更高时可使 AIBN 进行引发；在 40℃时用 AIHN 引发。低温有助于模板分子和功能单体生成更加稳定的复合物。在水相中印迹蛋白等分子的时候也常常使用过硫酸盐作为引发剂。

（2）光引发　使用高压汞灯或紫外灯的 254nm 或 365nm 波长的光，一般在低于室温时引发聚合。由于温度较低，可以稳定模板-功能单体复合物，也可印迹热不稳定的化合物。在较低温度下（4℃）的光引发制得的 MIP，比起在 40℃和 60℃时热引发所得的 MIP 显示了更强的保留。可改变聚合物的物理性能以获得更好的选择性。研究发现，在功能单体、交联剂、引发剂相同的条件下，低温更有利于模板分子和功能单体形成有序、稳定的聚合物，且选择性更好。实验也表明[7]，0℃下紫外光引发制得的 L-苯丙氨酰替苯胺 MIP 比在 60℃热引发制备的 MIP 具有更高的手性识别能力。

采用 γ 射线引发聚合反应，并对制备的 MIP 的热稳定性和孔结构进行了系统表征。也有文献报道，共价印迹得到的 MIP 再经 γ 射线照射后，可以提高 MIP 对金属离子的选择性。

第二节　分子印迹聚合物的制备与合成

自组装印迹法由于其类似于抗体的识别功能，得以迅猛的发展和广泛的应用。自组装印迹法主要以离子键、氢键、疏水作用力相结合，采用不同制备手段来制备分子印迹聚合物。

一、分子印迹聚合物的制备过程

第一，模板分子与功能单体产生相互作用。这是关键性的一点，如果相互作用不存在，印迹位点就无法形成。

第二，交联反应。通过交联反应，将模板-单体复合物聚合到一起，对印迹点的空穴不仅起到固定作用，而且影响到聚合物的强度。

第三，印迹分子的去除。采用适当方法如淋洗除去模板分子，如果有遗留，在应用过程中会影响测定的准确性和检测限，这一步也十分重要。

早期的研究中制备的 MIP 是块状的，使用时研磨成细末，分筛后取一定粒径范围的聚合物，用丙酮、乙腈或其他有机溶剂沉降后使用。对印迹物研磨需要消耗大量的时间和精力，而且研磨后的印迹物形状不规则，大量的印迹物被筛选掉而造成浪费。近年来分子印迹聚合物的制备有了长足发展，人们可以根据所需的印迹物粒径而采取不同的制备方法，而且可以采取特殊的制备方法合成特殊形貌的印迹物，如合成印迹膜、印迹聚合物整体柱合成、印迹聚合物毛细管整体柱合成等。每种合成方式有各自的特点和局限性，下面对几种主要的合成方法作分析介绍。

二、分子印迹聚合物的合成方法

1. 本体聚合

本体聚合即单体本身聚合，它是首先将模板分子与功能单体进行预聚合形成复合物，然后加入交联剂和引发剂使其在一定条件下发生聚合反应，即将印迹分子、功能单体、交联剂和引发剂按一定比例溶解在惰性溶剂（通常是氯仿或甲苯）中，然后移入一玻璃安瓿瓶中，采用超声波脱气，通氮气除氧，在真空下密封安瓿瓶，经热引发或紫外光照射引发聚合，再洗脱除去印迹分子，经真空干燥后即成。此方法制备的MIP具有满意的“记忆功能”，对印迹分子有良好的选择性和识别特性，而且合成操作条件易于控制，实验装置简单，便于普及，其缺点是：①后处理过程繁杂，聚合过程中会不可避免地产生一些不规则粒子，这些粒子需经过沉降除去，因而费时费力，使产量降低；②不规则粒子的柱效率较低；③大规模生产有困难；④由于网络的交联度很高，模板的除去很困难，这对于以贵重药品为印迹分子的体系来说价格过高；⑤印迹点在合成过程中被包埋在聚合物内部，使得其利用率低，表现为低的吸附量。

本体聚合方法是目前研究最多的一种方法，用此法所得的聚合物，可用于作色谱固定相，也可用于药物分析和分离、氨基酸及其衍生物的分离等。

例如，Mosbach等在制备对茶碱有特异结合的分子印迹聚合物时，将4.7g茶碱，9g甲基丙烯酸和93.5g甲基丙烯酸乙二醇酯溶于250mL氯仿中，真空脱气5min后加入0.1g偶氮二异丁腈引发聚合，60℃水浴反应24h，聚合物经机械研磨后过筛，取25μm左右的粒状产物，用甲醇和乙酸抽提除去茶碱，然后干燥即得分子印迹聚合物[20]。

2. 扩散聚合法

此法是将模板分子、功能单体、交联剂溶于有机溶剂中，然后将溶液移入水中，搅拌，乳化，最后加入引发剂交联、聚合，可直接制备粒径较均一的球形分子印迹介质。该法制备的聚合物是一类新的、有用的载体粒子，粒子为纳米级（50～500nm）。这类材料的显著特点是表面积大。

全氟代高聚物表面活性剂PFPS的制备方法如下：首先将一定量的聚氟乙醇、丙烯酰氯和三乙胺分别溶于适量的氯仿中得溶液1、溶液2和溶液3；之后将溶液2与溶液3同时慢慢加入溶液1中，在20℃下恒温搅拌24h，经过滤、蒸发除去三乙胺和氯仿，制得聚氟化丙烯酸酯（PFAC）；再用聚乙二醇（PEG2000）和丙烯酰胺用上述同样的方法制得聚乙二醇丙烯酰胺（PEG2000MME）；最后，将PFAC和PEG2000MME聚合即制得PFPS。他们将此活性剂用于乙二醇二甲基丙烯酸酯（EDMA）的分散聚合中收到了很好的效果，并成功地印迹了α-天冬酰苯丙氨酸甲酯（α-aspartame），并把该聚合物微球用于α-aspartame副产物的分离中。

3. 悬浮聚合法

悬浮聚合是以水或全氟代烃为悬浮介质，加入分散剂，在强力搅拌下将单体分散为无数的小液珠，然后在每个单体小液珠上进行聚合反应，目前采取悬浮聚合制得MIP有两步溶胀和种子聚合法，该法可制得具有均匀尺寸的球形MIP，由于所得的聚合物粒径均一，故尤其适用于作高效液相色谱的固定相，还可以用于手相拆分。

4. 表面印迹法

先将模板分子与功能单体在有机溶剂中反应形成加合物，然后将此加合物与表面活化后的硅胶、聚三羟甲基丙烷三丙烯酸酯（TRIM）粒子和玻璃介质表面反应嫁接，这样获得的分子印迹聚合物解决了传统方法中对模板分子包埋过深或过紧而无法洗脱下来的问题。

表面聚合实际上是在包围球形微粒的聚合物上形成浅的二维的分子印迹的方法。用Al^{3+}处理凝胶，使其产生路易斯酸表面，此表面与具有路易斯碱特性的模板分子配位，加热韧化使路易斯酸位点重排，形成容纳模板的最佳方位，除去模板后，留下按最佳方位排列的路易斯酸结合位点，即模板的“脚印”。这些具有“脚印”的聚合物可作为催化反应的催化材料，也可作吸附材料。

杜振霞[23] 等合成了在硅胶表面印迹苯丙氨酸分子印迹聚合物。过程如下：先在硅胶表面化学键合偶联剂α-氨丙基三乙氧基硅烷，再利用氨基与偶氮-4′,4′-腈基戊酸反应，把偶氮型自由基引发剂引入硅胶表面。然后以L-苯丙氨酸为模板分子，甲基丙烯酸为功能单体，乙二醇二甲基丙烯酸酯为交联剂制备表面印迹的硅胶微球。通过静态法研究硅胶表面印迹微球的吸附热力学和吸附动力学行为，表明表面印迹硅胶微球对模板分子的稀溶液的吸附行为满足Langmuir单分子层吸附模式，最大吸附量为0.256mmol/L，吸附平衡时间接近120min。

表面印迹硅胶微球对其模板分子表现出特异的分子识别性能，把表面印迹的硅胶微球作为色谱固定相，成功实现了对模板分子对映异构体的手性分离。实验结果表明，该聚合物的吸附平衡时间要比本体聚合制备的分子印迹聚合物的吸附平衡时间要快得多，而且吸附容量大，传质速度也快。

5. 原位聚合

先将预聚合混合物溶液注入到空色谱柱或毛细管中，然后两端用塞子塞紧，在水浴中热引发或光照引发聚合一定时间后，将色谱柱或毛细管连接到色谱仪或电泳仪上，洗出聚合物中的模板，即得到了可直接用于色谱或电泳分离的 MIP 色谱柱或毛细管。此方法将 MIP 的制备与装柱一步完成，实验过程得到大大简化。而且具有直接、快速、连续、均一的特点，因此有很强的实用性。这种方法目前在高效液相色谱和 CEC 进行手性分离中应用较多。张国庆等[24] 利用原位聚合的方法，以正十二醇和甲苯混合作为溶剂，MAA 为功能单体，制备了氨基比林原位分子印迹柱，并用高效液相色谱分析测定了氨基比林在水介质中的保留因子为 73.79，远远高出结构相近的安替比林（26.8）和氨基安替比林（17.55）的保留因子。实验表明，用原位聚合法制备的分子印迹柱同样具有较高的选择性。

原位聚合除了制成分子印迹柱外，还可以制成一定厚度的分子印迹膜。它是将一定量的模板分子、功能单体、交联剂等溶在适当的溶剂中，再将混合液倒在具有一定间距的两块基板之间，然后通过整体交联聚合，即得到一定厚度的 MIP 膜。Piletsky 等以腺苷酸为印迹分子，丙烯酸酯为功能单体制备了 MIP 膜，并实现了对目标分子的选择性识别和分离。

6. 沉淀聚合法

沉淀聚合是指聚合反应所使用的单体和交联剂及引发剂可溶于分散剂中，产生的聚合物不溶于该体系而形成沉淀。由于在聚合过程中 MIP 在溶剂中发生了相转换，所以沉淀聚合又称为非均相溶液聚合。

沉淀聚合 MIP 的生成可分为三个阶段：第一阶段，模板分子、功能单体、引发剂和交联剂都溶于溶剂中，体系为均相，引发剂分解产生自由基后引发聚合，形成带支链的树胶状低聚物；第二阶段，当反应进行到一定程度后，高分子链生长到一定长度后相互缠结，并在溶剂的作用下逐渐形成球形的核；第三阶段，随着反应的进行，不断有分子链在已形成的核上生长并缠结，最终形成具有高度交联的 MIP，并从溶剂相中析出。如以乙腈为分散剂，采用沉淀聚合法合成了反乌头酸分子印迹聚合物微球并通过振荡吸附法对聚合物的结合特性进行了评价，发现印迹聚合物微球对模板分子的识别选择性优于块状印迹聚合物。该方法的优点在于无需粉碎、研磨等复杂工艺，而且也不需在反应体系加入任何稳定剂，因此该 MIP 微球表面洁净，避免了有稳定剂或表面活性剂对目标分子的非特异选择性吸附。

第三节　分子印迹聚合物对模板分子的识别

分子印迹聚合物对印迹分子的识别来源于它们两者在化学基团及空间结构上的相互匹配。印迹聚合物对底物分子的识别过程主要包括模板分子进入印迹聚合物的空穴，然后与聚合物空穴中功能基团结合即印迹反应。识别过程与下列因素有关。

一、模板分子进入印迹聚合物空穴

不论是 MIP 被用于催化还是被用于分离或其他目的，底物分子是否能正确进入聚合物空穴都是很重要的。

MIP 空穴的空间结构与模板分子的构型、构象的完美匹配，有利于模板分子的有效进入，并利于 MIP 功能基团与模板分子功能基团的充分靠近并专一性结合。聚合物空穴的结构和形状并不是完全刚性和一成不变的，实际上，不论是通过分子自组装还是通过分子预组织方法制备的 MIP，在溶剂中都存在溶胀现象。这将导致 MIP 空穴的大小、形状和构象发生改变，从而使选择性和亲和力发生不同程度的改变。聚合物的溶胀对于以分子自组装和分子预组织方法制备的聚合物的影响是不同的。对于以分子预组织方法制备的聚合物来说，除去模板分子的聚合物在溶剂中会发生溶胀，但当聚合物重新与模板分子结合后，聚合物的体积由于功能基团与模板分子的反应而减小，甚至减小到原来的体积。这说明：预组装分子印迹聚合物功能基团与模板分子之间的作用力强于溶剂与聚合物链的作用力。对于分子自组装方法制备的印迹聚合物，则不存在这种体积减小的现象。这说明：功能基团与模板分子之间的作用力弱于或最多等于溶剂与聚合物链之间的作用力。这也可以作为一个直接的证据，揭示溶剂对分子自组装比对分子预组装方法影响较大的原因。

MIP在用于对映体的拆分时，存在这样的现象：以一种物质作为模板分子制备的印迹聚合物可以用于另一种物质对映体的拆分，反之亦然。这种现象被称为交叉选择性或交互作用。如以D-果糖或D-半乳糖为模板分子制备的分子印迹聚合物，当底物中存在其原模板分子时，聚合物优先和它的模板分子结合，这是很自然的，但以D-果糖为模板分子制备的MIP在混合底物中却能优先结合L-半乳糖；以D-半乳糖作为模板分子制备的MIP也可以在混合底物中与L-果糖优先结合。存在这种现象主要是因为可以发生交叉反应的分子（D-果糖和L-半乳糖，D-半乳糖和L-果糖）之间功能基团的排列是一样的，所不同的只是羧甲基的伸展方向。从这一现象也可以看出模板分子与MIP通过功能基团的专一性结合，对聚合物的选择性和亲和性起着主要作用。但除此之外，对于大多数功能基团排列相同的底物之间的识别则主要是由空穴的大小和形状起决定作用的。总之，MIP的选择性和亲和力取决于功能基团和聚合物空穴共同作用的结果，两者缺一不可。

二、印迹聚合物对底物分子的结合

对于一个有两个结合位点的空穴来说，模板分子进入空穴并与功能基团结合有以下几种情况。首先，印迹聚合物与模板分子之间通过单个位点结合，然后通过模板分子的移动使两个位点都发生反应，这是最为理想的情况。其次，单个位点结合以后，由于空间的关系，通过模板分子的移动无法形成正确的两位点结合。这个模板分子如需形成正确的两位点结合就必须断裂已结合的键。事实上，两位点结合的结合常数大于单个位点结合的结合常数，大多数底物分子都能以正确的方式进入空穴并与功能基团实现两位点结合。这可能是由于聚合物链之间的空隙和空穴的形状已对底物分子进行了初步的定向和筛选。但两位点结合比单个位点结合的速度慢。对于同一个聚合物来说，不同空穴的选择能力是不同的，对聚合物选择性的贡献也不同。这是由于聚合物中空穴及功能基团与底物的匹配程度不同所造成的。

三、印迹反应

印迹反应是指MIP中功能单体的功能基团与模板分子上功能基团的选择性反应。目前，根据分子印迹技术的不同，印迹反应主要有两类不同的类型：形成可逆性共价键的反应，以及形成非共价键（包括氢键、离子键、金属配位键、疏水作用力和范德华作用力）的反应。

凡是能影响这些反应发生的因素都将影响MIP对模板分子的识别作用。这些因素包括如下内容。

第一，功能基团的抑制剂，即能与功能基团发生反应的非目标物质的存在，与功能基团发生反应使功能基团丧失活性，而且占据了空穴的空间，使模板分子不能与功能基团结合。

第二，功能基团空间取向的改变，即某些物质和条件，如溶剂和温度等可以使功能基团的空间取向发生改变。不论是形成共价键还是形成非共价键，印迹反应都有一定的方向性，如功能基团的空间取向和模板分子功能基团的空间取向不匹配，则会明显影响两者的结合强度和结合速度，甚至会使反应不能发生。

第三，静电斥力和空间位阻效应：分子印迹聚合物是一种高度交联的共聚物，聚合物链以及链上存在的其他基团等都可以阻碍模板分子和聚合物功能基团发生印迹反应，使聚合物选择性和亲和性降低甚至丧失。

第四，溶剂的影响，溶剂的性质对印迹反应的发生有着很大的影响，如溶剂的极性、介电常数、质子化作用以及配位作用等。这些因素是通过对聚合物和底物分子的作用来影响两者之间的选择性和亲和力。溶剂对聚合物的影响也可归于上述第一种情况即功能基团的抑制剂。溶剂对底物的影响是通过形成氢键等弱相互作用，改变底物与功能基团的反应活性。这一点对分子自组装过程的影响尤为严重，因为分子自组装就是通过这些弱相互作用实现的，底物分子一旦与溶剂形成氢键或其他类型的键，就很难再与聚合物功能基团发生作用。所以自组装 MIP 内的制备一般是在非极性有机溶剂中进行的。但最近关于以水作为溶剂的分子印迹技术已有了突破性的进展。在这些研究中，虽然还不能在水相中制备分子印迹聚合物，但 MIP 已能在水相中识别底物。

研究表明，作用位点的数量，即聚合物能与模板分子发生作用的功能基团的个数对 MIP 的选择性和亲和力有很大的影响。通常，作用位点越多，聚合物对底物的选择性和亲和力也就越强。作用位点的数量一般是由模板分子上功能基团的数量决定的。

第四节　分子印迹技术的应用

MIP 技术通过待测物质与识别位点在形状、大小和功能基团的定位方面吻合而被特异性识别，具有可与生物抗体相媲美的选择性，同时具有一定的机械和化学强度，对酸、碱、有机溶剂、温度和压力均有一定的耐受性，且比生物抗体易于合成和储存，这些使它成为分子识别理想的工具，在 SPE、药物的手性分离、传感器、模拟抗体和模拟酶等方面有广泛的应用。

一、分子印迹技术的应用领域

1. 在色谱分析中的应用

分子印迹聚合物用于色谱分析主要有以下两方面的工作：样品前处理（分离、提纯、浓缩）和手性物质的分离。MIP 广泛的研究领域之一是利用它的特异识别性去分离混合物。近年来，引人注目的立体、特殊识别位选择性分离已被完成，其适用的印迹分子范围宽广，无论是小分子（如氨基酸、药品和碳氢化合物），还是大分子（如蛋白质）已经被用在各种印迹技术中，并且将制备的介质用在 HPLC、TLC 和 EC 分离中。

分子印迹聚合物作为吸附剂，真正用于试样的前处理是 Sellergren 1994 年首先报道的，以他合成的五咪唑（pentamidin，一种抗原虫菌药）为印迹的印迹聚合物，该聚合物作为吸附剂完成了对生物液体试样尿中五咪唑的提取、纯化和浓缩，使之达到能够直接检出的浓度。

分子印迹聚合物虽然在色谱分析方面研究时间最长、应用最多，它仍然还存在着不足之处。主要的不足是聚合物容量太小，这主要是因为聚合物中实际有效结合位点太少所致。毛细管电泳色谱与高效液相色谱相比，其理论塔板数要高出很多，而且可以大大加快分离速度。Spegel 等以 4-氨基吡啶为模板热引发合成了整体柱并将其应用到毛细管电色谱中，使得 4-氨基吡啶与 2-氨基吡啶有效分离。另外，将分子印迹技术与芯片技术相结合，可以大大缩短分析时间。例如制备 *Z*-L-Phe-OH-NBD 的分子印迹聚合物并引入到芯片中，使得 *Z*-L-Phe-OH-NBD 的分析时间由常规分子印迹的 4h 缩短到 10min。

最近 Zander 等人报道了他们的最新工作，他们以尼古丁作为印迹制备的分子印迹聚合物，在分析口香糖中所含的尼古丁及尼古丁氧化物时得到了非常高的回收率和良好的重现性。他们制备的聚合物在选择性上明显优于传统的吸附剂和没有印迹反应的同种聚合物。

2. 用于手性拆分

近来，分子印迹手性拆分工作发展迅速。据统计，现有的药物中有 60% 以上具有一个或多个手性中心。因为有机分子的立体结构与其生物活性有着特殊的关系，所以手性拆分已成为热门的研究课题。

1992年美国食品和药物管理局（FDA）要求今后凡是新的光学活性药物都必须把光学异构体分离出来，分别测定其药代动力学和毒理学的各项指标。这就给分离对映异构体技术的改进提出了新的要求。目前尽管已有直接的手性合成、酶拆分和其他一些分离技术，但由于MIP与酶相比制备简单、价格低廉而且不受各种恶劣环境因素的影响，又具有与酶相似的专一性和选择性，因此，分子印迹技术在分离对映异构体方面有其独到之处。目前有关分子印迹技术的文献半数以上都是关于手性分离的。

相对于常规的手性固定相，MIP具有一些独特的优点，其中最显著的优点是可以预测选择性，即出峰顺序可以预测。而且MIP手性固定相容易制备，价格相对低廉，物理机械性能好，使用寿命长，能多次重复使用而不损失其分子记忆效应。最近，Hosoya等人利用手性单体来印迹外消旋体，制得的MIP同样具有手性分离能力。分子印迹聚合物用于手性拆分的前景是不容否定的，大量研究已经表明分子印迹聚合物用于手性物质的分离，比较易于实现商品化、规模化。

目前市场上大约有几百种旋光性药品，而90%被作为外消旋混合物管理，而手性混合物中的一种或几种，往往具有毒副作用，正是基于这一事实，这些年来，一些国家食品和药物管理局对新的手性药品提出了要求，对映体必须被分离和分别管理，并进行各自的毒理和药理实验，这就要求提高分离技术，大量研究表明，分子印迹能满足这一技术要求。

Kempe等以（S）-萘普生为印迹分子制备分子印迹聚合物用于萘普生消旋混合物的拆分，得到了很好的效果，分离度为0.83。另外该种聚合物还很好地区分了与萘普生结构相似的布洛芬和酮洛芬。MIP也用于某些几何异构体的分离，如分离位置异构体辛可尼丁和辛可宁。所研究的拆分对象包括药物、氨基酸及其衍生物、肽及有机酸，能将手性混合物拆分，并易于实现商业化、规模化。

3. 固相萃取

在众多的分离方法中，固相萃取因其具有易于实现自动化、灵活多变以及对环境友好等特点，目前已被视为分析测定前对样品进行预处理的标准方法。传统的C_8和C_{18}键合硅胶固相萃取材料因为选择性差，往往难于满足复杂样品的要求；然而具有高度选择性的生物活性材料如免疫亲和剂又有制备麻烦费时、成本高、稳定性差及不宜在有机溶剂中使用等缺点。MIP因其对目标分子的高度选择性，易于制备、可以耐受恶劣环境以及适宜在有机溶剂中应用等优点，因此有望在SPE中获得广泛应用。

目前，固相萃取（solid phase extraction，SPE）成为样品分离的有力手段。广泛用于制药、生物分析、食品分析和环境分析等方面。SPE是一种吸附萃取，样品通过填充吸附剂的一次性萃取柱，底物和杂质被保留在柱上，分别用选择性溶剂去除杂质，洗脱出底物，从而达到分离的目的。SPE根据使用的填充剂和溶剂类型可分为正相吸附、反相吸附、离子交换、空间排斥和大孔反相。其中，正相吸附的填充剂为强极性吸附剂，目标物为非极性、弱极性或中等极性化合物，如农药、醇、酮、硝基化合物等。反相吸附的填充剂多为非极性烷烃类化学键合相，如C_8和C_{18}等，目标分析物是极性强的物质。采用合适的溶剂，杂质极性强于或弱于目标分子时均可得到分离。离子交换键合相分离对象是离子型化合物。对于酸性化合物，一般采用阴离子交换柱；对于碱性化合物，采用阳离子交换柱。溶液的pH、离子强度、洗提溶剂和流速等均对分离效果有影响。

目前，MIP-SPE可分析如下样品。

① 生物分析和临床分析　尿中的喷他脒和华法林，血清中的沙美利定，尿和血清中的普萘洛尔、他莫昔芬，牛肝中的农药阿特拉津等。

② 环境分析　水中的农药西吗嗪。

③ 药学分析　口香糖中的尼古丁。

4. 用作生物传感器敏感材料

生物传感器是由识别元件和与其紧密接触的转换器组成的，它将对分析物产生的应答信号转变成输出信号。关于环境检测、生物医疗、食品分析等的传感器都是将生物分子（如酶、抗体）作为其特异识别元件。由于生物分子物理化学稳定性差，这导致了人造受体得到了广泛重视。MIP 已经具备了与自然界中存在的某些天然分子识别系统如单克隆抗体相似的选择性和亲和力，较生物材料易得，可以用简便的化学方法合成出来。因此，分子印迹聚合物有可成为人工受体的理想替代品。

以 MIP 作为敏感材料的传感器简称为分子印迹聚合物传感器，是将分子印迹传感器的识别元件以膜或粉末形式通过适当的方式固定在转换器表面。常用的转换器主要有基于电化学的、光化学的以及质量型的三类。

1987 年 Tabushi 首次用分子印迹聚合物作为敏感材料测定了维生素 K_1 和维生素 K_2，随后分子印迹聚合物传感器逐渐引起了人们极大的兴趣，在国外已成为传感器研究领域的一个新热点。目前，分子印迹聚合物制成的传感器已经广泛地用于糖类及其衍生物、核苷酸及其衍生物、氨基酸及其衍生物、除草剂、蓝藻菌毒素、葡萄糖、茶碱、胆固醇、药物、农药、有机溶剂和气体等的检测。

5. 催化方面

科学家们早就试图合成具有选择催化性能的人工高分子，但一直没有成功。分子印迹在抗体仿生方面取得突破性进展后，人们开始考虑一种新的途径，即利用分子印迹技术的特点，将各种催化官能团引入高分子内部。Mosbach 等人曾报道过具有催化活性的印迹高分子的合成。在实验中，它们以对硝基苯酚甲基磷酸酯与对硝基苯乙酸酯水解反应的中间活性体为印迹分子，合成出一种印迹高分子，可以加速对硝基苯乙酸酯水解为对硝基苯酚和乙酸盐的反应。最近，在 4-氟代-4-硝基苯基-4-丁酮的 HF 的 β-消去反应中，也合成出了具有催化活性的印迹高分子。

6. 膜分离

MIP 膜不仅对模板分子具有特异性的吸附，而且具有通透量大、处理能力强的优点。目前包括氨基酸及其衍生物、肽、除草剂等在内的多种物质都可以通过 MIP 膜分离。1990 年，Piletsky 等最早将分子印迹聚合物应用于膜分离，以 2-(N,N'-二乙基）氨基甲基丙烯酸乙酯为单体制备了 MIP 膜，并用电分析法选择性进行了研究。结果表明 MIP 膜对模板有选择性透过能力，而用普通的超滤膜或透析膜都无法将二者分开。此后该小组又以 L-苯丙氨酸为模板合成了分子印迹膜，可以用于对映体的分离。Mathew-Krtoz 和 Shea 以 9-乙基腺嘌呤为模板，将反应混合物的 N,N-二甲基甲酰胺溶液涂在硅烷化的玻璃切片上，在 65～70℃和氮气保护下聚合制备出 MAA 和 EGDMA 基体的聚合物膜，用甲醇洗去模板分子，在一个 H 型双层液池中进行膜运输实验，结果表明腺嘌呤的流通量明显大于胞嘧啶和胸腺嘧啶，腺苷的流通量大于鸟苷，而且膜的稳定性和机械强度明显优于生物膜。

MIP 膜是分子印迹技术在生物膜仿生中的一个突破性进展，给分子印迹聚合物的研究增添了新的生命力。目前可被用于制备 MIP 膜的物质包括尿酸、尿嘧啶、罗丹明 B、茶碱、肽、氨基酸衍生物、除草剂等。

7. 抗体和受体模拟物

研究证明，MIP 可以用作制备人工抗体，作为免疫实验的识别物质，是对生物抗体的一种有益的补充。

如以茶碱和镇静剂为模板的印迹聚合物显示了惊人的专一性识别能力。抗茶碱印迹聚合物完全能够区分茶碱和咖啡因，而茶碱和结构相似的咖啡因，在化学结构上只有一个甲基的差别，用一般的方法很难将两者区分开来。更惊人的是这些分子印迹聚合物的交叉反应与这些药物的单克隆抗体的交叉反应几乎是相同的。抗茶碱分子印迹聚合物用于检测病人血浆样品中茶碱的含量完全符合医学检测要求。这证明印迹聚合物抗体和受体完全可以作为生物抗体的理想替代品。

8. 模拟酶

酶催化反应具有高效、专一、迅速、反应条件温和的优点，所以它在催化应用上有举足轻重的地位。但是天然酶提取困难、价格昂贵、寿命太短、环境耐受性差，一般在中性缓冲液中进行，限制了它在催化中的应用。所以人们一直在致力于合成出像天然酶那样高效专一的模拟酶，分子印迹技术的出现使模拟酶的研究取得了突破性的进展。人们将底物类似物、过渡态类似物或者产物类似物作为模板分子合成 MIP，从而制备出具有卓越催化性能的模拟酶，它可以催化底物的转化反应。与天然酶相比，MIP 模拟酶可针对不同底物和反应需要加以设计，真正做到量体裁衣，而且结构和性能更加稳定、环境适应性更好、寿命更长、价格便宜、便于存储和规模化生产。另外，通过 MIP 模拟酶的设计，可以帮助人们了解催化反应历程。

Yamazaki 等以血红素的类似物为模板合成的 MIP 可以催化其氧化裂解。Wulff 等用分子印迹技术合成了具有立体选择性的酯模拟酶，和空白聚合物相比，水解速率可以提高 80 倍。Morihara 小组在硅胶表面制备了具有催化能力的 MIP 模拟酶，用这种方法得到的 MIP 对 2,4-二硝基苯酚的酸酐酯化反应具有催化作用。另外，金属离子配合物的 MIP 也可以被用于模拟酶催化。

MIP 除了用作模拟酶催化外，还可作为辅助试剂来引导反应的发生或掩蔽某一反应，避免反应向不希望的方向进行。例如 Alexander 利用 MIP 中活性位点的定位和掩蔽作用，将类固醇分子中某些位点保护起来，进行选择性酯化反应，选择性可达 23：1。还可以利用 MIP 的特异性吸附作用，使热力学不利的化学平衡向期望的方向移动；在有机合成中 MIP 也可用作吸附剂除去反应副产物，以提高产品纯度。例如 Mosbach 等在用嗜热菌蛋白酶合成 *Z*-天冬氨酰苯丙氨酸甲酯时，在 *Z*-L-天冬氨酸和 L-苯丙氨酸的反应体系中加入产物 *Z*-天冬氨酰苯丙氨酸甲酯的 MIP，可提高产物 *Z*-天冬氨酰苯丙氨酸甲酯的产率，从不加 MIP 时的 15%增加到 63%。

二、分子印迹技术的应用实例

实例 8-1：磺胺甲噁唑（SMZ）分子印迹聚合物（人工模拟抗体）的制备及其性能测定[25]

磺胺甲噁唑（SMZ）是人工合成的一种磺胺类药物，口服吸收良好，使用方便，主要用于人和食用动物抗菌消炎。常由于对动物的使用不当，使动物源性食物如牛奶、蛋、肉中有药物残留，使食品安全性不能得到保证。通过制备磺胺甲噁唑人工模拟抗体，对食品中残留的药物进行快速检测，对食品的质量进行控制。

制备磺胺甲噁唑人工模拟抗体步骤有三步：

第一步，模板分子磺胺甲噁唑与功能单体通过共价键或非共价键结合形成主客体配合物；

第二步，加入交联剂、引发剂通过光或热引发，在配合物周围形成高交联的聚合物。在此过程中配合物被“捕获”到聚合物中；

第三步，将聚合物中的模板分子磺胺甲噁唑洗脱或解离下来，制得磺胺甲噁唑分子印迹聚合物。

（一）SMZ 分子印迹聚合物制备基本过程

选用 4-乙烯基吡啶（4-VP）和丙烯酰胺（ACM）为功能单体，乙二醇二甲基丙烯酸酯（EDMA）为交联剂，偶氮二异丁腈（AIBN）为引发剂，60℃热引发聚合来制备以 SMZ 为模板的人工模拟抗体，制备过程示意图如图 8-5 所示。

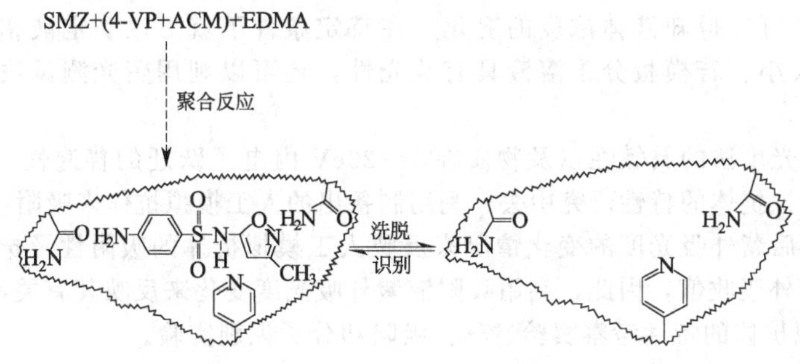

图 8-5　SMZ 人工模拟抗体制备示意

（二）本体聚合法制备 SMZ 印迹聚合物

（1）功能单体的选择　以乙二醇二甲基丙烯酸酯（EDMA）为交联剂，偶氮二异丁腈（AIBN）为引发剂，选择不同的功能单体通过本体聚合方法制备 SMZ 分子印迹聚合物 P1、P2、P3、P4 和 P5，制备具体条件见表 8-3。

表 8-3　本体聚合法制备 MSZ 人工模拟抗体条件

模拟抗体	模板分子/mmol	功能单体/mmol	交联剂/mmol	溶剂/mL	引发剂/mg
P1	SMZ1.0	4-VP＋ACM4.0(1∶1)	EDMA20	乙腈 15	AIBN40
P2	SMZ1.0	4-VP4.0	EDMA20	乙腈 15	AIBN40
P3	SMZ1.0	ACM4.0	EDMA20	乙腈 15	AIBN40
P4	SMZ1.0	MAA4.0	EDMA20	乙腈 15	AIBN40
P5	无	4-VP＋ACM4.0(1∶1)	EDMA20	乙腈 15	AIBN40

注：4-VP 表示 4-乙烯基吡啶，ACM 表示丙烯酰胺，MAA 表示甲基丙烯酸。

具体制备过程：按比例将模板分子 SMZ、4-乙烯基吡啶（4-VP）和丙烯酰胺（ACM）溶于乙腈中，放置在振荡器上振荡 1h，使模板分子和功能单体充分作用，加入交联剂 EDMA、引发剂 AIBN，充分溶解后超声处理 15min，将混合液转入 25mL 安瓿瓶中，通氮除氧，在真空状态下密封。然后将密封好的安瓿瓶放入电热恒温水槽中，60℃反应 24h，得坚硬的固体聚合物。

（2）研磨　反应完成后将固体聚合物转移到研钵中，进行研磨，至聚合物成细微粉末，后过 40 目不锈钢分样筛，得到白色微细粉末产物。

（3）模板分子的洗脱　将上述得到的白色粉末产物用定量滤纸包裹，配制甲醇-冰乙酸（体积比 9∶1）的溶液作萃取溶剂，在微型索氏抽提器中洗至紫外可见光谱检测不出模板分子为止，然后用乙腈洗涤除去残留的甲醇和乙酸。

（4）真空干燥　将所得产物晾干后放入真空干燥箱中进行 60℃真空干燥至恒重，以除去残留的乙腈，得到的白色粉末状人工模拟抗体 P 放入干燥器中备用。

P1、P2、P3 和 P4 的制备过程相同，只是所选择的功能单体不同。

（5）空白对照分子印迹聚合物的制备　制备空白对照人工模拟抗体 P5，即不加模板分子，其他操作也与 P1 一样，无需进行索氏抽提洗脱模板分子。

（三）SMZ 分子印迹聚合物（人工模拟抗体）的特性考察

人工模拟抗体的特性如吸附性能、选择识别性能等是衡量其优劣乃至其应用效果的关键。

将筛分过的 SMZ 分子印迹聚合物（人工模拟抗体）填入色谱柱，用洗脱液洗脱，然后将模板分子溶液或模板分子与其他化合物的混合液注射入色谱柱。由于人工模拟抗体内孔穴对各物质的选择性不同而使保留时间不同，可以通过扫描仪所示的图像来确定人工模拟抗体的性能。有人根据流动电位原理提出电势测定法来对人工模拟抗体的性能进行评价，当液体沿固体表面流动时，会产生流动电位，液体浓度的变化将影响流动电位的大小，因此，根据流动电位的变化，可以得知液体浓度的变化，在特定条件下就可以确定液相内溶质与固相之间的亲和作用的大小。若模板分子溶液具有荧光性，还可以利用荧光测试法来判断人工模拟抗体性能。

由于紫外分光光度法的灵敏性以及物质在 1～20eV 内电子跃迁的普遍性，可将紫外分光光度法应用于人工模拟抗体的特性研究中去。利用制备出的人工模拟抗体来吸附模板分子溶液，根据吸附液在吸附前后紫外吸光度的变化情况来反映人工模拟抗体的吸附性及选择性能。SMZ 在 268nm 处有强的紫外吸收值，因此，利用吸附液紫外吸光度变化来反映其有关特性是可行的。

SMZ 人工模拟抗体的特性考察实验过程：吸附和分子识别实验。

样品由是 SMZ、SM_2（磺胺二甲嘧啶）、CL（克伦特罗）组成的混合物。

（1）SMZ 工作曲线的绘制　工作曲线是进行性能考察时定量测定的依据。

用紫外分光光度法测定不同已知浓度 SMZ 标准溶液，可绘制 SMZ 工作曲线。同法可制备与 SMZ 样品共存的其他成分的工作曲线，如 SM_2、CL。

(2) 吸附性能测定　通过实验测定由不同单体和交联剂制备的 SMZ 人工模拟抗体对底物 SMZ 的吸附量，以评价其吸附性能。

具体实验步骤如下（以 P1 为例）：准确称取 SMZ 人工模拟抗体 P1 置于锥形瓶中，定量加入浓度已知 SMZ-乙腈标准溶液，放入恒温振荡器中振荡 12h，取吸附液样品于离心管中，高速离心 5min 后，取 1.0mL 的离心液于 10mL 具塞比色管中用乙腈稀释至刻度，然后取稀释液用紫外分光光度计测定 SMZ 的吸光度，根据结合前后溶液浓度的变化来计算人工模拟抗体 P1 对 SMZ 的吸附量 Q，平行测定 3 次取平均值。结果见表 8-4。

吸附底物后的 SMZ 人工模拟抗体按照除去模板分子的方法洗去底物，干燥后可重复使用。

表 8-4　不同功能单体制备的人工抗体的吸附结合量

模拟抗体	模板分子	功能单体	底物分子	Q/(μmol/g)
P1	SMZ	4-VP+ACM	SMZ	24.4
P2	SMZ	4-VP	SMZ	20.8
P3	SMZ	ACM	SMZ	19.3
P4	SMZ	MAA	SMZ	6.4
P5	无	4-VP+ACM	SMZ	5.3

从表 8-4 的数据可以看出：模板分子 SMZ 与功能单体 4-VP+ACM 相结合制备的人工模拟抗体 P1 对 SMZ 的吸附量最大，吸附量 Q 为 24.4μmol/g，显示出较强的结合能力。

表 8-4 的数据说明多个功能单体的联用在本试验中得到了具有更高识别能力的模拟抗体，同时也说明了 SMZ 与 MAA 之间的相互作用较弱，在聚合物中的有效识别位点少，这可能是由于 SMZ 中甲噁唑的弱酸性使之不易与酸性功能单体 MAA（甲基丙烯酸）间形成氢键或离子键，因而 P4 对 SMZ 的吸附能力较低。

比较结果同时也说明相同的模板分子与不同的功能单体聚合的模拟抗体聚合物具有不同的选择性和识别能力，因此要获得具有高度亲和性和选择性的人工模拟抗体聚合物，功能单体的选择是非常重要的。

(3) 识别性能测定　通过测定功能抗体的选择性吸附性，评价其对不同底物（药物）识别性能。具体实验步骤如下（以 P1 为例）：准确称取 SMZ 人工模拟抗体 P1 于两组锥形瓶中，分别定量加入 10mL 不同浓度的 SMZ-乙腈标准溶液、SM_2-乙腈标准溶液和 CL-乙腈标准溶液，放入恒温振荡器中振荡 12h，取吸附液样品于离心管中，高速离心 5min 后，取 1.0mL 的离心液于 10mL 具塞比色管中用乙腈稀释至刻度，然后取稀释液分别用紫外分光光度计测定 SMZ、SM_2、CL 的吸光度，根据结合前后溶液浓度的变化来计算人工模拟抗体 P1 对 SMZ、SM_2、CL 的吸附量 Q，平行测定 3 次取平均值。结果见表 8-5。

表 8-5　SMZ 人工模拟抗体对不同底物的分配系数 K_D①和分离因子 α②

模拟抗体	模板分子	功能单体	底物分子	K_D/(mL/g)	α	模拟抗体	模板分子	功能单体	底物分子	K_D/(mL/g)	α
P1	SMZ	4-VP+ACM	SMZ	24.5	1.00	P1	SMZ	4-VP+ACM	CL	6.3	3.89
P2	SMZ	4-VP	SMZ	20.8	1.00	P2	SMZ	4-VP	CL	7.3	2.85
P3	SMZ	ACM	SMZ	20.4	1.00	P3	SMZ	ACM	SM_2	7.5	2.72
P4	SMZ	MAA	SMZ	7.8	1.00	P4	SMZ	MAA	SM_2	6.9	1.13
P5	无	4-VP+ACM	SMZ	4.8	1.00	P5	无	4-VP+ACM	SM_2	5.1	0.94
P1	SMZ	4-VP+ACM	SM_2	8.3	2.95	P5	无	4-VP+ACM	CL	4.9	0.98

① 静态分配系数 K_D 的定义为：$K_D = c_P/c_S$。c_P 表示底物在聚合物上的浓度，相当于吸附量，mg/g；c_S 表示底物在溶液中的浓度，mg/mL。

② 分离因子 α 的定义为：$\alpha = K_{Di}/K_{Dj}$。i 和 j 分别表示模板分子和底物分子，规定 i=j 时，α=1.0。

从表 8-5 中的数据可见，空白对照模拟抗体 P5 对三种底物的静态吸附分配系数 K_D 和分离因子 α 相差很小，因为在它的内部没有选择性的结合点，主要依靠聚合物表面非选择结合作用吸附底物分子，对底物无法进行有效的分离与识别。而人工模拟抗体 P1 对三种底物的静态吸附分配系数 K_D 和分离因子 α 差别比较大。说明人工模拟抗体 Pl 对模板分子 SMZ 有高度的选择性和识别能力，而对 SM_2、CL 选择性和识别能力则较差。

P1 对 SMZ 有较强的选择吸附能力，而对 SM_2 和 CL 不显特异吸附能力，同时空白对照模拟抗体 P5 对所有的底物均显示了较低的吸附能力。

通过以 SMZ 为模板分子，以乙腈为致孔剂（溶剂），4-乙烯基吡啶和丙烯酰胺为双功能单体，乙二醇二甲基丙烯酸酯为交联剂，采用本体聚合法制备了具有选择结合性的人工模拟抗体 P1。该模拟抗体与空白对照人工模拟抗体相比，显示出了对目标分子 SMZ 较大的吸附性能和选择性能。

该人工模拟抗体制备方法简单方便，对目标分子有较大的吸附性和选择性。因此可用于实际样品中磺胺类物质的选择性富集和分离。

三、分子印迹技术及解决办法

分子印迹技术作为一个新兴的研究领域，还存在着许多问题和不足，尚需进一步研究和完善。目前分子印迹技术存在的主要问题和研究重点如下。

① 分子印迹技术的机理研究相对肤浅，因此需要更加深入研究识别过程机理，争取做到从分子水平上真正弄清楚印迹过程和识别机理。

② 分子印迹技术的应用领域有待拓宽。目前大多数的研究工作集中在印迹原性较强的氨基酸、药物等小分子物质上，今后一段时期内需逐步扩大可被印迹的分子的范围，包括蛋白质、多肽、酶等生物大分子甚至整个细胞的印迹研究。

③ 分子印迹聚合物的制备和识别大多局限在非极性环境中进行。目前分子印迹聚合物大多只能在有机相中进行制备和应用，使分子印迹和识别过程从有机相转向水相，以便接近或达到天然分子识别系统的水平将是近期研究的重点之一。

④ 手性分离和固相萃取氨基酸、临床药物将步入商业化阶段。

⑤ 目前使用的功能单体、交联剂和聚合方法都有较大的局限性。尤其是功能单体的种类太少以至于不能满足某些分子识别的要求，这就使得分子印迹技术远远不能满足实际应用的需要。

⑥ 将组合化学原理移植到分子印迹聚合物亲和性和选择性的筛选，这种高产量组合分子印迹技术大大简化了条件优化工作，显著提高了分子印迹聚合物的制备效率，将成为分子印迹聚合物制备方法中的重要角色。

思考题

1. 什么是分子印迹？分子印迹的原理是什么？
2. 分子印迹的制备方法有哪几种？
3. 分子印迹聚合物的特性有哪些？
4. 简述分子印迹聚合物的识别过程。
5. 用实例说明分子印迹技术的应用领域。
6. 简述分子印迹技术的未来发展方向。

参考文献

[1] 卢彦兵，梁志武，项伟中等．奎宁分子印迹聚合物的合成与性能研究．分析科学学报，2000，16 (4)：310-313.

[2] 张立永，成国祥，陆书来等．悬浮聚合法制备西咪替丁印迹聚合物微球的分子选择性能．分析化学，2003，31：65-68.

[3] 蒲家志，汤又文，胡小刚等．药物利多卡因分子印迹聚合物的制备及识别特性．分析测试学报，2004，23：86-90.

[4] 林秋明，何建峰，刘岚等. 不同功能单体合成的分子印迹聚合物识别性能的研究. 化学研究与应用，2007，(10)：43-48.
[5] 尹俊发，杨更亮，张轶华等. 原位聚合那格列奈分子印迹手性固定相的分子识别特性研究. 化学学报，2004，62：192-194.
[6] 孙宝维，武利庆，李元宗. 由不同功能单体合成的对羟基苯甲酸分子印迹聚合物识别特性的实验和理论研究. 化学学报，2004，62：598-602.
[7] Piletsky S A，Piletskaya E V，Panas，et al. Imprinted membranes for sensor technology：opposite behavior of covalently and non covalently imprinted membranes. Macromolecules，1998，31 (7)：2137-2141.
[8] Wulff Heide B，Helfmeier G. Enzyme analogue built Polymers，24：on the distance accuracy of functional groups in Polymers and silicas introduced by a template approach. Reactive Polymers，Ion Exchangers，Sorbents，1986，(6)：299-310.
[9] 蒲家志，汤又文，胡小刚. 烟酸分子印迹聚合物的制备. 华西药学杂志，2004，19：84-88.
[10] 林秋明，何建峰，刘岚. 美托洛尔分子印迹聚合物识别性能的研究. 中山大学学报：自然科学版，2004，43：51-56.
[11] 赖家平等. 分子印迹技术的回顾、现状与展望. 分析化学，2001，3 (29)：836-844.
[12] 何天白，胡汉杰. 海外高分子科学的新进展. 北京：化学工业出版社，1997：193-214.
[13] Sellergren B. Imprinted chiral stationary Phases in high Performance liquid chromatography. Journal of chromatography A，2001，906：227-25.
[14] Yoshida M，Uezu K，Goto M，et al. Surface imprinted polymers recognizing amino acid chirality. Journal of Applied Polmyer Science，2000，78 (4)：695-70.
[15] Buchlneiser M R. New synthetic Ways for the Preparation of high Performance liquid chormatography supports. Journal of Chromatography A，2001，918：233-266.
[16] 成国祥，张立永，付聪. 种子溶胀悬浮聚合法制备分子印迹聚合物微球. 色谱，2002，20 (2)：102-104.
[17] Yoshida M，Hatate Y，Uezu K，et al. Metal-imprinted microsphere Prepared by Surface template polymerization and its application to chromatography. Journal of Polymer science，Part A：polymer chemistry，2000，38 (4)：689-696.
[18] 左言军，余建华，黄启斌，林原. 分子印迹纳米膜的制备及其在检测神经性毒剂沙林中的应用. 分析化学研究报告，2003，31 (7)：769-773.
[19] 左言军，余建华，黄启斌等. 沙林酸印迹聚邻苯二胺纳米膜制备及结构表征 [J]. 物理化学学报，2003，19 (6)：528-532.
[20] 张泉秋，孙宏，霍东霞等. 用超临界二氧化碳制备尿嘧啶分子印迹膜. 云南大学学报：自然科学版，2005，27 (5A)：503-506.
[21] 杨座国，许振良，邵乃慈. 分子印迹膜的研究进展. 化工进展，2006，25 (2)：131-135.
[22] 王红英，吕秋丰，曹少魁等. 用分子复制法制备具有分子识别功能的高分子膜. 北京大学学报：自然科学版，2001，37 (2)：244-250.
[23] 杜振霞. 新型分离材料硅胶表面分子印迹聚合物的制备. 化工新型材料，2005，(7)：231-235.
[24] 张国庆等. 氨基比林原位分子印迹柱的制备及其在水中的结合性质. 分析化学，2005，(10)：69-72.
[25] 张远. 磺胺甲噁唑人工模拟抗体的制备及其应用研究. 万方数据库：中国学位论文，2007.

第九章 离子交换分离技术

离子交换是不溶性固体物质（通常为树脂）上能够解离成离子的部分，与溶液中的离子发生交换的一种反应。这种带有可交换离子的不溶性固体称为离子交换剂。利用离子交换剂与不同离子之间结合力的差异，将溶液中的某些离子吸附在交换剂上，然后在适宜的条件下洗脱下来，这样能使体积缩小到原样品溶液的几十分之一，从而达到分离、浓缩、提纯的目的。

人们在生活实践中对离子交换现象的利用已有悠久的历史，如用砂石来清洁饮水。19 世纪中叶又发现铵肥中的铵与土壤中的钙相互置换而使铵留在土壤中。至于合成有机离子交换树脂，则始于 20 世纪 30 年代。交联聚苯乙烯树脂于 20 世纪 40 年代初就开始通用了。此后，人工合成的离子交换树脂日见增多，因类别不同而用途各异。

目前，离子交换树脂已有两千余种，离子交换技术在世界各国发展迅速，在化工、食品、医药卫生、生物、原子能工业、分析化学和环境保护等领域的应用越来越广泛，利用离子交换树脂进行交换、吸附、配合，从而达到富集、分离、提纯、脱色、脱盐等效果。因此，离子交换分离技术的研究与应用受到人们的极大关注。

离子交换法的特点是树脂无毒性且可反复再生使用，少用或不用有机溶剂，具有设备简单、操作方便、劳动条件较好的优点。

离子交换剂种类繁多，本章主要介绍以树脂为离子交换剂的离子交换法。

第一节 离子交换基本原理[1~5]

所谓的离子交换作用，是指溶液中某一种离子与离子交换剂（通常为树脂）上的一种离子互相交换的作用。实际上这是一个包括吸附、吸收、穿透、扩散、离子交换等非常复杂的物理化学过程，是这些过程发生综合作用的结果。该过程概括为：溶液中的离子自溶液中扩散到交换树脂的表面，然后穿过表面又进入树脂本体颗粒内，这些离子与树脂中的离子互相交换，被交换出来的离子又扩散到树脂表面，最后又扩散到溶液中去，完成了交换过程。

离子交换树脂是具有特殊网状结构的高分子化合物。在树脂中，高分子链互相缠绕连接。在链上接有可以电离或具有自由电子对的功能基团。带电荷的功能基团上还结合有与功能基团电荷符号相反的离子，这种离子称为反离子或平衡离子，它们在树脂骨架中自由移动，可以同外界与其电荷符号相同的离子进行交换，这种交换是遵循化学平衡规律进行的。不带电荷而仅有自由电子对的功能基团，可以通过电子对结合极性分子、离子或离子化合物。含有带电荷功能基团的树脂占离子交换树脂的大多数。能离解出阳离子（平衡离子如 H^+）的树脂称阳离子交换树脂；能离解出阴离子（平衡离子如 Cl^-）的树脂称阴离子交换树脂。图 9-1 是一种阳离子交换树脂化学结构的示意图。固定阴离子为磺酸基—SO_3^-，反离子为 H^+ 或 Na^+ 等。聚合链为聚苯乙烯，以二乙烯苯作交联剂。交联剂起着在聚合链之间搭桥的作用，它使树脂中的高分子链成为一种三维网状结构。图 9-2 是离子交换树脂与溶液中 NaCl 的交换过程示意图。

离子交换树脂与溶液中的离子发生离子交换反应是可逆反应，如式(9-1) 所示。

$$R^- A^+ + B^+ \rightleftharpoons R^- B^+ + A^+ \quad (9\text{-}1)$$

达到平衡时在固相和液相中均存在一定比例的 A^+ 和 B^+。

式中，R^- 表示阳离子交换剂的功能基团和载体；A^+ 为平衡离子；B^+ 为交换离子。离子交换反应同样符合质量作用定律。当反应体系中的离子浓度发生变化时，反应平衡即向左或向右移动。如向平衡体系中加入多量的离子 A^+，反应倾向于生成 $R^- A^+$，而释放出 B^+ 的方向。

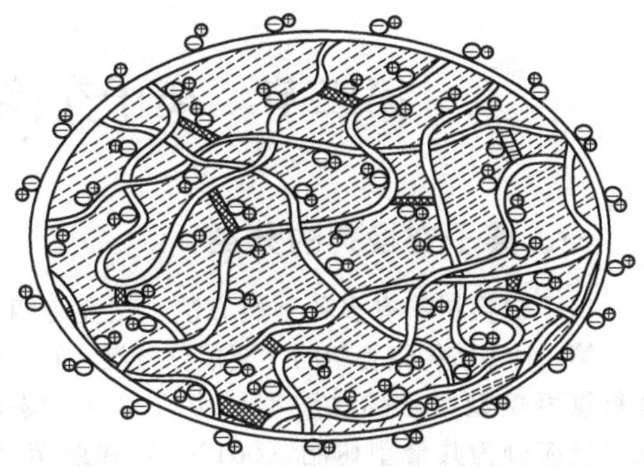

图 9-1 聚苯乙烯型离子交换树脂示意

⊖ 固定阴离子交换基（$—SO_3^-$）等）；═══ 二乙烯苯交联；⊕ 可交换离子（Na^+ 等）；水合水；苯乙烯链

根据树脂的性能和被交换物质的特性，交换反应的类型主要如下。

1. 中和反应

在离子交换树脂中强型、弱型离子交换树脂均可进行中和反应，例如

强酸型阳离子交换树脂 $RSO_3^- H^+ + Na^+ OH^- \longrightarrow RSO_3^- Na^+ + H_2O$ (9-2)

弱酸型阳离子交换树脂 $RCOO^- H^+ + Na^+ OH^- \rightleftharpoons RCOO^- Na^+ + H_2O$ (9-3)

强碱型阴离子交换树脂 $RN^+(CH_3)_3 OH^- + H^+ Cl^- \longrightarrow RN^+(CH_3)_3 Cl^- + H_2O$ (9-4)

弱碱型阴离子交换树脂 $RN^+ H_3 OH^- + H^+ Cl^- \rightleftharpoons RN^+ H_3 Cl^- + H_2O$ (9-5)

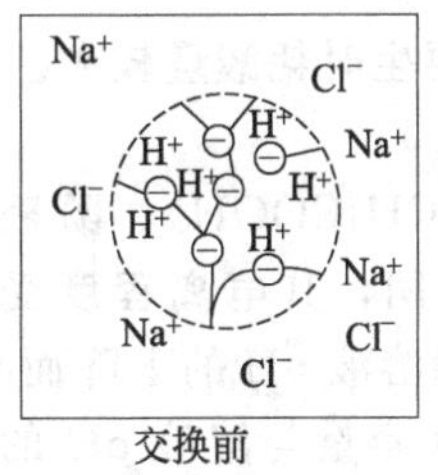

交换前

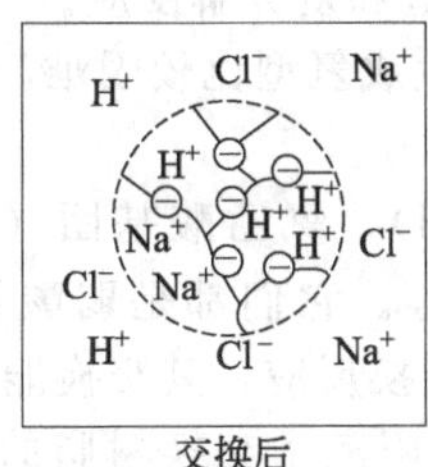

交换后

(a) 氢型阳离子交换树脂与Na^+的交换

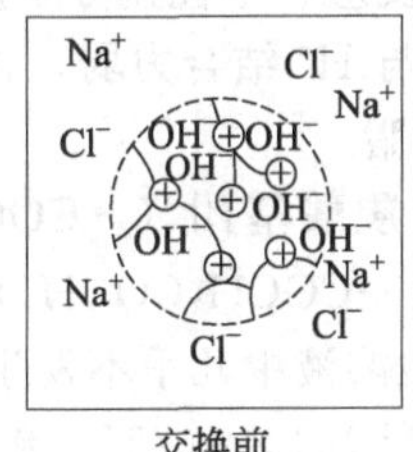

交换前

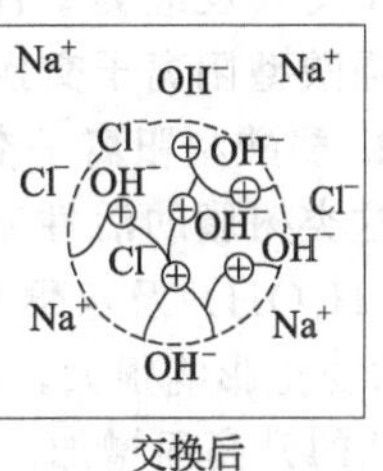

交换后

(b) 羟型阴离子交换树脂与 Cl^- 的交换

图 9-2 离子交换树脂的交换过程示意

2. 中性盐分解反应

强型离子交换树脂可与盐发生分解反应生成酸或碱，例如

强酸型阳离子交换树脂 $RSO_3^- H^+ + Na^+ Cl^- \rightleftharpoons RSO_3^- Na^+ + H^+ Cl^-$ (9-6)

强碱型阴离子交换树脂 $RN^+(CH_3)_3 OH^- + Na^+ Cl^- \rightleftharpoons RN^+(CH_3)_3 Cl^- + NaOH$ (9-7)

3. 复分解反应

盐型的离子交换树脂可与溶液中的盐发生复分解反应，结果是盐之间进行了交换，亦发生了离子交换反应，例如

$$RSO_3^- Na^+ + K^+ Cl^- \rightleftharpoons RSO_3^- K^+ + Na^+ Cl^- \quad (9\text{-}8)$$

$$RCOO^- Na^+ + K^+ Cl^- \rightleftharpoons RCOO^- K^+ + Na^+ Cl^- \quad (9\text{-}9)$$

$$2RN^+(CH_3)_3 Cl^- + Na_2^+ SO_4^{2-} \rightleftharpoons [RN^+(CH_3)_3]_2 SO_4^{2-} + 2Na^+ Cl^- \quad (9\text{-}10)$$

$$2RN^+ H_3 Cl^- + Na_2^+ SO_4^{2-} \rightleftharpoons (RN^+ H_3)_2 SO_4^{2-} + 2Na^+ Cl^- \quad (9\text{-}11)$$

第二节　离子交换剂的分类及命名[3~5]

一、离子交换剂的分类

离子交换树脂有多种分类方法，主要有四种。

第一种系按树脂骨架的主要成分分类，如聚苯乙烯型树脂（001×7）、聚丙烯酸型树脂（112×4）、环氧氯丙烷型多乙烯多胺型树脂（330）、酚-醛型树脂（122）、多糖型等。第二种系按聚合的化学反应分为共聚型树脂（001×7）和缩聚型树脂（122）。第三种系按骨架的物理结构分类，可分为凝胶型树脂（201×7）亦称微孔树脂、大网格树脂（D201）亦称大孔树脂、均孔树脂(Zeolitep) 亦称等孔树脂。第四种系按活性基团分类，分为阳离子交换树脂（带酸性功能基团，能与阳离子进行交换）和阴离子交换树脂（带碱性功能基团，能与阴离子进行交换）。此类树脂由于活性基团的电离程度不同，又可分为强酸型和弱酸型阳离子交换树脂及强碱型和弱碱型阴离子交换树脂。此外还有含其他功能基团的螯合树脂、氧化还原树脂以及两性树脂等。下面按第四种分类方法讨论各种树脂的功能。

（一）阳离子和阴离子交换树脂简介

1. 强酸型阳离子交换树脂

这类树脂的活性基团有磺酸基团（$—SO_3H$）和次甲基磺酸基团（$—CH_2SO_3H$）。它们都是强酸性基团，其电离程度大而不受溶液 pH 变化的影响，在 pH1～14 均能进行离子交换反应。其离子交换反应类型有中和反应、中性盐分解反应和复分解反应。

强酸型阳离子交换树脂与 H^+ 结合力弱，再生成氢型比较困难，故再生时耗酸量较大。

2. 弱酸型阳离子交换树脂

这类树脂的活性基团有羧酸基团（—COOH）、氧乙酸基团（$—OCH_2COOH$）、酚羟基团（$—C_6H_4OH$）及双酮基团（$—COCH_2COCH_3$）等。它们都是弱酸性基团，其电离程度受溶液 pH 的变化影响很大，在酸性溶液中几乎不发生交换反应，其交换能力随溶液 pH 的下降而减少，随 pH 的升高而增加。如国产 101×4(724) 羧酸阳离子交换树脂的交换容量与溶液 pH 的关系见表 9-1。

表 9-1　724 阳离子交换树脂在不同 pH 下的交换容量

pH	5	6	7	8	9
质量交换容量/(mmol/g)	0.8	2.5	8.0	9.0	9.0

因此羧酸阳离子交换树脂必须在 pH>7 的溶液中才能正常工作，而酸性更弱的酚羟基树脂，则应在 pH>9 的溶液中才能进行反应。

弱酸型阳离子交换树脂仅能起中和反应和复分解反应。

$RCOO^-Na^+$ 在水中不稳定，遇水易水解成 $RCOO^-H^+$，同时产生氢氧化钠，故钠型羧酸树脂不易洗涤到中性，一般洗到出口 pH9～9.5 即可，洗水量也不宜过多。

和强酸型阳离子交换树脂相反，弱酸型阳离子交换树脂和 H^+ 的结合力很强，故易再生成氢型，耗酸量亦少。

在强酸型阳离子交换树脂和弱酸型阳离子交换树脂中间，还有一种酸度介于两者之间的中强酸型阳离子交换树脂，即含磷酸基团［$—PO(OH)_2$］和次磷酸基团［—PHO(OH)］的树脂。

3. 强碱型阴离子交换树脂

这类树脂的活性基团是季铵基团，有三甲胺基团 $RN^+(CH_3)_3OH$（强碱Ⅰ型）和二甲基-β-羟基乙基胺基团 $RN^+(CH_3)_2(C_2H_5OH)OH$（强碱Ⅱ型）。与强酸型阳离子交换树脂相似，其活性基团电离程度较强，不受溶液 pH 变化的影响，在 pH1～14 均可使用，其交换反应类型有中和反应、中性盐分解反应和复分解反应。

这类树脂成氯型时较羟型稳定、耐热性亦较好，因此商品大多以氯型出售。Ⅰ型树脂的热稳定性、抗氧化性、机械强度、使用寿命均好于Ⅱ型树脂但再生较难。Ⅱ型树脂抗有机污染好于Ⅰ型、Ⅱ型树脂，碱性亦弱于Ⅰ型。由于 OH^- 和强碱交换树脂结合力较弱，再生剂氢氧化钠用量较大。

4. 弱碱型阴离子交换树脂

这类树脂的活性基团有伯胺（$—NH_2$）、仲胺（—NHR）和叔胺（$—NR_2$）以及吡啶（C_6H_5N）等基团。活性基团的电离程度弱，和弱酸型阳离子交换树脂一样交换能力受溶液 pH 的变化影响很大，pH 越低，交换能力越高，反之则小，故在 pH<7 的溶液中使用。其交换反应只发生中和反应和复分解反应。

羟型伯胺树脂可与—CHO 发生缩合反应：

$$RN^+H_3OH^- + R'CHO \longrightarrow RN^+H{=}CR' + H_2O \qquad (9\text{-}12)$$

和弱酸型阳离子交换树脂相似，弱碱型阴离子交换树脂生成的盐 $RN^+H_3Cl^-$ 易水解成 $RN^+H_3OH^-$，亦说明与 OH^- 的结合力很强，故用氢氧化钠再生成羟型较容易，耗碱量亦少，甚至可用 Na_2CO_3 再生。

以上四种类型树脂性能的比较见表 9-2。

表 9-2 四类树脂性能的比较

性能＼类型	阴离子交换树脂		阳离子交换树脂	
	强酸型	弱酸型	强碱型	弱碱型
活性基团	磺酸	羧酸	季铵	伯胺、仲胺、叔胺
pH 对交换能力的影响	无	在酸性溶液中交换能力很小	无	在碱性溶液中交换能力很小
盐的稳定性	稳定	洗涤时水解	稳定	洗涤时水解
再生①	用 3～5 倍再生剂	用 1.5～2 倍再生剂	用 3～5 倍再生剂	用 1.5～2 倍再生剂，可用碳酸钠或氨水
交换速度	快	慢(除非离子化)	快	慢(除非离子化)

① 再生剂用量是该树脂交换容量的倍数。

离子交换树脂活性基团的电离程度强弱即电离常数（pK）不同，决定了该树脂的强弱。因此，活性基团的 pK 值能直接表征树脂的强、弱程度。对阳离子交换树脂而言，pK 值愈小，酸性愈强。反之，对阴离子交换树脂来说 pK 值愈大，碱性愈强。表 9-3 是几种常用树脂活性基团的 pK 值。

表 9-3 常用树脂活性基团的电离常数（pK 值）

阳离子交换树脂		阴离子交换树脂	
活性基团	pK 值	活性基团	pK 值
$—SO_3H$	<1	$—N(CH_3)_3OH$	>13
$—PO(OH)_2$	pK_1 2～3	$—N(CH_3)_2(C_2H_4OH)OH$	12～13
	pK_2 7～8	$—(C_6H_5N)OH$	11～12
—COOH	4～6	$—NHR, —NR_2$	9～11
$—C_6H_4OH$	9～10	$—NH_2$	7～9
		$—C_6H_4NH_2$	5～6

（二）多糖骨架离子交换剂

离子交换剂的骨架材料常用的为各种树脂，蛋白质等生物大分子的离子交换要求固相载体，除具备一般树脂的性能外，需具有亲水性和较大的交换空间，还要求对其生物活性有稳定作用（至少没有变性作用），并便于洗脱。近年发展了一类多糖骨架的离子交换剂[1～3]，具有网状结构的亲水性骨架，可允许生物大分子透过而不发生变性，已被大规模应用。根据载体多糖种类的不同，多糖基离子交换剂可分为离子交换纤维素、葡聚糖凝胶离子交换剂和琼脂糖凝胶离子交换剂。现介绍如下。

1. 琼脂糖凝胶离子交换剂

琼脂糖凝胶离子交换剂又称离子交换交联琼脂糖，是由精制过的琼脂糖经交联制备而成（见表 9-4）。

表 9-4 离子交换交联琼脂糖

牌 号	功能基团	交换容量/(mmol/mL)	血红蛋白吸附量/(mg/mol)
DEAE-Sepharose CL6B	$-OC_2H_4N^+H(C_2H_5)_2$	0.15±0.02	110
CM-Sepharose CL6B	$-O-CH_2-COO^-$	0.12±0.02	—

表 9-5 常用的离子交换纤维素的特征

类型		离子交换剂名称	活性基团结构	简写	交换当量/(mmol/g)	pK[①]	特点
阳离子交换纤维素	强酸型	甲基磺酸纤维素	$-O-CH_2-S(=O)(=O)-O^-$	SM-C			用于低 pH
		乙基磺酸纤维素	$-O-CH_2-CH_2-S(=O)(=O)-O$	SE-C	0.2～0.3	2.2	用于低 pH
	中强酸型	磷酸纤维素	$-O-P(=O)(O^-)-O^-$	P-C	0.7～7.4	pK_1=1～2，pK_2=6.0～6.2	用于低 pH
	弱酸型	羧甲基纤维素	$-O-CH_2-C(=O)-O^-$	CM-C	0.5～1.0	3.6	在 pH＞4 时应用，适用于中性和碱性蛋白质分离
阴离子交换纤维素	强碱型	二乙基氨基乙基纤维素	$-O-(CH_2)_2-N^+H(C_2H_5)-C_2H_5$	DEAE-C	0.1～1.1	9.1～9.2	在 pH＜8.6 时应用，适用于中性和酸性蛋白质的分离
		三乙基氨基乙基纤维素	$-O-(CH_2)_2-N^+(C_2H_5)(C_2H_5)-C_2H_5$	TEAE-C	0.5～1.0	10	
		胍乙基纤维素	$-O-(CH_2)_2NH-C(=NH)-NH$	GE-C	0.2～0.5	≥12	在极高 pH 仍可使用
	中强碱型	氨基乙基纤维素	$-O-CH_2-CH_2-NH_3^+$	AE-C	0.3～1.0	8.5～9.0	适用于分离核苷、核酸和病毒
		ECTEOLA-纤维素	$-O-(CH_2)_2N^+(C_2H_5OH)_3$	ECTEOLA-C	0.1～0.5	7.4～7.6	
		苄基化的 DEAE-纤维素		DBD-C	0.8		适用于分离核酸
		苄基化萘酸基 DEAE-纤维素		BND-C	0.8		适用于分离核酸
		聚乙亚胺吸附的纤维素	$-(C_2H_4NH)_n-C_2H_4NH_2$	PEL-C		9.5	适用于分离核苷酸
	弱碱型	对氨基苄基纤维素	$-O-CH_2-C_6H_4-NH_2$	PAB-C	0.1～0.3 0.2～0.5		

① pK 为在 0.5mol/L NaCl 中的表观解离常数的负对数。

2. 离子交换纤维素

离子交换纤维素为松散的长链骨架，亲水性强，有较大的表面积及较好的通透性。根据联结于纤维素骨架上的活性基团的性质，可分为阳离子交换纤维素和阴离子交换纤维素两大类。每大类又分为强酸（碱）型、中强酸（碱）、弱酸（碱）型三类。常用的离子交换纤维素的主要特征见表 9-5。

3. 葡聚糖凝胶离子交换剂

葡聚糖凝胶离子交换剂又称作离子交换交联葡聚糖，是将活性交换基团连接于葡聚糖凝胶上而制成的。由于交联葡聚糖具有一定孔隙的三维结构，所以兼有分子筛的作用。它与离子交换纤维素不同的地方还有电荷密度高、交换容量较大，膨胀度受环境 pH 及离子强度的影响也较大。表 9-6 列出了一些常见葡聚糖离子交换剂的主要特征。

表 9-6　常用的离子交换交联葡聚糖的特征

商　品　名	化学名	类型	活性基结构	反离子	对小离子的吸附容量/(mmol/g)	对血红蛋白的吸附容量/(g/g)	稳定 pH
CM-Sephadex C25	羧甲基	弱酸阳离子	$—CH_2—COO^-$	Na^+	4.5±0.5	0.4	6～10
CM-Sephadex C50	羧甲基	弱酸阳离子	$—CH_2—COO^-$	Na^+		9	
DEAE-Sephadex A25	二乙氨基乙基	中强碱阴离子	$—(CH_2)_2—NH^+(C_2H_5)_2$	Cl^-	3.5±0.5	0.5	2～9
DEAE-Sephadex A50	二乙氨基乙基	中强碱阴离子	$—(CH_2)_2—NH^+(C_2H_5)_2Cl^-$			5	
QAE-Sephadex A25	季铵乙基	强碱阴离子	OH | CH_2CHCH_3 | $—(CH_2)_2N^+C_2H_5$ | C_2H_5	Cl^-	3.0±0.4	0.3	2～10
QAE-Sephadex A50	季铵乙基	强碱阴离子	C_2H_5 | $—(CH_2)_2N^+—C_2H_5$ | CH_2CHCH_3 | OH	Cl^-		6	
SE-Sephadex C25	磺乙基	强酸阳离子	$—(CH_2)_2—SO_3^-$	Na^+	2.3±0.3	0.2	2～10
SE-Sephadex C50	磺乙基	强酸阳离子	$—(CH_2)_2—SO_3^-$	Na^+		3	
SP-Sephadex C25	磺丙基	强酸阳离子	$—(CH_2)_2—SO_3^-$	Na^+	2.3±0.3	0.2	2～10
SP-Sephadex C50	磺丙基	强酸阳离子	$—(CH_2)_2—SO_3^-$	Na^+		7	
CM-Sephadex CL6B	羧甲基	强酸阳离子	$—CH_2COO^-$	Na^+	13±2	10.0	3～10
DEAE-Sephadex CL6B	二乙氨基乙基	中强碱阴离子	$—(CH_2)_2—NH^+(C_2H_3)_2$	Cl^-	12±2	10.0	3～10

二、离子交换剂的命名[1,2,5]

离子交换树脂的命名，至今还没有统一的规则，国外多是以厂家或商品牌号、代号来表示。国产离子交换树脂产品的名称代号也较混乱，没有很好地统一，同一树脂可出现多种名称，如 001×7、1×7、732 都是同一产品。

1977 年我国石油化工部颁布了新的规范化命名法。离子交换树脂的型号由 3 位阿拉伯数字组成。第一位数字代表产品的分类，第二位数字代表骨架，第三位数字为顺序。分类代号和骨架代号都分成 7 种，分别以 0～6 七个数字表示，其含义见表 9-7。

对凝胶型离子交换树脂，在型号后面加“×”号连接阿拉伯数字表示交联度（交联度是合成载体骨架时交联剂用量的质量分数）；对大孔型离子交换树脂，在型号前加字母“D”表示。

例如，001×7 表示凝胶型苯乙烯系强酸型阳离子交换树脂（交联度 7%）；D201 表示大孔型苯乙烯系季铵Ⅰ型强碱型阴离子交换树脂。

表 9-7 国产离子交换树脂命名法的分类代号及骨架代号

代号	分类名称	骨架名称	代号	分类名称	骨架名称
0	强酸型	苯乙烯系	4	螯合性	乙烯吡啶系
1	弱酸型	丙烯酸系	5	两性	脲醛系
2	强碱型	酚醛系	6	氧化还原	脲乙烯系
3	弱碱型	环氧系			

多糖基离子交换剂的命名，将交换活性基团写在前面，然后写骨架 Sephadex（或 Sepharose），最后写原骨架的编号。为区别阳离子交换剂与阴离子交换剂，在编号前添字母“C”（阳离子）或“A”（阴离子）。该类交换剂的编号与其母体（载体）凝胶相同。如载体 Sephadex C25 构成的离子交换剂有 CM-Sephadex C25、DEAE-Sephadex A25 及 QAE-Sephadex A25 等。

第三节 离子交换动力学[1~4]

一、离子交换速度

（一）交换机制

设有一粒树脂放在溶液中，发生下列交换反应

$$A^+ + R^-B^+ \rightleftharpoons R^-A^+ + B^+$$

不论溶液的运动情况怎样，在树脂表面上始终存在着一层薄膜，起交换的离子只能借分子扩散而通过这层薄膜（图 9-3）。搅拌愈激烈，这层薄膜的厚度也就愈薄，液相主体中的浓度就愈趋向均匀一致。一般说来，树脂的总交换容量和其颗粒的大小无关。由此可知，不仅在树脂表面，而且在树脂内部，也具有交换作用。因此和所有多相化学反应一样，离子交换过程应包括下列五个步骤。

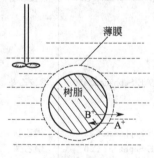

① A^+ 从溶液扩散到树脂表面。

② A^+ 从树脂颗粒表面再扩散到内部的活性中心。

③ A^+ 与平衡离子 B^+ 交换，即与树脂 RB 发生复分解反应。

④ 解吸离子 B^+ 从树脂内部的活性中心扩散到树脂表面；

⑤ B^+ 从树脂表面扩散到溶液中。

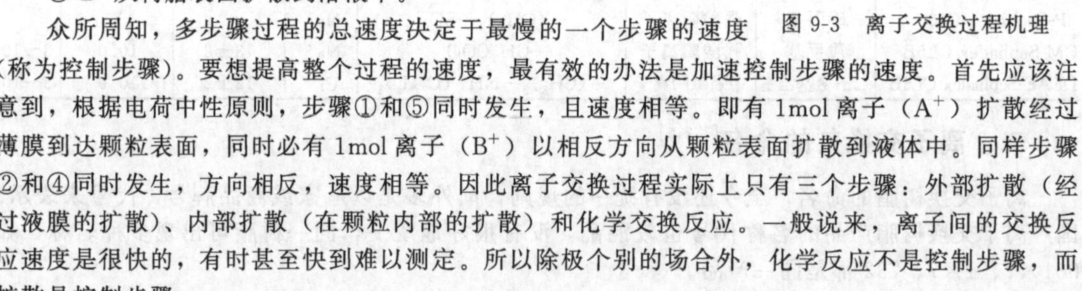

图 9-3 离子交换过程机理

众所周知，多步骤过程的总速度决定于最慢的一个步骤的速度（称为控制步骤）。要想提高整个过程的速度，最有效的办法是加速控制步骤的速度。首先应该注意到，根据电荷中性原则，步骤①和⑤同时发生，且速度相等。即有 1mol 离子（A^+）扩散经过薄膜到达颗粒表面，同时必有 1mol 离子（B^+）以相反方向从颗粒表面扩散到液体中。同样步骤②和④同时发生，方向相反，速度相等。因此离子交换过程实际上只有三个步骤：外部扩散（经过液膜的扩散）、内部扩散（在颗粒内部的扩散）和化学交换反应。一般说来，离子间的交换反应速度是很快的，有时甚至快到难以测定。所以除极个别的场合外，化学反应不是控制步骤，而扩散是控制步骤。

至于究竟内部扩散还是外部扩散是控制步骤，要随操作条件而变。一般来说，液相速度愈快或搅拌愈激烈，浓度愈浓，颗粒愈大，吸附愈弱，愈是趋向于内部扩散控制。相反，液体流速愈慢，浓度愈稀，颗粒愈细，吸附愈强，愈是趋向于外部扩散控制。当树脂吸附抗生素等大分子时，由于大分子在树脂内扩散速度慢，常常为内部扩散控制。

（二）影响离子交换速度的因素

（1）树脂粒度　交换离子向内扩散的速度与粒子半径的平方成反比，平衡离子向外扩散的速

度与半径成反比。树脂粒度大，交换速度慢。

(2) 搅拌速度　搅拌速度能影响膜扩散速度，与交换速度呈正相关。搅拌速度增大到一定程度后影响渐小。

(3) 树脂交联度　交联度大则树脂孔径小，离子运动阻力大，交换速度慢。

(4) 离子化合价　离子在树脂中扩散时，和树脂骨架（和扩散离子的电荷相反）间存在库仑引力。离子的化合价愈高，这种引力愈大，因此扩散速度就愈小。原子价增加 1 价，内扩散系数的值就要减少一个数量级。

(5) 离子的大小　小分子的交换速度比较快。大分子在树脂中的扩散速度特别慢，因为大分子会和树脂骨架碰撞，甚至使骨架变形。

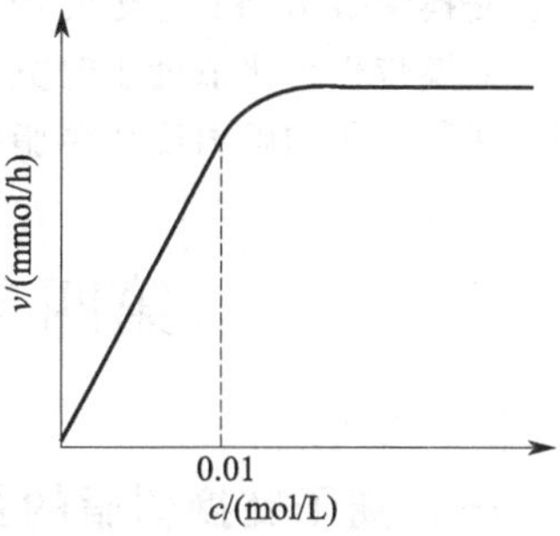

图 9-4　离子浓度对交换速度的影响

(6) 温度　交换体系温度高时由于离子扩散加快，交换速度也加快，但必须考虑到生化物质对温度的稳定性。温度升高 25℃，交换速度增加 1 倍。

(7) 离子浓度　交换体系如是稀溶液，交换速度随离子浓度的上升而加快。但达到一定浓度后，交换速度不再随浓度上升。交换速度（v）与浓度成正比的范围在 0.01mol/L 以下，见图 9-4。

二、离子交换过程的动力学

通常离子交换系在固定床（柱）中进行，研究离子在离子交换柱中的运动情况，对控制离子交换过程、提高分离效率有很大的实际意义。

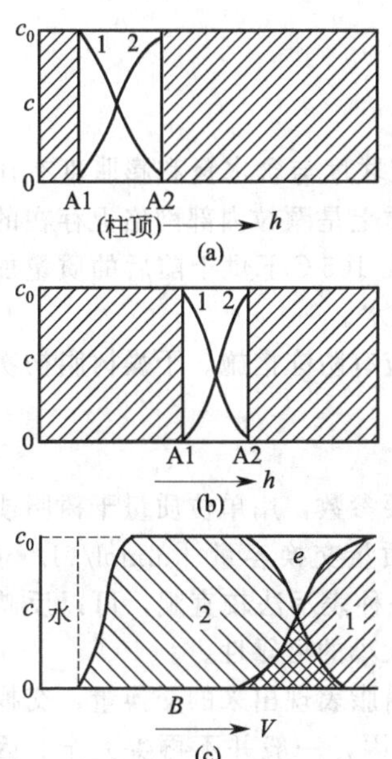

图 9-5　翻转 90°的离子交换柱中离子的分层（a，b）和理想的流出曲线（c）

h—柱的高度；c—浓度（mol/L）；c_0—原始浓度（mol/L）；V—流出液体积；A1～A2—交换带；B—离子 A1 的漏出点；e—离子 A1 的流出曲线

图 9-5 表示翻转 90°的离子交换柱。柱上树脂的平衡离子为 A2（树脂上可进行交换的离子），从柱顶加入含 A1（被交换离子）浓度为 c_0(mol/L) 的溶液，则由于交换离子 A1 不断取代树脂上的 A2 而被交换到树脂上，其溶液中浓度从初始的 c_0 沿曲线 1 逐渐下降至零，而由于平衡离子 A2 逐渐被释放，其浓度逐渐沿曲线 2 增至离子 A1 的原始浓度 c_0(mol/L)。因为离子交换是按计量关系进行的，所以曲线 1 和 2 互为对称、互为镜像关系。离子 A1 自起始浓度 c_0 降至零这一段树脂层（A1～A2 层）称为交换带。经过交换带，A1 浓度自 c_e 降至接近于 0（c_e 是与饱和树脂中 A1 浓度呈平衡的液相 A1 浓度，可视同 c_0）。因流出交换带的溶液中不含 A1，故交换带以下的床层未发挥作用，料液也不发生变化，亦即交换过程只能在 A1～A2 层内进行。两种离子在交换带中互相混在一起，没有分层，见图 9-5(a)。

当它们继续向下流时，如条件选择适当，交换带逐渐变窄，两种离子逐渐分层，离子 A2 集中在前面，离子 A1 集中在后面，中间形成一较明显的分界线，见图 9-5(b)。继续往下流，交换带愈来愈窄，分界线也就愈来愈明显，一直到柱的出口。在流出液中，开始出来的是树脂层空隙中水分，而后出来的是离子 A2，在某一时候，流出液中出现离子 A1，此时称为漏出点（又称穿透点）。再继续运行，流出液中 A1 浓度迅速增加，直至与加入的溶液 c_0 相同，而离子 A2 的浓度减至零，此时，全柱树脂饱和，离子 A1 的流出曲线陡直，见图 9-5(c)。但如条件选择得不恰当，交换带逐渐变宽，两种离子就互相重叠在一起，则流出曲线变得平坦。

从流出曲线的形状，可以判断离子分层是否清楚，因为流出曲线的形状是和将要流出柱的交换带相对应的。有明显分界线的好处，不仅在于可使离子分开，而且在吸附时可以提高树脂饱和度，减少吸附离子的漏失，而在洗脱时，则可使洗脱液浓度提高。交换带的宽窄由多种因素决定。交换常数 $K>1$ 时交换带要比 $K<1$ 时狭窄，即 K 值愈小交换带愈宽；若 A1 离子浓度过大，交换带也会比浓度小时宽；柱床流速高于交换速度也会加宽交换带，即流速愈快则交换带愈宽；两种离子的解离度和树脂的粒度也影响交换带的宽度。

第四节　离子交换树脂的特性[1~4]

一、离子交换树脂的基本要求

① 有尽可能大的交换容量，以减少材料和设备投入，提高工作效率。

② 有良好的交换选择性。

③ 化学性质稳定。树脂应纯净，不含杂质，经受酸、碱、盐、有机溶剂及温度的作用不发生物理及化学变化或释放出分解物。

④ 化学动力学性能好。树脂的交换速度快，可逆性好，易平衡，易洗脱，易再生；交换效率高，便于反复使用。

⑤ 物理性能好。树脂颗粒大小合适，粒度均匀，密度适宜，且有一定的强度，以便于操作，又有较好的交换效果。

二、离子交换树脂的理化性能

1. 含水量

每克干树脂吸收水分的数量称为含水量，一般是 0.3～0.7g。交联度与含水量和膨胀度有比较直接的关系，具有较高交联度的树脂含水量较小。树脂含水量实质上是颗粒内部网格上存在的溶胀水。其测定方法较多。常用干燥法和离心法。干燥法通过树脂在 105℃下烘干前后的质量加以计算求得。离心法是将树脂在 400g 离心力下离心 30min 甩去溶胀水。

干燥的树脂易破碎，故商品树脂均以湿态密封包装。冬季储运应有防冻措施。干燥树脂初次使用前应先用盐水浸润后再用水逐步稀释，以防止暴胀破碎。

2. 交换容量

交换容量是表征树脂活性基团数量——交换有价离子能力的重要参数，用单位质量干树脂或单位体积湿树脂能吸附一价离子的物质的量（mmol）来表示，有质量交换容量［mmol/(L·g 干树脂)］和体积交换容量［mmol/(L·mL 湿树脂)］两种，后一种表示法较直观，可以反映实际生产设备的能力，并关系到产品质量、收率高低和设计投资额大小的可靠性。

工作交换容量，或叫实用交换量，是在某一指定的应用条件下树脂表现出来的交换量，交换基团未完全利用。树脂失效后就要再生才能重新使用。出于经济原因，一般并不再生完全。因此，再生剂用量对工作交换容量影响很大，在指定的再生剂用量条件下的交换容量就称再生交换容量。一般情况下，交换容量、工作交换容量和再生交换容量三者的关系为：再生交换容量＝0.5～1.0 倍交换容量；工作交换容量＝0.3～0.9 倍再生交换容量。工作交换容量与再生交换容量之比称为离子交换树脂利用率（%）。

3. 机械强度

机械强度是指树脂在各种机械力作用下，抵抗破碎的能力。测定机械强度的方法一般是将离子交换树脂先经过酸、碱溶液处理后，将一定量的树脂置于球磨机或振荡筛机中撞击、磨损，一定时间后取出过筛，以完好树脂的质量分数来表示。商品树脂的机械强度通常规定在 90%以上，在药品分离中一般要求在 95%以上。

4. 膨胀度（视膨胀率）

把干树脂放在水或有机溶剂中，由于极性基团强烈吸水，或高分子骨架非极性部分吸附有机溶剂使树脂的体积变大，此为树脂的膨胀性。基本原因是当树脂浸在水溶液中时，活性离子因热运动可在树脂空隙的一定距离内运动，由于内部和外部溶液的浓度差（通常是内部浓度较高），存在着渗透压。这种压力使外部水分渗入内部促使树脂内架变形，空隙扩大而使树脂体积膨胀。当树脂骨架的内、外部渗透压达到平衡时，体积便停止变化，此时的膨胀度最大。测定膨胀前后树脂的体积比，即可算出膨胀率。如果渗透压超过树脂骨架的强度极限，大分子链发生断裂，树脂就会出现裂纹甚至破碎。

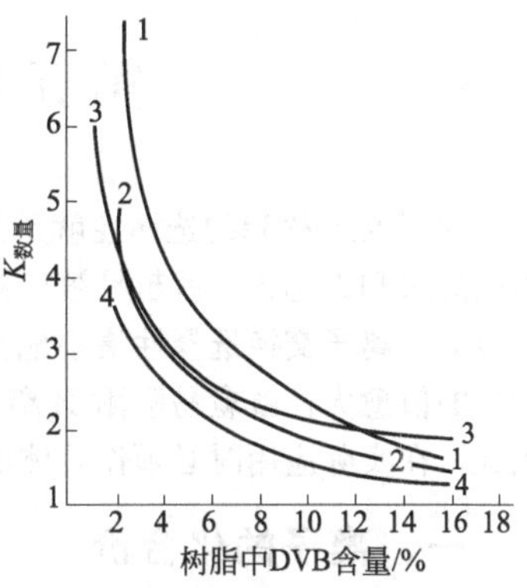

图 9-6　$K_{膨胀}$与交联度的关系

1—磺酸基树脂（H^+型）；

2—磺酸基树脂（Na^+型）；

3—羧酸基树脂（H^+型）；

4—弱酸型树脂（Cl^-型）

干树脂溶胀前后体积之比称为膨胀系数，以 $K_{膨胀}$ 表示。膨胀系数与树脂交联度的关系可由图 9-6 表示。

5. 视密度和真密度

有湿视密度和湿真密度两种表示法。湿视密度又叫堆积密度，是指树脂在柱中堆积时，单位体积湿树脂（包括树脂间空隙）的质量（g/mL），其值一般在 0.6～0.85g/mL。阳离子交换树脂偏上限，阴离子交换树脂靠下限；交联度高，湿视密度也高。凝胶树脂比相应的大孔树脂湿视密度大。

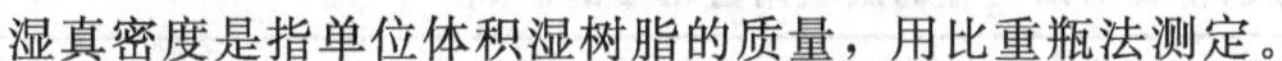

湿真密度是指单位体积湿树脂的质量，用比重瓶法测定。

一般树脂的湿真密度为 1.1～1.4g/mL。活性基团愈多，其值愈大。在应用混合床或叠床工艺时，应尽量选取湿真密度相差较大的两种树脂，以利分层和再生。

6. 滴定曲线

离子交换树脂是不溶性的多元酸或多元碱，可发生酸碱中和反应，具有滴定曲线。滴定曲线能定性反映树脂活性基团的特征，从滴定曲线便可鉴别树脂酸碱度的强弱。

一般来说，强酸和强碱树脂的滴定曲线开始有一段是水平的，随酸、碱用量的增加而出现曲线的突升或陡降，此时表示活性基团已经达到饱和，该处相应的酸或碱的消耗量，就是树脂的交换容量。弱酸、弱碱型树脂的滴定曲线不出现水平部分和转折点而呈渐进的变化趋势，但从树脂的 pH 滴定曲线可了解使用这些树脂的有效 pH 范围（见图 9-7、图 9-8）。

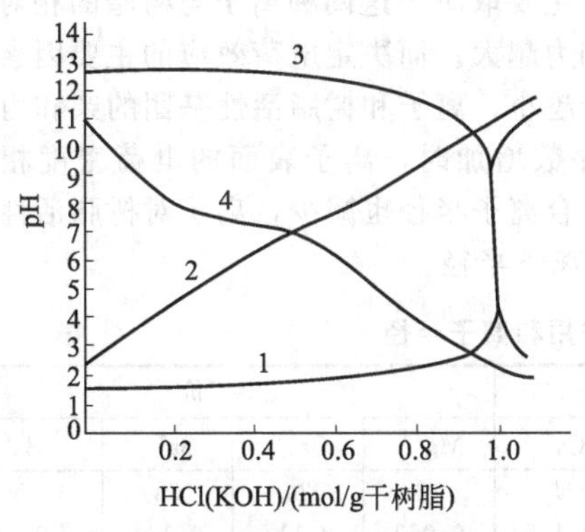

图 9-7　各种离子交换树脂的滴定曲线

1—强酸型树脂 Amberlit IR-120；

2—弱酸型树脂 Amberlit IRC-84；

3—强碱型树脂 Amberlit IRA-400；

4—弱碱型树脂 Amberlit IR-45

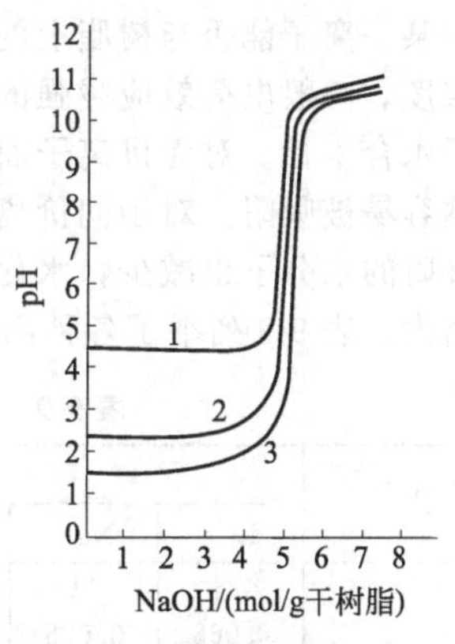

图 9-8　国产 1×12 阳离子交换树脂的滴定曲线

1—无盐水；

2—0.01mol/L NaCl；

3—1mol/L NaCl

除由滴定曲线的转折点位置，可估计其总交换量外，由转折点的数目，可推知官能团的种数。滴定曲线还表示交换容量随 pH 的变化，所以说滴定曲线较全面地表征树脂功能基团的性质。

第五节　离子交换的选择性[1~4]

离子交换树脂的选择性就是某树脂对不同离子交换亲和能力的差别。一般地说，离子和树脂活性基团的亲和力越大，就越易被该树脂吸附；当吸附后，树脂的膨胀度减小时，则树脂对该离子的亲和力也大。离子交换选择性集中地反映在交换常数 K 值上。$K_{B,A}$（B 离子取代树脂上 A 离子的交换常数）的值愈大，就愈易吸附 B 离子。影响 K 的因素很多，它们彼此之间既互相依赖，又互相制约。因此，在实际应用时必须作具体的分析。以下讨论影响离子交换过程选择性的各种因素。

一、离子的化合价

在常温的稀溶液中，离子交换呈现明显的规律性：离子的化合价越高，就越易被交换。例如对水处理和废水处理中比较常见的一些不同价数离子的选择顺序是：$PO_4^{3-} > SO_4^{2-} > Cl^-$；$Tb^{4+} > Al^{3+} > Cu^{2+} > Na^+$。当溶液中两种不同价离子的浓度由于加水稀释，两种离子浓度均下降但比值不变，此时高价离子比低价离子更易被吸附。

链霉素-氯化钠溶液加水稀释后，链霉素吸附量呈明显上升，实验结果见表 9-8。

表 9-8　溶液的稀释对弱酸型树脂吸附链霉素的影响

溶液中离子浓度/(mmol/mL)		1/3 链霉素的吸附量/(mmol/g)	溶液中离子浓度/(mmol/mL)		1/3 链霉素的吸附量/(mmol/g)
1/3 链霉素	钠		1/3 链霉素	钠	
0.00517	1.500	0.256	0.00103	0.300	1.930
0.00258	0.750	0.800	0.00052	0.150	2.760

注：苯氧乙酸-酚-甲醛树脂对链霉素的交换容量为 3.17mmol/g。

从发酵滤液提取抗生素、氨基酸；从硬水中置换 Ca^{2+}、Mg^{2+}，除去无机离子制备软水、无盐水；从电镀废液中优先吸附 Ca^{2+}，以及链霉素饱和树脂用链霉素溶液排除树脂上的 Ca^{2+}、Mg^{2+} 等都是应用这个原理。

二、离子水合半径

溶液中某一离子能否与树脂上的平衡离子进行交换主要取决于这两种离子与树脂的相对亲和力和相对浓度。一般电荷效应越强的离子与树脂的亲和力越大。而决定电荷效应的主要因素是价电数和离子水合半径。对无机离子而言，离子水合半径越小，离子和树脂活性基团的亲和力就越大，也就越容易被吸附。对于同价离子而言，当原子序数增加时，离子表面的电荷密度相对减少，因此吸附的水分子也减少，水化能降低，相应地水合离子半径也减少，离子对树脂活性基团的结合力增大。表 9-9 列举了各种阳离子的水化作用和离子半径。

表 9-9　各种阳离子的水化作用和离子半径

项　目	一价					二价			
	Li^+	Na^+	K^+	Rb^+	Cs^+	Mg^{2+}	Ca^{2+}	Sr^{2+}	Ba^{2+}
原子序数	3	11	19	17	35	12	20	38	56
裸半径/μm	0.068	0.098	0.133	0.149	0.165	0.069	0.117	0.134	0.149
水化半径/μm	1.000	0.790	0.530	0.509	0.505	0.108	0.960	0.960	0.88
水合水/(mol 水/mol)	12.600	8.400	4.000	—	—	13.300	10.000	8.200	4.100

按水化半径次序，各种离子对树脂亲和力的大小有以下顺序。

对 1 价阳离子：$Li^+ \leqslant Na^+$、$K^+ \approx NH_4^+ < Rb^+ < Cs^+ < Ag^+ < Ti^+$。

对 2 价阳离子：$Mg^{2+} < Cu^{2+} \approx Ni^{2+} \approx Co^{2+} < Ca^{2+} < Sr^{2+} < Pb^{2+} < Ba^{2+}$。

对 1 价阴离子：$F^- < HCO_3^- < Cl^- < HSO_3^- < Br^- < NO_3^- < I^- < ClO_4^-$。

同价离子中水化半径小的能取代水化半径大的。但在非水介质中，在高温下差别缩小，有时甚至相反。

H^+ 和 OH^- 在上述序列中的位置则与树脂功能基团性质有关，H^+ 和强酸型树脂的结合力很弱，其序位和 Li^+ 相当；而对弱酸型树脂，H^+ 具有最强的置换能力，其交换序列在同价金属离子之后。同理 OH^- 的序位，对强碱型树脂，落在 F^- 之前；对弱碱型树脂则落在 ClO_4^- 之后。强酸型、强碱型树脂较弱酸型、弱碱型树脂难再生，酸碱用量大，原因就在于此。

三、溶液的 pH

各种树脂活性基团的解离度不同（表 9-3），因而交换时受溶液 pH 的影响差别较大。对强酸型、强碱型树脂来说，任何 pH 下都可进行交换反应，对弱酸型、弱碱型树脂则交换应分别在偏碱性、偏酸性或中性溶液中进行（表 9-2）。弱酸型、弱碱型树脂不能进行中性盐分解反应即与此有关。氢型弱酸型树脂在中性介质中交换量很少，由于链霉素在碱性下易破坏，所以采用钠型羧基树脂在中性溶液中交换（复分解反应）。另外，对弱酸性、弱碱性或两性的被交换物质来说，溶液的 pH 会影响甚至改变离子的电离度或电荷性质（如两性化合物转变成偶极离子），使交换发生质的变化。

四、交联度、膨胀度和分子筛

交联度、膨胀度对树脂选择性有重要影响。对凝胶型树脂来说，交联度大、结构紧密、膨胀度小、树脂筛分能力大，选择性高，促使吸附量增加，其交换常数亦大。相反，这种影响就较小，甚至可忽略不计。选择系数表明酸型、碱型或盐型离子交换树脂对溶液中不同种类离子交换能力的差别，是离子交换过程能够在实际中得到应用的基础。表 9-10 列举了不同离子对不同交联度的强酸型阳离子交换树脂的交换常数。

表 9-10　强酸型阳离子交换树脂对不同离子的选择性系数（交换系数）

交联度	Li^+	H^+	Na^+	NH_4^+	K^+	Rb^+	Cs^+	Ag^+	Mg^{2+}	Zn^{2+}	Co^{2+}	Cu^{2+}	Mn^{2+}	Ni^{2+}	Ca^{2+}	Sr^{2+}	Pb^{2+}	Ba^{2+}
4%	1.00	1.32	1.58	1.90	2.27	2.46	2.67	4.73	2.95	3.13	3.23	3.29	3.42	3.45	4.15	4.70	6.56	7.47
8%	1.00	1.27	1.98	2.55	2.90	3.16	3.25	8.51	3.29	3.47	3.74	3.85	4.09	3.93	5.16	6.51	9.91	11.5
16%	1.00	1.47	2.37	3.34	4.50	4.62	4.66	22.90	3.51	3.78	3.81	4.46	4.91	4.06	7.27	10.10	18.0	20.8

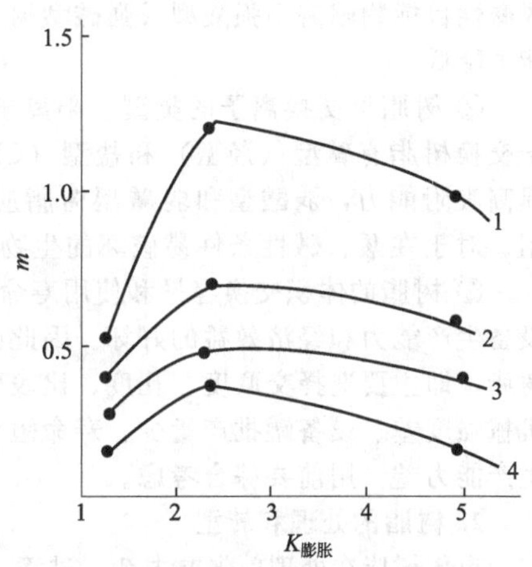

图 9-9　磺酸基树脂 CBC 从盐酸的溶液中吸附土霉素的量与树脂膨胀度的关系

盐酸浓度：1—0.1mol/L，2—0.25mol/L，3—0.5mol/L，4—1.0mol/L；

土霉素浓度为 0.4mg/mL；

m—对土霉素吸附量，mmol/g

离子交换反应是在树脂颗粒内外部表层上的功能基团进行的，因此，要求树脂溶胀后有一定的孔度、孔道（一般要比扩散离子大 3～5 倍），以便离子的进出反应。水化无机离子半径一般在 1nm 以下，凝胶树脂溶胀态下的孔径在 2～4nm，无机离子容易进出，所以对其交换选择性无影响。而对于有机大分子却有两种对立的影响，一种是选择性的影响，即膨胀度增大时树脂交换量降低、K 值减小；另一种是“空间效应”因素的影响——即膨胀后树脂的孔度、孔径达不到大离子自由进出的空间要求，树脂的交换量很小（仅表面交换）。但在降低交联度、提高膨胀度后，因满足了离子进出交换的空间要求，K 值明显增大，即交换量增大，此时“空间效应”起主导地位，交换量随膨胀度的增大而增加。然而当膨胀度上升到一定值时，树脂内部为大分子所进出反应的程度变化不大，此时“空间效应”不再起主导地位，而选择性影响却显示出来，交换量也就随膨胀度的增加而降低，于是出现了有最高点的曲线（图 9-9）。

提高树脂交联度使树脂具有分离大分子离子和无机小离子的能力，这种方法叫“分子筛”法。在链霉素、庆大霉素、去甲基万古霉素生产中，利用高交联度的 1×14 树脂除 Ca^{2+}、Mg^{2+}，能降低灰分并减少抗生素的损失。

五、有机溶剂的影响

交换溶液中如存在有机溶剂，会减弱树脂对有机离子的吸附能力而相对提高吸附无机离子的能力，其原因之一是有机溶剂使离子溶剂化程度降低，而易水化的无机离子降低程度大于有机离子；原因之二是有机溶剂会降低物质的电离度，对有机物的影响更明显。利用这个特性，常在洗涤剂中加适当有机溶剂来洗脱难洗脱的有机物质。

第六节　离子交换操作过程[1,2,6]

实际工作中离子交换操作过程一般为：树脂选择→树脂的处理→装柱→通液→再生。

一、树脂的选择与处理

1. 树脂的选择

选用哪一种离子交换树脂，必须考虑被分离药物带何种电荷及其电性强弱、分子的大小与数量，同时还要考虑环境中存在哪些其他离子和它们的性质。可从以下几个方面考虑。

① 带正电荷的碱性目标物用阳离子交换树脂，带负电荷的酸性目标物用阴离子交换树脂。强碱性和强酸性目标物宜选用弱酸型和弱碱型树脂，而不宜使用强酸型和强碱型树脂，这是因为强酸型、强碱型树脂和目标物结合过强，不易洗脱，而弱酸、弱碱既能吸附又容易洗脱。另外弱酸型、弱碱型树脂较之强酸型、强碱型树脂又有交换容量大、再生剂用量少的优点。对弱碱性和弱酸性目标物则需用强酸型或强碱型树脂，若用弱酸型或弱碱型树脂，则吸附后容易水解，吸附能力降低。

② 树脂可交换离子的类型。阳离子交换树脂有酸型（氢型）和盐型（Na^+、K^+等），阴离子交换树脂有碱型（羟型）和盐型（Cl^-、SO_4^{2-} 等）。一般来说，为使树脂可交换离子离解以提高吸附能力，弱酸型和弱碱型树脂应采用盐型，而强酸型和强碱型树脂则根据用途任意使用。对于在酸、碱性条件易破坏的生物活性物质，亦不宜使用氢型或羟型树脂。

③ 树脂的体积交换容量和使用寿命。在工业化生产中，这些因素关系到工艺技术的可行性、设备生产能力和经济效益的好坏。因此必须尽可能选用体积交换量高、选择性好、使用寿命长的树脂，即主要选择交联度、孔度、比表面适中的树脂。交联度小、溶胀度高的树脂有装填量小、机械强度差、设备罐批产量少、寿命短等缺点。反之，交联度大，结构紧密，难于交换大分子，生产能力差。用前要综合考虑。

2. 树脂的处理和转型

市售树脂在处理前先要去杂、过筛。粒度过大时可稍加粉碎。对于粉碎后的树脂或粒度不均匀的树脂应进行筛选和浮选处理，以求得粒度适宜的树脂供使用。经过筛、去杂后的树脂往往还需要水洗去杂（如木屑、泥沙），再用酒精或其他溶剂浸泡以去除吸附的少量有机物质。

筛分至一定粒度范围的新的干树脂在使用前须用水浸泡使之充分溶胀，为除去杂质还需经酸碱处理。一般处理过程见图 9-10。图中酸、碱用量倍数是与树脂总交换容量比较而言的，此时达到的是 Na^+ 型树脂，如欲得 H^+ 型树脂，再用 4～5 倍量（按树脂体积计）的酸处理一次，用水洗至中性备用。其中最后一步用酸处理使之变为氢型树脂的操作也可称为“转型”。所谓转型，即树脂去杂后，为了发挥其交换性能，按照使用要求人为地赋予平衡离子的过程。对于弱酸或弱碱型树脂须用碱（NaOH）或酸（HCl）转型。对于强酸或强碱型树脂除使用碱、酸外还可以用相应的盐溶液转型。对于分离蛋白质、酶等物质，往往要求在一定的pH范围及离子强度下进行操作。因此，转型完毕的树脂还须用相应的缓冲液平衡数小时后备用。

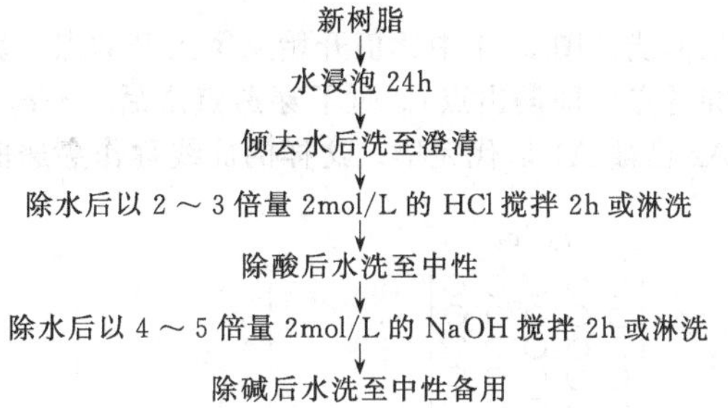

新树脂
↓
水浸泡24h
↓
倾去水后洗至澄清
↓
除水后以2～3倍量2mol/L的HCl搅拌2h或淋洗
↓
除酸后水洗至中性
↓
除水后以4～5倍量2mol/L的NaOH搅拌2h或淋洗
↓
除碱后水洗至中性备用

图9-10　树脂处理的一般过程

二、装柱

装柱时要防止“节”和气泡的产生。“节”是指柱内产生明显的分界线。这是由于装柱不匀造成树脂时松时紧。气泡的发生往往是在装柱时没有一定量的液体覆盖而混入气体造成的。要做到均匀装柱，柱内要有一定高度的水面，树脂要与水混合倾入，借助水的浮力使树脂自然沉积，操作尽可能均匀连续。

三、通液

通液包括吸附（离子交换）、洗涤、洗脱。

（一）离子交换与穿透曲线测定

1. 离子交换

离子交换过程是将被交换的药物从料液中交换到树脂上，离子交换操作方式有静态交换和动态交换两类。

静态交换是一种间歇式交换。将溶液和离子交换剂共同放入同一容器，利用振荡、搅拌、鼓气等方式令它们充分接触。在接近或达到平衡后，用倾析、过滤或离心等方法使固液两相分离，然后分别处理。静态法操作简单、设备要求低，是分批进行的，但交换不完全，需要多次重复操作才能使一定量的树脂达到吸附饱和状态（或完全转型），且耗时长，并会引入很大的误差，树脂有一定损耗等。本法不适宜用作多种成分的分离，一般只是在探索性试验、测定分配系数或交换动力学的研究方面，或对于一些不适合柱上操作的情况，如溶液黏度太大、溶液中含有悬浮固体及离子交换反应过程中会放出气体、生成沉淀等特殊情况下才使用。

动态交换是指溶液与树脂层发生相对移动。一般地讲，离子交换反应是可逆的平衡反应，为了保证反应完全，必须不断用新溶液取代已交换过的溶液。采用柱上操作的方法可达到这个目的。先将树脂装柱，交换溶液以平流方式通过柱床进行交换。可采用正交换法和反交换法两种。正交换法是将料液自上而下流经树脂柱；反交换法是将料液自下而上流经树脂柱。该法不需搅拌，交换完全，操作连续，且可以使吸附与洗脱在柱床的不同部位同时进行。适合于多组分分离，例如用732树脂交换柱可以分离多种氨基酸。下面按动态交换方式介绍离子交换分离操作过程。

离子交换过程的控制须在穿透曲线指导下进行，以使树脂能交换到饱和状态。

当流出液中被吸附离子达到规定的穿透浓度时，流出液的体积称为穿透体积，一般工艺上采用穿透点表示吸附过程的穿透特性。

2. 穿透曲线测定

穿透曲线是进行分离操作前通过实验确定的，是离子交换操作中非常重要的参数。穿透曲线的确定实验可在离子交换柱上进行，实验通过将一定量的被交换的料液通过柱，测定并绘制不同时间流出液的体积与被分离物浓度变化曲线。若按正交换法进行操作，则如图9-11所示。

由本章第三节的“离子交换过程的动力学”已知，在树脂层穿透以前，交换带的上端面处液相A1浓度为c_e，下端面处为0。

在树脂柱的流出液中，开始不含A1，因为它们在交换过程中被消耗掉了。但溶液中含有与被消耗掉的A1浓度相等的A2。随着交换过程的进行，通过的溶液增多，柱上的工作带逐渐向下移动，终有一时刻会到达柱的下端，不断监测流出液中A1的浓度，会得到如图9-11所示的一条曲线。图 9-11 中比值开始从零上升的点，就是工作带已达到柱下端的信号，这一点叫做 A1 的穿透点（即漏出点）。过了穿透点之后，c/c_0 值呈 S 形曲线上升，最后到达 1.0，表明柱上所有 A2 已被 A1 取代完毕。这样的曲线称作穿透曲线（图 9-12）。

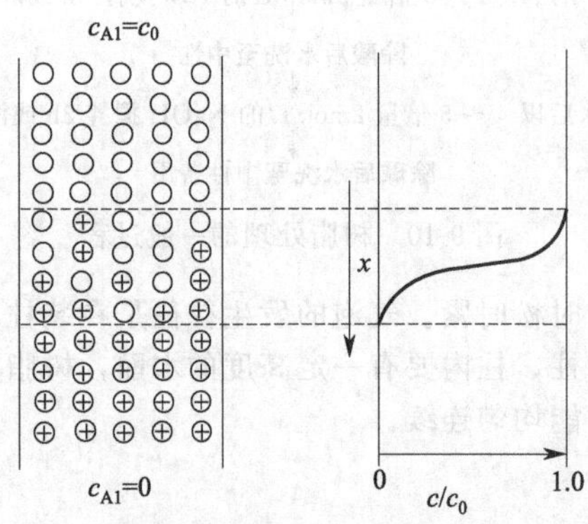

图 9-11　A1 和 A2 在树脂柱上的交换

○ A1；⊕ A2

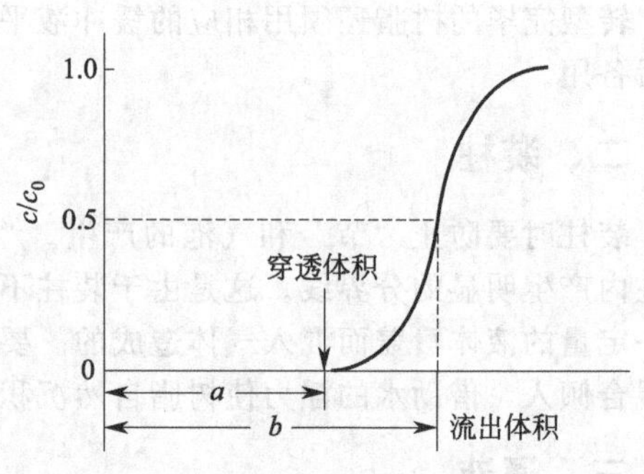

图 9-12　离子交换的穿透曲线

图 9-12 中流出体积 a 称穿透体积，代表的容量称穿透容量。在穿透曲线为对称的情况下，体积 b 代表柱在该工作条件下的工作容量。

体积 a 和 b 的差别显然代表柱的利用率，亦即柱的容量对于一个交换过程能发挥的程度。柱的利用率 η 与 a、b 及柱中树脂层高 H 的关系

$$\eta=\frac{H-(b-a)}{H}$$

可见要提高柱的利用率，就要减小 $b-a$，即压缩工作带的高度，增大穿透曲线的陡度。做到这一点重要的是要降低流速，但降低流速会使生产能力下降，实际过程只能取优化值。

（二）离子交换时 pH

pH 是最重要的操作条件，选择的 pH 应能满足目标药物能离子化、树脂功能基团能离子化及在目标药物稳定的 pH 范围内等条件。

四、洗涤与洗脱

1. 洗涤

完成离子交换后，要选择合适的洗涤剂如水、稀酸、盐或其他配位剂等洗净交换废液及夹带的杂质。所用的洗涤剂应能使杂质从树脂上洗脱下来，而不会使有效组分洗脱下来，也不应和有效组分发生化学反应。如吸附链霉素后的饱和树脂不能用氨水洗涤，因为 NH_4^+ 和链霉素反应生成毒性很大的二链霉胺，亦不能用硬水洗涤，因为水中 Ca^{2+}、Mg^{2+} 被羧酸树脂吸附而置换链霉素，目前生产上使用的是软水。

2. 洗脱

离子交换完成后将树脂所吸附的物质释放出来重新转入溶液的过程称作洗脱。洗脱过程是吸附的逆过程，因此洗脱条件一般和吸附条件相反。如酸性吸附应碱性洗脱，碱性吸附应酸性洗脱。洗脱液分酸、碱、盐、溶剂等数类。酸、碱洗脱液旨在改变吸附物的电荷或改变树脂活性基团的解离状态，从而使目标物丧失与原离子交换树脂的静电结合力而被洗脱下来；盐类洗脱液是通过高浓度的带同种电性的离子与目标物竞争树脂上的活性基团，并取而代之，使吸附物游离。洗脱流速一般为吸附流速的 1/10。为防止洗脱过程 pH 变化过大，可选用缓冲液洗脱剂。有时使用含有机溶剂的洗脱剂可提高洗脱效果。

利用离子交换柱进行多组分分离操作时，如果使用恒定组成的洗脱液，由于各组分洗脱能力的差异，得到的色谱带中各组分峰的排列往往极不均匀，常常是前边紧密，后边稀疏。过于紧密

的部分分离效果差，过于稀疏的部分洗脱时间长，浪费溶剂。为改变这种状况，常采用阶段洗脱或梯度洗脱方式。

在阶段洗脱中，可以按分离的要求人为地分阶段改变其 pH 或离子强度等。准备两种或两种以上的洗脱液，先使用洗脱能力较弱的溶液，使易洗脱组分流出，然后依次使用洗脱能力更强的溶液，洗出较难洗脱的组分。图 9-13 是一个两步洗脱的例子。DOWEX-1 型阴离子交换树脂上吸附了 Cl^-、Br^- 和 I^-，先以 55mL、浓度为 0.5mol/L 的 $NaNO_3$ 洗脱 Cl^-，然后用 2mol/L 的 $NaNO_3$ 洗脱 Br^- 和 I^-。

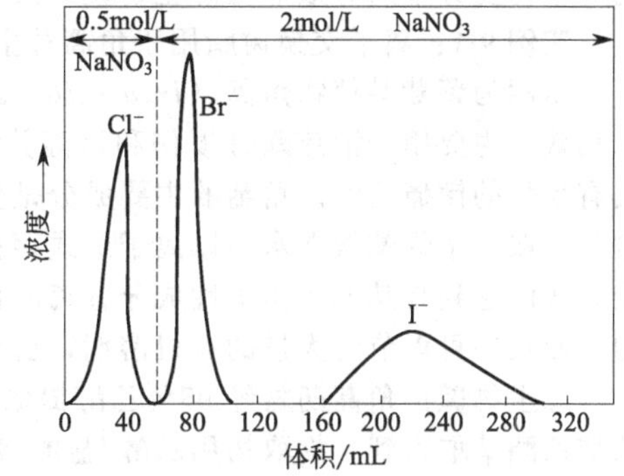

图 9-13 Cl^-、Br^- 和 I^- 的阶段洗脱

梯度洗脱时，洗脱液的改变也可通过仪器（如自动化的梯度仪或梯度混合仪）来完成，以使洗脱条件的改变连续化。其洗脱效果优于阶段洗脱。

五、树脂的再生和毒化

树脂的再生就是让使用过的树脂重新获得使用性能的处理过程。离子交换树脂一般都要多次使用。对使用后的树脂首先要去杂，即用大量水冲洗，以去除树脂表面和孔隙内部物理吸附的各种杂质。然后再用酸、碱处理除去与功能基团结合的杂质，使其恢复原有的静电吸附能力，过程与树脂预处理相似。

毒化是指树脂失去交换性能后不能用一般的再生手段重获交换能力的现象。如大分子有机物或沉淀物严重堵塞孔隙，活性基团脱落，生成不可逆化合物等。重金属离子对树脂的毒化属第三种类型。对已毒化的树脂在用常规方法处理后，再用酸、碱加热（40～50℃）浸泡，以求溶出难溶杂质。也有用有机溶剂加热浸泡处理的。对不同的毒化原因须采用不同的措施，但不是所有被毒化的树脂都能逆转，重新获得交换能力。

第七节 离子交换分离技术的应用与实例

随着科学技术的发展，各种规格性能和适用于不同用途的交换树脂相继问世，目前离子交换树脂商品品种达 2000 余种，已广泛应用于生物化学和天然药物化学生物活性成分分离等许多方面。

一、在中药分离纯化中的应用

离子交换色谱在中药有效成分的分离方面应用得非常广泛，主要用于生物碱类、氨基酸类、肽类、有机酸类以及酚类等化合物的分离精制。如可以将中药的水提取液依次通过阳离子交换树脂和阴离子交换树脂，然后分别洗脱，即可获得碱性（阳离子交换树脂的洗脱物）、酸性（阴离子交换树脂的洗脱物）和中性（阳离子交换树脂和阴离子交换树脂均不吸附的物质）三部分提取物，也可将天然药物的酸水提取液直接通过阳离子交换树脂，然后碱化，用有机溶剂洗脱，获得总生物碱或总碱性物；还可将中药的碱水提取液直接通过阴离子交换树脂，然后酸化，用有机溶剂洗脱，获得总有机酸或总酸性物。

（一）生物碱类的分离

将生物碱的酸水溶液与阳离子交换树脂（多用磺酸型）进行交换，可与非生物碱成分分离。交换后树脂用碱液或 10%氨水碱化后，再用有机溶剂（如氯仿、甲醇等）进行洗脱，回收有机溶剂得总生物碱。树脂的交联度十分重要，以 1%～3%为宜。应用离子交换树脂分离中药中生物碱类最为多见，许多药用生物碱成分如筒箭毒碱、奎宁、苦参碱、氧化苦参碱、东莨菪碱、石菸碱、咖啡因、一叶萩碱、甜菜碱等都是应用此法生产的。此外还可利用阳离子交换树脂分离中药及中药复方中的有效部位总生物碱，其工艺较简单，成本低，可用于大规模工业生产。

实例 9-1：离子交换树脂用于角蒿总生物碱的纯化[7]

角蒿为紫葳科植物角蒿（*Incarvillea sinensis*）的干燥地上部分，具有祛风除湿、消肿止痛的功效，主要用于治疗跌打损伤和风湿关节痛等症。其主要成分之一角蒿酯碱（incarvillateine）具有很强的镇痛活性。角蒿的主要成分是生物碱，可与酸形成盐而溶于水中，因此可用酸水溶液进行提取。生物碱盐在水中以离子形式存在，能与阳离子交换树脂的氢离子交换而被吸附于树脂上，从而达到与其他非离子性成分分离的目的。与液液分配等纯化方法相比，该方法不仅省时省力，而且还可以节约大量的有机溶剂，适合于工业化生产。

总生物碱由角蒿药材经95%乙醇提取浓缩，再经1%盐酸提取后，用氨水调pH 10～11，用乙酸乙酯萃取得到。提取物用乙醇/盐酸溶解，蒸馏水稀释到规定浓度，上柱。

第一步，树脂的预处理

树脂用去离子水浸泡过夜，并洗至去离子水近无色。装柱，用5倍量2mol/L氢氧化钠冲洗，用去离子水洗至流出液近中性；再用5倍量2mol/L盐酸冲洗，用去离子水洗至流出液近中性，备用。

第二步，树脂的选择

角蒿的主要成分是叔胺类生物碱，碱性较弱，故选用强酸型阳离子交换树脂效果会更好。研究结果表明，角蒿生物碱成分的相对分子质量差别较大，从180到890不等。为此以有效成分角蒿酯碱为测定指标，对三种交联度不同的DOWEX 50W型强酸型阳离子交换树脂的交换能力进行了比较，见表9-11。

表 9-11　不同型号树脂的主要特征

型号	交联度/%	粒度/目	含水量/%	离子形式	交换容量/(mmol/mL)	pH 范围
DOWEX 50W×2	2	50～100	78	H	0.6	0～14
DOWEX 50W×4	4	50～100	78	H	1.1	0～14
DOWEX 50W×8	8	50～100	78	H	1.7	0～14

精密量取总生物碱溶液三份，分别通过装有3mL DOWEX 50W×2、DOWEX 50W×4或DOWEX 50W×8的离子交换树脂柱（1.0cm×20cm），并分别用去离子水冲洗，至流出液呈显著生物碱反应（Dragendorff试剂）为止。将收集的流出液和冲洗液减压浓缩至干。残渣用甲醇溶解，用HPLC法测定并计算供试品中角蒿酯碱的含量，结果如图9-14所示。

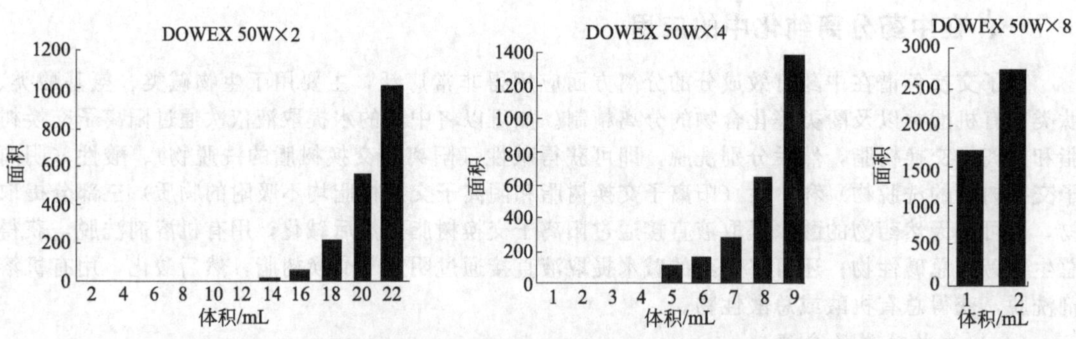

图 9-14　不同交联度的离子交换树脂对角蒿生物碱成分的交换能力

可见，交联度为2的强酸型阳离子交换树脂DOWEX 50W×2对角蒿生物碱成分的交换能力最强，故选择DOWEX 50W×2用于角蒿总生物碱的纯化。

第三步，洗脱剂的选择

吸附到离子交换树脂上的生物碱通常用不同浓度的氨进行洗脱，由于角蒿酯碱在水中溶解度较小，故用氨的乙醇溶液作为洗脱剂，通过实验确定氨和乙醇的浓度。

氨浓度的确定：精密量取总生物碱溶液通过装有 DOWEX 50W×2 的离子交换树脂柱（1.0cm×20cm），用去离子水 10mL 冲洗。然后分别用含有不同浓度氨水（$NH_3 \cdot H_2O$，0.5mol/L、1.0mol/L 和 2.0mol/L）的 80%乙醇（EtOH）溶液进行洗脱，至洗脱液不显生物碱反应（Dragendorff 试剂）为止。收集各洗脱液，测定并计算角蒿酯碱洗脱率。结果见图 9-15(a) 和表 9-12。

表 9-12　不同洗脱剂的角蒿酯碱洗脱百分率（$n=3$）

洗　脱　剂	洗　脱　率	洗　脱　剂	洗　脱　率
0.5mol/L $NH_3 \cdot H_2O$/80%EtOH	97.2%	2.0mol/L $NH_3 \cdot H_2O$/60%EtOH	97.4%
1.0mol/L $NH_3 \cdot H_2O$/80%EtOH	96.9%	2.0mol/L $NH_3 \cdot H_2O$/70%EtOH	97.1%
2.0mol/L $NH_3 \cdot H_2O$/80%EtOH	98.1%	2.0mol/L $NH_3 \cdot H_2O$/80%EtOH	98.1%

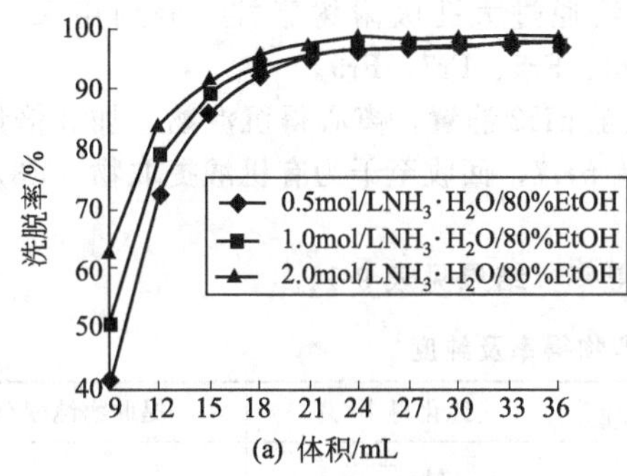

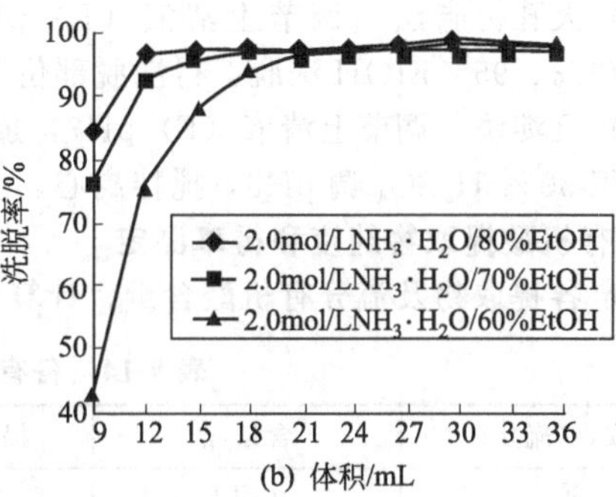

图 9-15　不同浓度氨水（a）和不同浓度乙醇（b）对洗脱效果的影响

由图 9-15 可见，随着氨水浓度的增加，洗脱能力不断增强，故选择氨水浓度为 2.0mol/L。

乙醇浓度的确定：按上述“氨浓度的确定”项下操作，考察了含有 2.0mol/L 氨水的不同浓度乙醇溶液（60%、70%和 80%）的洗脱效果，结果见表 9-12 和图 9-15(b)。

由图 9-15(b) 可见，乙醇浓度为 60%和 70%时，洗脱速度较快，用 15mL（树脂量的 5 倍）以上的洗脱剂洗脱，洗脱液已不显生物碱反应，主要成分角蒿酯碱的洗脱率分别达 97.4%和 97.1%［图 9-15(b) 和表 9-12］。乙醇浓度为 80%时洗脱速度则较慢，主要原因是随着乙醇浓度的提高，树脂的体积收缩增强，交联网孔变小，不利于生物碱成分的交换和溶出。

第四步 DOWEX 50W×2 型阳离子交换树脂对角蒿总生物碱纯化

用渗滤法所得角蒿总生物碱提取液，用 DOWEX 50W×2 的离子交换树脂柱吸附，分别以含 2.0mol/L 氨水的不同浓度乙醇溶液（60%、70%和 80%）为洗脱剂进行洗脱纯化，测得纯化物中总生物碱含量和角蒿酯碱含量见表 9-13。

表 9-13　不同洗脱剂得到的提取物的总生物碱和角蒿酯碱含量（$n=3$）

洗　脱　剂	总生物碱含量	角蒿酯碱含量
2.0mol/L $NH_3 \cdot H_2O$/60%EtOH	67.47%	18.29%
2.0mol/L $NH_3 \cdot H_2O$/70%EtOH	74.01%	19.97%
2.0mol/L $NH_3 \cdot H_2O$/80%EtOH	82.94%	23.11%

（二）有机酸及酚性化合物的提取分离

中药中含有一些具有药理作用的羧基化合物和酚性化合物，可用离子交换树脂法分离纯化。有机酸是指分子中具有羧基的一类酸性有机化合物，在植物中分布极为广泛。常用的有机酸提取与分离有：水或碱水提取-酸沉淀法，有机溶剂提取法，铅盐沉淀法以及离子交换法。在水或稀碱水溶液中，有机酸可解离成氢离子和酸根离子，因此可将含有机酸的水溶液通过强碱型阴离子交换树脂，使酸根离子交换到树脂上，而其他碱性或分子型成分可随溶液从柱底流出。交换后的树脂用水洗涤，然后用稀酸水洗脱，即得游离的有机酸，若用稀碱水洗脱，则可得有机酸盐。

实例 9-2：加味四妙丸中总有机酸分离纯化方法的比较[8]

四妙丸由黄柏、苍术、牛膝、薏苡仁组成，临床常用四妙丸加味治疗急性痛风。处方加味药含以绿原酸、阿魏酸为主的苯丙酸类及莽草酸等水溶性有机酸，并具有抗炎作用。通过实验比较石-硫法、大孔树脂纯化法、强碱型阴离子交换树脂法分离纯化该处方中总有机酸提取物工艺。

1. 提取液制备

四妙丸药粉 120g，用丙酮提取，得丙酮提取液。减压回收溶剂至干。用 5%Na_2CO_3 溶解，静置离心，取上清液（E）备用。

2. 纯化方法

（1）强碱型阴离子交换树脂方法　上清液（E）通过强碱型阴离子交换树脂柱，水洗脱至无色后，取树脂晾干，用 5%HAC 酸化，*n*-BuOH 提取，提取液回收至干，得有机酸提取物（E1）。

（2）大孔树脂法　调节上清液（E）pH7，药液通过大孔吸附树脂柱，分别用水，30%、50%、70%、95%EtOH 洗脱，得洗脱部位 Fr0、Fr3、Fr5、Fr7、Fr9。

（3）沉淀法　调节上清液（E）pH7，加石灰乳至 pH2 静置，离心得沉淀物，加 2 倍量乙醇混悬，用 50% H_2SO_4 调 pH3，搅拌离心，上清液调 pH7，回收至干为有机酸提取物（E3）。

3. 有机酸提取物纯度和得率测定

测定各提取物及流分有机酸含量，计算纯度和得率，结果见表 9-14。

表 9-14　各有机酸提取物得率及纯度

提取物(流分)	含量/g	提取物干重/g	纯化得率/%	提取物纯度/%
E	0.367	—	—	—
E1	0.342	0.384	93.1	89.1
Fr0	0.007	0.467	2.0	1.5
Fr3	0.083	0.532	24.3	15.6
Fr5	0.092	0.386	26.9	23.8
Fr7	0.102	0.472	29.8	21.6
Fr9	0.050	0.286	14.6	17.5
E3	0.201	0.299	58.8	67.2

本处方中除水溶性有机酸外，还含皂苷、黄酮苷等水溶性成分。绿原酸、阿魏酸、莽草酸等有机酸，极性又有一定的差异。因此，用大孔树脂吸附纯化，有机酸分散于各流分中不易集中，纯度较低。石-硫沉淀法得率低，纯化过程中碱易使结合型有机酸（绿原酸等）水解破坏，该有机酸提取物不能真实地反映该处方中总有机酸的含量及组分，并且有无机盐混入，不适宜药效研究。由表 9-15 结果表明强碱型阴离子交换树脂纯化法，有机酸纯度及得率都很高，是分离纯化有机酸部位最理想的方法。

实例 9-3：D301 阴离子交换树脂对大豆异黄酮分离特性的影响[9]

大豆异黄酮是一类以 3-苯基色原酮为母核的多酚类化合物，是大豆生长过程中形成的次级代谢产物，为一种植物雌激素，具有类雌激素作用、抗癌抗氧化作用、防治动脉硬化、骨质疏松等多种生理活性。目前大豆异黄酮的精制方法主要有萃取法、柱色谱法、沉淀法等。而用阴离子交换树脂分离大豆异黄酮，具有方法简便、费用低以及有利于环保等特点。

1. 静态吸附实验

考察了乙醇含量、pH 等条件对 D301 阴离子交换树脂吸附分离大豆异黄酮的影响，实验结果见图 9-16、图 9-17。结果表明，该树脂在以水为溶剂、pH8 左右、40℃时对大豆异黄酮有最好的吸附效果。

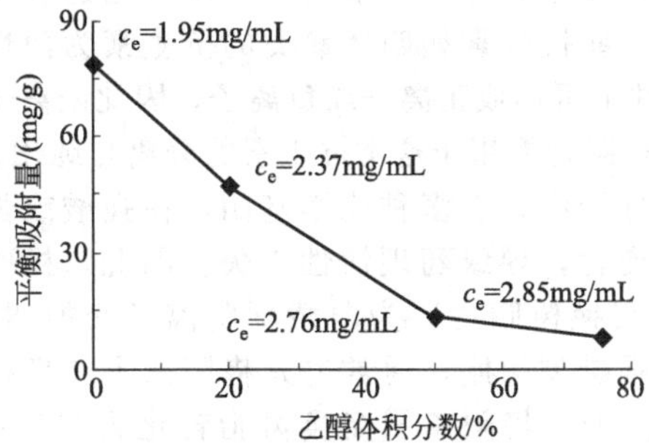

图 9-16　乙醇体积分数对平衡吸附量的影响

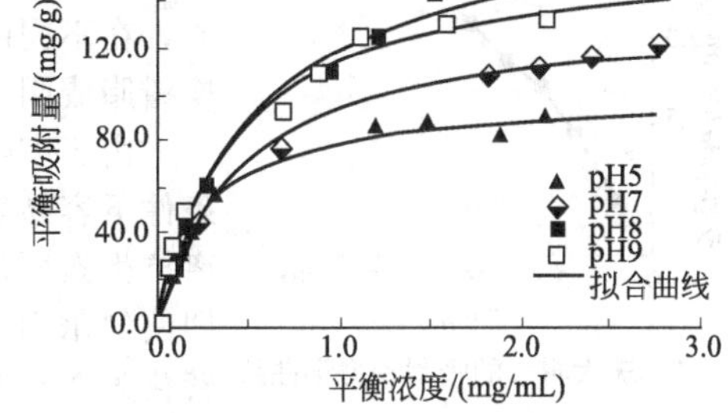

图 9-17　pH 对等温吸附曲线的影响

2. 动态穿透、洗脱曲线的测定

(1) 温度和初始浓度对穿透曲线的影响

图 9-18 反映了温度对穿透曲线的影响，柱温分别为 50℃、70℃，异黄酮初始浓度 c_0 为 7.03mg/mL，流量为 2.5mL/min，扣除死体积后对曲线左侧部分积分得出单位干树脂对异黄酮的动态饱和吸附量分别为 105.0mg/g、83.6mg/g。由图 9-18 可知，温度升高，穿透点提前，吸附量减小。

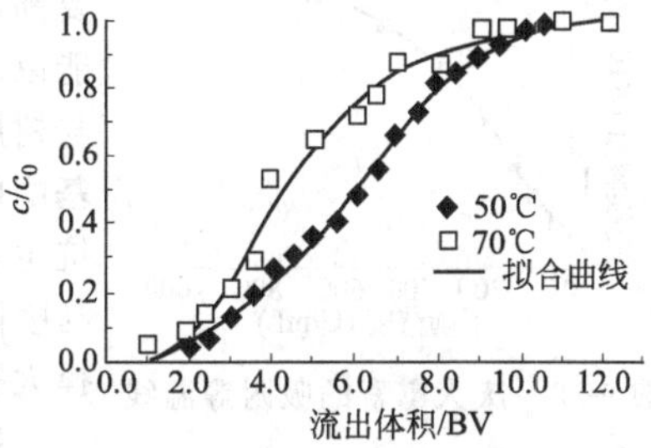

图 9-18　温度的影响

图 9-19 反映了上样溶液中异黄酮初始浓度对穿透曲线的影响，柱温 70℃，异黄酮初始浓度 c_0 分别为 7.03mg/mL、11.56mg/mL，流量为 2.5mL/min，扣除死体积后对曲线左侧部分积分得出单位干树脂对异黄酮的动态饱和吸附量分别为 83.6mg/g、90.7mg/g。由图 9-19 可知，初始浓度升高，曲线明显变陡，吸附量略有增大。

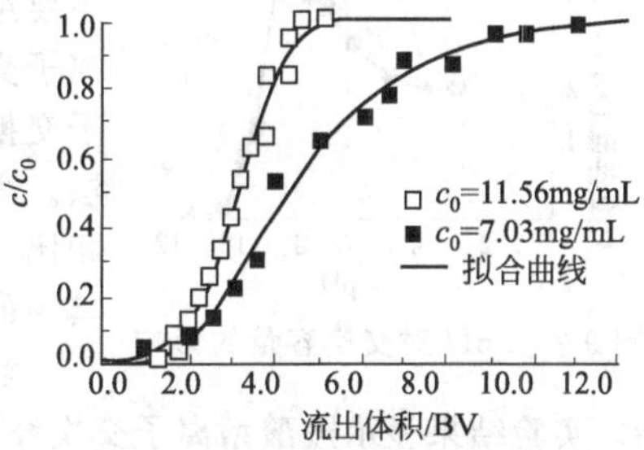

图 9-19　初始浓度的影响

(2) 洗脱曲线绘制　柱子装填：2.0 cm(id)×35.0cm。量取 16mL，初始浓度为 11.56mg/mL 的提取液上样，上样流量为 2.5mL/min，柱温为 70℃。上样结束后，即以 3 倍床层体积的去离子水冲洗以除去水溶性杂质，然后用 5 倍床层体积的体积分数 75%乙醇洗脱并收集，洗脱流量为 2.5mL/min，所得的洗脱曲线如图 9-20 所示。

由图 9-20 中可以看出，水洗部分异黄酮流失较少，经对水洗收集液测定得出异黄酮流失小于 5%，75%乙醇洗脱的收集液蒸干后测样，异黄酮回收率为 89.3%，含量为 56.0%，过柱后含量比原料提高了十几倍，分离效果较为理想。

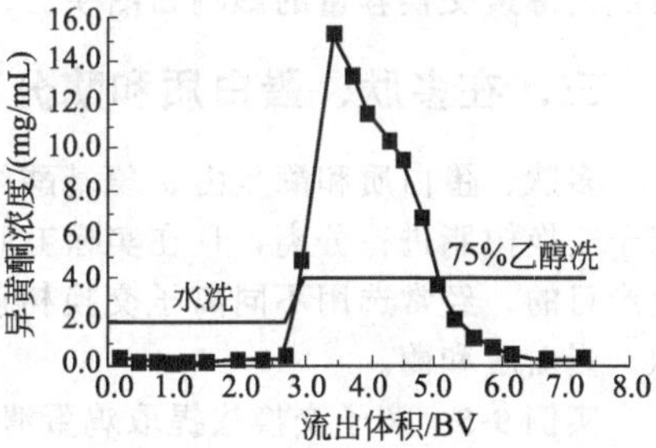

图 9-20　水、75%乙醇洗脱曲线

二、在抗生素提取分离中的应用

目前多数抗生素的生产是发酵法，特点是在发酵液中，抗生素的浓度很低，溶剂提取则消耗高、效率低；利用离子交换树脂可以选择性地吸附分离多种离子型抗生素，不仅回收率较高，且产品纯度高。一些抗生素如苄基青霉素和新生霉素等具有酸性基团，在中性或弱碱性条件下以负离子的形式存在，故能以阴离子交换树脂提取分离。大量的氨基糖苷类抗生素如红霉素、夹竹桃霉素、链霉素、卡那霉素、新霉素等具有碱性，在中性

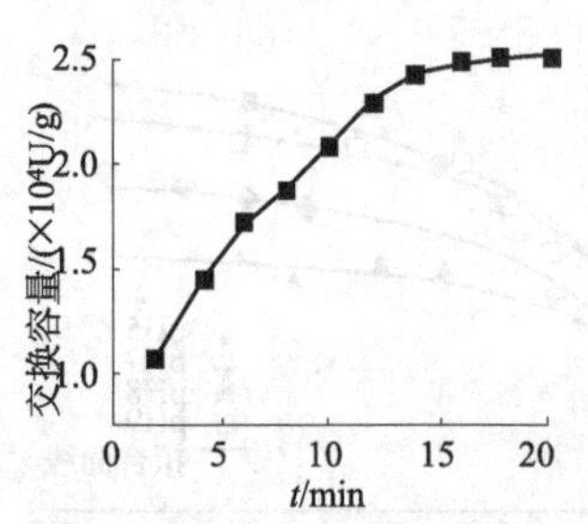

图 9-21 庆大霉素的吸附动力学曲线

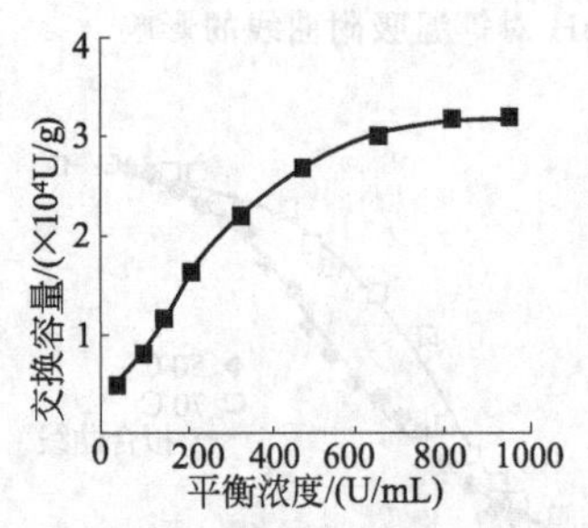

图 9-22 庆大霉素的吸附等温线

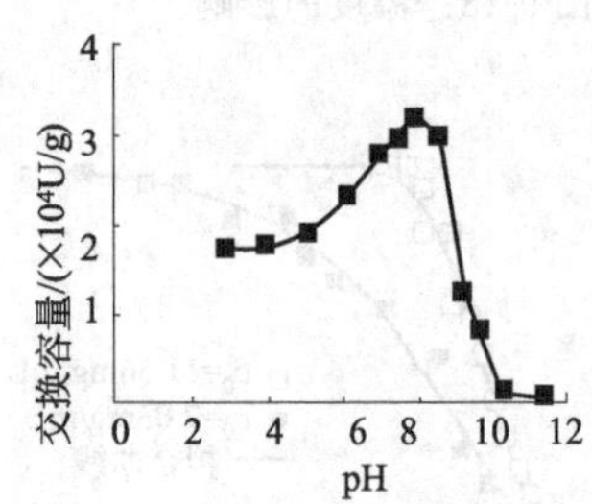

图 9-23 pH 对交换容量的影响

或弱酸性条件下以阳离子形式存在，阳离子交换树脂适合于它们的提取与纯化。另一些抗生素如四环素类的抗生素为两性物质，在不同的 pH 条件下可形成正离子或负离子，因此阳离子交换树脂或阴离子交换树脂皆能用于这类抗生素的分离与纯化。

由于多数抗生素分子中含有多种化学基团，在强酸或强碱条件下容易发生化学变化，导致药理活性丧失。因此，提取分离抗生素所用的离子交换树脂主要为弱酸型阴离子交换树脂。即使偶尔用到强酸或强碱型树脂，通常也先将阳离子交换树脂转化为 Na^+ 型或 NH_4^+ 型，将阴离子交换树脂转化为 Cl^- 型或 SO_4^{2-} 型，一般不用其强酸、强碱形式。离子交换树脂对抗生素离子有较大的选择性，选择系数比无机离子如 Na^+ 或 Cl^- 等往往要高出 1～3 个数量级。其原因应是抗生素离子与离子交换树脂能以多种键型发生吸附作用，除正常的离子静电作用外，抗生素与树脂骨架间的疏水作用、抗生素分子中极性基团与树脂上化学基团的氢键或偶极键作用等对提高其选择性起着重要作用。由于抗生素的分子体积较大，只有大孔网状树脂才有利于分子的扩散与吸附，才会有较大的吸附量。因此，提取分离抗生素时，应选择大孔网状离子交换树脂。

实例 9-4：羧酸型离子交换纤维吸附庆大霉素性能的研究[10]

庆大霉素（gentamycin）是由小单孢菌产生的一族氨基糖苷类抗生素的总称，目前临床上用的庆大霉素是 C_1、C_2、C_{1A} 三个主要组成的复合物。它们为碱性抗生素。庆大霉素的提取一般有离子交换法、沉淀法及溶剂萃取法。目前国内外工业生产均为离子交换法，国内采用强酸性阳离子交换树脂静态吸附、动态洗脱法。离子交换纤维是近年新兴的离子交换材料，与离子交换树脂相比，交换面积更大，且表面基团含量高、交换厚度小，离子在其中的扩散可近似为一维扩散，因而交换速度也更高。

实验考察了羧酸型离子交换纤维对庆大霉素的吸附及洗脱性能，实验结果显示羧酸型离子交换纤维吸附庆大霉素在 16min 时基本达到平衡，且为单分子层吸附。在 pH 8 左右，其静态交换容量可达 3.22×10^4 U/g；对发酵液中庆大霉素的动态交换容量为 2.01×10^4 U/g，洗脱率 92.7%。离子交换纤维对庆大霉素的吸附动力学曲线、吸附等温线及 pH 对庆大霉素交换容量的影响如图 9-21、图 9-22 和图 9-23 所示。

三、在多肽、蛋白质和酶分离中的应用

多肽、蛋白质和酶是由 α-氨基酸缩合而成的两性生物高分子，可用相应的弱酸型或弱碱型离子交换树脂进行分离，且在实际工业纯化过程中包括一步或几步离子交换的步骤。根据科研和生产目的，经常选用不同离子交换树脂从动物、植物、微生物及其代谢产物中分离纯化天然多肽、蛋白质和酶。

实例 9-5：离子交换法提取鸡蛋清溶菌酶[11]

溶菌酶能催化细菌细胞壁中肽聚糖的 β-1,4-糖苷键水解，使细胞溶化、消失。因此，溶菌酶广泛应用于医药、食品防腐、基因工程等方面。人、动物、植物、微生物中均含有溶菌酶，其中鸡蛋清中含量较高，而且来源丰富，因此，工业生产溶菌酶以鸡蛋清为原料。其提取最早采用的是结晶法，但此法收率较低，且原料无法回收利用。近年来，离子交换法以其高效率、低成本的优点成为工业应用的主要方法。目前的离子交换法均需加入无机酸以调节蛋清的 pH，此法易引起蛋清变性，引入杂质，降低蛋清的再利用价值。经研究将 D152 阳离子交换树脂的 Na^+ 型、

H^+型混合，调节蛋清的 pH，取得了较好效果。

实验考察了 H^+型、Na^+型 D152 阳离子交换树脂的比例、树脂的用量、吸附时间、洗脱剂等条件，结果见表 9-15、表 9-16、图 9-24～图 9-28。H^+/Na^+为 1/1 的树脂吸附酶量最大，且无变性蛋白。

表 9-15　树脂混合比例和溶菌酶吸附的关系

树脂的 H^+/Na^+/(mL/mL)	加入树脂后蛋清 pH	变性蛋白/(g/100mL 蛋清)	酶吸附量(以吸光度表示)
1/5	9	0.05	0.198
1/2	8.5	0	0.216
1/1	7	0	0.228
2/1	6.5	0.1	0.146
5/1	6	0.3	0.059

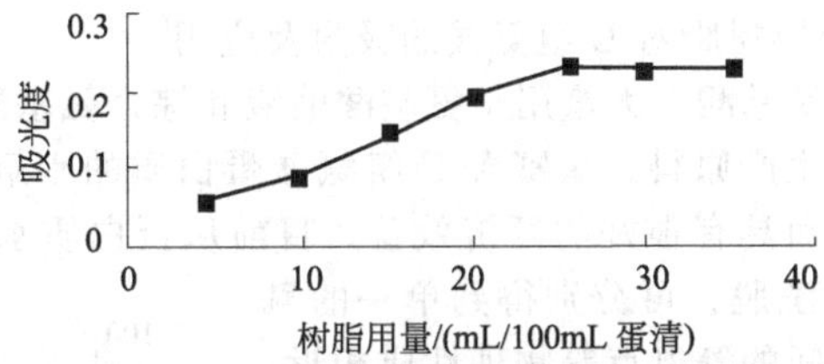

图 9-24　树脂用量和溶菌酶吸附的关系

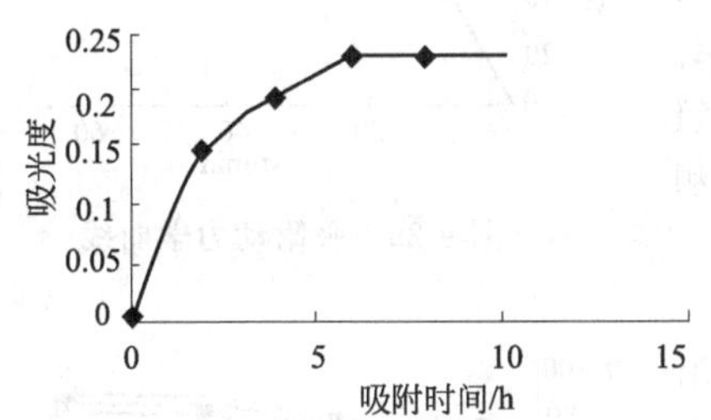

图 9-25　吸附时间对溶菌酶吸附的影响

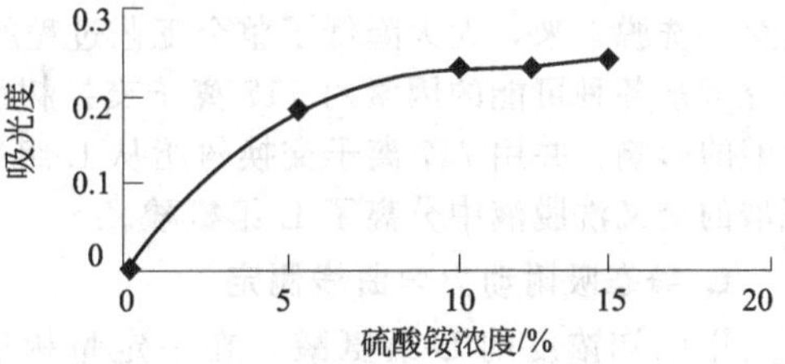

图 9-26　硫酸铵浓度对溶菌酶洗脱的影响

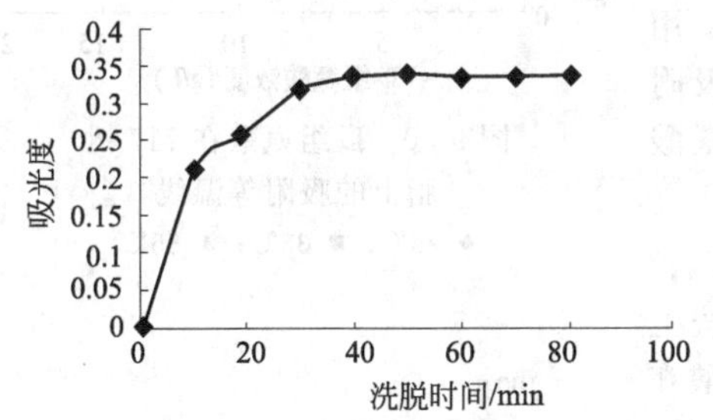

图 9-27　洗脱时间对溶菌酶洗脱的影响

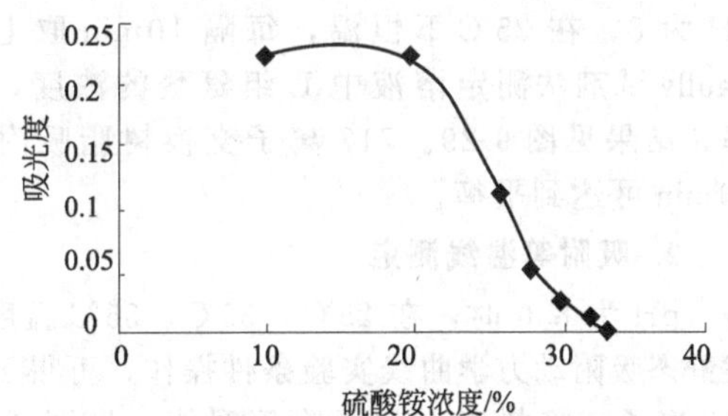

图 9-28　硫酸铵浓度对溶菌酶沉淀的影响

表 9-16　洗脱次数对溶菌酶洗脱的影响

洗脱次数	1	2	3	4
溶菌酶含量(以吸光度表示)	0.346	0.194	0.083	0.021

根据实验结果，确定提取工艺如下：取蛋清纱布过滤，搅拌均质；加入 25%蛋清体积的、H^+/Na^+为 1/1 混合的 D152 阳离子交换树脂，保温搅拌 6h。过滤，用水洗涤 3 次，用

10% 硫酸铵水溶液洗脱 3 次，每次 1h，过滤，滤液缓慢加入硫酸铵使盐浓度达到 32%，放入冰箱静置过夜。过滤，滤饼用丙酮洗涤，真空干燥，测定。结果从 100mL 蛋清中制得溶菌酶 0.4g，酶活力可达 10000U/mg 左右，且剩余蛋清不变性，可进一步加工成蛋清粉等。

四、在氨基酸提取分离中的应用

氨基酸是组成蛋白质的基本单元，具有极其重要的生理功能，广泛应用于医药、食品、饲料和化妆品工业等领域，也被用作合成特殊化学物质的中间体，如低热质甜味剂、螯合剂以及多肽。天然氨基酸主要来源于蛋白水解液、微生物发酵液以及动植物体内存在的游离氨基酸。氨基酸是一类含有氨基和羧基的两性化合物，在不同的 pH 条件下能以正离子、负离子或两性离子的形式存在。因此，应用阳离子交换树脂和阴离子交换树脂均可富集分离氨基酸，通常可用不同 pH 的缓冲液梯度洗脱从而达到分离的目的。

实例 9-6：717 阴离子交换树脂对 L-组氨酸的吸附及应用[12]

L-组氨酸是人体半必需氨基酸，大量用于氨基酸输液和综合氨基酸制剂，还用于消化道溃疡药和心脏循环器官医药品的生产原料。从富含 L-组氨酸蛋白质的水解液中提取 L-组氨酸，由于所用的原材料成本较低，因而具有很好的经济效益。目前从蛋白质水解液中提取 L-组氨酸主要采用离子交换法，利用梯度洗脱，可分别得到单一的氨基酸。但由于各种氨基酸之间的等电点等物理性质相近，交叉洗脱较为严重，此法氨基酸的提取率较低，有近 1/2 的 L-组氨酸与 L-赖氨酸（等电点分别为 7.59 和 9.74）被交叉洗脱下来，大大降低了整个工艺过程的分离效率。研究考察各种可能的因素对 717 离子交换树脂吸附 L-组氨酸的影响，并用 717 离子交换树脂从 L-组氨酸与 L-赖氨酸的交叉洗脱液中分离了 L-组氨酸。

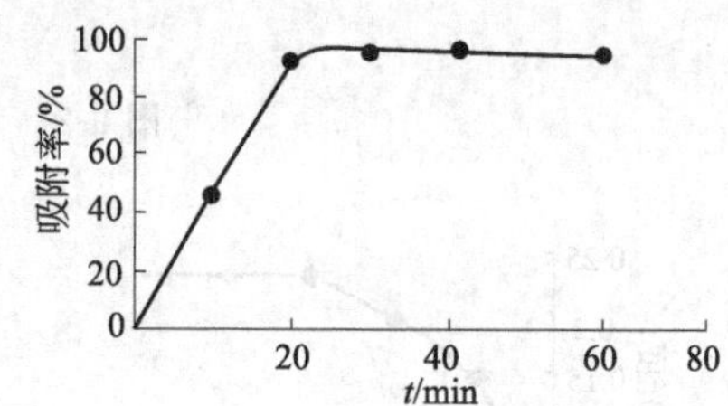

图 9-29 吸附动力学曲线

1. 静态吸附动力学曲线测定

用已知浓度的 L-组氨酸，在一定量树脂上的吸附量随时间的变化来确定吸附过程的动力学。方法：准确称取一定量预处理后的树脂，放入干燥夹层烧瓶中，加入一定体积的 L-组氨酸溶液，搅拌混合，调 pH 为 8，在 25℃下恒温，每隔 10min 取上清液，用 Pauly 试剂法测定溶液中 L-组氨酸的浓度，计算吸附率，结果见图 9-29。717 离子交换树脂吸附 L-组氨酸 30min 可达到平衡。

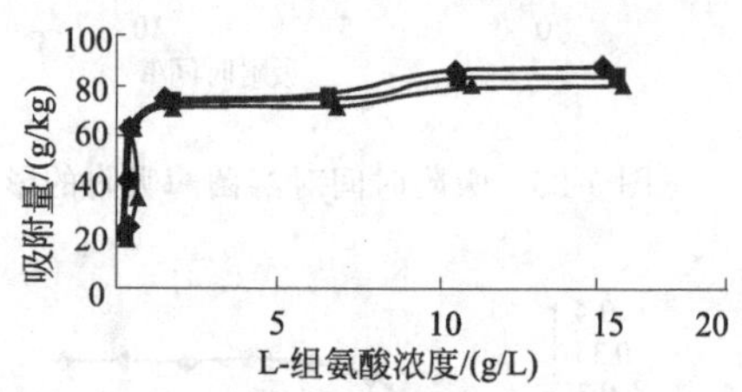

图 9-30 L-组氨酸在 717 树脂上的吸附等温线

◆ 25℃；■ 35℃；▲ 55℃

2. 吸附等温线测定

pH 为 8.0 时，在 25℃、35℃、55℃温度下，按上述静态吸附动力学曲线实验条件操作，可得 L-组氨酸在 717 离子交换树脂上的吸附等温线，见图 9-30。可见，温度对 717 离子交换树脂吸附 L-组氨酸的影响很小，吸附可在常温下进行。25℃时，717 离子交换树脂吸附 L-组氨酸的最大平衡吸附量约为 85 g/kg。

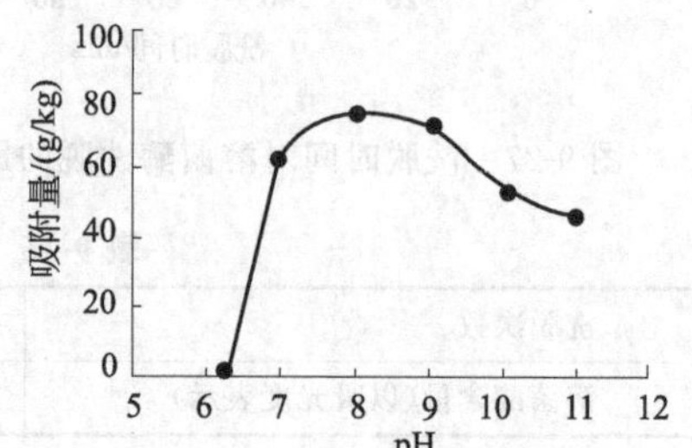

图 9-31 pH 对吸附的影响

3. pH 对吸附的影响

25℃时，考察不同 pH 对 717 离子交换树脂吸附 L-组氨酸的影响，结果见图 9-31。可见，pH 在 6.0～8.0 时，L-组氨酸在 717 离子交换树脂中的吸附量随着 pH

的增大而急速增大。pH 为 6.0 时，吸附量为 0，pH 约为 8.0 时，吸附量达到最大；当 pH 大于 9.0 以后，吸附量随着 pH 的增大而减小。由此可知，717 离子交换树脂吸附 L-组氨酸的适宜 pH 范围为 8.0～9.0。

4. 氯离子对吸附的影响

717 离子交换树脂交换吸附阴离子是一个可逆过程，溶液中其他阴离子的存在可以将已交换吸附到离子交换树脂上的 L-组氨酸离子交换下来，降低 L-组氨酸的吸附量。

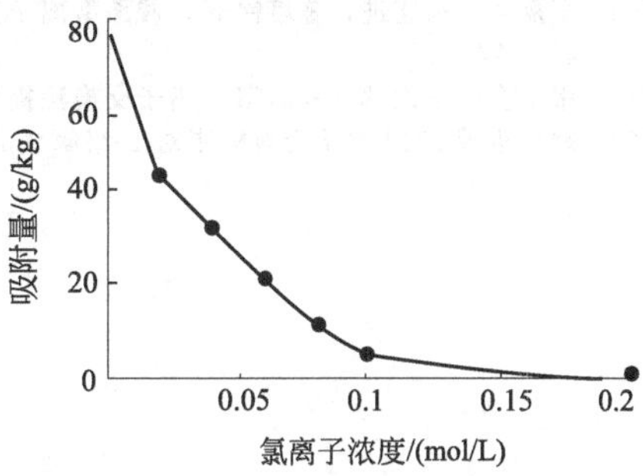

图 9-32　氯离子浓度对吸附量的影响

工业上通常用盐酸水解蛋白质，为此需要考察氯离子对 L-组氨酸在 717 离子交换树脂上吸附的影响。图 9-32 为 25℃、pH 8.0 时氯离子浓度对 L-组氨酸在 717 离子交换树脂上吸附量的影响。可见，氯离子浓度对吸附量影响很大，溶液中氯离子浓度仅为 0.1 mol/L，L-组氨酸则很难被交换吸附到树脂上，提示工业生产中应尽可能除去水解液中氯离子或其他无机盐离子。也可以利用氯离子易于将吸附到 717 离子交换树脂的 L-组氨酸交换下来的特点，在生产中用一定浓度的 NaCl 作为洗脱液将 L-组氨酸洗脱回收。

5. 混合液中 L-组氨酸的分离

将含有 L-组氨酸和 L-赖氨酸的溶液 pH 调至 8.0，按溶液体积 V 与树脂质量 m 比值为 1～3 加入 717 离子交换树脂，搅拌 30min，过滤，得吸附有 L-组氨酸的 717 离子交换树脂，用 0.2～0.3 mol/L NaCl 溶液洗脱，洗脱液浓缩，结晶，重结晶后得 L-组氨酸产品。测得含 L-组氨酸 99.96%。由此可见 717 树脂在 pH 8.0 时对 L-组氨酸具有较高的选择性，同时说明 NaCl 溶液的洗脱能力较强，能满足生产的需要。

思考题

1. 掌握下列基本概念：离子交换、离子交换树脂、大孔离子交换树脂、均孔树脂、两性树脂、螯合树脂、交换容量、工作交换容量、再生交换容量、膨胀度、交联度、视密度、孔度、孔径、比表面、树脂的再生、树脂的转型、树脂的毒化、漏出点、梯度洗脱。
2. 离子交换分离法有什么特点？
3. 和凝胶树脂比较，大孔树脂有哪些特点？
4. 按活性基团分类离子交换树脂可分哪几种类型？试各举例说明。
5. 试述强酸型阳离子、强碱型阴离子交换树脂的离子交换反应特点。
6. 离子交换过程包括哪五个步骤？
7. 影响离子交换速度的因素有哪些？
8. 讨论影响离子交换过程选择性的各种因素。
9. 举例说明离子交换色谱在氨基酸、生物碱、抗生素等提取分离上的应用。

参考文献

[1] 吴梧桐．生物制药工艺学．第 7 版．北京：中国医药科技出版社，2005.
[2] 吴梧桐．生物制药工艺学．第 11 版．北京：中国医药科技出版社，2007.
[3] 顾觉奋．分离纯化工艺原理．北京：中国医药科技出版社，2002.
[4] 何建勇．生物制药工艺学．北京：人民卫生出版社，2007.
[5] 李淑芬，姜忠义．高等制药分离工程．北京：化学工业出版社，2004.
[6] 胡小玲，管萍．化学分离原理与技术．北京：化学工业出版社，2006.
[7] 迟玉明等．离子交换树脂用于角蒿总生物碱的纯化研究．天然产物研究与开发，2005，17 (5)：617-621.

[8] 尹莲，杨大凯，裘颖儿．加味四妙丸中总有机酸总量测定及分离纯化研究．中成药，2006，28（4）：552-554.
[9] 田冠峰，徐明雅，杨亦文等．D301 阴离子交换树脂对大豆异黄酮分离特性的影响．食品与发酵工业，2006，32（6）：133-136.
[10] 李夏兰，翁连进，陈培钦等．羧酸型离子交换纤维吸附庆大霉素性能的研究．中国医药工业杂志，2005，36（5）：272-274.
[11] 张文会，王艳辉，马润宇．离子交换法提取鸡蛋清溶菌酶．食品添加剂，2003，24（6）：57-59.
[12] 翁连进等．717 离子交换树脂对 L-组氨酸的吸附及应用．沈阳药科大学学报，2005，22（3）：223-225.

第十章　分子蒸馏技术

第一节　概　　述

分子蒸馏（molecular distillation，MD）技术是一种新型的、特殊的液液分离或精制技术。近几十年来在国际上得到了十分迅速的发展，特别是随着绿色食品的兴起，回归大自然浪潮的掀起，这种纯物理分离技术更加备受青睐，它较成功地解决了高沸点、热敏性物料的分离提纯问题。

该技术诞生于20世纪30年代，当时世界各国都开始重视并大力发展一种新的液液分离技术，用于对高沸点及热敏性物质的提纯和浓缩。随着人们对微观分子动力学、表面蒸发现象研究的不断深入，学者们在分子平均自由程概念的基础上，提出了分子蒸馏的基本理论。人们从分子蒸馏基本理论出发，不断发展和改进分子蒸馏技术，至60年代在许多国家工业上得到了规模化应用，德国、波兰、美国、日本首先开展了分子蒸馏技术的研究和开发，到70年代无论是实验室装置还是工业化分子蒸馏装置都比较完善，并把它应用于食品、医药、油脂加工、石油化工及造纸、生物工程、核工业等生产实践中。70年代，van Put 和 Water 在新英格兰研究应用中心的资助下，在全球范围内对分子蒸馏技术在各个领域的应用进行了深入探讨，并对不同的分子蒸馏技术进行了对比研究。自90年代以来，随着人们对天然物质的青睐以及回归自然潮流的兴起，分子蒸馏技术具有了更加广阔的发展空间。

我国对分子蒸馏技术的研究起步较晚[1]，20世纪80年代末期，国内引进了几套分子蒸馏生产线，用于硬脂酸单甘酯的生产。但长期以来在其他工业方面未能得到广泛的应用，这除了人们的认识水平原因外更重要的是由于技术上的原因。从90年代初国内相关的单位开始对分子蒸馏技术进行开发研究，目前已较好地解决了以上技术难题，其特点如下。一是优化的分子蒸馏装置。根据不同产品物性的不同要求，优化设计了适宜于不同液体的不同结构，使装置达到设计新颖、结构独特、工艺先进、分离效率高的特点。二是工业化装置的大型化。设计制造出处理量为1～2000L/h的系列装置，已有20余套大型工业化装置投入使用并达到长期连续稳定生产，生产出的产品包括天然维生素E、精制鱼油、亚麻酸、天然色素、高纯二聚酸等，以上产品均在国内建成首条生产线，填补了国内空白。三是已具有完善的分子蒸馏技术工艺及装置设计软件包，目前已完成六类物系的系列化设计。有关专家鉴定时认为，该项技术总体达到国际先进水平，部分技术处于国际领先地位。近年来，该技术在中药产业中正逐步得到应用。

一、分子蒸馏的原理

分子蒸馏[1,2] 又称为短程蒸馏（short-path distillation），是一种在高真空度（0.133～1Pa）条件下进行的非平衡蒸馏，具有特殊的传质传热机理的连续蒸馏过程，该过程中，蒸馏物料分子从蒸发液面挥发至冷凝面冷凝所经过的行程小于其分子运动平均自由程，不同物质分子由于运动平均自由程的差别，而在液液状态下得到分离。

分子蒸馏是在极高的真空度下，依据混合物分子运动平均自由程的差别，使液体在远低于其沸点的温度下迅速得到分离。在高真空度下，液体分子只需很小的能量就能克服液体内部引力，离开液面而蒸发。

1. 分子运动自由程

分子与分子之间存在着相互作用力，当两分子离得较远时，分子之间的作用力表现为吸引力，但当两分子接近到一定程度后，分子之间的作用力会改变为排斥力，并随其接近距离的减小，排斥力迅速增加。当两分子接近到一定程度时，排斥力的作用使两分子分开。这种由接近而至排斥分离的过程，就是分子的碰撞过程。分子在碰撞过程中，两分子质心的最短距离（即发生斥离的质心距离）称为分子有效直径。一个分子在相邻两次分子碰撞之间所经过的路程称为分子运动自由程。任一分子在运动过程中都在不断变化自由程，而在一定的外界条件下，不同物质的分子其自由程各不相同。在某时间间隔内自由程的平均值称为平均自由程，用 λ_m 表示。由热力学原理可得出

$$\lambda_m = \frac{K}{\sqrt{2\pi}} \times \frac{T}{d^2 p} \tag{10-1}$$

式中，d 是分子平均直径；p 是分子的环境压力；T 是分子的环境温度；K 是玻耳兹曼常数。

当把冷凝面与蒸发面的距离控制在小于分子运动平均自由程时，由蒸发面逸出的分子不与其他分子碰撞即可被冷凝。

温度、压力及分子有效直径是影响分子运动平均自由程的主要因素。当压力一定时，一定物质的分子运动平均自由程随温度增加而增加。当温度一定时，平均自由程 λ_m 与压力 p 成反比，压力越小（真空度越高），λ_m 越大，即分子间碰撞机会越少。不同物质因其有效直径不同，因而分子平均自由程不同。

2. 分子蒸馏的原理

由分子平均运动自由程公式可知，在 p 和 T 一定的条件下，不同种类的分子由于分子有效直径的不同，其分子平均自由程也不同。从统计学观点来看，不同种类的分子逸出液面后不与其他分子碰撞的飞行距离是不同的，轻分子的平均自由程大，重分子的平均自由程小。如果冷凝面与蒸发面的间距小于轻分子的平均自由程，而大于重分子的平均自由程，这样轻分子可达到冷凝面被冷却收集，从而破坏了轻分子的动态平衡，使轻分子不断逸出，重分子因达不到冷凝面相互碰撞而返回液面，很快趋于动态平衡不再从混合液中逸出，从而实现了混合物料的分离，原理图见图 10-1。

如图 10-1 所示，液体混合物沿加热板自上而下流动，被加热后能量足够的分子逸出液面，若在离液面距离小于轻分子的分子运动平均自由程而大于重分子的分子运动平均自由程处设置一冷凝板，此时，气体中的轻分子能够到达冷凝板，由于在冷凝板上不断被冷凝，从而破坏了体系

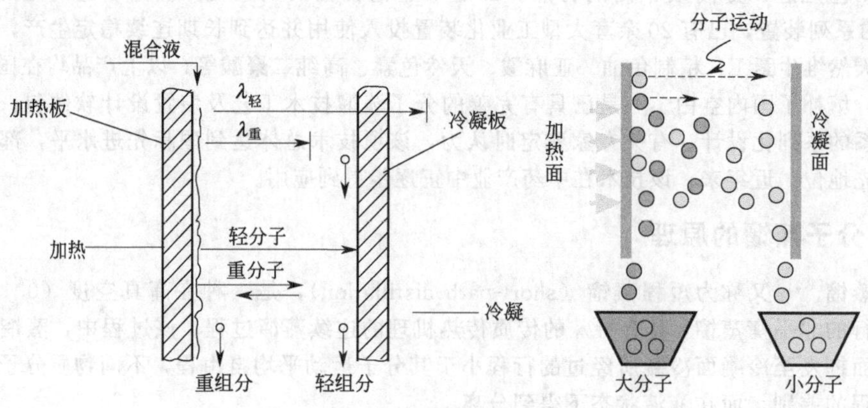

图 10-1　分子蒸馏分离原理示意

中轻分子的动态平衡，而使混合液中的轻分子不断逸出；相反，气相中重分子因不能到达冷凝板，很快与液相中重分子趋于动态平衡，表观上重分子不再从液相中逸出，这样，液体混合物便达到了分离的目的。

常规真空蒸馏的压力一般在 10^2～10^4Pa，而分子蒸馏的压力是在 0.1～1Pa。在如此高真空度条件下，分子在加热面上形成的液膜表面上进行蒸发时，几乎无阻拦地向冷凝面运动并在冷凝面上被冷凝。

分子蒸馏过程可概括为以下几个过程：第一步物料分子从液相主体向蒸发表面扩散，在加热面上形成液膜；第二步分子在液膜表面上的自由蒸发；第三步分子从加热面向冷凝面的运动；第四步分子在冷凝面上被捕获，馏出物和残留物分别被收集。

依据分子蒸馏基本理论，在设计分子蒸馏器时，应在轻重分子平均自由程之间，在实际设计过程中蒸发面与冷凝面的间距应设计成可调的，根据被分离组分的性质进行调节。

分子运动自由程的分布规律可用概率公式表示为

$$F=1-e^{\lambda/\lambda_m} \tag{10-2}$$

式中，F 表示自由程小于或等于 λ_m 的概率；λ_m 表示平均自由程；λ 表示分子运动自由程。

由式(10-2) 可以得出，对于同一群相同状态下的运动分子，其自由程等于或大于平均自由程 λ_m 的概率为

$$F=1-e^{\lambda/\lambda_m}=e^{-1}=36.8\% \tag{10-3}$$

3. 影响因素[3]

由自由程的公式可知影响分子蒸馏效果的因素主要有压力、温度、组分的性质、进料速度、蒸发膜的厚度和覆盖面积等。

(1) 压强　压强是分子蒸馏的重要参数。当蒸馏温度一定时，压强越小（真空度越高），物料的沸点越低，分子平均自由程越大，轻分子从蒸发面到冷凝面的阻力越小，分离效果越好。因此可以通过提高真空度，相对降低温度而达到分离的目的，尤其对于高沸点、热敏性、高温易氧化的物料，其分离真空度越高，分离效果越好。分子蒸馏工作的绝对压强应到 10^{-1}Pa 数量级。

(2) 温度　温度对分子蒸馏的效果影响也很重要。包括蒸馏操作温度、蒸发面与冷凝面之间的温度差。最适蒸馏操作温度是指能使轻分子获得能量落在冷凝面上，而重分子则达不到冷凝面的温度。药物成分不同，最适蒸发温度不同，需通过实验确定最适温度。如分离天然维生素 E 在 160℃；分离具有生理活性的辣味成分的温度为 160～250℃；50℃左右可分离出高达 70%的广藿香醇和广藿香酮馏分；140℃左右可以分离出亚油酸。蒸发面与冷凝面之间的温度差理论上应在 50～100℃，实际操作中在馏出物保持流动性的前提下，温差越大越好，可以加快分离速度。

(3) 被蒸馏物质的性质　被分离混合物中组分的分子量差异大小影响分离效果，可以用轻、重组分的相对挥发度（α_r）说明。相对挥发度越大，也就是相对分子质量之比（M_2/M_1）和待分离的轻、重组分分子的蒸气分压之比（p_1/p_2）越大，则两者越易分离。蒸馏之前应了解待分离混合组分中主要成分的种类、结构及性质，必要时可通过适当处理方法，增大待分离物与其他混合物的分子量或蒸气分压的差别，以提高分离效果。

$$\alpha_r=\frac{p_1}{p_2}\sqrt{\frac{M_2}{M_1}}$$

式中，M_1 表示轻组分相对分子质量；M_2 表示重组分相对分子质量；p_1 表示轻组分饱和蒸气分压，Pa；p_2 表示重组分饱和蒸气分压，Pa；α_r 表示相对挥发度。

(4) 蒸发液膜的覆盖面积、厚薄、均匀度　蒸发液膜越薄、越均匀、覆盖面积越大，蒸馏效果越好。不同的分子蒸馏器所形成的蒸发液膜的覆盖面积、厚薄、均匀度均不同。以刮膜式和离心式分子蒸馏器所形成的液膜为好。同时，刮膜式分子蒸馏装置刮膜转子主轴转速影响物料涂膜状态，转速太快或太慢均会造成物料不成薄膜或膜不均匀，一般刮膜转速宜调节在 300r/min。

(5) 进料速度　进料时物料流速太快，待分离组分还未蒸发就流到蒸发面底部，起不到分离

作用；物料流速太慢，影响分离效率。一般实验用刮膜式分子蒸馏器的流速应控制在1滴/s（相当于15mL/h），特别是物料黏度较大时应以低流速进行蒸馏。物料流速与刮膜转速应协调一致，在较低温度下，以低流速而增加物料在蒸发器上的停留时间，可以提高蒸馏效率。

（6）携带剂的使用　在进行分子蒸馏时，当待分离组分分子量较大，熔点高、沸点高，且黏度较大时，造成物料流动性降低，使物料长时间滞留在蒸发面上，在较高温度下极易固化、焦化，使刮膜转子失去作用，严重时损坏刮膜蒸发器，此时可以通过加入携带剂，改善物料的流动，使分离顺利进行。对携带剂要求沸点高，对物料有较好的溶解性，不与物料发生化学反应，并且易于分离除去。

二、分子蒸馏技术的特点[4]

水蒸气蒸馏法、吸附树脂法、超临界流体萃取法及分子蒸馏法均可用于一些天然产物的分离。前两种方法设备投资少，适合产品的粗制；后两种方法都是利用特殊条件下的物性进行分离的，设备投资较大。相比较而言，超临界流体萃取适合于分离过程的前阶段，即从天然原料中将所需成分提取出来，而分子蒸馏适合于把粗产品中的高附加值的成分进行分离和提纯，并且这种分离和提纯是其他常用分离手段难以完成的。特别是规模较大的物系分离，分子蒸馏法明显优于超临界流体萃取、色谱分离等方法。

对于高沸点、热敏性产品的分离，分子蒸馏技术优于常规蒸馏。常规蒸馏，通常是指将液相加热至沸腾后再将气相冷凝，从而实现混合物的分离，其实质是利用了不同物质间的沸点差来完成的。尽管这种手段在工业上普遍应用，但对于许多热敏性物质而言，这种方法并不适用，原因在于热敏性物质在沸腾过程中会出现热分解，而这种热分解的速度又是随着温度的升高呈指数升高，随停留时间的增大呈线性增大。因此，要解决好热敏性物系的分离问题，首先就必须从降低蒸发过程的分离温度和缩短物料的受热时间开始。采用传统的蒸馏法生产，难以克服操作温度高、受热时间长的缺点，导致了有效成分的聚合及分解等变化，而分子蒸馏技术恰恰克服了这一难题，可以解决常规蒸馏无法解决的问题，尤其是高沸点与热敏性产品的分离问题。分子蒸馏与真空蒸馏原料及其条件比较见表10-1。

表10-1　分子蒸馏与真空蒸馏比较

条件 \ 原料名称	分子蒸馏				真空蒸馏			
	蒸发温度/℃	真空度/Pa	产品收率/%	产品外观	蒸发温度/℃	真空度/Pa	产品收率/%	产品外观
亚油酸	140	1～3	95	黄色液体	200	20～30	80	棕红色液体
鱼油乙酯	130～140	1～3	90	黄色液体	220	20～30	75	棕红色液体
天然维生素E	160	<1	80	棕红色液体		20～30	55	棕褐色液体

与传统蒸馏相比，分子蒸馏有如下特点。

（1）操作温度低　普通蒸馏建立在气液相平衡的基础上，根据不同物质的沸点不同进行分离，有鼓泡、沸腾等现象；而分子蒸馏只要冷热两面之间达到足够的温度差，就可在任何温度下进行分离。而在分子蒸馏过程中物料的分离是由于物料在高真空度下，依靠分子的平均自由程的差别来实现分离的，而分子蒸馏只要冷热两面之间达到足够的温度差，就可在任何温度下进行分离。并不需达到沸腾，在远低于沸点以下就能实现分离。

（2）真空度高　高真空度是分子蒸馏顺利进行的前提，由于分子蒸馏的蒸发面与冷凝面的间距小于轻分子的自由程，轻分子几乎没有压力降就到达冷凝面，因此要求蒸发面的实际操作真空度较传统蒸馏的真空度高，分子蒸馏装置要有独特的结构形式，使其内部压强极小，获得很高的真空度。目前分子蒸馏设备可使液相表面压力达0.1333Pa，最低还可达6.666×10^{-3}Pa。常规真空蒸馏由于设备结构上的制约，其阻力较分子蒸馏装置大得多，因而真空度上不去，且蒸气从蒸发面到冷凝面之间存在压降，所以操作压力要大得多。

(3) 受热时间短　分子蒸馏是基于不同物质分子运动自由程的差别而实现分离的，加热面与冷凝面的间距小于轻分子的运动自由程（即距离很短），且在高真空度中进行，这样由液面逸出的轻分子几乎未碰撞就到达冷凝面，所以受热时间很短。在蒸发过程中，物料被强制形成很薄的液膜，并被定向推动，使得液体在分离器中停留时间很短。特别是轻分子，一经逸出就马上冷凝，受热时间更短。另外，混合液体呈薄膜状，液面与加热面的面积几乎相等，物料在蒸馏过程中受热时间更短。对普通真空蒸馏而言，受热时间为数小时，而分子蒸馏仅为数十秒。从而避免了因受热时间长而造成某些组分分解或聚合的可能。因此，它特别适合对高沸点、热敏性物质的蒸馏。

(4) 分离能力高　常规蒸馏分离能力只与组分的蒸气压之比有关，分子蒸馏的分离能力与组分的蒸气压和相对分子质量之比有关，故对蒸气压相近，常规蒸馏不能分离的混合物，分子蒸馏可依据其相对分子质量的差异进行分离，相对分子质量相差越大，分离效率越高。

(5) 不可逆过程　在分子蒸馏过程中，轻分子未经任何碰撞直接从蒸发面飞射到冷凝面上被凝缩，中间不与其他分子发生碰撞，理论上不可能再返回加热面，分子蒸馏是不可逆的。而常规蒸馏的液相与气相之间形成了动态平衡，蒸发与冷凝为动态可逆过程。

第二节　分子蒸馏技术和主要设备[3,5]

完整的分子蒸馏系统主要包括：脱气系统、进料系统、分子蒸馏器、加热系统、真空冷却系统、接收系统和控制系统。分子蒸馏系统见图 10-2 和图 10-3。

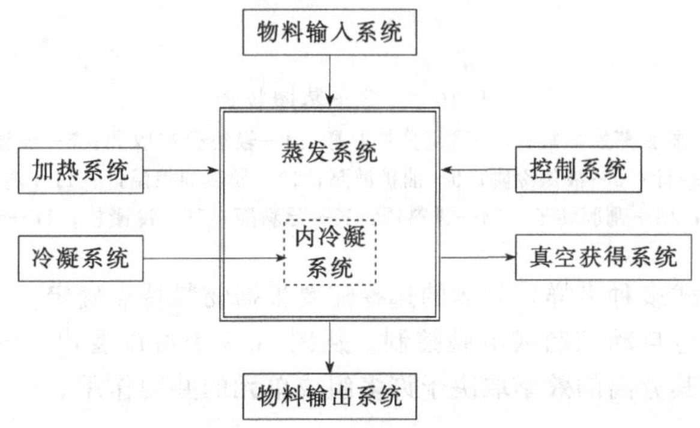

图 10-2　分子蒸馏系统组成

分子蒸馏装置主要包括蒸发、物料输入输出、加热、真空和控制等几部分，其构造如图 10-2 所示。实验室所用分子蒸馏装置多为玻璃装置，也有适合工业化放大实验的小型金属装置。

在物料输入系统时进行脱气，脱气的目的是排除物料中所溶解的挥发性组分，避免其进入分子蒸馏器内在蒸馏过程中发生暴沸。真空系统是保证分子蒸馏过程进行的前提，合适的真空设备和严格的密封性是分子蒸馏装置的技术关键。

一、分子蒸馏装置的组成

(1) 蒸发系统　以分子蒸馏蒸发器为核心，可以是单级，也可以是两级或多级。该系统中除蒸发器外，往往还设置一级或多级冷阱。

(2) 物料输入、输出系统　以计量泵、级间输料泵和物料输出泵等组成，主要完成系统的连续进料与排料功能。

(3) 加热系统　根据热源不同而设置不同的加热系统，目前有电加热、导热油加热及微波加热。

(4) 真空获得系统　分子蒸馏在极高真空下进行操作，因此，该系统也是全套装置的关键之

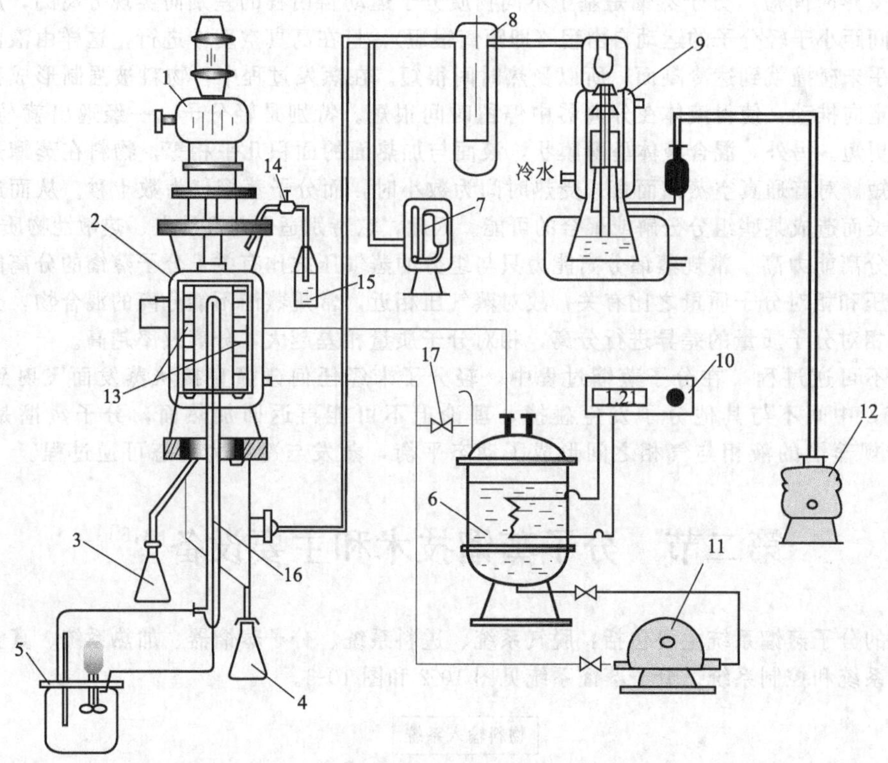

图 10-3　分子蒸馏装置

1—变速机组；2—刷膜蒸发器缸；3—重组分接收瓶；4—轻组分接收瓶；5—恒温水泵；6—导热油炉；7—旋转真空计；8—液氮冷阱；9—油扩散泵；10—导热油控温计；11—热油泵；12—前级真空泵；13—刮膜转子；14—进料阀；15—原料瓶；16—冷凝柱；17—旁路阀

一。真空系统的组合方式多种多样，具体的选择需要根据物料特点确定。

(5) 控制系统　通过自动控制或电脑控制。从图 10-3 中可以看出，分子蒸馏的分离过程是一个复杂的系统工程，其分离的效率取决于许多组成单元的共同作用。

二、分子蒸馏装置

分子蒸馏器是整个装置的核心，在分子蒸馏过程中起着决定作用，分子蒸馏器有简单蒸馏型与精密蒸馏型之分，目前采用的装置多为简单蒸馏型。简单蒸馏型又可分为静止式、降膜式、离心式等几种。

静止式分子蒸馏器出现早，结构简单，特点是一个静止不动的水平蒸发表面，按其形状不同，可分为釜式、盘式等，静止式分子蒸馏设备一般用于实验室及小量生产，工业上已不采用。

1. 降膜式分子蒸馏器

图 10-4 为降膜式分子蒸馏装置图，该装置冷凝面及蒸发面为两个同心圆筒，物料靠重力作用向下流经蒸发面，形成连续更新的液膜，并在几秒钟内加热，蒸发物在相对方向的冷凝面上凝缩，蒸馏效率较高。但液膜受流量及黏度的影响，厚度不均匀且不能完全覆盖蒸发面，一般为层流，传质、传热阻力大，影响了有效面积上的蒸发率，同时加热时间较长，从塔顶到塔底的压力损失很大，致使蒸馏温度变高，故对热不稳定的物质其适用范围有一定局限性。

2. 转子刮膜式分子蒸馏器

刮膜式分子蒸馏设备是对降膜式设备的改进，该装置改进了降膜式分子蒸馏器的不足，在蒸馏器内设置可转动的刮板，把物料迅速刮成厚度均匀、连续更新的液膜，既保证液体能够均匀覆盖蒸发表面，又可使下流液层得到充分搅动，从而强化了物料的传热和传质过程，提高了分离效能；低沸点组分首先从薄膜表面挥发，径直飞向中间冷凝器，冷凝成液相，并流向蒸发器的底部，经流出口流出，不挥发组分从残留口流出；不凝性气体从真空口排出。该装置能有效地控制膜厚度及均匀性，通过刮板转速还可控制物料停留时间，蒸发效率明显提高，热分解降低，可用于蒸发中度热敏性物质。其结构比较简单，易于制造，操作参数容易控制，维修方便，是目前适应范围最广、性能较完整的一种分子蒸馏器（见图 10-5）。

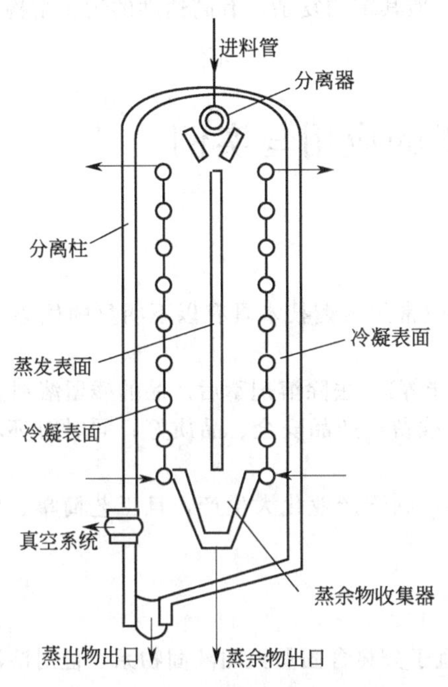

图 10-4　降膜式分子蒸馏装置

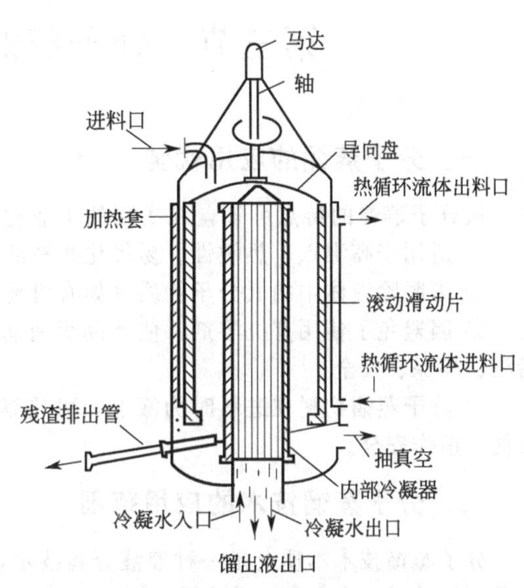

图 10-5　转子刮膜式分子蒸馏蒸发器构造示意

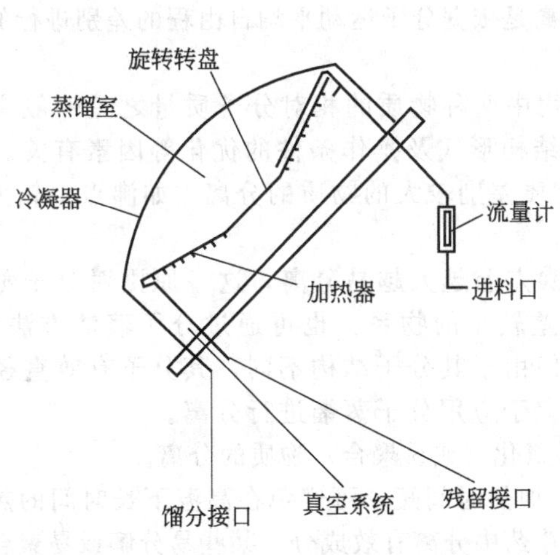

图 10-6　离心式分子蒸馏器

3. 离心式分子蒸馏器

该装置的蒸发器（图10-6）为高速旋转的锥形容器，物料从底部送到高速旋转的转盘中央，在离心力的作用下在旋转面扩展形成薄膜，覆盖整个蒸发面，同时加热蒸发，并持续更新液膜的厚度。蒸发物在蒸发面停留很短的时间（0.05～1.5s），在对面的冷凝面上凝缩，馏出物从锥形冷凝底部抽出，残留物从蒸发面顶部外缘通道收集。该装置蒸发面与冷凝面的距离可调，形成的液膜很薄（一般在0.01～0.1mm），蒸馏效率很高，分离效果好，是目前最有效的分子蒸馏器，适于各种物料的蒸馏，特别适用于热敏性物料的蒸馏，但其结构复杂，有高速度的运转结构，维修困难，成本很高。

第三节　分子蒸馏技术的应用与实例

一、分子蒸馏的应用优势

从分子蒸馏的特点可知，在实际的工业化应用中较常规蒸馏技术具有以下明显的优势。

① 适用于高沸点、热敏性、易氧化物料的分离。

② 可脱除液体中的低分子物质（如有机溶剂、臭味等），去除溶剂萃后产品的残留溶剂。

③ 因避免了使用有机溶剂，使产品无有害溶剂的残留，产品安全、品质好；同时对环境无污染、环保、安全。

④ 分子蒸馏物料在进料时为液态，可连续进出料，利于产业化大生产，且工艺简单、操作简便、运作安全。

二、分子蒸馏技术的应用范围

分子蒸馏技术本质上是一种液液分离技术，不适宜于分离含固量大的液固物系，但对溶液中微量固体粒子也有很好的分离作用。

分子蒸馏的适用范围可归纳为如下原则。

① 分子蒸馏适用于不同物质相对分子质量差别较大的液体混合物系的分离，特别是同系物的分离，相对分子质量必须要有一定差别。

由分子蒸馏的分离原理可知，分子蒸馏的分离是依据分子运动平均自由程的差别进行的，差别越大则越易分离。

根据实验室及工业化实践经验，在实际应用中两种物质的相对分子质量之差一般应大于50，这与对分离程度的要求、所设计的分离器结构形式及操作条件的优化等因素有关。

② 分子蒸馏也可用于相对分子质量接近但性质差别较大的物质的分离，如沸点差较大、相对分子质量接近的物系的分离。

由常规蒸馏的分离原理可知，两种物质的沸点差越大越易分离，这一原则对分子蒸馏也适用。对某些沸点相差大而其相对分子质量相差较小的物系，也可通过分子蒸馏方法分离。原因在于，尽管两物质的相对分子质量接近，但由于其分子结构不同，其分子有效直径也不同，其分子运动平均自由程也不同，因而也适宜于应用分子蒸馏进行分离。

③ 分子蒸馏特别适用于高沸点、热敏性、易氧化（或易聚合）物质的分离。

分子蒸馏操作温度远离沸点（操作温度低）、加热时间短，可避免在高温下长时间的热对物质的损伤。对于从天然物质中提取有效物质、中草药中分离有效成分、某些易分解或易聚合的高分子物质的纯化等，分子蒸馏均提供了有效的分离方法。例如，香精香料、大蒜油、姜油等的脱臭，溶剂萃取得到的天然产物产品的脱溶剂等。

④ 分子蒸馏适宜于附加值较高或社会效益较大的物质的分离。

由于目前分子蒸馏全套装置的一次性投资较大，除了分子蒸馏器本身之外，还要有整套的真空系统及加热、冷却系统等，因此，对那些尽管常规蒸馏分离不理想，且其附加值不高的产品，不宜采用分子蒸馏。

对某一物质的分离是否要采用分子蒸馏，怎样判断其附加值高低呢？除了从积累的常规知识来判断外，一般要用经济核算来判断。尽管分子蒸馏比一般常规蒸馏一次性投资大，但由于分子蒸馏在日常的连续化运转过程中，操作费用低，而且产品得率高，其一次性投资较大的缺点并不一定影响产品的经济性。

另外，对那些附加值不太高但社会效益较大的物质，采用分子蒸馏技术也是必要的，如沥青脱蜡。沥青是一种附加值不太高的物质，常用于铺设公路，由于其中多含蜡类物质而在公路的使用上受到限制，通过分子蒸馏可有效地脱除沥青中的蜡类物质。对类似的物系，分子蒸馏也具有较好的应用前景。

三、分子蒸馏技术应用实例

近年来分子蒸馏技术在工业化应用方面进展十分迅速，大量热敏性物质的提取，特别是天然物质中有效成分的提取，已充分显示了分子蒸馏法在实际应用中的独特作用。根据分子蒸馏技术的特点，它的应用十分广泛，依不同产品的要求，归纳起来，分子蒸馏技术可用于产品的脱溶剂、脱臭、脱色、脱单体及精制纯化等各个方面。分子蒸馏的主要应用领域见表 10-2。

表 10-2　分子蒸馏主要应用领域

应用领域	分离对象物质举例
天然产物	胡萝卜素、维生素 A、维生素提取物以及浓缩分离、鱼油中不饱和脂肪酸、辣椒红色素、亚麻酸、螺旋藻成分
中药	广藿香油的纯化、当归脂溶性成分的分离、独活成分分离、川芎油的分离
医药工业	氨基酸、葡萄糖衍生物的制备
食品	鱼油精制脱酸脱臭、混合油脂的分离、大豆油脱酸
香料香精	桂皮油、山苍子油、桉叶油、玫瑰精油、八角精油
发酵液	乳酸纯化

（一）天然产物分离精制

1. 植物中挥发成分的精制

从植物中提取的挥发成分复杂，主要为醛、酮、醇类，沸点高，属热敏物质，采用一般蒸馏方法进行深加工时极易引起成分氧化、分解、聚合而被破坏。分子蒸馏技术在高真空、低温度下进行，在挥发油提纯的同时，还可以除去异臭和带色杂质，使产品色泽优，气体和水分在脱气阶段即被除去，产品质量大大提高。通过分子蒸馏精制，山苍子油中的柠檬醛含量从原料的 79.61%提高到 95.08%[6]，大蒜油中的大蒜素含量由 0.5%提高至 8.0%，紫苏子油中的 α-亚麻酸含量由 70%提高到 90%以上，桉叶油中的桉叶醇由 45%提高至 90%～95%。八角精油经两次蒸馏得到的最终产品得率为 79%，反式茴香醚含量由原来的 79.58%提高至 90.73%[7]。从肉桂油中分离提纯肉桂醛的含量从原料的 88.78%提高到 95.17%，肉桂醛的收率为 83.08%[8]。

实例 10-1：分子蒸馏提纯 α-亚麻酸[9]

α-亚麻酸（linolenic acid）是十八碳三烯酸，为 n-3 多不饱和脂肪酸，医学研究表明 α-亚麻酸对人体具有多种生理调节功能。目前，α-亚麻酸的分离方法主要有超临界流体萃取法、尿素包合法、柱色谱法、阴离子配位法等。这些方法有其各自的特点，但是都难以得到纯度较高的 α-亚麻酸产品。采用刮膜式分子蒸馏器对多不饱和脂肪酸中 α-亚麻酸的分离提纯，可以将原料中的 α-亚麻酸由原来的 67.5%提高至 82.3%，为其工业化生产提供依据，因此具有重要的实用价值。

含量为 67.5%（质量分数）的粗 α-亚麻酸原料用德国 VTA 公司生产的 VKL70 型刮膜式分子蒸馏设备进行蒸馏除去轻组分，使 α-亚麻酸得到富集，采用气相色谱对馏分中 α-亚麻酸进行含量测定。

试验考察了蒸馏温度、压力、进料速度、进料温度、分离级数对亚麻酸收率和纯度的影响。

(1) 蒸馏温度和压力对α-亚麻酸纯度和收率的影响　结果如图 10-7 和图 10-8 所示。从图 10-7 可以看出，在相同压力下，随着蒸馏温度的升高，α-亚麻酸的收率逐渐降低。这是因为产品α-亚麻酸是原料中的较重组分，所以随着蒸馏温度的升高，与轻组分一同蒸馏出去的α-亚麻酸的比例增加，导致重组分中剩余α-亚麻酸的绝对量减少，收率降低。在相同的蒸馏温度下，随着操作压力的升高，产品中α-亚麻酸的收率逐渐增加。

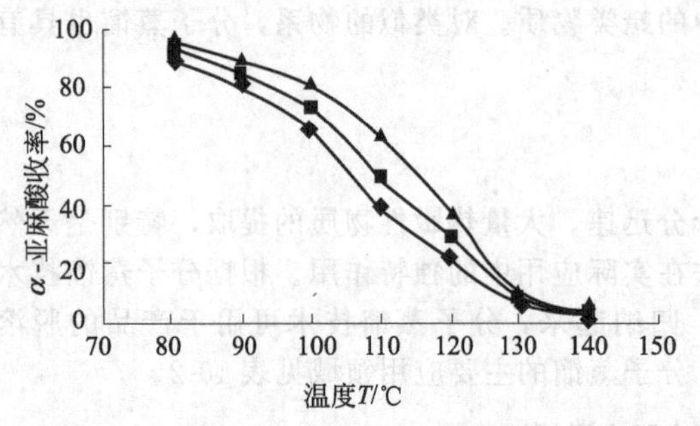

图 10-7　蒸馏温度对α-亚麻酸收率的影响

◆ 0.3Pa；■ 1.0Pa；▲ 1.6Pa

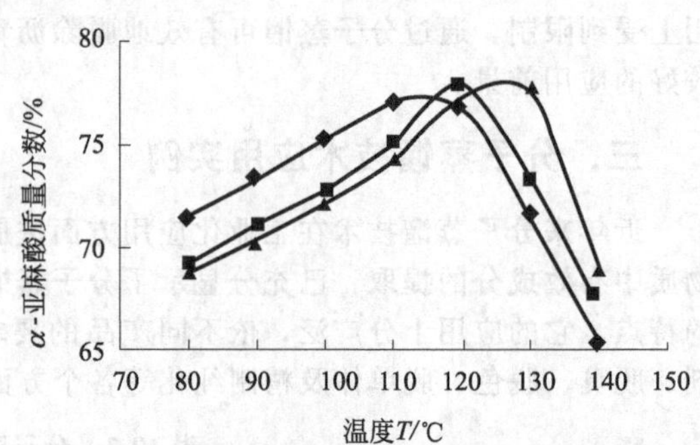

图 10-8　蒸馏温度对α-亚麻酸纯度的影响

◆ 0.3Pa；■ 1.0Pa；▲ 1.6Pa

从图 10-8 可以看出，随着蒸馏温度的升高，被蒸馏出去的轻组分的比例逐渐增多，剩余在重组分中的较轻组分的比例减少，α-亚麻酸在产品中的纯度逐渐增加；当温度高于 120℃时，α-亚麻酸随着轻组分一同馏出的比例增加很快，导致重组分中α-亚麻酸的含量减少。在确定的操作压力下，蒸馏温度过高对产品纯度的影响是不利的。

从产品收率和纯度两方面考虑，采用刮膜式分子蒸馏装置提纯α-亚麻酸，压力为 0.3Pa 和温度范围为 90～120℃时，其分离效果最佳。

(2) 进料速度的影响　在进行刮膜式分子蒸馏时，进料速率将决定物料在蒸发壁面上的停留时间，直接影响分子蒸馏的效率和产品的纯度。

图 10-9 是蒸馏压力为 1.6Pa 时，不同温度下进料速率对α-亚麻酸纯度的影响。从图 10-9 可以看出，随着进料速率的加快，物料受热的时间变短，轻组分被切除的比例减少，留在重组分中的比例增加，α-亚麻酸在重组分中的相对含量逐渐减少，纯度逐渐降低。在相同的进料速率下，随着蒸馏温度的增加，蒸发面用于预热进料至蒸馏温度的时间变短，有效蒸发面积增加，轻组分被切除的量有所增加，因此产品中α-亚麻酸的纯度增加。

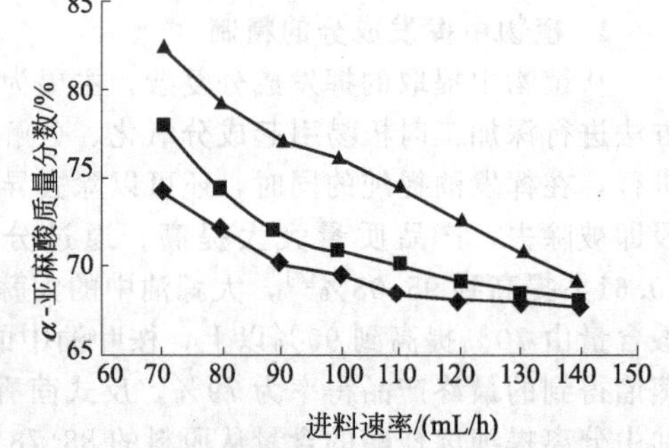

图 10-9　进料速率对α-亚麻酸纯度的影响

◆ 90℃；■ 100℃；▲ 110℃

(3) 进料温度的影响　进料温度也是影响分子蒸馏效果的一个重要因素。图 10-10 与图 10-11 是在操作压力为 0.3Pa、蒸馏温度为 100℃、进料速率为 100mL/h 时，不同进料温度对产品中α-亚麻酸纯度与收率影响。当进料温度较低（小于 40℃）时，原料的黏度较大，在蒸馏器中用于预热原料的蒸发面积较大，导致有效蒸发面积减少，产品中α-亚麻酸的纯度较低。随着进料温度的升高，有效蒸发面积增大，轻组分杂质被去除得比较充分，所以产品中α-亚麻酸的纯度有所增加。但进料温度大于 70℃以后，产品纯度变化趋势减小。在蒸馏温度与压力一定的情况下，产品收率随进料温度的升高有降低趋势，当进料温度高于 90℃时，产品收率急剧下降。

综合纯度与收率两方面的影响，适宜的进料温度范围为 60～80℃。

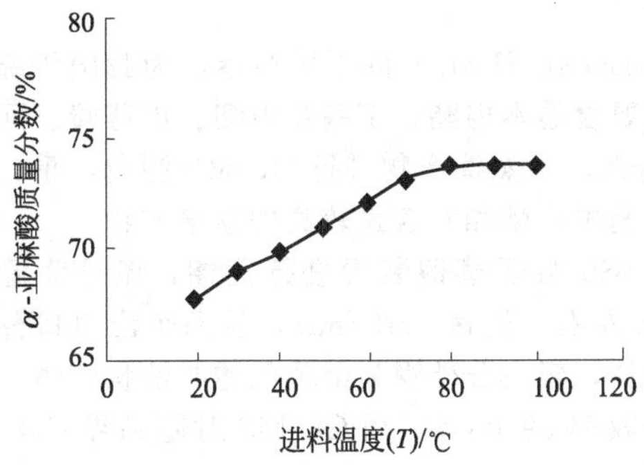

图 10-10　进料温度对 α-亚麻酸纯度的影响

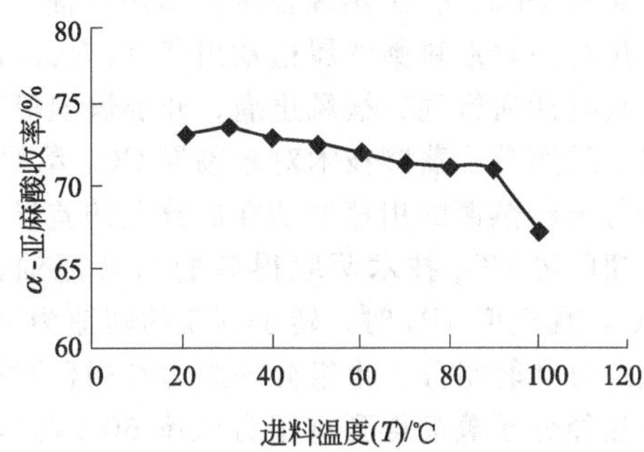

图 10-11　进料温度对 α-亚麻酸收率的影响

（4）分离级数的影响　试验中，将每次蒸馏的重组分重新加入进料器，进行一级蒸馏操作。不同分离级数对产品 α-亚麻酸纯度与收率的影响见表 10-3（C-m：n，其中 m 代表碳原子的数目，n 代表双键的数目；C-18：3 为目标产物 α-亚麻酸）。从表 10-3 中可以看出随分离级数的增加，α-亚麻酸的含量逐步提高，收率随着分离级数的增加逐渐减少。

表 10-3　各组分含量随蒸馏级数的变化

名　　称	温度/℃	压力/Pa	脂肪酸各组分的质量分数/%					总收率/%
			C-16：0	C-18：0	C-18：1	C-18：2	C-18：3	
原料组成	—	—	6.3	2.4	12.2	3.8	67.5	100
一级分子蒸馏	90	2.0～2.3	5.6	2.4	11.9	3.7	70.5	96.7
二级分子蒸馏	95	1.6～1.8	2.3	2.3	11.1	2.9	73.6	75.1
三级分子蒸馏	100	1.0～1.2	0.7	2.3	8.5	2.3	78.2	52.5
四级分子蒸馏	105	0.3～0.4	0.4	2.1	6.8	1.1	82.3	29.4

（5）刮膜器转速的影响　操作温度为 100℃，系统压力为 1.0Pa 下，刮膜器转子的转动速率对产品 α-亚麻酸的收率与纯度的影响趋势如图 10-12 和图 10-13 所示，从图 10-12 可以看出，当刮膜器转速较低时，收率随转速增加明显。这说明随着刮膜转子转速的提高，原料在蒸发表面逐渐形成均匀的液膜，传热和传质越来越充分，蒸发的效率逐渐提高。当转子速率达到 150r/min 以后，转速对收率的影响很小。从图 10-13 可以看出，随着刮膜器转速的增加，α-亚麻酸的纯度有所增加，但是纯度的增加量较小。综合考虑选用的刮膜器转速为 150r/min。

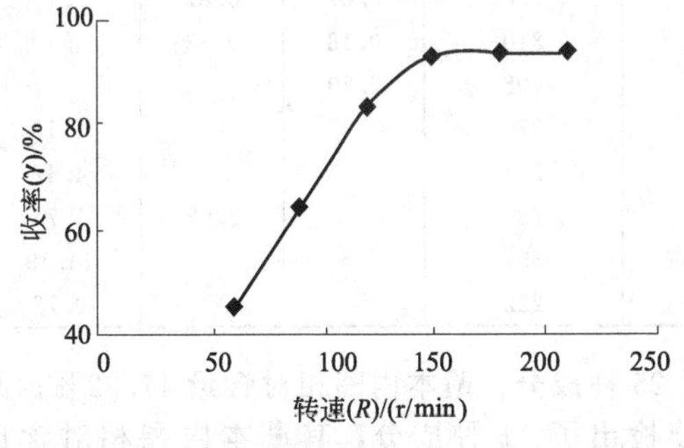

图 10-12　刮膜器转速对 α-亚麻酸的影响

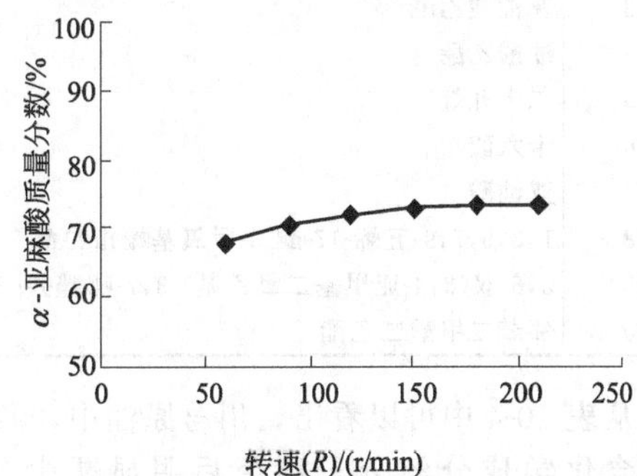

图 10-13　刮膜器转速对 α-亚麻酸纯度的影响

从试验过程证实，在进行分子蒸馏时，蒸馏温度、压力、进料速度和温度对产品的收率和纯度都产生重要影响，在进行生产之前通过试验确定操作工艺条件是非常重要的。

实例 10-2：分子蒸馏技术分离川芎油[10]

川芎为伞形科藁本属植物川芎（*Ligusticum chuanxiong* Hort.）的干燥根茎，为我国传统中药，具有活血行气、祛风止痛、开郁燥湿等功效，主要含藁本内酯、丁基肽内酯、川芎嗪、阿魏酸等。运用分子蒸馏技术对超临界 CO_2 萃取物进行分离，对蒸馏产物进行 GC-MS 测定，重、轻组分与未经蒸馏的川芎原油在成分上的差异，得到了藁本内酯相对含量较高的富集产物。

超临界 CO_2 技术萃取得到的川芎原油，用 MD-S80 分子蒸馏装置进行蒸馏，条件为温度 130℃，真空度 4Pa 时，转子刮膜的转速为 260r /min 左右，流速 2mL/min，从两个出料口分别得重组分和轻组分。重组分外观为红褐色黏稠油状液体，轻组分外观为金黄色透明油状液体，川芎原油经分子蒸馏得到重组分收率 60.97%，轻组分收率 39.03%。用 GC-MS 对超临界 CO_2 萃取所得川芎原油及分子蒸馏所得重、轻组分进行测定。

表 10-4　川芎原油 GC-MS 检测结果

编号	名　　称	相对分子质量	原油/%	轻组分/%	重组分/%
1	1-甲基-4-异丙基-1,4-环己烯	136	0.29		
2	β-松油醇	154	0.10		
3	卡尼烯	136	0.23		
4	未鉴定	—	0.42		
5	1-甲基-4-异丙基-3-环己烯醇	154	0.21		
6	2-甲氧基-4-乙烯基苯酚	150	1.10		10.70
7	1,6-二甲基-4-异丙基萘烯	204	0.39		
8	丁香酚	164	0.17		1.02
9	4α-甲基-1-亚甲基-7-(1-甲基亚乙基)十氢萘	204	1.64	0.68	0.60
10	2-异丙基烯基-4α,8-二甲基-1,2,3,4,4α,5,6,8α-十氢萘	204	0.52	0.16	
11	丁羟基甲苯	220	4.80	1.82	
12	匙叶桉油烯醇	220	0.37	0.41	
13	丁基肽内酯	190	3.38	3.85	
14	丁烯基肽内酯	188	3.36	4.05	2.11
15	3-丁基苯酞	190	1.61	0.31	
16	未鉴定		1.35	1.58	2.32
17	苯氧基乙烯基内酯	192	25.38	30.86	
18	藁本内酯	192	47.32	48.94	53.95
19	洋川芎内酯	192	3.23	1.89	
20	十六酸甲酯	270	0.08	0.40	
21	十六酸乙酯	284	0.24	0.37	
22	亚油酸甲酯	294	0.16		
23	亚油酸乙酯	308	0.67	0.87	
24	油酸乙酯	310	0.18	0.33	
25	二十九烷	408	2.29		
26	十六酸	270			1.16
27	亚油酸	294			4.42
28	1,3,5,7,9-五烯-17-酮-3-甲氧基雄甾二醇	280		2.08	1.74
29	2,6-双(3,4-亚甲基二氧乙基)-3,7-噁唑并[3.3.0]辛烷	354			14.19
30	邻苯二甲酸二乙酯	222			0.78

从表 10-4 中可以看出，川芎原油中，共检出了 25 种成分，藁本内酯相对含量 47.32%；原油所含化学成分经分子蒸馏后明显减少，重组分检出了 11 种成分，其藁本内酯相对含量 53.95%，较原油明显提高，原油中的大量芳香族化合物未在重组分中出现；轻组分检出了 16 种成分，成分数介于两者之间，主要为芳香族化合物，说明造成川芎特殊气味的挥发性成分随轻组分被分离出来，其藁本内酯相对含量 48.94%，这说明藁本内酯在重组分中得到了较好的富集。川芎原油中的丁基肽内酯、洋川芎内酯经分子蒸馏后只存在于轻组分中，重组分中不含这两种成

分，说明经过分子蒸馏，丁基肽内酯、洋川芎内酯全部随轻组分被蒸出，分离效果显著。川芎油中的丁烯基肽内酯等成分经过分子蒸馏也得到了一定程度的分离，但相对含量差异不明显，说明分子蒸馏技术对这些成分的分离效果一般，对挥发性较大的芳香族化合物等富集效果较好。

2. 天然维生素的浓缩

(1) 分子蒸馏在天然维生素E分离浓缩中的应用[11,12]　天然维生素E是人体必需的维生素之一，在生理上能抗不孕症与预防习惯性或先兆性流产，防止人体老化，治疗冻伤、改善末梢循环机能衰退等，具有防止血管硬化、延缓衰老和抑制自由基等多种生理功能，被人们誉为"健康第四餐"，此外，维生素E还是一种很好的抗氧化剂，广泛地应用于食品工业、化妆品工业、饲料工业等方面。

维生素E的来源有化学合成品和天然品两大类，其中天然维生素E在生物学活性、营养生理作用和安全性上均优于化学合成的维生素E。

天然维生素E广泛存在于植物的绿色部分及禾本科种子胚芽里，在植物油中含量一般在0.05%～0.5%。在植物油脂脱胶、脱酸、脱色、脱臭等精炼过程中，天然维生素E在脱臭馏出物中得到浓缩，一般含有质量分数的1%～15%，因此，油脂脱臭馏分是提取天然维生素E的理想资源。我国植物油资源丰富，从精炼副产品中提取天然维生素E，既是天然资源的综合利用，又是获取天然维生素E的最佳方法。

天然维生素E的提取技术很多，例如，化学溶剂萃取法、尿素沉淀法、减压蒸馏法、多级精馏法、分子蒸馏法、超临界CO_2流体萃取法等。单纯的溶剂萃取法会使溶剂残留在产品中，传统的减压与精馏法，因为极高的操作温度会使维生素E产品受损及产生新的杂质。直接用超临界流体萃取法从工业角度看也不经济。因此，既能符合产品的安全要求，又具备工业价值，优选的方法就是分子蒸馏法。

生产工艺可简单表示为：

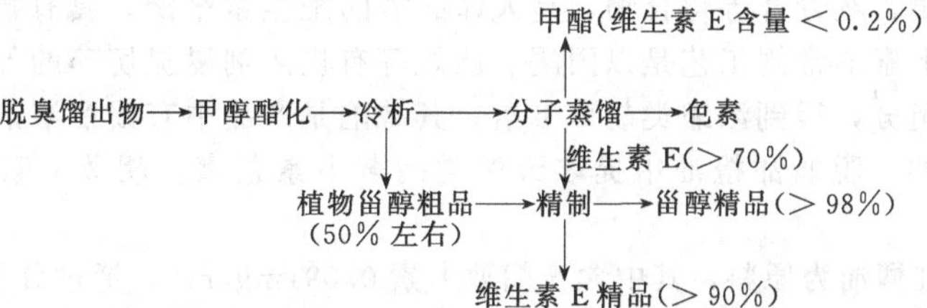

甲醇酯化的目的是将原料中的脂肪酸及中性油转变为脂肪酸甲酯，酯化后的混合液经物理方法处理分离出甾醇及过量的甲醇，然后进入分子蒸馏工序。

由于脂肪酸甲酯与天然维生素E的分子运动自由程的差别，分子蒸馏能有效地脱出混合液中的脂肪酸甲酯，并能实现天然维生素E产品与中性油及色素等更大分子的分离，从而得到保持了纯天然特点的维生素E产品。这样的产品是非常安全有效的。利用分子蒸馏法提纯天然维生素E，设备简单，操作容易，效率高，不会引入其他杂质，具有广阔的应用前景。

(2) 分子蒸馏在维生素K_1分离浓缩中的应用[13]

实例10-3：维生素K_1分离浓缩

维生素K_1可使凝血酶原（Ⅱ因子）及其他凝血因子、Ⅷ因子、Ⅸ因子和Ⅹ因子的前体物质羧化后转变成凝血酶原及相应因子。当血液中的凝血酶原及其他凝血因子缺乏时，血液的凝固就出现迟缓，这时给以维生素K_1就可促进肝脏合成Ⅱ因子、Ⅷ因子、Ⅸ因子及Ⅹ因子，以达到较快止血的作用。维生素K_1对热较敏感，在高温下易氧化变质。南京工业大学设计研制了一套0.25m^2刮膜式分子蒸馏装置，用于维生素K_1分离提纯，使其纯度达93%以上，并保持其原有的品质。

试验采用二次蒸馏，第一次为预除气，为除去其中的空气和溶剂等组分，以确保二次蒸馏时具有足够高的真空。通过改变操作压力和蒸馏温度，得到了不同纯度的维生素K_1馏出物（见表10-5）。

由表 10-5 中结果表明，操作压力和蒸馏温度对维生素 K_1 的纯度有重要影响，在一定范围内提高系统的真空度和蒸馏温度能有效提高维生素 K_1 的纯度。

高真空是保证维生素 K_1 的蒸发效率及蒸馏质量的基本要求，由表 10-5 可知，系统操作压力不得高于 1.0Pa；另外，高真空可以减少蒸馏器内残余气体对蒸发分子的碰撞，能降低因碰撞引起的维生素 K_1 分子氧化。

表 10-5　维生素 K_1 提纯工艺条件及其分子蒸馏的结果

操作顺序	目的	预热温度/℃	进料速率/(kg/h)	蒸馏温度/℃	操作压力/Pa	刮板转速/(r/min)	维生素 K_1 纯度/%
1	脱气	60	5	80	1.5	400	
2	蒸馏	60	3.5	100	0.8	350	
3	蒸馏	70	3.5	120	0.7	350	25.5
4	蒸馏	70	3.5	120	0.25	350	84.11
5	蒸馏	80	3.5	130	0.09	350	87.25
6	蒸馏	80	3.5	160	0.05	350	93.2

在进料之前，物料必须除去其中的空气和溶剂组分，否则在进料后系统很难保证高真空度的要求。由于维生素 K_1 对光敏感，故整个操作应避光以防维生素 K_1 分解。

蒸馏温度的提高可以提高物料的蒸发速率，但温度太高则会导致维生素 K_1 分解。应根据维生素 K_1 的热稳定性来选择合理的蒸馏温度，同时蒸发器内部蒸发面与冷凝面间需要保持一定的温度差。按照实际生产中维生素 K_1 的纯度控制在 90%以上的要求，在实验条件下进行维生素 K_1 分子蒸馏时温度不要高于 160℃。

3. 天然色素的提纯[14]

类胡萝卜素是维生素 A 的前体，又是一种天然色素，具有很高的营养价值，其中富含胡萝卜素、核黄素、黄酮、花青苷等化合物，是人体必需的维生素来源，具有抗菌、防癌作用。从柑橘中提取类胡萝卜素的常规工艺是以丙酮、己烷等有机溶剂浸提切碎的外果皮，再用蒸馏法除去溶剂和苧烯等组分，得到浓缩类胡萝卜素，其缺陷是产品中有残留溶剂。试验证明采用分子蒸馏可以从棕榈油、脱蜡甜橙油中提取天然类胡萝卜素色素，胡萝卜素色价高，不含有机溶剂。

以冷榨得到的红橘油为原料，其中含 β-胡萝卜素 0.091mg/mL，通过分子蒸馏使类胡萝卜素得到富集。通过正交试验确定分子蒸馏的操作条件，试验表明为真空度 15Pa，温度 65℃，流速 90mL/min，馏出物中 β-胡萝卜素提高到 4.61mg/mL。可以看出分子蒸馏使类胡萝卜素的浓度得到了大幅度浓缩，是一个有效的分离方法。

辣椒红色素[15] 具有抗癌美容功效，用于食品、医药和化妆品领域中，生产方法常限于脂溶法、超临界流体萃取法和有机溶剂法等，产品中焦油味和辣味等各种杂质难以去除，且易带入重金属离子；采用分子蒸馏技术时产品中有机溶剂残留体积分数仅为 2×10^{-5}，完全符合食用质量要求，且脱辣味效果好，色泽鲜艳，热稳定性好。

4. 从鱼油中提取 EPA 和 DHA[3,16]

深海鱼油中富含多不饱和脂肪酸，典型的代表物是二十碳五烯酸（EPA）和二十二碳六烯酸(DHA)。EPA 和 DHA 是人体必需的活性物质，又是自身难以合成的营养元素，它在脑细胞的形成和构造中起着重要作用，是促进脑细胞发育，提高智力的重要活性物质，而 EPA 则对防治心血管疾病有重要作用，在治疗和防治动脉粥样硬化、老年性痴呆及抑制肿瘤等方面具有较好的作用。深海鱼油中 DHA 含量为 5%～36%，EPA 含量为 2%～16%。由于 DHA 和 EPA 分别含有 5～6 个不饱和双键的脂肪酸，性质极不稳定，在高温下容易聚合，为其分离纯化带来了一定难度。

目前工业上通常采用有机溶剂萃取法、超临界流体萃取法、尿素包合法和结晶法等从深海鱼油中获取，但产品有有机溶剂残留，色价低、品质差，同时存在提取率低，容易对环境产生污染的缺点。分子蒸馏法能根据鱼油中的脂肪酸碳链长度和饱和程度的不同，在高真空度条件下进行液相分离，不仅降低了待分离物的沸点，大大缩短分离时间，还可将鱼油脂肪酸分成以长碳链不饱和脂肪酸为主的重相和以碳链数目为14，16，18脂肪酸为主的轻相，从而实现包括EPA和DHA为主要成分的重相富集。与尿素沉淀法相比，其工序简单，效率高，可以连续化生产而更适合工业化生产。尿素沉淀法因使用了尿素，可能在产品中有一定的残留，分子蒸馏法则避免了化学残留。

目前，已成功地采用多级分子蒸馏从鱼油中制取EPA和DHA，操作流程如下。

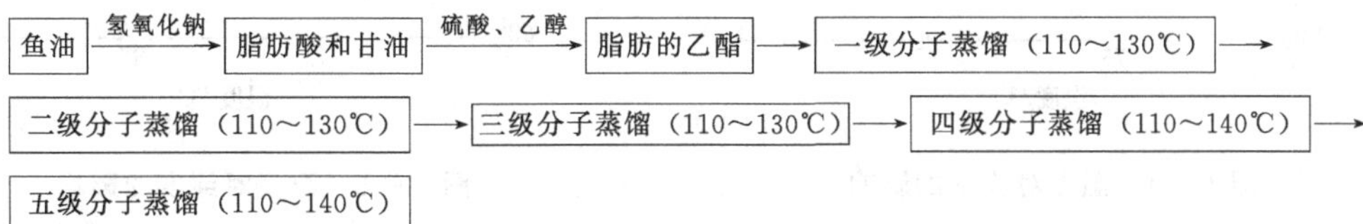

试验结果，三级蒸馏后C_{16}以下组分被除去，C_{18}、C_{19}组分得到浓缩，EPA的含量比DHA大，此型鱼油适于治疗防治中老年人心脑血管疾病。四级蒸馏后，C_{19}以下组分大部分被除去，EPA和DHA含量大于50%。五级蒸馏后，EPA和DHA含量大于70%（72.40%），EPA与DHA之比为6∶1，且此型鱼油品质好，尤其适合于孕妇服用，可促进胎儿大脑发育。同时经多级分子蒸馏后，鱼油中低分子饱和脂肪酸和低分子易氧化成腥味成分的组分被有效去除，品质有了很大改善。

(二) 从生物发酵液中分离活性成分

通过生物发酵获得的发酵液的特点是活性成分含量低，成分复杂，水溶性成分较多，不能直接进行分子蒸馏，须将发酵液进行处理，除去其中大量的水分或溶剂，使其中活性成分得到初步富集达到一定浓度进行分子蒸馏，从经济角度考虑才合理。

实例 10-4：从发酵液中分离乳酸[17]

乳酸是一种重要的有机酸，存在于人体、动植物和微生物体内，具有多种用途。乳酸、乳酸盐及其衍生物广泛地应用于食品、医药、化妆品、酿造、纺织等众多领域，还可作试剂、增塑剂和黏合剂等。其衍生物，如聚乳酸、乳酸盐、乳酸酯等的用途也极其广泛。由于人体内只具有代谢L-乳酸的酶，D-乳酸不能被人体吸收，并且过量使用对人体有毒。因此，世界卫生组织提倡使用L-乳酸作为食品添加剂和内服药品，取代目前普遍使用的DL-乳酸。

而目前使用的DL-乳酸是化学合成产品，需要拆分获得L-乳酸。通过生物发酵生成的为L-乳酸，产品纯净，经过分子蒸馏产品不残留有机溶剂，用于医药、食品安全可靠。

1. 操作过程

将预处理过的发酵液先经降膜式薄膜蒸发器脱水脱气，使其中乳酸的浓度达到60%～80%，得到粗乳酸发酵液。然后将粗乳酸发酵液在一定预热的温度下进入分子蒸馏设备进行乳酸的提纯与精制。分子蒸馏器的蒸发面积为$0.1m^2$，冷凝面积为$0.2m^2$。

2. 影响因素考察

(1) 温度对产品收率和纯度的影响　分子蒸馏的条件对产品的收率和纯度有重要影响。考察蒸馏温度的影响结果见图10-14和图10-15。

由图10-14、图10-15可以看出，收率随着温度的升高有明显的提高，但同时产品的颜色也随之加深。在80℃时产品的纯度最高，颜色为明亮的浅黄色。所以80℃为较适宜的蒸馏温度。

(2) 其他条件的影响　根据发酵液的特性，在蒸馏后期的黏度决定了进料量及转速不是一个恒定的量，由于发酵液中乳酸浓度较高时，黏度增大，蒸发强度过大时，极有可能造成蒸发过快，残渣结焦，转速过快，则可能导致电机的烧毁及刮板的损坏，故在转速选择时以70～90r/min较为适宜，而进料速率则选择在150～180mL/h时较为适宜。高真空度的情况下，真空度极易受到影响。真空度与进料量相关，当进料量稳定时，真空度变化范围在10Pa以内，但是当进料量略有增大时，则其变化范围在80Pa以内。工作时的真空度在10～80Pa。

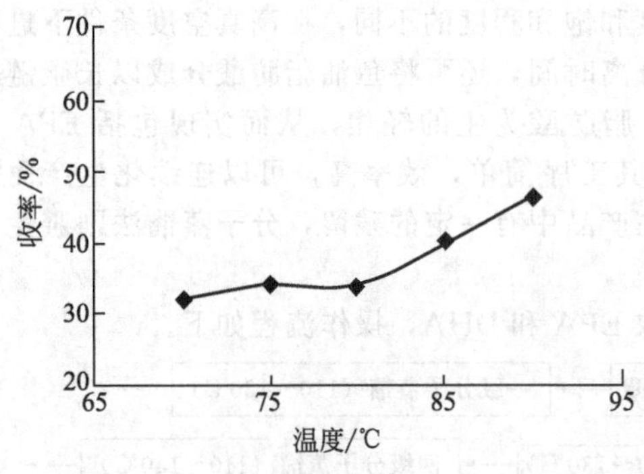

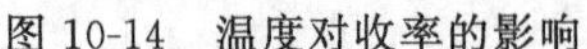
图 10-14　温度对收率的影响

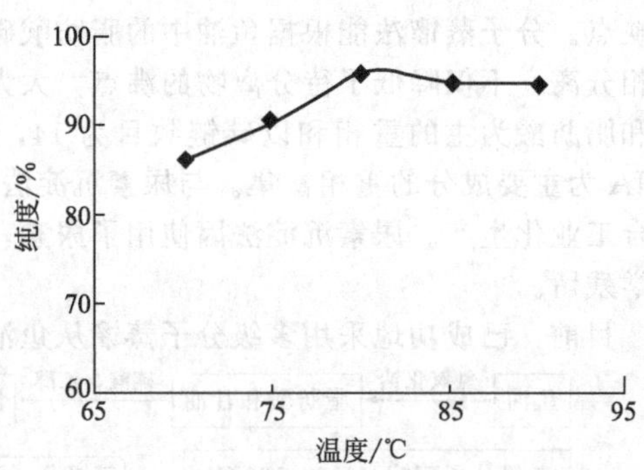

图 10-15　温度对纯度的影响

应用分子蒸馏对发酵液中乳酸进行精制，在 pH2，温度为 80℃、进料速率为 150～180mL/h，真空度在 10～80 Pa，纯度能达到 96％。

分子蒸馏对乳酸发酵液的纯化说明，分子蒸馏用于生物发酵产品纯化，可保持产品的活性，产品的纯度高，操作简便，具有广阔的应用前景。

（三）同分异构体的分离

实例 10-5：分子蒸馏分离对乙酰氨基苯乙酸乙酯同分异构体[18]

对乙酰氨基苯乙酸乙酯（简称对位组分，*p*-APLE）是一种重要的合成抗组胺药品中间体，可治疗变应性疾病过敏、季节性枯草热、鼻炎和结膜炎等。对乙酰氨基苯乙酸乙酯的反应过程中，由于酰基转移，易生成含量极为接近的同分异构体间乙酰氨基苯乙酸乙酯（简称间位组分，*m*-APLE），但间位组分无药效作用，通常采用结晶技术除去该杂质。结晶实验表明，当混合原料中对位和间位两组分的相对含量差别较大时，有利于目标产物含量的提高。因此，原料在结晶分离之前，对间位和对位两组分进行预分离使两者的相对含量差别加大，是十分必要的。研究人员将分子蒸馏技术应用于同分异构体两组分的预分离过程，改变间位和对位组分的相对含量，以满足后续工艺结晶分离需要。考察分子蒸馏过程中操作压力、预热温度、蒸馏温度和操作级数等因素对同分异构体两组分相对含量和分离效率的影响。

从热力学理论上考虑，同分异构体的沸点差异主要取决于分子间作用力的强弱，与对位组分相比，间位组分的分子结构更紧凑，分子有效直径较小，色散力较弱，因此间位组分的沸点较对位组分的沸点低，根据烷基苯同分异构体的拓扑计算方法，推知对乙酰氨基苯乙酸乙酯的沸点约为 200℃左右，属高沸点物系，间位组分由于分子平均自由程较大，相应沸点较低，主要以轻馏分的形式从混合物中除去，从而使对位组分相对含量升高。

1. 试验过程

将间位组分 40.29％，对位组分 42.50％，即质量比为 0.948 的粗对乙酰氨基苯乙酸乙酯混合物经预热，以一定的流速进入分子蒸馏装置，在一定压力和蒸馏温度下进行蒸馏，分别得到轻组分和重组分，对重组分进行循环蒸馏，使重组分含量升高。

2. 影响分子蒸馏的因素

（1）操作压力对原料同分异构体热分解的影响　原料同分异构体对位和间位组分均具有一定的热敏性，考察操作温度对两组分热分解度的影响，对分离过程具有重要的指导意义，原料中对位和间位组分的相对含量及混合物沸点随操作压力的变化如图 10-16 所示。由图 10-16 可以看出，当操作压力低于 3.0Pa 时，间位组分和对位组分的相对含量基本没有变化，当压力高于 3.0Pa 时（沸点温度高于 120℃），两组分的相对含量几乎呈直线下降，这说明同分异构体的热分解率随操作压力的升高而加剧。该图还表明，间位组分和对位组分的相对含量分别在操作压力 2.0Pa 和 3.8Pa 时开始急剧下降，且间位组分含量下降速率较对位组分下降速率大，因此间位组分具有更高的热敏性。为避免同分异构体两组分发生热分解，蒸馏温度不超过 120℃，操作压力控制在

3.0Pa以下为宜。压力太低，真空系统投资成本增加，压力太高易造成热敏性成分分解，因此选择适宜的操作压力有利于分子蒸馏过程的进行。

(2) 预热温度和蒸馏温度对分离效率的影响　图10-17为在进料速率90mL/h，压力2.0Pa，经一级分子蒸馏，预热温度分别为0℃、30℃、50℃和60℃时，蒸馏温度对同分异构体两组分分离效率的影响。从图10-17中可以看出，分离效率首先随蒸馏温度的升高而升高，当超过一定蒸馏温度后开始下降。这是由于原料中间位组分被切除的比例随蒸馏温度的升高而逐渐增加，使得对位组分含量增加，但随着蒸馏温度继续升高，对位组分随间位组分一起被蒸发的比例相应增大，馏余物中对位组分减少，分离效率降低。因此过高的蒸馏温度不利于分离效率的提高。图10-17还表明，预热温度分别为0℃、30℃、50℃和60℃时，分离效率峰值所对应的蒸馏温度为110℃、100℃、90℃和83℃。由此可见，将原料从0℃预热到50℃，可使蒸馏温度从110℃降低到90℃，大大降低了物料受热分解的可能性，即适当增大预热温度可降低相应的蒸馏温度，有利于分子蒸馏过程。但与预热温度50℃相比，将原料预热到60℃时的分离效率反而降低，这是由于预热温度过高，使同分异构体两组分的相对挥发度减小，对位组分随间位组分切除的比例加大，因此，原料较佳的预热温度为50℃，蒸馏温度为90℃。

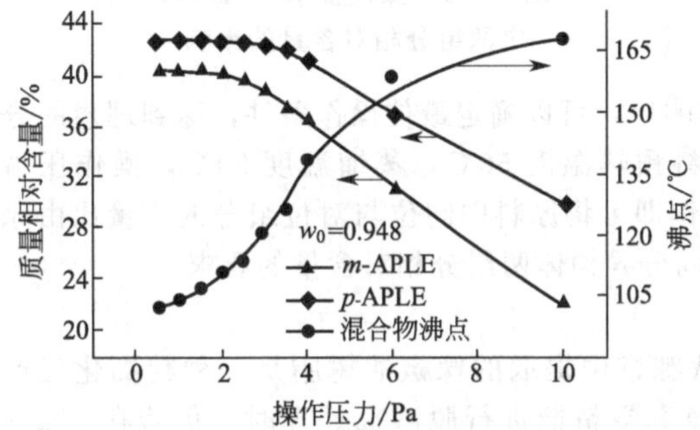

图10-16　操作压力对同分异构体混合物沸点及组分含量的影响

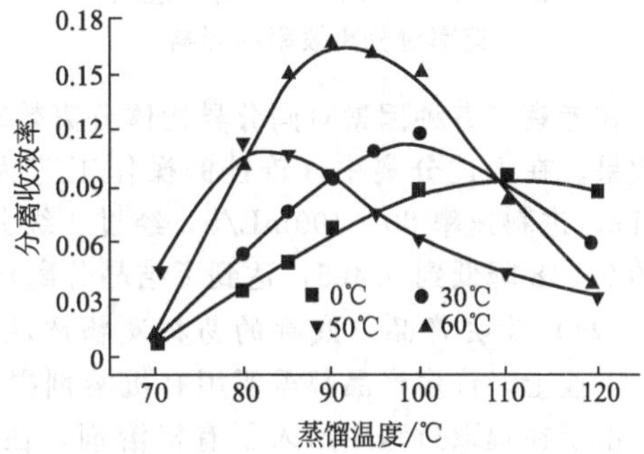

图10-17　不同预热温度下蒸馏温度对分离效率的影响

(3) 操作压力和进料速率对分离效率的影响　图10-18为在蒸馏温度90℃，操作压力分别为1.0Pa、2.0Pa和3.0Pa，以及一级分子蒸馏的条件下，进料速率对同分异构体两组分分离效率的影响。从图10-18中可看出，分离效率随进料速率增大而降低，特别是当进料速率大于100mL/h时，分离效率急剧下降，可见进料速率过大不利于两组分的分离。这是由于进料速率过大，单位蒸发面积上的物料量增加，蒸发壁面与物料间的传热传质效率降低，间位组分的蒸发量减少，分离效率降低。进料速率太低，原料几乎被完全蒸发，轻重组分得不到有效的分离。实验发现，进料速率以不低于80mL/h为宜。相同的进料速率下，分离效率随操作压力的升高而降低。压力为1.0Pa和2.0Pa时的分离效率较为接近，只有当进料速率大于100mL/h时差别才有所增加；操作压力为3.0Pa时的分离效率与前两者相比明显降低，这是由两组分的沸点随操作压力升高而造成的。因此，进料速率80～100mL/h，操作压力2.0Pa比较适合该同分异构体两组分的分离。

(4) 操作级数对两组分含量的影响　由于分子蒸馏实验装置属于单级分离设备，一次操作只相当于一个理论级，若要使同分异构体两组分的相对含量达到结晶分离的原料要求，则需采用多级分离操作。

图10-19为在操作压力2.0Pa，预热温度50℃，蒸馏温度90℃时，操作级数对馏余物中间位和对位两组分相对含量的影响。图10-19表明，馏余物中间位组分的相对含量随操作级数的增加而降低，对位组分的相对含量不断升高，原因在于原料中间位组分等轻杂质的沸点较低，易从原料混合物中除去，被切除量随操作级数的增加而增加，馏余物中的相对含量降低。因此，可通过

增加操作级数来改变产品中两组分的相对含量，从而提高分离效率，但级数越多，操作费用随之增加。由实验得知，原料经 4 级分子蒸馏分离后，两组分质量比下降到 0.405，即达到后续结晶分离过程原料的要求。考察操作级数对分子蒸馏过程的影响，对于产品工业生产的放大具有现实指导意义。

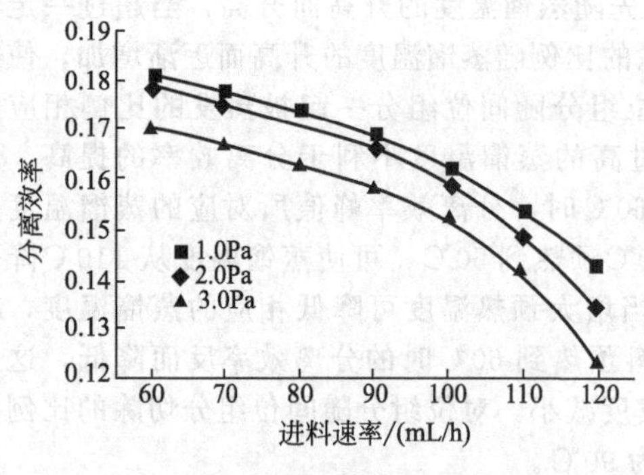

图 10-18　不同压力条件下进料速率对分离效率的影响

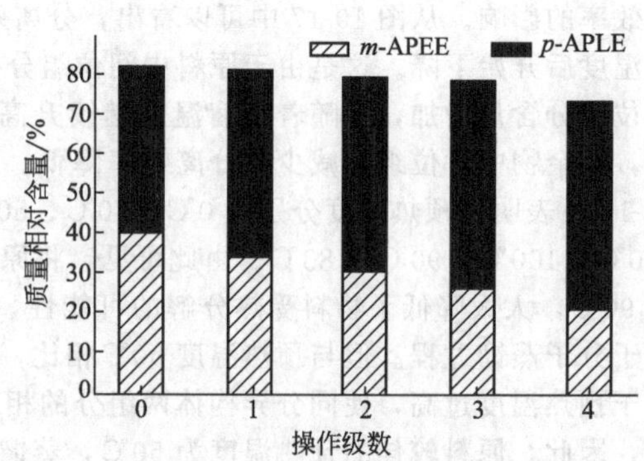

图 10-19　操作技术对馏余物中两组分相对含量的影响

在考察了各种因素对同分异构体分离效率的影响后，可以确定最佳操作条件，达到理想的分离效果。在上述分离中，较佳的操作工艺为：原料预热温度 50℃，蒸馏温度 90℃，操作压力 2.0Pa，进料速率 80～100mL/h，经过 4 级分离操作即可将原料中间位与对位组分的质量比由原来的 0.948 降低到 0.405，达到了结晶分离技术对同分异构体两组分相对含量的要求。

（四）除去产品中残存的易挥发物质及杂质

工业上，许多产品都需要用有机溶剂提取，从辣椒中提取的辣椒油树脂是一种精细化工产品，由于在提取过程中加入了有机溶剂，在用普通真空精馏进行脱溶剂处理时，仍残存 2%～3%的溶剂，不能满足此产品残留溶剂量（应小于质量分数 2×10^{-4}）的要求，且辣椒油树脂在 120℃以上易变质，不能采用一般的方法进行脱气。用分子蒸馏技术进行处理后，产品中残留溶剂体积分数仅为 2×10^{-5}，完全符合质量要求。

在由单体合成聚合物的过程中，总会残留过量的单体物质，并会产生影响产品质量的小分子聚合体，采用分子蒸馏可有效地除去这些小分子杂质。如酚醛树脂由酚类和醛类经缩聚反应制成，在目前的生产工艺中，产品含有单体酚及双酚等小分子物质约 3%～5%，采用常规蒸馏方法很难除尽，且酚醛树脂在高温下易缩合变质，而用分子蒸馏法可将树脂中的单体酚脱除至 0.01%以下。

此外，分子蒸馏还可用于乳脂中除去农药、化妆品原料除臭、硅油中除去单体等。

因此对采用其他方法生产的医药产品，可通过分子蒸馏除去其中残留的溶剂，达到药典要求。

思考题

1. 简述分子蒸馏、分子自由程的概念，叙述分子蒸馏的特点。
2. 简述分子蒸馏的原理，叙述分子蒸馏的应用范围。
3. 影响分子蒸馏的因素有哪些？它们是如何影响分离效果的？
4. 分子蒸馏装置有哪些？说明各自的原理和特点。

参考文献

[1]　徐怀德．天然产物提取工艺学。北京：中国轻工业出版社，2006.

[2] 高孔荣，黄惠华，梁照为．食品分离技术．广州：华南理工大学出版社，2005.
[3] 韩丽．实用中药制剂新技术．北京：化学工业出版社，2002：219-221.
[4] 朱明．食品工业分离技术．北京：化学工业出版社，2005：169-171.
[5] 丁明玉．现代分离方法与技术．北京：化学工业出版社，2006：238-239.
[6] 黄敏，钟振声．分子蒸馏纯化天然香料山苍子油．食品科技，2005，(8)：52.
[7] 王琴，蒋林，温其标．分子蒸馏纯化八角精油的工艺研究．林产化学与工业，2007，27 (3)：77-80.
[8] 黄敏，钟振声．肉桂醛分子蒸馏纯化工艺研究．林产化工通讯，2005，39 (2)：13-15.
[9] 许松林．分子蒸馏提纯α-亚麻酸的研究．化学工业与工程，2004，21 (1)：25.
[10] 谢春英，袁雨婕，余少冲等．分子蒸馏技术分离川芎油的研究．国际卫生医药导报，2007，13 (19)：73-76.
[11] 陈星，陈滴，刘蕾．分子蒸馏法从大豆油脚中提取维生素 E 的研究．粮食加工，2007，32 (5)：81-83.
[12] 奕礼侠，许松林，任艳奎．分子蒸馏技术提纯天然维生素 E 的工艺研究．中国粮油学报，2006，21 (1)：100-103.
[13] 阎广，李庆生，尹侠．分子蒸馏法分离提纯维生素 K_1 的研究．过滤与分离，2004，14 (2)：14.
[14] 王华．利用分子蒸馏技术提取类胡萝卜素工艺研究．中国南方果树，2006，35 (增刊)：93.
[15] 赵宁，王艳辉，马润宇．从干红辣椒中提取辣椒红色素的研究．北京化工大学学报：自然科学版，2004，31 (1)：15-17.
[16] 傅红，裘爱泳．分子蒸馏法制备鱼油多不饱和脂肪酸．无锡轻工大学学报，2002，21 (6)：617-621.
[17] 王甲卫，郭小雷，李政等．分子蒸馏法分离发酵液中的乳酸．化工进展，2007，26 (11)：1619-1621.
[18] 许松林，王淑华，应安国．对乙酰氨基苯乙酸乙酯同分异构体的分子蒸馏分离．天津大学学报，2006，39 (1)：21-24.

第十一章　膜分离技术

膜分离现象广泛存在于自然界中。膜分离过程在我国的利用可追溯到 2000 多年以前，当时在酿造、烹饪、炼丹和制药等过程中就有“莞蒲厚洒”，“弊箪淡卤”及“海井”的海水淡化等记载[1]。由于受到人类认识能力和当时科技条件的限制，在其后漫长历史进程中对膜技术的理论研究和技术应用并没有得到实质性的突破。从世界范围来讲，直到 1960 年美国加利福尼亚大学的 Loeb 和 Sourirajan 研制出第一张可实用的反渗透膜，膜分离技术才进入了大规模工业化应用时代[2]。目前，膜分离作为一种新型的分离技术已广泛应用于生物产品、医药、食品、生物化工等领域，是药物生产过程中制水、澄清、除菌、精制纯化以及浓缩等加工过程的重要手段。

本章主要讨论制药工业中一些常用膜分离过程的工作原理、传质机理、分离效果、装置及应用情况。

第一节　膜分离技术与分离膜

一、膜分离的特点及分类

膜分离过程是指利用天然的或合成的、具有选择透过性的薄膜作为分离介质，在浓度差、压力差或电位差等作用下，使混合液体或气体混合物中的某一或某些组分选择性地透过膜，以达到分离、分级、提纯或浓缩目的。

1. 膜分离特点

尽管膜分离过程多种多样，作用机理和适用范围也各不相同，但具有以下共同特点。

① 以具有选择透过性的膜分隔两相界面，被膜分隔的两相之间依靠不同组分透过膜的速率差来实现组分分离。

② 膜分离过程无相变发生，能耗低，无需外加物质，对环境无二次污染之忧。

③ 分离过程通常在温和条件下完成，适用于热敏性药物的分离、分级与浓缩。

④ 膜组件结构紧凑，处理系统集成化、操作方便；处理过程能耗较低、单级分离效率高、无污染等优点。

膜分离作为一种新型的分离技术，不但可以单独使用，还可以与生产过程相结合，如在发酵过程中和化工生产过程中及时将产物取出，以提高产率或提高反应速率。膜分离过程在食品加工、医药、生化技术领域有着独特的适用性，大量研究表明，经过膜分离或纯化处理后，产物仍然可以较好地保留原有的风味和营养。

膜分离过程也存在一些不足，如膜在使用过程中不可避免地产生浓差极化、膜污染等现象，从而影响膜的使用寿命，增加了操作费用。因此，研究和有效解决这些问题一直是广大研究人员所努力的方向。

2. 膜的分类

根据驱动力不同，膜分离过程大致分为三类：压力驱动膜分离过程、浓度差驱动膜分离过程和电力驱动膜过程。其中压力驱动膜分离过程根据截留物质尺寸的大小又进一步分为：微滤、超滤、纳滤和反渗透。常见的各种膜分离过程的基本特性见表 11-1[3]。

表 11-1　常见的膜分离类型和基本特性

膜分离类型	推动力	透过组分	截留组分	应　用
渗析(D)	浓度差	低分子量物质、离子	尺寸大于 0.02μm 物质	医疗渗析用
微滤(MF)	压力差	溶剂、溶解物等	0.02～10μm 微粒、细菌等	料液澄清、除菌等
超滤(UF)	压力差	溶剂、离子、有机小分子	1～20nm 破碎细胞、微粒、蛋白质、胶体等大分子物质	大分子物质浓缩或去除，不同分子量物质的初步分级
纳滤(NF)	压力差	溶剂、低价盐离子	＞1nm 单糖、氨基酸等可溶性有机小分子物质、高价盐离子等	小分子物质的浓缩、分离，料液脱盐、纯水制备等
反渗透(RO)	压力差	溶剂等	0.1～1nm 各种溶解性小分子	纯水制备，小分子物质浓缩
电渗析(ED)	电位差	有机、无机离子	非离子型化合物、大分子物质	纯水制备，料液脱盐

随着膜制备技术的不断提高，膜分离机理的研究不断深入以及膜分离技术与其他分离技术的广泛结合，膜分离技术得到了迅速发展，逐渐成为药物分离和纯化的重要方法之一。

二、分离膜

膜是指分隔两相界面并以特定的形式限制和传递各种物质的分离介质。分离膜是膜分离过程的核心，膜材料的化学性质和膜结构对膜分离性能起着决定性作用，而膜的分离性能又决定了膜分离操作的可行性和经济性。

（一）膜的种类和结构

分离膜应该具备以下基本条件：①较好的选择透过性；②良好的分离性能，既能充分截留一些组分，又能最大限度地使另一些组分快速透过；③理化性能稳定，即在使用过程中保证良好的机械强度和化学稳定性，防止膜损坏，减少膜污染，延长膜的使用寿命；④经济实用。

1. 膜的种类

为了适应各种分离对象，分离所用膜的种类也多种多样。根据来源不同可分为天然膜和合成膜，根据相态不同合成膜可分为固体膜、液膜和气膜三类。气膜分离目前尚处于实验室研究阶段，液膜已有中试规模的工业应用，目前大规模工业应用的是固体膜。根据材质不同固体膜可分为有机膜和无机膜；按结构又可分为致密膜和多孔膜，其中多孔膜又有微孔和大孔之分。如微滤膜的平均孔径为 0.05～10μm，属于微孔范畴。液膜还分为乳状液膜和支撑液膜。

根据膜的荷电情况可分为荷电膜和非荷电膜。荷电膜结构中载有固定的正电荷或负电荷。包括离子交换膜、反渗透膜和纳滤膜等。对于离子交换膜而言，当膜的固定离子带正电荷时能从周围的流体中吸引阴离子，称为阴离子交换膜；反之，膜的固定离子带负电荷时能从周围的流体中吸引阳离子，称为阳离子交换膜。

2. 膜的结构[1]

根据膜的断面结构及制备过程可分为对称膜、不对称膜和复合膜。

(1) 对称膜（symmetric membranes）　又称均质膜，它的整个断面形态结构均匀一致，且孔径与孔径分布也基本相同。物质在膜内各点的渗透率相同，膜的厚度大致为 10～200μm。大多数微孔滤膜和液膜都是这种结构［见图 11-1(a)］。由于厚度较大，致密的均质膜实用性较差，主要用于研究阶段膜材料的筛选和膜性能的表征，目前很少在工业过程中应用。

(2) 不对称膜（asymmetric membranes）　由极薄结构致密的表面活性层（0.1～1μm）和多孔支撑层（100～200μm）组成，膜上下两侧截面的结构及形态不相同，具有高传质速率和良好的机械强度两大特性。活性层的孔径和性质决定了分离特性，而厚度主要决定传质速率。多孔的支撑层仅起支撑作用，对分离特性和传质速率几乎没有影响。由于不对称膜的通量约为最薄均质

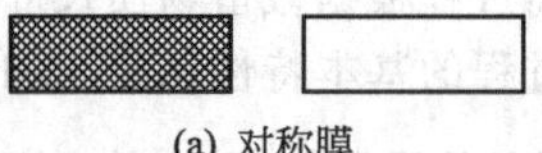
(a) 对称膜

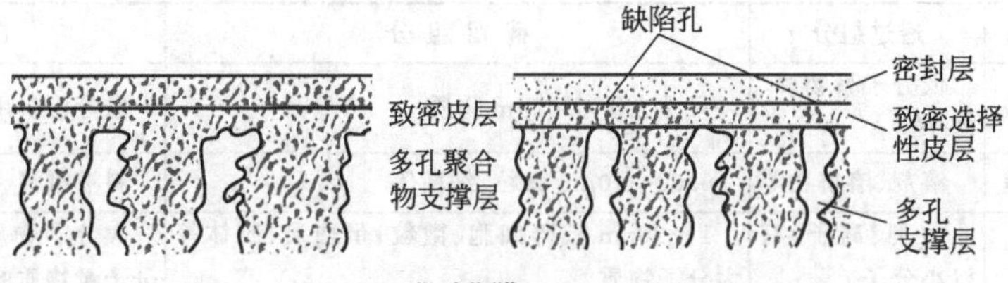

(b) 非对称膜

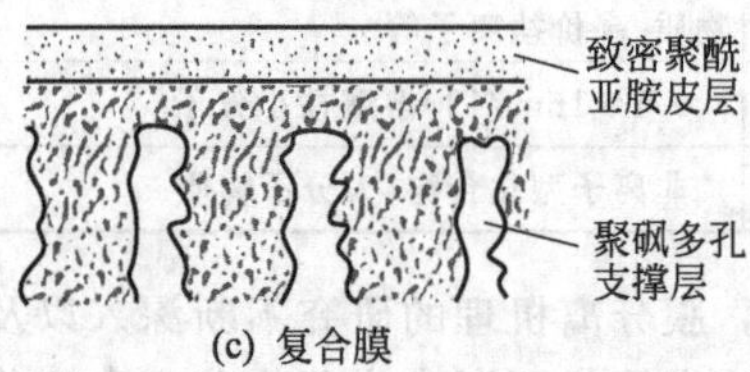

(c) 复合膜

图 11-1　膜的断面结构示意

膜的 1～2 个数量级，所以不对称膜的制备是制膜技术发展的里程碑，见图 11-1(b)。

(3) 复合膜（composite membranes） 属于表层和支撑层不为同一材质的不对称膜，也是当前发展最快、研究最多的膜。复合结构一般是指在多孔的支撑膜上复合一层很薄的有效厚度小于 1μm 致密的、有特种功能的另一种材质的膜层。这种技术最早用于反渗透膜的制备，现在已经用于纳滤膜和渗透汽化等膜分离过程。复合膜的性能不仅取决于有选择性的表层，而且受支撑层的微孔结构、孔径及孔分布的影响。支撑层的孔隙率高，可减少膜表层与支撑层的接触面积，有利于传质。此外，孔径越小，膜的机械强度越高。

（二）膜材料

膜材料也是膜分离技术发展的一个核心课题。为了更好地应用膜分离技术，必须了解膜材料的物理化学性质。

通常，在分离过程对膜材料的要求是：具有良好的成膜性、热稳定性、化学稳定性，耐酸、碱和微生物侵蚀及耐氧化性能。反渗透、超滤、微滤用膜最好为亲水性，在处理水溶液时以提高水通量和抗污染能力。电渗析用膜则特别强调膜的耐酸、碱性和热稳定性。气体分离时，特别是渗透汽化，要求膜材料对透过组分有优先溶解和扩散能力。若用于有机溶剂分离还要求膜材料不被有机溶剂溶解。

目前使用的分离膜大体上可分为三类，天然高分子膜、合成高分子膜和无机膜。前两者合称有机高分子膜。

1. 有机膜材料

有机膜（organic membranes）又分为天然高分子膜和合成有机高分子膜两大类。

(1) 天然高分子膜　天然高分子膜主要为纤维素的衍生物，是应用最早，也是目前应用最多的膜材料。主要用于反渗透、超滤、微滤，在气体分离和渗透汽化中也有应用。如乙酸纤维、硝酸纤维等，在注射针剂生产中药液除菌过滤使用的大多是乙酸纤维膜。

(2) 合成有机高分子膜　合成高分子膜材料应用最多，主要有聚砜、聚酰亚胺、芳香聚酰胺、聚丙烯腈、聚烯烃、聚乙烯醇、尼龙、聚碳酸酯等。

目前，芳香聚酰胺和杂环类膜材料主要用于反渗透和纳滤。聚酰亚胺是近年来开发应用的具有耐高温、抗化学药剂的优良膜材料，目前已用于超滤、反渗透和气体分离膜的制造。聚砜是超滤、微滤膜的重要材料，由于抗压密性和抗氧化性强，也是良好的复合膜支撑材料，但其疏水性使膜的透水性差。在聚砜的基础上改性得到的聚醚砜，材料的抗氧化性、耐热性及耐溶剂性能都有所增强。聚丙烯腈也是超滤、微滤膜的常用材料，它的亲水性强于聚砜。聚偏氟乙烯是近年来开发的耐污染性最强的一种膜材料，主要用于制备微滤膜和截留分子量较高的超滤膜[4]。

常用的有机高分子材料见表 11-2。

表 11-2　常用的有机高分子膜材料

材料类型	代表性高分子材料	主要应用
纤维素类	乙酸纤维素(CA)、硝酸纤维素(CN)、再生纤维素等	反渗透、超滤、微滤
聚砜类	聚砜(PS)、聚醚砜(PES)、磺化聚砜(PSF)、聚砜酰胺(PSA)等	超滤、微滤、复合膜的支撑材料
聚烯烃类	聚乙烯醇(PVA)、聚乙烯(PE)、聚丙烯(PP)、聚丙烯腈(PAN)等	超滤、微滤、复合膜的支撑材料
聚酰胺类	芳香酰胺(PI)、尼龙-66(NY-66)、芳香酰胺酰肼(PPP)等	超滤、反渗透、纳滤
芳香杂环类	聚苯并咪唑(PBI)、聚苯并咪唑酮(PBIP)、聚酰亚胺(PMDA)	超滤、反渗透
含氟类	聚偏氟乙烯(PVDF)、聚四氟乙烯(PTFE)	微滤、超滤
聚酯类	聚酯无纺布、聚碳酸酯	微滤、支撑材料

2. 无机膜材料

无机膜（inorganic membranes）的制备始于 20 世纪 60 年代，由于没有高效的成膜工艺避免膜的缺陷，加之膜材料成本较高，无机膜发展一度非常缓慢。20 世纪 90 年代后，随着膜分离技术应用范围的拓展，对膜的使用条件提出越来越高的要求，其中有些是有机高分子膜材料无法满足的，如耐高温及强酸碱介质、耐污染、结构均一等。为此，无机膜的开发应用日益受到重视并取得重大进展。

无机膜包括陶瓷膜、微孔玻璃膜、金属膜和碳分子筛膜。由于无机膜组件的价格偏高，目前市场占有率为 5%～8%，但最近几年增长速度达 30%～35%，远远高于有机膜。在注射针剂生产过程中，提高药液的澄明度多采用陶瓷膜。

第二节　膜分离过程与分离机理

膜分离过程是以选择性透过膜为分离介质。当膜两侧存在某种推动力（如压力差、浓度差、电位差等）时，原料侧组分选择性地透过膜，以达到分离、提纯的目的。不同的膜过程使用的膜不同，推动力也不同。

根据推动力不同，膜过程可分为四大类：①以压力差为推动力（压力驱动）的过程；②以电位差为推动力（电力驱动）的过程；③以浓度差为推动力（浓度差驱动）的过程；④以蒸气分压差为推动力（蒸气分压驱动）的过程。本节重点介绍前三种。

膜分离过程的机理非常复杂，这是因为分离体系具有多样性，如被分离的物质有不同的物理、化学及传递特性，包括粒度大小、分子量、分子直径、溶解度、带电性、扩散系数等。过程中使用的膜差别也很大，如膜材质、结构形态等。因此，不同的膜分离过程往往有不同分离机理，即使同一个分离过程也有不同的机理模型。

一、压力驱动膜分离过程

目前已经实现工业化的以压力差为推动力（压力驱动）的膜过程有：微滤、超滤、纳滤和反渗透。下面就具体的膜分离过程进行介绍。

（一）微滤

微滤（MF）是一种与粗滤十分相似的膜分离过程。微孔滤膜具有比较整齐、均匀的多孔结构，孔径范围为 0.05～10μm，使过滤从一般比较粗糙的相对过程过渡到精密的绝对过程。因此，又称为精过滤。

微滤所分离的粒子远大于反渗透、纳滤和超滤过程，基本上属于固液分离，一般不需考虑溶液渗透压的影响。由于 $1cm^2$ 滤膜约含 0.1 亿～1 亿个微孔，孔隙率占总体积的 70%～80%，故阻力很小、滤过速度较快。操作压差一般在 0.01 ～0.7MPa，膜的透过通量要远大于其他压力驱动膜分离过程。

1. 微滤的分离机理[4]

微滤的分离机理一般认为属于机械筛分，膜的物理结构起决定性作用。此外，膜的吸附和电性能等因素对截留也有一定影响。微孔滤膜截留作用大体可分为以下两大类，参见图 11-2。

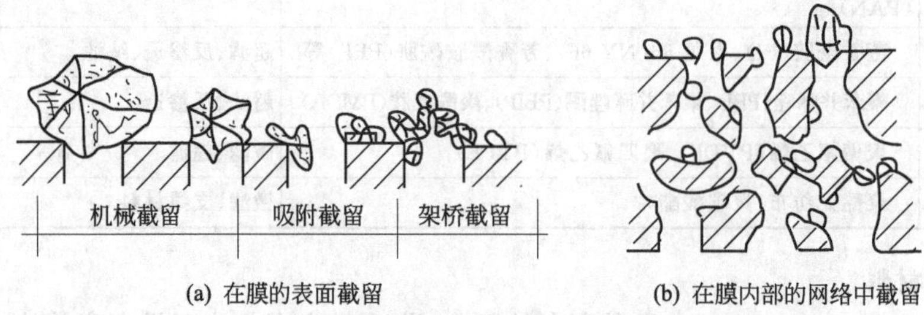

图 11-2　微滤膜各种截留作用示意

（1）膜的表面截留

① 机械截留作用　是指膜具有截留比其孔径大或与其孔径相当的微粒等杂质作用。

② 吸附作用　膜表面因范德华引力、静电力等作用对溶质具有一定吸附截留作用。

③ 架桥作用　部分微粒可黏附在滤膜表面原先黏附的颗粒上而被截留。

以上三种作用在微滤分离过程中起主要截留作用。

（2）膜内部截留　指膜内部的网络结构吸附或截留部分微粒。

2. 微滤的应用

迄今为止，微滤在所有膜分离过程中应用最普遍、销售总额最大。在工业上，微滤主要用于将大于 0.1μm 的微粒与液体分开的场合，如制药行业中的除菌过滤、中药液体制剂澄清等。近年来，在食品行业中的应用也日益广泛。

制药工业用水包括清洁用水、注射用水和各种药液等，对水质中微生物含量有着严格的要求。研究已经证实，0.22μm 的微滤膜过滤器可用于截留细菌以达到消毒效果，且对细菌的截留性能与过滤压力和有机物数量无关[5]。

中药复方提取液中含有多种杂质，如药渣、泥沙、纤维等，同时还含有大分子的淀粉、树脂、糖类及油脂等，使药液色深且混浊，采用常规的过滤方法很难去除上述杂质。在高速离心处理的基础上微滤，不仅能除去液体中较小的固体颗粒（分离出 0.05～10μm 的粒子），而且能截留多糖、蛋白质等胶体大分子，在不影响药效的情况下具有较好的澄清除杂效果。

（二）超滤

超滤（UF）膜多为不对称膜，操作静压差一般为 0.1～0.5MPa，被分离组分的直径大约为 0.01～0.1μm，即截留组分的相对分子质量介于 500～1000000 的大分子和胶体粒子。

1. 超滤的分离机理[4]

与微滤分离过程相似，超滤也是通过膜孔的筛分作用将料液中大于膜孔的大分子溶质进行截留，使这些溶质与溶剂及小分子组分分离的膜分离过程。膜孔的大小和形状对分离起主要作用，膜表面的化学性质也是影响超滤分离的重要因素。超滤过程中溶质的截留有三种方式：膜表面的机械截留（筛分作用），在膜孔中滞留而被去除（阻塞作用）或在膜表面及微孔内的吸附。

2. 超滤的应用

超滤主要应用于尺寸较大的分子、微粒与低分子物质或溶剂分离过程。目前，利用超滤膜

“筛分”机理即膜孔径大小特征将中药体系中的有效组分或有效部位进行分离提纯，在中药生产中日益受到青睐。其应用主要包括三个方面：分离纯化，有效去除非药效成分；提高药效成分浓度，减少剂量；制剂生产，包括制备注射液、口服液等。

例如刺五加注射液的生产，采用传统的水提醇沉工艺提取时不仅有效成分损失严重，而且酒精回收时损耗量在30%以上，产品成本高。而向刺五加提取液中添加壳聚糖做絮凝处理后，再经过截留相对分子质量为6000的超滤除大分子和热原处理，处理后药液中的黄酮含量以及蛋白质含量和醇沉药液比较结果见表11-3[6]。从表11-3中可以看出，两种处理方法所得的有效成分总黄酮含量相似，但絮凝-超滤处理后料液中蛋白质含量极低，澄清度明显提高，而成本要大大低于醇沉法，操作简便且能耗低。

表11-3　絮凝-超滤法和醇沉法处理刺五加提取液的效果比较

样品成分	总黄酮/(mg/L)	蛋白质/(mg/L)	澄清度(OD_{460})
初提液	0.927	232.1	1.240
醇沉处理	0.893	38.8	0.796
超滤透过液	0.823	0.033	0.432

（三）反渗透

1. 渗透与反渗透（RO）

在恒温条件下，若将一种溶液和组成这种溶液的溶剂放在一起，最终的结果是整个体系的浓度均匀一致。这是溶质从高浓度向低浓度自发扩散造成的。现在将溶剂和溶液用半透膜隔开，并且这种膜只能透过溶剂分子而不能透过溶质分子。若膜两侧的静压力相等，将发生溶剂分子从溶剂侧透过膜到溶液侧的渗透现象，如图11-3(a)所示。其结果是溶液侧液面上升达到一定高度h后不变，系统达到动态平衡状态，如图11-3(b)所示。此时膜两侧溶液的静压差就等于两侧溶液的渗透压。若在右侧液面上加大压力，如图11-3(c)所示，便可驱使一部分溶剂分子渗透至左侧，即当膜两侧的静压差大于溶液的渗透压时，溶剂分子将从溶质浓度高的溶液侧透过膜流向溶质浓度低的溶剂侧，这就是反渗透现象。

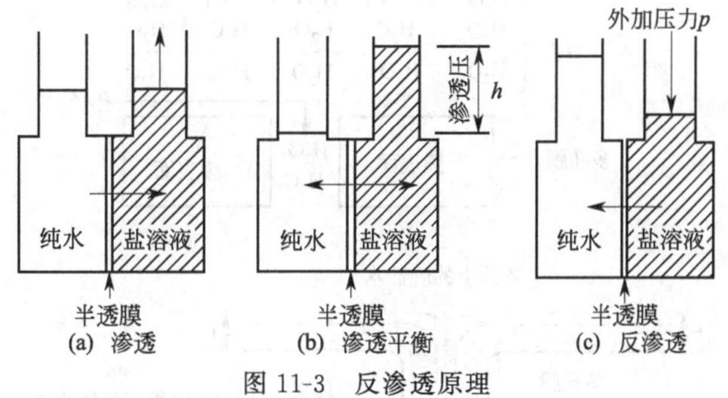

图11-3　反渗透原理

因此，反渗透过程必须满足两个条件：一是有一种选择性和高透过率的选择透过膜；二是操作压力必须高于溶液的渗透压。实际反渗透过程中，膜两侧的静压差还必须克服透过膜的阻力。

工业上应用的反渗透膜分离过程是利用反渗透膜选择性地只能透过溶剂（通常为水），以膜两侧静压差为推动力克服溶液的渗透压，使溶剂通过反渗透膜从而实现对液体混合物的分离过程。

2. 反渗透的分离机理[7]

反渗透膜的选择透过性与组分在膜中的溶解、吸附和扩散有关。因此，除了与膜孔大小、结构有关外，还与膜的物理、化学性质有密切关系，即与组分和膜之间的相互作用密切相关。其中膜的化学因素（膜及表面特性）在分离过程中起主导作用。

反渗透膜对盐离子的脱出率随盐离子所带电荷数增加而增大。绝大多数二价的盐离子，基本上能被反渗透膜完全脱除。对于相对分子质量大于150的大多数组分，不管是电解质还是非电解质，都能被很好地截留。此外，反渗透膜的选择透过性还与溶液的温度和pH有关。在实际应用中，对于不同的分离体系反渗透膜的选择透过性受多种因素的制约。因此，具体的膜分离规律和特性必须通过试验来确定。

自20世纪50年代末以来，国内外许多学者先后提出了各种不对称反渗透膜的传质机理，目前应用比较广泛的有溶解-扩散理论和优先吸附-毛细孔流理论。

(1) 溶解-扩散理论　Lonsdale和Riley等人将反渗透膜的表面层设想为致密无孔，并假设溶剂和溶质均溶解于非多孔膜表面层内，溶解情况服从亨利定律，然后各自在浓度差或压力差作用下扩散通过膜，再从膜的另一侧解吸出来。因此，物质的渗透能力不仅取决于扩散系数，而且取决于其在膜中的溶解度。由于溶质的扩散系数比水分子的扩散系数小，高压下水在膜内的移动速度就快，因而透过膜的水分子数量就比通过扩散而透过去的溶质数量要多。目前人们普遍比较接受溶解扩散理论对反渗透膜透过现象的解释，并据此建立了一系列数学模型。

(2) 优先吸附-毛细孔流理论（图11-4）　当水溶液与高分子多孔膜接触时，由于膜的化学性质对溶质排斥，对水分子优先吸附，则在膜与溶液界面上形成一层纯水层。在压力作用下，优先吸附的水通过膜就形成了脱盐过程。纯水层的厚度与溶液性质和膜表面的化学性质有关。当膜表面毛细管直径为纯水层2倍（2～4个水分子层）时，对毛细管而言，能够得到最大流量的纯水，该孔径称为“临界孔径”。基于该理论，索里拉金等研制出具有高脱盐率、高脱水性的实用反渗透膜，为实用反渗透膜的发展奠定了基础。

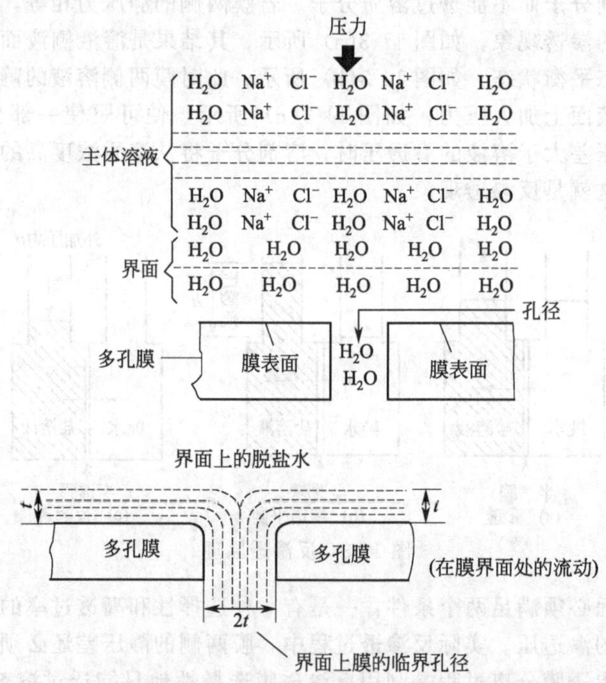

图11-4　氯化钠水溶液的优先吸附-毛细孔流理论的示意

3. 反渗透的应用

当前，反渗透的应用领域已从早期的海水、苦咸水脱盐淡化发展到化工、食品、制药以及造纸工业中某些有机物及无机物的分离。反渗透技术在中草药制剂的浓缩及回收中药有效成分提取液中的溶剂等方面有很大的发展前景。

例如木糖醇[8] 生产过程中木糖水溶液的浓缩，通常采用三效蒸发工艺实现。存在能耗高、劳动强度大、容易产生焦糖现象和污染环境等缺点。而采用反渗透浓缩木糖醇溶液，由于在常温下运行，无焦糖和新色素生成之忧，同时还可除去溶液中的部分酸和少量的盐离子，减轻了后续离子交换树脂处理的负担。不仅生产周期短、降低了成本，而且木糖醇的质量还有了很大提高。该工艺在木糖醇生产中得到肯定和推广。

（四）纳滤

纳滤（NF）介于反渗透和超滤之间，是 20 世纪 80 年代初期继反渗透之后开发出来的一种新型膜分离技术。在 20 世纪 90 年代时纳滤膜曾被称为疏松反渗透、低压反渗透和超反渗透。纳滤膜表面孔径处于纳米级范围，其分离对象主要为粒径尺寸在 1nm 左右的物质，对相对分子质量介于 200～2000 的有机物具有良好的截留性能，对单价离子和小分子物质的截留率相对较低。操作压力一般低于 1MPa。此外，荷电的纳滤膜能根据离子的大小及价态的高低对低价离子和高价离子进行分离。

尽管纳滤膜的应用越来越广泛，但其迁移机理尚未完全确定，而相应的数学模型也不够精确。目前大多数学者认为：纳滤膜的分离作用主要是筛分效应和 Donnan 效应两种特性[9]。在分离浓度恒定的同电性离子时，纳滤膜对价态低的、半径小的离子有较低的截留率。而在处理不同自由离子时，膜对离子的截留率还与离子的浓度有关。

纳滤被广泛用于脱出溶液中的部分小分子有机物和单价盐离子及水的场合。如使用纳滤精制低聚糖；对青霉素等多种抗生素进行浓缩和纯化；利用 Donnan 效应分离不同种类的氨基酸和多肽及制备软化水和超纯水等。

二、电力驱动膜分离过程

以电位差为推动力的膜分离过程典型代表为电渗析（ED），电渗析是利用分子的荷电性质和分子大小的差别进行分离的膜分离法。电渗析操作所用的膜材料为离子交换膜，分为阳离子交换膜（CM）和阴离子交换膜（AM）。电渗析在外加直流电场作用下工作，以电位差为推动力，利用离子交换膜的选择透过性使水中阴、阳离子做定向迁移，把电解质从溶液中分离出来，从而实现溶液的浓缩、淡化、精制和提纯。目前电渗析技术已发展成为一个相当成熟的化工单元过程，在膜分离领域中占有重要的地位。

（一）电渗析结构和工作原理[4]

电渗析的工作原理如图 11-5 所示。在阴极和阳极之间交替排列一系列阴离子交换膜和阳离子交换膜。阳离子交换膜只允许阳离子透过；阴离子交换膜只允许阴离子透过。在两膜间所形成的隔室内充入含离子的水溶液（如氯化钠溶液）并接通直流电源，溶液中带负电的阴离子在电场力的作用下向阳极迁移，穿过阴离子交换膜，但被阳离子交换膜阻挡。同理，溶液中带正电的阳离子在电场力的作用下向阴极迁移，穿过阳离子交换膜，但被阴离子交换膜阻挡。其结果形成交替排列的淡水室（离子浓度减少）和浓水室（离子浓度增加）。与电极板接触的隔室称极室。

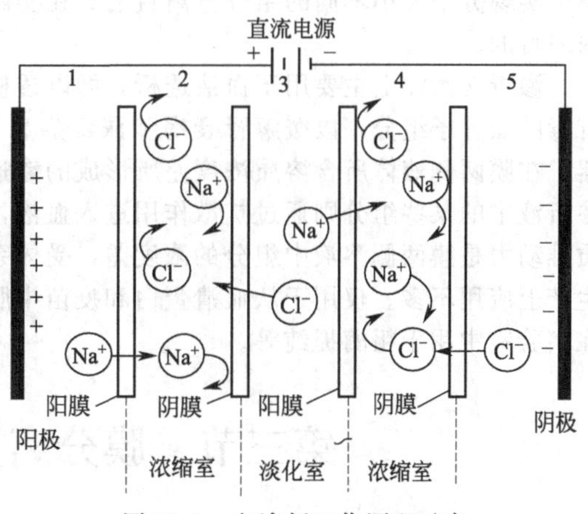

图 11-5　电渗析工作原理示意

在电渗析工作过程中两电极发生电解反应，使阴极室因溶液呈碱性而结垢，阳极室因溶液呈酸性而腐蚀。电极反应如下。

阳极：

$$2Cl^- - 2e \longrightarrow Cl_2 \tag{11-1}$$

$$H_2O - 2e \longrightarrow \frac{1}{2}O_2\uparrow + 2H^+ \tag{11-2}$$

阴极：

$$H_2O + 2e \longrightarrow H_2\uparrow + 2OH^- \tag{11-3}$$

电渗析的基本过程包括：电极的电解过程；阳离子或阴离子在电场力作用下通过阳离子或阴离子交换膜的迁移过程；阳离子或阴离子在浓度差推动下通过阴离子或阳离子交换膜的迁移过程；浓水室内膜表面由于浓差极化现象存在的离子反扩散过程等。

在电渗析法工作过程中，当电流增大到一定程度后，若离子扩散不及时，会在淡水室内侧膜界面处引起水的离解。水解产生的氢离子会透过阳膜，氢氧根离子透过阴膜，使得阴膜浓室一侧富集过量的氢氧根离子，而阳膜浓室的一侧富集过量的氢离子，这种现象称为极化。发生极化后，由于浓室中离子浓度高，就会在浓水室阴膜的一侧生成碳酸钙、氢氧化镁沉淀，从而增加膜电阻，减小膜的有效面积，降低出水水质，从而影响正常运行。发生极化现象时的电流密度称为极限电流密度，正常运行时，要控制操作电流在极限电流密度以内。

(二) 电渗析的应用

电渗析是一种相当成熟的膜分离技术，主要应用于海水淡化、苦咸水除盐、制备纯水以及从体系中脱出电解质（如乳品、糖溶液中脱灰分、果汁浓缩及从一些生化制品中脱盐和氨基酸）等处理。它是目前所有膜分离过程中唯一涉及化学变化的分离过程。

电渗析在制药行业中主要用于纯水制备。《中华人民共和国药典》2005 年版二部对注射用水和灭菌注射用水中盐离子含量作了严格规定。例如，亚硝酸盐不得超过 0.000002%，重金属不得超过 0.00005%。电渗析适用于含盐量为 1000～5000 mg/L 的源水除盐，除盐率为 50%～90%。当以自来水为源水时，预处理一般采用活性炭吸附和砂滤或微滤除去源水中的有机物和悬浮物。为了使脱盐率接近 100%，后续通常采用离子交换法进一步除盐。处理的工艺流程为：自来水→活性炭吸附→砂滤或微滤→电渗析→离子交换[10]。

三、浓度差驱动膜分离过程

以浓度差为推动力的膜分离过程主要是渗析，也叫透析。在渗析中料液和渗析液分别从膜两侧通过，料液和渗析液中的小分子溶质在膜两侧浓度梯度的推动下，通过膜扩散相互交换。由于各组分的分子大小和溶解度不同，使得不同溶质的扩散速率也不同，通过选择适当膜孔径的渗析膜可实现分子大小不同的组分分离目的。在实际中常用来脱除混合溶液中的低分子量组分，达到浓缩目的。

渗析在医疗上主要用于血液透析，即以透析膜代替肾除去血液中的尿素、肌酸酐、磷酸盐等有毒的低分子组分，以缓解肾衰竭和尿毒症患者的病情。该过程中血液被蠕动泵加压通过渗透器，在膜两侧液体所含溶质浓度差所形成的渗透压作用下，血液中上述废物通过膜进入渗析液，渗析液中的某些组分则通过扩散作用进入血液，使血液达到需要的离子平衡[2]。由于渗析过程传质推动力是膜两侧溶液中组分的浓度差，受体系条件限制，处理效率低，选择性不高，故在工业生产上应用不多。仅用于从血清蛋白和疫苗中脱除盐和其他低分子溶质，降低啤酒中的醇含量及在实验室中用于粗酶提纯等。

第三节　膜分离过程中的关键技术

一、膜的性能参数[4]

表征膜的性能参数主要有：膜的孔道特性（如孔径大小、孔径分布等）、膜的荷电性与亲水性能、膜的截留率与截留分子量、膜的渗透通量等，一般均由制造厂家提供，同时厂家还应提供膜的使用温度范围、pH 范围、抗压能力和对溶剂的稳定性等参数。各种膜分离过程中以压力为驱动力的膜分离技术在药物分离与纯化方面应用较多，以下重点介绍这些膜的特性和应用。

膜的选择性和渗透通量是以压力为驱动力膜分离过程两个非常重要的技术指标。

膜的选择性常用截留率 R_0 来表征，表达式为

$$R_0=1-\frac{c_p}{c_m} \tag{11-4}$$

式中，c_m 表示高压侧膜表面的溶质浓度；c_p 表示透过液的溶质浓度。

由于 c_m 不易测得，通常用料液浓度 c_b 替代。此时截留率为表观截留率 R。

$$R=1-\frac{c_p}{c_b} \tag{11-5}$$

膜的渗透通量 J 代表了膜的处理能力，即溶剂透过膜的速率，又称为水通量或膜通量。它是指在一定压力下，单位时间内、单位膜面积上透过溶剂的量，其定义为

$$J=\frac{V}{St} \tag{11-6}$$

式中，J 表示膜通量，$L/(m^2 \cdot h)$；V 表示渗透液的体积，L；S 表示膜的有效面积，m^2；t 表示操作时间，h。

出厂膜的渗透通量一般采用纯水在 0.35MPa、25℃条件下实验测得。膜在使用过程中，由于膜本身的性质、操作因素和膜污染等原因使膜通量大大降低，甚至无法进行膜分离操作，必须进行更换。

膜分离系统的设备费用和操作费用与膜的渗透通量密切相关。膜的渗透通量大，需要的有效膜面积减小，膜组件投资就会降低，且操作中需要更换的膜面积也相应减少。由于膜的更换费用在整个操作费用中占很大比例，因此操作费用也较低。可见，膜的渗透通量是决定膜性能和膜设备成本的首要因素。

二、膜的污染与清洗[1]

（一）膜的污染和劣化

在膜分离过程中，由于溶剂和小分子溶质大量透过膜，大分子溶质被截留在膜表面积累，当浓度高于主体料液浓度时将引发这些溶质从膜表面向主体料液反向扩散，这一现象称为浓差极化。这一现象几乎存在于所有的膜分离过程，出现的时间取决于料液性质、膜性能及操作条件。随着膜表面料液浓度的进一步增大，最终在膜表面形成凝胶层，严重时甚至形成滤饼层。研究表明，在膜表面溶质的浓度达到凝胶浓度之前，通量随着压力升高而增大；一旦膜表面形成凝胶层后，膜的渗透通量会显著下降，受操作压力影响较小。可见，在膜分离操作一段时间后，由于浓差极化、颗粒沉积和膜表面的吸附作用等原因，不仅造成膜通量下降，而且还会使膜发生劣化，导致膜的使用寿命缩短。

膜污染就是指由于膜表面形成了吸附层或膜孔堵塞等外部因素导致膜性能下降的现象。其中膜的渗透通量下降是一个重要的污染标志。膜的污染可使膜的纯水渗透通量下降 20%～40%，污染严重时通量下降 80%以上。如不能有效地控制膜的污染并及时进行清洗再生，膜分离技术将很难在中药制剂生产中推广使用。

不同的膜分离过程，膜的污染程度和造成原因也不同。微滤膜的孔径较大，对溶液中的可溶物几乎没有分离作用，常用于截留溶液中的悬浮颗粒和胶体，因此膜污染主要是由颗粒在膜孔内堵塞和在膜表面形成凝胶层造成的。超滤膜的孔径较微滤小，通常用于分离大分子物质、胶体及乳液等，其渗透通量一般较高，而溶质的扩散系数低，因此受浓差极化的影响较大，所遇到的污染问题也主要是由浓差极化造成的。反渗透和纳滤为无孔膜，截留的物质大多为盐类和小分子有机物，由于渗透通量较低，传质系数较大，在运行过程受浓差极化影响较小，溶质在膜表面吸附和沉积作用是造成污染的主要原因。

膜劣化是指膜材质自身发生了不可逆转的变化，从而导致膜性能改变。

导致膜劣化的原因可分化学、物理及生物三个方面。化学性劣化是指由于处理料液 pH 超出膜的允许范围而导致膜水解，或膜被料液中的某些组分氧化等化学因素造成的劣化；而物理性劣化则是指膜结构在很高的压力下导致致密化或在干燥状态下发生不可逆转性变形等物理因素造成

的劣化。生物性劣化通常是由于处理料液中存在微生物，微生物在膜表面黏附、代谢形成生物膜，甚至以某些膜材料为底物进行生物降解。

（二）膜的清洗

当膜的渗透通量降低到一定值后，生产能力下降、能耗增大，必须对膜组件进行清洗或更换。因此，膜清洗是恢复膜的分离性能、延长膜的使用寿命的重要操作。膜的合理清洗方法应根据膜的性能和污染原因进行确定。常用的清洗方法可以分成水力清洗、机械清洗、电清洗和化学清洗四种。

1. 水力清洗

有低压高速冲洗、反冲洗、低压水与空气混合冲洗等多种方式。冲洗液可以是去离子水或透过液。在清洗时交替改变冲洗液的压力和流动方向，增大流动的紊乱程度，可将膜表面上松散、瓦解的沉积物在料液的冲刷作用下被带离膜表面进入溶液主体。

这种清洗方法对膜孔堵塞和膜表面因凝胶层压实形成的滤饼等污染比较有效，使膜的渗透通量得到一定程度的恢复。

2. 机械清洗

用海绵球清洗或刷洗，通常用于超滤和微滤的内压管式膜组件。海绵球的直径略大于膜管直径，通过水力使海绵球在管内流动，强制性地洗去膜表面的污染物。该法几乎能去除全部的软质垢，对于硬质垢的清洗可能会造成膜表面损伤。

3. 电清洗

通过对膜施加电场力，使带电粒子或分子沿电场方向迁移达到清除污染的目的。该法适用于荷电膜且装置上配有电极的场合，如电渗析。

4. 化学清洗

它是减轻膜污染的最重要方法之一。选用一定的化学试剂，对膜组件进行浸泡或采用物理清洗方式在膜表面循环清洗。如抗生素生产中对发酵液进行超滤分离，每隔一定时间（如运行1周）采用pH 11的碱液对膜组件浸泡15～20min后循环清洗，以除去膜表面的蛋白质沉淀和有机污染物。又如当膜表面被油脂污染以后亲水性能下降，膜的透水性降低。这种情况可以采用热的表面活性剂溶液进行浸泡清洗。常用的化学清洗剂有酸、碱、酶、螯合剂、表面活性剂、次氯酸盐、磷酸盐等，主要利用清洗剂的溶解、氧化、渗透等作用松动和瓦解污染层，达到清洗目的。

膜污染被认为是影响膜正常运行的主要问题。定期清洗是解决方法之一，但属于被动操作，应积极主动寻求预防和减轻膜污染的方法。

（三）膜的污染和劣化预防方法

1. 料液的预处理

预处理是预防污染的有效措施之一。对于具体的膜分离过程，可选用杀菌、调节pH，预先脱除粗大颗粒物等多种预处理方法。如在超滤或微滤过程中，调节料液的pH，使电解质处于比较稳定的状态，或采取离心、砂滤等手段除去料液中的粗大杂质等。又如在反渗透和纳滤过程中，采用微滤、超滤做预处理以减少颗粒在膜表面沉积、减轻吸附污染，对料液消毒防止细菌侵蚀膜材料，在料液中加入某些配位剂将易形成沉淀的物质配位起来，防止在膜分离过程中沉淀等。

2. 操作方式的优化

膜过程中膜污染的防治及渗透通量的强化可通过操作方式的优化来实现。例如，控制初始渗透通量（低压操作，恒定通量操作模式和过滤初始通量控制在临界通量以下）；反向操作模式；高分子溶液的流变性；脉动流、鼓泡、振动膜组件、超声波照射等。

3. 膜组件结构优化

膜分离过程设计中，膜组件内流体力学条件的优化，即预先选择料液操作流速和膜渗透通量，并考虑到所需动力等。为了改善膜面附近的传递条件，可通过设计不同形状的组件结构来促进流体的湍流流动，但因此造成的压力损失及附加动力费用很大，与单纯提高流速方法相比有时也不具有明显优势。

4. 膜组件的清洗

针对膜污染产生的原因，可以在膜分离过程完成后采用合适的清洗方式对已经污染的膜进行清洗再生，恢复膜通量。在进行清洗时大多采用整体清洗的方式，即直接对膜组件进行清洗而不必将膜和组件分开。需要引起注意的是，不能等到膜污染非常严重时才清洗，否则会使清洗步骤增多，时间延长，增加清洗难度。

此外，缩短膜的清洗周期、选择抗污染性能强的膜对膜污染防治也非常重要。

三、膜组件

任何一个膜分离过程，不仅需要具有优良分离特性的膜，还需要结构合理、性能稳定的膜分离装置。安装膜的最小单元被称为膜组件。膜组件的设计有很多形式，它们均根据两种膜构型设计：平板膜和管式膜。如板框式和卷式膜组件使用的是平板膜，管式和中空纤维式膜组件均使用的是管式膜。

1. 板框式膜组件[2]

板框式膜组件是使用最早的一种组件形式，结构类似化工单元操作设备——板框式压滤机。基本部件包括：平板膜、支撑盘和间隔盘。三种部件如图 11-6(a) 所示的顺序相互交替叠放，两端采用密封环和端板压紧。料液在进料侧空间的膜表面上流动，透过液则经过板间孔隙流出［见图 11-6(b)］。为了使进液分配均匀、减少沟流，膜组件中常设置挡板。

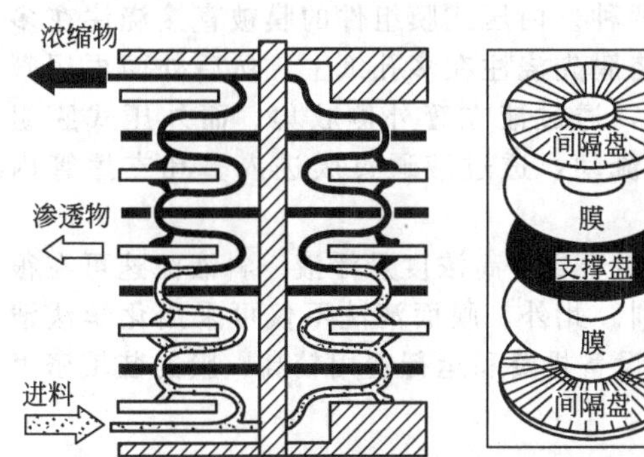

(a) 板框式膜组件构造示意

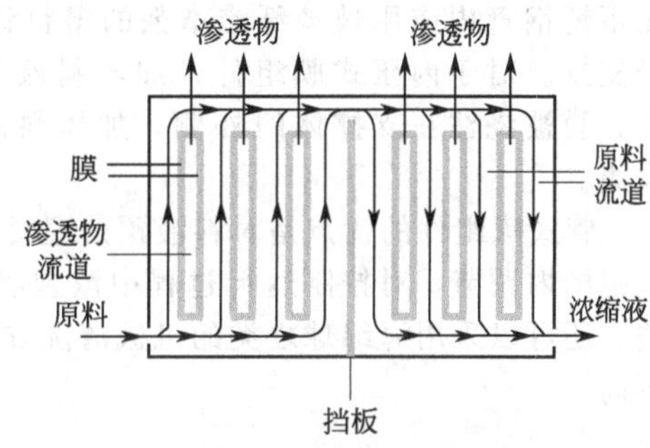

(b) 板框式膜组件流道示意

图 11-6 板框式膜组件构造示意

板框式膜组件的突出优点是操作灵活，具体特点为：①可以通过增减膜的层数来调节处理流量；②组件结构简单、坚固，能作为可移动处理设备。缺点是：①板框式膜组件对密封要求严格，装置越大对各零部件的加工精度要求越高，生产成本高；②膜的装填密度低。

板框式膜组件形式目前主要用于微滤、超滤和渗透汽化过程。在用于超滤过程时，由于受浓差极化和凝胶层的影响显著，通常需要提高流速和改进流道。由于膜的装填密度低，板框式膜组件很少用于反渗透和纳滤过程。

2. 卷式膜组件[1]

如图 11-7 所示，多孔性的隔网被夹在信封状的半透膜袋内，半透膜的开口与中心透过液收集管密封连接，在两张膜原料侧之间设有网状间隔器（同时起湍流促进器的作用），间隔器连同膜袋一起在中心管外缠绕成卷。膜袋的数目称为叶数，叶数越多密封的要求越高。在分离过程中原料溶液从端面进入，轴向流过膜组件，而渗透液在多孔支撑层中沿螺旋路线运行，最后进入中心收集管。

为了减少膜组件的持液空间，料液通道高度应尽可能减小，但由此会导致沿流道的压力降增

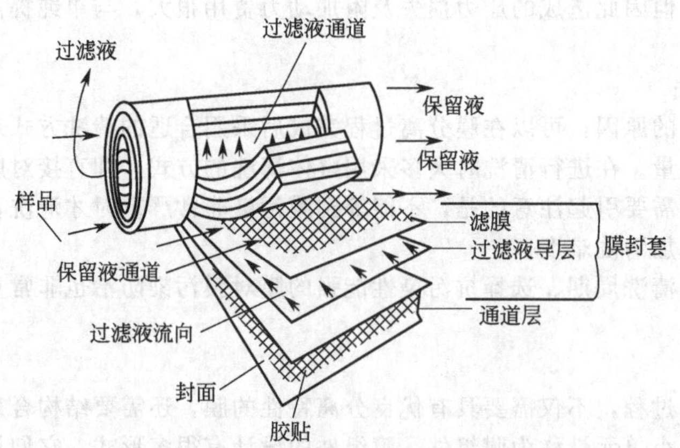

图 11-7　卷式膜组件的结构示意

大。为了减少透过液侧的压力降，膜袋也不宜过长。此外，由于料液侧空间狭窄和网状间隔器的存在，料液中的微粒或悬浮物容易导致流道阻塞，因此必须对料液进行预处理。

由于卷式膜组件结构简单、造价低、装填密度高，同时具有一定抗污染性，尽管具有不易清洗等缺点，还是取得了很大成功。目前在反渗透和纳滤领域占据了大部分市场份额，在超滤和气体分离过程中也有应用。

3. 管式膜组件[3]

管式膜组件结构见图 11-8，有内压式和外压式两种。内压式膜组件的膜被直接浇注在多孔不锈钢管内或用玻璃纤维增强的塑料管内，也有将膜先浇注在多孔纸上，然后外面再用管子支持。对于内压式膜组件，加压料液从管内流过，透过液在管外侧收集。而外压式膜组件，膜被浇注在支撑体的外侧，加压料液从管外侧流动，透过液通过膜进入多孔支撑管内收集。

管式膜组件的优点是对料液预处理要求不高，可用于处理高浓度悬浮液。料液流速可在很宽范围内调节，对控制运行过程中浓差极化比较有利。此外，膜面清洗不仅可采用化学法清洗，还可以采用海绵球之类的机械清洗方法。缺点是设备投资和运行费用较高，膜的装填密度不高。

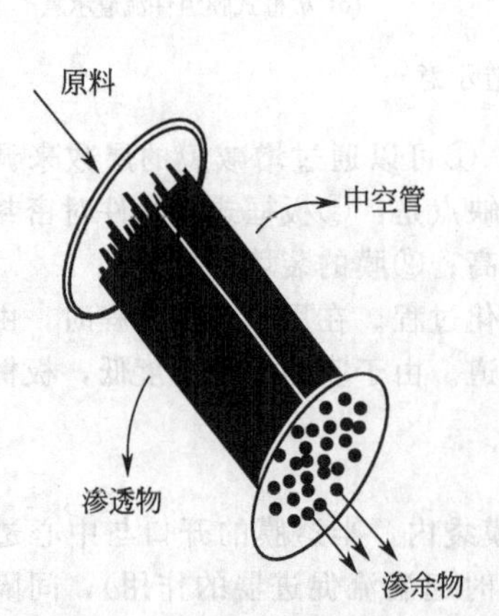

图 11-8　管式膜组件的结构示意

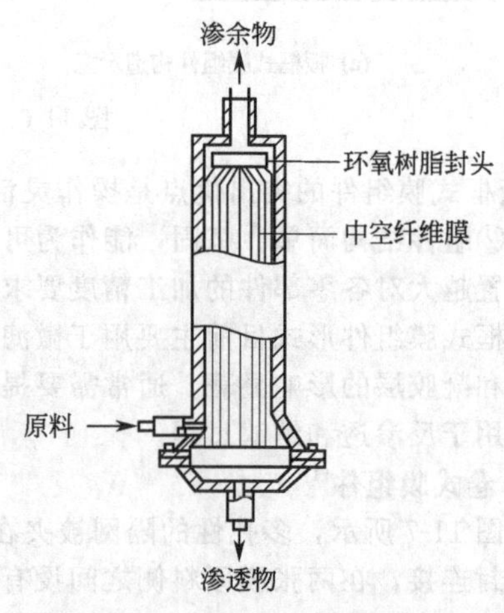

图 11-9　中空纤维膜组件的结构示意

目前，商品化的无机膜组件多采用管式，包括单管、管束形及多通道式（蜂窝形）等形式。每支多通道式组件孔道数可以为 7 个、19 个及 37 个不等。

4. 中空纤维膜组件[1]

如图 11-9 所示，中空纤维膜的内径通常在 40～100μm。与管式膜不同，其抗压强度靠膜自身的非对称结构支撑，故可承受 6MPa 的静压力而不致压实。中空纤维膜组件也有外压式和内压式两种。通常内压式有利于保护具有选择性的膜表层，而外压式可以获得更大的膜面积且易于清洗。

中空纤维膜组件是装填密度最高的一种组件形式。但由于管径过细，料液中的微粒和大分子组分等会引起纤维管道堵塞，目前使用的中空纤维微滤组件几乎全部为外压式。对于内压式的超滤和纳滤组件，料液要求经过严格的预处理，根据需要去除料液中的全部微粒，甚至大分子物质。中空纤维组件的其他缺点是清洗困难，尤其是内压式；组件一旦损坏无法更换；流体的压力损失较大等。

对于某一个膜分离过程，究竟采用何种形式的膜组件，还需要根据原料情况和产品要求等实际条件具体分析，全面权衡，优化选定。

四、膜的操作方式和系统设计

为了取得满意的分离效率，需要对膜系统进行合理设计，确定膜组件适宜的操作方式和优化膜分离工艺流程。

1. 膜的基本操作方式

膜的操作方式有死端操作和错流操作两种，见图 11-10。死端操作又称为死端过滤，与错流操作不同的是此时所有料液被强制通过膜，膜表面截留的组分随运行时间不断增加，渗透通量随运行时间减少。

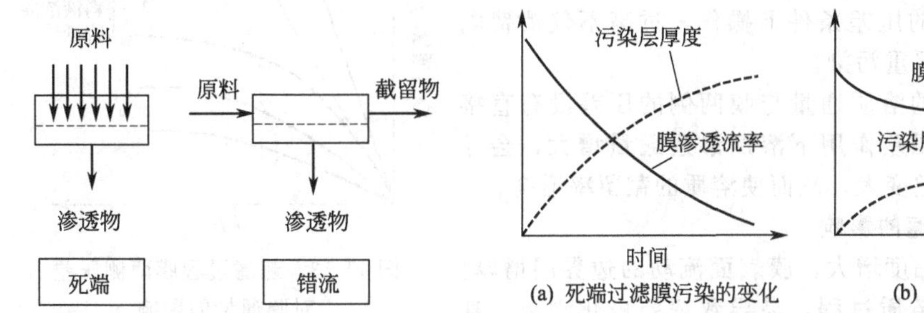

(a) 死端过滤膜污染的变化

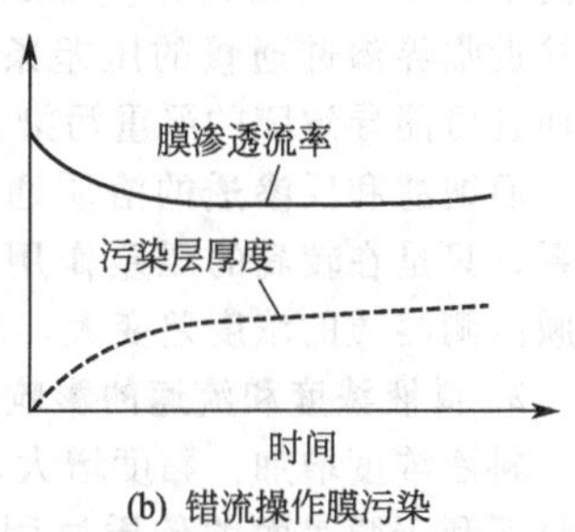

(b) 错流操作膜污染

图 11-10　死端过滤和错流操作

图 11-11　死端过滤和错流操作过程膜污染情况

如图 11-11(a) 所示，死端过滤回收率较错流操作高，但膜通量衰减严重。在工业应用中更多选用错流操作。如图 11-11(b) 所示，料液与膜面平行流动，流动产生的剪切力可有效防止和减少被截留物在膜表面的沉积，并减轻浓差极化的影响，有利于维持较高的渗透通量。料液在沿膜流动过程中组成不断发生变化，最后形成渗透液和截留液两股流体。错流操作可进一步分为并流、逆流两种。一般来讲，逆流效果要好于并流。

2. 膜系统及操作

在工业规模的生产中，膜分离系统由膜组件、泵、管路和储槽等组成，可以采用间歇操作或连续操作。膜组件以并联或串联方式构成一级，膜分离过程相应的有单级和多级过程。如果单级膜分离过程不能获得合乎要求的产物，截留物或渗透液必须在第二级中进一步处理，这就构成了多级分离过程。各级操作的基本方式又有单程系统和循环系统之分。

在单程系统中，原料液仅通过各级膜组件一次，因此原料液体积在整个流程内逐渐减少。为此，在多级单程操作中可将膜组件设计成“锥形”以保证操作流速基本不变。而循环系统的原料液通过泵加压后多次流过每一级。因此，每级都配有专用的循环泵。各级压降和流速均可调节。可见，循环系统比单程系统操作更灵活。具体形式见图 11-12。

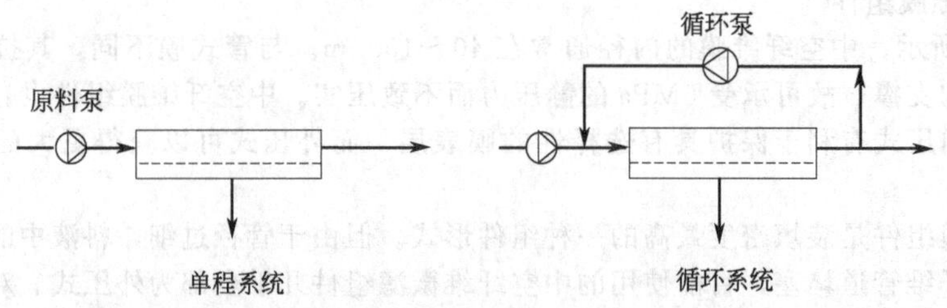

图 11-12　单程和循环系统

五、膜分离过程的影响因素[5,7]

影响膜分离的因素很多，需要从料液的性质、操作条件、操作方式、膜的性能、膜的污染和清洗等多个方面考虑。有些影响在前面已经论述，下面重点介绍操作参数对膜分离过程的影响。

1. 操作压力的影响

对于以压力为推动力的膜分离过程，膜两侧的压差对膜的渗透通量产生决定性的影响。如微滤、超滤的膜通量及纳滤和反渗透的溶剂通量在污染程度较轻的情况下，都随着压差增大而升高；随着膜表面浓差极化的形成，渗透通量增长的速度开始变缓。尤其对于微滤和超滤过程，当膜表面形成凝胶层后，渗透通量趋于恒定，不在随之变化，此时膜的渗透通量称为临界渗透通量（见图 11-13）。

当料液浓度较低、操作温度较高以及膜面流速较大的情况下，均可提高临界渗透通量。在实际操作过程中，应在接近临界渗透通量的压差条件下操作，过高不仅浪费电能而且可能导致膜的严重污染。

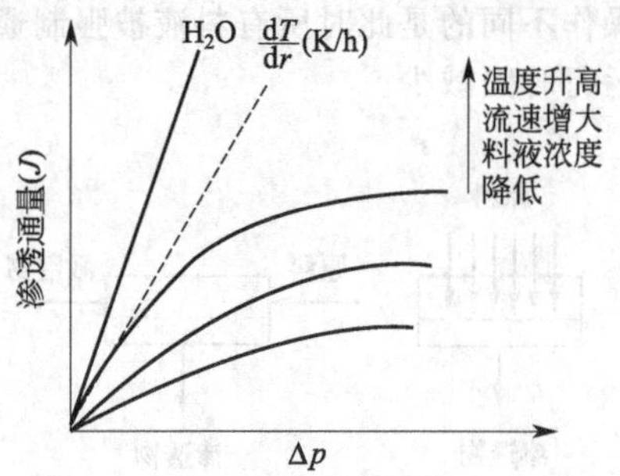

图 11-13　超滤过程膜两侧压差对膜通量的影响

而纳滤和反渗透的溶质通量与膜两侧的压差没有直接关系，只是在较高的压差作用下溶剂渗透通量增大，会导致膜两侧溶质的浓度差变大，从而使溶质的截留率增高。

2. 料液浓度和流速的影响

料液浓度增加，黏度增大，膜表面流动的边界层增厚。这将不利于膜表面的传质过程，易导致浓差极化现象，甚至形成凝胶层。此外，由此而引发的溶质吸附和沉淀也不可忽略。

如溶液中的有机溶质（如蛋白质、多糖等）常常以胶体形式存在于料液中，它与膜表面的相互作用主要依赖于范德华引力及双电层作用，即使料液中这类大分子的浓度很低，也会因在膜表面形成吸附而造成膜的渗透通量下降。再例如当料液中无机溶质接近饱和状态时，部分溶解性盐类如钙盐非常容易在膜表面沉积，溶解性盐的同核或异核结晶会引起膜表面晶体沉积物的增加从而造成无机垢污染。同时，高浓度盐会改变蛋白质等胶体的构型和分散性，影响膜表面对蛋白质类胶体的吸附。

膜面流速升高有利于减小浓差极化的影响，使过滤阻力下降。但 Timmer 等人认为，膜面流量的变化对膜的渗透通量或纳滤和反渗透的溶剂通量及截留率的影响并不大。

3. 温度的影响

温度影响比较复杂。一方面，温度升高料液黏度下降，扩散系数增大，降低了浓差极化的影响，使渗透通量增高；另一方面，温度升高可能会破坏膜的结构或引起料液中某些成分变性，从而影响药效。如青霉素分离的操作温度不得高于 10℃，酶的分离操作温度不得高于 25℃，而蛋白质类药物的分离操作温度不得高于 55℃等。目前还有一些研究认为，温度升高会引起料液中的某些组分溶解度下降（如钙盐），使污染加剧。

因此，实际操作应根据具体情况，在膜与料液稳定性允许的情况下尽可能提高操作温度，使膜分离在较高的渗透通量下进行。

4. pH 的影响

料液的 pH 除了对溶质的溶解特性、带电性有影响外，还对膜的亲水性、疏水性和荷电性有较大的影响，从而影响膜与溶质间的相互作用，使膜的截留特性和膜的渗透通量发生改变。在生物制药的料液中常含有多种蛋白质、无机盐等物质。Fan 等实验表明，在等电点时，膜对蛋白质的吸附容量最高，而无机盐复合物会在膜表面或膜孔内直接沉积，因此分离操作应避开等电点。由于各种膜的化学性质不同，料液的性质也不尽相同，使得它们对膜的渗透通量影响很难预测，需要通过大量的实验具体确定。

5. 操作时间的影响

在膜分离过程中，随着运行时间的推移，因膜被压实、浓差极化、形成凝胶层和其他污染原因造成膜的渗透通量逐渐下降。

根据已有研究，即使料液为去离子水，在反渗透和纳滤的运行初期也会出现膜通量快速下降的现象，分析认为产生这种现象的主要原因是膜被压实。而对于微滤和超滤过程，运行初期膜渗透通量迅速下降的原因多为料液中大分子物质吸附造成的。随着运行时间的增长，膜的工作界面开始出现浓差极化并逐步形成“二层膜”，膜的渗透通量衰减较为平缓；当膜表面因截留溶质的浓度过大逐渐形成凝胶层后，渗透通量再次出现迅速衰减。这种现象并不是对于所有的膜分离过程都存在，渗透通量下降的速度随物料的种类及膜的分离性能不同而有很大差别。因此，在膜分离过程中要注意膜通量的衰减，合理确定操作周期，才能有效控制膜的严重污染、降低生产成本。如发酵液超滤过程，一般一周左右需要清洗 1 次。

第四节　膜分离技术的应用与实例

膜分离技术在药物生产中的应用主要集中在以下四个方面：①精制纯化中药提取物，以得到有效成分、有效部位和有效部位群；②提高药效成分浓度，减少剂量；③解决注射剂、口服液等制剂的澄明度、无菌、无热原问题；④有机溶剂的回收，实现萃取或其他分离过程的有机溶剂循环使用，节约资源，保护环境[11]。

下面就几种典型制剂生产过程中膜分离技术的应用情况加以介绍。

一、在中药注射剂和口服液生产中的应用

1. 中药注射剂生产中除杂、除热原

注射剂是目前医院临床用中药的常用剂型。主要用于心脑血管疾病、肿瘤、细菌和病毒感染等领域。中药注射剂临床应用的最大阻碍是质量问题，主要表现为所含杂质较多、注射液的澄清度和稳定性不理想。特别是 20 世纪 60～70 年代所开发的中药制剂，由于当时的提取方法不够完善，一些大分子杂质，如鞣质、蛋白质、树脂、淀粉等难以完全除尽，放置一段时间后易色泽发深、混浊、沉淀，使澄清度不合格[12]。

目前，膜分离技术在制备中药注射剂中的应用较多，主要目的是除杂改善澄清度及除热原。热原活性脂多糖终端结构类脂 A 具有较小的相对分子质量，采用超滤法除热原时必须采用截留相对分子质量在 6000 左右的超滤膜。为了防止药液中有效成分被截留或吸附，降低产品得率，一般选用截留相对分子质量在 1 万～20 万的超滤膜，先除去相对分子质量在数万至数百万的热原，然后再用吸附剂除去相对分子质量在几万以下的热原和相对分子质量大约为 2000 的类脂 A。这种二级处理工艺对于中药有效成分为黄酮类、生物碱类、总苷类等相对分子质量在 1000 以下的注射剂除热原、除菌非常有效，产品符合静脉注射剂的质量标准[13]。

目前，美国和日本等国的药典已允许大输液除热原采用超滤技术。

2. 口服液生产中除杂

中药口服液是近年来我国医疗保健行业大力开发的新剂型。由于其疗效好、见效快、饮用方便受到用户好评。但在生产中发现，采用常规水提醇沉工艺除杂后，制备的成品中仍残存少量胶体、微粒等，久置会出现明显的絮体沉淀物，影响药液的外观性状。膜分离技术引入后，采用超滤法替代传统的醇沉法，不但减少了药物有效成分损失、提高产品质量，而且缩短了生产周期、降低生产成本，并易于工业化放大。

以生脉饮口服液制备研究为例，小试研究中的新工艺为：原料→水提→浓缩→微滤→超滤→成品。其中超滤膜为截留相对分子质量为6000的聚砜膜。与传统水提醇沉工艺制备的口服液有效成分比较表明，新工艺不仅有效地保留了原配方的成分，而且提高了中药制剂有效成分含量。经过新工艺制备的口服液颜色较浅，在18个月储藏期内澄清透明、无絮状物生成[8]。

二、在浸膏剂生产中的应用

浸膏制剂是指药材用适宜的溶剂通过煎煮法或渗漉法浸出有效成分，低温下浓缩蒸去部分溶剂调整浓度至规定标准而制成的制剂。除了另有规定外，浸膏剂1g相当于2～5g原药材。浸膏剂不含或含少量的溶剂，故有效成分较稳定，除少量直接用于临床外，一般直接用于配制其他制剂如胶囊、丸剂、颗粒剂、片剂等。近年来，随着制剂技术的进步，我国各种传统内服剂型正逐渐被浸膏制剂所取代[14]。

传统的浸膏剂制备工艺所生产的制剂中常含有大量杂质，使得浸膏制剂存在崩解缓慢、服用量大等缺点。由于中药中有效成分的相对分子质量大多不超过1000，而无效成分如淀粉、多糖、蛋白质、树脂等杂质的相对分子质量均在1万以上，因此采用适当截留分子量的超滤膜就能将中药的有效成分与无效部分分离，从而提高了浸膏中有效成分的含量和药效。研究表明，采用超滤法制备的浸膏剂几乎达到与西药相同的崩解时限，浸膏体积缩小为原来的1/3～1/5[15]。

三、在中药有效成分分离中的应用

中药的有效成分一般是指具有明确的化学结构式和物理特性常数的化学物质，而能够代表或部分代表原来中草药疗效的多组分混合物，常称为有效部位。中药的化学成分非常复杂，通常含有无机盐、生物碱、氨基酸和有机酸、酚类、酮类、皂苷、甾族和萜类化合物以及蛋白质、多糖、淀粉、纤维素等，其相对分子质量从几十到几百万。

分子质量相对较高的胶体和纤维素是非药效成分或药效较低的成分，而药物有效部位的相对分子质量一般较小，仅有几百到几千。高相对分子质量物质的存在，不仅降低了中药有效部位的浓度，加大了服用剂量，而且也使中药容易吸潮变质，难以保存。因此有必要对中药的有效部位和有效成分进行分离和纯化[16]。

传统的提取方法大多首先采用有机溶剂初步萃取含中药有效成分的混合物，如石油醚或汽油可提出油脂、叶绿素、挥发油、游离甾体等亲脂性化合物；丙酮或乙醇可提出苷类、生物碱盐以及鞣质等极性化合物；水可提取氨基酸、糖类、无机盐等水溶性成分。得到的各个部分经活性测试确定有效部位后再通过层析、重结晶等分离技术对药效成分进一步精制。

传统的做法存在以下几个方面的问题：①大量使用有机溶剂提高了生产成本；②提取过程复杂，技术要求苛刻，能耗高，生产周期长，特别是当被提取的有效成分含量较低时，分离就变得十分困难；③非药效成分残留量高，浓缩率不够，口感差；④分离过程常采用高温操作，从而会引起热敏性药效成分大量分解；⑤过分注重单个组分的作用，使中药失去了原有的复方特色。

膜分离技术是依据药效活性与其分子结构和分子量水平密切相关性，通过选用不同截留特性的膜组件构成膜分离系统对中药有效部位和有效成分进行分离和纯化，在一定程度上克服了传统工艺的不足。

四、在生物制剂中的应用[8]

生物药物是泛指生物制品在内的利用生物体、生物组织或其成分进行加工、制造而成的一大类用于预防、诊断、治疗疾病的制品。

发酵是通过现代工程技术在生物反应器中利用生物发酵生产目标产物的技术，是生物制药工业生产药品的重要手段。目前，除了生产各种抗生素外，还用于生产氨基酸类、核苷酸类、维生素类、激素类、医用酶类、免疫调节剂类等药物。生物药物在生产中的典型特点是：①原料中活性成分含量低、杂质种类多且含量高；②稳定性差，极易失活，操作和储存条件较苛刻。分离纯化是生物制药工艺中非常关键的步骤，直接关系到产品的安全性、效力和成本。图 11-14 为蛋白质的分离纯化过程。

膜分离技术在生物大分子的分离、浓缩和纯化已经得到了广泛的应用。主要体现在以下几个方面：①发酵液澄清；②细胞分离；③酶、蛋白质的浓缩、精制；④抗生素、多肽及氨基酸的精制、纯化；⑤除菌和除热原。

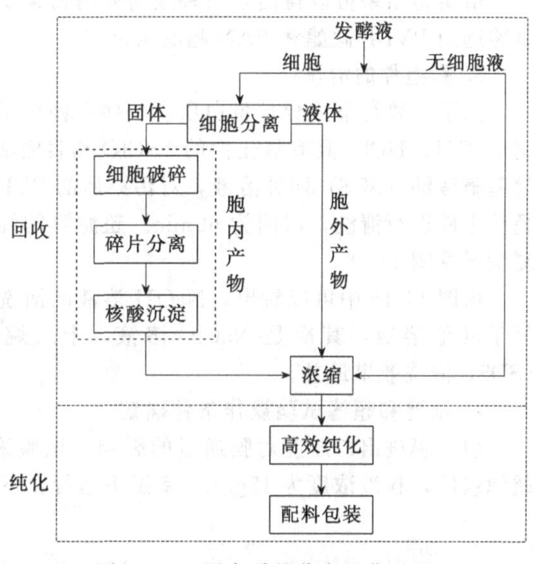

图 11-14 蛋白质的分离纯化过程

五、膜分离技术的应用实例[17,18]

姬松茸原产于巴西，中文名小松菇，子实体内含有多种活性多糖。研究发现平均相对分子质量>200 万左右和平均相对分子质量在 1 万～5 万的姬松茸多糖肿瘤抑制率在 90%以上，而平均相对分子质量<1 万的多糖具有明显的护肝效果。采用微滤结合不同分子量的超滤膜对姬松茸粗多糖进行分级纯化，可实现不同相对分子质量组分用于不同的治疗目的。

1. 纯化工艺流程初步确定

首先将姬松茸粗多糖溶液通过离心分离，除去粗大杂质。然后采用孔径为 0.2μm 微滤截留相对分子质量 30 万以上的多糖。其透过液进入截留相对分子质量为 8 万的超滤 1，超滤 1 的透过液再进入截留相对分子质量为 1 万的超滤 2，超滤 2 的透过液由于体积大、浓度低，利用反渗透进行了必要的浓缩。从理论上即可得到平均相对分子质量大于 30 万、30 万～8 万、8 万～1 万以及小于 1 万 4 个级别的多糖制品。试验初步确定分级纯化工艺流程为：

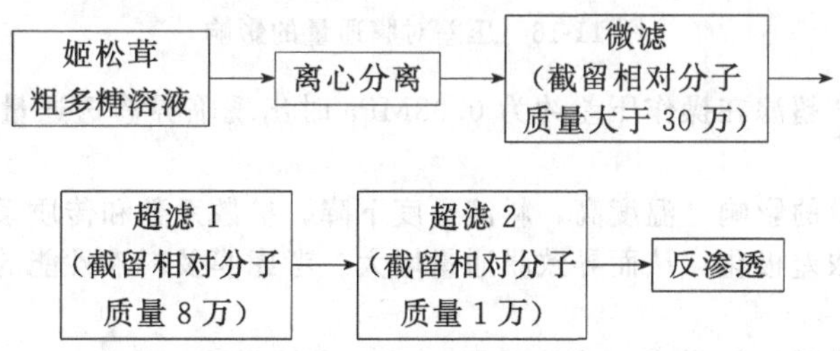

下面就膜材质的选择、清洗、操作参数及分级纯化工艺流程进行探讨。

2. 膜材质的选择

通过对姬松茸粗多糖的提取以及离心分离预处理，组成中的部分无机盐以及一些难溶的脂肪和纤维等大分子物质基本被去除。因此，在选取膜材质时只需要考虑对料液中含量较多的蛋白质和多糖物质的耐污染程度。

实验采用 14.8g/L 姬松茸粗多糖溶液对目前抗污染性能较强的聚醚砜（PES）、聚偏氟乙烯

(PVDF) 以及聚丙烯腈 (PAN) 组件进行循环超滤，料液中多糖浓度和蛋白质含量变化情况见表 11-4。

表 11-4　超滤前后多糖浓度和蛋白质含量的变化

项　目	PES 组件		PVDF 组件		PAN 组件	
	超滤前	超滤后	超滤前	超滤后	超滤前	超滤后
多糖浓度/(g/L)	14.8	11.75	14.8	13.4	14.8	12.8
蛋白质浓度/(g/L)	0.29	0.05	0.29	0.17	0.29	0.12

由实验结果可以得出，三种膜材质对污染物的吸附次序为：PVDF＜PAN ＜PES。为此，本试验选用 PVDF 微滤和 PAN 超滤组件。

3. 膜组件的清洗

由于主要污染成分是蛋白质和一些多糖分子。实验采用 NaOH、HCl、具有氧化性的 NaClO 和表面活性剂十二烷基磺酸钠 (SDS) 四种溶液，对污染后的 PVDF 和 PAN 超滤组件进行清洗，时间为 60min。超滤膜的纯水通量恢复情况见图 11-15。

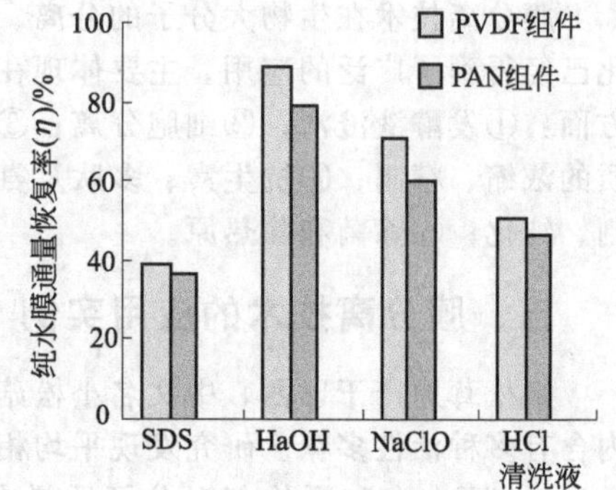

图 11-15　超滤膜的清洗情况

由图 11-15 中可以看出，NaOH 溶液的清洗效果明显好于其他溶液，其次是 NaClO 溶液，十二烷基磺酸钠 (SDS) 清洗效果最差。

4. 微滤和超滤试验操作条件确定

(1) 膜进出口压差对膜通量的影响　试验采用 PVDF 超滤组件，料液浓度为 15g/L，室温下运行，不同压差对膜通量的影响结果见图 11-16。

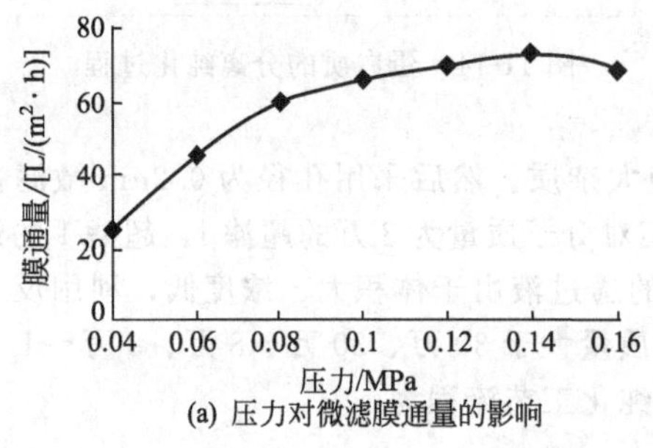

(a) 压力对微滤膜通量的影响

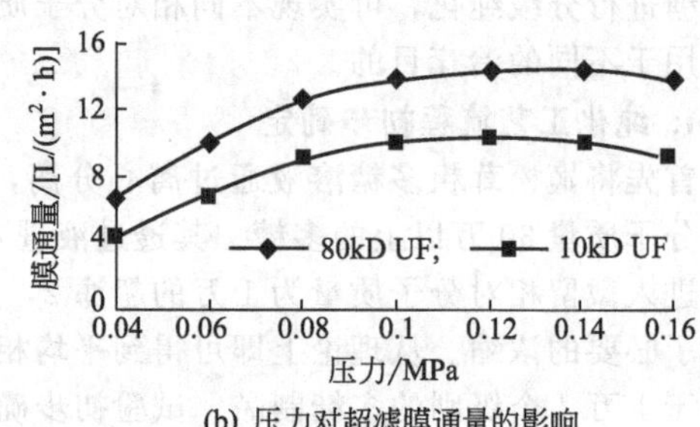

(b) 压力对超滤膜通量的影响

图 11-16　压差对膜通量的影响

结果表明，微滤和超滤在操作压差约为 0.08MPa 时出现临界渗透通量，由此确定操作压力为：0.08～0.1MPa。

(2) 温度对膜通量的影响　温度高，料液黏度下降，扩散系数和传质系数以及多糖的溶解度均增大，相应会减弱浓差极化，从而导致膜通量增大。考虑膜及料液性能的稳定性，实验采用室温约 20℃。

(3) 运行时间对膜通量的影响　试验采用 15g/L 多糖料液，在 0.08MPa 压力和室温条件下进行微滤和超滤，膜通量随运行时间变化见图 11-17。

由图 11-17(a) 和图 11-17(b) 可以看出，尽管微滤因膜孔径大，通量约为超滤的 6～7 倍，但通量随运行时间变化规律基本一致。当浓度突破某一个值后，膜表面截留的大分子物质因浓度过大而析出形成凝胶层，膜通量表现为迅速衰减。为了防止引起膜的严重污染，当膜通量迅速下降之前需要停止操作。在微滤操作过程中运行时间应控制在 50min 内，而截留分子质量为 8×10^4D 和 1×10^4D 的超滤组件运行时间控制在 27min 和 21min 内。

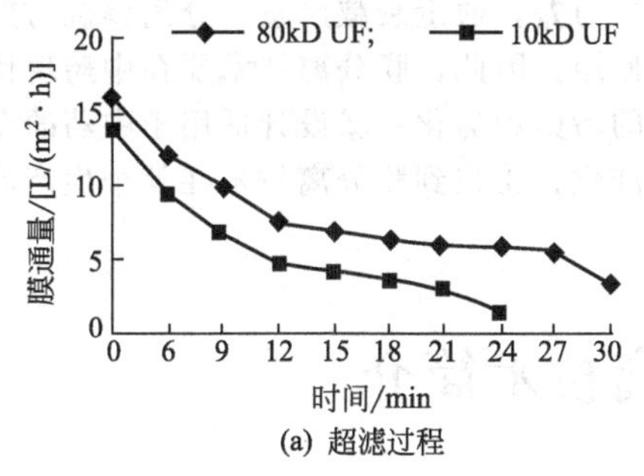

(a) 超滤过程

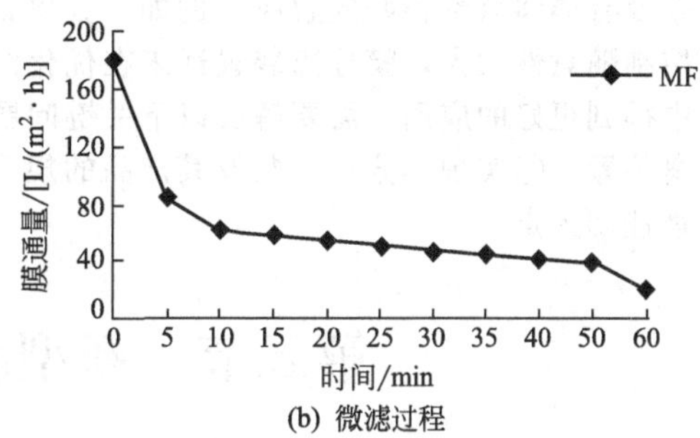

(b) 微滤过程

图 11-17 多糖浓度对膜通量的影响

5. 膜法分级纯化姬松茸子实体多糖

(1) 三组件串联分级研究 将不同浓度的粗多糖料液各 3L，对经过微滤和各级超滤处理后的各级浓缩液的多糖得率和纯度进行分析，其结果见表 11-5。

表 11-5 三组件对姬松茸多糖的分级纯化

试验	>30 万多糖	30 万～8 万多糖	8 万～1 万多糖	<1 万多糖
平均收率/%	43.43	5.20	20.97	6.00
平均纯度/%	71.13	83.30	92.59	94.14

由表 11-5 可知，各分子量级别的姬松茸多糖明显被浓缩，在很大程度上方便了后续干燥处理。工艺中无其他杂质引入或发生相变化，所得制品纯度高于 70%。同时也可以看出，微滤膜对杂质有明显的截留，致使微滤多糖制品纯度较其他制品低约 10%。

(2) 两组件串联分级研究 试验中发现，8 万超滤组件对微滤的透过液截留不明显，所得的试验结果也表明相对分子质量 30 万～8 万的多糖质量分布仅有 5%左右。考虑到微滤膜的抗污染能力明显高于超滤膜，建议实际生产中采用微滤和 1 万超滤组件串联进行分级纯化。为此，调整分级纯化工艺流程为：

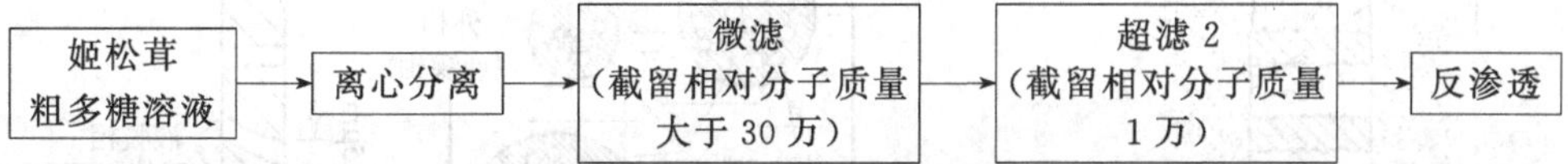

(3) 多糖制品分子量分析 对微滤-1 万超滤两组件串联分级试验所得多糖制品进行凝胶色谱分析，结果见图 11-18。由图 11-18 可以看出，微滤较好地将原料中分子量较大的多糖分离出来；由于运行过程中存在浓差极化以及形成凝胶层等原因，使得孔径较小的 1 万超滤截留液中携带了少量小分子量多糖；而超滤 1 万透过液为分布较窄的小分子量多糖。因此，多糖制品的分子量分级较为理想。

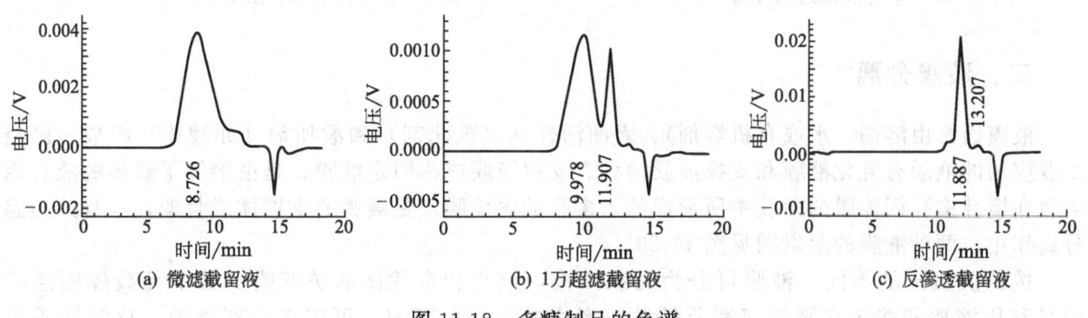

(a) 微滤截留液 (b) 1万超滤截留液 (c) 反渗透截留液

图 11-18 多糖制品的色谱

尽管与其他常用的分离技术相比，膜分离具有一定的技术优势。但是膜分离技术还有一些问题至今没有能够得到很好的解决。例如，分离膜抗污染能力差，通量衰减严重；分离膜抗污染参数的控制随意性太大，膜分离装置远未在优化的条件下使用。因此，膜分离技术要在中药现代化生产中得到更好的应用，需要解决以下关键问题：①膜的污染和劣化；②设计适用于中药的专用膜分离装置；③实现膜分离工艺及其产品的规范化和标准化；④找到膜分离技术在整个生产流程中的最佳切入点。

第五节　新型膜分离技术简介

一、渗透蒸馏[[4]

渗透蒸馏又称为等温膜蒸馏，是在两个水溶液之间进行浓缩的一种新型膜分离方法，其驱动力是溶质（挥发组分）在微孔疏水膜两侧的渗透压力差。

渗透蒸馏的最大优点是能在常温常压下使被处理物料实现高倍浓缩，克服常规分离技术所引起的被处理物料的热损失与机械损失，特别适合处理热敏性物料及对剪应力敏感性物料。渗透蒸馏在食品、医药及生化领域展示出广阔的应用前景。

如图 11-19 所示，渗透蒸馏膜的两侧均为不浸润膜孔的水溶液。在膜的一侧流动着浓度较高、具有高渗透压的溶液，而膜的另一侧流动着温度基本相同的低渗透压溶液。膜两侧溶液浓度的不同引发两侧水蒸气压力出现差异，浓度较高一侧的水蒸气压低于浓度较低的一侧。水蒸气在膜两侧水蒸气压差的作用下，从料液侧传递到膜的另一侧。

渗透蒸馏包括三个连续的过程：①被处理物料中易挥发组分的汽化；②易挥发组分选择性地通过疏水性膜；③透过疏水性膜的易挥发性组分被脱除剂所吸收。

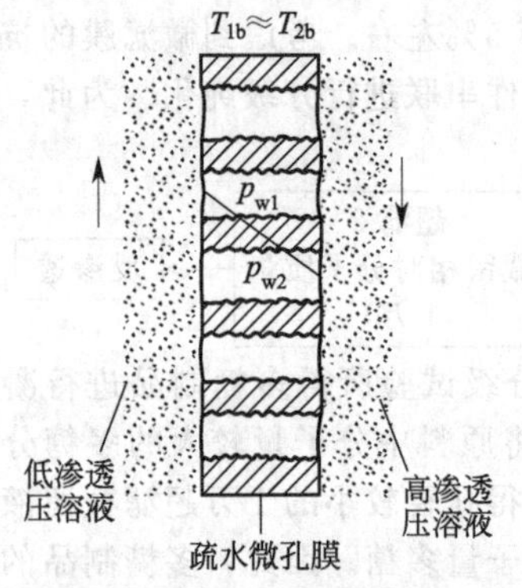

图 11-19　渗透蒸馏过程示意

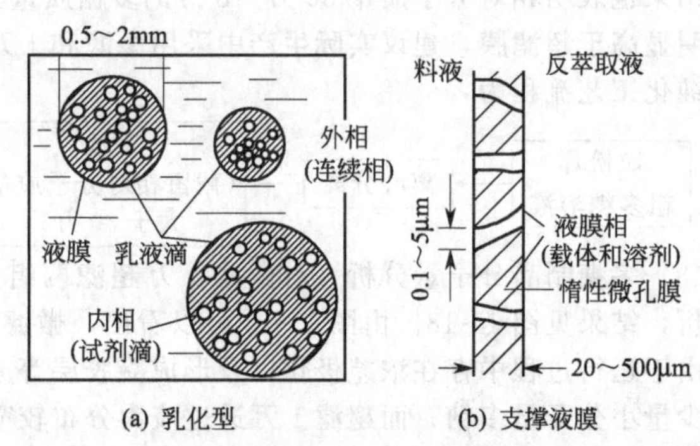

图 11-20　两种液膜的示意

二、液膜分离[3]

液膜通常由溶剂（水或有机溶剂）、表面活性剂（乳化剂）和添加剂（如载体）组成。已经工业应用的液膜有乳化液膜和支撑液膜两种。支撑液膜或称固定液膜，是由溶解了载体的液膜相含浸在惰性多孔固体膜的微孔中所形成的，多孔的固体膜仅是液膜的支撑体或骨架，本身并不起分离作用。两种液膜的示意图见图 11-20。

按传质机理的不同，液膜可分为无载体输送液膜和有载体输送液膜。其中无载体输送液膜是利用溶质和溶剂在膜内溶解及扩散速率之差进行分离的，可用来分离物理、化学性质相似的碳氢化合物，从水溶液中分离无机盐以及从废水中去除酸性及碱性化合物等。而有载体输送液膜通过载体与被分离溶质间的可逆化学反应和扩散过程耦合，促进传质进行，使分离过程具有很大的选择性与渗透速率。这也是液膜研究的重要领域。

液膜技术在抗生素、有机酸、氨基酸的提取及酶的包封过程中的应用，有着其他方法无法比拟的优点。目前，液膜萃取技术在氨基酸、抗生素（特别是青霉素）提取的应用研究已达到了中试阶段。液膜的大规模使用还存在如下问题：一方面液膜分离机理的研究尚不充分，还缺乏足够的数据、资料来评价液膜技术在工业上应用的可行性；另一方面尚存在液膜的稳定性、乳状液膜的溶胀和破乳等技术问题。

三、亲和膜分离[8]

亲和膜的分离原理与亲和色谱基本相同。主要是基于待分离物质与键合在膜上的亲和配位基之间的生物特异性相互作用，人们形象地将其比喻为锁与钥匙之间的对应关系。此外，两者之间的物理化学相互作用也会对分离产生很大的影响。由于亲和分离对象一般是相对分子质量很大（1 万以上）的生物大分子，为了克服分离物和亲和膜上配位基之间的空间位阻效应，一般需要在膜基质材料和配位基之间键合上一定长度的空间臂，亲和作用参见图 11-21。

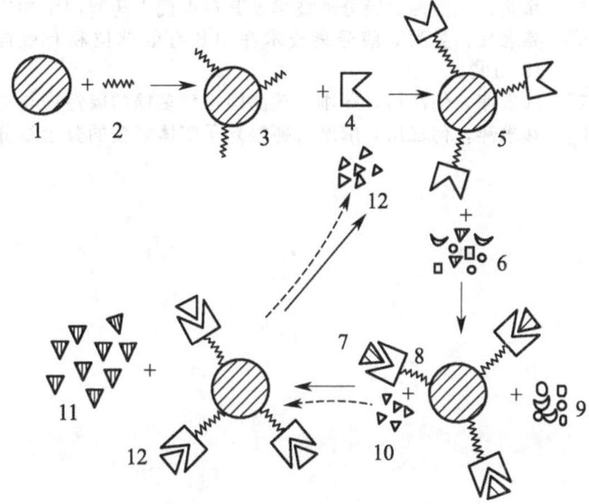

图 11-21　亲和膜分离原理

1—膜；2—间隔臂；3—带间隔臂的膜；4—亲和配基；5—亲和膜；6—生物大分子混合物；7—与亲和配基具有特异性相互作用的物质；8—配合物；9—没有特异吸附作用的物质；10—能与膜上配基产生相互作用的物质；11—纯化后的产物；12—取代试剂分子

先将膜进行活化，使其能与间隔臂分子产生化学结合，生成带间隔臂的膜，再用适当的化学反应试剂使带间隔臂的膜与具有生物特异性的亲和配基以共价键结合，生成带配位基的亲和膜。当含多种组分的生物大分子混合物通过亲和膜时，混合物中与亲和配基具有特异性相互作用的物质便会被吸附，生成配合物。其余没有特异吸附作用的物质则通过膜。然后再选用能与膜上配基产生相互作用的试剂通过膜或调节体系的理化特性，使原来在膜上形成的配合物产生解离，得到纯化后的产物。而膜上的亲和配基则被取代试剂分子所占据。最后还需要选用一种合适的洗涤剂使膜再生、恢复吸附性能。

亲和膜因高选择性和纯化度高，在蛋白质、酶制剂等的提取与纯化方面有较大的应用前景。虽然亲和膜出现距今只有 10 年左右时间，但随着该技术的不断发展和完善，已经在化工、医药、环境卫生、食品、临床医学等多个领域得到了应用进展。

思考题

1. 名词解释：微滤、超滤、反渗透、截留率、截留分子量、膜的渗透通量、膜污染。
2. 比较微滤和超滤膜分离过程的原理和应用的异同点。
3. 比较纳滤和反渗透分离过程的原理和应用的异同点。
4. 简述电渗析的工作原理及应用。
5. 什么是浓差极化？简述浓差极化的危害及预防措施。
6. 分析膜污染产生的原因，并拟定减轻膜污染的措施。
7. 简述压力驱动膜分离工艺的操作特点，并分析影响膜分离的因素。
8. 分析渗透蒸馏的过程和特点。
9. 分析各种液膜的传质过程。
10. 简述亲和膜的分离原理。

参考文献

[1] 李淑芬，姜忠义．高等制药分离工程．北京：化学工业出版社，2004.
[2] 许振良编著．膜法水处理技术．北京：化学工业出版社，2001.
[3] 陈欢林主编．新型分离技术．北京：化学工业出版社，2005.
[4] 刘茉娥编著．膜分离技术．化学工业出版社，1998.
[5] 张雪荣主编．药物分离与纯化技术．北京：化学工业出版社，2005.
[6] 张业旺，张代佳，王剑锋等．超滤处理刺五加提取液．水处理技术，2001，27（2）：99-102.
[7] 朱长乐主编．膜科学技术．北京：高等教育出版社，2004.
[8] 张玉忠，郑领英编著．液体分离膜技术及应用．北京：化学工业出版社，2004.
[9] 王湛主编．分离技术基础．北京：化学工业出版社，2006.
[10] 周柏青．全膜水处理技术．北京：中国电力出版社，2006.
[11] 郭立伟．现代分离科学与中药分离问题．世界科学技术，2005，7（4）：61-66.
[12] 黄耀洲．把握时代脉搏，促进中药制药现代化和中药药剂学学科发展．南京中医药大学学报，2002，18（5）：260-264.
[13] 楼福乐，毛伟钢，陆晓峰等．超滤技术在制药工业中除热原的应用．膜科学与技术，1999，19（3）：8-12.
[14] 张劲主编．药物制剂技术．北京：化学工业出版社，2005.
[15] 徐波，王丽萍．膜分离技术及其在现代中药制剂中的应用研究．天津药学，2005，17（6）：64-67.
[16] 姜忠义，吴洪．膜分离技术在中药有效部位和有效成分提取分离中的应用．离子交换与吸附，2002，18（2）：185-192.
[17] 韩永萍，何江川，缪刚．超滤姬松茸多糖的膜污染与清洗研究．膜科学与技术，2006，24（4）：57-60.
[18] 韩永萍，何江川，缪刚．姬松茸子实体多糖的分子量分布研究．河北农业大学学报，2006，29（3）：91-94.

第十二章　干燥技术

干燥是生物医药制品生产中的重要环节，广泛应用于药剂辅料、原料药、中间体及成品的生产，干燥过程进行的好坏直接影响产品的性能、质量、外观和成本。

干燥（drying）是指在一定条件下采用加热、降温、减压或其他能量传递的方式使物料中的湿分蒸发、冷凝、升华从而与物体分离以达到除湿的目的。

干燥方法多种多样，但传统的通过加热方式使湿物料中湿分蒸发汽化的干燥方式存在诸多问题，如产品在高温下易氧化分解，挥发性成分易损失，热敏性物质如蛋白质、维生素等会发生变性，微生物会失去生物活性等。而喷雾干燥、真空冷冻干燥等新干燥技术的出现，克服了传统干燥技术的缺点，特别适合于热敏性物料的干燥，尤其是生物医药制品的干燥。本章主要介绍喷雾干燥技术和真空冷冻干燥技术。

第一节　喷雾干燥技术

一、喷雾干燥技术简介

喷雾干燥是目前制药行业常用的干燥方式之一。该技术是采用雾化器将料液分散成细小的雾滴，并利用干燥介质（多数情况下采用空气为干燥介质，但某些情况下也可采用氮气或过热蒸汽）与雾滴直接接触使其中的湿分（水或其他溶剂）蒸发汽化并被干燥介质带走，从而获得粉粒状干燥产品的一种干燥方法。原料液既可以是溶液、乳浊液或悬浮液，也可以是熔融液或膏糊液，干燥产品可以是粉状、颗粒状、空心球或团粒状。

喷雾干燥技术的问世已有上百年的历史。自 1865 年喷雾干燥用于蛋液的干燥处理以来，这种在极短时间（5～30s）内将料液直接雾化并干燥为固体粉末的过程，已经取得了长足的进步。1872 年美国人赛谬尔・珀西（Samluel Percy）申请了喷雾干燥技术专刊，1888 年喷雾干燥首次商业化应用于奶粉、葡萄糖的干燥。由于喷雾干燥技术具有干燥速度快、干燥时间短、干燥产品质量好、特别适合于热敏性物料的干燥等特点，在化学工业、食品工业、医药工业等领域得到广泛应用，目前常见的速溶咖啡、奶粉、方便食品汤料等都是利用喷雾干燥技术而得到的产品[1]。

在我国中成药生产中，由于采用喷雾干燥技术可由液体直接得到粉末状固体产品，简化了植物药提取液到制剂半成品的工艺，提高了中成药的生产效率和产品质量，因此喷雾干燥以其无法比拟的独特优势在中药片剂、颗粒剂和胶囊剂等制剂的科研和生产实践中得到了广泛的青睐和应用[2~4]。喷雾干燥技术有以下特点。

1. 喷雾干燥的优点

（1）喷雾干燥瞬间完成　料液经雾化器被雾化成直径仅几十微米的雾滴后，其比表面积在瞬间增大若干倍，因此其与干燥介质的接触表面积增大，雾滴与干燥介质间的传质和传热速度加快，在数秒钟内就可以实现物料的干燥。

（2）产品质量好　在喷雾干燥过程中，物料表面温度不会超过加热介质的湿球温度，一般只有 50～60℃，而且物料在干燥器内的停留时间极短，因此物料的最终温度不会太高，非常适合干燥热敏性物料，能保持生物医药制品的生物活性、营养、色泽和香味。

（3）产品具有良好的分散性和溶解性　选用合适的雾化器，可将产品制成粉末或空气球，因此产品具有良好的分散性和溶解性。

（4）生产过程简单，操作控制方便　喷雾干燥通常用于处理含水量在 40%～60%的溶液，可由液体直接得到干燥产品，无需蒸发、结晶、固液分离等操作，从而简化了工艺流程，同时产品的粒度、含水量等指标可控。

（5）减少公害，保护环境　由于喷雾干燥过程在密闭的干燥塔内进行，可有效避免干燥过程中的粉尘飞扬。对于有毒、有异味和有污染的物料，可采用封闭式循环系统进行操作，在干燥的同时，将有毒、有味、污染性物质焚烧掉，防止污染环境。

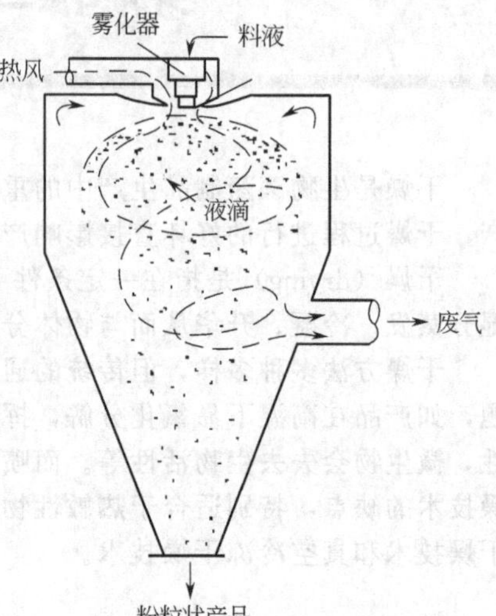

图 12-1　喷雾干燥原理

2. 喷雾干燥的缺点

（1）单位产品的能耗大，效率低　进风温度不高时，喷雾干燥的热效率一般在 30%～40%，每蒸发 1kg 水大约要消耗 2～3kg 热介质。当干燥介质入口温度低于 150℃时，干燥器的传热系数大约只有 25～100W/（m^2·K）。

（2）设备庞大　所用设备的容积较大，占地面积和一次性投资较大，运转费用也较高。

（3）对分离设备的要求高　在生产粒径较小的产品时，喷雾干燥的尾气会夹带 20%左右的粉尘，需要选用高效气固分离装置，一般需要采用二级除尘装置。

二、喷雾干燥的基本原理

喷雾干燥的工作原理见图 12-1 所示，原料液由泵输送至干燥器顶部，经雾化器雾化成表面积极大的雾滴群，高温干燥介质经风机送至干燥塔顶部，并在干燥器内与雾滴群充分接触、混合，进行传质和传热，使雾滴中的湿分在极短时间（几秒到几十秒）蒸发汽化并被干燥介质带走，从而在极短的时间内将料液干燥成产品，并从干燥塔底部排出。而干燥介质与雾滴接触混合后温度显著降低，湿度增大，并作为废气由排风机抽出，废气中夹带的细小粉尘可采用旋风分离器等分离装置进行回收。

三、喷雾干燥过程[5～8]

（一）喷雾干燥的典型流程

喷雾干燥设备处理的对象虽然千差万别，得到的产品也有很大不同，但采用的工艺流程基本相同，典型的喷雾干燥系统主要由空气加热系统、原料液供给系统、料液雾化系统、干燥系统、气固分离系统及控制系统构成，见图 12-2。

料液由储料罐经过滤器由泵输送到喷雾干燥器顶部的雾化器雾化成雾滴；新鲜空气由鼓风机经空气过滤器、空气加热器及气体分布器送入喷雾干燥器的顶部，并与雾滴接触、混合，进行传热和传质；在雾滴达到器壁前，料液已干燥成粉末并沿壁面落入塔底；夹带细粉尘的废气经旋风分离器由排风机排入大气。

（二）喷雾干燥过程的阶段

喷雾干燥过程可分为四个基本阶段：料液雾化为雾滴；雾滴与干燥介质接触、混合；雾滴湿分的蒸发；干燥产品的收集及与空气的分离。

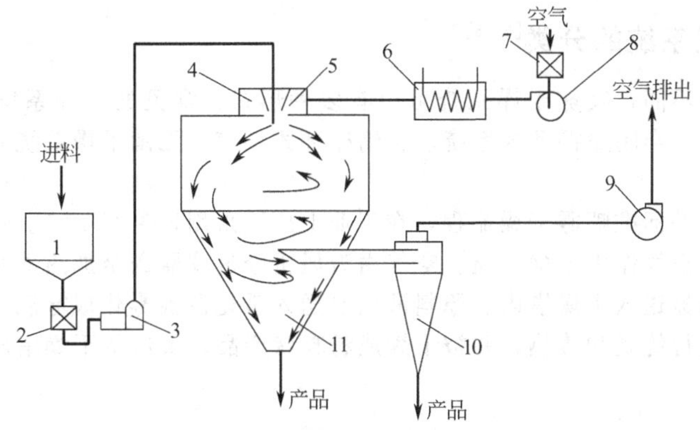

图 12-2　喷雾干燥的典型流程

1—储料罐；2—料液过滤器；3—输料泵；4—气体分布器；
5—雾化器；6—空气加热器；7—空气过滤器；8—鼓风机；
9—排风机；10—旋风分离器；11—喷雾干燥器

1. 料液雾化为雾滴

将料液雾化成雾滴及雾滴与干燥介质的接触、混合是喷雾干燥独有的过程。料液雾化的目的在于将料液分散成直径为 20～60μm 的雾滴，这些雾滴具有很大的比表面积，当其与干燥介质接触时，雾滴中湿分迅速汽化并被干燥介质带走，从而将料液干燥为粉末或颗粒状产品。

干燥产品的质量和技术指标很大程度上取决于雾滴的大小和均匀程度，对热敏性物料尤其如此。如果喷出的雾滴大小不均，在干燥过程中会出现大颗粒还没有达到干燥要求而小颗粒却已干燥过度的情况。

2. 雾滴与干燥介质的接触、混合

雾滴与干燥介质在干燥器内接触、混合，并同时进行传质和传热，使雾滴中的湿分迅速汽化并被带走，从而在极短的时间内将料液干燥成产品。雾滴与空气的接触、混合和流动状态取决于气体分布器的结构、雾化器在干燥器内的安装位置及废气的排出方式等。

在干燥器内，雾滴与干燥介质的接触方式对干燥室的温度分布、雾滴或颗粒的运动轨迹、颗粒在干燥室内的停留时间及产品性质都有很大影响。雾滴-干燥介质间的接触方式包括逆流式、并流式和混合流，雾滴与空气的接触方式不同，干燥塔内的温度分布、雾滴（或颗粒）的运动轨迹、颗粒在干燥塔中的停留时间及产品的性质也会不同，应根据具体情况选用具体的接触方式。

一般来说，在并流干燥系统，雾滴与干燥介质的运动方向一致，从雾滴到产品的整个干燥过程，物料的表面温度不高，特别适合于热敏性物料的干燥；在逆流干燥系统中，雾滴与干燥介质的运动方向相反，干燥产品在下落过程中会与高温干燥介质接触，从而易导致产品过热而变性分解，因此不适于热敏性物料的干燥；而在混合流干燥系统中，由于干燥产品有时会与湿含量大的热介质接触，存在干燥不均问题。

3. 雾滴湿分的蒸发

在喷雾干燥设备中，雾滴湿分的蒸发和物料的干燥经历恒速和降速两个阶段。在恒速干燥阶段，湿分的蒸发在颗粒表面进行，湿分通过颗粒的扩散速率大于或等于湿分的蒸发速率，雾滴表面的温度等于干燥介质的湿球温度。随着过程的进行，湿分从雾滴内部向雾滴表面扩散的速度下降，当其小于湿分的蒸发速率时，颗粒表面将不再被湿分所饱和，湿分的扩散速率成为控制因素，干燥进入降速阶段。在此阶段，颗粒表面温度开始上升，干燥过程结束时，颗粒表面温度接近于周围空气的温度。

4. 干燥产品的收集及与空气的分离

喷雾干燥产品可以通过卸料阀或其他卸料装置排出，或随干燥介质一起进入气固分离装置进行分离并收集产品。

四、喷雾干燥系统的分类[5~8]

根据喷雾对象的不同，喷雾干燥系统可以有多种形式，常见的干燥系统主要包括开放式系统、闭路循环式系统、半闭路循环式系统、自惰循环式系统、无菌干燥系统和多级干燥系统等。

1. 开放式系统

开放式系统是一种标准喷雾干燥流程，在工业上广泛采用，见图 12-3。该系统处理的料液全部是水溶液，采用热空气作为干燥介质。空气由鼓风机经过滤器送至加热器被加热成热空气，然后经顶部热气体分布器送入干燥塔内。原料液由泵送入雾化器被雾化成雾滴，并在干燥塔中与热空气接触、混合，进行传质和传热，并被干燥成粉粒状产品，最后从干燥塔底部排出。废气经净化除尘后排入大气。

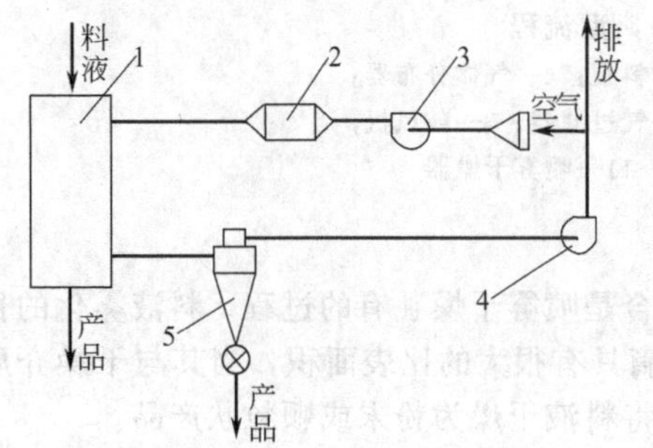

图 12-3 开放式系统

1—干燥塔；2—加热器；3—鼓风机；4—引风机；5—旋风分离器

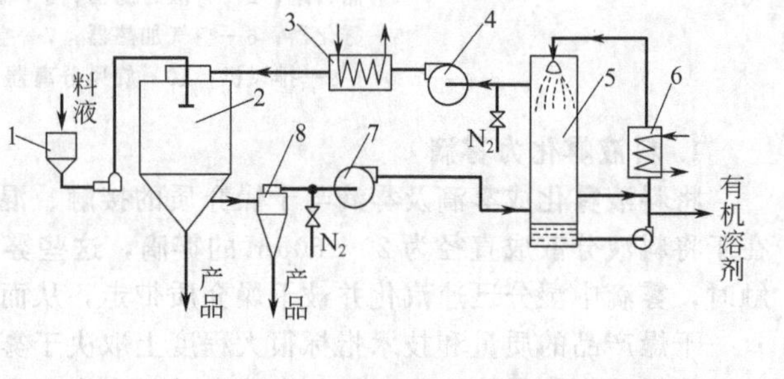

图 12-4 闭路循环式系统流程

1—储料槽；2—干燥塔；3—加热器；4—鼓风机；5—洗涤-冷凝器；6—冷却器；7—引风机；8—旋风分离器

开放式系统结构简单，一般适用于废气湿含量较高、无毒、无臭、排入大气后不会引起环境污染的场合。

2. 闭路循环式系统

闭路循环系统流程见图 12-4，该系统采用惰性气体（如氮气）为干燥介质，可实现干燥介质的循环利用。

3. 半闭路循环式系统

半闭路循环式系统流程见图 12-5。该系统以空气为干燥介质，多用于处理活性物质或干燥有臭味，但干燥产品没有爆炸或着火危险的物料。

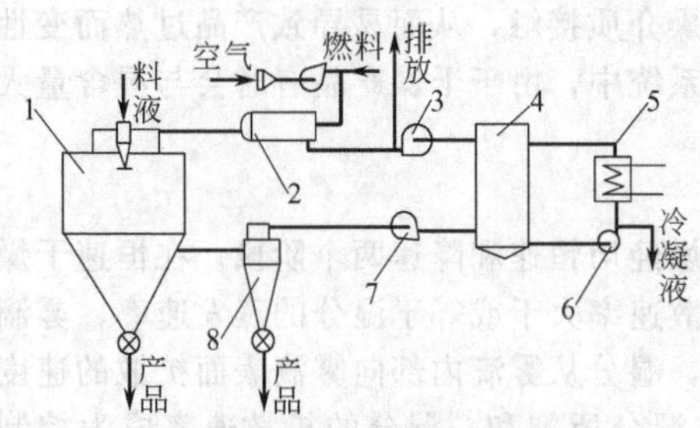

图 12-5 半闭路循环式系统

1—干燥塔；2—燃烧炉间接换热器；3—鼓风机；4—洗涤-冷凝器；5—冷却器；6—循环泵；7—引风机；8—旋风分离器

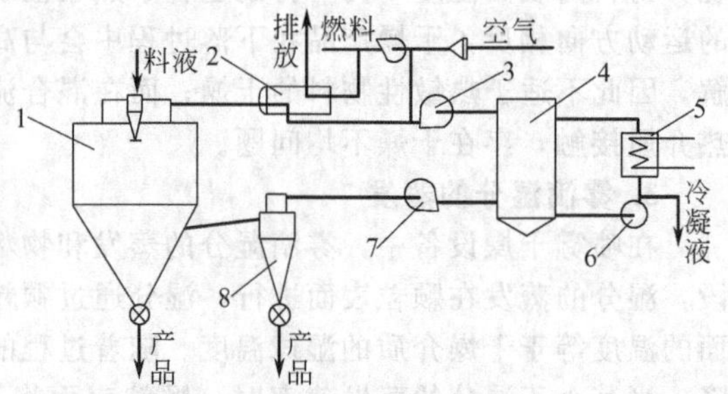

图 12-6 自惰循环式系统

1—干燥塔；2—直接燃烧加热器；3—鼓风机；4—洗涤-冷凝器；5—冷却器；6—循环泵；7—引风机；8—旋风分离器

系统中配有一个温度较高的间接加热装置，以便在尾气放空前将其中含有的毒性颗粒或臭气通过燃烧室进行燃烧，防止对大气造成污染。

4. 自惰循环式系统

如图 12-6 所示，自惰循环式系统配备有直接燃烧加热器，可将再循环气体加热到干燥器的入口温度，并使引入的空气与可燃气体燃烧，以消耗空气中的氧气，从而使循环气体成为低氧含量的干燥介质。

5. 无菌干燥系统

无菌干燥系统是医药工业中粉针剂生产的主要设备，很多抗生素药品如硫酸链霉素、卡那霉素硫酸盐等，都采用无菌干燥系统，其流程见图 12-7。在喷雾干燥前，必须采用高压蒸汽、高温空气或紫外线对设备、管线进行灭菌，同时还必须对干燥介质和料液进行严格过滤，产品的收集也必须在无菌条件下进行。在无菌干燥系统中，配备高温高效颗粒空气过滤器、无菌液体过滤器、无污染的雾化及粉体卸料系统。

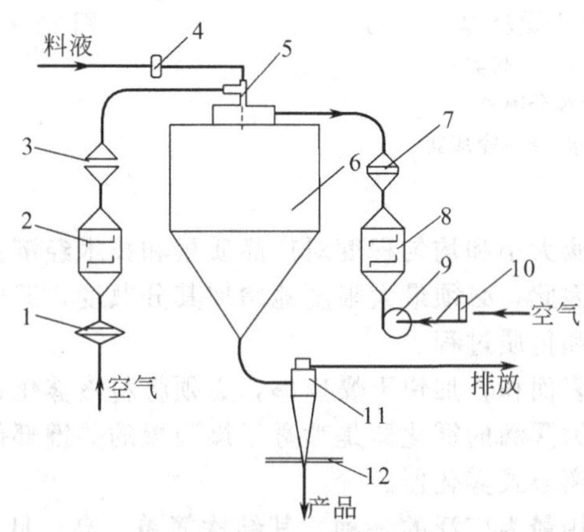

图 12-7　无菌干燥系统

1—压缩空气预过滤器；2，8—间接空气加热器；3，7—高效颗粒空气过滤器；4—料液消毒过滤器；5—雾化器；6—喷雾干燥塔；9—鼓风机；10—干燥空气预过滤器；11—旋风分离器；12—净化室隔层

6. 多级干燥系统

一般情况下，上述喷雾干燥流程能满足产品质量的要求，如颗粒尺寸分布、残余湿含量、体积密度等。但某些情况下，为进一步改善产品质量，提高干燥系统的热效率，可采用多级干燥流程。

(1) 二级干燥系统　二级干燥系统流程见图 12-8。在该系统中，第一级是喷雾干燥，采用振动流化床或普通流化床作为第二级干燥器或冷却器，以便尚未完全干燥的喷雾产品进入流化床继续干燥并冷却，从流化床出来的干燥产品可直接包装。

(2) 三级干燥系统　三级干燥系统适用于干燥要求比较复杂的产品，例如喷涂造粒、添加一些其他成分等，其流程见图 12-9。第一级为喷雾干燥，将料液干燥成粉体，使其含湿量降至10%～20%；第二级为穿流干燥，从穿流干燥器中出来的粉尘最后被送至温度较低的第三级干燥，使物料的含湿量达到规定要求。

在制药工业中，三级干燥系统可用于中药膏、药胶、酵母、维生素、抗生素、淀粉酶、脂肪酶等产品的干燥。

五、喷雾干燥设备

喷雾干燥系统主要由雾化器、干燥室、热空气分配器、空气过滤器、空气加热器、除尘装置、鼓风机、排风机和卸料装置等部件组成。

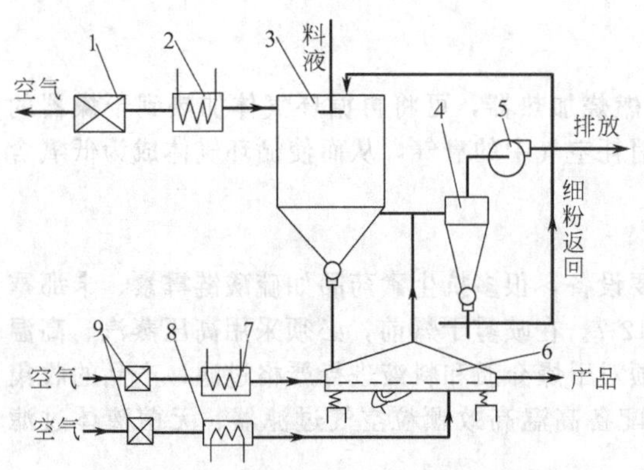

图 12-8 奶粉的二级干燥流程

1，9—空气过滤器；2，7—加热器；
3—喷雾干燥器；4—旋风分离器；
5—引风机；6—振动流化床；8—冷却器

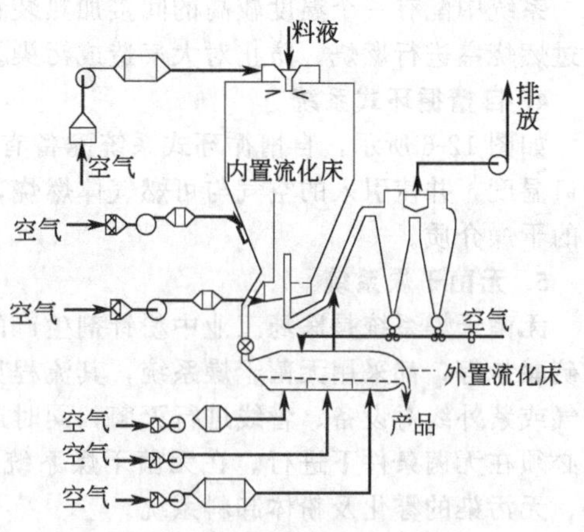

图 12-9 三级干燥流程

1. 雾化器

在喷雾干燥过程中，雾滴大小和均匀程度对产品质量和技术经济指标有很大的影响。由于溶液的喷雾干燥在瞬间完成，因此，必须最大限度地增加其分散度，即增加单位体积溶液中固体颗粒的表面积，才能加速传热和传质过程。

为了增大被干燥溶液的表面积，加快干燥速率，必须将料液雾化，因此，料液的雾化是喷雾干燥的关键，而将料液分散为雾滴的雾化器是喷雾干燥装置的关键部件。常用的雾化器包括气流式雾化器、压力式雾化器和离心式雾化器。

气流式雾化器是我国应用最为广泛的一种，其结构简单，高、低黏度料液（包括滤饼在内）均可雾化，适用范围广，操作压力低，无需高压泵，但气流式喷嘴的动力消耗较大，约为压力式和旋转式雾化器的 5～8 倍。

压力式喷嘴（也称机械式喷嘴）是喷雾干燥常用雾化器，主要包括旋转型、离心型和压力-气流型。压力式雾化器具有雾化能耗低、设备结构简单、制造成本较低等特点，适合于处理低黏度料液。

旋转式雾化器依靠旋转盘的离心力对料液进行雾化。其操作简便，料液通道不易堵塞，动力消耗较低，特别适用于大型喷雾干燥装置。

2. 干燥室

干燥室是料液浓缩雾化和干燥的地方，主要包括卧式和立式两种。

对于卧式干燥室，料液经干燥器侧面的喷嘴喷出，热风由侧面围绕每个喷嘴旋转喷出，见图 12-10。

立式干燥室又称塔式干燥室，塔底分锥底、平底和斜底三种形式。

3. 空气加热器和热风分配器

空气加热器用于加热空气，使其达到雾化所需的温度。一般采用水蒸气加热器或燃油热风炉对空气进行间接加热，也可以采用直接加热炉进行直接加热。

热风经热风分配器进入干燥室，以使热风在干燥室内均匀分布。

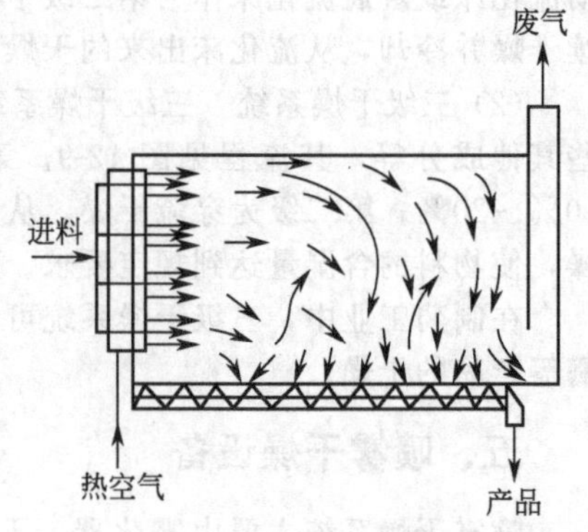

图 12-10 卧式干燥室

4. 粉尘回收装置

在喷雾干燥设备中，需设置粉尘回收装置，如布袋式过滤器、旋风分离器等，对排出尾气中夹带的大量细小粉尘进行分离除尘。

5. 空气过滤器

干燥生物医药制品时，干燥介质必须洁净无菌，因此，应配备高效空气颗粒过滤器或其他高效过滤器对空气进行过滤除菌。

六、喷雾干燥技术的应用与实例

在生物制药领域，喷雾干燥技术已成功用于生产许多特殊产品的干燥处理，如各种微囊、酵母、抗生素、维生素、菌苗、激素、血浆和血浆代用品、赖氨酸等。由于大部分药品的活性成分都属于热敏性成分，而与润湿状态相比，热敏性成分在干燥状态有更好的稳定性，所以医药和生化制品大多制成干燥的粉末。由于湿分在喷雾干燥器中的蒸发速度很快，制品的停留时间很短，干燥产品的温度接近空气的湿球温度，因此喷雾干燥特别适用于医药产品的干燥。

（一）喷雾干燥技术在中药材浸膏干燥中的应用

中药浸膏是中药固体制剂的基础，中药浸膏的干燥是中药生产过程中的一个主要环节。传统中药浸膏的干燥主要依赖烘箱、烘房和普通真空干燥，但由于中药浸膏具有成分较复杂、黏性大、透气性差等特点，要想取得较好的干燥效果，需要在较高温度下干燥较长时间，容易导致热敏性活性成分分解变性，影响产品质量，而且传统干燥耗费工时长、能耗高、生产效率低，同时得到的多是块状浸膏，粉碎后浸膏粉流动性差，并且易吸潮。

而喷雾干燥技术由于生产工艺简便，可以实现瞬间干燥，适用于热敏性物料的干燥，产品质量较好，而且喷雾干燥制品具有很好的分散性和溶解性等，因此喷雾干燥技术在中药浸膏的干燥方面已有一定的推广应用。

实例 12-1：黄芩浸膏的干燥[9]

黄芩为唇形科植物黄芩的干燥根，具有清热、泻火、解毒、止血、安胎等作用，其主要活性成分黄芩苷是一种高热敏性物质，在高温下易分解，因此黄芩浸膏的干燥方法对浸膏粉中黄芩苷的含量有很大影响。

采用传统的水提醇沉工艺得到的黄芩浸膏中黄芩苷的含量为 23.06%（以浸膏中干固物含量计算），利用烘房对黄芩浸膏进行干燥，得到的黄芩浸膏粉中黄芩苷的含量只有 12.14%，而喷雾干燥得到的浸膏粉中黄芩苷含量却达到 22.03%，两种方法干燥黄芩苷含量差别很大。

但高黏度、高含糖量的中药浸膏，由于干燥过程会产生粘壁现象，因此采用喷雾干燥有一定的难度。研究发现中药浸膏软化点低于喷雾干燥的进风温度是产生粘壁现象的主要原因，通过加入辅料提高浸膏软化点，可以消除粘壁现象[10]，或者采用空气吹扫干燥塔壁面、塔壁夹套冷却等结构，解决物料的粘壁等现象。

（二）喷雾干燥技术在制备片剂方面的应用

片剂是由药物与辅料混匀压制而成的圆片状或异形片状的固体制剂，可供内服、外用。片剂具有质量稳定、分剂量准确、含量均匀、便于携带、使用方便等特点，是目前临床应用最广泛的药物剂型之一。但片剂在储存过程往往容易变硬，导致其崩解时间延长，另外，有些片剂中的活性成分在水中的溶解度较低，影响了其生物利用度。因此，如何改进片剂中活性成分的溶解度，提高药物的生物利用率，是片剂面临的一大课题。

喷雾干燥技术由于可以将料液分散成极细小的雾滴，从而获得比表面积很大的颗粒或粉末状产品，因此喷雾干燥制品具有良好的分散度和溶解性。因此，采用喷雾干燥技术，在加入少量辅料的情况下，对药液进行喷雾干燥处理，然后再进行压片，可制得易于崩解、有良好的溶解性和分散度的片剂。

实例 12-2：硝苯地平缓释片剂的制备[11]

硝苯地平（nifedipine，NFP）是治疗高血压、心绞痛类药物，其普通片剂、缓控释片剂以及胶囊、喷雾剂等已广泛应用于临床。但由于普通制剂易引起心率加快，激活交感神经系统，不利于心肌缺血和心力衰竭的控制，而缓释制剂的使用更为安全，因此其片剂常制成缓、控释制剂。

目前多采用熔融法或溶剂法制备硝苯地平缓释片，但熔融法需要特殊设备，而溶剂法会消耗大量溶剂，造成环境污染，不利于大规模生产。而采用喷雾干燥技术可以将硝苯地平与聚乙烯吡咯烷酮（PVP）制成固体分散物，提高硝苯地平的分散性和溶解性，然后再加入羟丙基甲基纤维素（HPMC）、乳糖等制成缓释片。喷雾干燥制备的硝苯地平缓释片 2h、4h、8h 的体外累积释放度分别为 38.0%、61.7%和 74.4%，符合国家有关缓释药品释放度的要求。

（三）喷雾干燥技术在制备药物微胶囊方面的应用

喷雾干燥法制备微胶囊的基本原理是将芯材物质分散于壁材溶液中，混合均匀，然后在喷雾干燥设备中进行喷雾，使溶解壁材的溶剂迅速蒸发，最终得到微胶囊粉末产品。由于产品有半透膜的保护，起到了包埋的作用，从而对易挥发和不稳定成分起到了保护作用，同时由于壁材为水溶性高分子材料，具有增溶作用，因此，采用喷雾干燥工艺制备的微胶囊具有很好的水溶性[12]。

喷雾干燥制备微胶囊主要包括两个关键工艺过程：制备稳定的乳化液及对乳化液进行喷雾干燥[13]。通过选用合适的壁材和乳化剂，控制壁材和乳化剂浓度、干燥介质的进出口温度和风量等，有望生产出具有良好水溶性、分散性和稳定性的微囊制品。

实例 12-3：维生素微囊的制备[14,15]

维生素 E 是良好的细胞抗氧化剂和安全有效的体内自由基清除剂，其在药品、食品添加剂、营养剂、保健品、化妆品等领域得到了广泛的应用。可采用淀粉、糊精、蔗糖、海藻酸钠等为囊材，以维生素 E 为囊心，然后按一定比例混合后，在一定的压力（如 30～40MPa）和温度（如 60℃）下进行均质，之后送入喷雾干燥设备中，在一定的进风温度（如 185～195℃）、压力和进料温度下进行喷雾，可制备具有良好流动性、在水中能良好分散的维生素 E 微囊，维生素 E 的浓度可达 50%以上，在 15℃以下保存 24 个月不会变质。

由于维生素 C 片剂会发生氧化变色等现象，也可采用喷雾干燥方法制备成微囊。例如以枸橼酸及微粉硅胶等为辅料制备维生素 C 丸芯，以丙烯酸树脂为囊材，在一定的进风温度（如 50℃）和喷雾压力（如 1.47×10^5Pa）下进行喷雾，可以制得稳定性良好的维生素 C 微丸[15]。

（四）喷雾干燥技术在生物医药方面的应用

在生物医药工业，喷雾干燥已成功地应用于生产很多特殊产品，例如抗生素、血清、疫苗、血浆、血浆代用品、赖氨酸、酶等。而大多数生物产品都是热敏性的，尤其是与发酵和培养基有关的产品，在干燥过程中需要尽量缩短其在干燥器内的停留时间，并密切注意操作参数的变化。另外在对生化制品进行喷雾干燥时，应该对干燥介质和料液进行过滤，保证喷雾干燥在无菌条件下进行。

实例 12-4：酶的干燥

酶是高分子量的含氮有机催化剂，由活细胞生成但无法合成，因此只能从生物系统中获得。酶对热非常敏感，易采用温和的干燥温度进行干燥，同时在料液中加入无机盐类作为保护剂，防止活性过多损失。例如对于胃蛋白酶的喷雾干燥，在将原料均质后，干燥室的进、出口温度分别控制在 140℃和 65℃条件下进行喷雾干燥，其活性损失为 15%～20%。

实例 12-5：抗生素的干燥

抗生素如金霉素、链霉素、青霉素、新霉素等都能采用喷雾干燥进行处理，但一般药厂采用二级喷雾干燥，在干燥过程中抗生素的活性损失在 5%～10%。在操作过程中，干燥的温度因干燥对象的不同而不同，例如喷雾干燥链霉素硫酸盐时，干燥介质的温度在 125～140℃，而喷雾干燥新霉素时的干燥介质温度在 135℃左右。

（五）喷雾制粒技术及其在中药颗粒制剂方面的应用

颗粒剂是指由药材提取物与适宜辅料一起制成的干燥颗粒状制剂，要求颗粒均匀，色泽一致，溶化后溶液澄清，无焦屑。

颗粒剂的传统生产工艺为：药材提取物→浓缩→高温干燥→湿法（或干法）制粒→低温干燥→整粒→包装。在该工艺中，药材提取物的干燥多采用烘箱高温干燥，由于药材提取物本身含水量较大，提取物在高温下受热的时间长，一般需要在 80～90℃温度下干燥 9～12h。因此，该工艺存在产品生产周期长，生产效率低，而且药物的活性成分损失严重，产品色泽不一致、粒度大小不匀，溶化后溶液不澄清。

但利用喷雾干燥技术取代传统烘房对药材提取物进行干燥，然后再采用湿法或干法制粒，可以获得粒度一致、色泽均匀的产品。

实例 12-6：葛根汤颗粒剂的制备[16]

葛根汤始载于《伤寒论》，由葛根、白芍、桂枝、甘草、麻黄、生姜、大枣等制成，具有发汗、解表、生津液、濡经脉的功效。采用传统高温干燥、湿法制粒工艺得到的颗粒剂中，葛根素及芍药苷的平均含量分别只有 0.94mg/g 和 0.286mg/g，而采用喷雾干燥结合干法制粒技术得到的颗粒剂中，葛根素及芍药苷的平均含量可分别达到 1.616mg/g 和 0.602mg/g，因此喷雾干燥干法制粒较之传统的烘房干燥湿法制粒有明显的优势。

另外，也可采用直接喷雾干燥制粒技术制备颗粒制剂，即在引入流化态的微小颗粒（淀粉、糖粒、结晶）的基础上，喷入中药浸膏并使之在颗粒母核的表面上干燥，进而形成较大颗粒，通过颗粒的分层生长或团聚生长最终得到干燥的产品，从而实现液态物料的一步制粒。

第二节　真空冷冻干燥技术

一、真空冷冻干燥技术简介

现代冷冻干燥技术源于 20 世纪初，由前苏联科学家拉巴-斯塔罗仁茨基于 1921 年发明的，该技术的兴起始于二次世界大战期间，当时由于需要大量人体血浆和青霉素，大型冻干设备开始出现，以解决这些药品的稳定性和运输问题。此后，又将冷冻干燥用于抗生素、疫苗、酶制剂和酵母等的生产，得到了高质量、易保存的产品。

真空冷冻干燥，也称冷冻干燥，简称冻干，它是将物料冻结到共晶点温度（将物料全部冻结时的温度）以下，在真空条件下，使制品中的水分直接由固态升华为气态并被移走，从而获得干燥产品的一种干燥方法。

冻干制品具有疏松多孔的内部结构，很好的复水性，而且较低的冻干温度（一般低于－25℃）不会导致易氧化制品氧化、热敏性物质变性或失去生物活性，因此，冻干尤其适合于热敏性药品和需要保持生物活性的制品的干燥，如脂质体、蛋白质药品、菌种、酶制剂、生长激素、抗生素、核酸、中草药注射剂、血液和免疫制品等[17~21]。

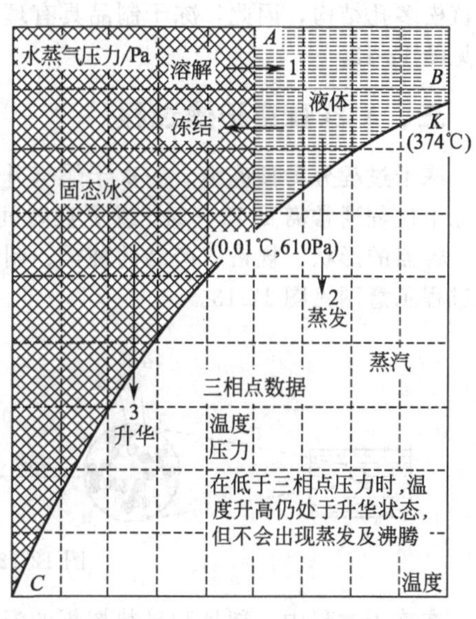

图 12-11　纯水的相平衡

同时，冻干操作可以除去生物医药制品中 95%～99%的水分，微生物的生长和酶的作用受到极大的抑制，有利于制品的长期保存。因此，对于大多数物化和生化性质不稳定的生物和医药制品，冻干是一种非常有效的干燥手段。随着生化药物与生物制剂的发展，冻干技术将越来越显示其重要性与优越性。

二、冷冻干燥的基本原理

真空冷冻干燥是先将水溶液冻结到其冰点温度以下，使液态水变成固态冰，然后在适当真空度条件下，通过低压升华和解吸附的方法除去制品中的水分，从而获得干燥制品的一种干燥方法。冷冻干燥过程是低温低压下水的物态变化和移动的过程。

纯水的相图见图 12-11。图中 *OA*、*OB*、*OC* 三条曲线分别表示液固、气液和气固两相共存时其压力和温度之间的关系，这三条曲线把相图分成三个区域，即气相区、液相区和固相区。曲线 OB 的顶端 K 点为水的临界点，其温度为 374℃，压强为 2.11×10^7Pa，当水蒸气的温度高于其临界温度时，无论怎样加大压力，水蒸气也不能凝结成水。三条曲线的交点 O 为三相点，固、液、气三相共存，其温度为 0.01℃，压力为 610Pa。在三相点以下不存在液相。如果在低于三相点压力下直接加热冰，冰则不经过液相而直接变成气相，此过程称为冰的升华。冷冻干燥就是基于固体升华原理进行的。

在生物医药制品的冻干过程中，料液首先被冻结成固体，料液中的自由水被冻结成冰晶体，制品的有效成分被限制在冰晶之间。在维持制品处于冻结状态的同时，将冻结制品置于水蒸气分压低于水的三相点压力的真空状态下，使冰晶体直接升华为气体。在固体升华的同时，伴随着大量的解吸附作用，从而除去制品中的结晶水、游离水和部分工艺溶剂。

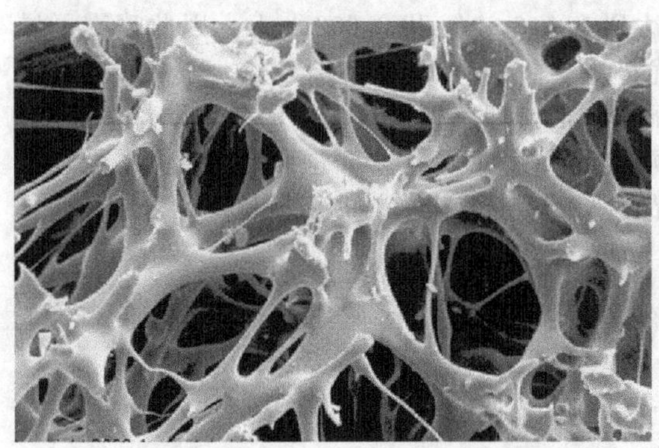
图 12-12　冻干后制品的内部结构示意

在制品升华脱水前，物料首先被预先冻结，形成稳定的固体骨架。在升华干燥过程中，冻结物料中微小冰晶体的升华导致制品中留下大量的枝状空隙，物质的重要组分被保留并成型，原有的固体骨架基本保持不变，冻干制品的形状与冷冻态的湿体形状一致，但却具有海绵状的疏松多孔结构，因此，冻干制品具有理想的速溶性和快速复水性。冻干后制品的内部结构示意图见图 12-12。

三、冷冻真空干燥过程

冻干过程分为预冻结、一次干燥（升华）、二次干燥（解吸附）以及封装和储存等阶段。整个冻干过程通常需要 15～24h 或更长时间。制品的冻干时间与制品在每个容器中的装量、总装量、容器的形状、规格、产品的种类、制品的冻干曲线及设备的性能等多种因素有关。制品的冷冻过程示意图见图 12-13。

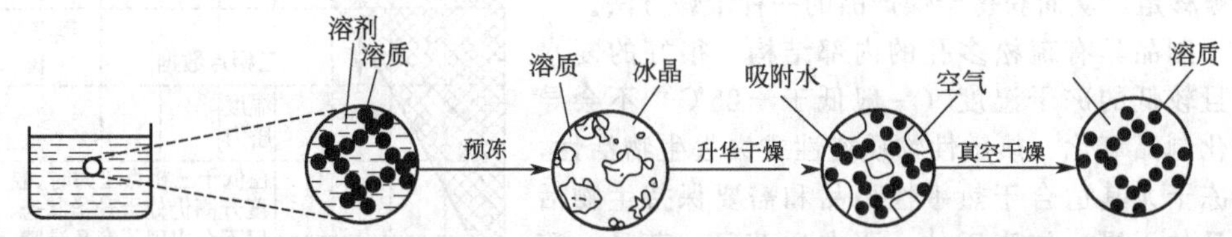

图 12-13　制品的冻干过程示意

在冻干过程中，制品和导热搁板的温度、冷凝器温度和真空度对应时间参数可以处理成一条参数曲线，即产品的冻干曲线。图 12-14 是某制品的冻干曲线及其在冻干曲线对应的各阶段状态的示意图[18]。

（一）物料的预处理

在冻干生物医药制品前，必须对其进行一些必要的物理、化学处理，包括清洗、分级、切片、漂烫、杀菌、浓缩等，对于不同制品，预处理内容也会有所不同。

在对生物医药制品及生物体进行冻干时，除某些抗生素、血浆等少数制品可以直接冷冻干燥外，大部分生物医药制品，都需要添加合适的冻干保护添加剂，以保持生物医药制品的生物活性和细胞的存活率等。由于保护剂的加入会影响到生物医药制品在冻干过程中的物理特性、制品的成型以及成品的内在和外观质量，因此在对物料进行预处理时，应注意保护剂的选择和药液组成的控制。

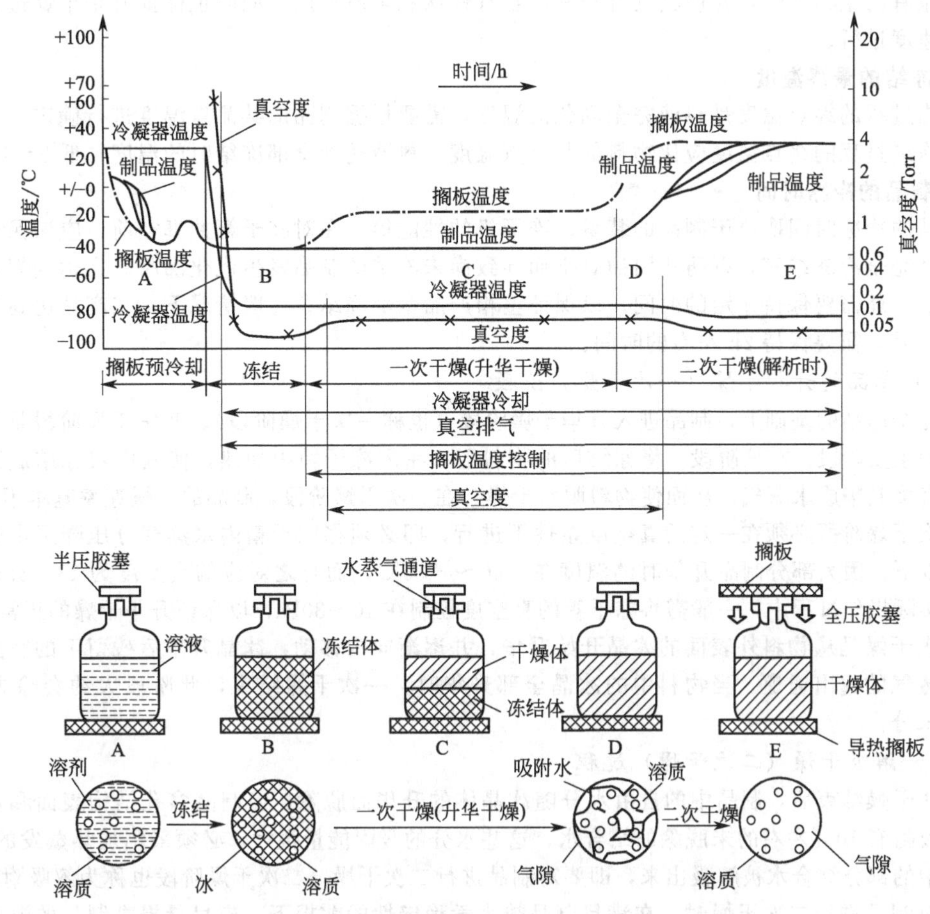

图 12-14　制品的冻干曲线与冻干过程示意（1Torr＝133.322Pa）

（二）制品的预冻

制品的冷冻过程又称为预冻。预冻过程不仅要保证物料中的自由水完全冻结，也要使物料的其他部分完全固化，形成冰晶形态，以保证冻结后产品具有合理的结构，利于冰晶体的升华，防止真空条件下冻干操作导致制品发生起泡、浓缩、收缩和溶质移动等不可逆变化，同时也可以避免因温度下降而引起物质可溶性下降和药物活性的变化。干燥过程与冻结过程密切相关，冻结过程在一定程度上决定了干燥过程中水分脱除速度和冻干制品的质量。

1. 冻结速度

由于冷冻过程所形成的冰晶形态、大小、分布等情况会影响干燥制品的活性、构成、色泽及溶解性能等，因此采用何种冷冻程序及制品冻结速率的快慢，都是影响制品质量的重要因素。

快速冻结产生的冰晶较小，冰晶体呈树枝状不规则结构，物料中水分在冻结过程中的损失较小，冻干制品基本能反映制品的原有结构，且溶解速度较快。一般来说，快速冻结对细胞膜的损伤较小，复苏后细胞的存活率较高。但快速冻结由于产生的冰晶体较小，制品内的间隙较小，冰晶升华阻力较大，不利于后续的升华干燥。而且如果冻结速率过快，可能会导致细胞内形成冰晶体，从而对细胞膜产生损伤[21]，导致细胞死亡。

在缓慢冻结过程中，药液缓慢冷却并逐步达到最终冻结温度，冰晶体逐渐长大。缓慢冻结产生的冰晶体较大，有利于升华干燥过程中水分的排出。但对于有生命体的冻结，如果冻结速度相对过低，就会造成细胞过度脱水而死亡。

因此，在物料的预冻过程中，应根据产品的种类和要求选择合适的冻结速率，最大程度地保持制品原有的生物活性，并使其具有较好的物理性状和溶解速度，同时也保证升华干燥过程能以较快的速度进行。

2. 冻结的最终温度

冷冻过程的终点温度是料液完全固化的温度，需要根据制品的共晶点温度进行确定。一般情况下，冻结过程的终点温度应比物料的共晶点温度（料液达到全部冻结时的温度）低5～10℃。

3. 制品的冷冻时间

制品的冷冻时间取决于制品的装量、冻干机的性能等。在对冻干箱抽真空前，应该保证所有制品均已完全冷冻结实，以防止因抽真空而导致尚未冻结的制品发生汽化沸腾。在达到规定的预冻温度后，还需要保持一定的时间，以保证整箱产品全部冻结。一般情况下，在产品达到规定的预冻温度后，需要保持2h左右的时间。

（三）制品的升华干燥（一次干燥）阶段

在完全冻结的基础上，制品进入升华干燥阶段（也称一次干燥阶段）。升华干燥阶段是制品冻干过程的主要阶段。在该阶段，将冻结后的物料置于密闭冻干箱中加热，使其中被冻结成冰晶的自由水直接升华成水蒸气，从而使物料脱水干燥。在一次干燥阶段，制品的干燥速率基本不变。

一次干燥阶段必须在一定的真空度条件下进行，即必须将冻干箱内水蒸气分压降至水的三相点压力以下。因大部分制品升华时的温度在－40～－30℃，而与之对应的真空度为13～38Pa，因此，在实际操作过程中，一般需将冻干箱的真空度控制在10～30Pa，以保证升华干燥的正常进行。

一次干燥是从物料外表面的冰晶开始升华，并逐渐向内移动，冰晶升华后残留下的空隙变成升华水蒸气的逸出通道。当物料中的冰晶全部升华时，一次干燥结束，此阶段大约会除去90%左右的水分。

（四）解吸干燥（二次干燥）过程

升华干燥结束后，制品中的自由水分随冰晶体的升华而脱除，但制品多孔结构表面和极性基团上还吸附有10%左右的未脱除的结合水，这些水分的吸附能量很大，必须采用加热蒸发的方法，使制品中的部分结合水被解吸出来，即要对制品进行二次干燥，二次干燥阶段也称为解吸附阶段。

在对制品进行二次干燥时，在满足制品热力学稳定性的前提下，应尽量提高制品的温度，并一直维持到冻干过程结束，但制品温度不能超过其最高允许温度。制品的最高允许温度由制品的物性决定，一般在25～65℃。如病毒类产品为25℃，细菌类产品为30℃，血清、抗生素等可达到40℃甚至更高[19]，而果蔬等食品的最高允许温度可以在60～70℃。

在二次干燥过程中，在制品温度达到其最高温度之前，应将冻干箱内的压力控制在15～30Pa，当制品温度达到其最高允许温度后，再将系统真空度恢复到较高水平（如1～5Pa），并维持较高真空度不少于2h。

一般来说，二次干燥后，冻干制品的残余含水量应控制在0.5%～4%，而生物医药制品的残余含水量接近1%较为理想。

（五）封装和储存

二次干燥后，需对冻干制品进行封装并储存，待使用时再对其进行复水操作。

四、冻干制品的特点及冻干保护剂

（一）冻干制品的特点

以生物医药产品为例，冻干制品可在室温下避光长期储存，使用时加蒸馏水或生理盐水制成悬浮液，即可恢复到冻干前的状态。与其他干燥方法相比，生物医药制品的冻干具有非常突出的优点。

① 整个干燥过程在低温、低压条件下进行，可避免普通干燥过程中制品热敏性成分的破坏和易氧化成分的氧化等劣变反应，冻干制品中药用有效成分保存率高。

② 物料在升华干燥前先被冻结，可形成稳定的固体骨架，冻干制品能保持原有骨架基本不变，并具有多孔结构，具有较好的外观品质，并具有理想的速溶性和复水性。

③ 在低温下，由于化学反应速率降低以及酶发生钝化，冻干过程中几乎没有因色素分解而造成的退色现象，也没有酶和氨基酸所引起的褐变现象，故冻干制品无需添加色素，安全而卫生。

④ 脱水彻底，能除去生物医药制品中95%～99%的水分，适合生物医药制品的长途运输和长期保存。

但冻干过程也存在一些缺点和不足，如干燥速率低、干燥时间长、干燥过程能耗高、干燥设备投入大等。因此，深入研究冻干药品的处方和干燥工艺，对发挥冻干制品的优点，改善和克服冻干方法的缺点和局限性都极其重要。

（二）药品冻干常用保护剂

生物医药制品的冻干过程包括预冻结、一次干燥和二次干燥，在干燥过程中会产生多种应力使制品变性，如低温应力、冻结应力和干燥应力等。为成功地对某些制品进行冷冻干燥，保护冻干制品的活性，改善冻干制品的溶解性和稳定性，或使冻干制品具有美观的外形，在对生物医药制品进行冻干操作时，通常需在药品配方中添加适当的附加物质作为保护剂。冻干保护剂对于冻干制品必须是化学惰性的，而且没有治疗效果。常用的冻干保护剂如下[17,19～26]。

（1）糖类与多元醇　蔗糖、海藻糖、甘露醇、乳糖、葡萄糖、麦芽糖、棉子糖、果糖等。

（2）聚合物和复合物　葡聚糖、聚乙二醇、吡咯烷酮、白蛋白、脱脂乳、甲基纤维素、多肽、明胶等。

（3）无水溶剂　乙烯、乙二醇、甘油、DMSO、DMF等。

（4）表面活性剂　吐温80等。

（5）氨基酸　L-丝氨酸、谷氨酸、丙氨酸、甘氨酸、肌氨酸等。

（6）盐　磷酸盐、醋酸盐、枸橼酸盐、硫酸盐、乳酸盐等。

五、冻干曲线[18～21,26]

以生物医药制品为例，其冻干产品需要具有一定的物理形态、均匀的色泽、合格的残余含水量、良好的复水性及较高的生物活性，且适宜长期储存。因此，在对生物医药制品进行冻干操作时，需对制品的配制过程、冻干过程中制品温度和冻干箱内的压力、冻干制品的密封和储存等进行全面有效的控制，以获得满足需要的冻干制品。冻干曲线和时序就是进行冷冻干燥过程控制的基本依据。

（一）典型冻干机的组成

典型冻干机系统流程如图12-15所示。冻干机系统通常由冻干箱、导热搁板层、加热装置、制冷系统、在线灭菌系统以及控制系统等构成，其中冻干箱是冻干机的主要部分，冻干箱内设计

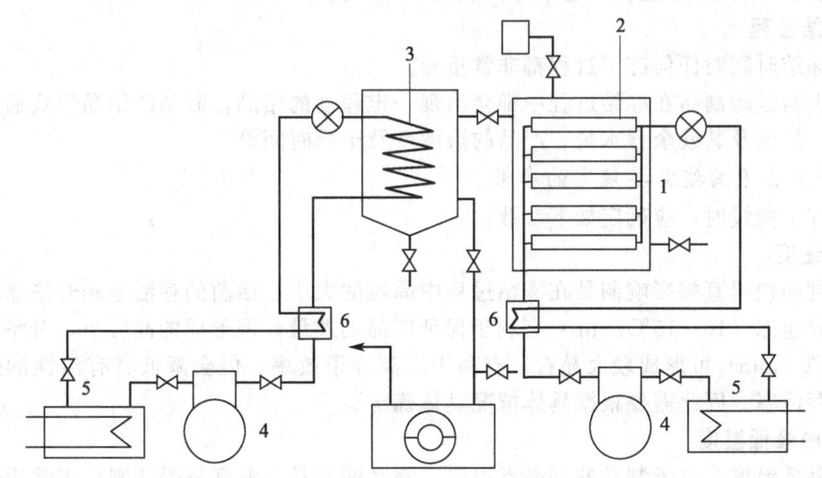

图12-15　冻干机典型流程

1—冻干箱；2—导热搁板；3—冷凝器；4—压缩机；5—冷却器；6—换热器

有几层至十几层导热搁板，操作时，冻干的制品放置在这些搁板上。

（二）影响生物医药制品冻干曲线的主要因素

冻干曲线是表示冻干过程中制品温度和冻干箱内压力随时间的变化关系曲线，在冻干机运行过程中，真实记录下冻干机导热搁板温度、制品温度及系统真空度随时间的变化曲线，即可得到制品的冻干曲线。

影响生物医药制品冻干的因素有很多，其中主要因素包括有效成分的浓度、冻干保护剂与有效成分的组成、制品的厚度、预冻结过程等。

1. 制品的种类

不同制品具有不同的共晶点温度，因此对预冻温度的要求也不同。共晶点低的制品应采用较低的预冻温度，而加热时也应采用较低的板层温度。预冻过程对不同的制品也有不同的影响，例如冷冻对细菌性制品的影响要比病毒性制品更大一些。因此需要根据试验寻找最优的冷冻速率，以获得高质量的产品和较短的冷冻干燥时间。

2. 药液的配制

（1）药液浓度　除少数生物医药制品可以直接冻干外，大多数生物医药制品在冻干前，都需与适当辅料混合制成混合液，药液的浓度不仅影响冻干时间，也影响最后制品的稳定性。

在对生物医药制品进行冻干操作时，一般应采用较高的药液浓度，以提高冻干效率和制品成型率。但过高的药液浓度会导致预冻结制品在一次干燥阶段融化，并导致冻干制品结块，同时冻干制品的残余含水量及有机物残留也难以控制。实际操作过程中，冻干药液的质量分数建议控制在4%～25%，最佳浓度为10%～15%，对于糖类控制在5%～10%较为合适。

（2）冻干保护剂　冻干保护剂是冻干制品的重要组成部分。在生物医药制品的冻干操作中，冻干保护剂的加入有助于产品成型，尤其对于一些处方剂量小、冻干过程中难以形成最小药品块的药物及大多数生物药品。

保护剂的种类和用量对冻干效率及制品的残余含水量都有影响。选用合适的保护剂，可以得到外观饱满、质地疏松多孔、主成分分布均匀、复水性好的产品。具体选用何种保护剂以及保护剂在配方中的浓度，需通过一系列试验进行确定。例如对于苦芩粉针剂的冻干[21]，采用乳糖和甘露醇为保护剂时，粉针成型性差且溶化时间长，但以HP-β-CD为保护剂时产品易于成型、外观均匀疏松、复水时间短。

3. 制品厚度

在对制品进行冻干操作时，应对制品的厚度加以限制。一般来说，冻干时间与制品厚度成反比，制品厚度越小，冻干时间越短。另外，制品的厚度还会影响冻干机的冻干能力、冻干制品的均匀性、溶解度及残余含水量等。通常情况下，如果将制品厚度控制在15～16mm，其干燥周期（一次干燥过程和二次干燥过程）通常可控制在18h以内。

4. 预冻结过程

药液的冻结时间对任何冻干过程都非常重要。

大多数生物医药制品在冻结过程中都会出现一定程度的结晶，制品的结晶形式通常决定制品饼块的结构、外形及其残余含水量、产品的溶解度及干燥时间等。

（三）制定冻干曲线需要确定的参数

在制定冻干曲线时，应确定如下参数。

1. 预冻速度

预冻速度的快慢直接影响制品在冻结过程中晶粒的大小、活菌的存活率和升华速度等。通常情况下，低温速冻（10～15℃/min）有利于保证制品的质量，但形成的晶粒小，升华速度慢；而低温慢冻（1℃/min）可形成较大晶粒，有利于提高冻干效率，但会降低具有活性的酶、活的菌种或病毒的存活率。因此需要根据具体情况具体确定。

2. 预冻的最低温度

预冻的最低温度取决于制品的共晶点温度，制品的共晶点温度是保证制品正常干燥的最安全温度，预冻的最低温度应比其共晶点低10～20℃。

（1）制品的共晶点温度　生物医药制品在冻干前一般需配成溶液，液体制品内的水分不是在某一固定温度下冻结的，而是在某一温度时，晶体开始析出，随着温度的下降，晶体数量不断增加，直到溶液中的晶体全部析出。因此，冻干溶液在一个温度范围内冻结。溶液中开始有晶体析出时的温度称为冰点，而溶液全部凝结成固体时的温度称为凝固点，也称为共晶点温度。

共晶点温度是冻干制品在冻结过程中由液态完全变成固态时的最高温度。冻干过程中，如果制品温度高于其共晶点温度，冻结制品就会融化。

由于冷冻干燥是在真空状态下进行的，产品只有完全冻结之后才能在真空下进行升华。因此在对制品进行升华干燥前，必须要将其冷却到制品共晶点温度以下，以保证制品全部冻结。

(2) 制品共晶点温度的测定　共晶点温度的测定对冻干操作非常重要。冻结过程中，从制品的外表无法确定制品是否已完全冻结，通过测量制品温度也很难确定制品的内部结构状态。但在制品的冻结过程，其导电性能会有很大变化，一旦制品完全冻结，其电阻率明显增大，而如果有少量液体存在，电阻率会显著下降，因此可以通过测量冻结制品的电阻率来确定制品的共晶点。

制品的共晶点温度可采用电阻率法、差热分析法、低温显微镜直接观察等方法测定，但电阻率法较为常用。

电阻率法测量制品共晶点温度：用两根相同粗细且相互绝缘的铜丝（或铂电极）插入装有制品的容器中，固定在同一高度，并在制品中插一温度计，然后对其进行冻结，并用惠斯顿电桥测量其电阻值，电阻突然降低时的温度即为制品的共晶点温度。

3. 预冻时间

预冻时间应根据具体条件确定，必须保证制品各部分完全冻结。在制品预冻过程中，很多因素会影响制品的预冻时间，如制品的装量，冻干托盘与搁板间的接触传热情况，冷冻设备制冷能力，搁板间的温差等。通常情况下，冻干箱的搁板从室温 20℃降至－40℃需要 1～1.5h，在制品温度降到预定的最低温度后，应继续保持 1～2h，以保证制品完全冻结。

4. 真空冷凝器的降温时间和温度

在制品预冻结结束前 0.5～1h 开始对冷凝器降温，当冷凝器温度达到－40℃左右时，可对冻干箱进行抽真空操作，当冻干箱内的压力降至 10～30Pa 时，可开始对搁板加热，然后进行制品的升华操作。

在冻干过程结束之前，冷凝器温度应始终维持在－40℃以下。

5. 产品加热的最高许可温度

导热搁板加热的最高许可温度应根据制品的物化性质决定。在升华干燥阶段，导热搁板的加热温度可以超过制品的最高许可温度，因为此时制品仍停留在低温阶段，提高搁板温度可提高升华干燥速度。在冻干后期，搁板温度需与制品的最高许可温度保持一致，或略高于制品的最高许可温度。

6. 冻干终点的判断

冻干终点一般需要根据冻干产品的残余含水量来确定，而冻干产品的残余含水量取决于制品的理化和生物性质。一般来说，冻干结束后，冻干制品的残余含水量应控制在 0.5%～4%，而生物医药制品的残余含水量应控制在 1%左右。

7. 冻干的总时间

冻干的总时间包括预冻时间、一次干燥时间和二次干燥时间。冻干的总时间主要取决于产品的品种、容器的种类、装箱方式、装量、冻干机性能等。一般冻干操作需要 18～24h，有些特殊产品可能需要几天的时间。

六、冷冻真空干燥设备

(一) 冷冻真空干燥设备的系统构成

冷冻真空干燥设备简称冻干机，是冻干生产过程中的主要工艺设备。在无菌状态下，生物医药制品在冻干机的冻干箱内完成一次干燥、二次干燥以及全压塞操作。

从结构上，冷冻干燥系统主要由制冷系统、真空系统、加热系统、干燥系统和控制系统构成；从使用目的来看，冻干系统可分为物料预处理系统、预冻系统、蒸汽和不凝结气体排除系统及供热系统等。冻干系统的系统构成示意图见图 12-16[20]。

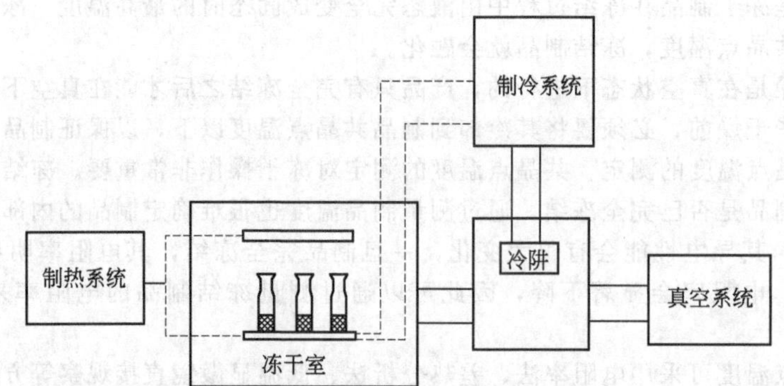

图 12-16　冷冻干燥系统组成示意

1. 制冷系统

制冷系统由冷冻机组、冻干箱和低温冷凝器的内部管道组成。冷冻机组的作用是对冻干箱和冷凝器进行制冷，以产生和维持其正常工作所需的低温。

冻干箱，也称干燥箱，是一个真空密闭容器，是冻干机的主要部分，由干燥室与密封门构成，见图 12-17。冻干箱内设计有几层至十几层搁扳，操作时将需要冻干的制品放置在这些搁板上。

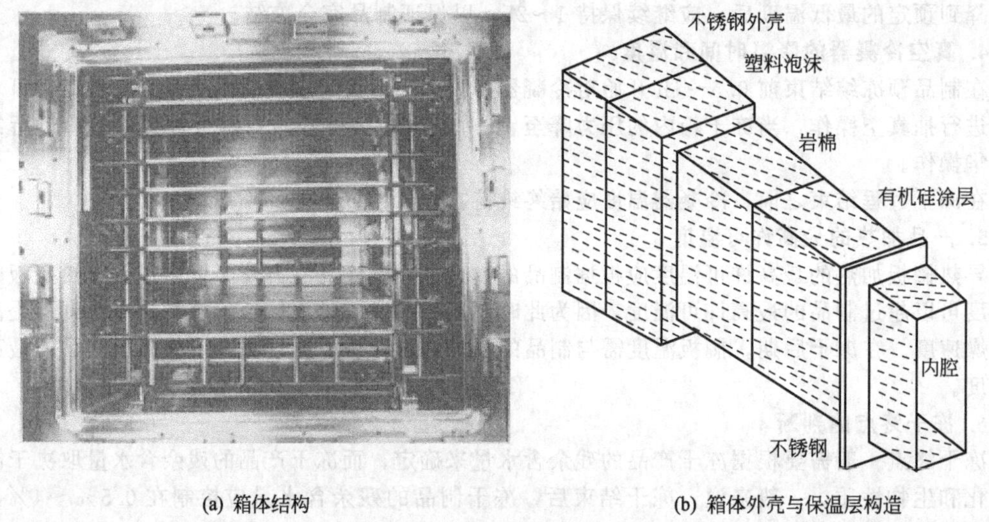

图 12-17　冻干机冻干箱体结构

冷凝器也是一个真空密闭容器，其内部温度低于冻干箱内制品的温度，一般保持在－40～－50℃。

2. 真空系统

真空系统由冻干箱、低温冷凝器、真空阀门和管道、真空泵及真空仪表等构成，系统要求密封性能好。

3. 加热系统

加热系统的作用是加热冻干箱内的搁板，提供冻结制品升华所需要的热量。加热系统的加热方式包括直接加热和间接加热两种方式。

4. 控制系统

控制系统的作用是对冻干机进行手动或自动控制，获得质量符合要求的产品。

（二）冷冻真空干燥设备

冷冻干燥装置主要分间歇式、连续式和半连续式三类。

1. 间歇式冻干机

间歇式冻干机适合多品种小批量生产；便于控制物料干燥时不同阶段的加热温度和真空度；便于设备的加工制造和维修保养。但其利用率和生产效率较低。间歇式冷冻干燥装置示意见图12-18。

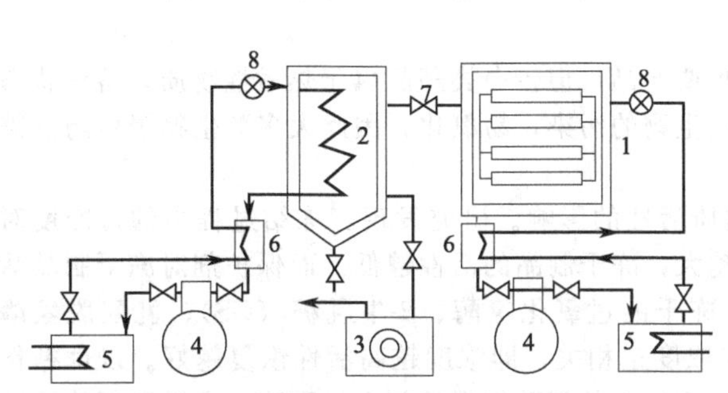

图 12-18 间歇式冷冻干燥装置

1—干燥箱；2—冷阱；3—真空泵；4—制冷压缩机；5—冷凝器；6—热交换器；7—冷阱进口阀；8—膨胀阀

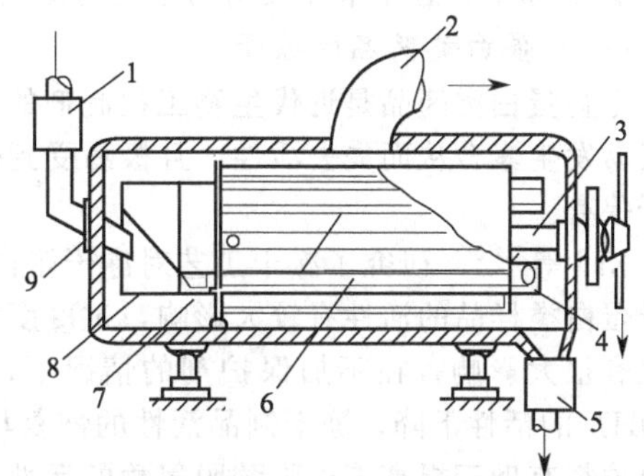

图 12-19 连续式冻干机示意

1—进料阀；2—去真空系统；3—转轴；4—卸料管和卸料螺旋；5—卸料阀；6—干燥管；7—加料管和加料螺旋；8—旋转料管；9—静密封

2. 连续式冻干机

如图 12-19 所示，连续式设备适用于干燥品种单一且产量大、原料充足的产品，特别适合浆状、颗粒状制品的生产。

3. 半连续隧道式冻干机

隧道式冻干机示意见图 12-20。升华干燥过程在大型隧道式真空箱内进行，料盘以间歇方式通过隧道一端的大型真空密封门进入箱内，以同样的方式从另一端卸出。隧道式冻干机具有较高的设备利用。

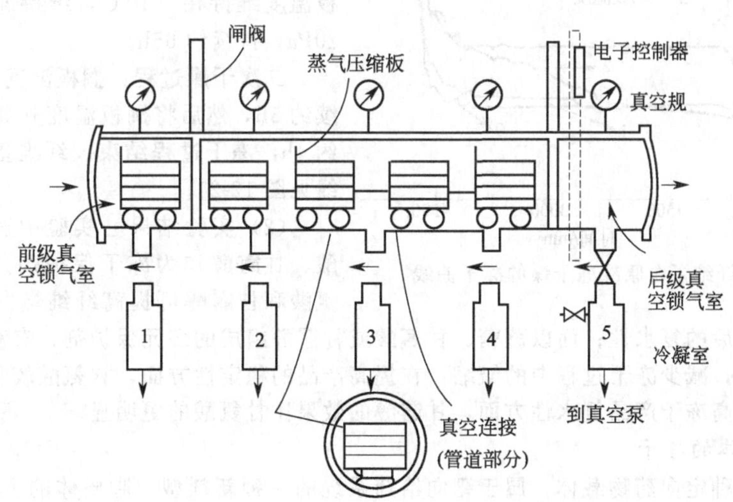

图 12-20 隧道式冻干机示意

七、冷冻干燥技术的应用与实例

现代药品大多具有热敏性，高温下易失去活性，如脂质体、干扰素和生长激素等。由于冻干制品具有稳定的多孔结构，生物活性基本不变，药物中易挥发成分和易受热变性的成分损失少，而且通过冻干操作可以除去95%～99%的水分，因此在生产热敏性生物医药制品时，广泛采用真空冷冻干燥技术对其进行干燥处理。

对大多数生物医药制品来说，冻干操作是其生产过程的一项极为重要的制剂手段。据1998年的统计，约有14%的抗生素类药品、92%的生物大分子类药品、53%其他生物制剂都需要冻干[26]。实际上，近年来开发出的生物药品大多采用冷冻干燥技术对药品进行干燥处理。

（一）蛋白类药品的冻干

生物蛋白类药品是近代生物工程制剂的重要产品，但蛋白类药品属于热敏性物质，溶液状态下极易发生聚合从而失去活性，且极易受到微生物的污染，易氧化，因此大多数生物蛋白药品需冻干保存。

Nail等[27,28]研究了冻干工艺对冻干蛋白质活性的影响。研究发现：冻结过程中的过冷度对冻干蛋白类样品的活性有较大影响，过冷度越大，冻干制品的活性越低。而保护剂对冻干制品活性也有很大影响，在不加保护剂的情况下，冻干的过氧化氢酶、β-牛乳糖（GS）、乳酸脱氢酶（LDH）的活性下降，冻干制品活性的恢复与浓度正相关，即浓度越高活性恢复越好。以蔗糖作为保护剂有助于提高冻干乳酸脱氢酶的活性，而仅用甘氨酸作保护剂会导致冻干乳酸脱氢酶活性下降，蔗糖和甘氨酸以适当比例混合组成二元保护剂则对乳酸脱氢酶的活性有较好的保护作用。

研究表明，在对蛋白类药物进行冻干操作时，应加入那些通过代替水分子而与蛋白质分子形成价键结合、从而与蛋白质构成氢键的碳水化合物作为冻干保护剂，减少蛋白质在冻干过程中的活性损失[29]。

实例 12-7：纤维蛋白原的冻干[30]

纤维蛋白原是从血浆中提取出来的一种凝血因子，是一种水溶性活性蛋白，在溶液状态下不稳定，易氧化变质，而且受热易变性。因此，在生产过程中，需对其进行冷冻干燥，并在真空条件下密封保存。

（1）冻干工艺　样品预冻：采用适当的冻结方式将样品预冻到－45℃，并维持1h。

一次干燥过程：在一次干燥过程中，搁板温度维持在－10℃，维持冻干室压力低于20Pa，持续约65h。

二次干燥过程：搁板温度维持在5℃，持续约5h，然后将搁板温度升高到35℃，持续约4h，冻干过程结束。纤维蛋白原的冻干曲线见图12-21。

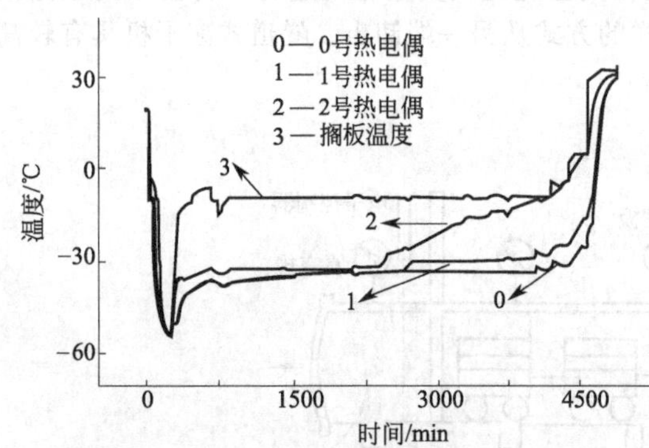

图 12-21　纤维蛋白原冷冻干燥的冻干曲线

（2）实验结果　实验中选用蔗糖、甘氨酸、甘露醇作为冻干保护剂。结果表明，甘氨酸和甘露醇可提高纤维蛋白原冻干过程中的稳定性和冻干后的复水性；而以蔗糖、甘氨酸或甘露醇组成的多元保护剂，有利于增强预冻结制品骨架的强度，减少冻干过程中的皱缩；在提高产品的稳定性方面，甘氨酸较甘露醇具有更好的效果；而在提高冻干产品复水性方面，甘露醇的效果比甘氨酸的更明显。

（二）脂质体的冻干

脂质体是一种定向药物载体，属于靶向给药系统的一种新剂型。脂质体的主要成分是磷脂，磷脂分子中含磷酸基团的部分具有亲水性，而两个长碳氢链具有疏水性。这种典型的双亲分子特性使脂质体也具有双亲特性，即亲脂性、亲水性。因此，脂质体作为药物载体，具有很广的包裹范围，包括亲脂性药物、两性药物及水溶性药物等。

虽然脂质体对于亲脂性药物、两性药物及水溶性药物都有很好的包封作用，且具有与人体细胞相似的成分和良好的生物相容性，但脂质体不稳定，液体状态只能储存数周。而有的药物易发生水解，且具有热敏性，因此当药品与脂质体以液态形式储存时，会影响药物的药效。同时，高温环境下，磷脂的双分子结构可能会被破坏。

为了能够长期稳定的储存脂质体及其包封的药物，近年来，人们将冷冻干燥技术用于脂质体药物的制备过程[31~33]。

实例 12-8：HB-Ia 脂质体的冻干

苏树强等[32,33] 以蔗糖、甘氨酸、甘露醇、聚乙烯吡咯烷酮等为保护剂，对河蚌抗肿瘤活性成分 HB-Ia 脂质体的冷冻干燥过程进行了研究。

（1）冻干工艺　样品预冻：降温速率为 20℃/min 的快速冻结以及降温速率为 4℃/min 的慢速冻结，样品预冻终温为－70℃。

一次干燥过程：在一次干燥过程中，始终维持样品温度低于－40℃，维持冻干室压力 5Pa，持续约 50h。

二次干燥过程：样品温度升高到 20℃，进入二次干燥过程，持续约 20h，冻干过程结束。

（2）实验结果　实验结果表明，在不添加冻干保护剂的情况下，HB-Ia 脂质体冻干前后粒径变化较大，冻干操作对脂质体的囊泡具有较大的破坏作用；蔗糖对 HB-Ia 脂质体的冻干起到了较好的保护作用，冻干前后制品的粒径变化不大，而甘露醇和聚乙烯吡咯烷酮的保护效果稍差。

采用蔗糖作冻干保护剂时，制品的快、慢速冻结的冻干曲线见图 12-22。

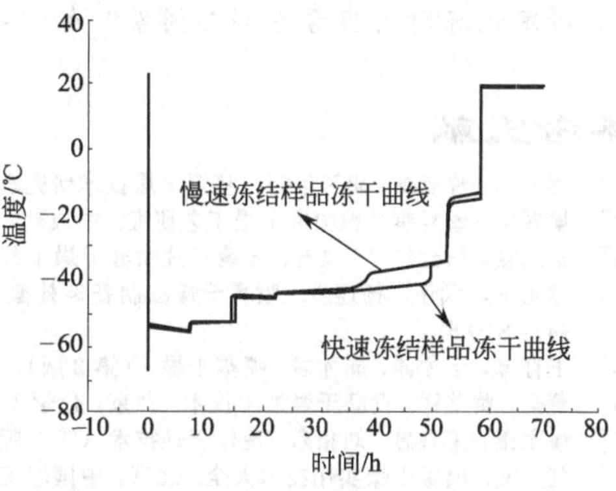

图 12-22　HB-Ia 脂质体溶液的冻干曲线

（三）中药粉针剂的冻干

中药药粉针剂是中药注射用无菌粉末的简称，临用前用注射溶剂直接溶解后注射。

很多具有良好疗效的中药注射剂因其具有热敏性或在水中易分解失效而限制了其临床应用，并给储藏和运输带来不便。利用冻干技术将其制成粉针剂，可大大改善其稳定性，提高产品质量，从而扩大了中药制剂在临床上的应用。

目前，我国已有国家标准的冻干粉针剂包括注射用双黄连、注射用血栓通、注射用血塞通、注射用脑心康、注射用蜂毒、注射用灯盏花素、注射用丹参和注射用清开灵等。

实例 12-9：双黄连粉针剂的制备

中药双黄连注射剂 1973 年始用于临床，是由金银花、黄芩、连翘三味中药提取物制备而成，具有清热解毒、消肿止痛、广谱抗菌、抗病毒及镇痛等多种功效，可治疗上呼吸道感染、支气管炎、肺炎等疾病。由于其组方合理，疗效确切，深受广大医患的欢迎，但由于注射剂本身存在受热不稳定、有效成分在水中易氧化分解、液体制剂不便于储存和运输等缺点，使其临床应用受到很大的限制，而双黄连粉针剂的出现解决了上述问题，扩大了其临床应用。

样品的冻干工艺如下：采用降温速率为 10～20℃/min 的快冻方式，使样品在－35℃以下的低温预冻；预冻过程结束进入一次干燥过程，维持样品温度低于－20℃，冻干室压力维持在 5～15Pa；一次干燥结束对样品升温，维持样品温度 30℃左右，进入二次干燥过程。

思考题

1. 什么是喷雾干燥？喷雾干燥的基本原理是什么？
2. 喷雾干燥具有什么样的特点？

3. 喷雾干燥包括哪几个基本阶段？
4. 雾滴与干燥介质接触方式有哪些？这些接触方式各有什么样的特点？
5. 常用的干燥系统包括哪些？对于硫酸链霉素等抗生素类药物应选用哪种喷雾干燥系统？
6. 喷雾干燥设备由那些部件组成？喷雾干燥系统的关键部件是什么？常用的雾化器的形式有哪些？
7. 什么是冷冻干燥？冷冻干燥的基本原理是什么？
8. 冷冻干燥过程包括哪几个阶段？
9. 在进行产品预冻时，应注意哪些问题？慢速冻结和快速冻结各有什么样的特点？在对有细胞膜存在的生命体进行冻结时，应如何选择合适的冻结速度？
10. 在对制品进行一次干燥时，应注意什么？
11. 在对制品进行二次干燥时，对二次干燥温度、二次干燥真空度和残余含水量有什么要求？
12. 生物医药制品的冻干具有什么样的特点？冻干保护剂具有什么样的作用？
13. 什么是冻干曲线？影响生物医药制品冻干曲线的主要因素有哪些？
14. 制定冻干曲线需要确定哪些参数？
15. 什么是制品的共晶点温度？制品共晶点温度有什么样的重要性？如何进行测定？
16. 确定预冻时间应考虑哪些因素？如何判断冻干终点？

参考文献

[1] 蔡业彬，曾亚森，胡智华等. 喷雾干燥技术研究现状及其在中药制药中的应用. 化工装备技术，2006，27 (2)：5-10.
[2] 梁振冬. 颈复康颗粒喷雾干燥工艺研究. 中成药，2001，23 (9)：636-638.
[3] 常永敏，马全付，王文祥. 冬凌草片喷雾干燥工艺条件研究. 中成药，1997，19 (4)：51-53.
[4] 谭龙飞，武伟，杨连生. 喷雾干燥法制备肉桂醛微胶囊工艺条件的研究. 华南师范大学学报. 自然科学版，2001，(4)：84-86.
[5] 王喜忠，于才渊，周才君. 喷雾干燥.（第 2 版）. 北京：化学工业出版社，2003.
[6] 董全，黄艾祥. 食品干燥加工技术. 北京：化学工业出版社，2007.
[7] 潘永康，王喜忠，刘相东. 现代干燥技术（第 2 版）. 北京：化学工业出版社，2007.
[8] 刘广文. 喷雾干燥实用技术大全. 北京：中国轻工业出版社，2001.
[9] 孔慧，倪键，刘瑾. 黄芩苷制备工艺的研究. 中成药，2004，26 (2)：156-157.
[10] 濮存海，赵开军，关志宇. 中药浸膏软化点对喷雾干燥影响的研究. 中成药，2006，28 (1)：18-20.
[11] 吴雪钗，于波涛，陆国庆等. 喷雾干燥法制备硝苯地平缓释片剂的研究. 西南军医，2005，7 (3)：4-5.
[12] 于才渊，姚辉，金希江等. 磷脂微胶囊制备方法研究. 高等化学工程学报，2004，12：733-736.
[13] 刘永霞，于才渊. 微胶囊技术的应用及其发展. 中国粉体技术，2003，(3)：36-37.
[14] 汤化钢，夏文水，袁生良. 维生素 E 微胶囊化研究. 食品与机械，2005，21 (1)：4-6，9.
[15] 曾环想，潘卫三. 维生素 C 包衣微丸的制备及稳定性研究. 沈阳药科大学学报，2002，19 (4)：244-248.
[16] 季梅，娄红祥，马斌等. 葛根汤颗粒剂喷雾干燥工艺条件实验研究. 山东大学学报：医学版，2003，41 (6)：706-707.
[17] Georg-Wilhelm Oetjen，Peter Haseley. Frezze-Drying . 徐成海，彭润玲，刘军等译. 北京：化学工业出版社，2005.
[18] 钱应璞. 冷冻干燥制药工程与技术. 北京：化学工业出版社，2008.
[19] 李津，俞泳霆，董德祥. 生物制药设备和分离纯化技术. 北京：化学工业出版社，2003.
[20] 华泽钊. 冷冻干燥新技术. 北京：科学出版社，2005.
[21] Jennings T A. Lyophilization-introduction and basic principles. Denver，Colorado，USA：Interpharm Press，1999.
[22] 舒志全，张浩波，张宁等. 海藻糖和蛋黄在人类精子冻干保存中的保护作用. 中国生物医学工程学报，2007，26 (1)：121-125.
[23] 兰芸，胡凝珠，姬秋彦等. 脊髓灰质炎病毒冻干保护剂的筛选. 中国生物制品学杂志，2006，19 (4)：384-386.
[24] Hsu C C，Ward C A，Determining the optimum residual moisture in lyophilized protein pharmaceuticals. Dev Bio Standard，1991，74 (3)：255.
[25] 赵新先. 中药注射剂学. 广州：广东科技出版社，2008.
[26] 程建明，郭萌. 苦芩粉针剂的冷冻干燥工艺研究. 中草药，2005，36 (2)：210.
[27] Nail S，Liu W，Wang D Q. Loss of protein activity during lyophilization as an interfacial phenomenon：formulation and processing effects. Freeze-Drying of Pharmaceuticals and Biologicals，2001，(8)：1-4.
[28] Jiang S，Nail S L. Effect of process conditions on recovery of protein activity after freezing and freeze-drying. Eur J

Pharm Biopharm，1998，45：249-257.
[29] Carpenter J F，Crowe J H，Arakawa T. Comparison of solute-induced protein stabilization in aqueous solution and in the frozen and dried states. // Developments in Biological Standardization. 1992，74：225-239.
[30] 苏树强. 冷冻干燥过程参数测量与生物药品冻干实验研究［D］. 上海：上海理工大学，博士学位论文，2004.
[31] Lotte K. Effect of additives on the stability of humicola lanuginose lipase during freeze-drying and storage in the dried solid . J Pharm Sci，1999，88：281-290.
[32] 苏树强，华泽钊，丁志华等. HB-Ia脂质体粒径及其分布的研究. 中国医药工业杂志，2004，35（3）：154-157.
[33] 苏树强，华泽钊，丁志华等. 冻干保护剂和复水溶液对HB-Ia脂质体包封率的影响. 中国新药杂志，2004，13（9）：809-812.